网站开发案例课堂

Dreamweaver+ASP 动态网站开发案例课堂

刘玉红　编著

清华大学出版社
北　京

内 容 简 介

本书以零基础讲解为宗旨，用实例引导读者深入学习，采取【动态网站基础知识→案例开发实战→网站营销推广】的模式，深入浅出地讲解Dreamweaver+ASP动态网站开发的技术及实战技能。

本书第1篇"动态网站基础知识"主要讲解动态网站开发基础、认识Dreamweaver CS6、网页开发语言基础、构建动态网站后台数据库等；第2篇"案例开发实战"主要讲解用户管理系统、信息资讯管理系统、网络投票系统、数字留言板系统、电子相册管理系统、BBS论坛管理系统、网上购物系统等；第3篇"网站营销推广"主要讲解网站搜索引擎优化(SEO)、网站推广与营销策略等。

本书配套光盘中赠送了丰富的资源，如本书实例完整素材文件、教学幻灯片、本书精品教学视频、经典ASP代码大集合、7大经典ASP动态网站完整源码、网页样式与布局案例赏析、Dreamweaver CS6快捷键和技巧、HTML标签速查表、精彩网站配色方案赏析等。

本书适合任何想学习Dreamweaver+ASP开发动态网站的人员。无论是否从事计算机相关行业，是否接触过Dreamweaver+ASP，通过本书的学习均可快速掌握Dreamweaver+ASP开发动态网站的方法和技巧。

图书在版编目(CIP)数据

Dreamweaver+ASP动态网站开发案例课堂/刘玉红编著. —北京：清华大学出版社，2016（2017.11重印）
(网站开发案例课堂)
ISBN 978-7-302-44742-9

Ⅰ. ①D…　Ⅱ. ①刘…　Ⅲ. ①网页制作工具　Ⅳ. ①TP393.092

中国版本图书馆CIP数据核字(2016)第185976号

责任编辑：张彦青
装帧设计：杨玉兰
责任校对：张彦彬
责任印制：刘海龙

出版发行：清华大学出版社
　　网　　址：http://www.tup.com.cn，http://www.wqbook.com
　　地　　址：北京清华大学学研大厦A座　　**邮　　编**：100084
　　社 总 机：010-62770175　　**邮　　购**：010-62786544
　　投稿与读者服务：010-62776969，c-service@tup.tsinghua.edu.cn
　　质 量 反 馈：010-62772015，zhiliang@tup.tsinghua.edu.cn
印 刷 者：清华大学印刷厂
装 订 者：三河市溧源装订厂
经　　销：全国新华书店
开　　本：190mm×260mm　　**印　张**：30　　**字　　数**：726千字
（附DVD 1张）
版　　次：2016年8月第1版　　**印　　次**：2017年11月第2次印刷
印　　数：3001～4000
定　　价：68.00元

产品编号：058034-01

前　言

“网站开发案例课堂”系列图书是专门为网站开发和数据库初学者量身定做的一套学习用书，由刘玉红策划，千谷网络科技实训中心的高级讲师编著，整套书涵盖网站开发、数据库设计等方面，具有以下特点。

前沿科技

无论是网站建设、数据库设计，还是 HTML5、CSS3，我们都精选较为前沿或者用户群最大的领域推进，帮助读者认识和了解最新动态。

权威的作者团队

组织国家重点实验室和资深应用专家联手编著该套图书，融合丰富的教学经验与优秀的管理理念。

学习型案例设计

以技术的实际应用过程为主线，全程采用图解和同步多媒体结合的教学方式，生动、直观、全面地剖析使用过程中的各种应用技能，降低学习难度，提升学习效率。

为什么要写这样一本书

随着网络的发展，很多企事业单位和广大网民对于建立网站的需求越来越强烈。另外，对于大中专院校，很多学生需要做网站毕业设计。但是这些读者又不懂网页代码程序，不知道从哪里下手，为此，本书针对这样的零基础读者，全面介绍 Dreamweaver+ASP 开发动态网站的知识，读者在动态网站开发中遇到的技术，基本上本书中都有详细讲解。通过本书的实训，读者可以很快地进行网页设计和动态网站开发，提高职业化能力，帮助解决工作和学习中的实际问题。

本书特色

- 零基础、入门级的讲解

无论您是否从事计算机相关行业，是否接触过 Dreamweaver 和动态网站开发，都能从本书中找到最佳起点。

- 超多、实用、专业的范例和项目

本书从 Dreamweaver 和 ASP 的基本概念讲起，带领读者逐步深入学习各种应用技巧，侧重实战技能，对简单易懂的实际案例进行分析和操作指导，让读者读起来简明轻松，操作起来有章可循。

● 随时检测自己的学习成果

每章首页中，均提供了学习目标，以指导读者重点学习及学后检查。

● 细致入微、贴心提示

本书使用“注意”“提示”“技巧”等小栏目，使读者在学习过程中更清楚地了解相关操作、理解相关概念，并轻松掌握各种操作技巧。

● 专业创作团队和技术支持

本书由千谷网络科技实训中心提供技术支持。读者在学习过程中遇到任何问题可加入 QQ 群 221376441 提问，专家会在线答疑。

“Dreamweaver+ASP 开发动态网站”学习最佳途径

本书以学习“Dreamweaver+ASP 开发动态网站”的最佳制作流程来分配章节，从最初的 Dreamweaver 基本操作开始，先后讲解动态开发语言基础、数据库后台构建方法、网站营销推广等。同时在案例中展示了动态网站开发中的常用技术，更进一步提高读者的实战技能。

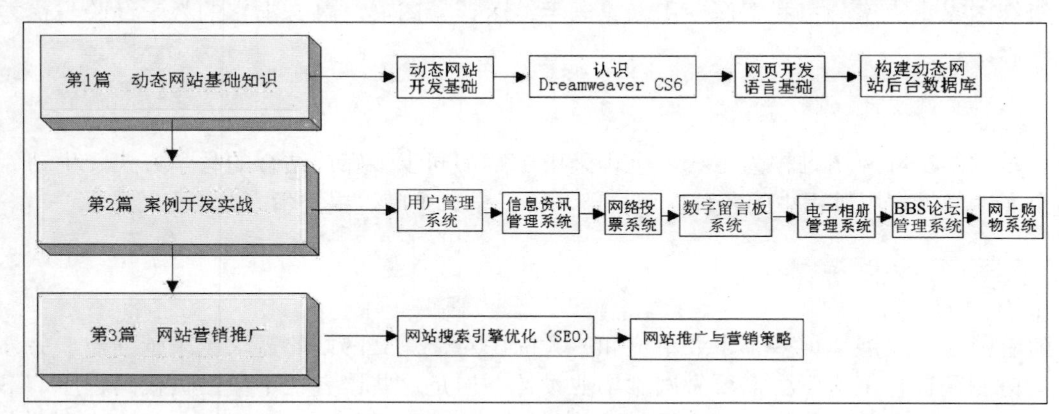

超值光盘

● 全程同步教学录像

涵盖本书所有知识点，详细讲解每个实例的创建过程及技术关键点。比看书更轻松地掌握书中所有的 Dreamweaver+ASP 开发动态网站知识，而且扩展的讲解部分使读者得到比书中更多的收获。

● 超大容量王牌资源大放送

赠送大量王牌资源，包括本书实例的完整素材文件、教学幻灯片、本书精品教学视频、经典 ASP 代码大集合、7 大经典 ASP 动态网站完整源码、网页样式与布局案例赏析、Dreamweaver CS6 快捷键和技巧、HTML 标签速查表、精彩网站配色方案赏析等。

读者对象

● 没有任何 Dreamweaver+ASP 基础的初学者。

- 有一定的Dreamweaver基础，想精通动态网站开发的人员。
- 有一定的动态网站开发基础，没有项目经验的人员。
- 正在进行毕业设计的学生。
- 大专院校及培训学校的老师和学生。

创作团队

本书由刘玉红策划，千谷网络科技实训中心高级讲师编著，参加编写的人员还有周佳、付红、李园、刘玉萍、王攀登、郭广新、侯永岗、蒲娟、刘海松、孙若淞、王月娇、包慧利、陈伟光、胡同夫、梁云梁和周浩浩。

在编写过程中，我们尽所能地将最好的讲解呈现给读者，但也难免有疏漏和不妥之处，敬请不吝指正。若您在学习中遇到困难或疑问，或有何建议，可写信至信箱357975357@qq.com。

编　者

目　　录

第 1 篇　动态网站基础知识

第 3 篇 网站营销推广

目录

第 I 篇

动态网站基础知识

第1章 动态网站开发基础

随着网络技术的迅猛发展，网络已经深入到人们工作和生活的各个方面。借助于网络，可以查阅资料，进行网上学习、网上娱乐、网上购物等，而这些都需要网络中服务器强大的后台数据库功能来实现。利用数据库实现网络应用的网站，就是通过动态数据库网站。

学习目标(已掌握的在方框中打钩)

- ☐ 了解网页和网站的基本概念
- ☐ 了解静态网页和动态网页的区别
- ☐ 熟悉网站开发的整体流程
- ☐ 掌握架构 IIS+ASP 动态网站运行环境的方法
- ☐ 掌握测试 ASP 网页的方法

1.1 认识网页和网站

在创建网站之前，首先需要认识什么是网页、什么是网站以及网站的种类与特点。本节就来认识一下网页和网站，了解它们的相关概念。

1.1.1 什么是网页

网页是 Internet 中最基本的信息单位，是把文字、图形、声音及动画等各种多媒体信息相互链接起来而构成的一种信息表达方式。

通常情况下，网页中有文字和图像等基本信息，有些网页中还有声音、动画和视频等多媒体内容。网页一般由站标、导航栏、广告栏、信息区和版权区等部分组成，如图 1-1 所示。

在访问一个网站时，首先看到的网页一般称为该网站的首页。有些网站的首页具有欢迎访问者的作用。首页只是网站的开场页，单击页面上的文字或图片，即可打开网站主页，而首页也随之关闭，如图 1-2 所示。

图 1-1 网站网页

图 1-2 网站主页

网站主页与首页的区别在于：主页设有网站的导航栏，是所有网页的链接中心。但多数网站的首页与主页通常合为一个页面，即省略了首页而直接显示主页，在这种情况下，它们指的是同一个页面，如图 1-3 所示。

1.1.2 什么是网站

网站就是在 Internet 上通过超级链接的形式构成的相关网页的集合。简单地说，网站是一种通信工具，人们可以通过网页浏览器来访问网站，获取自己需要的资源或享受网络提供的服务。

例如，人们可以通过淘宝网站查找自己需要的信息，如图 1-4 所示。

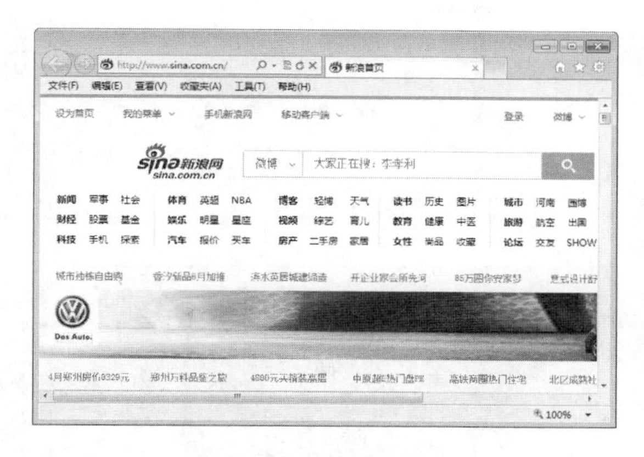

图 1-3 网站首页

图 1-4 淘宝网网站

1.1.3 网站的种类和特点

按照内容形式的不同，网站可以分为门户网站、职能网站、专业网站和个人网站 4 大类。

1. 门户网站

门户网站是指涉及领域非常广泛的综合性网站，如国内著名的 3 大门户网站：网易、搜狐和新浪。如图 1-5 所示为网易网站的首页。

2. 职能网站

职能网站是指一些公司为展示其产品或对其所提供的售后服务进行说明而建立的网站。如图 1-6 所示为联想集团的中文官方网站。

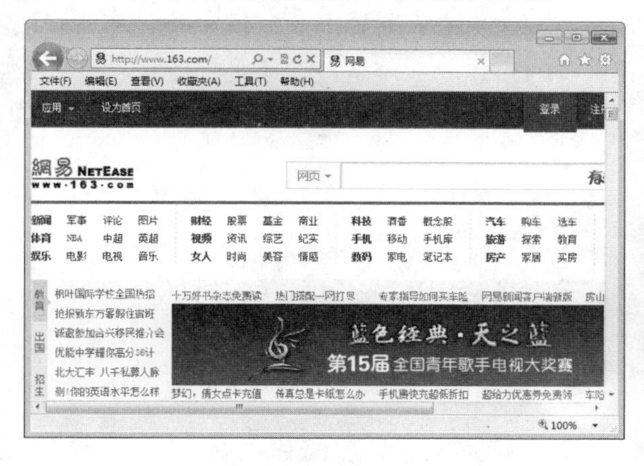

图 1-5 门户网站

图 1-6 职能网站

3. 专业网站

专业网站指的是专门以某个主题为内容而建立的网站，这种网站都是以某一题材作为网站内容的。如图 1-7 所示为赶集网站，该网站主要为用户提供租房、二手货交易等同城相关服务。

4. 个人网站

个人网站是由个人开发建立的网站，在内容形式上具有很强的个性化，通常用来宣传自己或展示个人的兴趣爱好。如现在淘宝网上注册一个账户，开家自己的小店，在一定程序上就是宣传自己和展示个人兴趣与爱好，如图 1-8 所示。

图 1-7 专业网站

图 1-8 个人网站

1.2 网页的静态与动态

目前网络传递信息的媒体，有一半以上是通过网页的显示来实现。有许多网站提供的信息是静态的方式，所有的主页内容都是固定不变，更新只能靠站长手动编辑才能完成。但是有越来越多的网站提供了互动沟通的服务，让所有的用户者不再是被动地接收信息，而是更进一步地对网页的内容提供意见、参与讨论。例如新浪论坛网站，用户可以发帖和相互交流沟通，如图 1-9 所示。

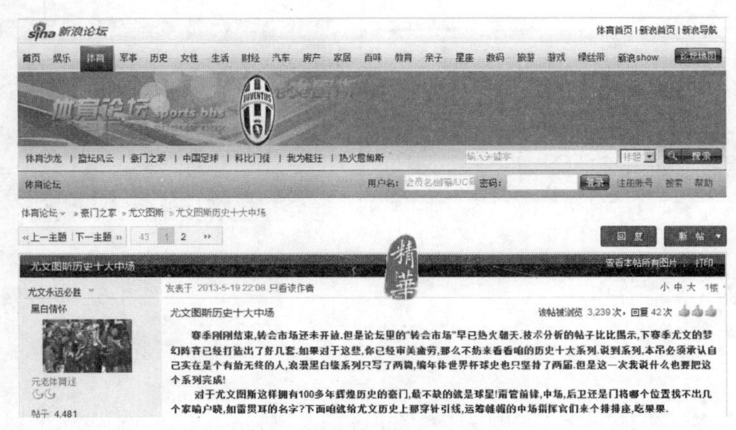

图 1-9 新浪论坛网站

1.2.1 静态网页

静态网站，是由一组相关的存放在执行网站服务器的计算机上的 HTML 网页和文件所组成的，一般这样的网页也称为静态网页。例如一些常见的个人网站，往往只包含静态页面。

网站服务器是提供网页的软件，会对网页浏览器所发出的要求做出响应。当用户在网页上单击链接、在浏览器中选择书签或在浏览器的网址栏中输入 URL 并单击【转到】按钮时，便会产生网页要求。

当网站服务器收到静态网页的要求时，服务器会读取并找到网页，然后将它传送到要求的浏览器，如图 1-10 所示。

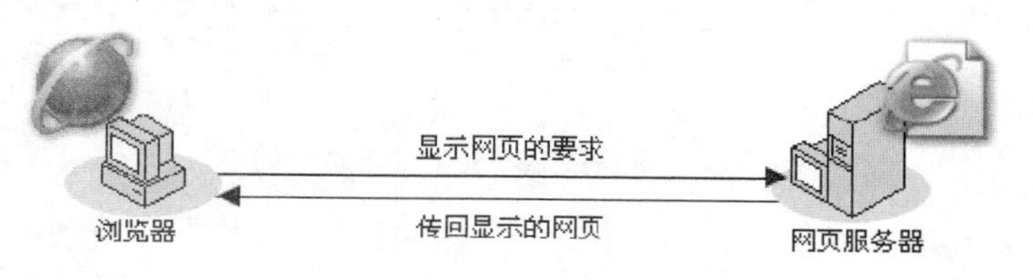

图 1-10 静态网页浏览过程

静态网页的最终内容是由网页设计师决定的，不会在要求网页显示时更改。

1.2.2 动态网页

动态网站，一般又称为互动网站。当网站服务器接到对静态网页的要求时，服务器会直接将网页传送到提出要求的浏览器，不做进一步的修改。但是网站服务器接到对动态网页的要求时，反应则不相同，它会将网页传送到负责完成网页的特殊软件扩充功能，这个特殊软件称为应用程序服务器。

1. 单纯处理动态网站的原理

一般应用程序服务器的执行方式是直接读取网页上的程序代码，根据程序代码中的指示完成网页，再将程序代码从网页删除。应用程序服务器会将静态网页返回网站服务器，后者则将该网页传送到提出要求的浏览器，浏览器在网页到达时所取得的数据是纯粹的 HTML，不过已经是经过更新的结果。处理过程的示意图，如图 1-11 所示。

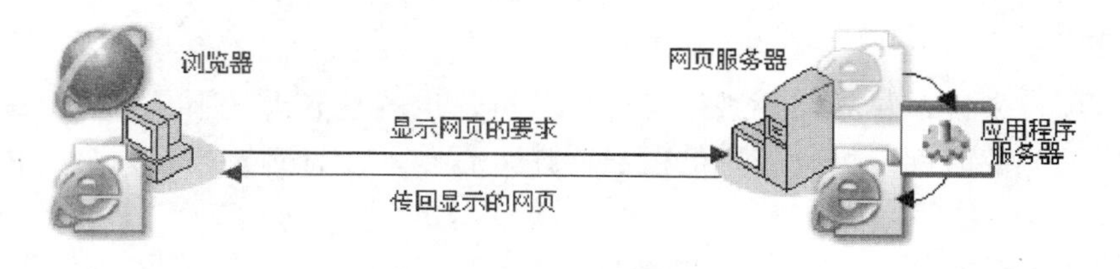

图 1-11 单纯处理动态网站的过程

这里的动态的表现是根据浏览器端的要求来响应处理后的结果，这样的方式较为单纯而直接。应用程序服务器另一种更为高级的执行方式，是链接数据库。

2. 链接数据库处理动态网站的原理

应用服务器还可以进一步让用户使用数据库的服务器端资源。在动态网页中，程序设计师可以指示应用程序服务器从数据库检索数据，并将其插入网页的 HTML 中。从数据库检索数据的指示称作数据库查询。查询是由搜索标准组成，这些标准是以被称为 SQL(结构化查询语言)的数据库语言表达。链接数据库处理动态网站的过程如图 1-12 所示。

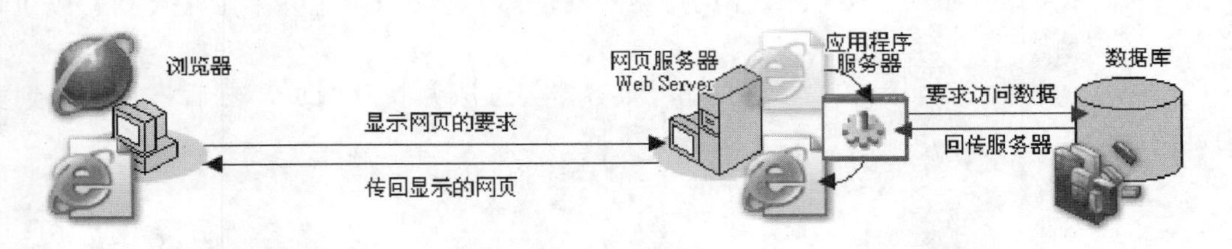

图 1-12　链接数据库处理动态网站的过程

网站应用程序几乎可以使用任何数据库，只要有适当的数据库驱动程序即可。这个部分也就本书所谈论的重点，后面将介绍如何使用 Dreamweaver CS6 制作与网页服务器、应用程序服务器与数据库之间互动的网站应用程序。

1.3　动态网站开发的整体流程

对于一个网站来说，除了网页内容外，还要对网站进行整体规划设计。格局凌乱的网站，内容再精彩，也不能说是一个好网站。要设计出一个精美的网站，前期的规划是必不可少的。一般来说，网站建设可以分为以下几步。

1.3.1　网站的前期规划

网站建设的第一步就是规划。大家都知道，规划对于达成事情预期效果起到决定性的作用，网站制作也不例外。为什么别人的网站运作很好，自己的网站却无人问津呢？这就是前期规划没有做好造成的结果。

网站的前期规划包括如下几个步骤。

1. 网站项目的可行性分析

对于网站项目来说，首先需要进行可行性分析，也就是分析是不是可行，或者说是不是能在一个可以预测的时间段内有较好的发展前途，否则，没有必要投入人力、物力及财力去搭建。

网站可行性分析主要考虑以下几个方面。

- 社会可行性：计算机网络作为一种先进的信息传输媒体，有着信息传送速度快、信息覆盖面广、成本低的特点。它可以低投入地进行世界范围的广告活动，可以提高公司的社会形象，可以提高企业的管理效率、增加新的管理手段等。

- 经济可行性：对于一个大型的网站来说，需要强大的经济基础支持，无论是建站费用，商品投资方面，都需要很大的资金注入。而对于一个中小型网站，特别是小型商务网站来说，其建站费用少、商品数量少、投资成本较低，因此比较容易实现和管理，正所谓“船小好掉头”。
- 技术可行性：在技术方面，需要考虑网站采用的主要技术，无论是用 ASP 建设网站，还是用 PHP 建设网站，或者用当下流行的 Java 语言、Ajax 语言也都是可以的。

2. 企业网站定位分析

任何一个网站，必须首先具有明确的建站目的和目标访问群体，即网站定位。应该清楚主要用户群是哪些人，由此应该提供什么内容、服务，以及达到什么效果。网站是面对公司或个人客户、供应商、最终消费者还是全部？是为了介绍企业、宣传某种产品还是为了试验电子商务？如果目的不是唯一的，还应该清楚地列出不同目的的轻重关系。

建站类型的选择、内容功能的筹备、界面设计等各个方面都受到网站定位的直接影响，因此网站定位是企业建立其营销网站的基础。例如京东网站是主要针对网上购物而创建的综合性购物网站，如图 1-13 所示。

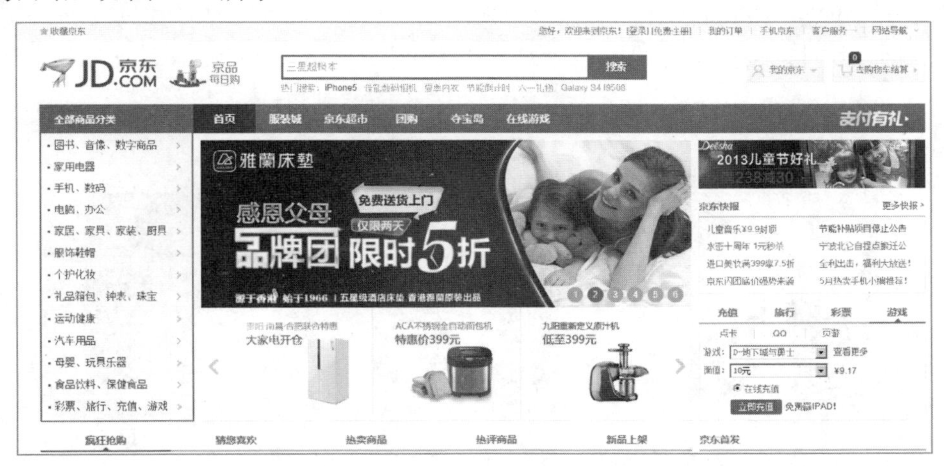

图 1-13　京东网站

企业网站的定位应该是基于严格的市场调查和反复考虑，包含以下几大要素。

- 企业自身因素：企业所处的行业状况，所生产的产品的特点。要考虑行业成本结构，看看网络能否降低待售产品市场营销、货物运输和支付的成本结构。企业产品是否与计算机有关，产品使用者的计算机操作水平如何，产品是否便于通过网络得到较充分的了解，产品的交易过程是否能够自动化。
- 资源分析：企业进行网站功能服务的定位，要考虑在当前的资源环境下能够实现的，而不能脱离了自身的人力、物力、互联网基础以及整个外部环境等因素，要研究企业的财务状况是否能够支持一个大型网站的建设、运行和维护。
- 目标客户分析：对目标顾客的年龄、性别、学历、职业、个性、行为、收入水平、地理位置分布等各种资料的分析。企业要加强对网上消费者行为进行研究，这将是提高顾客服务的基础。企业必须要重视对网络消费者的研究，探讨网络营销环境的建设。

3. 网站的定位

当前，网络已成为一项引起社会变革和经济结构、经营模式发生前所未有的变化的技术和工具，企业网站不仅成为企业宣传产品和服务的窗口，也是展示企业形象的前沿阵地。在做好对市场及企业自身的研究之后，下一步就要进行具体的定位操作。对企业网站的定位，大体可以包括以下两个方面。

- 网站类型：尽管每个网站规模不同，表现形式各有特色，但从经营的实质上来说，不外乎信息发布型，此类属于初级形态的企业网站，不需要太复杂的技术，而是将网站作为一种信息载体，主要功能定位于企业信息发布，如众多的中小企业网站。
- 网站的目标用户：一个企业网站的目标用户一般可包括企业的经销商、终端消费者、企业的一般员工及销售人员、求职者等。

4. 网站主题

网站主题也就是网站的题材、中心思想。网站主题是网站设计之初会首先遇到的问题，也是需要在网站设计之前就确定的内容。例如提供免费在线观看电影为主题的网站，如图 1-14 所示。

图 1-14　电影网

5. 网站功能分析

网站需要展现什么内容去为用户提供服务，什么样的功能才符合用户的需要，网站内容怎么维护，这些都需要仔细分析。例如“去哪儿”网站提供机票、酒店、度假、旅游和团购的查询与订购等服务，这些功能需要网站管理人员去维护和优化，如图 1-15 所示。

图 1-15 去哪儿网

1.3.2 选择网页制作软件

经过规划步骤，我们对网站需要建设什么内容有了一个总体的认识，接着就要考虑用什么工具进行网站建设和如何建设的问题了。

在网站建设过程中，通常用到 3 个工具，它们是代码集成工作环境(Dreamweaver)，如图 1-16 所示；图片处理工具(Photoshop)，如图 1-17 所示；动画特效处理工具(Adobe Flash)，如图 1-18 所示。当然还有其他可用的工具，而这 3 个工具最为常用。

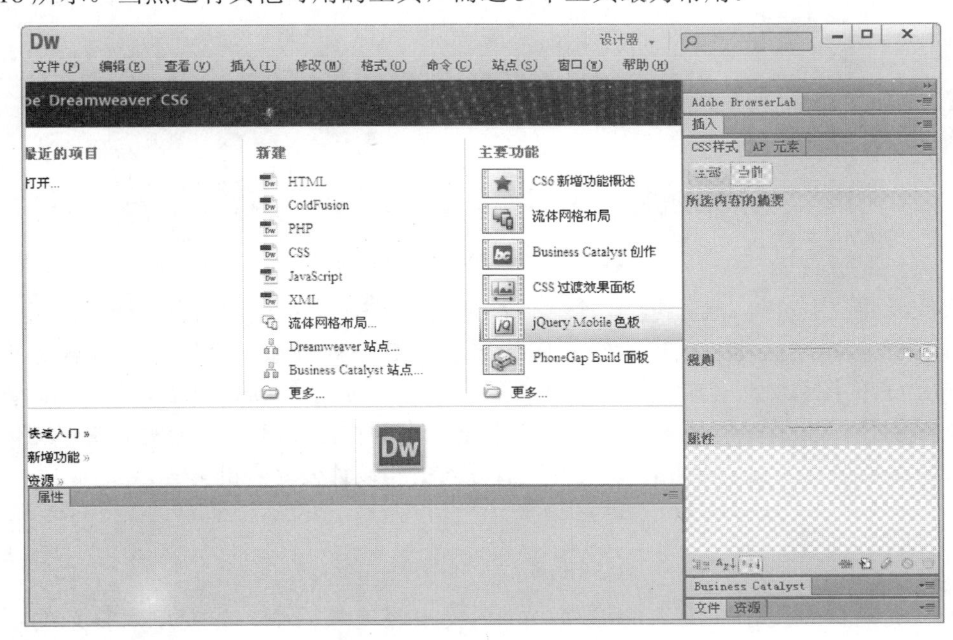

图 1-16 Dreamweaver CS6 主界面

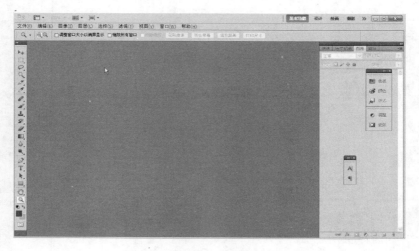

图 1-17 Photoshop CS6 主界面

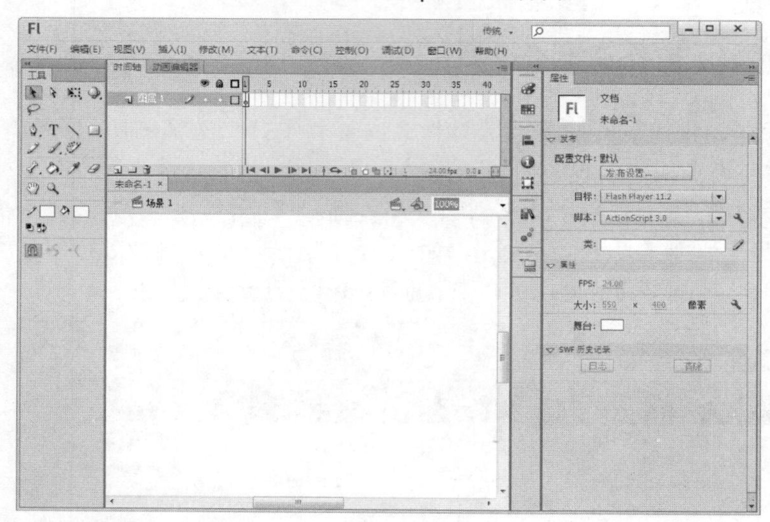

图 1-18 Flash CS6 主界面

从软件界面图上可以看到，这 3 个软件都是由 Adobe 公司提供的。Adobe 是世界上第二大桌面软件公司，产品涉及图形设计、图像制作、数码视频和网页制作等领域。其中，以 Photoshop 为首的图像处理软件更是饮誉平面设计领域。使用 Adobe 产品，人们的创作才华可尽情施展，创作、出版和传播各种具有丰富视觉效果的作品，其无与伦比的图形图像功能，备受网页和图形设计人员、专业出版人员、商务人员和设计爱好者的喜爱。

1.3.3 制作网页

制作网页是一个复杂而细致的过程，一定要按照先大后小、先简单后复杂的顺序来制作。所谓先大后小，就是在制作网页时，先把大的结构设计好，然后再逐步完善小的结构设计。所谓先简单后复杂，就是先设计出简单的内容，然后再设计复杂的内容，以便出现问题能及时修改。

在网页排版时，要尽量保持网页风格的一致性，不至于在网页跳转时产生不协调的感觉。在制作网页时，灵活地运用模板，可以大大地提高制作的效率。将相同版面的网页做成模板，基于此模板创建网页，以后想改变网页时，只需修改模板就可以了。如图 1-19 所示就是一个主题鲜明的网页，全网页围绕着旅游这个主题进行。

图 1-19　网页

1.3.4　开发动态网站功能模块

把效果图都处理好之后，就可以着手实现动态网站功能了，即根据需要把那些经常更新的页面动态化，并制作相应维护管理功能；对那些基本不变的页面，可以保持静态化。

1.3.5　网站的测试与发布

在将网站发布到网络服务器之前，最好对网站的整体进行测试，然后再进行网站上传。因为上传之后，如果发现错误，必须先将网站下载进行修改后，再进行上传，这样会很麻烦。

1. 平台测试

目前市场上存在 Windows、UNIX、Macintosh、Linux 等很多不同的操作系统类型，而 Web 应用系统的最终用户究竟使用哪一种操作系统，取决于用户系统的配置，这样就可能产生兼容性问题，同一个网站在某些操作系统下能正常打开浏览器页面，但在另外的操作系统下就可能无法打开。因此，在 Web 系统发布之前，需要在各种操作系统下对 Web 系统进行兼容性测试。

2. 浏览器测试

浏览器是 Web 客户端的核心构件之一，来自不同厂商的浏览器对 Java、JavaScript、ActiveX、plug.ins 或不同的 HTML 规格有不同的支持。例如，ActiveX 是 Microsoft 公司的产品，是为 Internet Explorer 而设计的；JavaScript 是 Netscape 公司的产品，Java 是 Sun 公司的产品等。

另外，框架和层次结构风格在不同的浏览器中也有不同的显示，有的甚至无法显示。同时，不同的浏览器对安全性和 Java 的设置也不一样。

因此，测试浏览器兼容性的方法是创建一个兼容性矩阵。在这个矩阵中，测试不同厂商、不同版本的浏览器对某些构件和设置的适应性。

3. 分辨率测试

不同分辨率的测试，就是测试网页在不同分辨率下的显示情况。在设计网页时通常使用的是同一种分辨率，可能显示和运行都很正常。当其他人浏览和运行网页时，由于分辨率的不同，会出现这样或那样的错误。

测试方法很简单，可以将自己的显示器设置为不同的分辨率来运行网页，来查看是否存在问题。也可以在他人的计算机上测试。

4. 网站超链接测试

测试网站超链接，也是上传网站之前必不可少的工作之一。对网站的超链接逐一进行测试，不仅能够确保访问者能够打开链接目标，并且还可以使超链接目标与超链接源保持高度的统一。

网站测试好以后，接下来最重要的就是上传网站。只有将网站上传到远程服务器上，才能让浏览者浏览。设计者可以利用 Dreamweaver 软件自带的上传功能上传，也可以利用专门的 FTP 软件上传。

1.3.6 网站的推广

很多网站制作者花费了很多时间精力去制作网站，结果网站发布之后，每天的访客没有几个，根本带不来商业机会，究其原因就是没有做好宣传推广。在当今互联网信息爆炸的时代，推广宣传对网站是否能运作下去是至关重要的。

网站推广即是网络推广，就是在网上把自己的产品利用各种手段、各种媒介推广出去，使自己的企业能获得更多、更大的利益。

1. 搜索引擎营销

搜索引擎营销包括两个方面，一个是付费搜索引擎广告，另一个是免费搜索引擎优化。

搜索引擎优化是近年来较为流行的网络营销方式，主要目的是在搜索引擎中增加特定关键字的曝光率以增加网站的能见度，进而增加销售的机会。

搜索引擎营销(Search Engine Marketing，SEM)是一种网络营销的模式，目的在于推广网站、增加知名度，通过搜索引擎返回的排名结果来获得更好的销售或者推广渠道。

2. 网站广告

在网站上做 Banner、Flash 广告推广，是一种传统的网络推广方式。此类广告的宣传目标人群面比较广，不像搜索竞价那样能锁定潜在目标客户群。目前，网站广告是国内新浪、搜狐、网易等门户网站主要赢利的网络营销方式之一。

1.4　架设 IIS +ASP 动态网站运行环境

所谓动态网站，就是该网站中的网页文件不但含有 HTML 标记，而且是建立在 B/S(浏览器与服务器)架构上的服务器端脚本程序。在浏览器中显示的网页，是服务器端程序运行的结果。动态网页文件的后缀根据不同的程序语言来设定，如 ASP 文件的后缀是.asp。

1.4.1　什么是 ASP

ASP(Active Server Pages)提供了服务器端脚本编写环境。使用 ASP，用户可以创建和运行动态、交互的 Web 服务器应用程序，可以组合 HTML 页、脚本命令和 ActiveX 组件，以创建交互的 Web 页和基于 Web 的功能强大的应用程序。ASP 应用程序很容易开发和修改。

ASP 页是包括 HTML 标记、文本和 ASP 脚本命令的文件。ASP 页可以调用 ActiveX 组件来执行任务，例如链接到数据库或进行商务计算。通过 ASP，可为 Web 页添加交互内容或用 HTML 页构成整个 Web 应用程序，这些应用程序使用 HTML 页作为客户端的界面。

与 HTML 网页相比，ASP 网页具有以下几个特点。

(1) 利用 ASP，可以突破静态网页的一些功能限制，实现动态网页技术。

(2) ASP 文件是包含在 HTML 代码所组成的文件中的，易于修改和测试。

(3) 服务器上的 ASP 解释程序会在服务器端制定 ASP 程序，并将结果以 HTML 格式传送到客户端浏览器上，因此使用各种浏览器都可以正常浏览 ASP 所产生的网页。

(4) ASP 提供了一些内置对象，使用这些对象，可以使服务器端脚本功能更强。例如可以从 Web 浏览器中获取用户通过 HTML 表单提交的信息，并在脚本中对这些信息进行处理，然后向 Web 浏览器发送信息。

(5) ASP 可以使用服务器端 ActiveX 组件来执行各种各样的任务，例如存取数据库、发送 E-mail 或访问文件系统等。

(6) 由于服务器是将 ASP 程序执行的结果以 HTML 格式传回客户端浏览器，因此使用者不会看到 ASP 所编写的原始程序代码，因此可以防止 ASP 程序代码被窃取。

创建 asp 格式的文件非常容易。如果要在 HTML 文件中添加脚本，只需将该文件的扩展名.htm 或.html 更换为.asp 就可以了。要使.ASP 文件能被 Web 用户使用，应将这个新文件保存在 Web 站点上的目录上。

1.4.2　如何执行 ASP 的程序

ASP 程序的执行过程为：首先浏览器从 Web 服务器上请求.ASP 文件，这时 ASP 脚本开始运行，然后 Web 服务器调用 ASP，ASP 全面读取请求的文件，执行所有脚本命令，最后将 Web 页传送给浏览器。

由于脚本在服务器上而不是在客户端运行，传送到浏览器上的 Web 页在 Web 服务器上生成，所以不必担心浏览器能否处理脚本，Web 服务器已经完成了所有脚本的处理，并将标准的 HTML 页传送到浏览器。由于只有脚本的结果返回到浏览器，因此用户看不到创建网页的脚本命令。

1.4.3 关于建构本书程序环境的建议

Dreamweaver 是一款优秀的网页开发工具，但无法独立创建动态网站，所以必须建立相应的 Web 服务器环境和数据库运行环境，那就是安装 IIS 网站服务器并配置 Web 服务器属性。Dreamweaver 支持 ASP、JSP、ColdFusion 和 PHP MySQL 共 4 种服务器技术，所以在使用 Dreamweaver 之前必须选定一种技术，本书选用 ASP 服务器技术。

在进行 ASP 网页开发之前，首先必须安装编译 ASP 网页所需要的软件环境，IIS 是由微软开发、以 Windows 操作系统为平台、运行 ASP 网页的网站服务器软件。IIS 内建了 ASP 的编译引擎，在设计网站的计算机上必须安装 IIS 才能测试设计好的 ASP 网页，因此在 Dreamweaver 中创建 ASP 文件前，必须安装 IIS 并创建虚拟网站。

1. Windows 7 下 IIS 网站服务器的安装

对于操作系统 Windows XP 和 Windows 7 而言，系统已经携带有 IIS 程序。下面以 Windows 7 为例，来介绍如何安装 IIS 服务器。

step 01 打开【开始】菜单，执行【控制面板】命令，打开【所有控制面板项】窗口，如图 1-20 所示。

图 1-20 【所有控制面板项】窗口

step 02 单击【程序和功能】选项，打开【程序和功能】窗口，如图 1-21 所示。

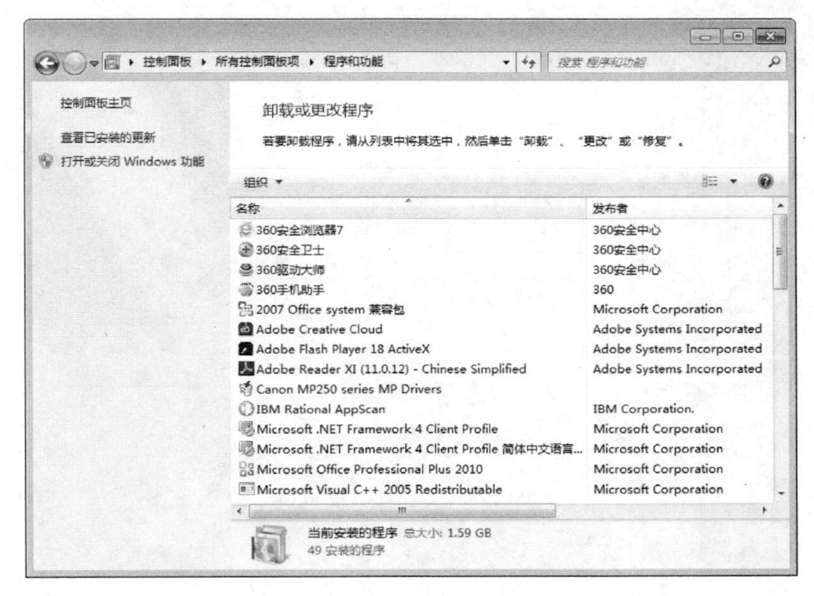

图 1-21 【程序和功能】窗口

step 03 从左侧列表中单击【打开或关闭 Windows 功能】超链接，打开如图 1-22 所示的对话框。在其中勾选【Internet 信息服务】复选框。

step 04 单击【确定】按钮，打开如图 1-23 所示的信息提示框，提示用户 Windows 正在更改功能。

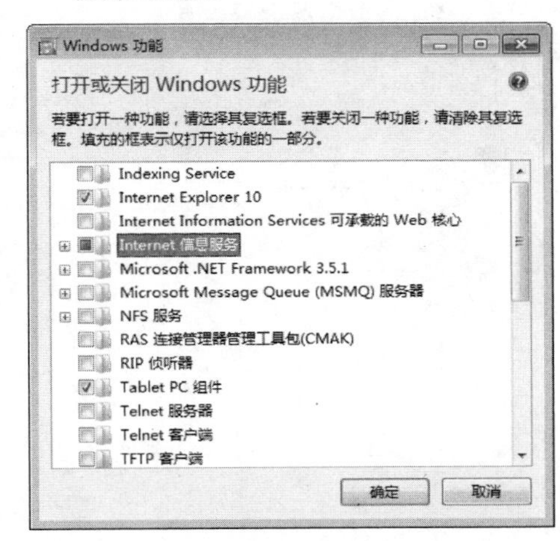

图 1-22 【Windows 功能】对话框

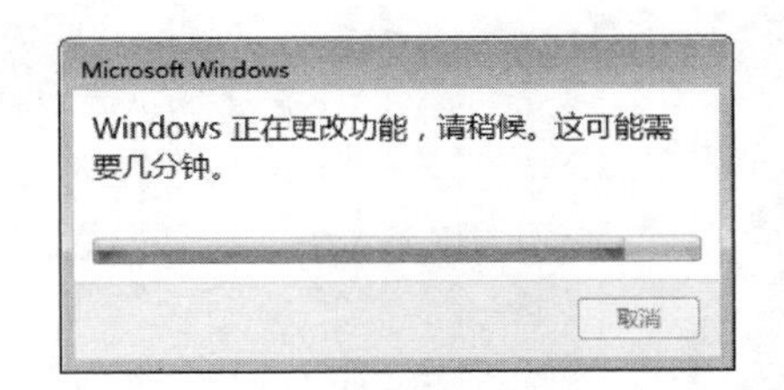

图 1-23 信息提示框

step 05 默认状态下，IIS 会被安装到 C 驱动器下的 inetpub 目录中。其中有一个名为 wwwroot 的文件夹，它是访问的默认目录，访问的默认 Web 站点也放置在这个文件夹中，如图 1-24 所示。

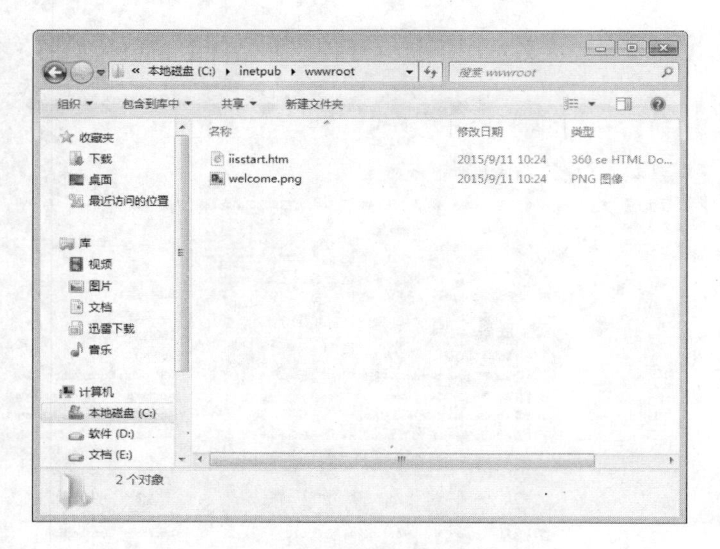

图 1-24　安装默认文件夹

2. 配置 Web 服务器

完成了 IIS 的安装之后，就可以使用 IIS 在本地计算机上创建 Web 站点和配置 Web 服务器了。

(1) 启动 IIS。

在不同的操作系统中，启动 IIS 的方法也不同，下面是在 Windows 7 下启动 IIS 的方法。

step 01 打开【开始】菜单，然后执行【控制面板】→【管理工具】命令，打开【管理工具】窗口，如图 1-25 所示。

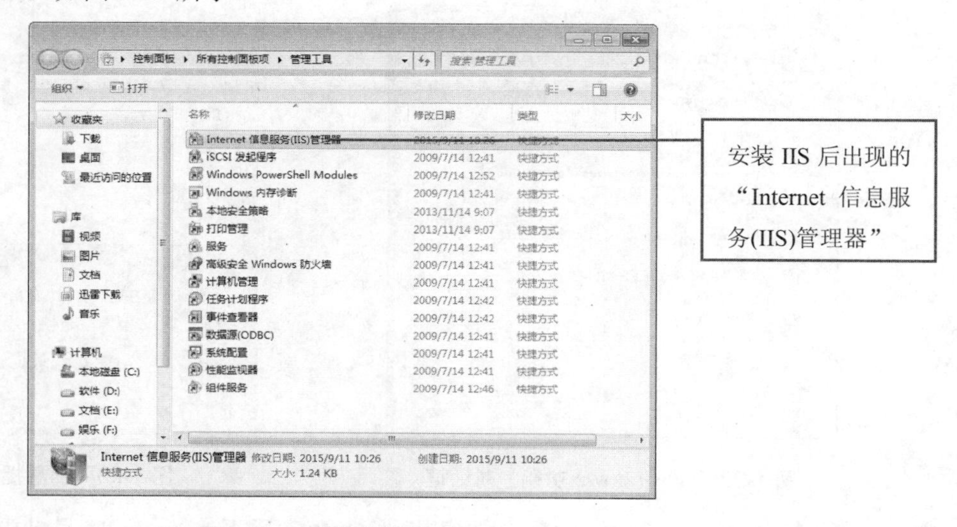

图 1-25　【管理工具】窗口

step 02 在【管理工具】窗口中双击【Internet 信息服务(IIS)管理器】图标，启动 IIS，如图 1-26 所示。

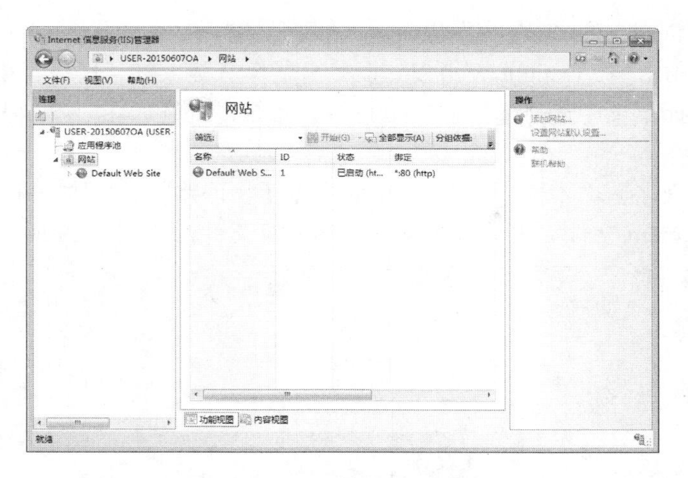

图 1-26 【Internet 信息服务(IIS)管理器】窗口

(2) 设置默认的 Web 站点。

默认 Web 站点是在浏览器的地址栏中输入 http://localhost 或 http://127.0.0.1 后显示的站点。该站点中的所有文件实际上位于 C:\Inetpub\wwwroot 文件夹中，其默认主页对应页面文件的名称是 Default.asp。

在【Internet 信息服务(IIS)管理器】窗口左侧选择【本地计算机】→【网站】→Default Web Site 并右击，打开如图 1-27 所示的快捷菜单，可以通过菜单对默认站点进行设置，这里采用默认设置。

图 1-27 默认网站的快捷菜单

(3) 创建新 Web 站点。

用 Dreamweaver 进行 Web 应用程序的开发，首先要为开发的 Web 应用程序建立一个新的 Web 站点。一般来说，可以采用 3 种方法建立 Web 站点：真实目录、虚拟目录和真实站点。最常用的方法就是采用虚拟目录创建 Web 站点。

使用虚拟目录创建 Web 站点的步骤如下。

step 01 启动 IIS，在 Default Web Site 上单击鼠标右键，打开快捷菜单。

step 02 从快捷菜单中选择【添加虚拟目录】命令，打开如图 1-28 所示的【添加虚拟目录】对话框。

step 03 在【别名】文本框中输入 website，在【物理路径】文本框中输入 D:\designem，表示 designem 文件夹里放置个人网站的所有文件，如图 1-29 所示。

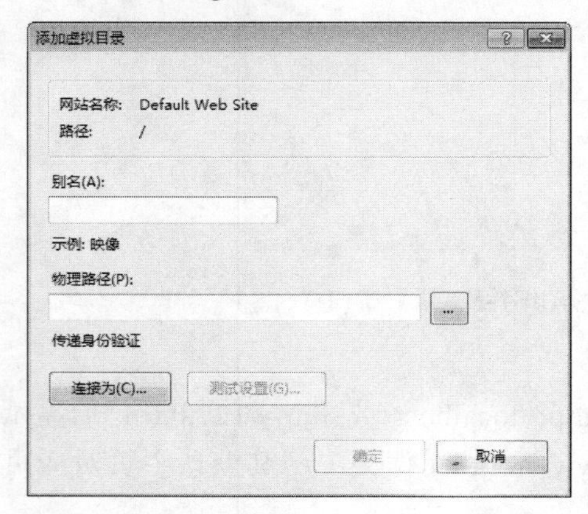

图 1-28 【添加虚拟目录】对话框

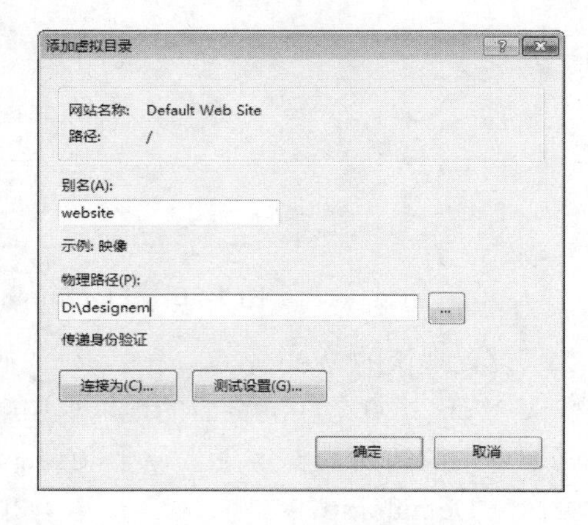

图 1-29 输入虚拟目录的信息

step 04 单击【确定】按钮，返回到【Internet 信息服务(IIS)管理器】窗口，在其中可以看到添加的虚拟目录，如图 1-30 所示。

step 05 单击【编辑权限】选项，打开如图 1-31 所示的【designem 属性】对话框，在其中可以设置虚拟目录的访问权限。

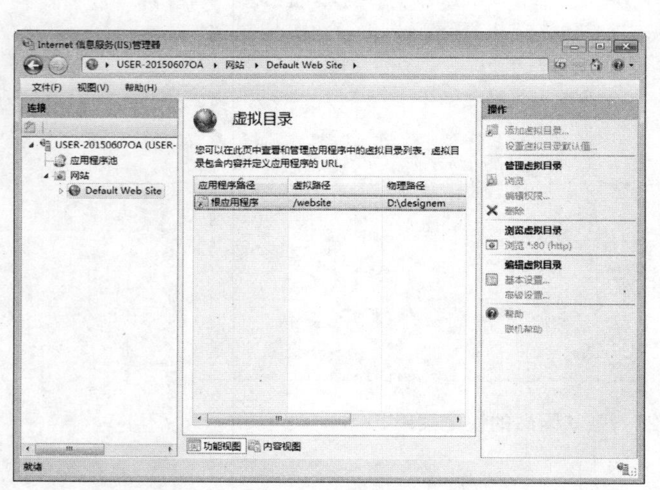

图 1-30 添加的虚拟目录

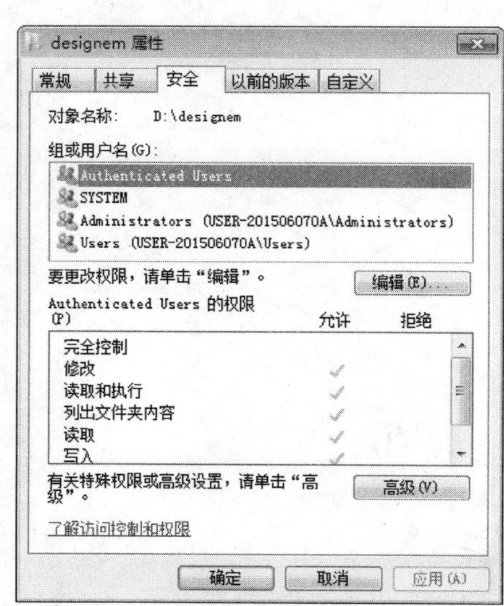

图 1-31 设置虚拟目录的权限

1.5 ASP网页的测试

完成上面的安装后，电脑就可以提供WWW服务了。下面就以Windows 7 + IIS 7为例对系统的配置进行测试。

先在默认的WWW根目录(c:\Inetpub\wwwroot\)下用记事本创建一个default.txt文件：

```
<html>
<head>
<title>Hello World!</title>
</head>
<body bgcolor="#FFFFFF" text="#000000">
<%Response.Write("Hello World!")%>
</body>
</html>
```

然后把扩展名改为.asp。打开浏览器，在地址栏中输入 http://localhost/并按 Enter 键，运行结果如图1-32所示。

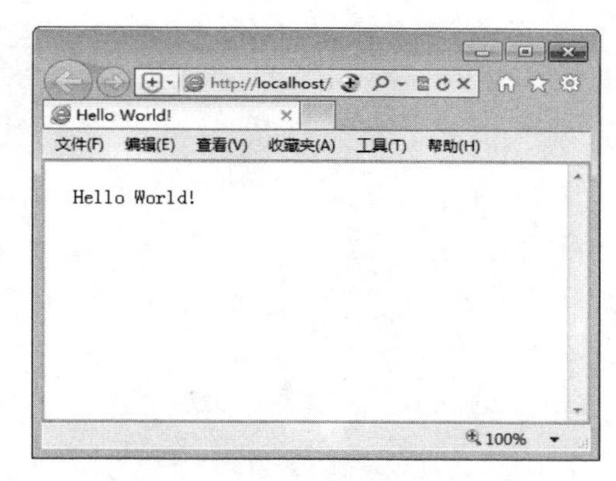

图1-32 测试网页效果

第 2 章 认识 Dreamweaver CS6

Dreamweaver CS6 支持代码、拆分、设计、实时视图等多种方式来创作、编写和修改网页，对于初级人员，可以无须编写任何代码就能快速创建网站页面。而其成熟的代码编辑工具，更适用于 Web 开发高级人员的创作。

学习目标(已掌握的在方框中打钩)

- ☐ 熟悉 Dreamweaver CS6 安装和启动方法
- ☐ 了解 Dreamweaver CS6 的工作界面
- ☐ 了解 Dreamweaver CS6 的新增功能
- ☐ 掌握使用 Dreamweaver CS6 创建网页的方法

2.1 安装与启动 Dreamweaver CS6

Dreamweaver 是一款专业的网页编辑软件，Dreamweaver CS6 在软件的界面和性能上都有了很大的改进。本节介绍 Dreamweaver CS6 的安装、启动方法。

2.1.1 安装 Dreamweaver CS6

Dreamweaver CS6 的安装界面非常人性化，Splash 的线条更使其具有了强烈的时尚元素。与其他软件一样，安装 Dreamweaver CS6 的程序很简单，具体的操作步骤如下。

step 01 将 Dreamweaver CS6 的安装光盘放入计算机的 CD-ROM 驱动器，这时系统会自动运行 Dreamweaver CS6 的安装程序。稍等片刻，Dreamweaver CS6 的安装程序会自动弹出【欢迎】窗口，单击【安装】按钮，如图 2-1 所示。

step 02 打开【Adobe 软件许可协议】窗口，设置显示语言为【简体中文】，单击【接受】按钮，如图 2-2 所示。

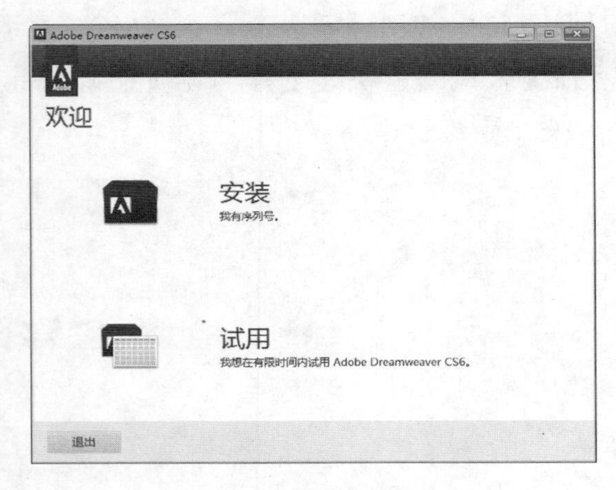

图 2-1 【欢迎】窗口

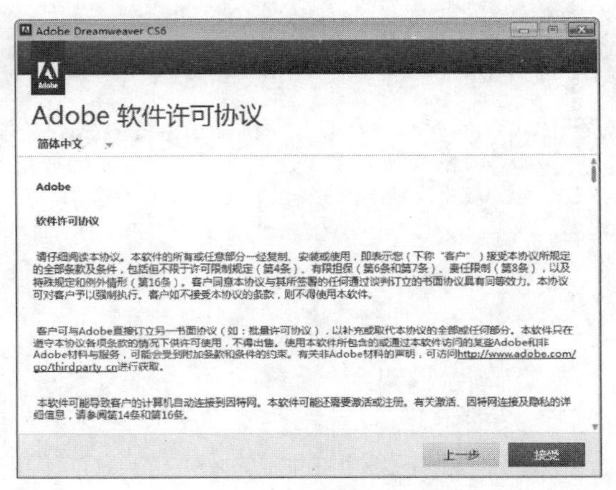

图 2-2 【Adobe 软件许可协议】窗口

step 03 进入【需要登录】窗口，单击【登录】按钮，根据提示中输入 Adobe ID 号和密码，如图 2-3 所示。

step 04 进入【选项】窗口，用户可根据需要选择安装组件和安装路径，这里采用默认的设置，单击【安装】按钮，如图 2-4 所示。

step 05 软件开始自动安装，并显示安装的进度，如图 2-5 所示。

step 06 安装完成后，单击【关闭】按钮，即可完成 Adobe Dreamweaver CS6 的安装。如果单击【立即启动】按钮，即可启动 Dreamweaver CS6，如图 2-6 所示。

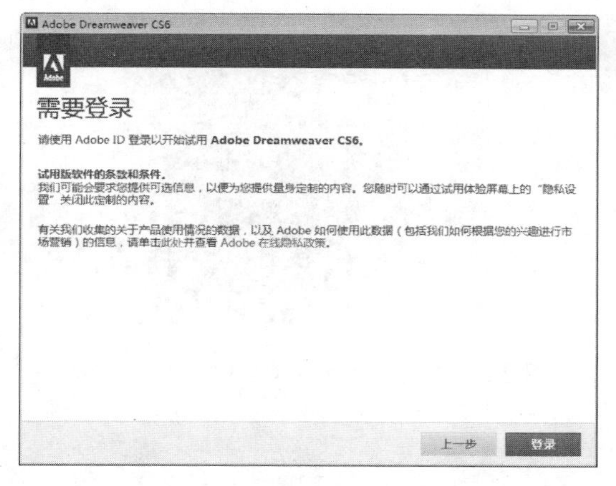

图 2-3 【需要登录】窗口

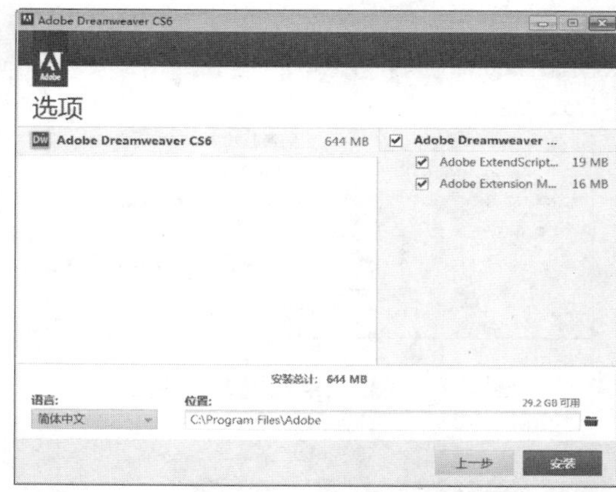

图 2-4 【选项】窗口

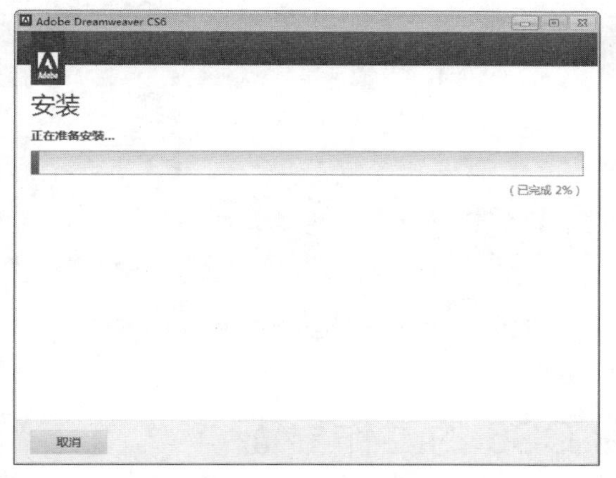

图 2-5 显示安装的进度

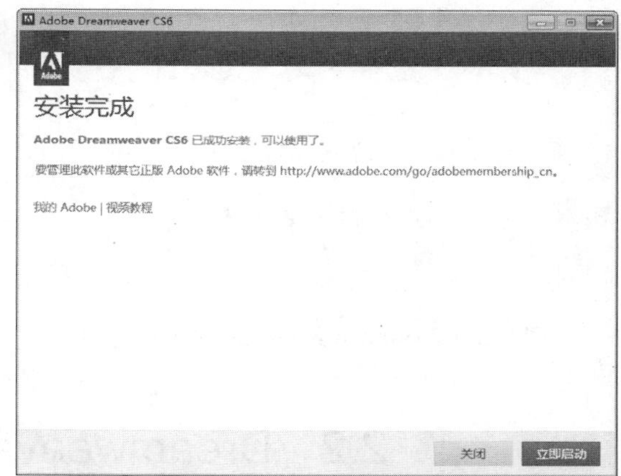

图 2-6 【安装完成】窗口

2.1.2 启动 Dreamweaver CS6

完成 Dreamweaver CS6 的安装后，下面就可以启动 Dreamweaver CS6 了，具体的操作步骤如下。

step 01 选择【开始】→【所有程序】→Adobe Dreamweaver CS6 命令，或双击桌面上的 Dreamweaver CS6 快捷图标，即可启动 Dreamweaver CS6，并弹出【默认编辑器】对话框，在其中勾选需要 Dreamweaver 设置为默认编辑器的文件类型，如图 2-7 所示。

step 02 单击【确定】按钮，进入 Dreamweaver CS6 的初始化界面。Dreamweaver CS6 的初始化界面时尚、大方，给人以焕然一新的感觉，如图 2-8 所示。

step 03 显示完初始化界面，便可打开 Dreamweaver CS6 工作区的开始界面。默认情况下，Dreamweaver CS6 的工作区布局是以设计视图布局的，如图 2-9 所示。

step 04 在开始界面中，单击【新建】栏下边的 HTML 选项，即可打开 Dreamweaver CS6 的工作界面，如图 2-10 所示。

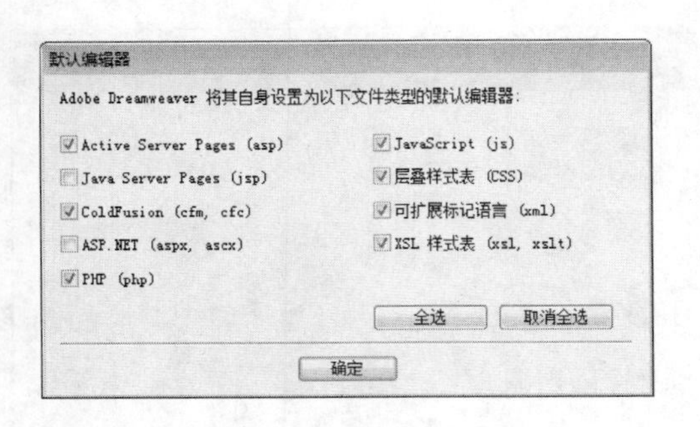

图 2-7 【默认编辑器】对话框

图 2-8 Dreamweaver CS6 的初始化界面

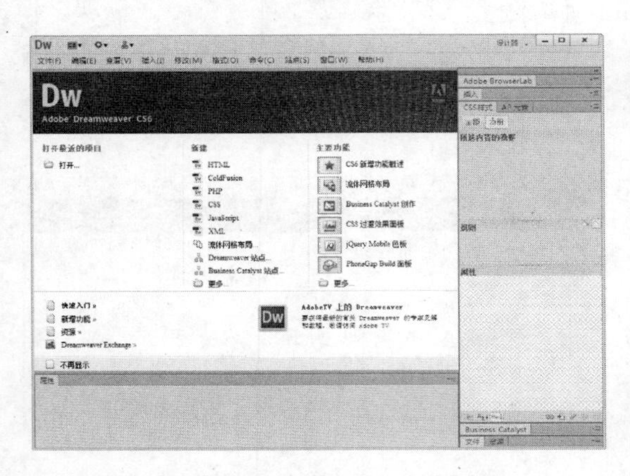

图 2-9 Dreamweaver CS6 的开始界面

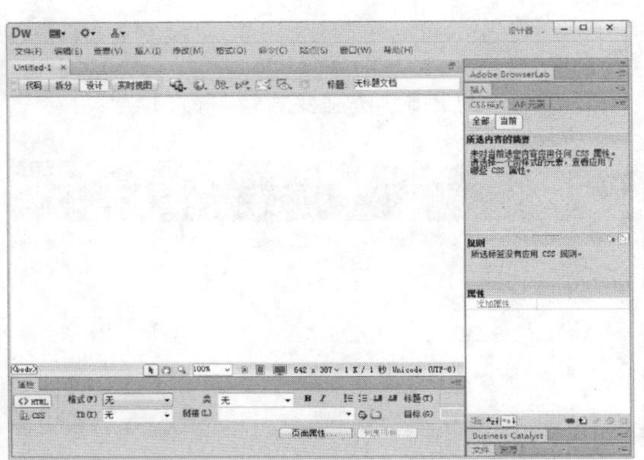

图 2-10 Dreamweaver CS6 的工作界面

2.2 Dreamweaver CS6 的工作界面

Dreamweaver CS6 的工作界面主要由应用菜单栏、文档工具栏、文档窗口、【属性】面板、状态栏、设计器、【插入】面板和【文件】面板等组成。

2.2.1 菜单栏

Dreamweaver CS6 的菜单栏包括文件、编辑、查看、插入、修改等 10 个菜单。单击每个菜单，会弹出下拉菜单，利用这些菜单基本上能够完成 Dreamweaver CS6 的所有功能，如图 2-11 所示。

文件(F) 编辑(E) 查看(V) 插入(I) 修改(M) 格式(O) 命令(C) 站点(S) 窗口(W) 帮助(H)

图 2-11 菜单栏

2.2.2 文档工具栏

文档工具栏包含 3 种文档窗口视图(代码、拆分和设计)按钮、各种查看选项和一些常用的操作按钮。如图 2-12 所示。

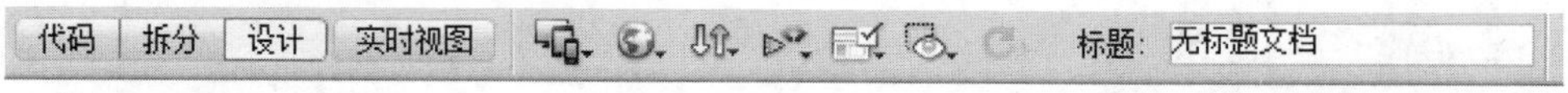

图 2-12　文档工具栏

文档工具栏中常用按钮的功能如下。

(1) 【显示代码视图】按钮代码：单击该按钮，仅在文档窗口中显示和修改 HTML 源代码。

(2) 【显示代码视图和设计视图】按钮拆分：单击该按钮，在文档窗口中同时显示 HTML 源代码和页面的设计效果。

(3) 【显示设计视图】按钮设计：单击该按钮，仅在文档窗口中显示网页的设计效果。

(4) 【实时视图】按钮实时视图：显示不可编辑的、交互式的、基于浏览器的文档视图。

(5) 【多屏幕】按钮：可以多屏幕浏览网页。

(6) 【文档标题】文本框标题：无标题文档：用于设置或修改文档的标题。

(7) 【文件管理】按钮：单击该按钮，通过下拉菜单可以进行消除只读属性、获取、取出、上传、存回、撤销取出、设计备注以及在站点定位等操作。

(8) 【在浏览器中预览/调试】按钮：单击该按钮，可在定义好的浏览器中预览或调试网页。

(9) 【刷新】按钮：刷新文档窗口的内容。

(10) 【可视化助理】按钮：可以使用各种可视化助理来设计页面。

(11) 【检查浏览器兼容】按钮：可以检查 CSS 是否对各种浏览器兼容。

(12) 【W3C 验证】按钮：可以检测网页是否符合 W3C 标准。

2.2.3　文档窗口

文档窗口显示当前创建和编辑的文档。在该窗口中，可以输入文字、插入图片、绘制表格等，也可以对整个页面进行处理，如图 2-13 所示。

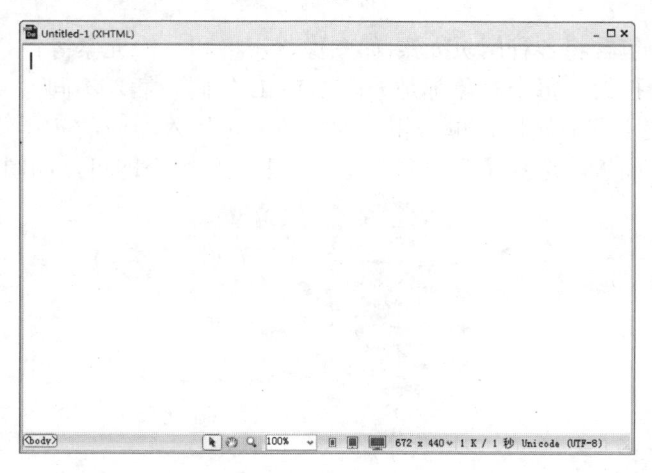

图 2-13　文档窗口

2.2.4 【属性】面板

【属性】面板是网页中非常重要的面板，用于显示在文档窗口中所选元素的属性，并且可以对被选中元素的属性进行修改。该面板随着选择元素的不同而显示不同的属性，如图 2-14 所示。

图 2-14 【属性】面板

2.2.5 状态栏

状态栏位于文档窗口的底部，包括 3 个功能区：标签选择器(显示和控制文档当前插入点位置的 HTML 源代码标记)、窗口大小设置菜单(显示页面大小，允许将文档窗口的大小调整到预定义或自定义的尺寸)和下载指示器(估计下载时间，查看传输时间)，如图 2-15 所示。

图 2-15 状态栏

2.2.6 设计器

单击【设计器】下拉按钮，可以打开一些常用的面板。在下拉菜单中选择命令即可更改页面的布局，如图 2-16 所示。

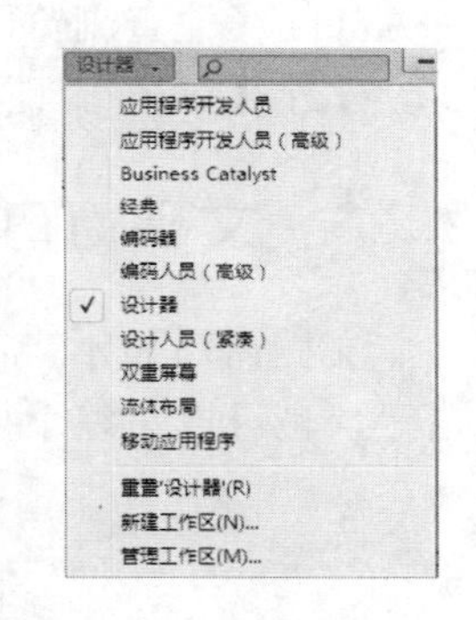

图 2-16 工作区切换器

2.2.7 【插入】面板

【插入】面板中包含将各种网页元素(如图像、表格和 AP 元素等)插入到文档时的快捷按钮，每个对象都是一段 HTML 代码。插入不同的对象时，可以设置不同的属性，单击相应的按钮，可插入相应的元素。要显示【插入】面板，选择【窗口】→【插入】菜单命令即可，如图 2-17 所示。

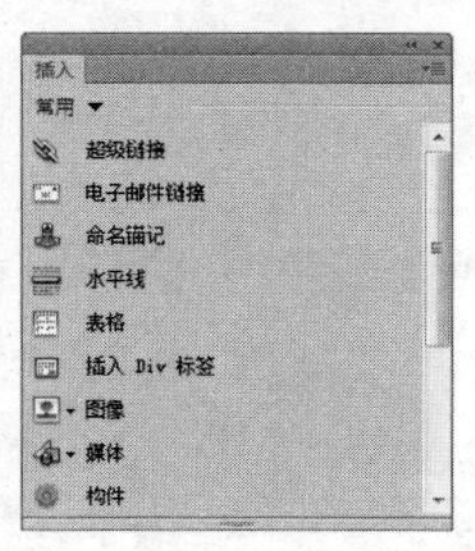

图 2-17 【插入】面板

2.2.8 【文件】面板

【文件】面板用于管理文件和文件夹，无论它们是 Dreamweaver 站点的一部分，还是位于远程服务器上。在【文件】面板上还可以访问本地磁盘上的全部文件，如图 2-18 所示。

图 2-18 【文件】面板

2.3 Dreamweaver CS6 的新增功能

Dreamweaver CS6 版本使用了自适应网格版面创建页面，在发布前使用多屏幕预览审阅设计，可大大提高工作效率。改善的 FTP 性能，更高效地传输大型文件。实时视图和多屏幕预览面板可呈现 HTML 5 代码，更能够检查自己的工作。

2.3.1 可响应的自适应网格版面

使用流体网格布局，实现响应迅速的 CSS3 自适应网格版面，可创建跨平台和跨浏览器的兼容网页设计。利用简洁、业界标准的代码，可为各种不同设备和计算机开发项目，提高工作效率。直观地创建复杂网页设计和页面版面，无须忙于编写代码，如图 2-19 所示。

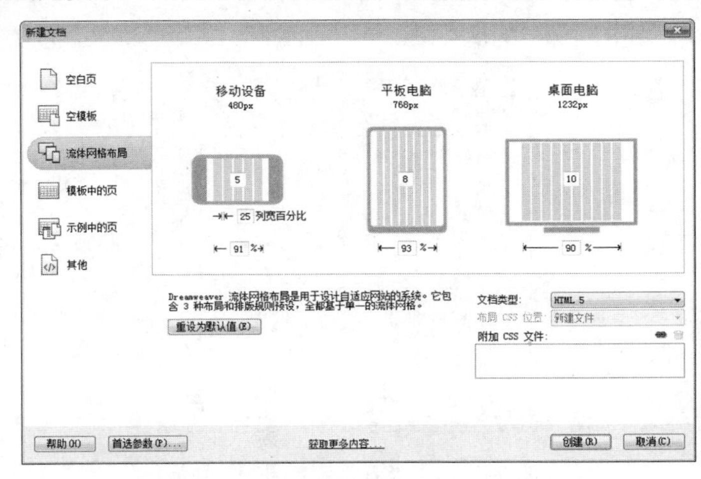

图 2-19 【流体网格布局】版面

2.3.2 改善的 FTP 性能

利用重新改良的多线程 FTP 传输工具，可以节省上传文件的时间，从而更快速、高效地上传网站文件，缩短制作时间，如图 2-20 所示。

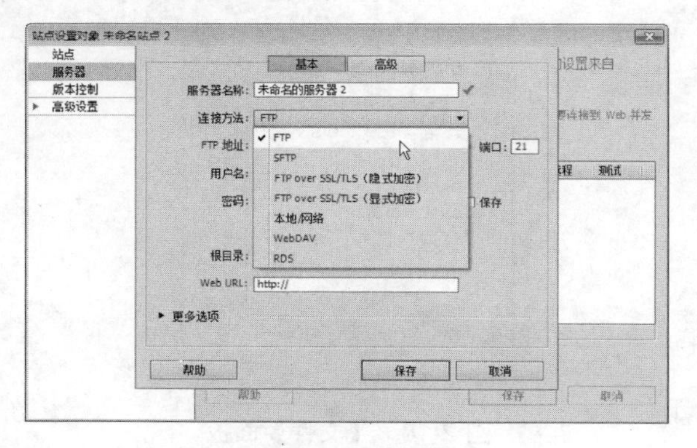

图 2-20 服务器选项

2.3.3 增强型 jQuery 移动支持

更新的 jQuery 移动框架，支持为 iOS 和 Android 平台建立本地应用程序，建立移动应用程序，同时简化用户的移动开发工作流程，如图 2-21 所示。

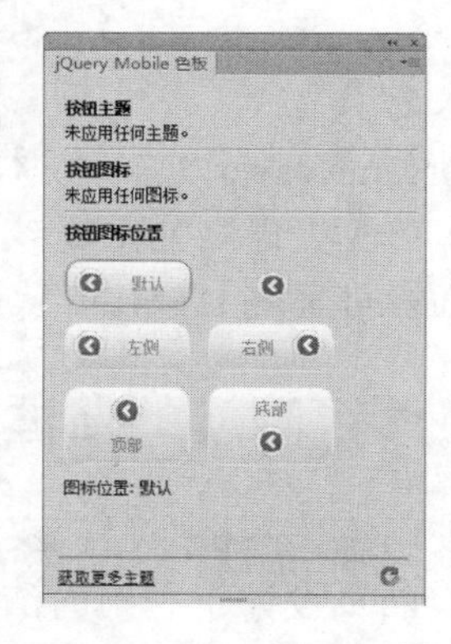

图 2-21 【jQuery Mobile 色板】面板

2.3.4 CSS 3 转换

将 CSS 属性变化制成动画转换效果，使网页设计栩栩如生，在用户处理网页元素和创建优美效果时保持对网页设计的精准控制。通过【CSS 过渡效果】面板，可以添加动画转换效果，如图 2-22 所示。

图 2-22 【CSS 过渡效果 】面板

2.3.5 更新的实时视图

使用更新的实时视图功能在发布前测试页面。实时视图现已使用最新版的 Web Kit 转换引擎，能够提供绝佳的 HTML 5 支持，如图 2-23 所示。

图 2-23 实时视图

2.3.6 更新的多屏幕预览面板

利用更新的多屏幕预览面板，可以检查智能手机、平板电脑和台式机所建立项目的显示画面。该增强型面板能够让用户检查 HTML 5 的内容呈现，如图 2-24 所示。

图 2-24 多屏幕预览效果

2.4 使用 Dreamweaver CS6 创建基本网页

Dreamweaver CS6 可以编辑网站的网页，为创建 Web 文档提供了灵活的环境。

2.4.1 定义 Dreamweaver 站点

Dreamweaver 站点是一种管理网站中所有相关联文档的工具，通过站点可以实现将文件上传到网络服务器、自动跟踪和维护、管理文件以及共享文件等功能。Dreamweaver 中的站点包括本地站点、远程站点和测试站点等 3 类。

- 本地站点：用来存放整个网站框架的本地文件夹，是用户的工作目录，一般制作网页时只需建立本地站点即可。
- 远程站点：存储于 Internet 服务器上的站点和相关文档。通常情况下，为了不连接 Internet 而对所建的站点进行测试，可以在本地计算机上创建远程站点，来模拟真实的 Web 服务器进行测试。
- 测试站点：Dreamweaver 处理动态页面的文件夹，使用此文件夹生成动态内容并在工作时连接到数据库，用于对动态页面进行测试。

1. 使用向导创建本地站点

在 Dreamweaver CS6 中使用向导创建本地站点的具体步骤如下。

step 01 打开 Dreamweaver CS6，选择【站点】→【新建站点】菜单命令，弹出【站点设置对象】对话框。输入站点的名称，并设置本地站点文件夹的路径和名称，然后单击【保存】按钮，如图 2-25 所示。

step 02 本地站点创建完成，在【文件】面板的【本地文件】窗格中会显示该站点的根目录，如图 2-26 所示。

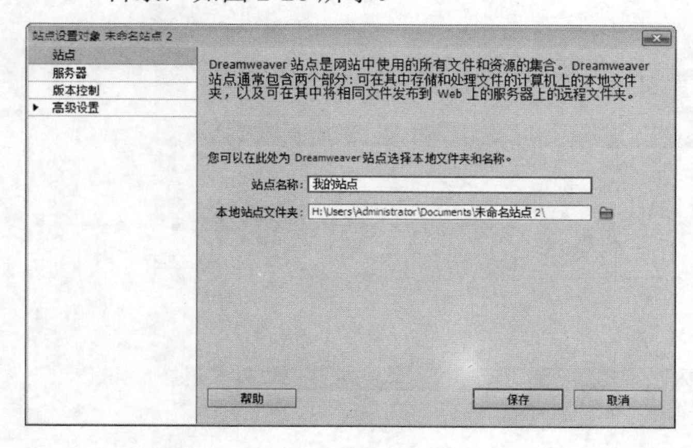

图 2-25 【站点设置对象】对话框

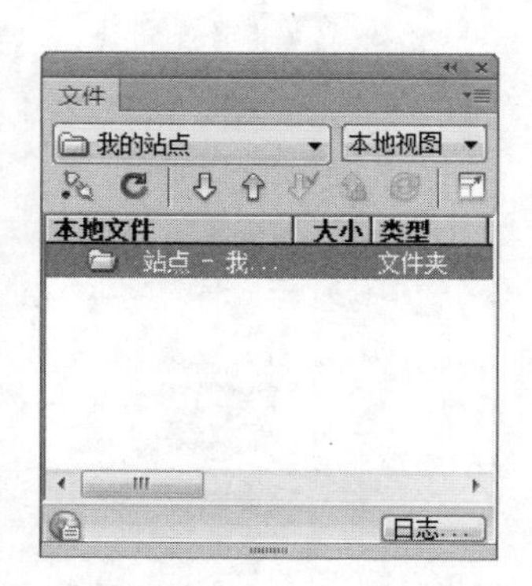

图 2-26 【本地文件】窗格

2. 使用【管理站点】功能创建站点

在【文件】面板中提供了【管理站点】功能，利用该功能可以创建站点，具体的操作步骤如下。

step 01 单击【文件】面板右侧的下拉按钮，在弹出的下拉列表中选择【管理站点】选项，如图 2-27 所示。

step 02 弹出【管理站点】对话框，在对话框中单击【新建站点】按钮，如图 2-28 所示。

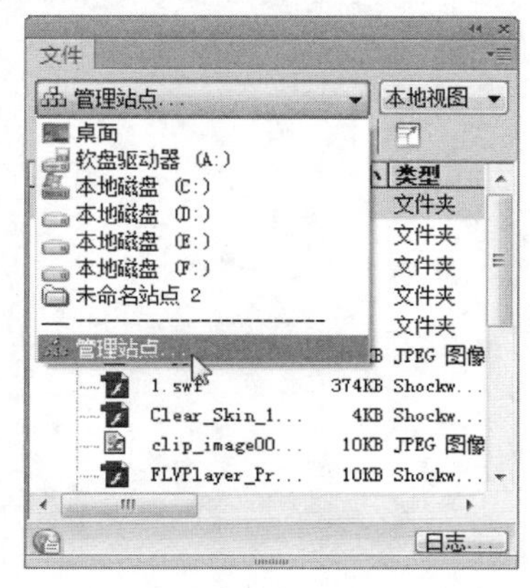

图 2-27 【文件】面板

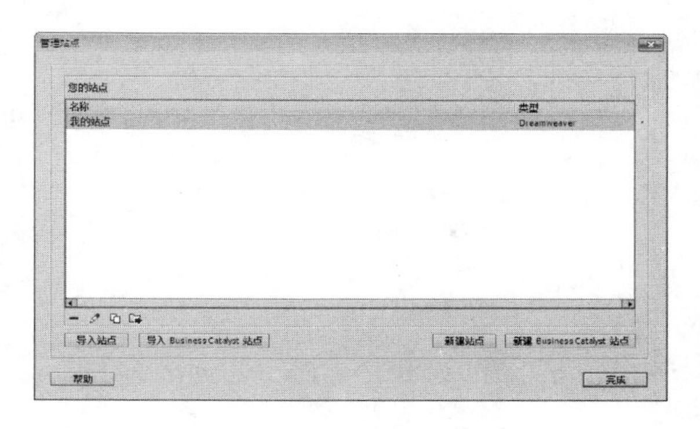

图 2-28 【管理站点】对话框

step 03 弹出【站点设置对象】对话框，在对话框中即可根据前面介绍的方法创建本地站点，如图 2-29 所示。

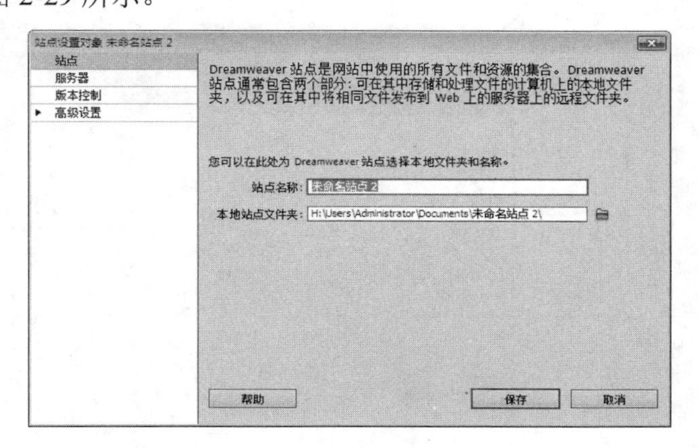

图 2-29 【站点设置对象】对话框

2.4.2 使用欢迎页

打开软件之后，出现的是一个欢迎页面。在欢迎页面中，可以快捷地选择所要操作的对象，如图 2-30 所示。

在欢迎页面中，可以方便地打开最近的项目和新建各种页面文件、打开站点。

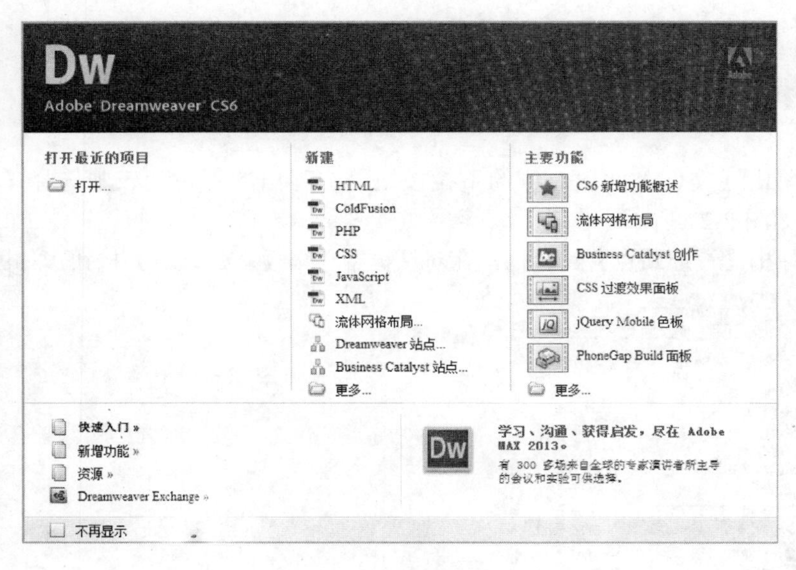

图 2-30　欢迎页面

2.4.3　新建页面

制作网页应该从创建空白文档开始。创建空白文档的具体步骤如下。

step 01 选择【文件】→【新建】菜单命令，如图 2-31 所示。

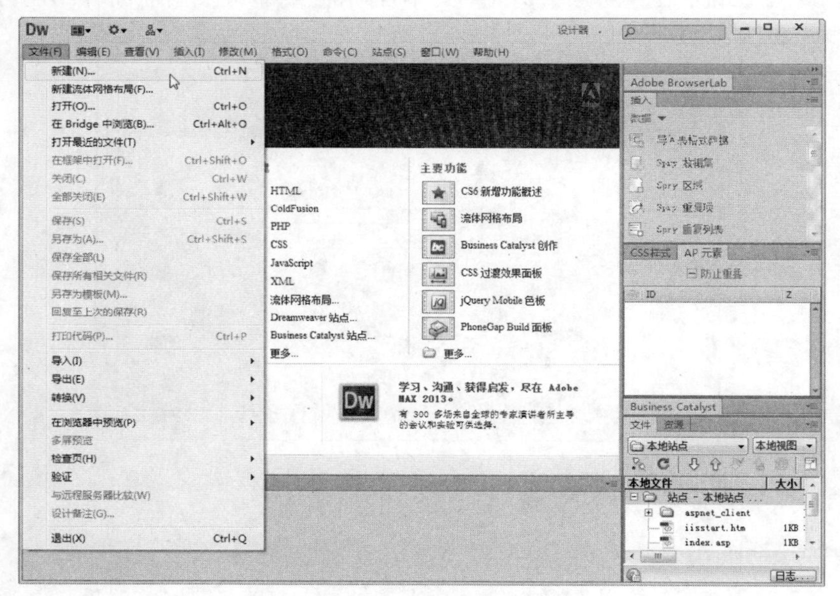

图 2-31　选择【新建】菜单命令

step 02 打开【新建文档】对话框，在左侧选择【空白页】选项，在【页面类型】列表框中选择 HTML 选项，在【布局】列表框中选择“无”选项，如图 2-32 所示。

step 03 单击【创建】按钮，即可创建一个空白文档，如图 2-33 所示。

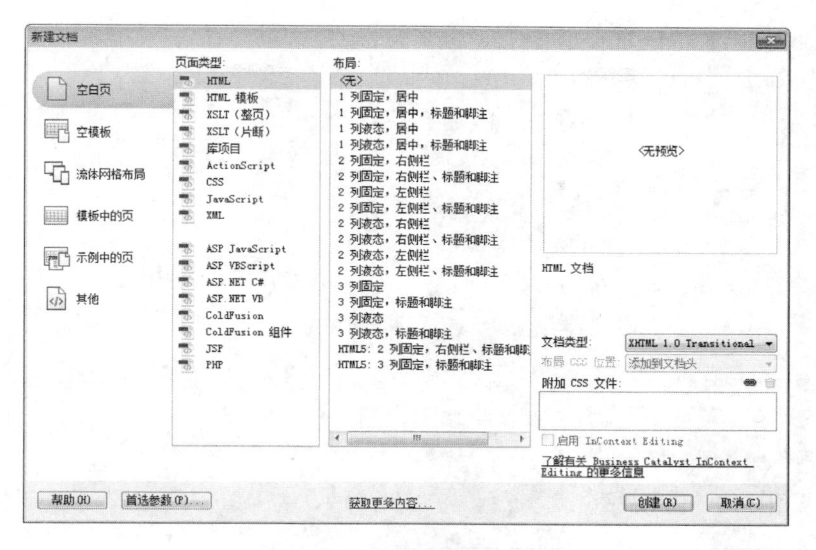

图 2-32 【新建文档】对话框

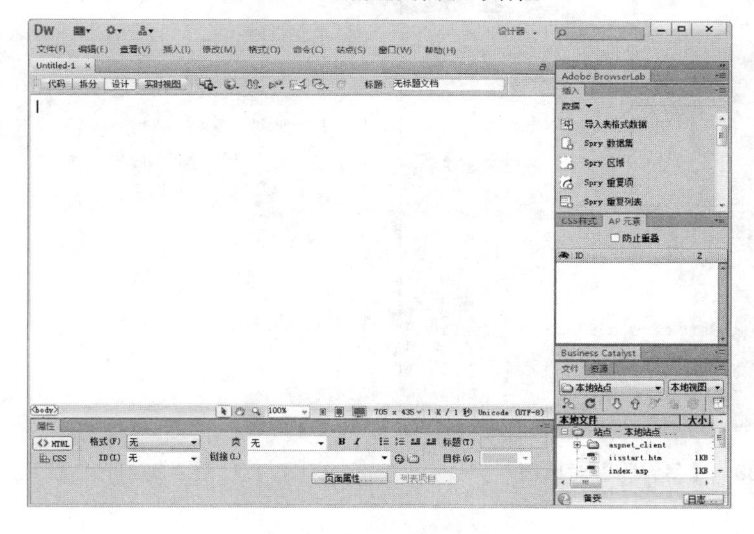

图 2-33 创建一个空白文档

2.4.4 设置页面标题

新建一个空白页面后，就可以进行网页的编辑操作了。首先为网站设置页面标题，其步骤如下。

step 01 选择新建的网站页面，单击【代码】标签，进入代码视图，如图 2-34 所示。

step 02 在代码视图中，选择<title>标签，在<title>与</title>标签之间，输入“鸿鹄电子商务网站”，如图 2-35 所示。

step 03 按 Ctrl+S 组合键，弹出【另存为】对话框，选择网站保存的路径，命名文件名为 index.html，如图 2-36 所示。

step 04 按 F12 键预览效果，如图 2-37 所示。

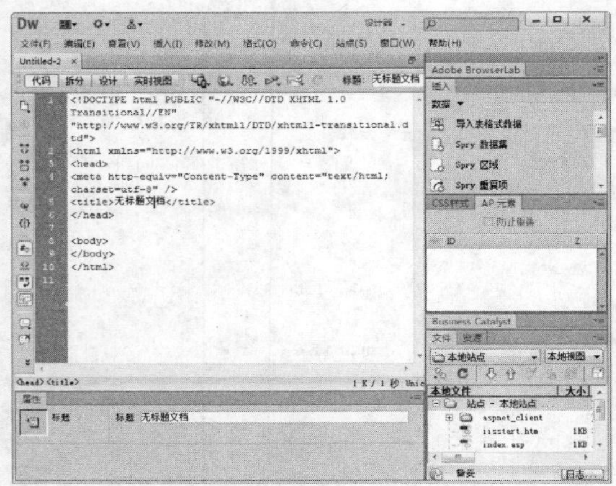

图 2-34　代码视图

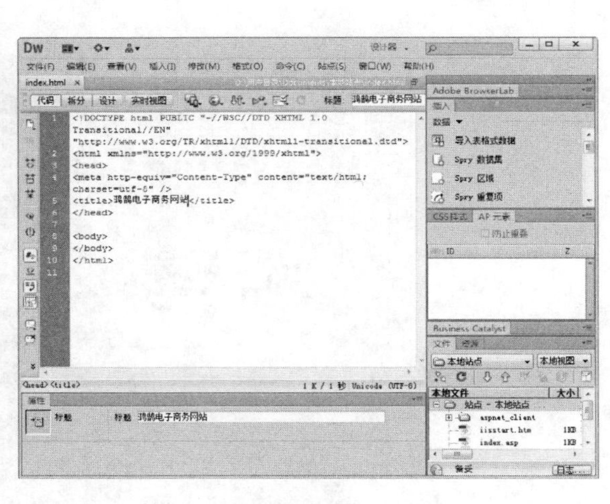

图 2-35　输入网站标题

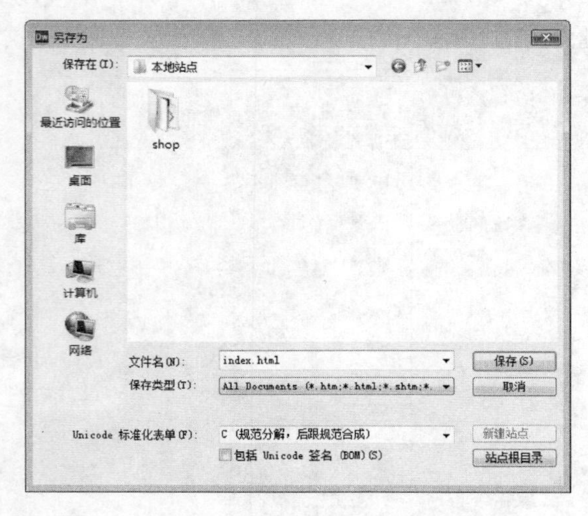

图 2-36　【另存为】对话框

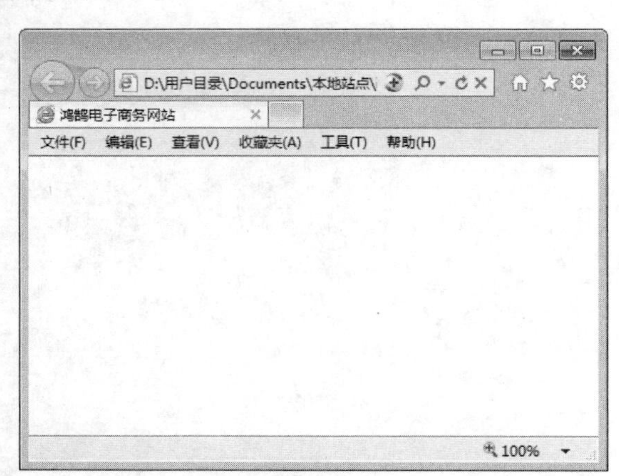

图 2-37　预览最终效果

2.4.5　设置页面属性

创建空白文档并设置标题后，接下来需要对文件进行页面属性的设置，即设置整个网站页面的外观效果。

选择【修改】→【页面属性】菜单命令或者按 Ctrl+J 组合键，打开【页面属性】对话框，在该对话框中可以设置外观、链接、标题和编码、跟踪图像等属性。

1. 设置外观

在【页面属性】对话框的【分类】列表框中选择【外观】选项，设置【页面字体】为“默认字体”，设置字体【大小】为 12px，并设置【背景颜色】为#FFFBF2，如图 2-38 所示。

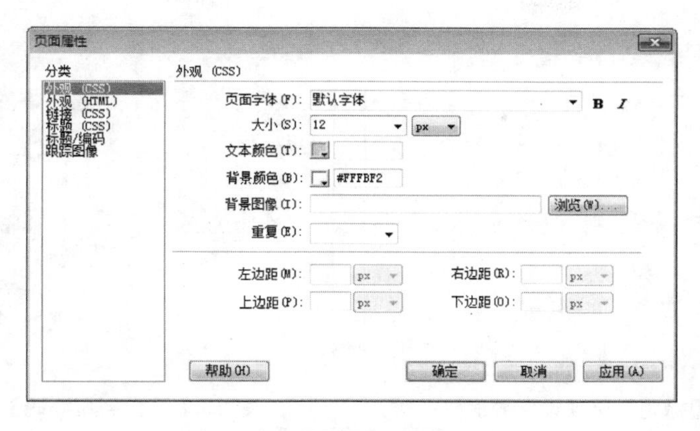

图 2-38 【页面属性】对话框

注意

图像和背景颜色不能同时显示，如果在网页中同时设置这两个选项，在浏览网页时只显示网页背景图像。

2. 设置链接

在【页面属性】对话框的【分类】列表框中选择【链接】选项，设置【链接颜色】为#000000，设置【已访问链接】为#000000，设置【变换图像链接】为#000000，设置【活动链接】为#990000，并设置【下划线样式】为“始终有下划线”，如图 2-39 所示。

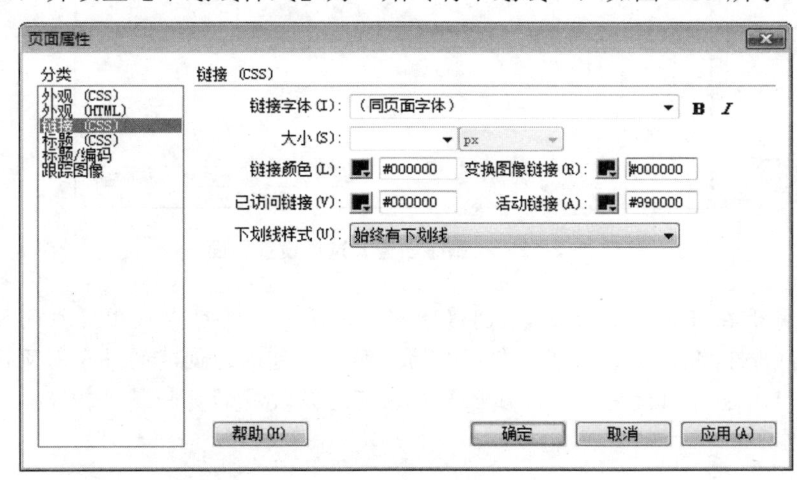

图 2-39 【链接】选项设置界面

3. 设置标题和编码

除了在代码视图中设置页面标题外，还可以在【页面属性】对话框的【分类】列表框中选择【标题】选项，设置标题及其相关属性。在【标题】区域中可以设置各种标题的字体样式、大小、颜色等，如图 2-40 所示。在【分类】列表框中选择【标题/编码】选项，可以设置标题、文档类型、编码和站点文件夹等，如图 2-41 所示。

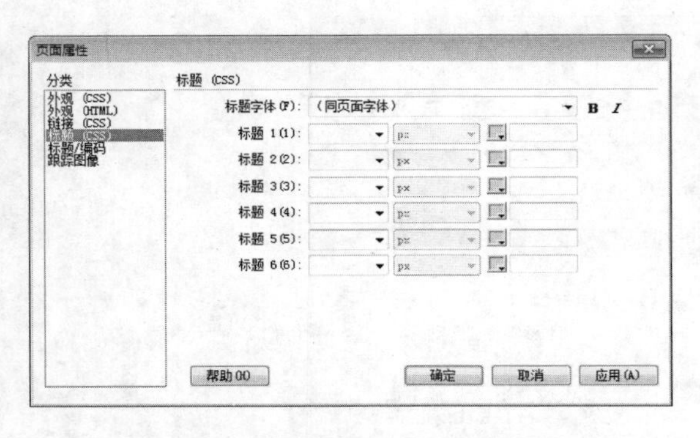

图 2-40 【标题】选项设置界面

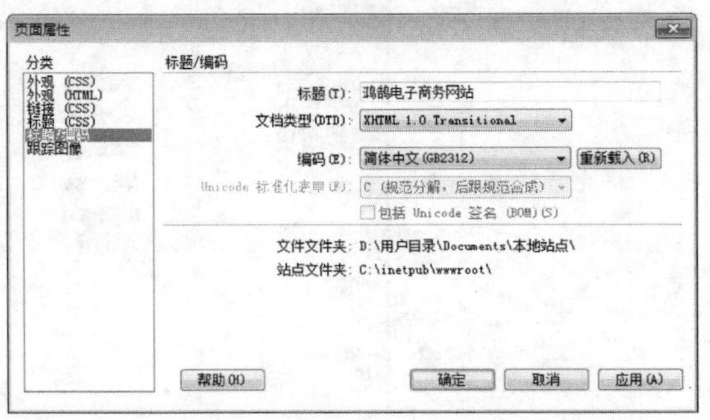

图 2-41 【标题/编码】选项设置界面

4. 设置跟踪图像

在【页面属性】对话框的【分类】列表框中选择【跟踪图像】选项，可以设置跟踪图像的属性，如图 2-42 所示。

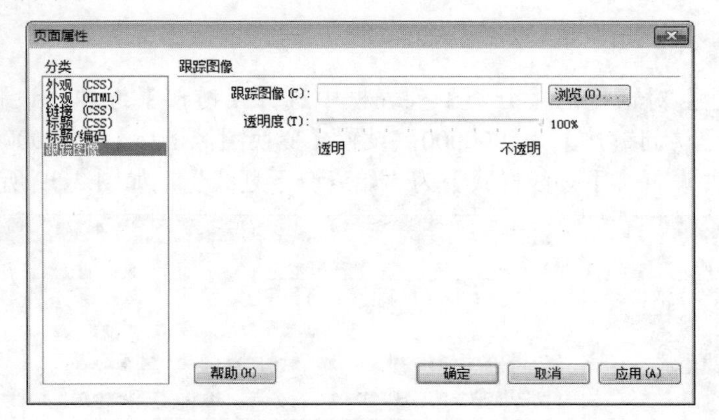

图 2-42 【跟踪图像】选项设置界面

注意

对于在 Dreamweaver 中创建的每一个页面，都可以使用【页面属性】对话框指定布局和格式设置属性。在不同的页面中，可以为创建的每个新页面指定新的页面属性，也可以使用【页面属性】对话框修改现有的页面属性。

2.4.6 添加文本

文本是基本的信息载体，是网页中最基本的元素之一。在文件中运用丰富的字体、多样的格式以及赏心悦目的文本效果，对于网站设计师来说是必不可少的技能。

在网页中插入文本和设置文本属性的具体步骤如下。

step 01 首先新建一个文档或打开一个文档。

step 02 将指针放置在文档的编辑区，输入文字，如图 2-43 所示。

step 03 在文档窗口中，选定要设置字体的文本，在【属性】面板中单击 CSS 按钮，在【大小】文本框中，将文字大小设置为 30px，单击【字体】下拉按钮，在弹出的列表中选择“楷体”，然后在 Color 中设置颜色为红色，如图 2-44 所示。

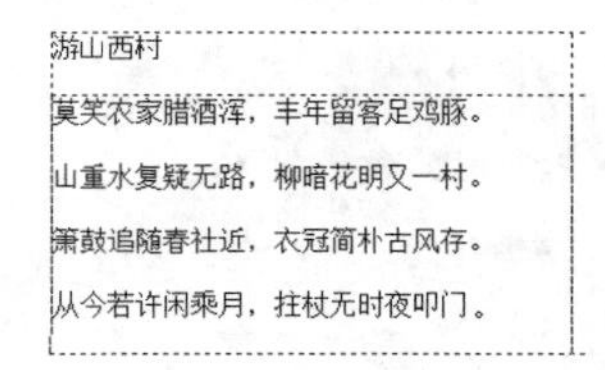

图 2-43　输入文字

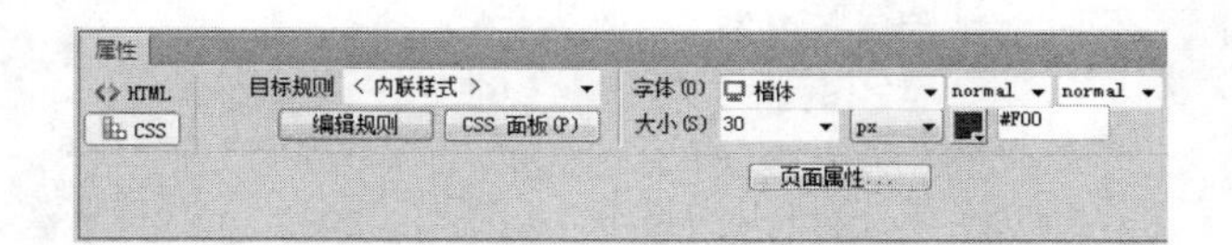

图 2-44　【属性】面板

step 04 设置好文字属性后，效果如图 2-45 所示。

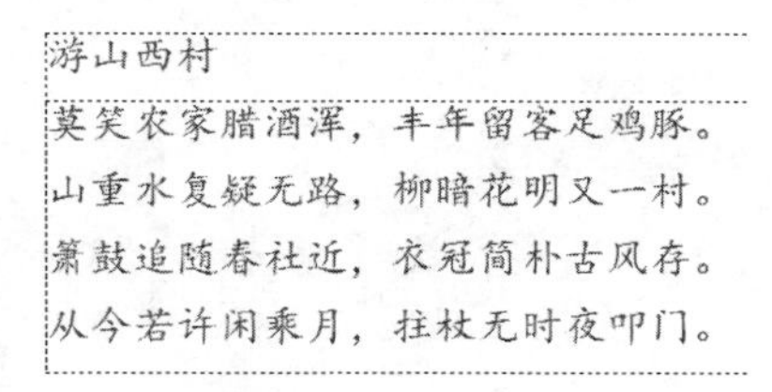

图 2-45　文字设置后的效果

在输入文本的过程中，换行时如果直接按 Enter 键，行间距会比较大。一般情况下，在网页中换行时按 Shift + Enter 组合键，这样才是正常的行间距。

2.4.7　插入图像

在文件中插入漂亮的图像会使网页更加美观，使页面更具吸引力。在网页中插入和编辑图像的具体步骤如下。

step 01 首先新建一个文档或打开一个文档。

step 02 在文档编辑区中将指针放置在需要插入图像的位置，选择【插入】→【图像】→【图像】菜单命令，打开【选择图像源文件】对话框，从中选择要插入的图像文件，然后单击【确定】按钮，如图 2-46 所示。

图 2-46　【选择图像源文件】对话框

step 03 完成向文档中插入图像的操作，最终效果如图 2-47 所示。

图 2-47　最终效果

step 04 在【属性】面板的【替换】文本框中输入文字“山西村”，设置图像的替换文本，如图 2-48 所示。

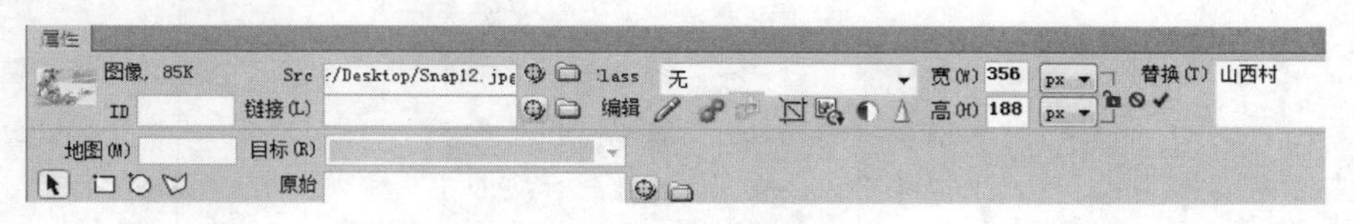

图 2-48　【属性】面板

step 05 如果需要剪裁图像，首先选择图像，然后在【属性】面板中单击【裁剪】按钮，图像周围出现 8 个控制点，通过拖动这些控制点可修剪图像的大小，如图 2-49 所示。选择好剪裁的位置后按 Enter 键，完成图像的裁剪工作。

step 06 如果需要优化图像，在【属性】面板中单击【编辑图像设置】按钮，打开【图像优化】对话框，如图 2-50 所示。在该对话框中进行相应的设置后，单击【确定】按钮，即可对图像进行优化。

图 2-49　剪裁图像

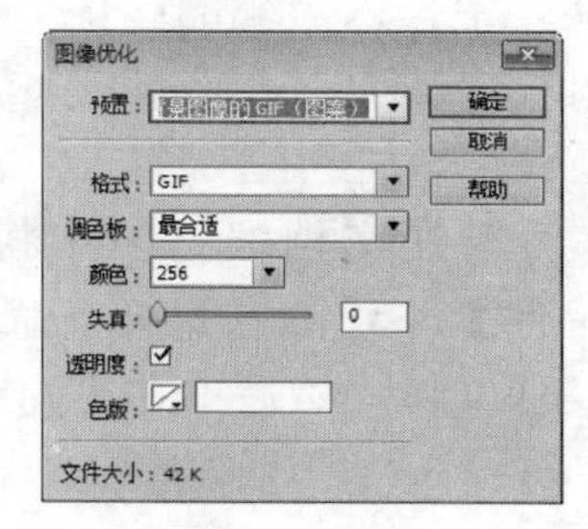

图 2-50　【图像优化】对话框

2.4.8　插入多媒体

多媒体对象和图像一样，在网页中起到的作用主要是美化网页，在 Dreamweaver CS6 中可以插入多媒体对象，如 Flash。插入多媒体的具体操作步骤如下。

step 01 首先新建一个文档或打开一个文档。

step 02 在文档编辑区中将指针放置在需要插入多媒体的位置，选择【插入】→【媒体】→Flash SWF 菜单命令，打开【选择 SWF】对话框，从中选择要插入的多媒体文件，然后单击【确定】按钮，如图 2-51 所示。

step 03 完成向文档中插入多媒体的操作，最终效果如图 2-52 所示。

图 2-51 【选择 SWF】对话框

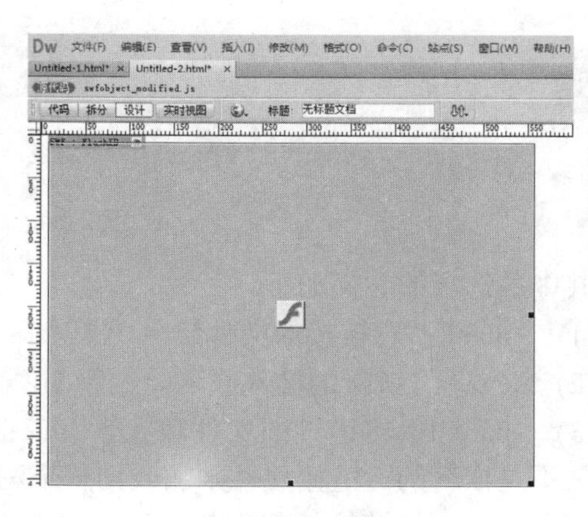

图 2-52 插入多媒体后效果

2.4.9 设置网页链接

链接是网页中极为重要的部分，是各个网页相互跳转的依据，单击文档中的链接，即可跳转至相应位置。浏览网页就是从一个文档跳转到另一个文档，从一个位置跳转到另一个位置，从一个网站跳转到另一个网站的过程，而这些过程都是通过链接来实现的。

通过 Dreamweaver 可以使用多种方法来创建内部文本链接。可以在文档窗口中选择【修改】→【创建链接】菜单命令选择指向的文件；可以使用【属性】面板来链接文件，即单击【浏览文件】按钮来选择文件；也可以使用【指向文件】图标来选择文件或直接输入文件路径。

使用【属性】面板创建链接的具体步骤如下。

step 01 首先新建一个文档或打开一个文档。

step 02 选择需要添加链接的文字，单击【属性】面板中的【浏览文件】按钮，打开【选择文件】对话框，然后选择需要转向的网页，如图 2-53 所示。

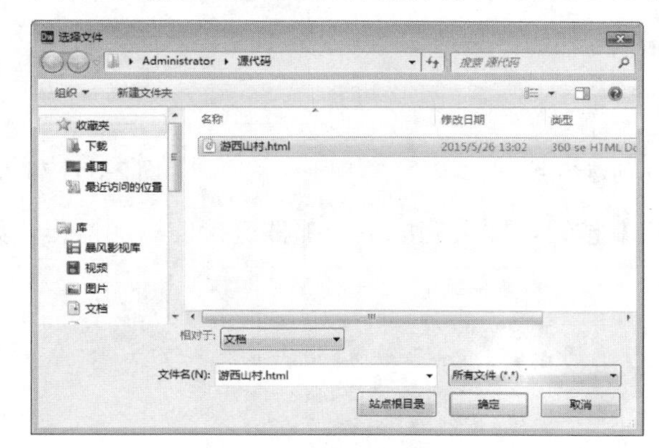

图 2-53 【选择文件】对话框

step 03 在【属性】面板的【目标】下拉列表中，可以选择链接文档打开的框架，如图 2-54 所示。

图 2-54 【属性】面板

其中各选项的含义如下。

(1) _blank：将链接的文件载入一个未命名的新浏览器窗口中。

(2) new：将链接的文件载入一个新的浏览器窗口中。

(3) _parent：将链接的文件载入含有该链接框架的父框架集或父窗口中。如果包含链接的框架不是嵌套的，链接文件则加载到整个浏览器窗口中。

(4) _self：将链接的文件载入该链接所在的同一框架或窗口中。此目标是默认的，所以通常不需要指定它。

(5) _top：将链接的文件载入整个浏览器窗口中，会删除所有的框架。

step 04 图像热点链接可以将一幅图分割为若干区域，并将这些区域设置为热点区域，可以将这些不同的热点区域链接到不同的页面。热点工具有 3 种：矩形热点工具 、椭圆形热点工具和多边形热点工具 。选中图像后，单击【属性】面板中的矩形热点工具按钮，在“情感日志”图像上拖动鼠标，绘制一个矩形热点，即可创建热点，如图 2-55 所示。

step 05 电子邮件链接是一种特殊的链接，单击这种链接，会启动计算机中相应的 E-mail 程序，允许书写电子邮件，然后发往指定地址。选择文字“联系我们”，选择【插入】→【电子邮件链接】菜单命令，打开【电子邮件链接】对话框，输入要链接的电子邮箱，如图 2-56 所示。

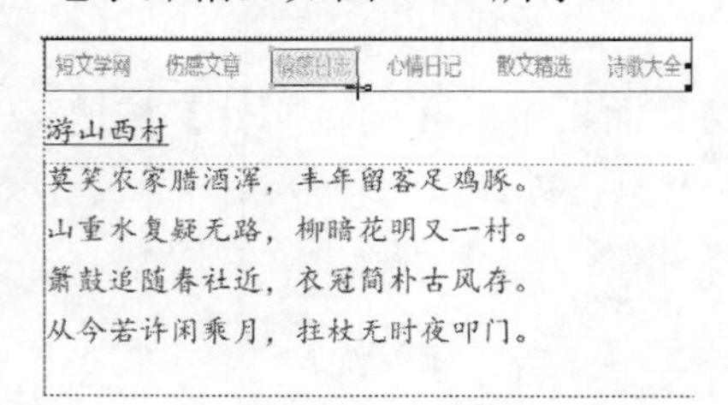

图 2-55 创建热点

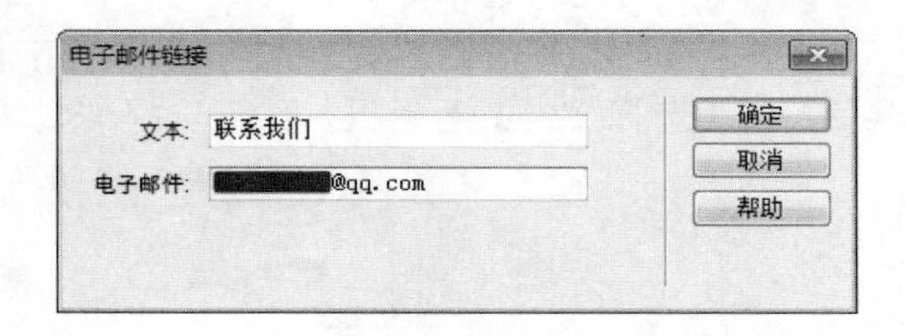

图 2-56 输入电子邮箱

step 06 单击【确定】按钮，即可完成电子邮件链接的添加操作，如图 2-57 所示。

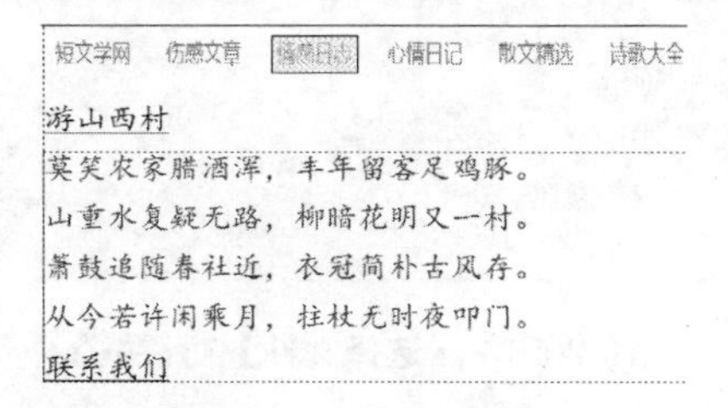

图 2-57 添加电子邮件链接

2.4.10 在网页中插入表格

表格是网页制作中不可缺少的网页元素之一。在 Dreamweaver CS6 中，表格主要用来安排网页的整体布局，也可以用来制作简单的图表。在文档中，利用表格可以对网页内容进行精确定位。

使用【插入】面板或【插入】菜单都可以创建新表格，然后设置表格的属性，也可以添加和删除表格的行和列，还可以对表格进行拆分和合并。

操作表格的具体步骤如下。

step 01 首先新建一个文档或打开一个文档，将指针定位到需要插入表格的位置，选择【插入】→【表格】菜单命令，打开【表格】对话框，如图 2-58 所示。

step 02 在【表格】对话框中，将【行数】设置为 5，【列】设置为 2，【表格宽度】设置为 200 像素，【边框粗细】设置为 1 像素，其他保持默认设置，单击【确定】按钮，即可在文档中插入表格，如图 2-59 所示。

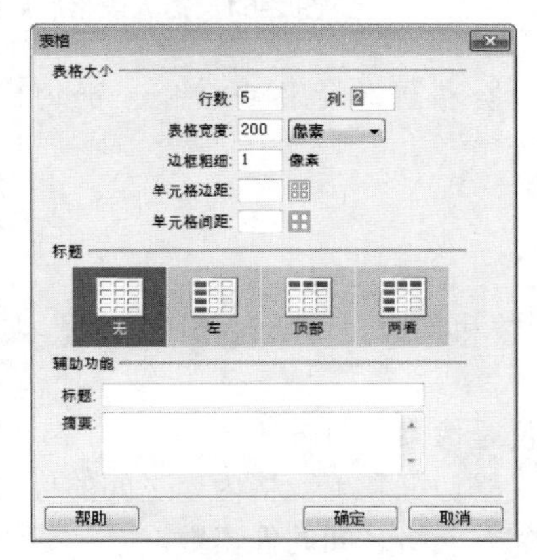

图 2-58 【表格】对话框

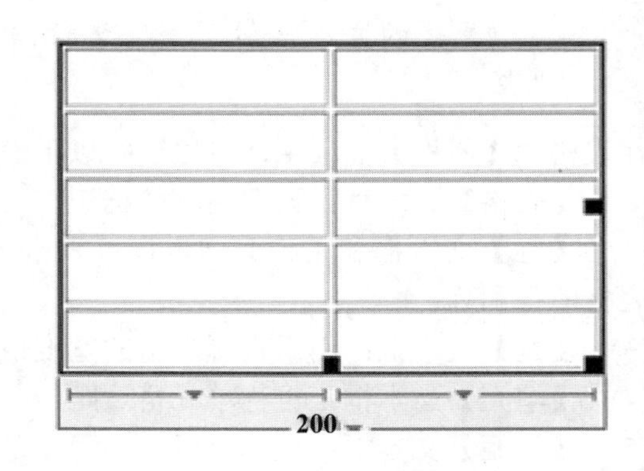

图 2-59 插入表格后效果

在【表格】对话框中，可以进行以下设置。

(1) 【行数】文本框：在该文本框中输入新建表格的行数。

(2) 【列】文本框：在该文本框中输入新建表格的列数。

(3) 【表格宽度】文本框：用于设置表格的宽度，单位可以是像素或百分比。

(4) 【边框粗细】文本框：用于设置表格边框的宽度(以像素为单位)。若设置为 0，在浏览时则不显示表格边框。

(5) 【单元格边距】文本框：用于设置单元格边框和单元格内容之间的像素数。

(6) 【单元格间距】文本框：用于设置相邻单元格之间的像素数。

(7) 【标题】区域：用于设置表头样式，有 4 种样式可供选择。

- 【无】：不将表格的首列或首行设置为标题。
- 【左】：将表格的第一列作为标题列，表格中的每一行可以输入一个标题。
- 【顶部】：将表格的第一行作为标题行，表格中的每一列可以输入一个标题。
- 【两者】：可以在表格中同时输入列标题和行标题。

(8) 【标题】文本框：在该文本框中输入表格的标题，标题将显示在表格的外部。

(9) 【摘要】文本框：对表格进行说明或注释，内容不会在浏览器中显示，仅在源代码中显示，可提高源代码的可读性。

step 03 选定表格后，选择【窗口】→【属性】菜单命令或按 Ctrl+F3 组合键，即可打开表格的【属性】面板，如图 2-60 所示。将鼠标移动到单元格的边框上，当指针变成÷形状时，拖动鼠标左键上下移动，即可改变单元格的高度，如图 2-61 所示。

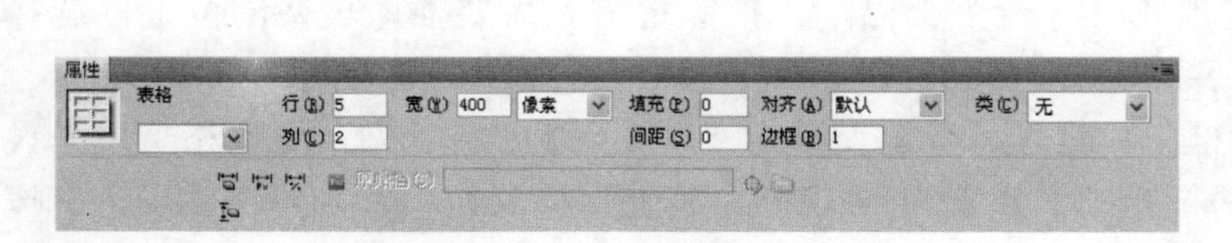

图 2-60 【属性】面板

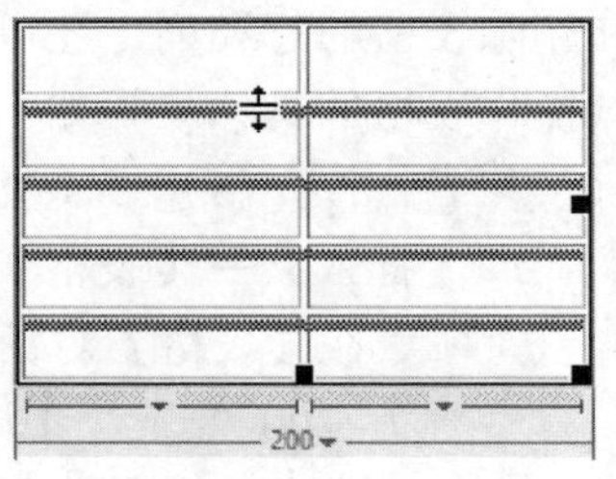

图 2-61 插入表格后效果

提示 表格的高度一般不需要进行设置，它会根据单元格中所输入的内容自动调整。

在表格的【属性】面板中，可以进行以下设置。

(1) 【表格】文本框：设置表格的标识。

(2) 【行】文本框和【列】文本框：表格中的行数和列数。可通过修改该值，来添加或删除表格的行和列。

(3) 【宽】文本框：用于设置表格的宽度值，单位是像素或百分比。

(4) 【填充】文本框：也称单元格边距，是指单元格边框和单元格内容之间的像素数。

(5) 【间距】文本框：也称单元格间距，是指相邻单元格之间的像素数。

(6) 【对齐】下拉列表：用于设置表格的对齐方式，该下拉列表中包括默认、左对齐、居中对齐和右对齐等 4 个选项。

(7) 【边框】文本框：用于设置表格边框的宽度(以像素为单位)。

(8) 【清除列宽】按钮和【清除行高】按钮：用于清除表格的列宽和行高。

(9) 【将表格宽度转换成像素】按钮：将表格中每列的宽度转换为以像素为单位的宽度。

(10) 【将表格宽度转换成百分比】按钮：将表格中每列的宽度转换为以百分比为单位的宽度。

step 04 选择需要改变高度的单元格，在【属性】面板的【高】文本框中输入 60，可以精确地设定单元格的高度，如图 2-62 所示。

step 05 将鼠标移动到单元格的边框上，当指针变成+||+形状时，拖动鼠标左键左右移动，即可改变单元格的宽度，如图 2-63 所示。

step 06 将指针放置在要删除的行或列中，选择【修改】→【表格】→【删除行】或【删除列】菜单命令，即可删除行或列，如图 2-64 所示。如果选择【插入行】或

【插入列】菜单命令，即可添加行或列。

图 2-62　插入表格后效果

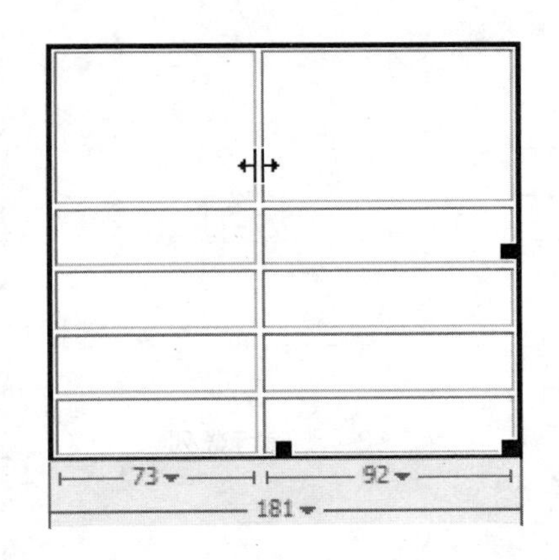

图 2-63　改变单元格的宽度

图 2-64　删除行或列

step 07 选择需要合并的单元格，右击并在弹出的快捷菜单中选择【表格】→【合并单元格】菜单命令，即可合并选择的单元格，如图 2-65 所示。

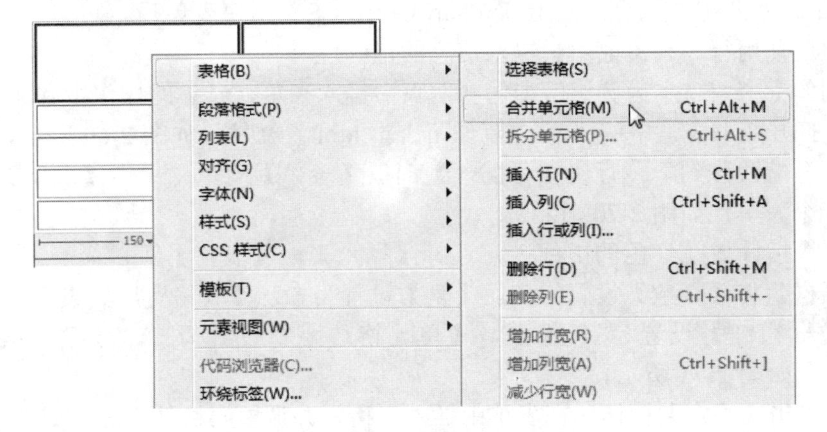

图 2-65　选择【合并单元格】命令

step 08 选择需要拆分的单元格，右击并在弹出的快捷菜单中选择【表格】→【拆分单

元格】菜单命令，如图 2-66 所示。打开【拆分单元格】对话框，在【列数】文本框中输入 4，如图 2-67 所示，单击【确定】按钮，即可拆分选择的单元格，最终效果如图 2-68 所示。

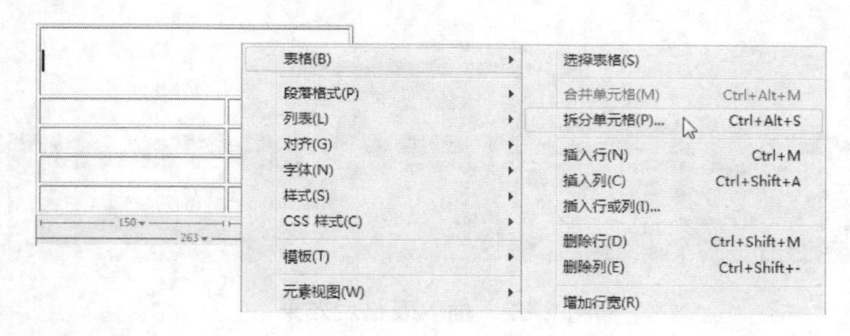

图 2-66 选择【拆分单元格】命令

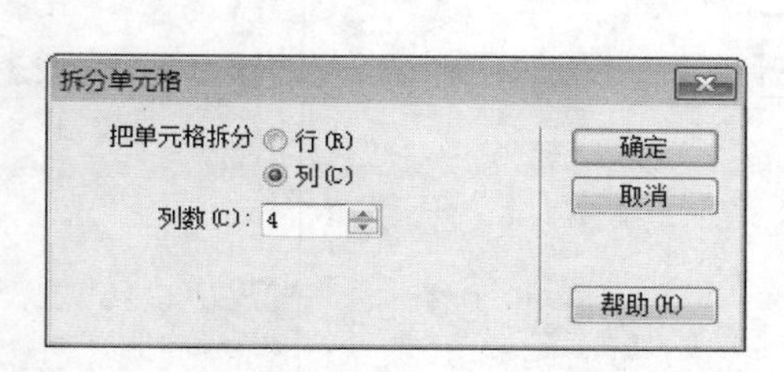

图 2-67 改变单元格的宽度

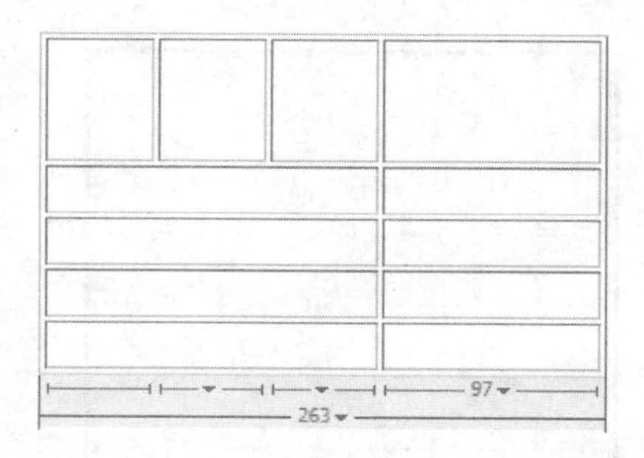

图 2-68 删除行或列

2.4.11 使用表单对象

表单用于把来自用户的信息提交给服务器，是网站管理者与浏览者之间进行沟通的桥梁。利用表单处理程序，可以收集、分析用户的反馈意见，以做出科学、合理的决策，因此它是一个网站成功的重要因素。使用 Dreamweaver CS6 创建表单后，可以在表单中添加对象，还可以通过使用行为来验证用户输入信息的正确性。

下面以制作一个留言本为例讲解如何在网页中插入表单，具体的操作步骤如下。

step 01 打开随书光盘中的“ch02\制作留言本.html”文件，如图 2-69 所示。

step 02 将指针移到下一行，在【插入】面板【表单】对象中单击【表单】按钮，插入一个表单，如图 2-70 所示。

step 03 将指针放在红色的虚线内，选择【插入】→【表格】菜单命令，打开【表格】对话框。将【行数】设置为 9，【列】设置为 2，【表格宽度】设置为 470 像素，【边框粗细】设置为 1 像素，【单元格边距】设置为 2，【单元格间距】设置为 3，如图 2-71 所示。

step 04 单击【确定】按钮，在表单中插入表格，并调整表格的宽度，如图 2-72 所示。

图 2-69 打开素材文件

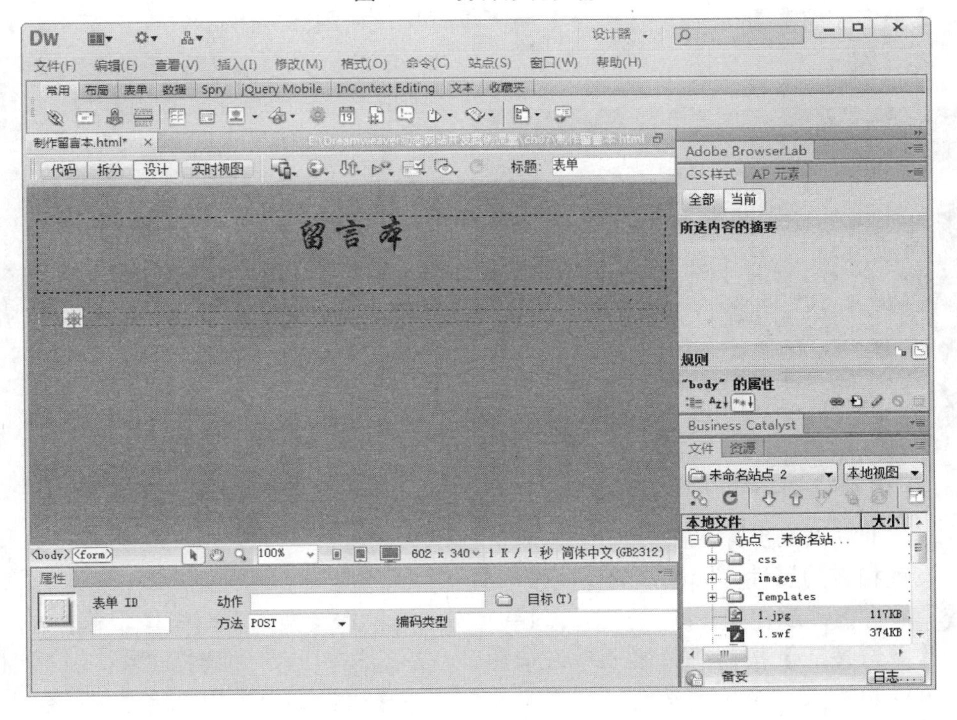

图 2-70 插入表单

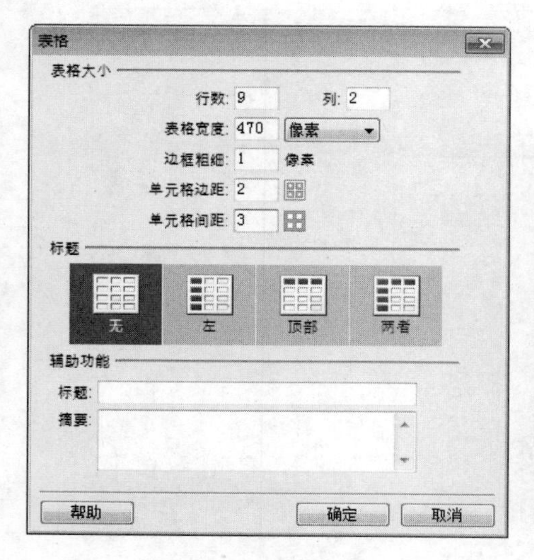

图 2-71 【表格】对话框

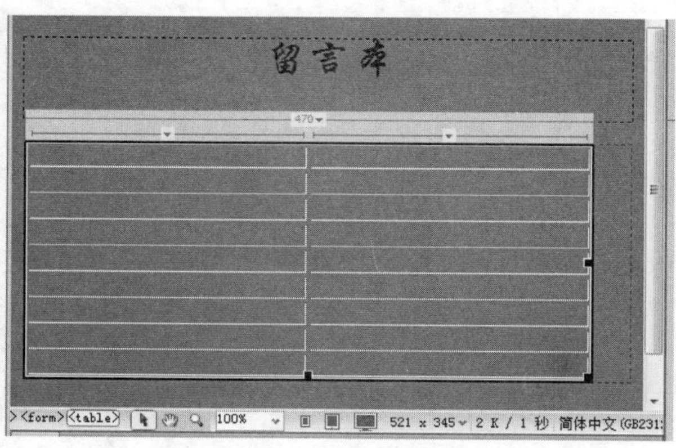

图 2-72 添加表格

step 05 在第 1 列单元格中输入相应的文字。然后选定文字，在【属性】面板中，设置文字的【大小】为 12 像素，将【水平】设置为“右对齐”，【垂直】设置为“居中”，如图 2-73 所示。

step 06 将指针放在第 1 行的第 2 列单元格中，选择【插入】→【表单】→【文本域】菜单命令，插入文本域。在【属性】面板中，设置文本域的【字符宽度】为 12，【最多字符数】为 12，【类型】为“单行”，如图 2-74 所示。

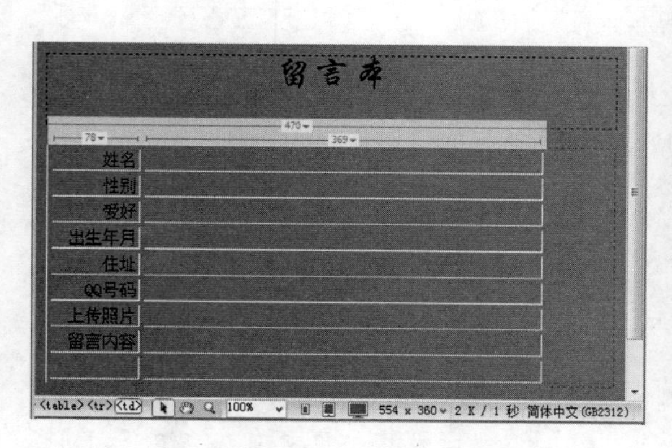

图 2-73 在表格中输入文字

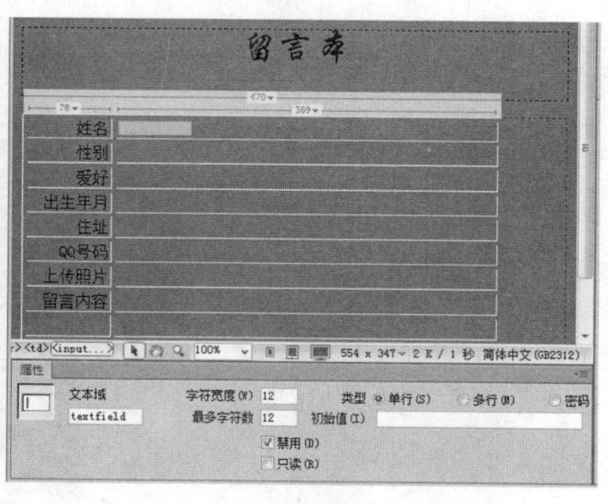

图 2-74 添加文本域

step 07 重复以上步骤，在第 3 行、第 4 行和第 5 行的第 2 列单元格中插入文本域，并设置相应的属性，如图 2-75 所示。

step 08 将指针放在第 2 行的第 2 列单元格中，单击【插入】面板【表单】选项卡中的【单选按钮】按钮，插入单选按钮，在单选按钮的右侧选择“男”。按照同样的方法再插入一个单选按钮，选择“女”。在【属性】面板中，将【初始状态】分别设置为“已勾选”和“未选中”，如图 2-76 所示。

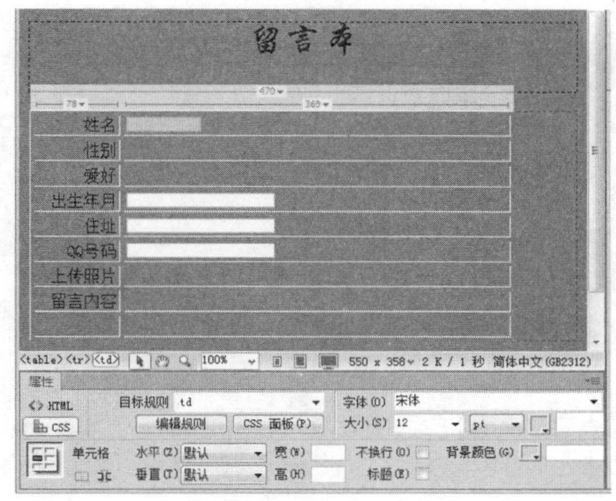

图 2-75　添加其他文本域

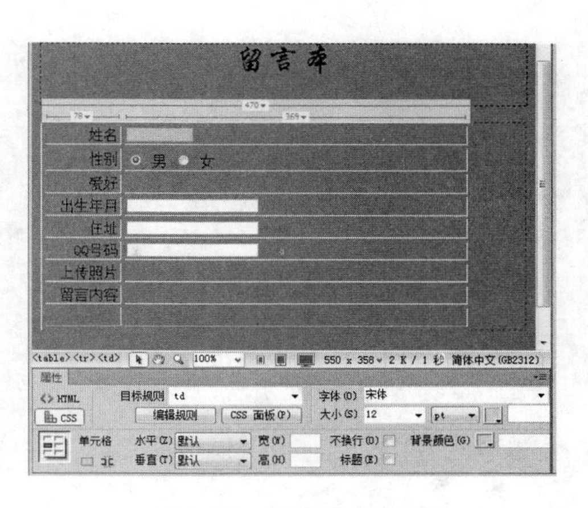

图 2-76　添加单选按钮

step 09 将指针放在第 3 行的第 2 列单元格中，单击【插入】面板【表单】选项卡中的【复选框】按钮☑，插入复选框。在【属性】面板中，将【初始状态】设置为“未选中”，在其后输入文本“音乐”，如图 2-77 所示。

step 10 按照同样的方法，插入其他复选框，设置属性并输入文字，如图 2-78 所示。

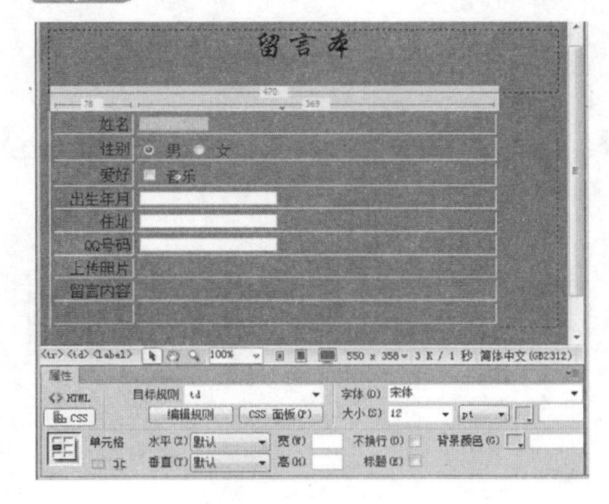

图 2-77　添加复选框

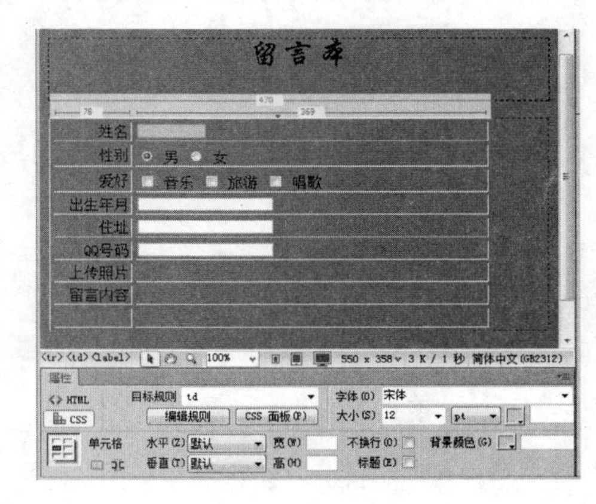

图 2-78　添加其他复选框

step 11 将指针置于第 8 行的第 2 列单元格中，选择【插入】→【表单】→【文本区域】菜单命令，插入多行文本域，【属性】面板中的选项为默认值，如图 2-79 所示。

step 12 将指针放在第 7 行的第 2 列单元格中，选择【插入】→【表单】→【文件域】菜单命令，插入文件域，然后在【属性】面板中设置相应的属性，如图 2-80 所示。

step 13 选定第 9 行的两个单元格，选择【修改】→【表格】→【合并单元格】菜单命令，合并单元格。将指针放在合并后的单元格，在【属性】面板中，将【水平】设置为“居中对齐”，如图 2-81 所示。

step 14 选择【插入】→【表单】→【按钮】菜单命令，插入两个按钮：提交按钮和重置按钮。在【属性】面板中，分别设置相应的属性，如图 2-82 所示。

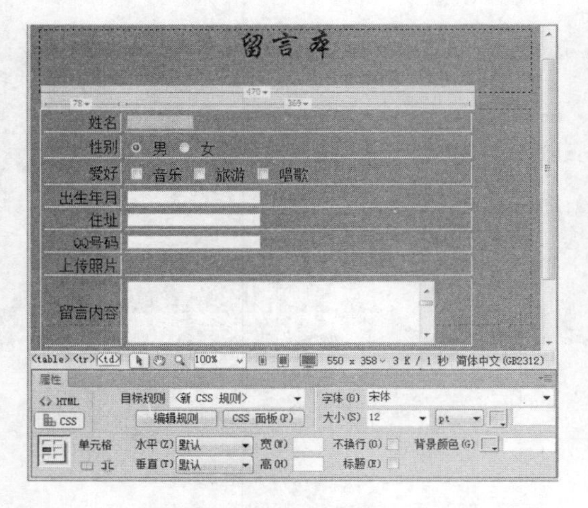

图 2-79 插入多行文本域

图 2-80 插入文件域

图 2-81 合并单元格

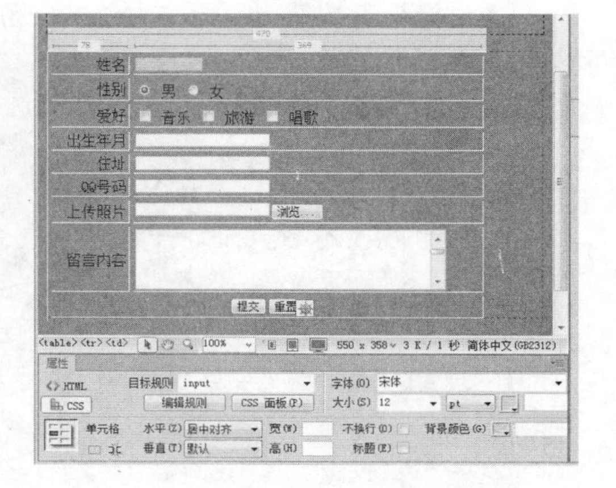

图 2-82 插入【提交】与【重置】按钮

step 15 保存文档，按 F12 键在浏览器中预览效果，如图 2-83 所示。

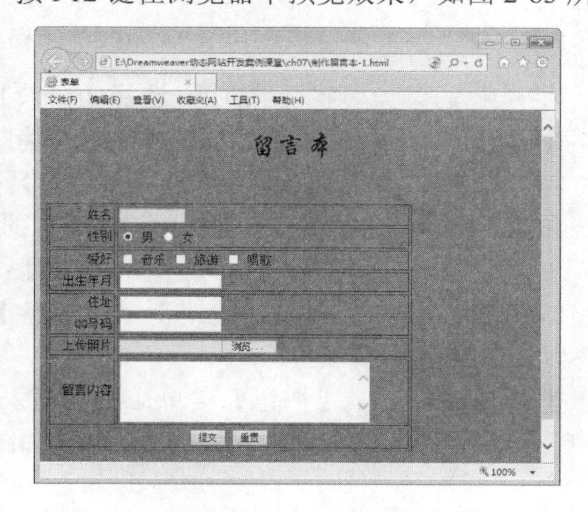

图 2-83 预览网页效果

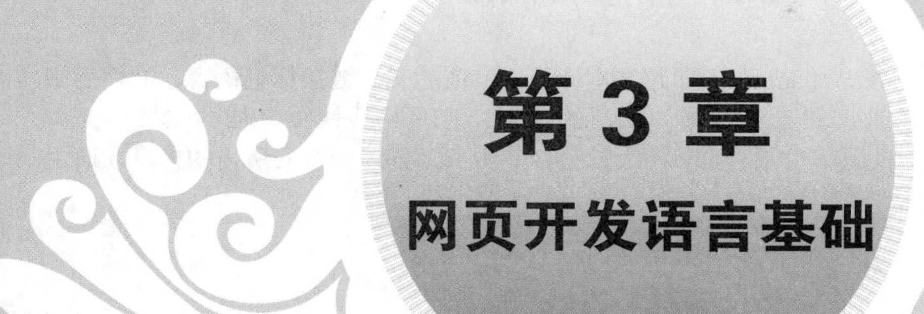

第 3 章 网页开发语言基础

要想自己动手建立网站，掌握一门网页编程语言是必需的，因为无论多么绚丽的网页，都要由语言编程去实现。本章主要介绍常见的几种网页语言，重点介绍HTML 和 ASP 语言网页编程常用知识点。

学习目标(已掌握的在方框中打钩)

- ▢ 熟悉 HTML 语言的基本概念
- ▢ 熟悉 VBScript 语言的基本概念
- ▢ 掌握 ASP 语言的基本知识

3.1 熟悉 HTML

HTML(Hypertext Markup Language)即超文本标记语言或超文本链接标记语言，文件后缀名为.htm 或.html，是目前网络上应用最为广泛的语言，也是构成网页文档的主要语言。HTML 的结构包括头部(head)、主体(body)两大部分，其中头部描述浏览器所需的信息，而主体则包含所要说明的具体内容。

3.1.1 第一个 HTML 网页

制作 HTML 页面，可以使用记事本、写字板、Word、FrontPage、Dreamweaver 及其他具有文字编排功能的工具，只要把最后生成的文件以.html 为后缀名保存即可。但不同的开发工具具有不同的开发效率，这里推荐使用 Dreamweaver。

Dreamweaver 提供了页面和 HTML 代码之间相互转换的功能。如编写出 HTML 代码后，通过 Dreamweaver 就可以马上看到相应的页面是什么样子；反之亦然，当看到一个漂亮的页面时，通过 Dreamweaver 即可知道它的 HTML 代码。

下面用 Dreamweaver CS6 创建一个空白 HTML 文件，如图 3-1 所示。

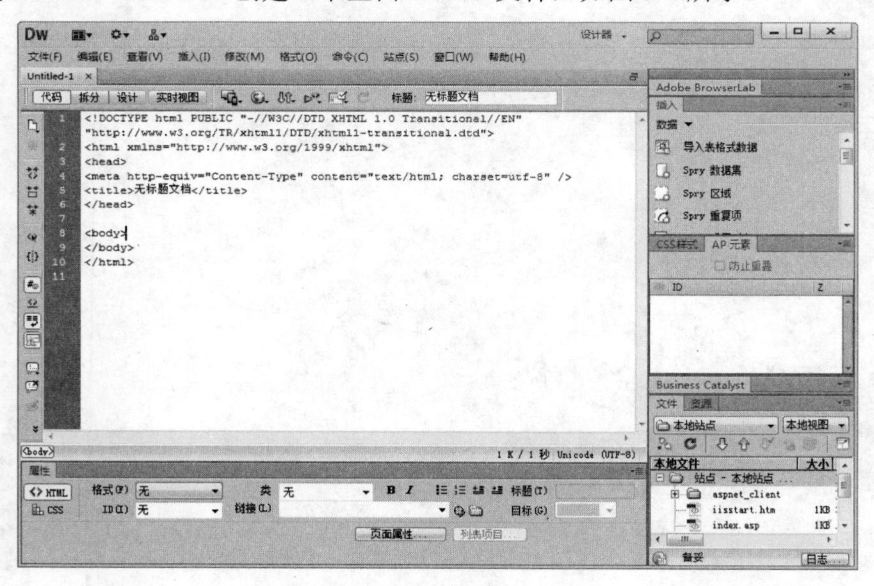

图 3-1 新建立的 HTML 页面

在“标题”文本框中输入“第一个 HTML 网页”，单击 拆分 按钮，在设计视图中输入文本“这是我制作的第一个页面”，如图 3-2 所示。

把代码视图的代码复制出来进行分析，代码如下：

```
<!doctype html>
<html>
<head>
```

```
<meta charset="utf-8">
<title>第一个 HTML 网页</title>
</head>

<body>
这是我制作的第一个页面
</body>
</html>
```

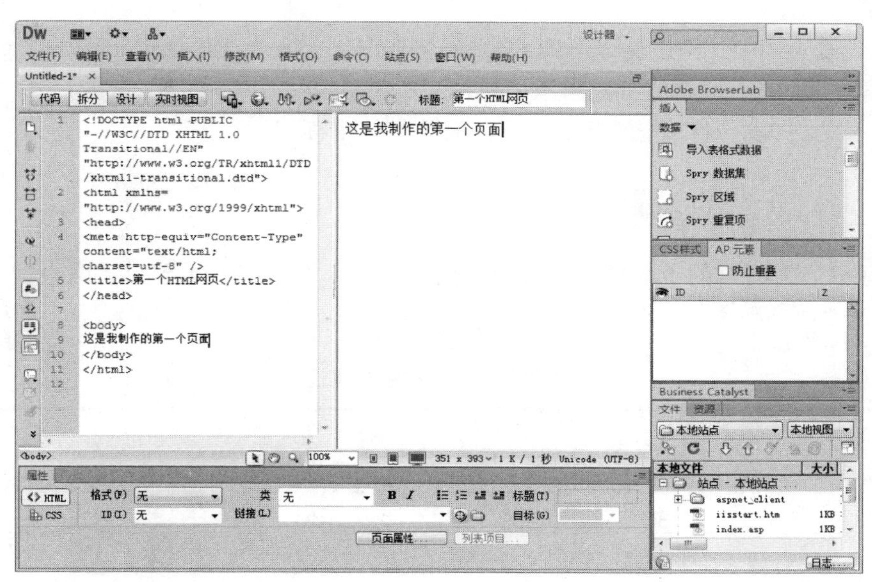

图 3-2　标题及输入文字说明

上面的代码有以下几个最基本的特点。

- 在代码中有很多用“< >”括起的代码，这就是 HTML 语言的标记符号。
- 代码主要由 head 和 body 两部分组成。
- 代码中有很多成对出现的标记，如出现<html>后，在后面会出现与之对应的</html>；如前面出现<head>后，在后面会出现与之对应的</head>。在成对出现的标记中，第一个表示开始，第二个表示结束，并且结束的标记要多一个斜杠。

接下来看看这些标注所代表的意义。

- html：表示被 <html> 及 </html> 所包围起来的内容是一份 HTML 文件，不过本标注也可以省略。
- head：此标注用来注明此份文件的作者等信息，除了 <title> 会显示在浏览器的标题列之外，其他并不会显示出来，故 <meta> 可以省略。
- meta：表示一个 meta 变量，其作用是声明信息或向 Web 浏览器提供具体的指令。
- title：表示该页面的标题，这两个标记中间的字符将会显示在浏览器的标题栏上，如上面实例的“第一个 HTML 网页”就会显示在浏览器的标题栏上。
- body：被此标注所围起来的数据，即表示是 HTML 文件的内容，会被浏览器显示在窗口中。不过本标注也可以省略。

3.1.2 HTML 元素的属性

HTML 元素用 Tag 表示，它可以拥有属性，属性用来扩展 HTML 元素的能力。

比如，可以使用一个 bgcolor 属性，使得页面的背景色成为红色，代码如下：

```
<body bgcolor="red">
```

属性通常由属性名和值成对出现，例如：name="value"。上面例子中的 bgcolor 就是 name，red 就是 value。属性值一般用双引号标记。

属性通常是附加给 HTML 的开始标记，而不是结束标记。

3.1.3 body 属性的设置

body 标记作为网页的主体部分，有很多内置属性，这些属性用于设置网页的总体风格。主要属性如表 3-1 所示。

表 3-1 body 的主要属性

属 性	功 能
background	指定文档背景图像的 url 地址
bgcolor	指定文档的背景颜色
text	指定文档中文本的颜色
link	指定文档中未访问过的超链接的颜色
vlink	指定文档中已被访问过的超链接的颜色
alink	指定文档中正被选中的超链接的颜色
leftmargin	设置网页左边留出空白间距的像素个数
topmargin	设置网页上方留出空白间距的像素个数

在上述属性中，各个颜色属性的值有两种表示方法：一种是使用颜色名称来指定，例如红色、绿色和蓝色分别用 red、breen 和 blue 表示；另一种是使用十六进制 RGB 格式表示，表示形式为 color="#RRGGBB"或 color="RRGGBB"，其中 RR 是红色、GG 是绿色、BB 是蓝色，各颜色分量的取值范围为 00～FF。例如，#00FF00 表示绿色，#FFFFFF 表示白色。

背景图片属性值是一个相对路径的图片文件名，如<body backgroud="bg.gif">中 bg.gif 是背景图片的名字，实际是带相对路径的图片文件名字。比如，页面放在 d:\myweb\，而背景图片放在 c:\myweb\images\，那么就需要写成<body backgroud="images\bg.gif">。

3.1.4 字体属性的应用

网页主要是由文字及图片组成，在网页中那些千变万化的文字效果又是由哪些常用的标签进行控制呢？本节主要介绍文字的大小、字体、样式及颜色控制。

1. 文字的大小

提供字号大小的是 font，font 有一个属性 size，通过指定 size 属性就能设置字号大小，而 size 属性的有效值范围为 1～7，其中默认值为 3。可以在 size 属性值之前加上“+”、“-”字符，来指定相对于字号默认值的增量或减量。

【例 3.1】 设置网页文字大小(实例文件：ch03\3.1.html)

```
<html>
<head>
<title>字号大小</title>
</head>
<body>
<font size=7>这是 size=7 的字体</font><P>
<font size=6>这是 size=6 的字体</font><P>
<font size=5>这是 size=5 的字体</font><P>
<font size=4>这是 size=4 的字体</font><P>
<font size=3>这是 size=3 的字体</font><P>
<font size=2>这是 size=2 的字体</font><P>
<font size=1>这是 size=1 的字体</font><P>
<font size=-1>这是 size=-1 的字体</font><P>
</body>
</html>
```

预览效果如图 3-3 所示。

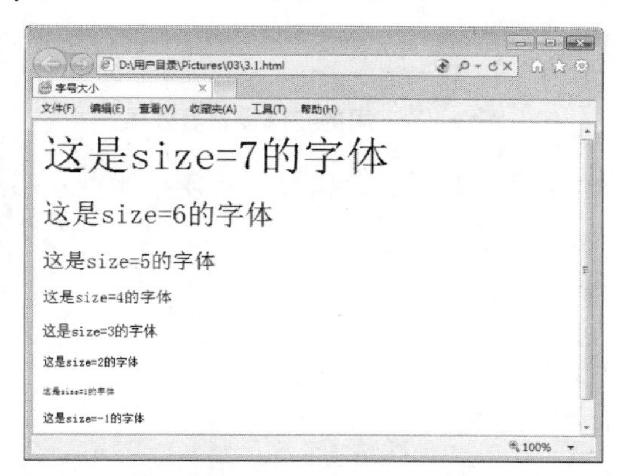

图 3-3　文字不同大小样式

2. 文字的字体与样式

HTML 4.0 以上的版本提供了定义字体的功能，用 FACE 属性来完成这个工作，FACE 的属性值可以是本机上的任一字体类型。但有一点需要注意，只有对方的电脑中装有相同的字体才可以在该浏览器中出现预先设计的风格。格式如下：

```
<font face="字体">
```

【例 3.2】 设置文字的字体(实例文件：ch03\3.2.html)

```
<HTML>
<HEAD>
```

```
<TITLE>字体</TITLE>
</HEAD>
<BODY>
<CENTER>
<FONT face="楷体_GB2312">欢迎光临</FONT><P>
<FONT face="宋体">欢迎光临</FONT><P>
<FONT face="仿宋_GB2312">欢迎光临</FONT><P>
<FONT face="黑体">欢迎光临</FONT><P>
<FONT face="Arial">Welcome my homepage.</FONT><P>
<FONT face="Comic Sans MS">Welcome my homepage.</FONT><P>
</CENTER>
</BODY>
</HTML>
```

预览效果如图 3-4 所示。

图 3-4　不同的字体设置后效果

HTML 还提供了一些标签，产生文字的加粗、斜体、加下划线等效果，现将常用的标签列举如下：

- <B>…</B>：粗体。
- <I>…</I>：斜体。
- <U>…</U>：加下划线。
- <TT>…<TT>：打字机字体。
- <BIG>…</BIG>：大型字体。
- <SMALL>…</SMALL>：小型字体。
- <BLINK>…</BLINK>：闪烁效果。
- <EM>…</EM>：表示强调，一般为斜体。
- <STRONG>…</STRONG>：表示特别强调，一般为粗体。
- <CITE>…</CITE>：用于引证、举例，一般为斜体。

【例 3.3】 设置文字的样式(实例文件：ch03\3.3.html)

```
<html>
<head>
<title>字体样式</title>
</head>
<body>
```

```
<B>黑体字</B>
<P> <I>斜体字</I>
<P> <U>加下划线</U>
<P> <BIG>大型字体</BIG>
<P> <SMALL>小型字体</SMALL>
<P> <BLINK>闪烁效果</BLINK>
<P> <EM>Welcome</EM>
<P> <STRONG>Welcome</STRONG>
<P> <CITE>Welcome</CITE></P>
</body>
</html>
```

预览效果如图 3-5 所示。

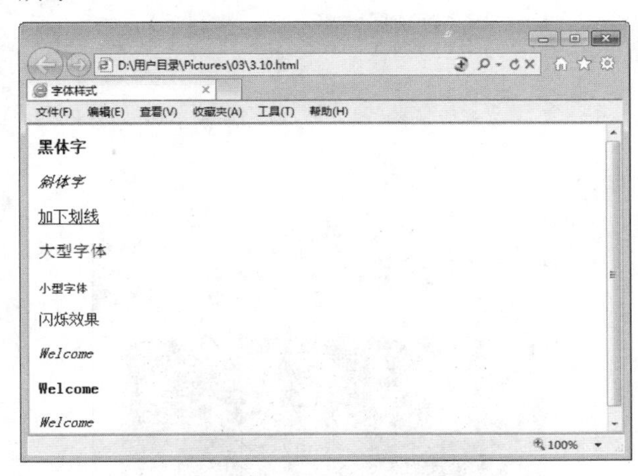

图 3-5　不同字体效果

3. 文字的颜色

文字颜色设置格式如下：

```
<font color=color_value>…</font>
```

这里的颜色值可以是一个十六进制数(用#作为前缀)，也可以是 16 种常用颜色名称，如表 3-2 所示。

表 3-2　常用颜色值表

黑色	Black = "#000000"	深绿色	Green = "#008000"
银色	Silver = "#C0C0C0"	浅绿色	Lime = "#00FF00"
灰色	Gray = "#808080"	橄榄绿	Olive = "#808000"
白色	White = "#FFFFFF"	黄色	Yellow = "#FFFF00"
棕色	Maroon = "#800000"	深蓝色	Navy = "#000080"
红色	Red = "#FF0000"	蓝色	Blue = "#0000FF"
深紫色	Purple = "#800080"	蓝绿色	Teal = "#008080"
紫色	Fuchsia = "#FF00FF"	浅蓝色	Aqua = "#00FFFF"

【例 3.4】 设置文字的颜色(实例文件：ch03\3.4.html)

```
<HTML>
<HEAD>
<TITLE>文字的颜色</TITLE>
</HEAD>
<BODY BGCOLOR=000080>
<CENTER>
<FONT COLOR=WHITE>七彩网络</FONT><BR>
<FONT COLOR=RED>七彩网络</FONT> <BR>
<FONT COLOR=#00FFFF>七彩网络</FONT><BR>
<FONT COLOR=#FFFF00>七彩网络</FONT><BR>
<FONT COLOR=#FFFFFF>七彩网络</FONT> <BR>
<FONT COLOR=#00FF00>七彩网络</FONT><BR>
<FONT COLOR=#C0C0C0>七彩网络</FONT><BR>
</CENTER>
</BODY>
</HTML>
```

预览效果如图 3-6 所示。

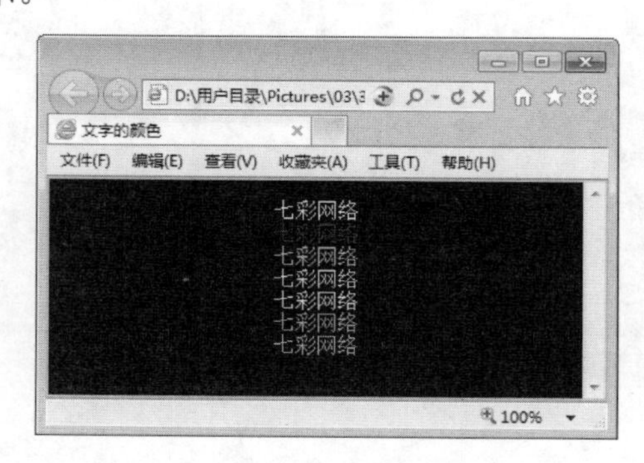

图 3-6 不同的文字颜色效果

4. 位置控制

通过 align 属性可以选择文字或图片的对齐方式，left 表示向左对齐，right 表示向右对齐，center 表示居中。

【例 3.5】 设置文字的位置(实例文件：ch03\3.5.html)

```
<html>
<head>
<title>位置控制</title>
</head>
<body>
<div>
<div align="left">你好!<br>
</div>
<div align="center">你好!<br>
</div>
<div align="right">你好!<br>
</div>
</div>
</body>
```

```
</html>
```

预览效果如图 3-7 所示。

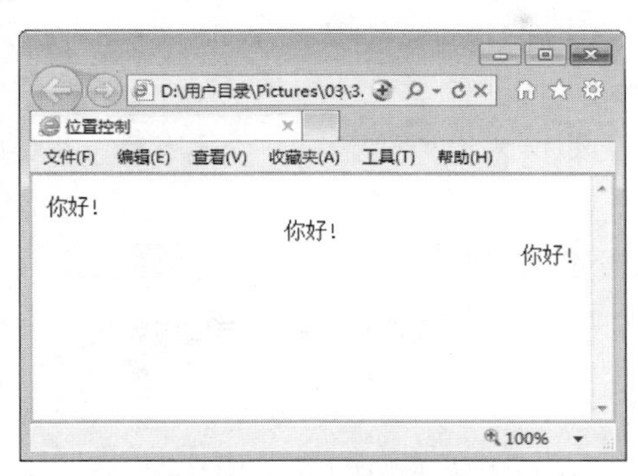

图 3-7 文字的位置控制效果

另外，align 属性也常常用在其他标签中，引起其内容位置的变动。
如：

```
<P align=#>
<HR align=#>       #=left / right / center
<H1 align=#>
```

5. 无序号列表

无序列表使用的一对标签是<UL>和</UL>，每一个列表项前使用<LI>。其结构如下所示：

```
<UL>
<LI>第一项
<LI>第二项
<LI>第三项
</UL>
```

【例 3.6】 设置无序列表(实例文件：ch03\3.6.html)

```
<html>
<head>
<title>无序列表</title>
</head>
<body>
这是一个无序列表：<P>
<UL>
国际互联网提供的服务有：
<LI>WWW 服务
<LI>文件传输服务
<LI>电子邮件服务
<LI>远程登录服务
<LI>其他服务
</UL>
</body>
</html>
```

预览效果如图 3-8 所示。

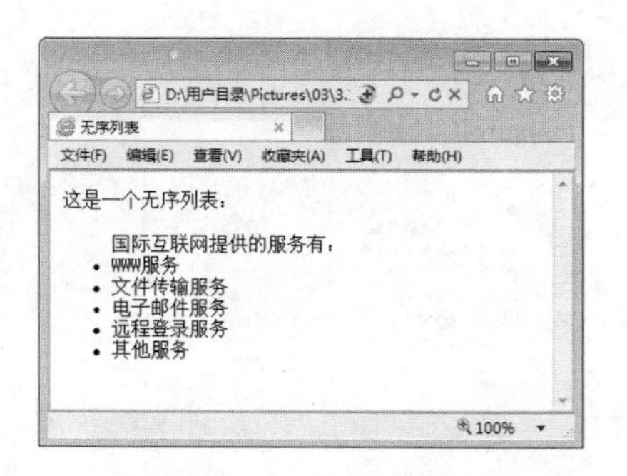

图 3-8　无序列表的文字排版效果

6. 有序列表

有序列表和无序列表的使用方法基本相同，使用标签<OL>和</OL>，每一个列表项前使用<LI>。每个项目都有前后顺序之分，多数用数字表示。其结构如下所示：

```
<OL>
<LI>第一项
<LI>第二项
<LI>第三项
</OL>
```

【例 3.7】 设置有序列表(实例文件：ch03\3.7.html)

```
<html>
<head>
<title>有序列表</title>
</head>
<body>
这是一个有序列表：<P>
<OL>
国际互联网提供的服务有：
<LI>WWW 服务
<LI>文件传输服务
<LI>电子邮件服务
<LI>远程登录服务
<LI>其他服务
</OL>
</body>
</html>
```

预览效果如图 3-9 所示。

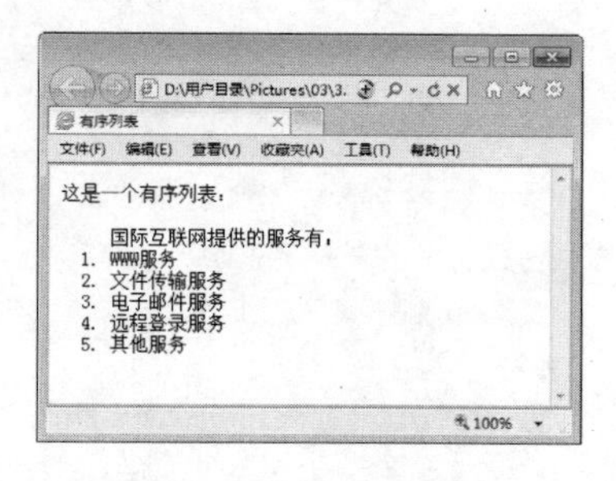

图 3-9　有序列表的效果

3.1.5 在网页中插入图像

图像可以美化网页，插入图像使用单标记<img>。img 标记的属性及描述如表 3-3 所示。

表 3-3 img 标记的属性

属 性	值	描 述
alt	text	定义有关图像的短的描述
src	URL	要显示图像的 URL
height	pixels %	定义图像的高度
ismap	URL	把图像定义为服务器端的图像映射
usemap	URL	定义作为客户端图像映射的一幅图像。可参阅 <map>和<area>标签，了解其工作原理
vspace	pixels	定义图像顶部和底部的空白
width	pixels %	设置图像的宽度

src 属性用于指定图片源文件的路径，它是 img 标记必不可少的属性。语法格式如下。

```
<img src="图片路径">
```

图片的路径可以是绝对路径，也可以是相对路径。下面的实例是在网页中插入图片。

【例 3.8】 在网页中插入图像(实例文件：ch03\3.8.html)

```
<html>
<head>
<title>插入图片</title>
</head>
<body>
<img src="images/01.jpg">
</body>
</html>
```

在 IE 中预览效果如图 3-10 所示。

图 3-10 插入图片效果

3.1.6　表格的使用

在网页中，表格是搭建网页结构框架的主要工具之一，因此掌握好表格常用的标签也是非常重要的。

1. 表格的基本结构

表格主要是嵌套在<tabel>和</tabel>标签里面，一对<tabel>标签表示组成一个表格，下面列出表格的基本结构。

- <table>...</table>：定义表格。
- <caption>...</caption>：定义表格标题。
- <tr>：定义表行。
- <th>：定义表头。
- <td>：定义表元(表格的具体数据)。

示例：

```
<table border=1>
<tr><th>姓名</th><th>性别</th><th>年龄</th>
<tr><td>李睦芳</td><td>男</td><td>22</td>
</table>
```

预览效果如图 3-11 所示。

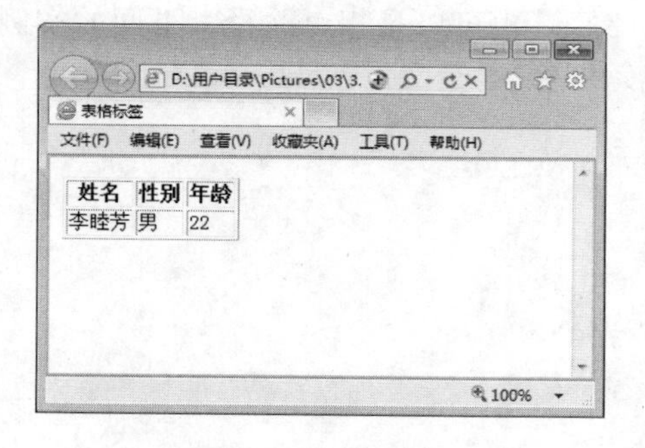

图 3-11　表格效果

2. 表格的标题

表格标题的位置，可由 align 属性来设置，其位置可以在表格上方和表格下方。下面为表格标题位置的设置格式。

(1) 设置标题位于表格上方：

```
<caption align=top> ... </caption>
```

(2) 设置标题位于表格下方：

```
<caption align=bottom> ... </caption>
```

示例：

```
<table border=1>
```

```
<caption align=top>用户</caption>
<tr><th>姓名</th><th>性别</th><th>年龄</th>
<tr><td>李睦芳</td><td>男</td><td>22</td>
</table>
```

预览效果如图 3-12 所示。

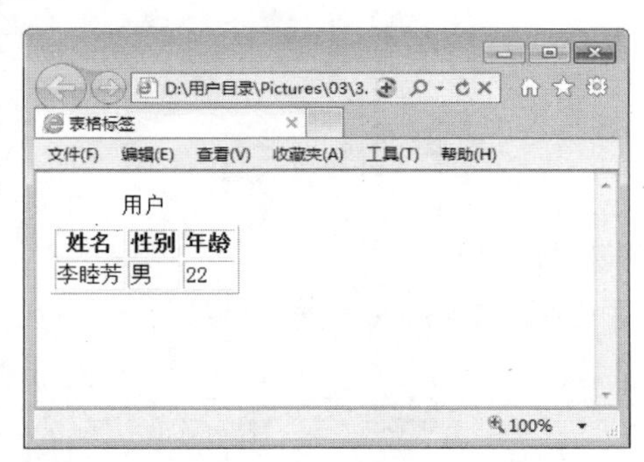

图 3-12　表格标题效果

3. 边框尺寸

边框是用 border 属性来体现的，它表示表格的边框边厚度和框线。将 border 设成不同的值，有不同的效果。

1)　格间线宽度

格与格之间的线为格间线，它的宽度可以使用<table>中的 cellspacing 属性加以调节。格式为(#表示要取用的像素值)：

```
<table cellspacing=#>
```

2)　内容与格线之间的宽度

还可以在<table>中设置 cellpadding 属性，用来规定内容与格线之间的宽度。格式为(#表示要取用的像素值)：

```
<table cellpadding=#>
```

【例 3.9】 创建不同边框类型的表格(实例文件：ch03\3.9.html)

```
<html>
<body>
<h4>普通边框</h4>
<table border="1">
<tr>
  <td>First</td>
  <td>Row</td>
</tr>
<tr>
  <td>Second</td>
  <td>Row</td>
</tr>
</table>
<h4>加粗边框</h4>
<table border="8">
```

```
<tr>
  <td>First</td>
  <td>Row</td>
</tr>
<tr>
  <td>Second</td>
  <td>Row</td>
</tr>
</table>
</body>
</html>
```

在 IE 9.0 中预览网页效果如图 3-13 所示。

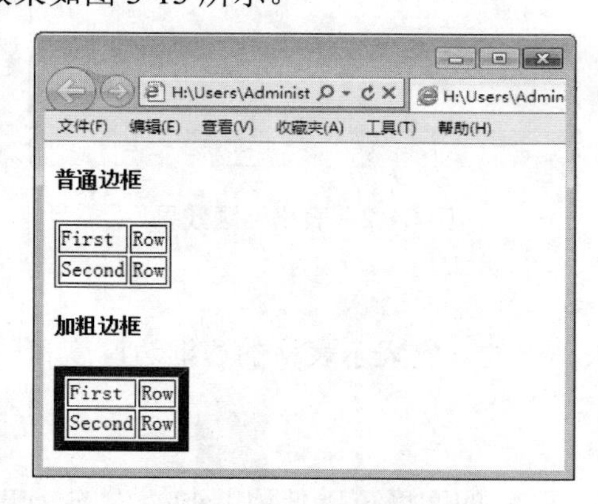

图 3-13　程序运行结果

4. 表格内文字的对齐与布局

表格中数据的排列方式有两种，分别是左右排列和上下排列。左右排列是以 align 属性来设置，而上下排列则由 valign 属性来设置。其中左右排列的位置可分为三种：居左(left)、居右(right)和居中(center)；而上下排列比较常用的有四种：上齐(top)、居中(middle)、下齐(bottom)和基线(baseline)。

【例 3.10】 使用 align 属性可以排列单元格内容(实例文件：ch03\3.10.html)

```
<html>
<body>
<table width="400" border="1">
 <tr>
  <th align="left">项目</th>
  <th align="right">一月</th>
  <th align="right">二月</th>
 </tr>
 <tr>
  <td align="left">衣服</td>
  <td align="right">$241.10</td>
  <td align="right">$50.20</td>
 </tr>
 <tr>
  <td align="left">化妆品</td>
  <td align="right">$30.00</td>
```

```
  <td align="right">$44.45</td>
 </tr>
 <tr>
  <td align="left">食物</td>
  <td align="right">$730.40</td>
  <td align="right">$650.00</td>
 </tr>
 <tr>
  <th align="left">总计</th>
  <th align="right">$1001.50</th>
  <th align="right">$744.65</th>
 </tr>
</table>
</body>
</html>
```

在 IE 9.0 中预览网页效果如图 3-14 所示。

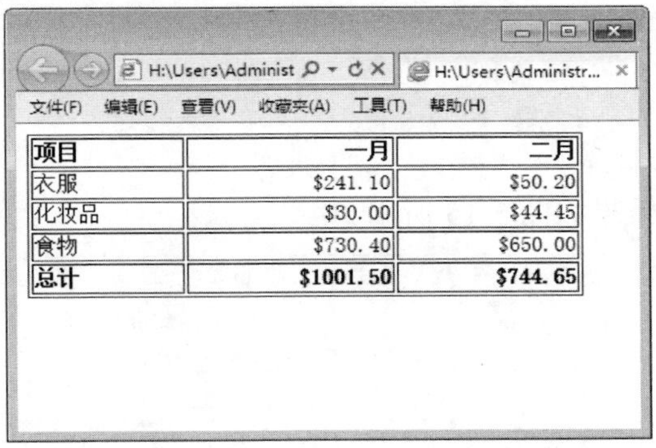

项目	一月	二月
衣服	$241.10	$50.20
化妆品	$30.00	$44.45
食物	$730.40	$650.00
总计	**$1001.50**	**$744.65**

图 3-14　程序运行结果

5. 合并与拆分单元格

要合并与拆分单元格，只需在<th>或<td>中加入 colspan 或 rowspan 属性，这两个属性的值，表明了单元格中要跨越的行或列的个数。

1) 用 colspan 属性合并左右单元格

左右单元格的合并需要使用 td 标记的 colspan 属性完成，格式如下。

```
<td colspan="数值">单元格内容</td>
```

其中，colspan 属性的取值为数值型整数数据，代表几个单元格进行左右合并。

例如，若将 A1 和 B1 单元格合并成一个单元格，可为第一行的第一个<td>标记增加 colspan="2"属性，并且将 B1 单元格的<td>标记删除。

【例 3.11】 合并左右单元格(实例文件：ch03\3.11.html)

```
<html>
<head>
<title>单元格左右合并</title>
</head>
<body>
<table border="1">
```

```
  <tr>
    <td colspan="2">A1 B1</td>
    <td>C1</td>
  </tr>
  <tr>
    <td>A2</td>
    <td>B2</td>
    <td>C2</td>
  </tr>
  <tr>
    <td>A3</td>
    <td>B3</td>
    <td>C3</td>
  </tr>
  <tr>
    <td>A4</td>
    <td>B4</td>
    <td>C4</td>
  </tr>
</table>
</body>
</html>
```

在 IE 9.0 中预览网页效果如图 3-15 所示。

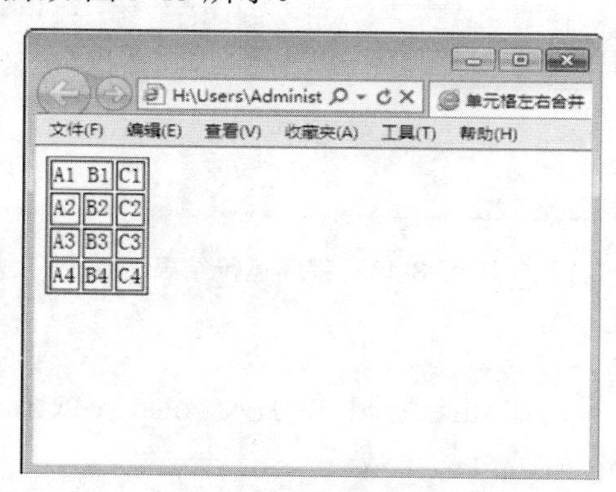

图 3-15 将单元格左右合并

从预览图中可以看到，A1 和 B1 单元格合并成一个单元格，C1 还在原来的位置上。

注意 合并单元格以后，相应的单元格标记就应该减少。例如，A1 和 B1 合并后，B1 单元格的<td></td>标记就应该丢掉，否则就会多出一个单元格，并且后面单元格会依次向右位移。

2) 用 rowspan 属性合并上下单元格

上下单元格的合并需要为<td>标记增加 rowspan 属性，格式如下。

```
<td rowspan="数值">单元格内容</td>
```

其中，rowspan 属性的取值为数值型整数数据，代表几个单元格进行上下合并。

例如，在上面的表格的基础上，若将 A1 和 A2 单元格合并成一个单元格，可为第一行的第一个<td>标记增加 rowspan="2"属性，并且将 A2 单元格的<td>标记删除。

【例 3.12】 合并上下单元格(实例文件：ch03\3.12.html)

```
<html>
<head>
<title>单元格上下合并</title>
</head>
<body>
<table border="1">
  <tr>
    <td rowspan="2">A1</td>
    <td>B1</td>
    <td>C1</td>
  </tr>
  <tr>
    <td>B2</td>
    <td>C2</td>
  </tr>
  <tr>
    <td>A3</td>
    <td>B3</td>
    <td>C3</td>
  </tr>
  <tr>
    <td>A4</td>
    <td>B4</td>
    <td>C4</td>
  </tr>
</table>
</body>
</html>
```

在 IE 9.0 中预览网页效果如图 3-16 所示。

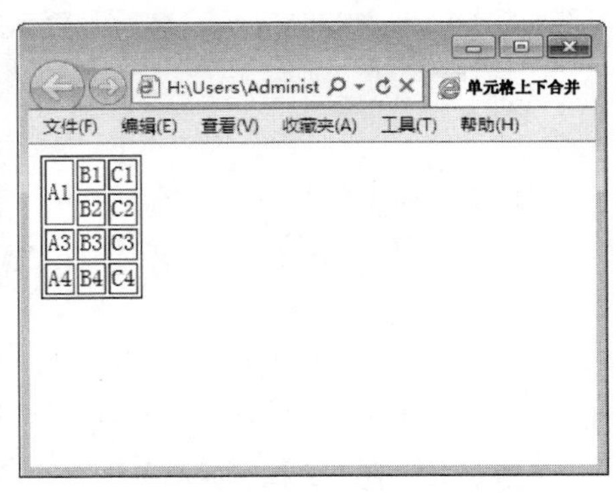

图 3-16　将单元格上下合并

从预览图中可以看到，A1 和 A2 单元格合并成一个单元格。

通过上面对左右单元格合并和上下单元格合并的操作，可以发现，合并单元格就是“丢掉”某些单元格。对于左右合并，就是以左侧为准，将右侧要合并的单元格“丢掉”；对于上下合并，就是以上侧为准，将下侧要合并的单元格“丢掉”。如果一个单元格既要向右合并，又要向下合并，该如何实现呢？

【例 3.13】 向右并向下合并(实例文件：ch03\3.13.html)

```
<html>
<head>
<title>单元格左右合并</title>
</head>
<body>
<table border="1">
  <tr>
    <td colspan="2" rowspan="2">A1B1<br>A2B2</td>
    <td>C1</td>
  </tr>
  <tr>
    <td>C2</td>
  </tr>
  <tr>
    <td>A3</td>
    <td>B3</td>
    <td>C3</td>
  </tr>
  <tr>
    <td>A4</td>
    <td>B4</td>
    <td>C4</td>
  </tr>
</table>
</body>
</html>
```

在 IE 9.0 中预览网页效果如图 3-17 所示。

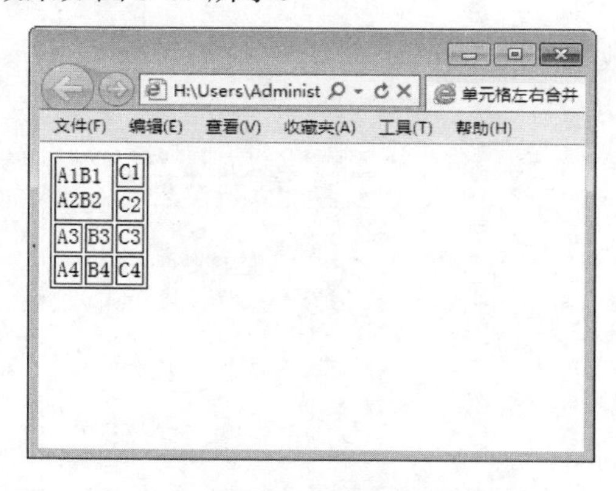

图 3-17　两个方向合并单元格

从上面的代码可以看到，A1 单元格向右合并 B1 单元格，向下合并 A2 单元格，并且 A2 单元格向右合并 B2 单元格。

6. 表格的颜色

在表格中，既可以对整个表格填入底色，也可以对任何一行、一个单元格使用背景色。

- 表格的背景色彩格式：<table bgcolor=#>。
- 行的背景色彩格式：<tr bgcolor=#>。
- 单元格的背景色彩格式：<th bgcolor=#>或<td bgcolor=#>。

【例 3.14】 为表格添加背景颜色(实例文件：ch03\3.14.html)

```
<!DOCTYPE html>
<html>
<body>
<h4>背景颜色：</h4>
<table border="1" bgcolor="green">
<tr>
  <td>100</td>
  <td>200</td>
</tr>
<tr>
  <td>300</td>
  <td>400</td>
</tr>
</table>
</body>
</html>
```

在 IE 9.0 中预览网页效果如图 3-18 所示。

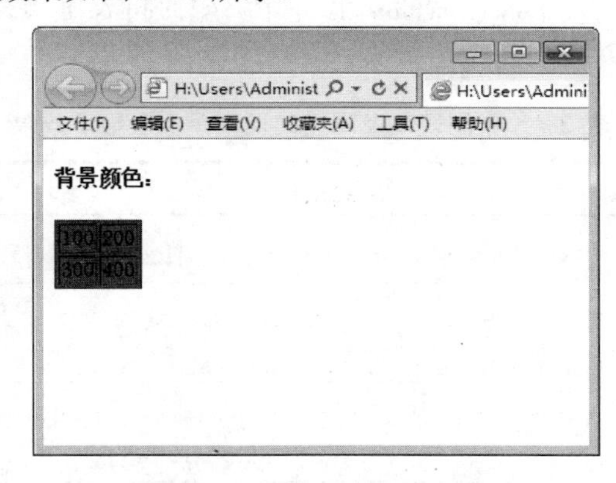

图 3-18 为表格添加背景颜色

【例 3.15】 为单元格添加背景颜色(实例文件：ch03\3.15.html)

```
<!DOCTYPE html>
<html>
<body>
<h4>单元格背景</h4>
<table border="1">
<tr>
  <td bgcolor="red">100000</td>
  <td>200000</td>
</tr>
<tr>
  <td>200000</td>
  <td>300000</td>
</tr>
```

```
</table>
</body>
</html>
```

在 IE 9.0 中预览网页效果如图 3-19 所示。

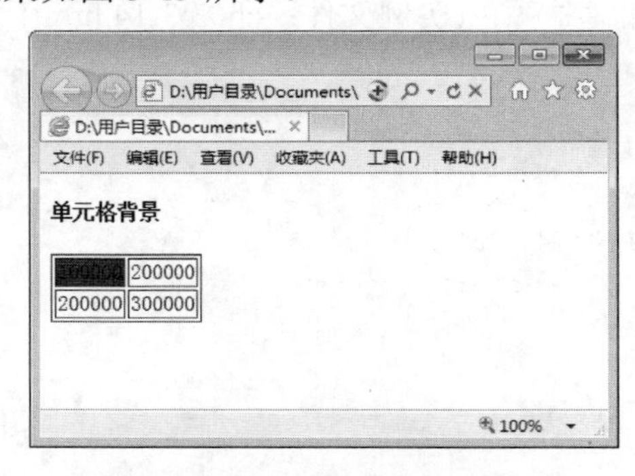

图 3-19　为单元格添加背景颜色

3.1.7　表单的使用

留言板就是一个表单运用得很好的例子。表单通常必须配合脚本或后台程序来运行才有意义，本节以介绍各式表单为主，在后面章节将介绍如何将表单与程序相结合。

常用表单及属性的代码示例及显示效果，如表 3-4 所示。

表 3-4　常用表单及属性的代码示例及显示效果

名　称	代码示例	显示效果
文字输入框	<INPUT TYPE="TEXT" NAME="NAME" SIZE="20">	
单选按钮	男<INPUT TYPE="RADIO" NAME="SEX" VALUE="BOY"> 女<INPUT TYPE="RADIO" NAME="SEX" VALUE="GIRL">	男 ○ 女 ○
复选框	<INPUT TYPE="CHECKBOX" NAME="SEX" VALUE="MOVIE">电影 <INPUT TYPE="CHECKBOX" NAME="SEX" VALUE="BOOK">看书	□ 电影□ 看书
密码输入框	<INPUT TYPE="PASSWORD" NAME="INPUT">	******
【提交资料】按钮	<INPUT TYPE="SUBMIT" VALUE="提交资料">	提交资料
【重新填写】按钮	<INPUT TYPE="RESET" VALUE="重新填写">	重新填写
【我同意】按钮	<INPUT TYPE="BUTTON" NAME="OK" VALUE="我同意">	我同意
多行输入框	<TEXTAREA NAME="TALK" COLS="15" ROWS="3"></TEXTAREA>	
下拉列表	<SELECT NAME="LIKE"> <OPTION VALUE="喜欢">非常喜欢 <OPTION VALUE="不喜欢">不喜欢 <OPTION VALUE="讨厌">讨厌 </SELECT>	非常喜欢 非常喜欢 不喜欢 讨厌

3.1.8 超链接的使用

没有链接，WWW 将失去存在的意义。文件链接是超链接中最常用的一种情形，基本语法格式如下：

```
<a href="字符串" target="字符串" title="字符串">文本</a>
```

其中各属性描述如下。

(1) href：该属性是必选项，用于指定目标端点的 URL 地址。

(2) target：该属性是可选项，用于指定一个窗口或框架的名称，目标文档将在指定窗口或框架中打开。如果省略该属性，则在超链所处的窗体或框架中打开目标文档。

(3) title：该属性也是可选项，用于指定鼠标移到超链接所显示的标题文字。

例如，建立一个搜狐的超链接，代码如下：

```
<a href="http://www.sohu.com">搜狐</a>
```

3.2 VBScript 语言

VBScript 是 Microsoft 公司推出的一种脚本语言，其目的是为了加强 HTML 的表达能力，提高网页的交互性，增进客户端网页上处理数据与运算的能力。

3.2.1 VBScript 概述

VBScript 一般情况是和 HTML 结合在一起使用，融入 HTML 或 ASP 文件当中。在 HTML 代码中，必须使用<script>标签，才能使用脚本语言，格式如下：

```
<script>
    语言主体信息
</script>
```

例如，可以用一个 VBScript 语句将一段欢迎词写入 HTML 页面中，代码如下：

```
<script language="VBscript">
  Window.Document.Write("你好！欢迎你开始学习 VBScript 语言")
</script>
```

从上面的代码可以看出，VBScript 代码是成双成对地出现在<Script > 标记当中，也就是说代码从<Script >开始到</Script >结束。其中 language 属性代表的是脚本语言。

Script 语言可以出现在 HTML 中任何位置。上述代码中的 Document 是 Window 中的子对象，Write 是 Document 对象中的方法。

3.2.2 VBScript 数据类型

VBScript 只有一种数据类型，称为 Variant。Variant 是一种特殊的数据类型，根据使用的方式，它可以包含不同类别的信息。因为 Variant 是 VBScript 中唯一的数据类型，所以它也是 VBScript 中所有函数的返回值的数据类型。

最简单的 Variant 可以包含数字或字符串信息。Variant 用于数字上下文中时，作为数字处理；用于字符串上下文中时，作为字符串处理。这就是说，如果使用看起来像是数字的数据，则 VBScript 会假定其为数字并以适用于数字的方式处理。与此类似，如果使用的数据只可能是字符串，则 VBScript 将按字符串处理。也可以将数字包含在引号("")中，使其成为字符串。

除简单的数字或字符串以外，还可以进一步区分数值信息的特定含义。例如，使用数值信息表示日期或时间。此类数据在与其他日期或时间数据一起使用时，结果也总是表示为日期或时间；而且也会按照最适用于其包含的数据的方式进行操作。也可以使用转换数据的子类型。

下面是几种在 VBScript 中通用的常数。

- True/False：表示布尔值。
- Empty：表示没有初始化的变量。
- Null：表示没有有效的数据。
- Nothing：表示不应用的变量。

在程序设计中，可以利用 VarType 返回数据的 Variant 子类型。

3.2.3 VBScript 变量

1. 声明变量

可以使用 Dim 语句、Public 语句和 Private 语句在脚本中显式声明变量。例如声明一个 abc 的变量：

```
Dim abc
```

声明多个变量时，使用逗号分隔变量。例如：

```
Dim abc,def,hij
```

也可以通过直接在脚本中使用变量名这一简单方式隐式声明变量。但这通常不是一个好习惯，因为这样有时会由于变量名被拼错而导致在运行脚本时出现意外的结果。因此，最好使用 Option Explicit 语句显式声明所有变量，并将<%Option Explicit%>作为脚本的第一条语句，放在页面代码的第一行。

2. 变量命名规则

变量命名必须遵循 VBScript 的标准命名规则。

- 第一个字符必须是字母。
- 不能包含嵌入的句点。
- 长度不能超过 255 个字符。
- 在被声明的作用域内必须唯一。

3. 变量的作用域与存活期

变量的作用域由声明它的位置决定。如果在过程中声明变量，则只有该过程中的代码可以访问或更改变量值，此时变量具有局部作用域并被称为过程级变量。如果在过程之外声明变量，则该变量可以被脚本中所有过程所识别，称为 Script 级变量，具有脚本级作用域。

变量存在的时间称为存活期。Script 级变量的存活期从被声明的一刻起，直到脚本运行结束。对于过程级变量，其存活期仅是该过程运行的时间，该项过程结束后，变量随之消失。在执行过程时，局部变量是理想的临时存储空间。可以在不同过程中使用同名的局部变量，这是因为每个局部变量只被声明它的过程识别。

4. 给变量赋值

给变量赋值的方法为：变量在表达式左边，要赋的值则在表达式右边，如：Abc=100。

5. 标量变量和数组变量

多数情况下，只需为声明的变量赋一个值，只包含一个值的变量被称为标量变量。有时，将多个相关值赋给一个变量更为方便，因此可以创建包含一系列值的变量，称为数组变量。数组变量和标量变量是以相同的方式声明的，唯一的区别是声明数组变量时变量名后面带有括号()。例如声明一个包含 5 个元素的一维数组：

```
Dim abc(4)
```

虽然括号中显示的数字是 4，但由于在 VBScript 中所有数组都是基于 0 的，所以这个数组实际上包含 5 个元素。在基于 0 的数组中，数组元素的数目是括号中显示的数目加 10 这种数组被称为固定大小的数组。

在数组中，使用索引为数组的每个元素赋值。从 0～4，将数据赋给数组的元素，代码如下所示：

```
Dim abc(0)=10
Dim abc(1)=20
Dim abc(2)=30
Dim abc(3)=40
Dim abc(4)=50
```

同样，使用索引可以检索到所需的数组元素的数据。例如：

```
…
MyVariable = abc(3)
…
```

数组并不仅限于一维。数组的维数最大可以为 60 (尽管大多数人不能理解超过 3 或 4 的维数)。声明多维数组时，用逗号分隔括号中每个表示数组大小的数字。在下例中，MyVariable 变量是一个有 5 行和 10 列的二维数组：

```
Dim MyVariable(4,9)
```

在二维数组中，括号中第一个数字表示行的数目，第二个数字表示列的数目。

也可以声明动态数组，即在运行脚本时大小发生变化的数组，最初声明时使用 Dim 语句或 ReDim 语句，但括号中不包含量任何数字。例如：

```
Dim MyVariable()
ReDim AnotherArray()
```

要使用动态数组，必须随后使用 ReDim 确定维数和每一维的大小。在下例中，ReDim 将动态数组的初始大小设置为 10，而后面的 ReDim 语句将数组的大小重新调整为 15，同时使用 Preserve 关键字在重新调整大小时保留数组的内容。

```
ReDim MyVariable(10)
...
ReDim Preserve MyVariable(15)
```

重新调整动态数组大小的次数没有任何限制，但将数组从大调小时，将会丢失被删除元素的数据。

3.2.4 VBScript 运算符

VBScript 有一套完整的运算符，包括算术运算符、比较运算符、连接运算符和逻辑运算符。

运算符具有优先级：首先计算算术运算符，然后计算比较运算符，最后计算逻辑运算符。所有比较运算符的优先级相同，则按照从左到右的顺序计算比较运算符。运算符如表 3-5 所示。

表 3-5 VBScript 运算符

算术运算符		比较运算符		逻辑运算符	
描述	符号	描述	符号	描述	符号
求幂	^	等于	=	逻辑非	Not
负号	-	不等于	<>	逻辑与	And
乘	*	小于	<	逻辑或	Or
除	/	大于	>	逻辑异或	Xor
整除	\	小于等于	<=	逻辑等价	Eqv
求余	Mod	大于等于	>=	逻辑隐含	Imp
加	+	对象引用比较	Is		
减	–				

3.2.5 使用条件语句

使用条件语句可以编写进行判断和重复操作的 VBScript 代码。在 VBScript 中，使用以下条件语句。

1. If…Then…Else 语句

If…Then…Else 语句用于计算条件是否为 True 或 False，并且根据计算结果指定要运行的语句。通常，条件是使用比较运算符对值或变量进行比较的表达式。If…Then…Else 语句可以按照需要进行嵌套。例如：

```
Sub AlertUser(Value)
If Value = 0 then
  Alertlabel.ForeColor =vbRed
  Alertlabel.Font.bold = True
  Alertlabel..Font..Italic =True
  Else
  Alertlabel.ForeColor =vbBlack
  Alertlabel.Font.bold = False
  Alertlabel..Font..Italic= False
End if
End Sub
```

If 语句执行体执行完后，必须用 End if 结束。

If…Then…Else 语句可以采用一种变形，允许从多个条件中选择，即添加 Elseif 子句以扩充 If…Then…Else 语句的功能，使用户可以控制基于多种可能的程序流程。例如：

```
Sub GetMyValue(Value)
If Value = 0 then
      Msgbox Value
Elseif Value =1 then
      Msgbox Value
Elseif Value =2 then
      Msgbox Value
Else
  Msgbox"数值超出了范围"
End if
End Sub
```

用法如下：

```
<!DOCTYPE html PUBLIC "-//W3C//DTD XHTML 1.0 Transitional//EN"
"http://www.w3.org/TR/xhtml1/DTD/xhtml1-transitional.dtd">
<html xmlns="http://www.w3.org/1999/xhtml">
<head>
<meta http-equiv="Content-Type" content="text/html; charset=utf-8" />
<title>If…Then…Else 语句运用</title>
</head>
<body>
<Script Language=VBScript>
<!--
dim hour
hour=15
if hour<8 then
       document.write "早上好！"
elseif hour>=8 and hour<12 then
       document.write "上午好！"
elseif hour>=12 and hour<18 then
       document.write "下午好！"
else
```

```
        document.write "晚上好！"
end if
    -->
</Script >
</body>
</html>
```

这段代码显示了时间，主体意思是 Dim 定义一个变量，名为 hour，给这个变量赋值为 15。当 hour 的值少于 8 的时候，显示“早上好”；当 hour 的值大于或等于 8 而少于 12 的时候，显示“上午好”；当 hour 的值大于或等于 12 而少于 18 的时候，显示“下午好”；其他值则显示“晚上好”，执行效果如图 3-20 所示。

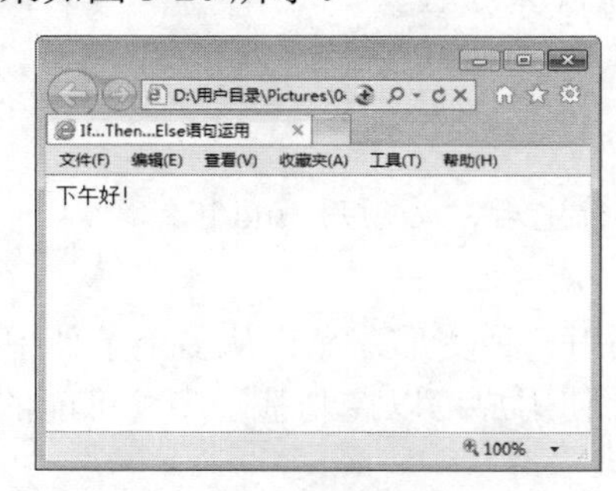

图 3-20　If…Then…Else 语句

2. Select Case 语句

在上面的 If…Then…Else 语句中可以添加任意多个 Elseif 子句以提供多种选择，但这样使用经常会很烦琐。在 VBScript 语言中对多个条件进行选择时，建议使用 Select Case 语句。

使用 Select Case 结构进行判断，可以从多个语句块中选择执行其中的一个。Select Case 语句使用的功能与 If…Then…Else 语句类似，表达式的结果将与结构中每个 Case 的值比较。如果匹配，则执行与该 Case 关联的语句块。

示例代码如下：

```
<html>
<head>
<title>select case 示例</title>
</HEAD>
<body>
<Script Language=VBScript>
<!--
dim Number
Number = 3
select case Number
        Case 1
        msgbox "弹出窗口 A"
        Case 2
        msgbox "弹出窗口 B"
        Case 3
        msgbox "弹出窗口 C"
        Case else
        msgbox "弹出窗口 D"
```

```
end select
-->
</Script >
</body>
</html>
```

执行效果如图 3-21 所示。

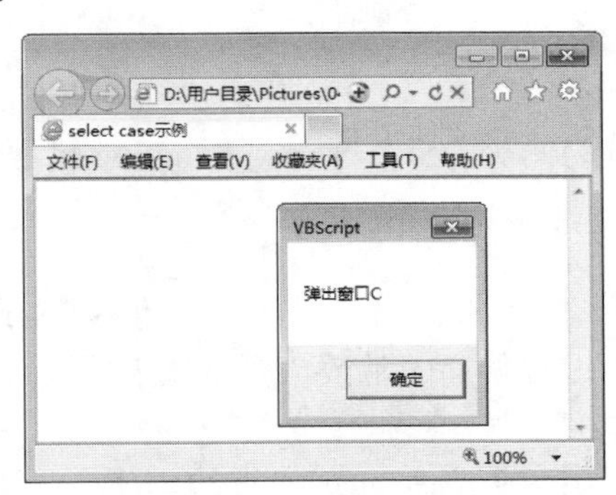

图 3-21　Select Case 语句

从上述代码中可知，Select Case 只计算开始处的一个表达式(只计算一次)。而 If…Then…Else 语句结构计算每个 Elseif 语句的表达式，这些表达式可以各不相同。只有当每个 Elseif 语句计算的表达式都相同时，才可以使用 Select Case 结构代替 If…Then…Else 语句。

3.2.6　使用循环语句

循环用于重复执行一组语句。循环可分为三类：一类在条件变为 False 之前重复执行语句；一类在条件变为 True 之前重复执行语句；另一类则按照指定的次数重复执行语句。

在 VBScript 中可使用下列循环语句：

- Do…LOOP：当(或直到) 条件为 True 时循环。如计算 1+2+…+100 的总和，其代码如下：

```
<%
Dim I Sum
Sum=0
i=0
Do
I=i+1
Sum=Sum+1
Loop Until i=100
Response.Write(1+2+…+100= & Sum)
%>
```

- While…Wend：当条件为 True 时循环。其语法形式为：

```
While (条件语句)
    执行语句
Wend
```

- For…Next：指定循环次数，使用计数器重复运行语句。其语法形式为：

```
For counter=start to end step n
  执行语句
Next
```

- For Each…Next：对于集合中的每项或数组中的每个元素，重复执行一组语句。

3.2.7 VBScript 过程

在 VBScript 中，过程被分为两类：Sub 过程和 Function 过程。

1. Sub 过程

Sub 过程是包含在 Sub 和 End Sub 语句之间的一组 VBScript 语句，执行操作但不返回值。过程可以使用参数(由调用过程传递的常数、变量或表达式)。如果 Sub 过程无任何参数，则 Sub 语句必须包含空括号()。

例如，下面的 Sub 过程使用两个应有的(或内置的)函数，即 InputBox 和 MsgBox 来提示用户输入信息，然后显示结果。代码如下：

```
Sub ShowDialog()
Temp = InputBox("请输入你的名字")
MsgBox "你好" &CStr(temp) & "! "
End Sub
```

2. Function 过程

Function 过程是包含在 Function 和 End Function 语句之间的一组 VBScript 语句。Function 过程与 Sub 过程类似，但是 Function 过程可以返回值。Function 过程可以使用参数(由调用过程传递的常数、变量或表达式)。如果 Function 过程无任何参数，则 Function 语句必须包含空括号()。Function 过程通过函数名返回一个值，这个值是在过程的语句中赋给函数名的。Function 返回值的数据类型为 Variant。

在下面的示例中，ShowInputName 函数将返回一个组合字符串，并利用 Sub 过程输出结果。代码如下：

```
Sub ShowDialog()
Temp = InputBox("请输入你的名字")
MsgBox AVGMYScore(temp)
End Sub
Function ShowInputName (inputName)
  AVGMYScore="你好：" & CStr(inputName) & "!"
End Function
```

在代码中使用 Sub 过程和 Function 过程时，需要注意以下两点。

(1) 调用 Function 过程时，函数名必须用在变量赋值语句的右端或表达式中。例如：

```
Showinfo=showInputName(temp)
Msgbox AVGMyScore(temp)
```

(2) 调用 Sub 过程时，只需输入过程名及所有参数值，参数值之间使用逗号分隔。无须使用 Call 语句。但如果使用了此语句，则必须将所有参数包含在括号之中。例如：

```
Call MyProc(firstarg,secondarg)
MyProc firstarg,secondarg
```

3.3 ASP 基本知识

ASP 是 Active Server Pages 的简称，是解释型的脚本语言环境。ASP 的运行需要 Windows 操作系统，并需要安装 Internet Information Server (IIS)。ASP 是目前最流行的开放式 Web 服务器应用程序开发技术，它能很好地将脚本语言、HTML 标记语言和数据库结合在一起，可以通过网页程序来操控数据库。

3.3.1 ASP 能做什么

ASP 有以下几个功能。

(1) 动态地编辑、改变或者添加页面的任何内容。

(2) 对由用户从 HTML 表单提交的查询或者数据做出响应、访问数据或者数据库，并向浏览器返回结果。

(3) 为不同的用户定制网页。

(4) 由于 ASP 代码无法从浏览器端查看，确保了站点的安全性。

ASP 有以下特点。

(1) ASP 不需要进行编译就可以直接执行，并整合于 HTML 标记语言中。

(2) ASP 不需要特定的编辑软件，使用一般的编辑器就可以设计，如记事本。

(3) 使用一些简单的脚本语言，如 Javascrpt、VBScript，再结合 HTML 标记语言，就可以制作出完美的网站。

(4) 兼容各种 IE 浏览器。

(5) 使用 ASP 编辑的程序安全性比较高。

(6) ASP 采用了面向对象技术。

3.3.2 ASP 的工作原理

ASP 的工作原理如图 3-22 所示。

图 3-22 ASP 工作原理

(1) 客户端输入网页地址(URL)，通过网络向服务器端发送一个 ASP 的文件请求。

(2) 服务器端开始运行 ASP 文件代码，从数据库中取需要的数据或写数据。

(3) 服务器端把数据库反馈的数据发送到客户端上显示。

3.3.3 ASP 基本语法

ASP 语句书写格式为<%语句…%>。

1. if 条件语句

```
<%
 If 条件 1 then
语句 1
elseif 条件 2 then
语句 2
else
语句 3
Endif
%>
```

if 语句完成了程序流程块中的分支功能：如果其中的条件成立，则程序执行紧接着条件的语句或语句块；否则程序执行 else 中的语句或语句块。

2. while 循环语句

```
<%
while 条件
语句
Wend
%>
```

while 语句所控制的循环不断地测试条件，如果条件始终成立，则一直循环，直到条件不再成立。

3. for 循环语句

```
<%
for count=1 to n step m
语句 1
exit for
语句 2
Next
%>
```

只要循环条件成立，for 语句便一直执行，直到条件不再成立。

ASP 还有其他语句，但常用的、必须掌握的就是这些。

3.3.4 ASP 常用内建对象

在 ASP 中，提供的对象以及组件都可以用来实现和扩展 ASP 应用程序的功能。每个对象都有其各自的属性、集合和方法，并且可以响应有关事件。用户不必了解对象内部复杂的数据传递与执行机制，而只需在程序中设置或调用某个对象特定的属性、集合或方法，即可实现该对象所提供的特定功能。

ASP 内建对象是 ASP 的核心，ASP 的主要功能都建立在某些内建对象的基础之上，常用 ASP 对象有 Application 对象、Request 对象、Response 对象、Server 对象、Session 对象，下面将一一进行介绍。

1. Application 对象

Application 对象在应用程序的所有访问者间共享信息，并可以在 Web 应用程序运行期间持久地保持数据。如果不加以限制，所有的客户都可以访问这个对象。Application 对象通常用来实现存储应用程序级全局变量、锁定与解锁全局变量以及网站计数器等功能。Application 对象包含的集合、方法和事件如表 3-6 所示。

表 3-6 Application 对象

类 型	名 称	说 明
集合	Contents	存储在 Application 对象中的所有变量及值的集合
	StaticObjects	使用<Object>元素定义的存储于 Application 对象中的所有变量的集合
方法	Contents.Remove	通过传入变量名来删除指定的存储于 Contents 中的变量
	Contents.Remove All	删除全部存于 Contents 中的变量
	Lock	锁定在 Application 中存储的变量，不允许其他客户端修改。调用 Unlock 方法或本页面执行完毕后解锁
	Unlock	手动解除对 Application 变量的锁定
事件	Application_OnStart	当事件应用程序启动时触发
	Application_OnEnd	当事件应用程序结束时触发

Lock 方法禁止其他用户修改 Application 对象的属性，以确保在同一时刻仅有一个客户可修改和存取 Application 变量。如果用户没有明确调用 Unlock 方法，则服务器将会在 ASP 文件结束或超时后即解除对 Application 对象的锁定。最简单的就是进行页面记数的例子：

```
<%
application.lock
application("numvisits") = application("numvisits") + 1
application.unlock
%>
```

以上代码表示“你是本页的第<%=application("numvisits")%>位访问者”。当然，如果需要记数的初始值，那就该加个判断语句了：

```
<%
if application("numvisits")<9999 then
application("numvisits")=10000
end if
application.lock
application("numvisits") = application("numvisits") + 1
application.unlock
%>
```

以上代码表示“你是本页的第<%=application("numvisits")%>位访问者”。而且每刷新一次，都会记数累加。如按 IP 值访问来记数的话，则可建立一个 session：

```
<%
if session("visitnum")="" then
application.lock
application("numvisits") = application("numvisits") + 1
application.unlock
session("visitnum")="visited"
end if
%>
```

以上代码表示“你是本页的第<%=application("numvisits")%>位访问者”。

2. Request 对象

Request 对象用来获取客户端传来的任何信息，包括 POST 方法或 GET 方法、Cookies 以及客户端证书从 HTML 表单传递的参数。通过 Request 对象，也可以访问发送到服务器的二进制数据。Request 对象通常用来实现读取网址参数、读取表单传递的数据信息、读取 Cookie 数据、读取服务器的环境变量以及文件上传的功能。Request 对象包含的集合、属性和方法如表 3-7 所示。

表 3-7　Request 对象

类　型	名　称	说　明
集合	ClientCertificate	客户证书集合
	Cookies	客户发送的所有 Cookies 值的集合
	Form	客户提交的表单(Form)元素的值，变量名与表单中元素的 name 属性一致
	QueryString	URL 参数中的值，如果 Form 的 Method 属性设为 GET，则会把所有的 Form 元素名称和值自动添加到 URL 参数中
	ServerVariables	预定义的服务器变量
属性	TotalBytes	客户端发送的 HTTP 请求中 body 部分的总字节数
方法	BinaryRead(count)	从客户端提交的数据中获取 count 字节的数据，返回一个无符号型的数组

Request 对象的主要作用就是：在服务器端接收从客户端浏览器提交或上传的信息。Request 对象可以访问任何基于 HTTP 请求传递的所有信息，包括从 Form 表单用 post 方法或 get 方法传递的参数、Cookie 等。下面是一个表单从提交到接收数据的案例：

```
<form id="form1" name="form1" method="post" action="b.asp">
<table width="340" border="0" align="center">
<tr>
<td width="124">姓名：</td>
<td width="206"><label>
<input type="text" name="name" id="name" />
</label></td>
</tr>
<tr>
<td>工作单位：</td>
```

```
<td><input name="gzdw" type="text" id="gzdw" /></td>
</tr>
<tr>
<td colspan="2"><label>
<input type="submit" name="button" id="button" value="提交" />
<input type="reset" name="button2" id="button2" value="重置" />
</label></td>
</tr>
</table>
</form>
```

效果如图 3-23 所示。

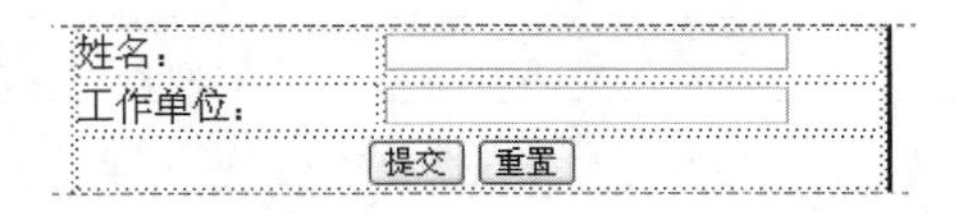

图 3-23 表单效果

注意，在上述代码中 Method 为 post，且提交的页面 action 为 b.asp。b.asp 主要是读取 a.html 页面表单中填写的数据信息。其核心代码如下：

你的姓名是:<%=request.form("name")%>
。

你的工作单位是:<%=request.form("gzdw")%>。

3. Response 对象

Response 对象用来控制发送给客户端的信息，包括直接发送信息到浏览器、重定向浏览器到其他 URL 或设置 Cookie 值。Response 对象通常用来实现输出内容到网页客户端、网页重定向、写入 Cookie 和文件下载等功能，包含的集合、属性和方法如表 3-8 所示。

表 3-8 Response 对象

类 型	名 称	说 明
集合	Cookies	设置客户端 Cookie 的值，当前响应中发送给客户所有的 Cookie 值的集合。每一个成员都是只读的
属性	Buffer	是否启用缓存，此句必须放在 ASP 文件的第一行。启用 Buffer 之后，只有所有脚本执行完毕后才会向客户端输出
方法	CacheControl	设置代理服务器是否可以缓存 ASP，以及缓存的级别
	Charset	设置字符集，如简体中文为 gb2312，与在网页中的 meta 段设置 charset=gb2312 具有相同作用
	ContentType	设置 HTTP 内容类型，如 text/html
	Expires	设置或返回一个页面缓存在浏览器中的有效时限，以分钟计算
	ExpiresAbsolute	设置页面缓存在浏览器中到期的绝对时间
	IsClientConnected	判断客户端是否已经断开连接
	LCID	设定或获取日期、时间或货币的显示格式
	Status	设置服务器的返回状态，是一个三位数加简要说明的格式，如 Response.Status = "401 Unauthorized"

续表

类 型	名 称	说 明
方法	AddHeader(HeaderName, HeaderValue)	向 HTTP 头中加入额外的信息，其中 HeaderName 可以重复。信息一旦加入，则无法删除
	AppendToLog	向 Web 服务器手动加入一条日志
	BinaryWrite	向 HTTP 输出流中写入不经过任何字符转换的数据，用于客户端传送图片或下载文件
	Clear	清空缓存
	End	停止处理 ASP 文件，直接向客户端输入现在的结果
	Flush	向客户端立即发送缓存中的内容
	Redirect	向浏览器发送一个重定向的消息，浏览器接收到此消息后重定向到指定页
	Write	向 HTTP 输出流中写入一个字符串

Response 对象主要是负责将信息传递给用户，它可动态地响应客户端的请求，并将动态生成的响应结果返回给客户端浏览器。在 Response 中，Write 方法是使用最频繁的，它将指定的字符串写到当前的 HTTP 输出。例如：

```
<%
response.write("hello,world"&"<br>")
%>
```

以上代码表示输出“hello，world”。

4. Server 对象

Server 对象提供对服务器上的方法和属性的访问，其中大多数方法和属性是作为实用程序的功能服务。Server 对象通常用来实现组件的创建、获取服务器的物理路径、对字符串进行 HTML 编码和转向执行其他 ASP 文件等功能。Server 对象包含的属性、方法如表 3-9 所示。

表 3-9 Server 对象

类 型	名 称	说 明
属性	ScriptTimeout	设置脚本超时。当一个 ASP 页面在一个脚本超时期限之内仍没有执行完毕，ASP 将终止执行并显示超时错误
方法	CreateObject	创建已注册到服务器的 ActiveX 组件
	Execute	用于停止当前网页的运行，并将控制权交给 URL 中所指定的网页
	GetLastError	返回一个 ASPError 对象，用来描述错误的详细信息。值得注意的是，必须向客户端发送一些数据后这个方法才会起作用
	HTMLEncode	将输入的 HTML 字符串换为 HTML 编码

续表

类　型	名　称	说　明
方法	MapPath	将虚拟路径映射为绝对路径。如使用 Access 数据库时，为防止下载，将其放在站点应用程序之外，然后通过此方法找到数据库在服务器上的绝对路径
	Transfer	停止执行此 ASP 文件，转向执行另外一个 ASP 文件
	URLEncode	将输入的字符串进行 URL 编码

下面代码是 Server 对象应用案例：

```
<%@language="VBscript" Codepage="936"%>
<HTML>
<head>
<title>Server 应用案例</title>
<body>
<%
Server.ScriptTimeout=100
Response.Write"粗体<b>我爱中国</b>对应的 HTML 代码为："
Response.Write Server.HTMLEncode("<b>我爱中国</b>")
Response.Write"<br>"
Response.Write"URL 地址:http://www.eduboxue/bbs?a=hello world 经过编码后的 URL
为："
Response.Write Server.URLEncode("http://www.eduboxue/bbs?a=hello world")
%>

</body>
</html>
```

5. Session 对象

可以使用 Session 对象来存储特定会话(Session)所需的信息。当一个客户端访问服务器时，就会建立一个会话。当用户在应用程序不同页面间跳转时，不会丢弃存储在 Session 对象中的变量，这些变量在用户访问应用程序页的整个期间都会保留。可以使用 Session 对象来显式结束会话并设置闲置会话的超时时限。Session 对象包含的集合、属性、方法和事件如表 3-10 所示。

表 3-10　Session 对象

类　型	名　称	说　明
集合	Contents	使用脚本命令(赋值语句)向 Session 中存储的数据，可以省略 Contents 而直接访问，如 Session("var")
	StaticObjects	使用<Object>标记定义的存储于 Session 对象中的变量集合。运行期间不能删除
属性	CodePage	设置当前 Session 的代码页
	LCID	设定当前 Session 的日期、时间或货币的显示格式，参见 Response 的 LCID 属性
	SessionID	返回 Session 的唯一标识

续表

类　型	名　称	说　明
属性	Timeout	设置 Session 的超时时间，以分钟为单位，在 IIS 中默认设置为 20 分钟
方法	Abandon	当 ASP 文件执行完毕时释放 Session 中存储的所有变量，当下次访问时，会重新启动一个 Session 对象。如果不显式调用此方法，只有当 Session 超时时才会自动释放 Session 中的变量
	Contents.Remove	删除 Contents 集合中的指定变量
	Contents.RemoveAll	删除 Contents 集合中的全部变量
事件	Session_OnEnd	声明于 global.asa 中，客户端首次访问时或调用 Abandon 后触发
	Session_OnStart	声明于 global.asa 中，Session 超时或者调用 Abandon 后触发

下面代码是 Session 对象应用案例：

```
<html>
<body>
<%
response.write("<p>")
response.write("默认 Timeout 是: " & Session.Timeout & " 分钟。")
response.write("</p>")
Session.Timeout=30
response.write("<p>")
response.write("现在的 Timeout 是 " & Session.Timeout & " 分钟。")
response.write("</p>")
%>
</body>
</html>
```

本实例运行结果如下：

```
默认 Timeout 是 20 分钟。
现在的 Timeout 是 30 分钟。
```

3.3.5　ASP 常用的组件

ASP 组件一般来说是以 DLL 为后缀名的文件，它允许用户根据不同需要来调用系统 COM 组件，以实现所要达到目的。常用的组件包括浏览器兼容组件、文件访问组件、广告轮显组件等。

1. 浏览器兼容组件

不同的浏览器支持不同的功能，如有些浏览器支持框架，有些不支持。利用这个组件，可以检查浏览器的能力，使网页针对不同的浏览器显示不同的页面(如对不支持 Frame 的浏览器显示不含 Frame 的网页)。该组件的使用很简单，需注意的是，要正确使用该组件，必须保证 Browscap.ini 文件是最新的。

组件的使用与对象类似。但是组件在使用前必须先创建，而使用内置对象前不必创建。浏览器兼容组件属性如表 3-11 所示。

表 3-11 浏览器兼容组件

属 性	说 明
Browser	指定浏览器的名字
Version	指定浏览器的版本号
Majorver	浏览器的主版本(小数点以前的)
Minorver	浏览器的次版本(小数点以后的)
Frames	指定浏览器是否支持框架
Cookies	指定浏览器是否支持 Cookie
Tables	指定浏览器是否支持表格
Backgroundsounds	指定浏览器是否支持背景音乐
Vbscript	指定浏览器是否支持 JavaScript 或 JScript
Javaapplets	指定浏览器是否支持 Java 小程序
ActiveXControls	指定浏览器是否支持 ActiveX 控件
Beta	指定浏览器是否是测试版本
Platform	指定浏览器运行的平台
Cdf	指定浏览器是否支持用于 Web 建造的信道定义格式(CDF)

浏览器兼容组件只有一个 Value 方法，用于为当前代理用户从 Browscap.ini 文件中提取一个指定的值。

2. 文件访问组件

文件访问组件提供文件的输入/输出方法，使得在服务器上可以毫不费力地存取文件。

文件访问组件利用对象的属性及方法对文件及文件夹进行存取访问，其对象和集合如表 3-12 所示。

表 3-12 文件访问组件

类 型	名 称	说 明
对象	FileSystemObject	该对象可以建立、检索、删除目录及文件
	TextStream	该对象提供读写文件的功能
	File	该对象可以对单个文件进行操作
	Folder	该对象可以处理文件夹
	Drive	该对象实现对磁盘驱动器或网络驱动器的操作
集合	Files	该集合代表文件夹中的一系列文件
	Folders	该集合的积压项与文件夹中的各子文件夹相对应
	Drives	该集合代表了本地计算机或映射的网络驱动器中可以使用的驱动器

3. 广告轮显组件

广告轮显组件可以维护、修改广告 Web 页面，可使每次打开或者重新加载网页时，随机显示广告。在使用该组件前，首先应该建立一个旋转时间表文件(用于设置自动旋转图像及其相应时间等信息)，并确保已设置了需要的组件属性。广告轮显组件的属性和方法如表 3-13 所示。

表 3-13　广告轮显组件

类　型	名　称	说　明
属性	Border	该属性用于指定能否在显示广告时给广告加上一个边框以及广告边界大小
	Clickable	该属性指定该广告是不是一个超链接，其默认值是 True
	Targetframe	该属性指定超链接后的浏览 Web 页面，其默认值是 no frame
方法	GetAdvertisement	该方法可以取得广告信息

4. 内容链接组件

内容链接组件可以把一系列的 Web 页连接到一起。内容链接组件提供了多种方法，可以从内容链接列表文件中提取不同的条目，包括相对当前网页的条目和使用索引编号的绝对条目。其属性和方法如表 3-14 所示。

表 3-14　内容链接组件

类　型	名　称	说　明
属性	About	该属性是一个只读属性，返回正在使用组件的版本信息
方法	GetListCount	该方法返回指定列表文件中包含项的数量
	GetListIndex	该方法返回列表文件中当前页的索引
	GetPreviousURL	该方法从指定的列表文件中返回当前页的上一页的 URL
	GetPreviousDescription	该方法从指定的列表文件中返回当前页的上一页的说明行
	GetNthURL	该方法从指定的列表文件中返回指定索引页面的 URL
	GetNthDescription	该方法从指定的列表文件中返回指定索引页面的说明行

5. 其他常见的组件

除了前面介绍的组件以外，ASP 还包含其他一些常用的组件，这些组件都相当于一个小工具，能够完成网站开发所需的特定功能。

1)　Data Access 组件

数据库访问组件是利用 ASP 开发 Web 数据库最重要的组件，可以利用该组件在应用程序中访问数据库，然后可以显示表的整个内容，允许用户构造查询以及在 Web 页执行其他一些数据库操作。

2)　Content Rotator 组件

该组件实现的是文本(HTML)代码的轮流播放。使用该组件，同样需要一个定时文件(该文件被称为内容定时文件)，在该文件中包含了每个文件的值及其需要被显示的时间比例。Content Rotator 组件通过读取该文件中的信息，自动在 Web 页面中插入需要被定时的 HTML 代码。网站开发人员只要维护内容定时文件，就可实现不同页面中定时文件的播放。

3) Permission Checker 组件

该组件能让网站开发人员方便地引用操作系统的安全机制，判断一个 Web 用户是否有访问 Web 服务器上某一个文件的权限。

4) Logging Utility 组件

该组件提供了访问 Web 服务器日志文件的功能，它允许从 ASP 网页内读入或更新数据。

5) Tools 组件

该组件相当于一个工具包，它提供了有效的方法，可以在网页中检查文件是否存在、处理一个 HTML 表单和生成随机整数。

第 4 章 构建动态网站后台数据库

数据库是动态网站的关键，可以说没有数据库就不可能实现动态网站。本章介绍如何构建动态网站后台 Access 数据库，包括 Access 数据库的使用方法、SQL 语句的使用方法、在网页中使用数据库等。

学习目标(已掌握的在方框中打钩)

- ☐ 熟悉定义互动网站的方法
- ☐ 掌握 Access 2010 的常见操作
- ☐ 掌握在网页中使用数据库的方法和技巧

4.1 定义互动网站

定义互动网站是制作动态网站的第一步。如果没有定义好互动网站的站点，则Dreamweaver CS6所产生的代码无法与服务器相配合。

4.1.1 定义互动网站的重要性

打开 Dreamweaver CS6 的第一步不是制作网页和写程序，而是先定义所制作的网站，原因如下。

- 将整个网站视为一个单位来定义，可以清楚地整理出整个网站的架构、文件的配置和网页之间的关联等信息。
- 可以在同一个环境下一次性定义多个网站，而且各个网站之间不冲突。
- 在 Dreamweaver CS6 中添加了一项测试服务器的设置，如果事先定义好了网站，就可以让该网站的网页连接到测试服务器里的数据库资源当中，又可以在编辑页面中预览数据库中的数据，甚至打开浏览器来运行。

4.1.2 在 Dreamweaver CS6 中定义动态网站

设置网站服务器是所有动态网页编写前的第一个操作，因为动态数据必须要通过网站服务器的服务才能运行。许多人都会忽略这个操作，以致程序无法执行或是出错。

1. 整理制作网站的信息

在开始操作之前，请先养成一个习惯——就是整理制作网站的信息，具体就是：将所要制作的网站信息以表格的方式列出，再按表来实施，这样不仅可以让网站数据井井有条，也在维护工作时能够更快地掌握网站情况。

如表4-1所示为整理出来的网站信息。

表4-1 网站信息表

信息名称	内 容
网站名称	本地网站
本机服务器主文件夹	C:\inetpub\wwwroot
程序使用文件夹	C:\inetpub\wwwroot
程序测试网址	http://localhost/

2. 定义新网站

整理好网站的信息后，下面就可以正式进入 Dreamweaver CS6 进行网站编辑了，具体操作步骤如下。

step 01 在 Dreamweaver CS6 界面中，选择【站点】→【管理站点】菜单命令，如图4-1

所示。

step 02 在【管理站点】对话框中单击【新建站点】按钮，如图 4-2 所示。

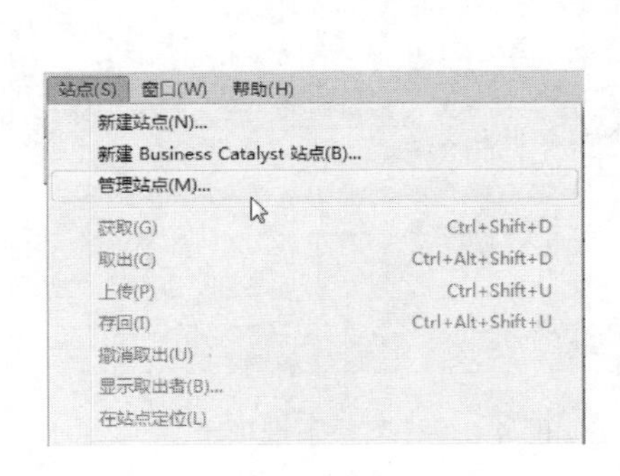

图 4-1 选择【管理站点】菜单命令

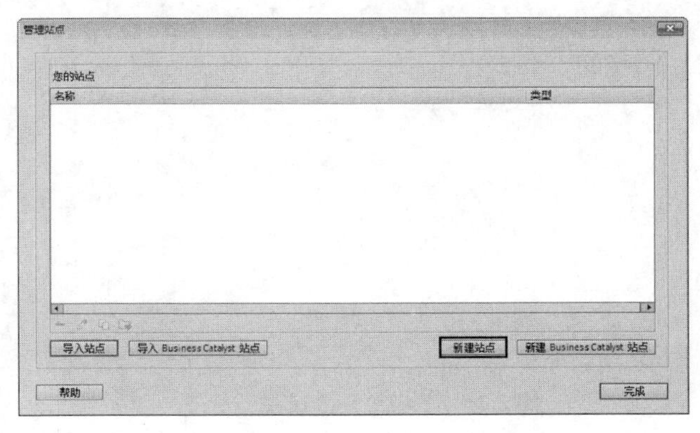

图 4-2 【管理站点】对话框

也可以直接选择【站点】→【新建站点】菜单命令，进入【站点设置对象】对话框。

step 03 打开【站点设置对象】对话框，输入【站点名称】为“本地站点”，选择【本地站点文件夹】位置为 C:\inetpub\wwwroot，如图 4-3 所示。

step 04 在左侧列表中选择【服务器】选项，单击【+】按钮，如图 4-4 所示。

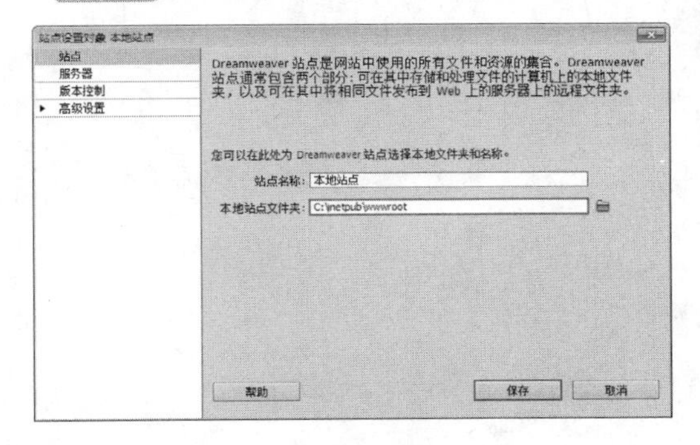

图 4-3 设置站点的名称与存放位置

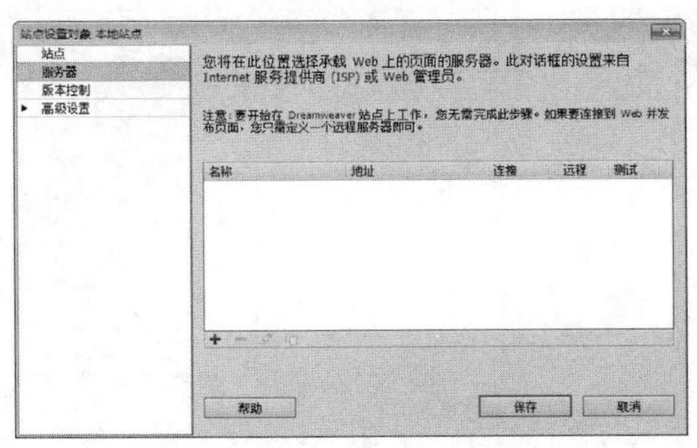

图 4-4 选择【服务器】选项

step 05 在【基本】选项卡输入服务器名称“本地站点”，选择连接方法为“本地/网络”，选择服务器文件夹为 C:\inetpub，如图 4-5 所示。

URL(Uniform Resource Locatol，统一资源定位器)是一种网络上的定位系统，可称为网站。Host 指 Internet 连接的电脑，至少有一个固定的 IP 地址。Localhost 指本地端的主机，也就是用户自己的电脑。

step 06 选择【高级】选项卡，设置测试服务器的服务器模型为 ASP VBScript，最后单击【保存】按钮保存站点设置，如图 4-6 所示。

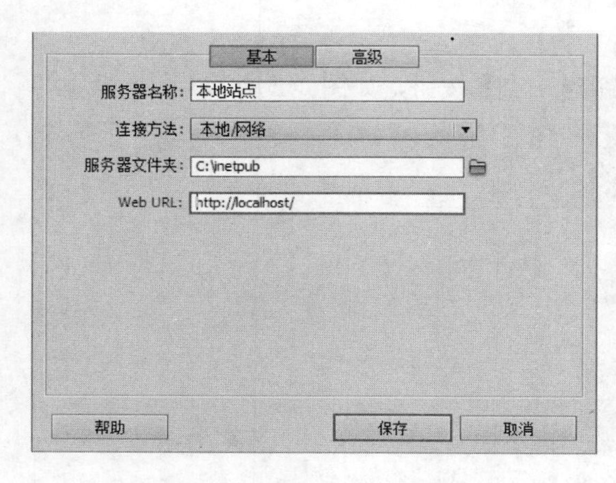

图 4-5　【基本】选项卡

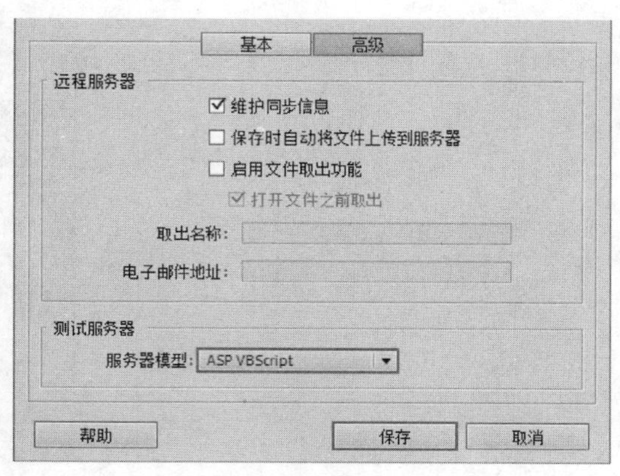

图 4-6　【高级】选项卡

注意

可选的服务器模型有 ASP VBScript、ASP JavaScript、ASP. NET (C#、VB)、ColdFusion、JSP 等。

step 07 返回到 Dreamweaver CS6 界面中，在【文件】面板上会显示所设置的结果，如图 4-7 所示。

step 08 如果想要修改已经设置好的网站，可以选择【站点】→【管理站点】菜单命令，在打开的对话框中单击铅笔按钮，再次编辑站点的属性，如图 4-8 所示。

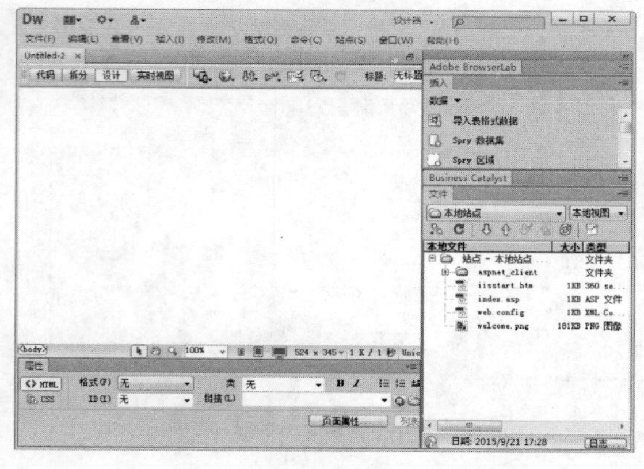

图 4-7　Dreamweaver CS6 界面

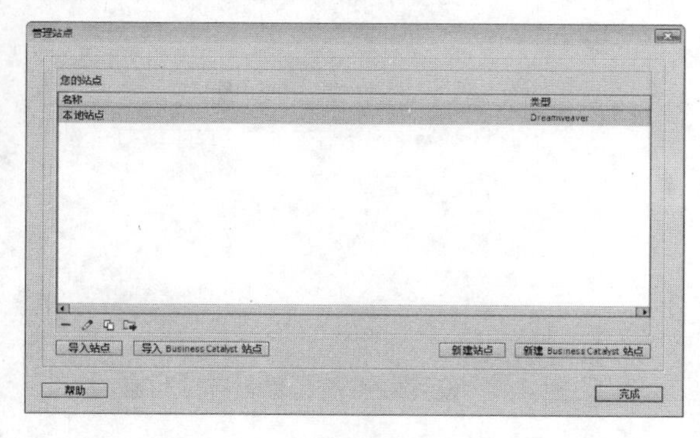

图 4-8　【管理站点】对话框

3. 测试设置结果

完成了以上的设置后，可以制作一个简单的网页来测试，具体的操作步骤如下。

step 01 在【文件】面板中添加一个新文件并打开该文件进行编辑。要添加新文件，可选取该网站文件夹后右击，在弹出的快捷菜单中选择【新建文件】命令，如图 4-9 所示。

step 02 双击 index.asp，打开新文件，在页面上添加一些文字，如图 4-10 所示。

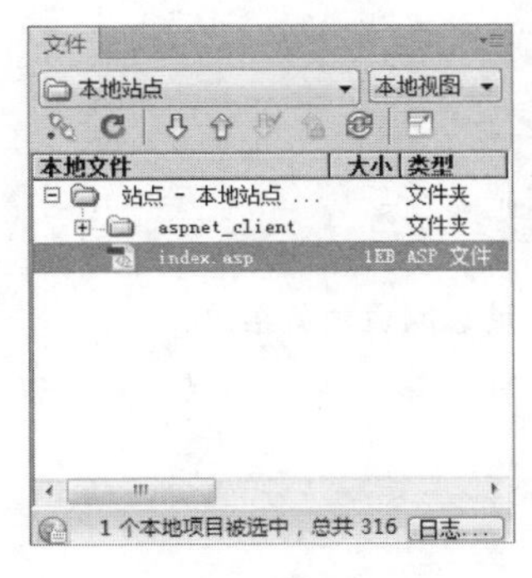

图 4-9　新建文件

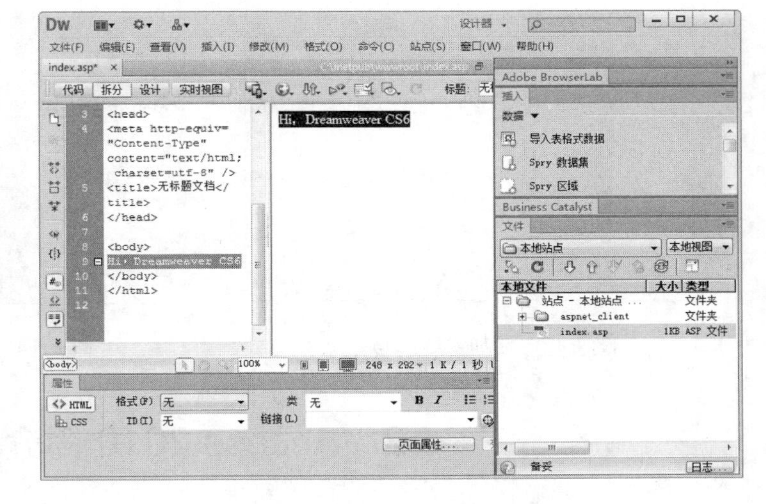

图 4-10　添加网页内容

step 03 添加完成后直接按 F12 键打开浏览器来预览，可以看到页面执行的结果，如图 4-11 所示。

图 4-11　网页预览结果

注意　这个网页所执行的网址，不再是以磁盘路径来显示，而是以刚才设置的 URL 前缀"http://localhost/"再加上文件名来显示，这表示网页是在服务器的环境中运行的。

step 04 仅仅这样还不能完全显示出互动网站服务器的优势，再加入一行代码来测试程序执行的能力。回到 Dreamweaver CS6，在刚才的代码后添加一行 ASP 动态代码，如图 4-12 所示。

step 05 按 Ctrl+S 组合键保存文件后，再按 F12 键打开浏览器进行预览，果然在刚才的网页下方出现了当前时间，这表示设置确实可用，如图 4-13 所示。

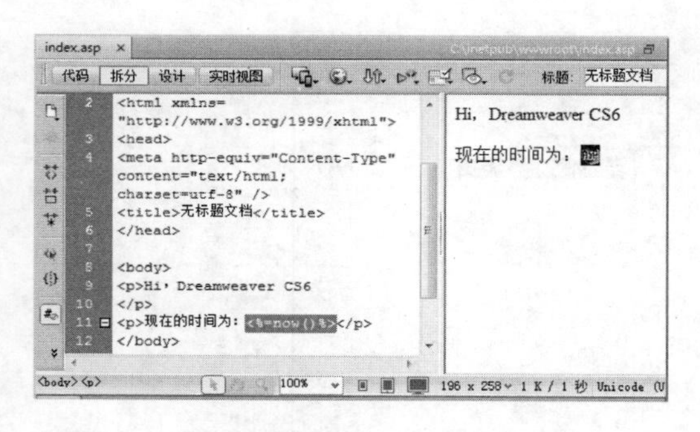

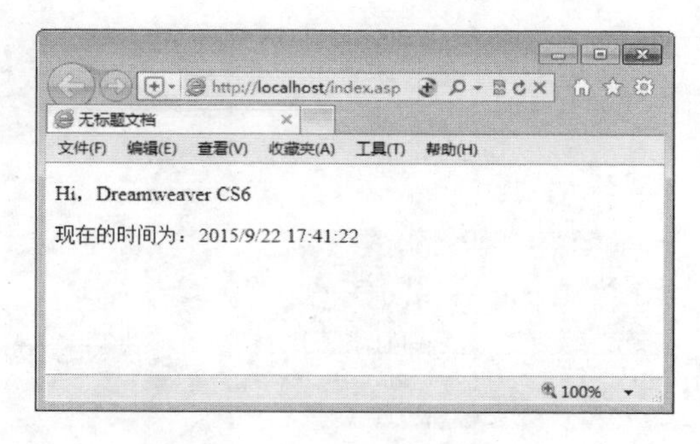

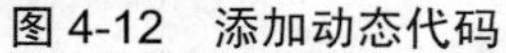

图 4-12 添加动态代码

图 4-13 动态网页预览结果

4.2 Access 2010 简介

Access 是目前比较流行的桌面型数据库管理系统，是一种常用的文件型数据库管理程序，可用来存储和组织大容量数据。另外，Access 2010 的新功能还可以帮助数据库开发人员查看有关数据库对象之间相关性的信息。

4.2.1 启动和关闭 Access 2010

选择【开始】→【所有程序】→ Microsoft Office→ Microsoft Access 2010 命令即可启动 Access 2010，如图 4-14 所示。

打开 Access 2010 后，选择【文件】→【退出】菜单命令，或者直接单击窗口右上角的关闭按钮⊠，也可退出 Access 2010，如图 4-15 所示。

图 4-14 启动 Access 2010

图 4-15 退出 Access 2010

4.2.2 数据库及数据库表

数据库系统由数据库中的 6 个对象所构成，包括表、查询、窗体、报表、宏和模块。而数据库就是存放各个对象的容器，因此在创建数据库系统之前，首先应创建数据库，如图 4-16 所示。

数据表是数据库的基本对象，同时也是创建其他 5 种对象的基础。简单地说，表就是用来存储数据库数据的地方，它将具有相同性质或相关联的数据存储在一起，以行和列的形式来记录数据，如图 4-17 所示。

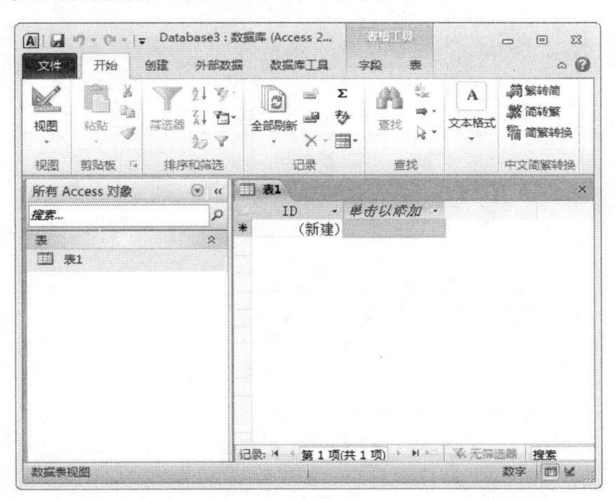

图 4-16 创建数据库

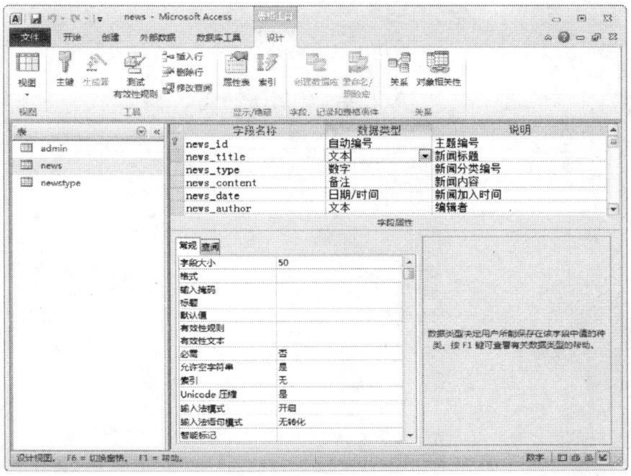

图 4-17 数据表

4.2.3 创建数据库

Access 2010 提供了多种创建数据库的方法，下面介绍两种常用的创建数据库的方法。

1. 创建一个空白数据库

数据库是存放各个对象的容器，若需要向空数据库中添加表、窗体、宏等对象，首先需要创建一个空白数据库。

创建空白数据库的具体步骤如下。

step 01 打开 Access 2010 的首界面，选择【空数据库】选项，如图 4-18 所示。

step 02 单击【空数据库】面板中的【文件夹】按钮，打开【文件新建数据库】对话框，在其中可以设置数据库保存的位置，并在【文件名】文本框中输入数据库的名称，如图 4-19 所示。

step 03 单击【确定】按钮，返回到【空数据库】窗格，可以查看设置好的保存位置，如图 4-20 所示。

step 04 单击【创建】按钮，即可完成新建空白数据库的操作，并在数据库中自动创建一个数据表，如图 4-21 所示。

图 4-18　Access 2010 的首界面

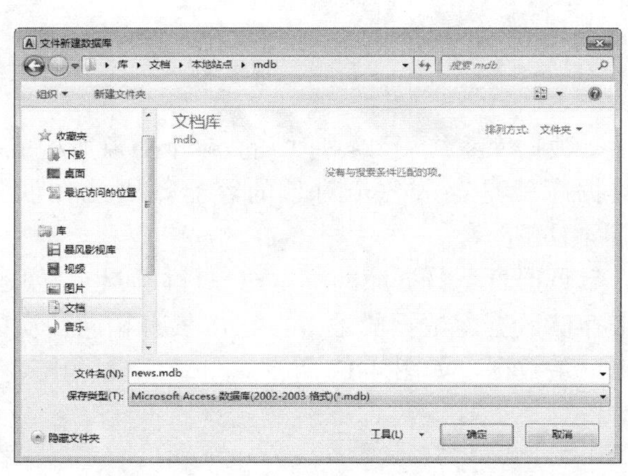

图 4-19　【文件新建数据库】对话框

图 4-20　查看文件保存位置

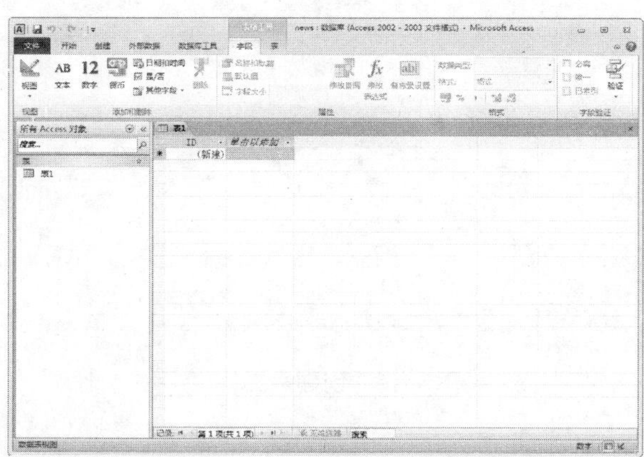

图 4-21　空白数据库

2. 利用模板快速创建数据库

Access 2010 提供了多个数据库模板。使用这些数据库模板，用户只需要进行一些简单操作，就可以创建一个包含表、查询等数据库对象的数据库。

下面利用 Access 2010 中的模板，创建一个“资产”数据库，具体步骤如下。

step 01 启动 Access 2010，打开首界面，在 Access 2010 提供的多个数据库模板中，选择【资产】选项，如图 4-22 所示。

step 02 打开【可用模板】对话框，在【文件名】文本框中输入新建数据库的名称，单击【下载】按钮，如图 4-23 所示。

step 03 开始下载资产数据库模板，如图 4-24 所示。

step 04 下载完毕后，系统会自动创建一个“资产”数据库，在 Access 2010 的窗口左侧可以看到“资产”数据库预设的所有表，如图 4-25 所示。

图 4-22　选择【资产】选项

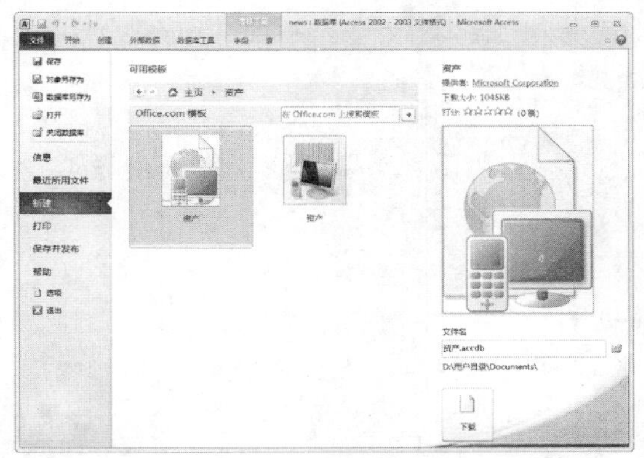

图 4-23　单击【下载】按钮

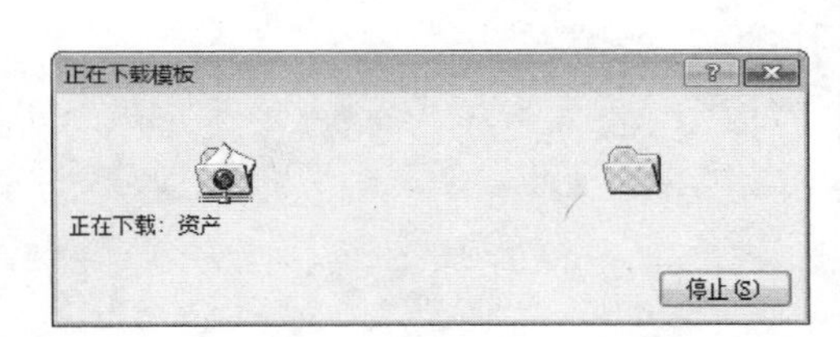

图 4-24　下载模板

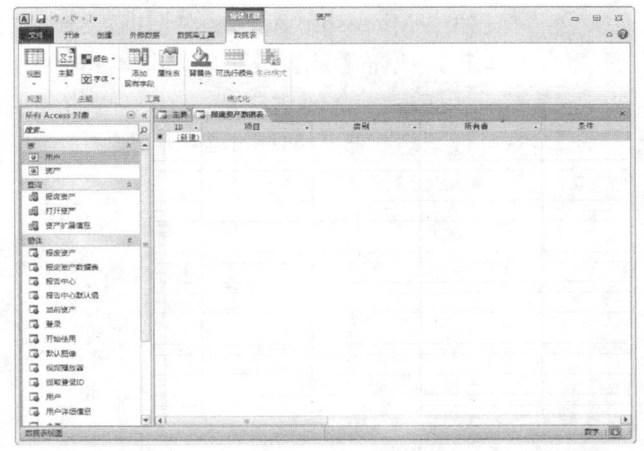

图 4-25　“资产”数据库

4.2.4　创建数据库表

表结构设计的好坏会直接影响到数据库的性能，因此设计一个结构和关系良好的数据表，在系统开发时是相当重要的。下面介绍 6 种创建数据表的方法。

1. 使用表模板创建数据表

对于常用的联系人、资产等信息表，使用表模板创建，会比手动创建更加方便快捷。利用 Access 2010 中的表模板，创建一个“任务”表的具体步骤如下。

step 01　启动 Access 2010，创建一个空白数据库，并命名为“应用”，如图 4-26 所示。

step 02　在【创建】选项卡单击【应用程序部件】下拉按钮，在弹出的下拉列表中选择【任务】选项，如图 4-27 所示。

图 4-26 “应用”数据库

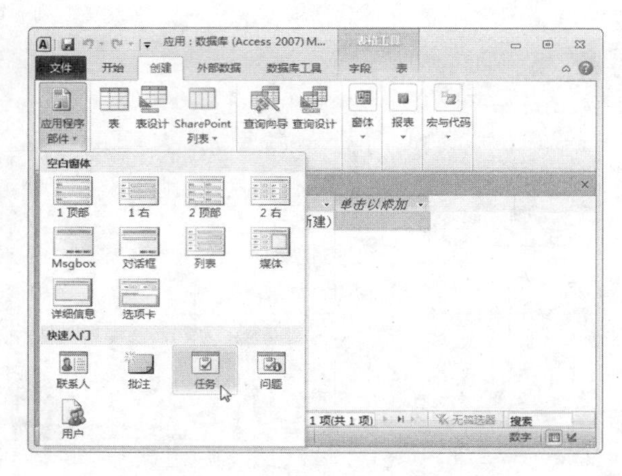

图 4-27 选择【任务】选项

step 03 弹出 Microsoft Access 对话框，提示“安装此应用部件之前必须关闭所有打开的对象”，单击【是】按钮，如图 4-28 所示。

step 04 “任务”表创建完成，在左侧的导航栏中双击【任务】列表，即可打开“任务”数据表视图，如图 4-29 所示。

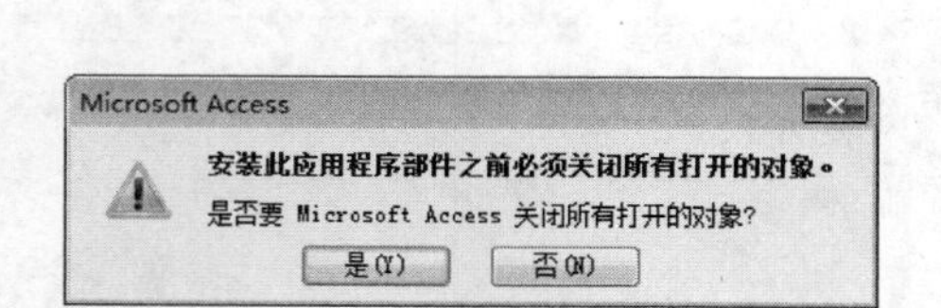

图 4-28 Microsoft Access 对话框

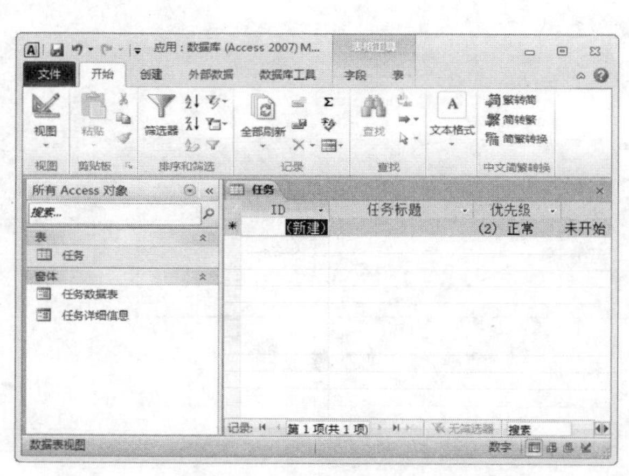

图 4-29 “任务”数据表视图

2. 使用字段模板创建数据表

Access 2010 在字段模板中已经设计好了各种字段属性，用户只需要直接使用即可。在空数据库中，使用字段模板创建一个水果的信息表，具体步骤如下。

step 01 启动 Access 2010，打开新建的“应用”数据库。

step 02 在【创建】选项卡中单击【表格】组中的【表】选项，将创建一个名为“表 1”的空白表，并自动进入“表 1”的数据表视图，如图 4-30 所示。

step 03 此时上方出现两个新增的选项卡：【字段】选项卡和【表】选项卡。其中，【字段】选项卡包括【视图】组、【添加和删除】组、【属性】组、【格式】组、【字段验证】组，如图 4-31 所示。

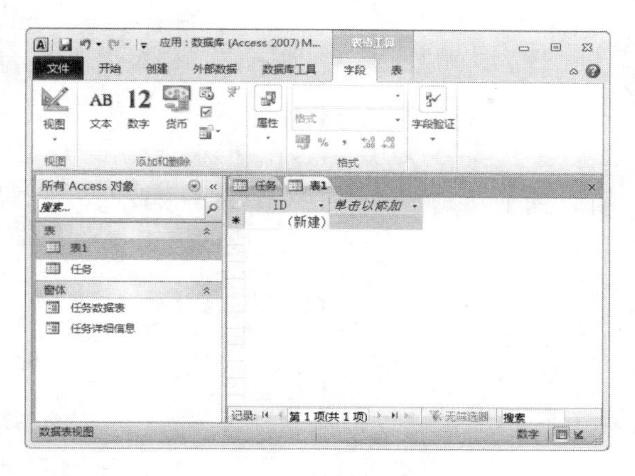

图 4-30　“表 1”的数据表视图

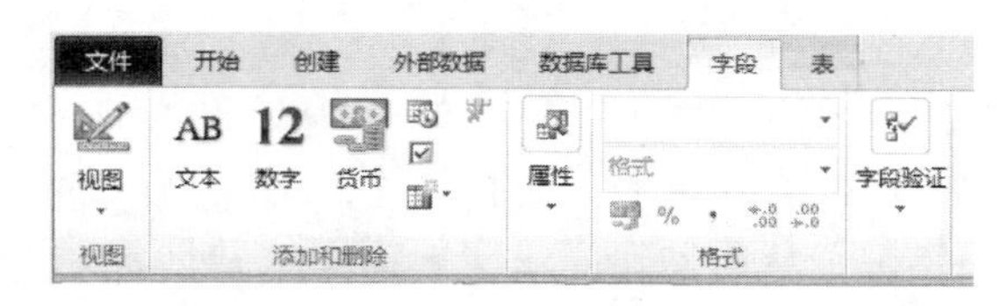

图 4-31　【字段】选项卡

step 04 单击【添加和删除】组中的【其他字段】下拉按钮，弹出设计好的字段类型，包括基本类型、数字、日期和时间等，如图 4-32 所示。

step 05 选择需要添加的字段类型，如这里选择【格式文本】选项，即添加一个类型为【格式文本】的字段，如图 4-33 所示。

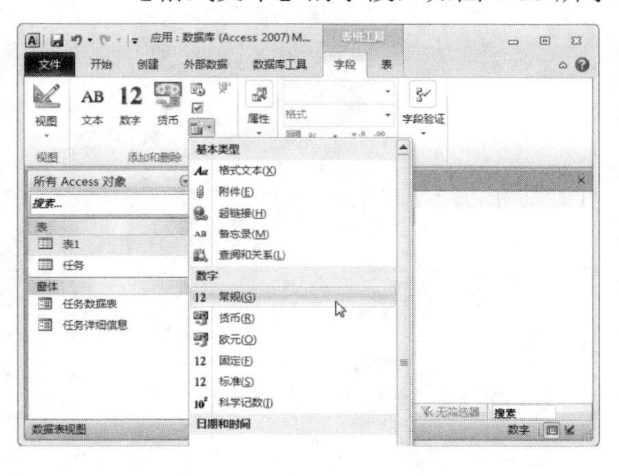

图 4-32　选择字段类型

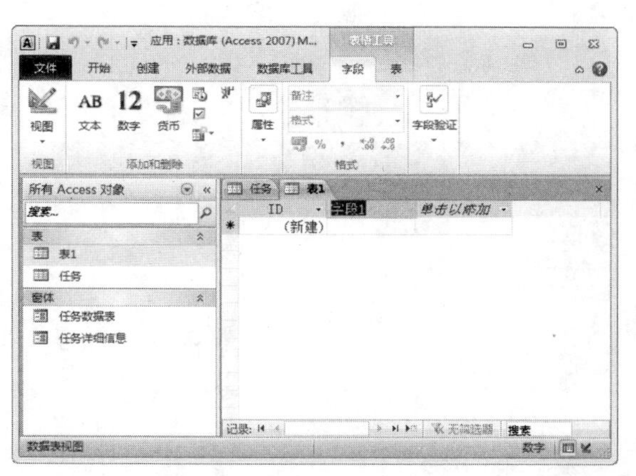

图 4-33　字段 1

step 06 添加完成后，直接在字段文本框内更改字段名称为“水果名称”，如图 4-34 所示。

step 07 使用同样的方法，再次添加 2 个字段，字段类型分别为【格式文本】和【货币】，更改字段名称为“供应商”和“价格”。至此，水果信息表即创建完成，如图 4-35 所示。

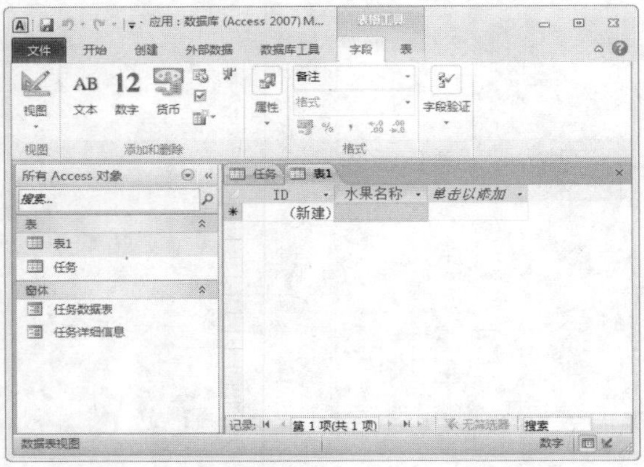

图 4-34　添加“水果名称”字段

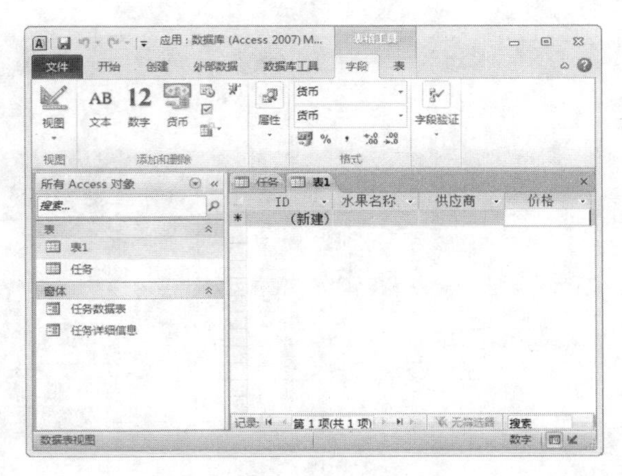

图 4-35　添加 2 个字段

3. 使用表设计创建数据表

表模板是已经成型的模板，有一定的局限性，不能满足用户的实际需求。利用表设计，可以任意设置各类字段的属性，从而创建满足实际需要的数据表。下面运用表设计创建一个“员工信息表”，具体步骤如下。

step 01 启动 Access 2010，打开“应用”数据库。

step 02 在【创建】选项卡单击【表格】组中的【表设计】按钮，创建名为“表 2”的空白表，并进入表的设计视图，如图 4-36 所示。

step 03 在【字段名称】栏中输入字段的名称“工号”，如图 4-37 所示。

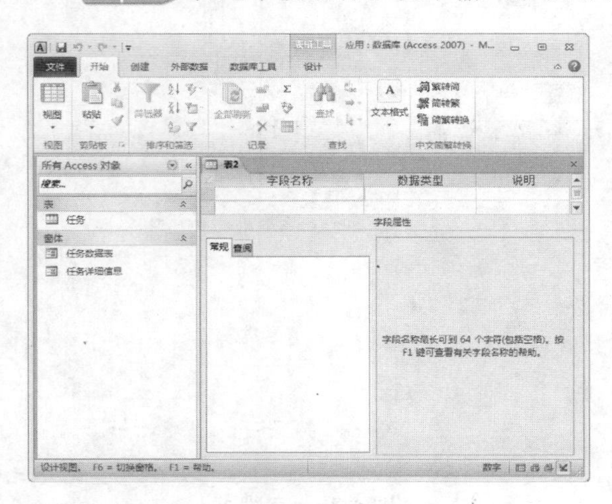

图 4-36　表设计视图

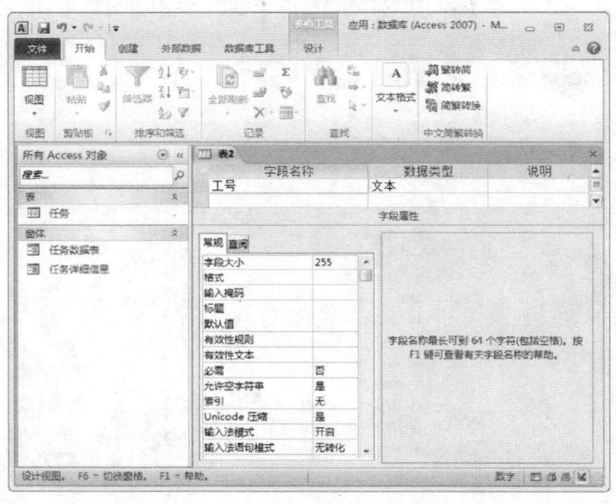

图 4-37　【字段名称】栏

step 04 单击【数据类型】栏的下拉按钮，在弹出的下拉列表中选择“数字”类型，如图 4-38 所示。

step 05 【说明】栏是选择性的，也可以不输入。例如这里输入“工号唯一，作为主键”，如图 4-39 所示。

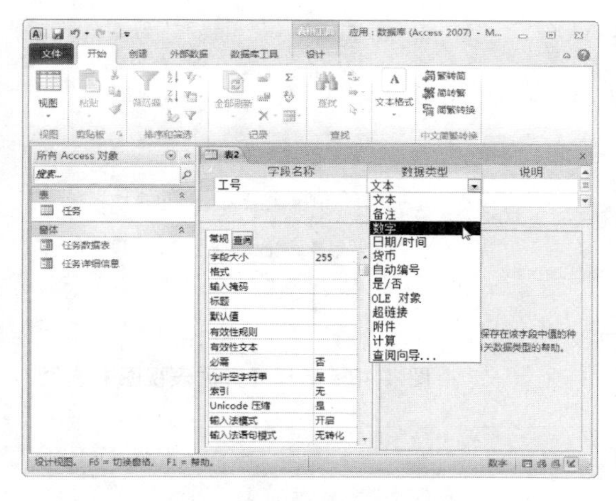

图 4-38 【数据类型】栏

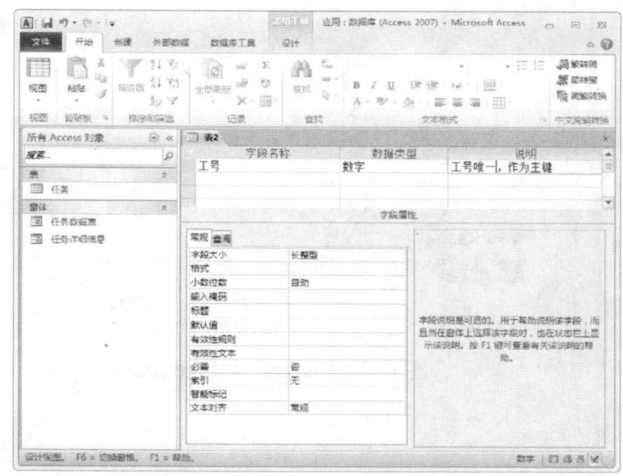

图 4-39 【说明】栏

step 06 使用同样的方法，添加其他字段名称，设置相应的数据类型，如图 4-40 所示。

step 07 添加完成后，单击窗口左上方的【保存】按钮，弹出【另存为】对话框，在【表名称】文本框内设置表的名称，这里设置为“员工信息表”，单击【确定】按钮，如图 4-41 所示。

图 4-40 添加字段

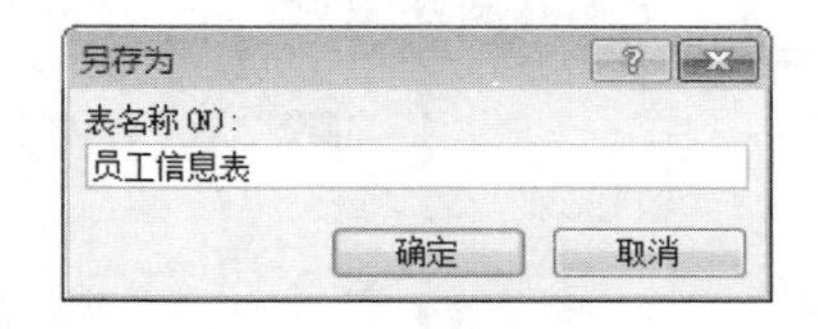

图 4-41 【另存为】对话框

step 08 弹出 Microsoft Access 对话框，提示“尚未定义主键”，单击【否】按钮，如图 4-42 所示。

step 09 在【开始】选项卡，单击【视图】组的【视图】下拉按钮，在弹出的下拉列表中选择【数据表视图】选项，如图 4-43 所示。

step 10 进入数据表视图，在其中可以看到创建好的“员工信息表”。至此，就完成了使用表设计创建数据表的操作，如图 4-44 所示。

Microsoft Access

尚未定义主键。

主键不是必需的，但应尽量定义主键。一个表，只有定义了主键，才能定义该表与数据库中其他表间的关系。
是否创建主键?

是(Y)　否(N)　取消

图 4-42　Microsoft Access 对话框

图 4-43　选择【数据表视图】选项

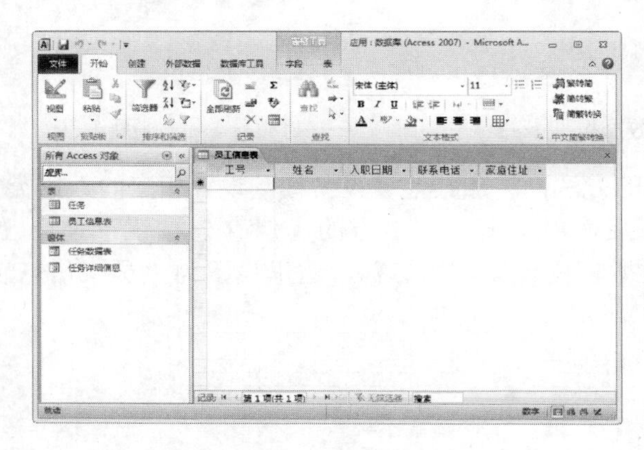

图 4-44　员工信息表

4. *在新数据库中创建新表*

创建新的数据库后，需要在其中创建新表。在新数据库中创建新表的具体步骤如下。

step 01 启动 Access 2010，在【文件】选项卡左侧单击【新建】按钮，弹出【新建】窗口，然后选择【空数据库】选项，在右侧【空数据库】窗格中的【文件名】文本框中输入新建数据库的名称，如图 4-45 所示。

图 4-45　创建空数据库

step 02 单击【创建】按钮，即新建一个数据库，并同时创建一个名称为“表 1”的新表，如图 4-46 所示。

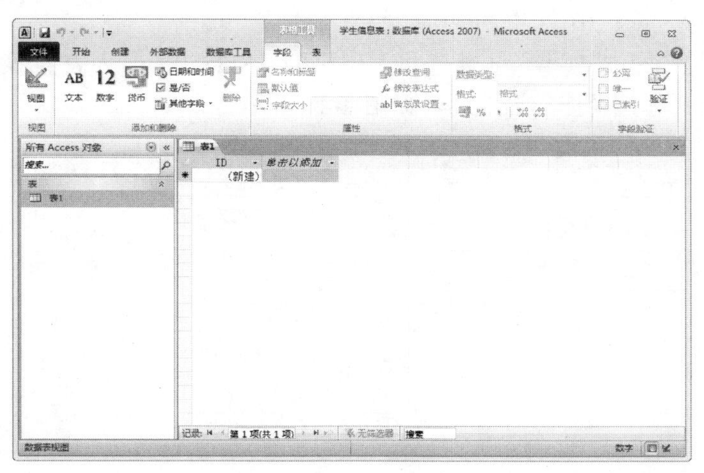

图 4-46 新数据库

5. 在现有数据库中创建新表

表是数据库的基本对象，无论进行何种数据库操作，都离不开数据表。下面介绍如何在现有数据库中创建新表，以“应用”数据库为例，具体操作步骤如下。

step 01 启动 Access 2010，打开“应用”数据库。

step 02 在【创建】选项卡单击【表格】组中的【表】按钮，即可创建一个名为“表 1”的新表，并进入该表的数据表视图界面，如图 4-47 所示。

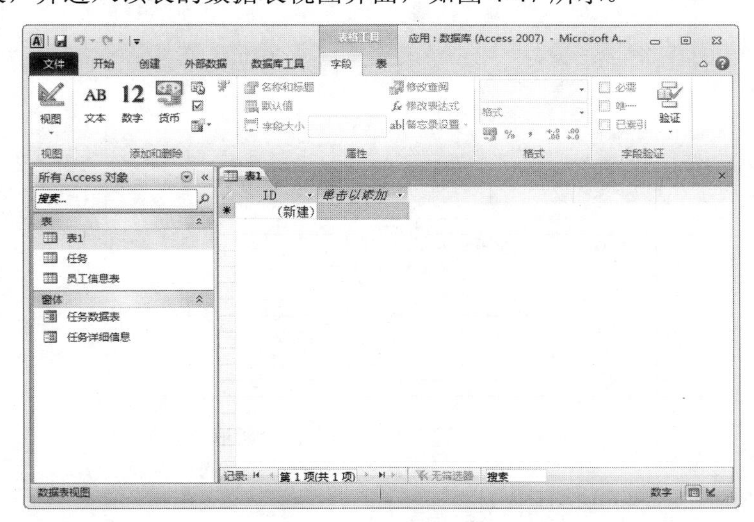

图 4-47 数据表视图

6. 使用 SharePoint 列表创建表

使用 SharePoint 可以在数据库中创建导入或链接到 SharePoint 列表的表，还可以使用预定义模板创建新的 SharePoint 列表。使用 SharePoint 创建一个“任务”表的具体操作步骤如下。

step 01 启动 Access 2010，打开“应用”数据库。

step 02 在【创建】选项卡单击【表格】组中的【SharePoint 列表】下拉按钮，在弹出的下拉列表中选择【任务】选项，如图 4-48 所示。

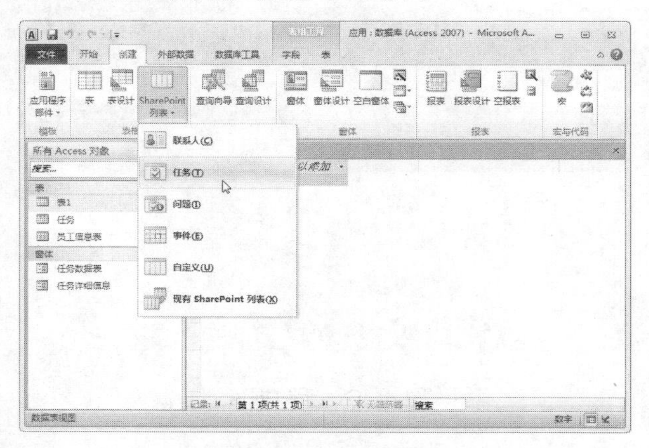

图 4-48　选择【任务】选项

step 03 弹出【创建新列表】对话框，在【指定 SharePoint 网站】文本框中输入网站的 URL 地址，在【指定新列表的名称】文本框设置新列表的名称，在【说明】文本框添加说明，然后单击【确定】按钮，即完成使用 SharePoint 列表创建表的操作，如图 4-49 所示。

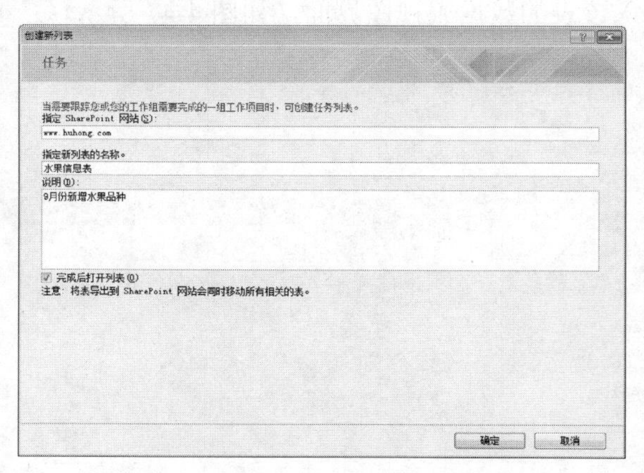

图 4-49　【创建新列表】对话框

4.2.5　字段的数据类型和属性

1. 字段的数据类型

Access 2010 提供的常见数据分类包括格式文本、数字、日期和时间、货币、是/否以及超链接等。Access 2010 的常见数据类型如表 4-2 所示。

表 4-2 Access 2010 的常见数据类型

数据类型	用 法	存储大小
格式文本	存储文本或文本和数字相结合的数据	0~255 个字符
数字	存储进行算术计算的数值数据，可设置的字段大小，包括字节、整型、长整型、单精度型、双精度型、同步复制 ID 和小数	1、2、4、8 或者 16 个字节
日期和时间	存储日期和时间格式的数据	8 个字节
货币	存储货币值，在计算时禁止四舍五入	8 个字节
是/否	布尔类型，当字段只包含两个不同的可选值，例如 Yes/No、True/False 或者 On/Off，使用此类型	1 个字节
超链接	用作超链接地址，可以是 URL 或者 UNC 路径	0～64 000 个字符
附件	可以允许向数据库附加外部文件的字段	取决于附件
计算	可以创建使用一个或者多个字段中数据的表达式	取决于“结果类型”属性的数据类型

使用正确的数据类型，有助于消除数据冗余，可以优化存储，提高数据库的性能。如何选择正确的数据类型，可以参照以下几点。

- 存储的数据内容。如需要存储的数据为货币值，则不能选择文本类型等。
- 数据内容的大小。如输入的数据为文章的标题，那么设置为短文本即可。
- 数据内容的用途。若需要存储的数据为时间，则必然要设置为日期/时间类型。

2. 字段的属性

表中的每个字段都有属性，这些属性定义字段的特征和行为。字段的最重要属性是其数据类型，字段的数据类型决定其可以存储哪种数据，还决定许多其他的重要字段特性，如是否可对该字段进行索引、如何在表达式中使用该字段、该字段可使用哪些格式等。

字段的属性包括常规属性和查阅属性。常规属性根据字段的数据类型的不同而不同，如表 4-3 所示。

表 4-3 Access 2010 的常规字段属性

属 性	说 明
字段大小	短文本型的默认值不超过 255 个字符。不同的数据类型，大小范围不一样
格式	限定字段数据在视图中的显示格式
输入掩码	显示编辑字符以引导数据输入
标题	在数据表视图中要显示的列名，默认的列名为字段名
小数位数	指定显示数字时要使用的小数位数
默认值	添加新记录时自动向字段分配该指定值

续表

属　性	说　明
验证规则	提供一个表达式，从而限定输入的数据，Access 只在满足相应的条件时才能输入数据
验证文本	和验证规则相配合，当用户输入的数据违反验证规则后，给出提示信息
必填	该属性取值为“是”时，表示必须填写本字段。为“否”时，字段可以为空
Unicode 压缩	为了使一个应用在不同的国家各种语言情况下都能正常运行而编写的一种文字代码。该属性取值为“是”时，表示本字段中数据库可以存储和显示多种语言的文本
索引	决定是否将该字段定义为表中的索引字段，通过创建和使用索引加快对该字段中数据的读取访问速度
文本对齐	指定控件内文本的默认对齐方式

4.3　在网页中使用数据库

数据库网页动态效果的实现，其实就是将数据库中的记录显示在网页上。因此，如何在网页中创建数据库连接并读取出数据显示，是开发动态网页的一个重点。

4.3.1　Connection 对象

Connection 对象是与数据存储进行连接的对象，它代表一个打开的与数据源的连接。如果是客户端/服务器数据库系统，该对象可以等价于到服务器的实际网络连接。因为提供者所支持的功能不同，Connection 对象的某些集合、方法或属性有可能无效。

实际上如果没有显式地创建一个 Connection 对象连接到数据存储，那么在使用 Command 对象和 RecordSet 对象时，ADO 会隐式地创建一个 Connection 对象。建议显式创建 Connection 对象，然后在需要使用的地方引用它。因为通常在进行数据库操作时，需要运行不止一条数据操作命令，如果不显式地创建一个 Connection 对象，在每运行一条命令时，都会隐式地创建一个 Connection 对象实例，这样会导致效率下降。创建一个 Connection 对象实例很简单，使用 Server 对象的 CreateOjbect(ADODB. Connection)即可。

4.3.2　用 ODBC 实现数据库连接

可以利用 ODBC 实现数据库连接，具体的连接步骤如下。

step 01 选择【开始】→【控制面板】菜单命令，打开【所有控制面板项】窗口，如图 4-50 所示。

step 02 在【控制面板】窗口中双击【管理工具】图标，打开【管理工具】窗口，如图 4-51 所示。

图 4-50 【所有控制面板项】窗口

图 4-51 【管理工具】窗口

step 03 在【管理工具】窗口中双击【数据源(ODBC)】图标，打开【ODBC 数据源管理器】对话框，在其中选择【系统 DSN】选项卡，如图 4-52 所示。

step 04 单击【添加】按钮，打开【创建新数据源】对话框，选择 Driver do Microsoft Access(*.mdb)选项，如图 4-53 所示。

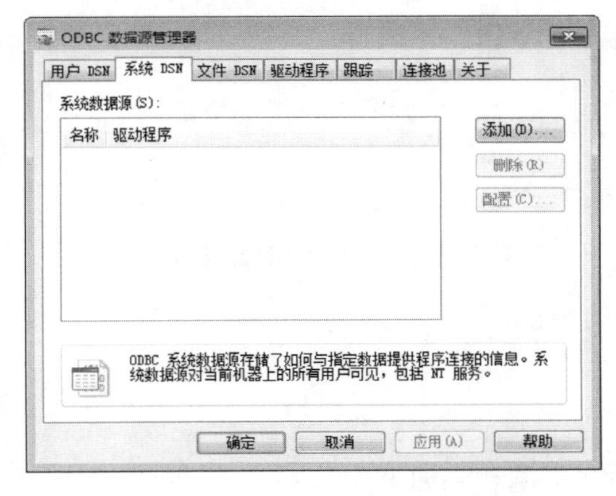

图 4-52 【系统 DSN】选项卡

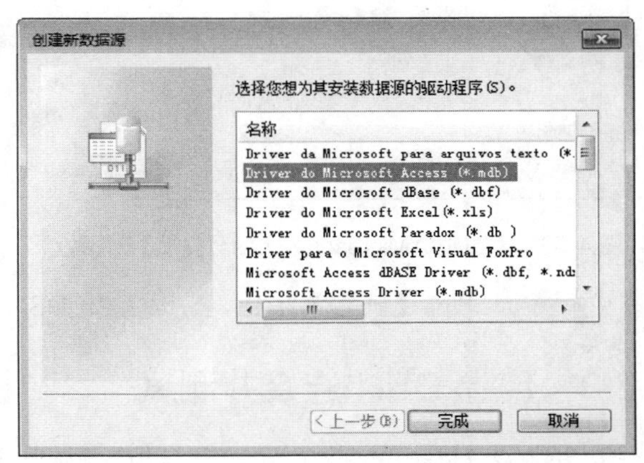

图 4-53 【创建新数据源】对话框

step 05 单击【完成】按钮，打开【ODBC Microsoft Access 安装】对话框，在【数据源名】文本框中输入 connodbc，如图 4-54 所示。

step 06 单击【选择】按钮，打开【选择数据库】对话框。单击【驱动器】下拉按钮，从下拉列表中找到在创建数据库步骤中保存数据库的文件夹，如图 4-55 所示。

step 07 单击【确定】按钮，回到【ODBC Microsoft Access 安装】对话框，在其中可以看到添加的数据库源文件，如图 4-56 所示。

step 08 单击【确定】按钮，返回到【ODBC 数据源管理器】中的【系统 DSN】选项卡，可以看到系统数据源中已经添加了一个名称为 connodbc、驱动程序为 Driver do Microsoft Access(*.mdb)的系统数据源，如图 4-57 所示。

图 4-54　输入数据源名

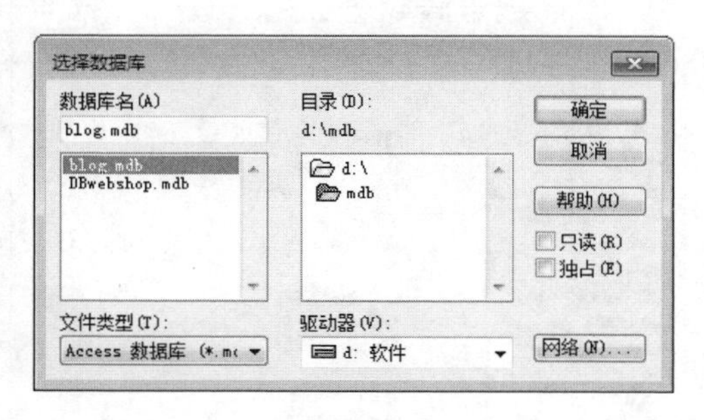

图 4-55　【选择数据库】对话框

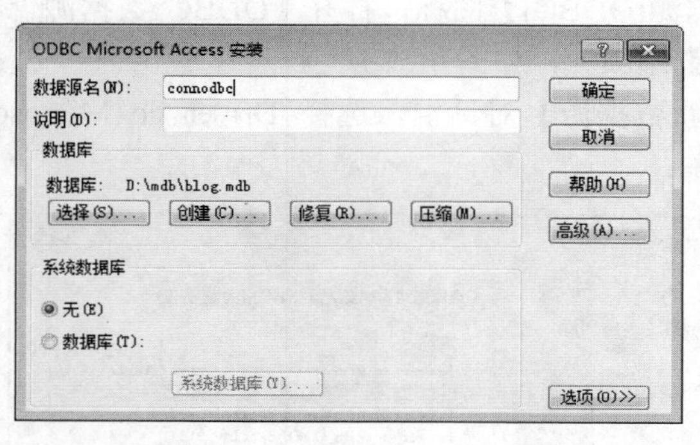

图 4-56　【ODBC Microsoft Access 安装】对话框

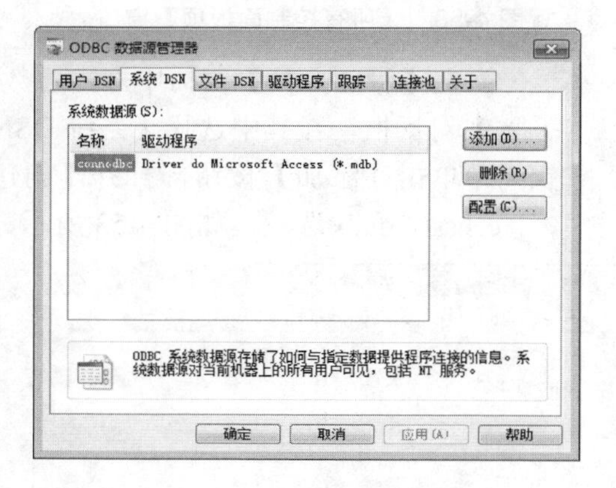

图 4-57　【系统 DSN】选项卡

step 09 单击【确定】按钮，完成系统 DSN 的设置。

4.3.3　创建 DSN 连接并测试

创建系统 DSN 以后，就可以在 ASP 中使用它了，其代码如下：

```
<%
Set conn= server.createobject("adodb.connection")
Conn.open "dsn=connodbc"
%>
```

在代码中可以看出，这里创建了一个 ADO Connection 对象，用 open 方法打开数据。

第 2 篇

案例开发实战

第 5 章 用户管理系统

在动态网站中，用户管理系统是非常必要的，因为网站会员的增加，不仅可以让网站累积会员人脉，利用这些会员的数据，也可能为网站带来无穷的商机。一个典型的用户管理系统，一般应该具备用户注册功能、资料修改功能、取回密码功能以及用户注销身份功能等。

学习目标(已掌握的在方框中打钩)

- ☐ 熟悉用户系统的功能
- ☐ 掌握用户系统的数据库设计和连接方法
- ☐ 掌握设计用户登录模块的方法
- ☐ 掌握设计用户注册模块的方法
- ☐ 掌握设计密码查询模块的方法

5.1 系统的功能分析

在开发动态网站之前，需要规划系统的功能和各个页面之间的关系，绘制出系统脉络图，以方便整个系统的开发与制作。

5.1.1 规划网页结构和功能

本章将要制作的用户管理系统的网页结构如图 5-1 所示。

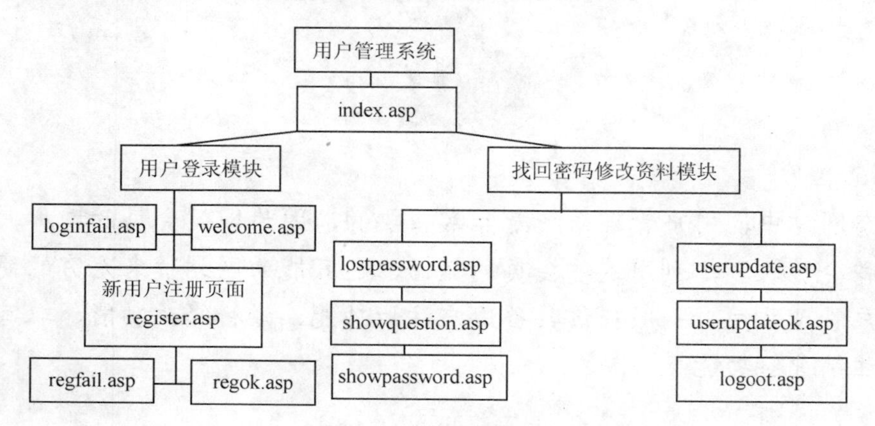

图 5-1 用户管理系统结构

本系统的主要结构分为用户登录和找回密码两个部分，整个系统中共有 12 个页面，各个页面的名称和对应的文件名、功能如表 5-1 所示。

表 5-1 用户管理系统网页设计表

页面名称	功 能
index.asp	实现用户管理系统的登录功能的页面
welcome.asp	用户登录成功后显示的页面
loginfail.asp	用户登录失败后显示的页面
register.asp	新用户用来注册输入个人信息的页面
regok.asp	新用户注册成功后显示的页面
regfail.asp	新用户注册失败后显示的页面
lostpassword.asp	丢失密码后进行密码查询使用的页面
showquestion.asp	查询密码时输入提示问题的页面
showpassword.asp	答对查询密码问题后显示的页面
userupdate.asp	修改用户资料的页面
userupdateok.asp	成功更新用户资料后显示的页面
logoot.asp	退出用户系统的页面

5.1.2 网页美工设计

本实例整体框架采用“拐角型”布局结构，美工设计效果如图 5-2 和图 5-3 所示。初学者在设计制作过程中，可以打开光盘中的源代码，找到相关站点的 images(图片)文件夹，其中放置了已经编辑好的图片。

图 5-2 首页的美工　　图 5-3 会员注册页面的美工

5.2 数据库设计与连接

本节主要讲述如何使用 Access 2010 建立用户管理系统的数据库，以及如何使用 ODBC 在数据库与网站之间建立动态链接。

5.2.1 数据库设计

通过对用户管理系统的功能分析发现，这个数据库应该包括注册的用户名、注册密码以及个人信息，如性别、年龄、E-mail、电话等。所以在数据库中必须包含一个容纳上述信息的表，称之为用户信息表，本案例将数据库命名为 member，创建的用户信息表 member 结构如表 5-2 所示。

表 5-2 用户信息表 member

意 义	字段名称	数据类型	字段大小	必填字段	允许空字符串	索 引
用户编号	ID	自动编号	长整型			有(无重复)
用户名	username	文本	20	是	否	无
用户密码	password	文本	20	是	否	无
密码遗失提示问题	question	文本	50	是	否	无

续表

意 义	字段名称	数据类型	字段大小	必填字段	允许空字符串	索 引
密码提示问题答案	answer	文本	50	是	否	无
真实姓名	truename	文本	20	是	否	无
用户性别	sex	文本	2	是	否	无
用户地址	address	文本	50	是	否	无
联系电话	tel	数字	50	是	否	无
OICQ	QQ	数字	20	否	是	无
邮箱地址	e-mail	文本	50	否	是	无
用户权限	authority	数字	长整型			无

在 Access 2010 中创建数据库的操作步骤如下。

step 01 运行 Microsoft Access 2010 程序，选择【空数据库】选项，在主界面的右侧打开【空数据库】窗格，单击【浏览】按钮，如图 5-4 所示。

step 02 打开【文件新建数据库】对话框。在【保存位置】下拉列表框中选择前面创建站点 member 中的 mdb 文件夹，在【文件名】文本框中输入文件名 member.mdb，为了让创建的数据库能被通用，在【保存类型】下拉列表框中选择“Microsoft Access 数据库(2002-2003 格式) (*.mdb)”库选项，单击【确定】按钮，如图 5-5 所示。

图 5-4　选择【空数据库】选项

图 5-5　【文件新建数据库】对话框

step 03 返回【空数据库】窗格，单击【创建】按钮，即在 Microsoft Access 2010 中创建了一个 member.mdb 数据库文件，同时 Microsoft Access 2010 自动默认生成了一个“表 1”数据表，如图 5-6 所示。

step 04 在“表 1”上单击鼠标右键，选择快捷菜单中的【设计视图】命令，打开【另存为】对话框，在【表名称】文本框中输入数据表名称 member，如图 5-7 所示。

step 05 单击【确定】按钮，系统自动以设计视图方式打开创建好的 member 数据表，如图 5-8 所示。

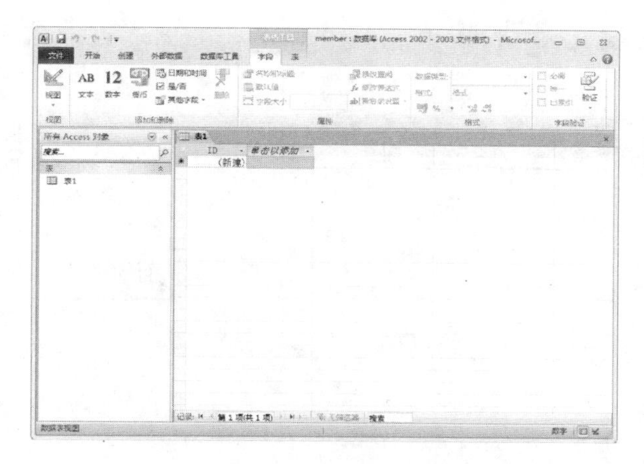

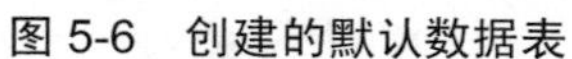

图 5-6　创建的默认数据表

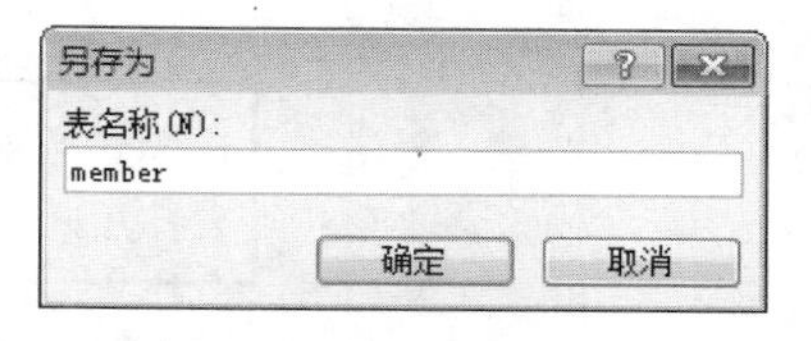

图 5-7　【另存为】对话框

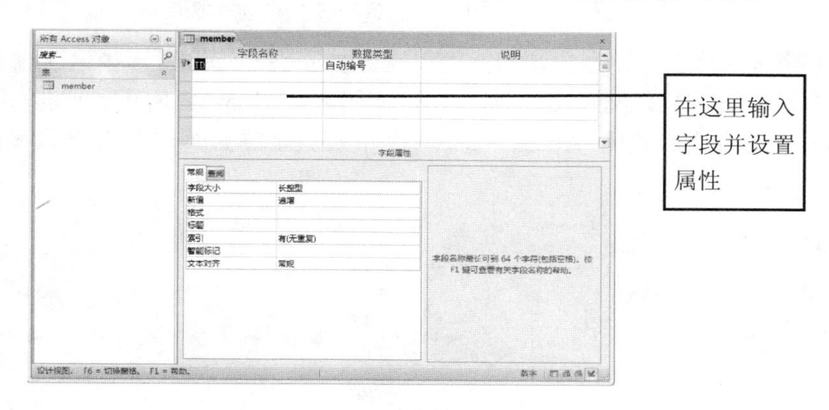

图 5-8　建立的 member 数据表

step 06 按表 5-2 输入各字段的名称并设置其相应属性，完成后如图 5-9 所示。

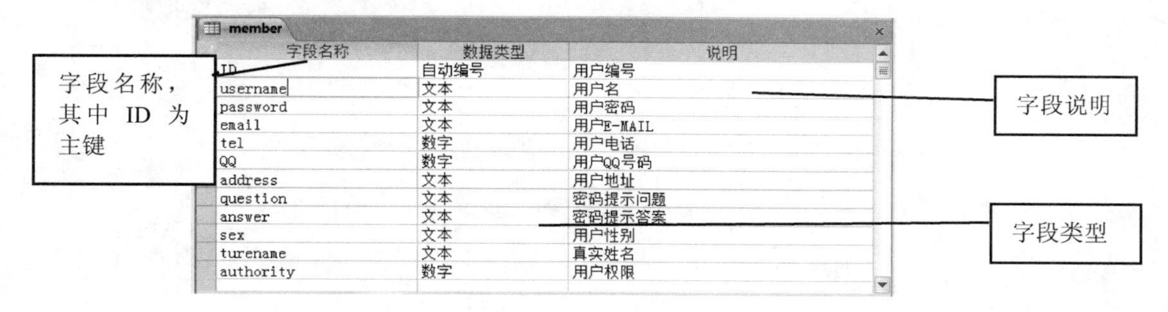

图 5-9　创建表的字段

Access 为 member 数据表自动创建了一个主键值 ID。主键是在数据库中建立的一个唯一真实值，数据库通过建立主键值，方便后面搜索功能的调用，但要求所产生的数据没有重复。

step 07 双击 member 选项，打开 member 数据表，如图 5-10 所示。

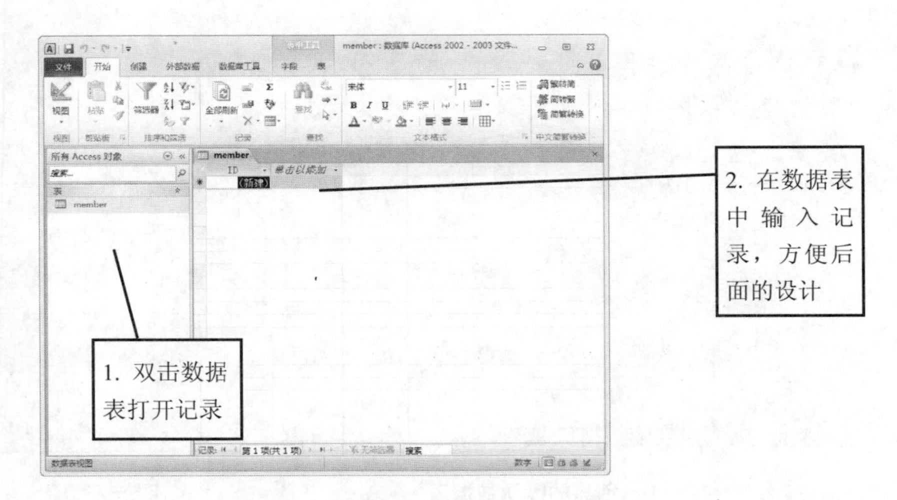
1. 双击数据表打开记录
2. 在数据表中输入记录，方便后面的设计

图 5-10　创建的 member 数据表

step 08 为了方便用户访问，可以在数据表中预先编辑一些记录对象，其中 admin 为管理员账号，password 列为用户密码，如图 5-11 所示。编辑完成，单击【保存】按钮，然后关闭 Access 2010 软件。至此数据库储存用户名和密码等资料的表建立完毕。

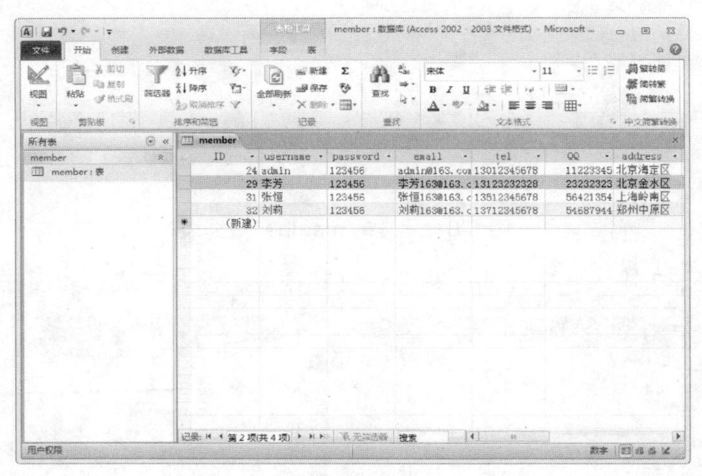

图 5-11　member 表中输入的记录

5.2.2　创建数据库连接

在数据库创建完成后，需要在 Dreamweaver CS6 中建立数据源连接对象，才能在动态网页中使用这个数据库文件。接下来介绍在 Dreamweaver CS6 中用 ODBC 连接数据库的方法，在操作的过程中要注意 ODBC 连接时参数的设置。

提示

开放数据库互连(ODBC)是 Microsoft 引进的一种早期数据库接口技术。Microsoft 引进这种技术的一个主要原因是，以非语言专用的方式提供给程序员一种访问数据库内容的简单方法。换句话说，访问 DBF 文件或 Access Basic 以得到

MDB 文件中的数据时，无须懂得 Xbase 程序设计语言。

一个完整的 ODBC 由下列几个部件组成。

- 应用程序(Application)：该程序位于控制面板 ODBC 内，其主要任务是管理安装的 ODBC 驱动程序和管理数据源。
- 驱动程序管理器(Driver Manager)：驱动程序管理器包含在 ODBC 的 DLL 中，对用户是透明的，其任务是管理 ODBC 驱动程序，是 ODBC 中最重要的部件。
- ODBC 驱动程序：是一些 DLL，提供了 ODBC 和数据库之间的接口。
- 数据源：数据源包含了数据库位置和数据库类型等信息，实际上是一种数据连接的抽象叫法。

创建数据库连接的具体操作步骤如下。

step 01 在【控制面板】窗口依次选择【管理工具】→【数据源(ODBC)】→【系统 DSN】选项，打开【ODBC 数据源管理器】对话框，如图 5-12 所示。

step 02 单击【添加】按钮，打开【创建新数据源】对话框，选择 Driver do Microsoft Access(*.mdb)选项，如图 5-13 所示。

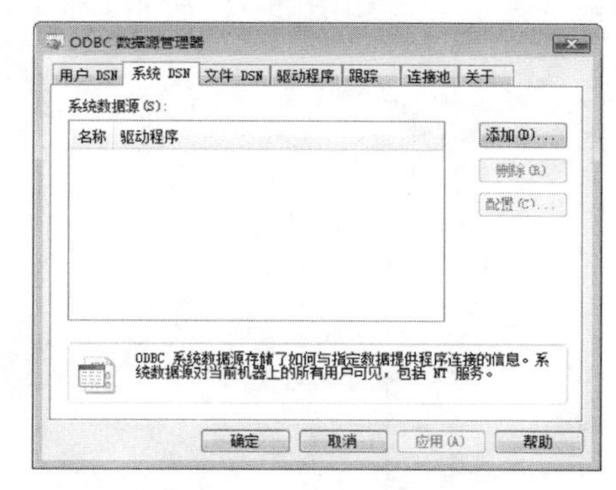

图 5-12 【系统 DSN】选项卡

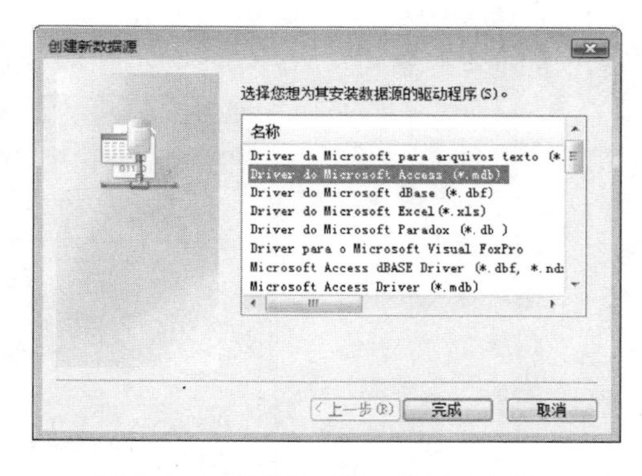

图 5-13 【创建新数据源】对话框

step 03 单击【完成】按钮，打开【ODBC Microsoft Access 安装】对话框，在【数据源名】文本框中输入 dsnuser，如图 5-14 所示。

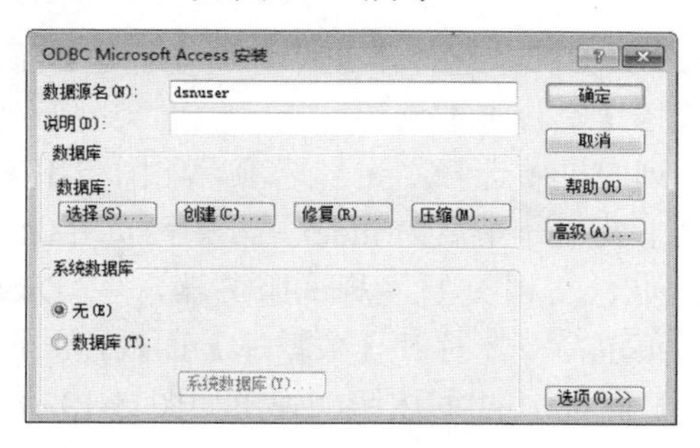

图 5-14 【ODBC Microsoft Access 安装】对话框

step 04 单击【选择】按钮，打开【选择数据库】对话框，单击【驱动器】下拉按钮，从下拉列表中找到数据库所在的盘符，在【目录】列表框中找到保存数据库的文件夹，然后单击【数据库名】列表框中的数据库文件 member.mdb，则数据库名称自动添加到【数据库名】文本框中，如图 5-15 所示。

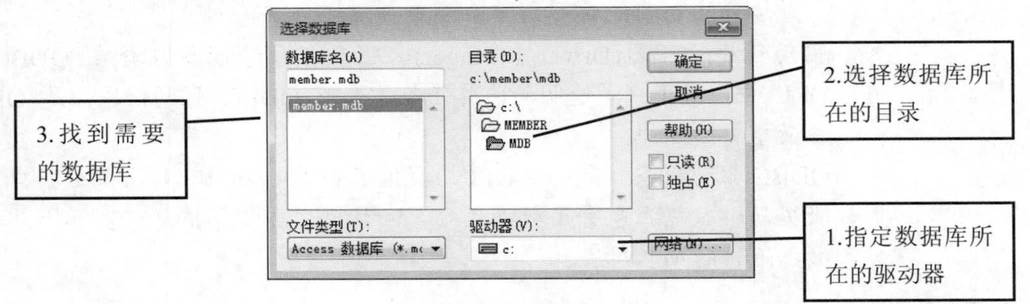

图 5-15　选择数据库

step 05 找到数据库后，单击【确定】按钮回到【ODBC Microsoft Access 安装】对话框中，再次单击【确定】按钮，将返回到【ODBC 数据源管理器】中的【系统 DSN】选项卡，可以看到【系统数据源】列表框中已经添加了一个名称为 dsnuser、驱动程序为 Driver do Microsoft Access(*.mdb)的系统数据源，如图 5-16 所示。再次单击【确定】按钮，完成系统 DSN 的设置。

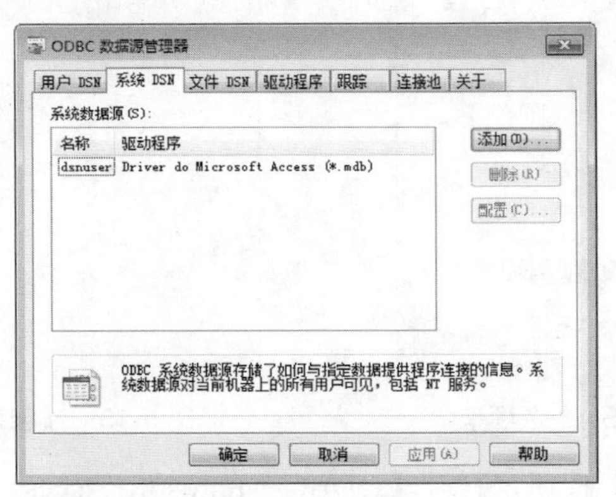

图 5-16　【系统 DSN】选项卡

step 06 启动 Dreamweaver CS6，选择【文件】→【新建】菜单命令，打开【新建文档】对话框，在左侧选择【空白页】选项，在【页面类型】列表框中选择 ASP VBScript 选项，在【布局】列表框中选择“无”选项，如图 5-17 所示，然后单击【创建】按钮，在网站根目录下新建一个名为 index.asp 的网页并保存。

step 07 继续设置好站点、文档类型、测试服务器，在 Dreamweaver CS6 中选择【窗口】→【数据库】菜单命令，打开【数据库】面板，如图 5-18 所示。

step 08 单击【数据库】面板中的⊞按钮，弹出如图 5-19 所示的菜单，选择【数据源名称】菜单项。

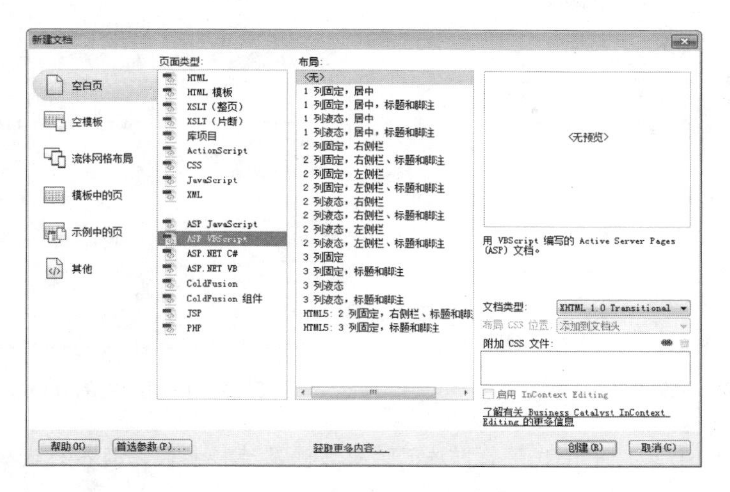

图 5-17　【新建文档】对话框

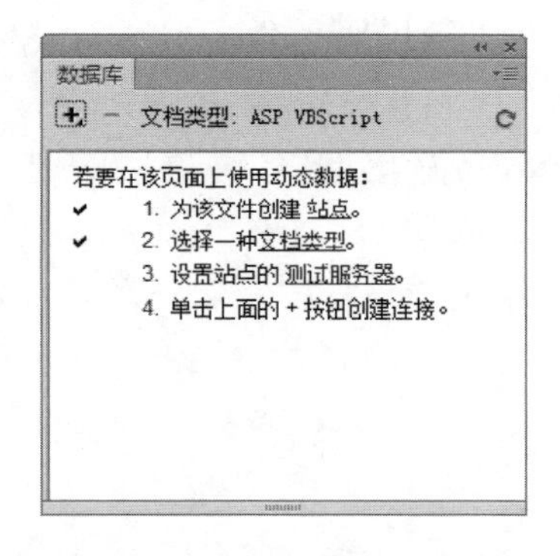

图 5-18　【数据库】面板

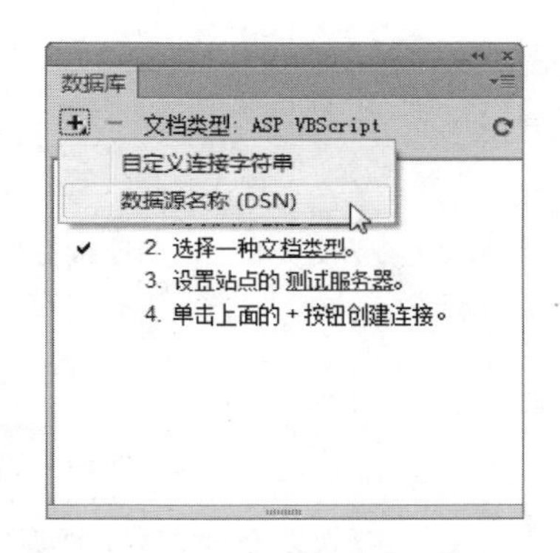

图 5-19　选择【数据源名称】菜单项

step 09 打开【数据源名称】对话框，在【连接名称】文本框中输入 user，单击【数据源名称】下拉按钮，从打开的下拉列表中选择 dsnuser，其他保持默认值，如图 5-20 所示。

图 5-20　【数据源名称】对话框

step 10 在【数据源名称】对话框中单击【确定】按钮后完成此步骤。在【数据库】面板中可以看到连接的数据库文件，如图 5-21 所示。

step 11 同时，在网站根目录下将会自动创建名为 Connections 的文件夹，该文件夹内有一个名为 user.asp 的文件，它可以用记事本打开，内容如图 5-22 所示。

图 5-21　设置的数据库

图 5-22　自动产生的 user.asp 文件

user.asp 文件中记载了数据库的连接方法及连接参数，其各行代码的含义如下：

```
***********************************************************************
<%
' FileName="Connection odbc conn dsn.htm"
' Type="ADO"
//类型为 ADO
' DesigntimeType="ADO"
//这三行代码是设置数据库的连接方式为 ADO 的连接方法
' HTTP="false"
//设置 http 的连接方法为否
' Catalog=""
//设置目录为空
' Schema=""
//概要内容为空
Dim MM user STRING
//定义为 user 数据库名的绑定
MM user STRING = "dsn=dsnuser;"
//设置为 DSN 数据源连接
%>
***********************************************************************
```

如果网站要上传到远程服务器端，则需要对数据库的路径进行更改，具体方法请参考 5.7 节。

step 12 在 Dreamweaver CS6 界面中选择【文件】→【保存】菜单命令，保存该文档，完成数据库的连接。

5.3　用户登录模块的设计

本节主要介绍用户登录模块的制作。在该模块中，包括登录页面、登录失败与登录成功页面等。

5.3.1　登录页面

在访问用户管理系统时，首先要进行身份验证，这个功能要靠登录页面来实现。所以登录页面中必须有要求用户输入用户名和密码的文本框，以及输入完成后进行登录的【登录】

按钮，以及输入错误后重新设置用户名和密码的【重置】按钮。

制作登录页面的操作步骤如下。

step 01 index.asp 页面是用户登录系统的首页。打开前面创建的 index.asp 页面，输入网页标题“网上菜市场”，然后选择【文件】→【保存】菜单命令将网页标题保存，如图 5-23 所示。

step 02 选择【修改】→【页面属性】菜单命令，在【背景颜色】文本框中输入颜色值为#CCCCCC，在【上边距】文本框中输入 0，这样设置的目的是为了让页面的第一个表格能置顶到上边，如图 5-24 所示。

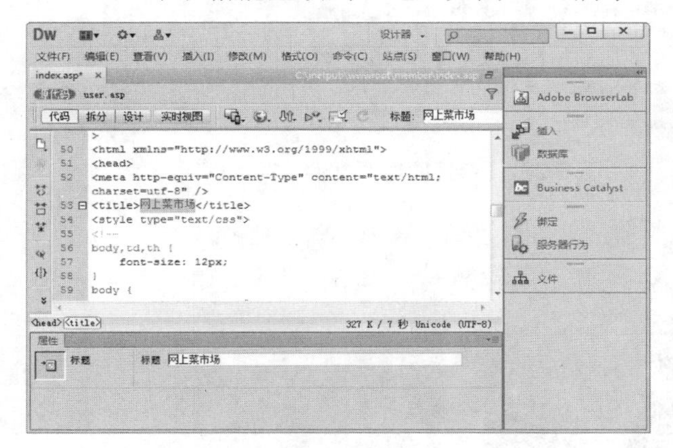

图 5-23 创建 index.asp 页面

图 5-24 【页面属性】对话框

step 03 设置完成后单击【确定】按钮，进入文档窗口。选择【插入】→【表格】菜单命令，打开【表格】对话框，在【行数】文本框中输入需要插入表格的行数，这里输入 3。在【列】文本框中输入需要插入表格的列数，这里输入 3。在【表格宽度】文本框中输入 775 像素，【边框粗细】【单元格边距】和【单元格间距】都为 0，如图 5-25 所示。

step 04 单击【确定】按钮，这样就在文档窗口中插入了一个 3 行 3 列的表格。将鼠标指针放置在第 1 行单元格中，在【属性】面板中单击【合并所选单元格，使用跨度】按钮，将第 1 行单元格合并。再选择【插入】→【图像】菜单命令，打开【选择图像源文件】对话框，在站点 images 文件夹中选择图片 01.gif，如图 5-26 所示。

step 05 单击【确定】按钮，即可在表格中插入此图片，将鼠标指针放置在第 3 行菜单格中，在【属性】面板中单击【合并所选单元格，使用跨度】按钮，将第 3 行所有单元格合并。再选择【插入】→【图像】菜单命令，打开【选择图像源文件】对话框，在站点 images 文件夹中选择图片 05.gif，插入一个图片，效果如图 5-27 所示。

step 06 插入图片后，选择整个表格，在【属性】面板上【对齐】下拉列表框中选择“居中对齐”选项，让插入的表格居中对齐，如图 5-28 所示。

step 07 把指针移至表格第 2 行第 1 列，在【属性】面板中设置高度为 456 像素，宽度为 195 像素(高度和宽度是根据背景图像而定)，在【垂直】下拉列表框中选择“项端”。再将指针移至这一列中，单击拆分按钮，在<td>中输入 background="/images/02.gif"，设置这一列中的背景图像，如图 5-29 和图 5-30 所示。

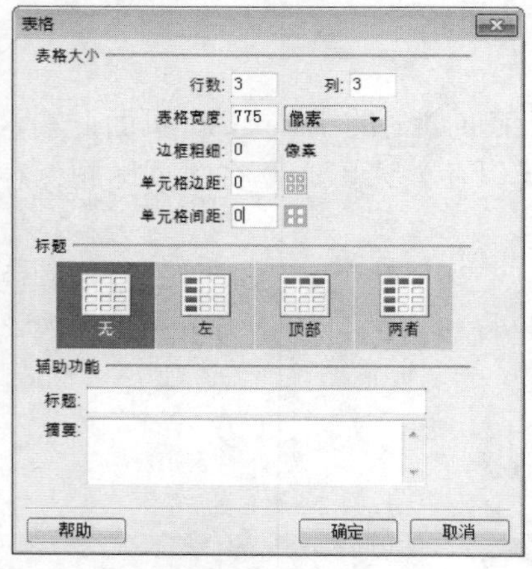

图 5-25　设置【表格】属性

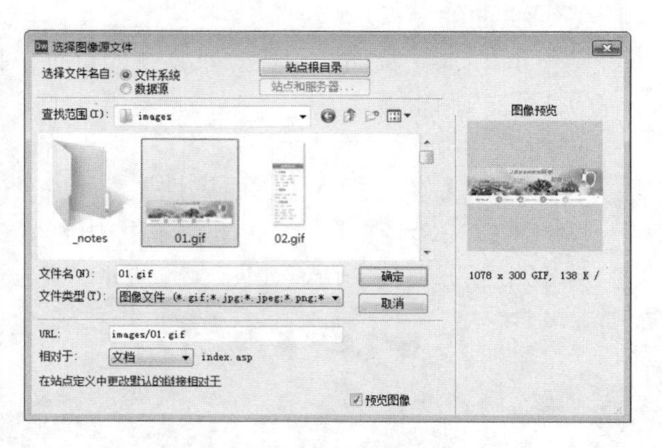

图 5-26　【选择图像源文件】对话框

图 5-27　插入图片效果

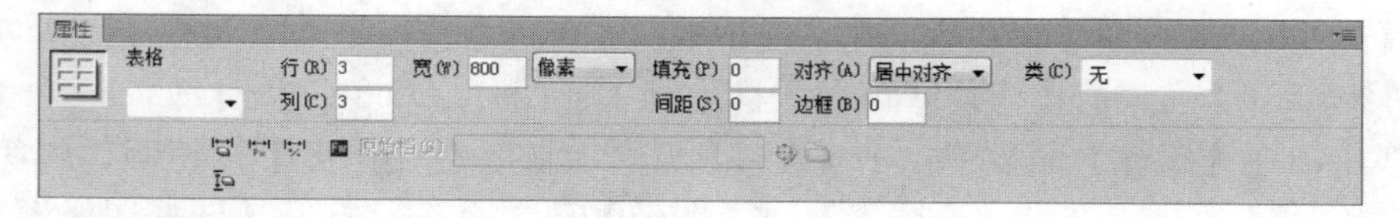

图 5-28　设置居中对齐

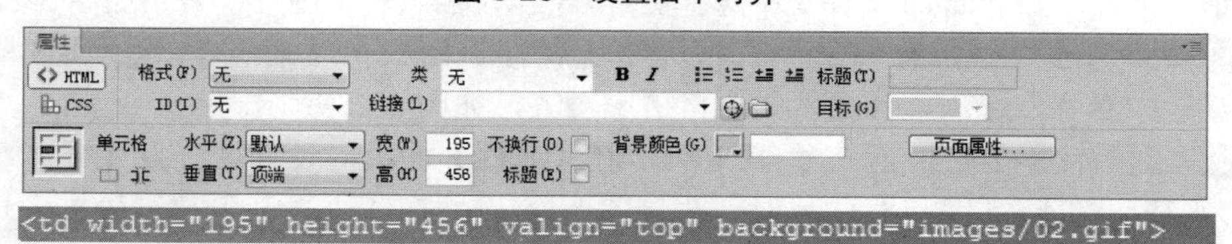

图 5-29　插入图片

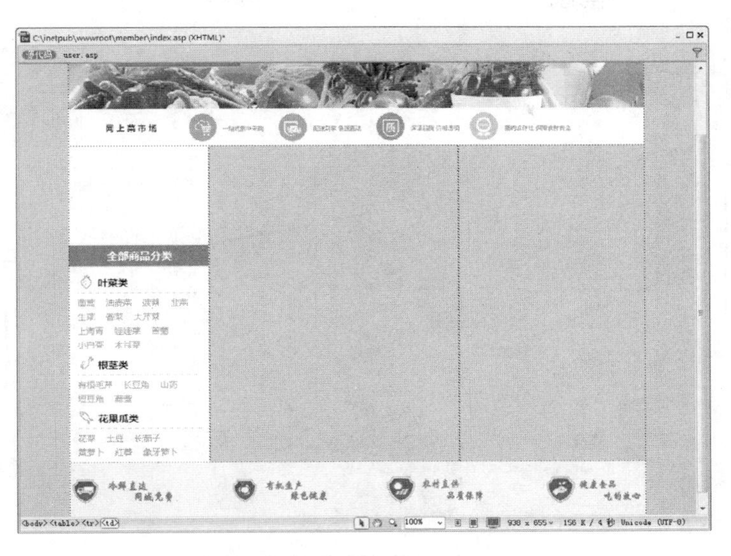

图 5-30　插入图片的效果

step 08 在表格的第 2 行第 2 列和第 3 列中，分别插入站点 images 文件夹中的图片 03.gif 和 04.gif，完成网页的结构搭建，如图 5-31 所示。

图 5-31　完成的网页背景效果

step 09 单击第 2 行第 1 列单元格，然后再单击文档窗口上的 拆分 按钮，进入文档窗口的拆分视图。在<td>和</td>之间输入 valign="top"命令(表格文字和图片的相对摆放位置，可选值为 top，middle，bottom，其中 valign="top" 表示单元格内容位于本单元格的顶部；valign="middle"表示单元格内容位于本单元格的中部；valign="bottom"表示单元格内容位于本单元格的底部)，表示让鼠标指针能够自动地贴至该单元格的最顶部，设置如图 5-32 所示。

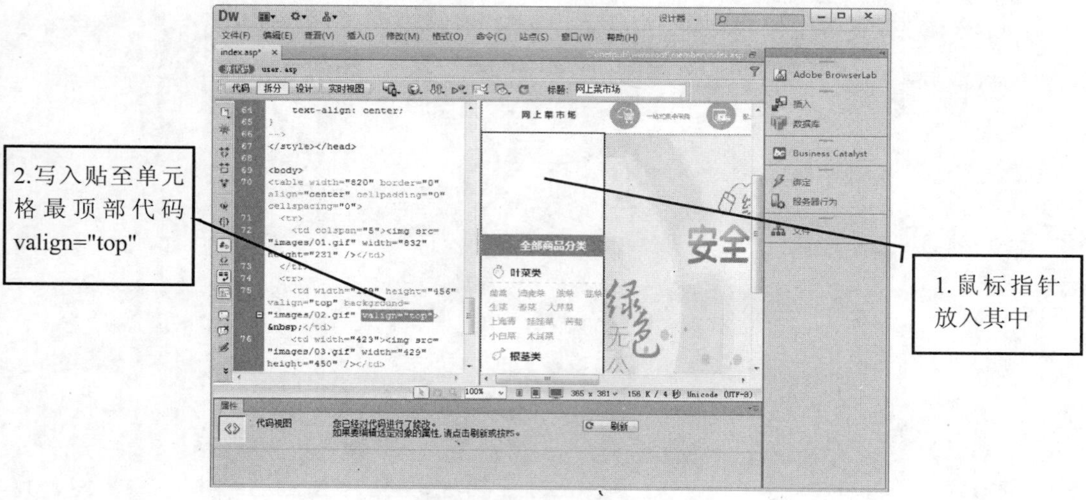

2.写入贴至单元格最顶部代码 valign="top"

1.鼠标指针放入其中

图 5-32　设置单元格的对齐方式为顶部

step 10 单击文档窗口上的【设计】按钮，返回设计视图，将指针放置在刚创建的表格当中，然后选择【插入】→【表单】→【表单】菜单命令，如图 5-33 所示。

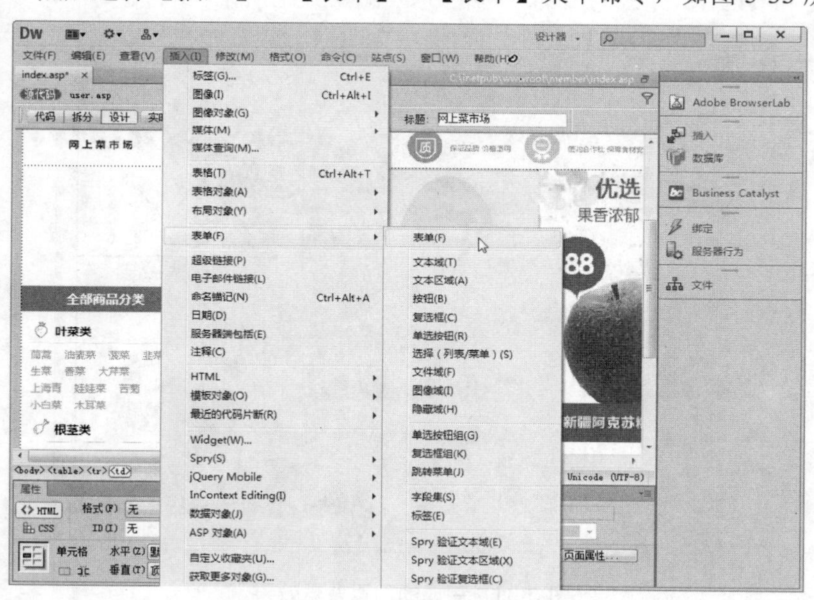

图 5-33　选择【表单】菜单命令

step 11 将鼠标指针放置在该表单中，选择【插入】→【表格】菜单命令，打开【表格】对话框，在【行数】文本框中输入 5，在【列】文本框中输入 2，在【表格宽度】文本框中输入 179 像素，单击【确定】按钮，在该表单中插入 5 行 2 列的表格，如图 5-34 所示。

图 5-34 插入表格

step 12 拖动鼠标分别选择第 1 行和第 4 行单元格，并分别在【属性】面板中单击【合并所选单元格，使用跨度】按钮，将这几行单元格进行合并。然后在表格的第 1 行中输入文字“用户登录”，并在【属性】面板中设置该文字的大小、颜色以及单元格的背景颜色等，设置效果如图 5-35 所示。

图 5-35 设置表格属性

step 13 在表格第 2 行第 1 列中输入文字说明“用户名”，在第 2 行第 2 列中选择【插入】→【表单】→【文本域】菜单命令，插入一个单行文本域表单对象，并定义文本域名为 username，文本域属性设置及效果如图 5-36 所示。

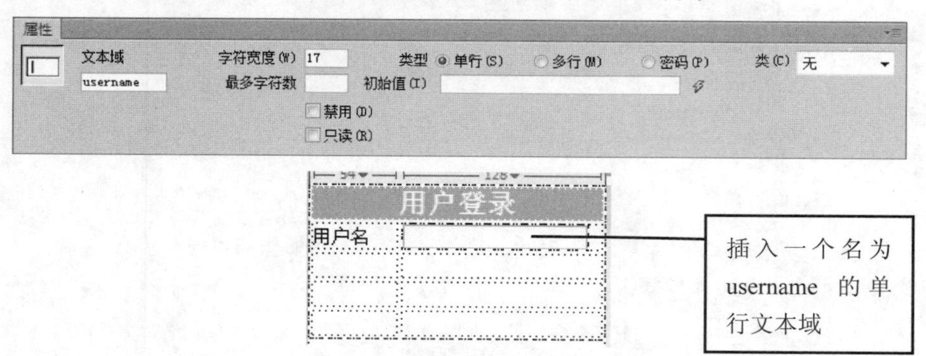

图 5-36　输入“用户名”和插入文本域的设置

文本域的属性说明如下。

- 【文本域】文本框：在【文本域】文本框中为文本域指定一个名称。每个文本域都必须有一个唯一名称。名称中不能包含空格或特殊字符，可以使用字母、数字、字符和下划线(_)的任意组合。请注意，为文本域指定的标签是将存储该域的值(输入的数据)的变量名，这是发送给服务器进行处理的值。
- 【字符宽度】：设置域中最多可显示的字符数。
- 【最多字符数】：指定在域中最多可输入的字符数，如果保留为空白，则输入不受限制。
- 【类型】：用于指定文本域是单行、多行还是密码。单行文本域只能显示一行文字；多行则可以输入多行文字，达到字符宽度后换行；密码文本域则用于输入密码。
- 【初始值】：指定在首次载入表单时，域中显示的值。
- 【类】：可以将 CSS 规则应用于对象。

step 14 在第 3 行第 1 列单元格中输入文字“登录密码”，在第 3 行第 2 列中选择【插入】→【表单】→【文本域】菜单命令，插入密码文本域表单对象，定义文本域名为 password，文本域属性设置及此时的效果如图 5-37 所示。

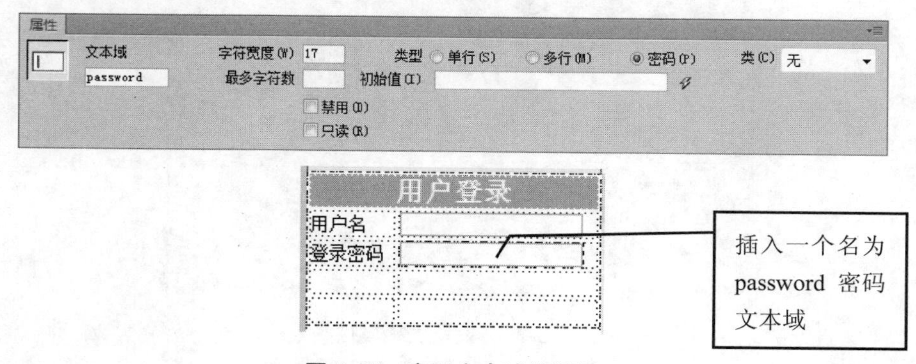

图 5-37　密码文本域的设置

step 15 选择第 4 行单元格，选择【插入】→【表单】→【按钮】菜单命令两次，插入两个按钮，并分别在【属性】面板中进行属性变更，一个为登录时用的【提交表单】选项，一个为【重设表单】选项，属性的设置如图 5-38 所示。

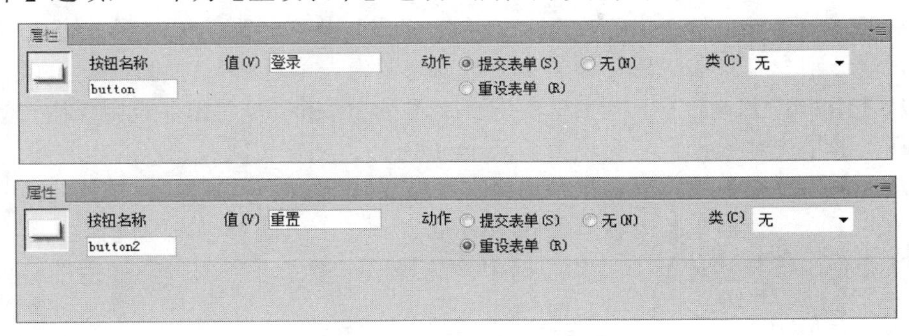

图 5-38　设置按钮属性

step 16 合并第 5 行单元格，在第 5 行输入“注册新用户”文本。选中这几个字，然后选择【插入】→【超级链接】菜单命令，打开【超级链接】对话框，在其中将【目标】设置为_blank，这样可以在新窗口中打开页面；然后设置【链接】对象为用户注册页面 register.asp，以方便用户注册，效果如图 5-39 所示。

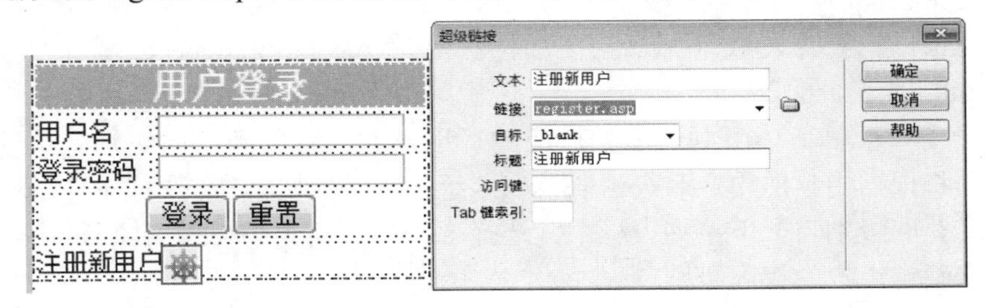

图 5-39　建立链接

step 17 如果已经注册的用户忘记了密码，还希望以其他方式重新获得密码，可以在表格的第 4 列中输入“找回密码”文本，并设置一个转到密码查询页面 lostpassword.asp 的链接对象，方便用户找回密码，如图 5-40 所示。

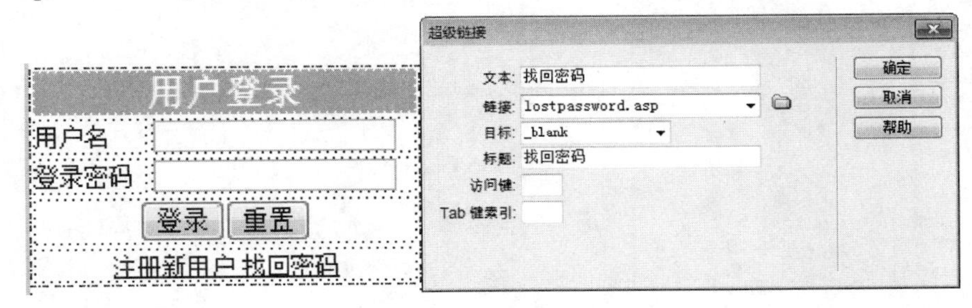

图 5-40　密码找回设置

step 18 表单编辑完成后，下面来编辑该网页的动态内容，使用户可以通过该网页中的表单实现登录功能。打开【服务器行为】面板，单击[+]按钮，选择【用户身份验证】→【登录用户】菜单命令，如图 5-41 所示，向该网页添加【登录用户】的服务器行为。

step 19 此时，打开【登录用户】对话框，在该对话框中进行如下设置。

- 从【从表单获取输入】下拉列表框中选择该服务器行为使用网页中的 form1 对象，设定该用户登录服务器行为的用户数据来源为表单对象中访问者填写的内容。
- 从【用户名字段】下拉列表框中选择文本域 username 对象，设定该用户登录服务器行为的用户名数据来源为表单的 username 文本域中访问者输入的内容。
- 从【密码字段】下拉列表框中选择文本域 password 对象，设定该用户登录服务器行为的用户名数据来源为表单的 password 文本域中访问者输入的内容。
- 从【使用连接验证】下拉列表框中，选择用户登录服务器行为使用的数据源连接对象为 user。
- 从【表格】下拉列表框中，选择该用户登录服务器行为使用到的数据库表对象为 member。
- 从【用户名列】下拉列表框中，选择表 member 存储用户名的字段为 username。
- 从【密码列】下拉列表框中，选择表 member 存储用户密码的字段为 password。
- 在【如果登录成功，转到】文本框中输入 welcome.asp，登录成功后，转向 welcome.asp 页面。
- 在【如果登录失败，转到】文本框中输入 loginfail.asp，登录失败后，转向 loginfail.asp 页面。
- 选择【基于以下项限制访问】后面的“用户名、密码和访问级别”单选按钮，设定后面将根据用户的用户名、密码及权限级别共同决定其访问网页的权限。
- 从【获取级别自】下拉列表框中，选择 authority 字段，表示根据 authority 字段的数字来确定用户的权限级别。

设置完成后的对话框如图 5-42 所示。

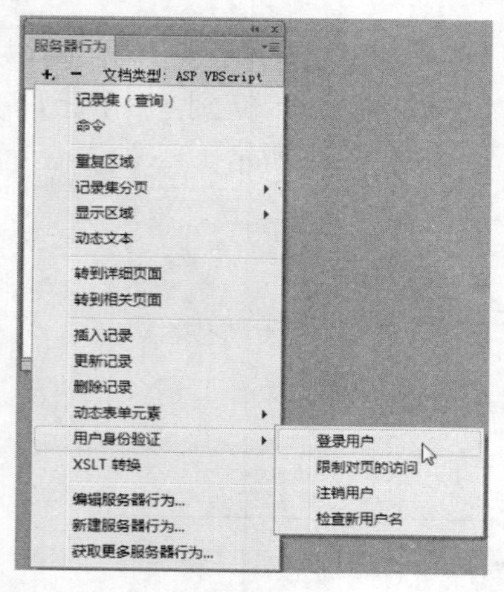

图 5-41 选择【登录用户】命令

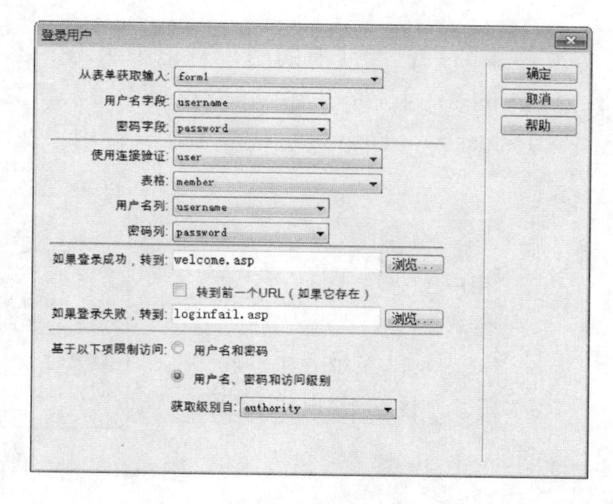

图 5-42 【登录用户】对话框

step 20 设置完成后，单击【确定】按钮，关闭该对话框，返回到文档窗口。在【服务器行为】面板中就增加了一个“登录用户”行为，如图 5-43 所示。

step 21 表单对象对应的【属性】面板的【动作】属性值如图 5-44 所示，为<%=MM_LoginAction%>。它的作用就是实现用户登录功能，这是 Dreamweaver CS6 自动生成的一个动作代码。

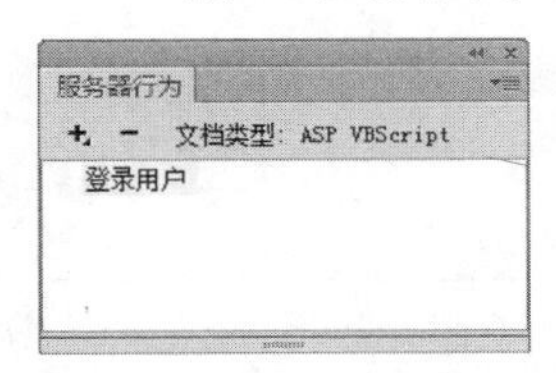

图 5-43 【服务器行为】面板

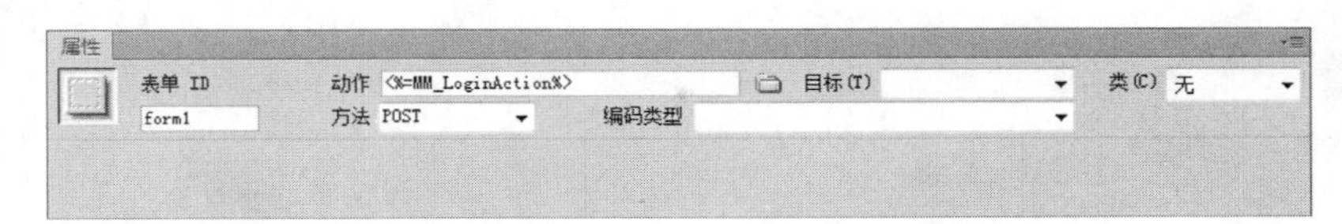

图 5-44 表单对应的【属性】面板

step 22 选择【文件】→【保存】菜单命令，将该文档保存到本地站点中，完成网站的首页制作，首页设计的最终效果如图 5-45 所示。

图 5-45 首页设计的最终效果

5.3.2 登录失败和登录成功页面

当用户输入的登录信息不正确时，就会转到 loginfail.asp 页面，显示登录失败的信息。如果用户输入的登录信息正确，就会转到 welcome.asp 页面，显示登录成功的信息。

制作登录失败页面的操作步骤如下。

step 01 选择【文件】→【新建】菜单命令，打开【新建文档】对话框，选择【空白页】选项面板【页面类型】列表框下的 ASP VBScript 选项，在【布局】列表框中选择“无”选项，然后单击【创建】按钮创建新页面，在网站根目录下新建一个名为 loginfail.asp 的网页并保存，如图 5-46 所示。

step 02 登录失败页面设计，如图 5-47 所示，在文档窗口中选中“这里”链接文本，加入链接 index.asp，将其设置为指向 index.asp 页面的链接。

step 03 选择【文件】→【保存】菜单命令，完成 loginfail.asp 页面的创建。

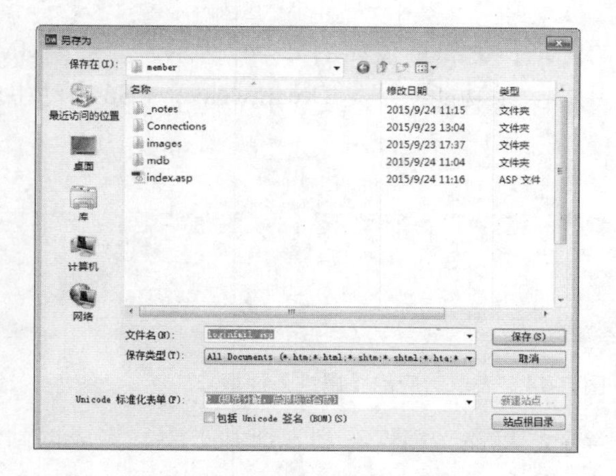

图 5-46 【另存为】对话框

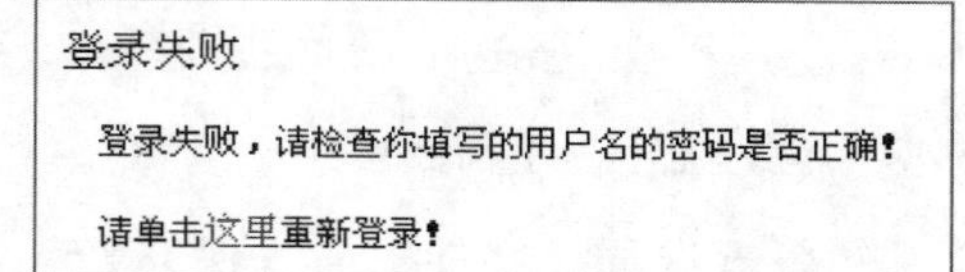

图 5-47 登录失败页面 loginfail.asp

制作登录成功页面的操作步骤如下。

step 01 选择【文件】→【新建】菜单命令，打开【新建文档】对话框，选择【空白页】选项面板【页面类型】下拉列表框下的 ASP VBScript 选项，在【布局】下拉列表框中选择“无”选项，然后单击【创建】按钮创建新页面，在网站根目录下新建一个名为 welcome.asp 的网页并保存。

step 02 用类似的方法制作登录成功页面的静态部分，如图 5-48 所示。

step 03 选择【窗口】→【绑定】菜单命令，打开【绑定】面板，单击该面板上的[+]按钮，在弹出的菜单中选择【阶段变量】菜单项，为网页定义一个阶段变量，如图 5-49 所示。

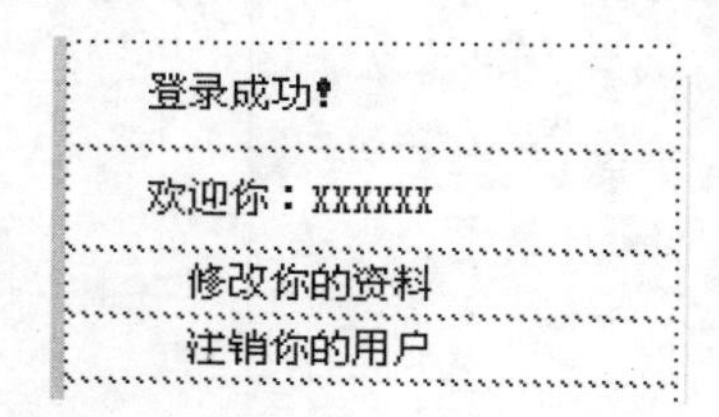

图 5-48 欢迎界面的效果

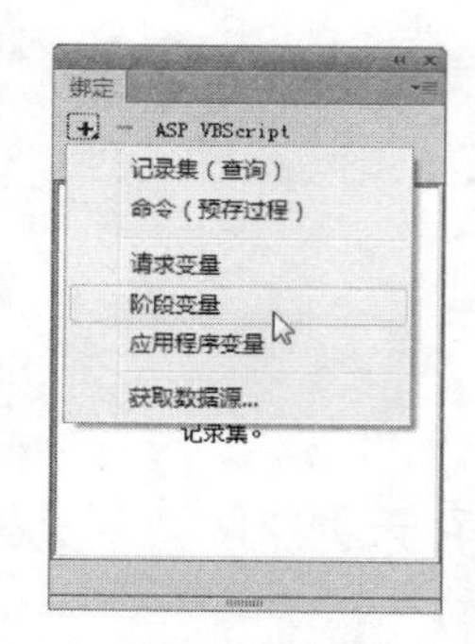

图 5-49 添加阶段变量

【绑定】面板中部分选项的说明如下。

- 记录集(查询)：用来绑定数据库中的记录集，需选择要绑定的数据源、数据库以及一些变量，用于记录的显示和查询。
- 命令(预存过程)：在【命令】对话框中有更新、删除等命令，选择这个命令主要是为了让数据库里的数据保持最新状态。
- 请求变量：用于定义动态内容源，从【类型】子菜单中选择一个请求集合。例如要访问 Request.ServerVariables 集合中的信息，则选择“服务器变量”。如果要访问 Request.Form 集合中的信息，则选择“表单”。

- 阶段变量：阶段变量提供了一种对象，通过这种对象，用户信息得以存储，并使该信息在用户访问的持续时间中对应用程序的所有页都可用。阶段变量还可以提供一种超时形式的安全对象，这种对象在用户账户长时间不活动的情况下，终止该用户的会话。如果用户忘记从 Web 站点注销，这种对象还会释放服务器内存和处理资源。

step 04 打开【阶段变量】对话框。在【名称】文本框中输入阶段变量的名称 MM_username，如图 5-50 所示。

step 05 设置完成后，单击【确定】按钮，在文档窗口中通过拖动鼠标选择××××××文本，然后在【绑定】面板中选择 MM_username 变量，再单击【绑定】面板底部的【插入】按钮，将其插入到该文档窗口中设定的位置。插入完毕，可以看到××××××文本被{Session.MM_username}占位符代替，如图 5-51 所示。这样，就完成了阶段变量的添加工作。

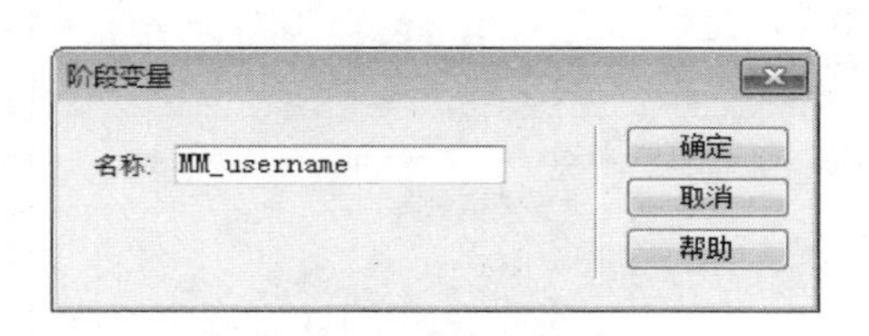

图 5-50 【阶段变量】对话框

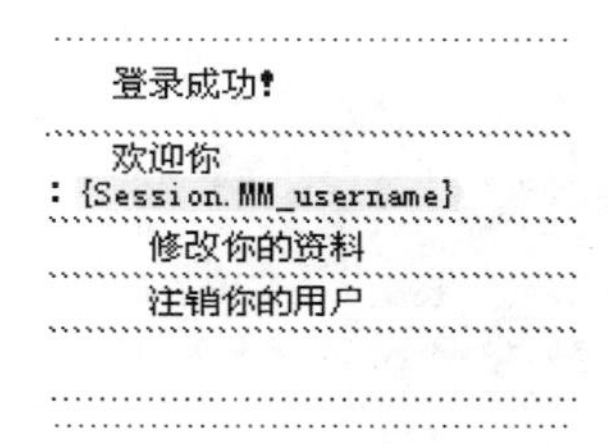

图 5-51 插入后的效果

设计阶段变量的目的，是在用户登录成功后，登录界面中直接显示用户的名字，使网页更有亲切感。

step 06 在文档窗口中拖动鼠标选中“注销你的用户”链接文本。选择【窗口】→【服务器行为】菜单命令，在【服务器行为】面板中选择【用户身份验证】→【注销用户】菜单项，为所选中的文本添加一个注销用户的服务器行为，如图 5-52 所示。

step 07 打开【注销用户】对话框，在该对话框中进行如下设置。

- 【在以下情况下注销】用于设置注销的时机。本例选中【单击链接】单选按钮，并在右边的下拉列表框中选择“注销你的用户”，这样当用户在页面中单击“注销你的用户链接”时，就选择注销操作。
- 【在完成后，转到】文本框用于设置注销后显示的页面，本例在右侧文本框中输入 logoot.asp，表示注销后转到 logoot.asp 页面，完成后的设置如图 5-53 所示。

step 08 设置完成后，单击【确定】按钮，关闭该对话框，返回到文档窗口。在【服务器行为】面板中增加了一个“注销用户”行为，如图 5-54 所示。同时可以看到“注销用户”链接文本对应的【属性】面板中的【链接】属性值为<%=MM_Logout%>，它是 Dreamweaver CS6 自动生成的动作对象。

step 09 logoot.asp 的页面设计比较简单，此处不作详细说明，在页面中的文字“这里”处指定一个链接到首页 index.asp 就可以了，效果如图 5-55 所示。

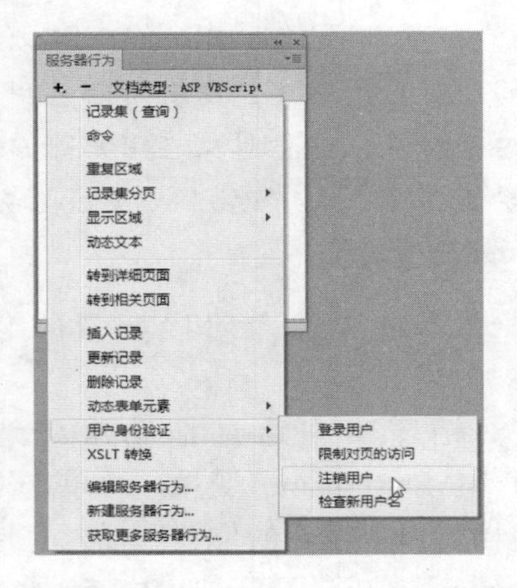

图 5-52 【注销用户】菜单项

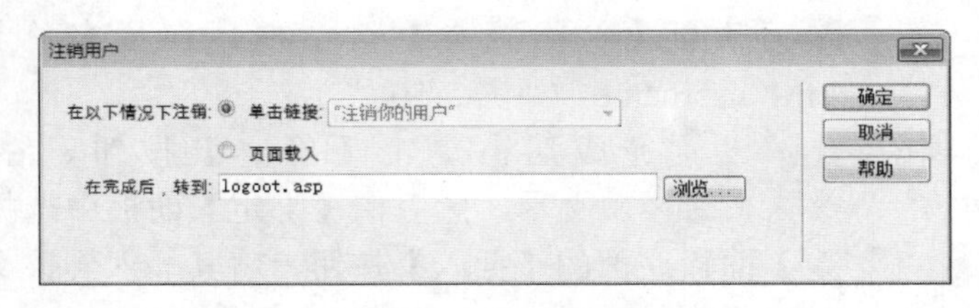

图 5-53 【注销用户】对话框

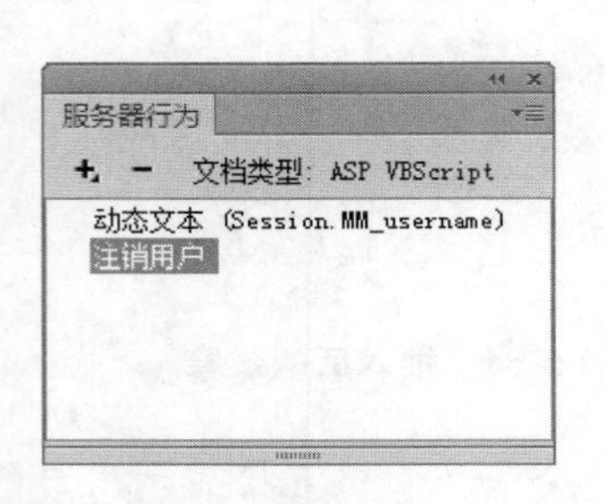

图 5-54 【服务器行为】面板

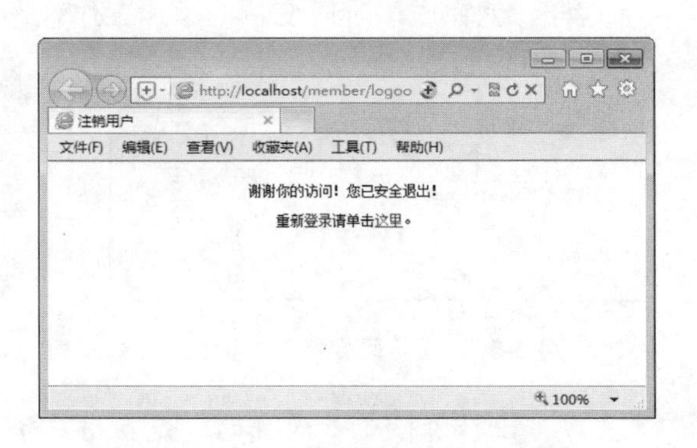

图 5-55 注销用户页面设计效果

step 10 选择【文件】→【保存】菜单命令，将该文档保存到本地站点中。编辑工作完成后，就可以测试该用户登录系统的选择情况了。文档中的“修改你的资料”文本链接到 userupdate.asp 页面，此页面将在后面的修改中进行介绍。

5.3.3 用户登录系统功能的测试

制作好一个系统后，需要测试无误，才能上传到服务器以供使用。下面就对登录系统进行测试，步骤如下。

step 01 打开 IE 浏览器，在地址栏中输入 http://127.0.0.1/index.asp，打开 index.asp 页面，如图 5-56 所示。在【用户名】和【登录密码】文本框中输入用户名及登录密码，输入完毕，单击【登录】按钮。

step 02 如果填写的登录信息是错误的，或者根本就没有输入，则浏览器就会转到登录失败页面 loginfail.asp，显示登录错误信息，如图 5-57 所示。

step 03 如果输入的登录信息都正确，则显示登录成功页面。这里输入的是前面数据库设置的用户 admin，登录成功后的页面如图 5-58 所示，其中显示了用户名 admin。

step 04 如果想注销用户，只需要单击“注销你的用户”超链接即可，注销用户后，浏览器就会转到页面 logoot.asp，然后单击文字“这里”回到首页，如图 5-59 所示。

至此，登录功能就测试完成了。

图 5-56 打开的网站首页

图 5-57 登录失败页面

图 5-58 登录成功页面

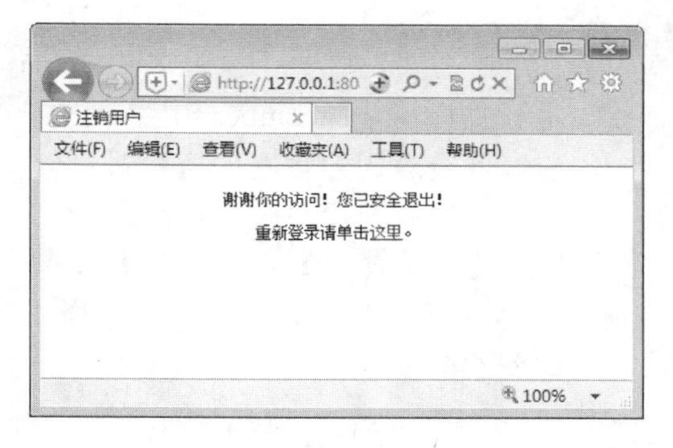

图 5-59 注销用户页面设计

5.4 用户注册模块的设计

用户登录系统是供数据库中已有的老用户登录用的，一个用户管理系统还应该提供新用户注册页面。对于新用户来说，通过单击 index.asp 页面上的“注册新用户”超链接，进入到名为 register.asp 的页面，在该页面可以实现新用户注册功能。

5.4.1 用户注册页面

register.asp 页面主要实现用户注册的功能，用户注册的操作就是向 member.mdb 数据库的 member 表中添加记录的操作。

具体的操作步骤如下。

step 01 选择【文件】→【新建】菜单命令，打开【新建文档】对话框，选择【空白页】选项面板【页面类型】下拉列表框下的 ASP VBScript 选项，在【布局】下拉列表框中选择“无”选项，然后单击【创建】按钮创建新页面，在网站根目录下新建一个名为 register.asp 的网页并保存。

step 02 在 Dreamweaver CS6 中使用制作静态网页的工具完成如图 5-60 所示的静态部分，这里要说明的是注册时需要加入一个隐藏区域并命名为 authority，设置默认值为 0，即所有的用户注册时默认是一般访问用户。

图 5-60 register.asp 页面静态设计

step 03 还需要设置一个验证表单的动作，用来检查访问者在表单中填写的内容是否满足数据库中表 member 中字段的要求。在将用户填写的注册资料提交到服务器之前，就会对用户填写的资料进行验证。如果有不符合要求的信息，可以向访问者显示错误的原因，并让访问者重新输入。

step 04 选择【窗口】→【行为】菜单命令，打开【行为】面板，单击【行为】面板中的+按钮，从打开的菜单中选择【检查表单】菜单项，打开【检查表单】对话框，如图 5-61 所示。

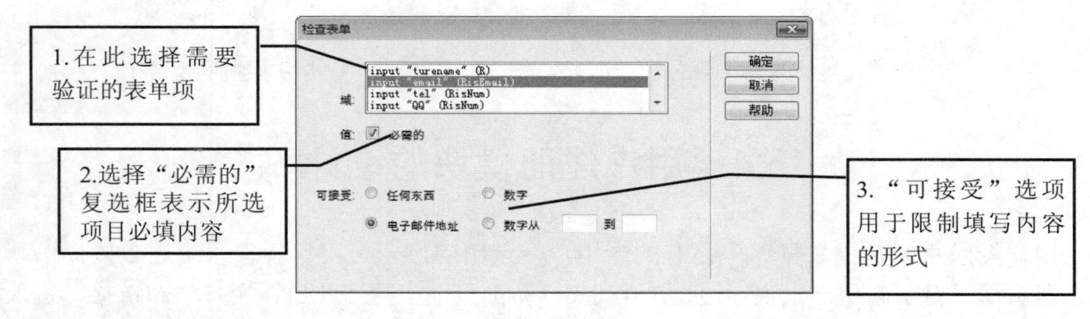

图 5-61 【检查表单】对话框

本例中，设置 username 文本域、password 文本域、password1 文本域、answer 文本域、truename 文本域、address 文本域为【值：必需的】，【可接受：任何东西】，即这几个文本域必须填写，内容不限，但不能为空；tel 文本域和 QQ 文本域设置的验证条件为【值：必需的】，【可接受：数字】，表示这两个文本域必须填写数字，不能为空；E-mail 文本域的验证条件为【值：必需的】，【可接受：电子邮件地址】，表示该文本域必须填写电子邮件地址，且不能为空。

step 05 设置完成后，单击【确定】按钮，完成对检查表单的设置。

step 06 在文档窗口中单击【代码】按钮，转到代码视图，验证表单动作的源代码如下：

```
<script type="text/javascript">
function MM_validateForm() { //v4.0
  if (document.getElementById){
    var i,p,q,nm,test,num,min,max,errors='',args=MM_validateForm.arguments;
    for (i=0; i<(args.length-2); i+=3) { test=args[i+2];
    val=document.getElementById(args[i]);
      if (val) { nm=val.name; if ((val=val.value)!="") {
        if (test.indexOf('isEmail')!=-1) { p=val.indexOf('@');
          if (p<1 || p==(val.length-1)) errors+='- '+nm+' must contain an e-
mail address.\n';
        } else if (test!='R') { num = parseFloat(val);
          if (isNaN(val)) errors+='- '+nm+' must contain a number.\n';
          if (test.indexOf('inRange') != -1) { p=test.indexOf(':');
            min=test.substring(8,p); max=test.substring(p+1);
            if (num<min || max<num) errors+='- '+nm+' must contain a number
between '+min+' and '+max+'.\n';
      } } } else if (test.charAt(0) == 'R') errors += '- '+nm+' is
required.\n'; }
    } if (errors) alert('The following error(s) occurred:\n'+errors);
    document.MM_returnValue = (errors == '');
} }
</script>
```

代码修改如下：

```
<script type="text/JavaScript">
//宣告脚本语言为 JavaScript
<!--
function MM_findObj(n, d) { //v4.01
  var p,i,x;  if(!d) d=document; if((p=n.indexOf("?"))>0&&parent.frames.
length) {
    d=parent.frames[n.substring(p+1)].document; n=n.substring(0,p);}
  if(!(x=d[n])&&d.all) x=d.all[n]; for (i=0;!x&&i<d.forms.length;i++) x=d.
forms[i][n];
  for(i=0;!x&&d.layers&&i<d.layers.length;i++) x=MM_findObj(n,d.layers[i].
document);
  if(!x && d.getElementById) x=d.getElementById(n); return x;
}
//定义创建对话框的基本属性
function MM_validateForm() { //v4.0
  var i,p,q,nm,test,num,min,max,errors='',args=MM_validateForm.arguments;
//检查提交表单的内容
  for (i=0; i<(args.length-2); i+=3) { test=args[i+2];
val=MM_findObj(args[i]);
    if (val) { nm=val.name; if ((val=val.value)!="") {
```

```
    if (test.indexOf('isEmail')!=-1) { p=val.indexOf('@');
      if (p<1 || p==(val.length-1)) errors+='- '+nm+' 需要输入邮箱地址.\n';
//如果提交的邮箱地址表单中不是邮件格式则显示为“需要输入邮箱地址”
    } else if (test!='R') { num = parseFloat(val);
      if (isNaN(val)) errors+='- '+nm+' 需要输入数字.\n';
//如果提交的电话表单中不是数字则显示为“需要输入数字”
      if (test.indexOf('inRange') != -1) { p=test.indexOf(':');
        min=test.substring(8,p); max=test.substring(p+1);
        if (num<min || max<num) errors+='- '+nm+'
需要输入数字 '+min+' and '+max+'.\n';
//如果提交的QQ表单中不是数字则显示为“需要输入数字”
    } } } else if (test.charAt(0) == 'R') errors += '- '+nm+' 需要输入.\n'; }
//如果提交的地址表单为空则显示为“需要输入”
  } if (MM_findObj('password').value!=MM_findObj('password1').value) errors +=
'-两次密码输入不一致 \n';
  if (errors) alert('注册时出现如下错误:\n'+errors);
  document.MM_returnValue = (errors == '');
//如果出错时将显示“注册时出现如下错误：”
}
//-->
</script>
```

编辑代码完成后，单击工具栏上的【设计】按钮，返回到设计视图。此时，可以测试一下选择的效果，使两次输入的密码不一致，单击【提交】按钮，则会打开一个警告框，图 5-62 中的警告框告诉访问者两次密码输入不一致。

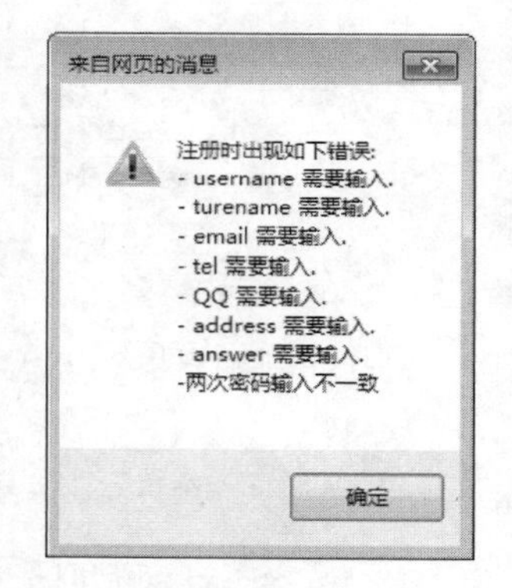

图 5-62　警告框

step 07 在该网页中添加一个“插入记录”的服务器行为。选择【窗口】→【服务器行为】菜单命令，打开【服务器行为】面板。单击该面板上的⊞按钮，在弹出的菜单中选择【插入记录】菜单项，则会打开【插入记录】对话框。在对话框中进行如下设置。

- 从【连接】下拉列表框中选择 user 作为数据源连接对象。
- 从【插入到表格】下拉列表框中选择 member 作为使用的数据库表对象。

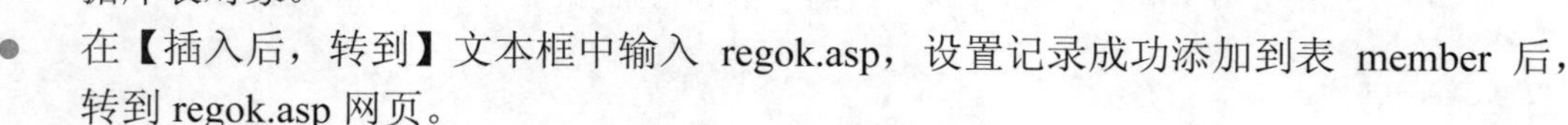

- 在【插入后，转到】文本框中输入 regok.asp，设置记录成功添加到表 member 后，转到 regok.asp 网页。
- 在对话框下半部分，将网页中的表单对象和数据库中表 member 中的字段一一对应起来。

设置完成后该对话框如图 5-63 所示。

step 08 设置完成后，单击【确定】按钮，关闭该对话框，返回到文档窗口。此时的设计样式如图 5-64 所示。

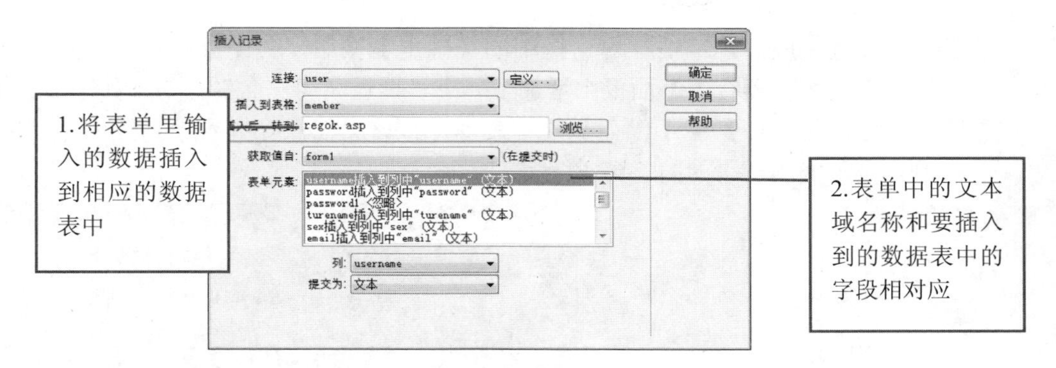

图 5-63 【插入记录】对话框

图 5-64 插入记录后的效果

step 09 用户名是用户登录的身份标志，是不能够重复的，所以在添加记录之前，一定要先在数据库中判断该用户名是否存在；如果存在，则不能进行注册。在 Dreamweaver CS6 中提供了一个检查新用户名的服务器行为，单击【服务器行为】面板上的+按钮，在弹出的菜单中选择【用户身份验证】→【检查新用户名】菜单项，打开【检查新用户名】对话框，在该对话框中进行如下设置。

- 在【用户名字段】下拉列表框中选择 username 字段。
- 在【如果已存在，则转到】文本框中输入 regfail.asp，表示如果用户名已经存在，则转到 regfail.asp 页面，显示注册失败信息。该网页将在后面编辑。

设置完成后的对话框显示如图 5-65 所示。

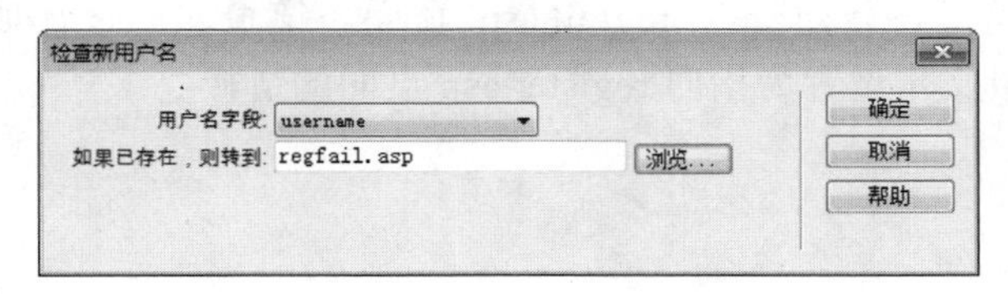

图 5-65 【检查新用户名】对话框

step 10 设置完成后，单击该对话框中的【确定】按钮，关闭该对话框，返回到文档窗口。在【服务器行为】面板中增加了一个“检查新用户名”行为，如图 5-66 所示。

step 11 选择【文件】→【保存】菜单命令，将该文档保存到本地站点中，完成本页的制作。最终的效果如图 5-67 所示。

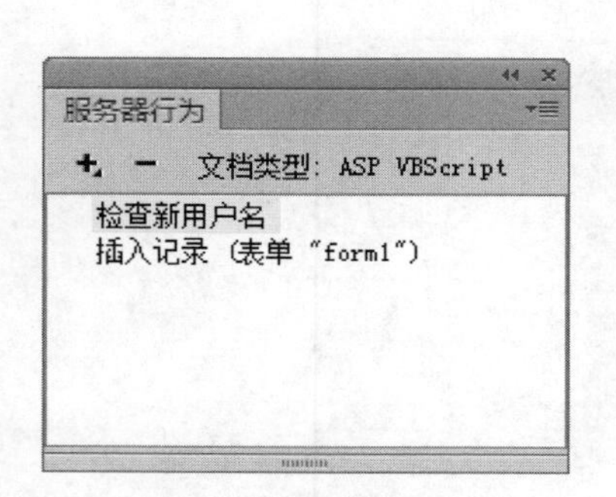

图 5-66　【服务器行为】面板

图 5-67　注册页面最终效果

5.4.2　注册成功和注册失败页面

为了方便用户登录，应该在 regok.asp 页面中设置一个转到 index.asp 页面的文字链接，以方便用户进行登录。同时，为了方便访问者重新进行注册，则应该在 regfail.asp 页面设置一个转到 register.asp 页面的文字链接，以方便用户进行重新登录。

制作显示注册成功和注册失败页面信息的操作步骤如下。

step 01 选择【文件】→【新建】菜单命令，打开【新建文档】对话框，选择【空白页】选项面板【页面类型】下拉列表框下的 ASP VBScript 选项，在【布局】下拉列表框中选择“无”选项，然后单击【创建】按钮创建新页面，在网站根目录下新建一个名为 regok.asp 的网页并保存。

step 02 regok.asp 页面如图 5-68 所示。制作比较简单，其中文字“这里”设置为指向 index.asp 页面的链接。

step 03 如果用户输入的注册信息不正确或用户名已经存在，则应该向用户显示注册失败的信息。这里再新建一个 regfail.asp 页面，该页面的设计如图 5-69 所示。其中“这里”链接文本设置为指向 register.asp 页面的链接。

图 5-68 注册成功 regok.asp 页面　　图 5-69 注册失败 regfail.asp 页面

5.4.3 用户注册功能的测试

设计完成后，就可以测试该用户注册功能的选择情况了，具体的操作步骤如下。

step 01 打开 IE 浏览器，在地址栏中输入 http://127.0.0.1/register.asp，打开 register.asp 文件，如图 5-70 所示。

step 02 可以在该注册页面中输入一些不正确的信息，如漏填 username、password 等必填字段，或填写错误的 E-mail 地址，或在确认密码时两次输入的密码不一致，以测试网页中验证表单动作的选择情况。如果填写的信息不正确，则浏览器应该打开警告框，向访问者显示错误原因。如图 5-71 所示是一个出错提示框。

图 5-70 打开的测试页面　　图 5-71 出错提示

step 03 在该注册页面中注册一个已经存在的用户名，如输入 admin，用来测试新用户服务器行为的选择情况。然后单击【确定】按钮，此时由于用户名已经存在，浏览器会自动转到 regfail.asp 页面，如图 5-72 所示，告诉访问者该用户名已经存在。此时，访问者可以单击“这里”链接文本，返回 register.asp 页面，以便重新进行注册。

step 04 在该注册页面中填写如图 5-73 所示的注册信息。

图 5-72　注册失败页面显示

图 5-73　填写正确信息

step 05 单击【注册】按钮。由于这些注册资料完全正确，而且这个用户名没有重复。浏览器会转到 regok.asp 页面，向访问者显示注册成功的信息，如图 5-74 所示。此时，访问者可以单击“这里”链接文本，转到 index.asp 页面，以便进行登录。

step 06 在 Access 中打开用户数据库文件 member.mdb，查看其中的 member 表对象的内容。此时可以看到，在该表的最后，创建了一条新记录，其中的数据就是刚才在网页 register.asp 中提交的注册用户的信息，如图 5-75 所示。

图 5-74　注册成功页面

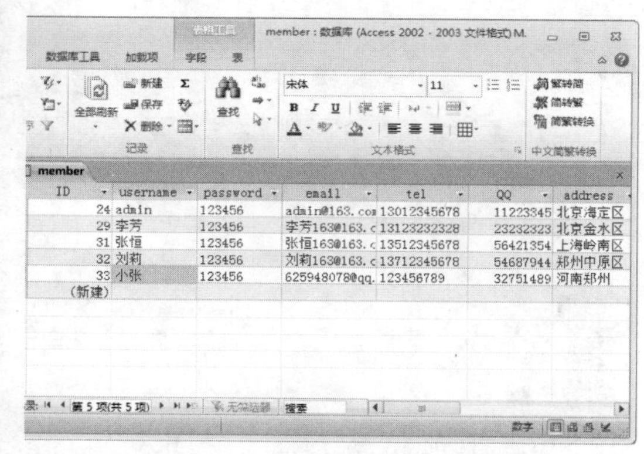

图 5-75　表 member 中添加了一条新记录

至此，基本完成了用户管理系统中注册功能的开发和测试。在制作的过程中，可以根据制作网站的需要适当加入其他的注册文本域。

5.5 用户注册资料修改模块的设计

修改用户注册资料的过程就是在用户数据表中更新记录的过程，本节重点介绍如何在用户管理系统中实现用户资料的修改功能。

5.5.1 修改资料页面

该页面主要把用户所有资料都列出，通过【更新记录】命令实现资料修改的功能。具体的操作步骤如下。

step 01 首先制作用户修改资料的页面。该页面和用户注册页面的结构十分相似，可以通过对 register.asp 页面的修改来快速得到需要的记录更新页面。打开 register.asp 页面，选择【文件】→【另存为】菜单命令，将该文档另存为 userupdate.asp，如图 5-76 所示。

step 02 选择【窗口】→【服务器行为】菜单命令，打开【服务器行为】面板。在【服务器行为】面板中删除全部的服务器行为并修改其相应的文字，该页面修改完成后，如图 5-77 所示。

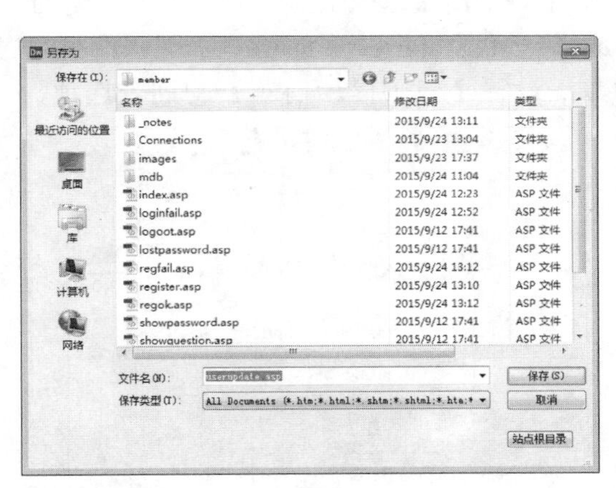

图 5-76 【另存为】对话框

图 5-77 userupdate.asp 静态页面

step 03 选择【窗口】→【绑定】菜单命令，打开【绑定】面板，单击该面板上的+按钮，在弹出的菜单中选择【记录集(查询)】菜单项，则会打开【记录集】对话框。在该对话框中进行如下设置。

- 在【名称】文本框中输入 upuser 作为该记录集的名称。
- 从【连接】下拉列表框中选择 user 作为数据源连接对象。
- 从【表格】下拉列表框中，选择使用的数据库表对象为 member。
- 在【列】选项组中选择“全部”单选按钮。
- 在【筛选】栏中设置记录集过滤的条件为“username=”，阶段变量为 MM_userName。

完成后的设置如图 5-78 所示。

step 04 设置完成后，单击【确定】按钮，完成记录集的绑定。然后将 upuser 记录集中的字段绑定到页面上相应的位置上，如图 5-79 所示。

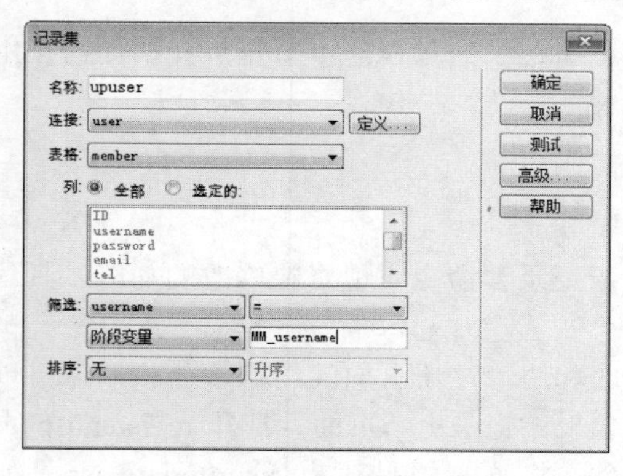

图 5-78　定义 upuser 记录集

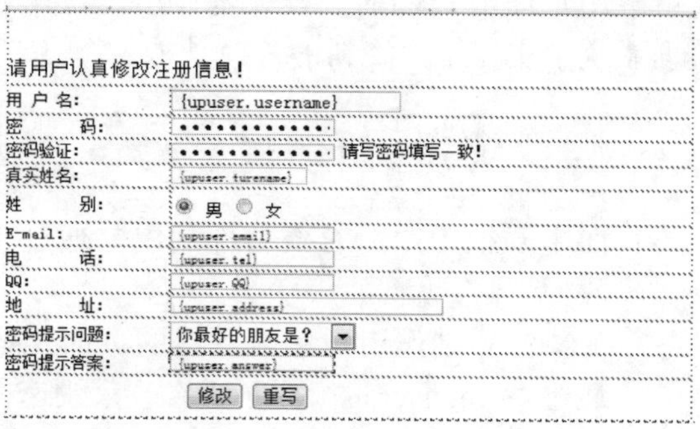

图 5-79　绑定动态内容后的 userupdate.asp 页面

step 05 对于网页中的单选按钮组 sex 对象，绑定动态数据可以按照如下方法：单击【服务器行为】面板上的按钮，在弹出的菜单中选择【动态表单元素】→【动态单选按钮】菜单项，打开【动态单选按钮】对话框，从【单选按钮组】下拉列表框中选择“sex”在表单“forml”，如图 5-80 所示。单击【选取值等于】文本框后面的按钮，从打开的【动态数据】对话框中选择记录集 upuser 中的 sex 字段，设置完成后的对话框如图 5-81 所示。用相同的方法设置【密码提示问题】的列表选项。

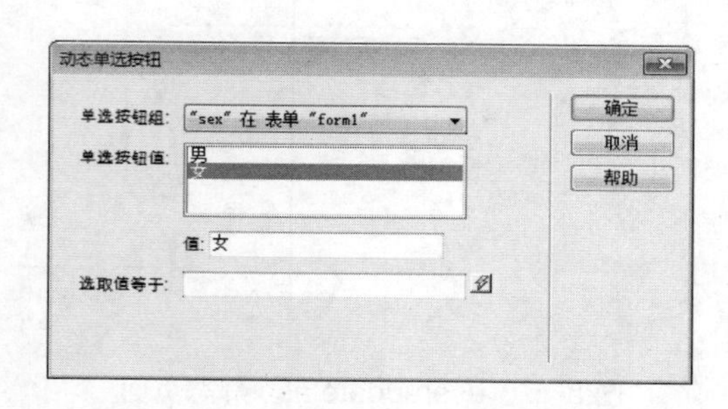

图 5-80　【动态单选按钮】对话框

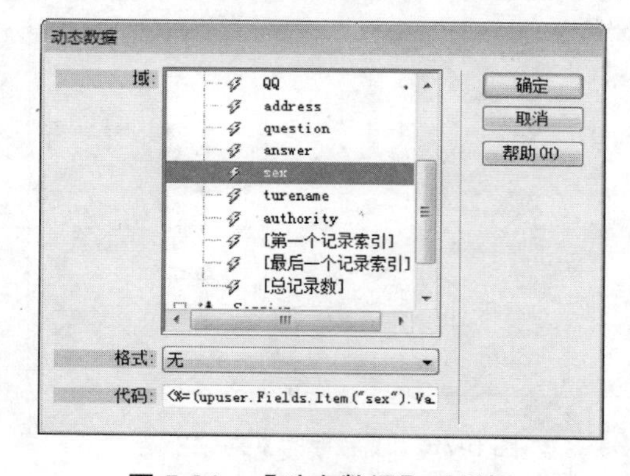

图 5-81　【动态数据】对话框

step 06 单击【服务器行为】面板上的按钮，在弹出的菜单中选择【更新记录】菜单，为网页添加更新记录的服务器行为，如图 5-82 所示。

step 07 打开【更新记录】对话框，该对话框与【插入记录】对话框十分相似，具体的设置情况如图 5-83 所示，这里不再重复。

step 08 设置完成后，单击【确定】按钮，关闭该对话框，返回到文档窗口，然后选择【文件】→【保存】菜单命令，将该文档保存到本地站点中。

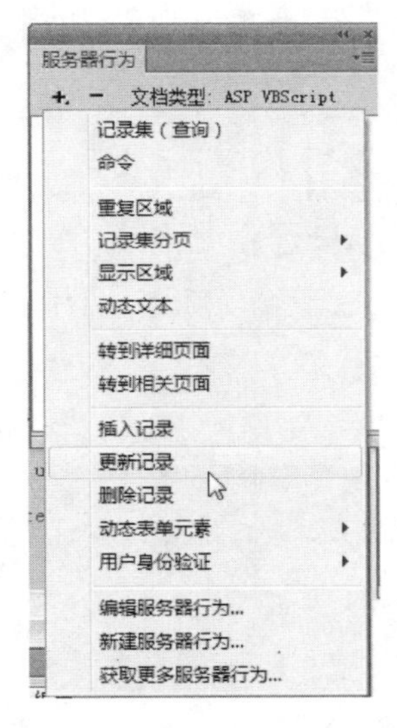

图 5-82　选择【更新记录】菜单项

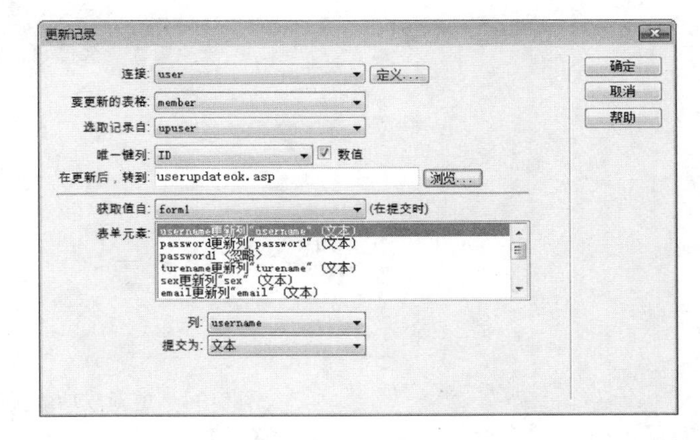

图 5-83　【更新记录】对话框

由于本页的 MM_username 值是来自上一页注册成功后的用户名值，所以单独测试时会提示出错；只有先登录后，在登录成功页面中单击“修改你的资料”超链接到该页面才会产生效果，这在后面的测试实例中将进行介绍。

5.5.2　更新成功页面

用户修改注册资料成功后，就会转到 userupdateok.asp。在该网页中，应该向用户显示资料修改成功的信息。除此之外，还应该考虑两种情况：如果用户要继续修改资料，则为其提供一个返回到 userupdate.asp 页面的超文本链接；如果用户不需要修改，则为其提供一个转到用户登录页面 index.asp 页面的超文本链接。

具体的制作步骤如下。

step 01 选择【文件】→【新建】菜单命令，打开【新建文档】对话框，选择【空白页】选项面板【页面类型】下拉列表框下的 ASP VBScript 选项，在【布局】下拉列表框中选择“无”选项，然后单击【创建】按钮创建新页面，在网站根目录下新建一个名为 userupdateok.asp 的网页并保存。

step 02 为了向用户提供更加友好的界面，应该在网页中显示用户修改的结果，以供用户检查修改是否正确。首先应该定义一个记录集，然后将绑定的记录集插入到网页中相应的位置，其方法和制作页面 userupdate.asp 一样。通过在表格中添加记录集中的动态数据对象，把用户修改后的信息显示在表格中，具体操作这里不再详细说明，最终结果如图 5-84 所示。

图 5-84　更新成功的页面

5.5.3　修改资料功能的测试

编辑工作完成后，就可以测试该修改资料功能的选择情况了。具体操作步骤如下。

step 01 打开 IE 浏览器，在地址栏中输入 http://127.0.0.1/index.asp，打开 index.asp 文件。在该页面中进行登录。登录成功后进入 welcome.asp 页面，在 welcome.asp 页面单击“修改你的资料”超链接，转到 userupdate.asp 页面，如图 5-85 所示。

step 02 在该页面中进行一些修改，然后单击【修改】按钮，将修改结果发送到服务器中。当用户记录更新成功后，浏览器会转到 userupdateok.asp 页面中，显示修改资料成功的信息，同时还显示了该用户修改后的资料信息，并提供转到更新成功页面和转到主页面的链接对象。这里对“真实姓名”进行了修改，效果如图 5-86 所示。

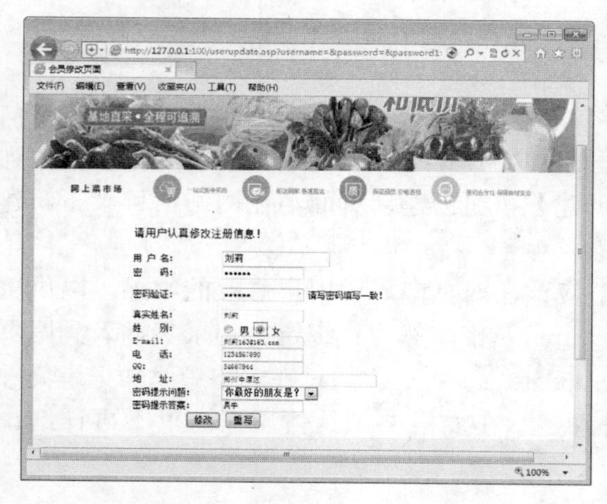

图 5-85　修改用户注册资料

图 5-86　更新记录成功显示页面

step 03 在 Access 中打开用户数据库文件 member.mdb，查看其中的 member 表注册对象的内容。此时可以看到，对应的记录内容已经修改，如图 5-87 所示。

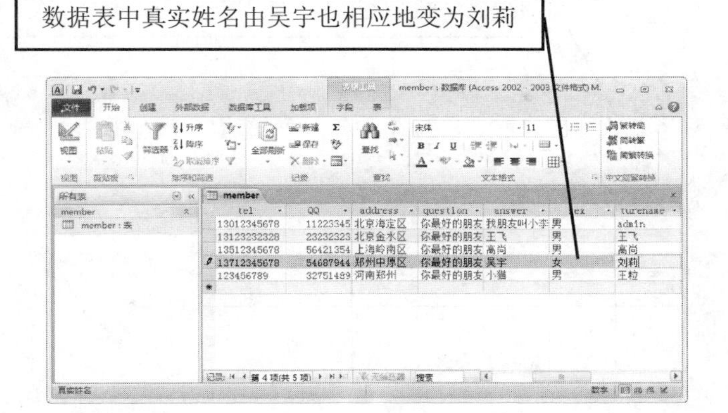

数据表中真实姓名由吴宇也相应地变为刘莉

图 5-87　表 member 中更新了记录

上述测试结果表明，用户修改资料页面已经成功制作。

5.6　密码查询模块的设计

在用户注册页面中，设计有问题和答案文本框，它们的作用是当用户忘记密码时，可以通过这个问题和答案到服务器中找回遗失的密码。实现的方法是判断用户提供的答案和数据库中的答案是否相同，如果相同，则可以找回遗失的密码。

5.6.1　密码查询页面

本节主要制作密码查询页面 lostpassword.asp，具体操作步骤如下。

step 01 选择【文件】→【新建】菜单命令，打开【新建文档】对话框，选择【空白页】选项面板【页面类型】下拉列表框下的 ASP VBScript 选项，在【布局】下拉列表框中选择“无”选项，然后单击【创建】按钮创建新页面，在网站根目录下新建一个名为 lostpassword.asp 的网页并保存。lostpassword.asp 页面是用来让用户提交要查询遗失密码的用户名的页面。该网页的结构比较简单，设计后的效果如图 5-88 所示。

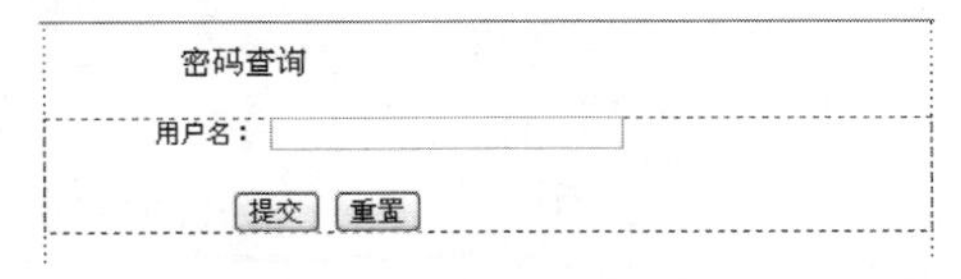

图 5-88　lostpassword.asp 页面

step 02 在文档窗口中选中表单对象，然后在其对应的【属性】面板【表单 ID】文本框中输入 form1，在【动作】文本框中输入 showquestion.asp 作为该表单提交的对象页面。在【方法】下拉列表框中选择 POST 作为该表单的提交方式。接下来将输入用户名的【文本域】为 inputname，如图 5-89 所示。

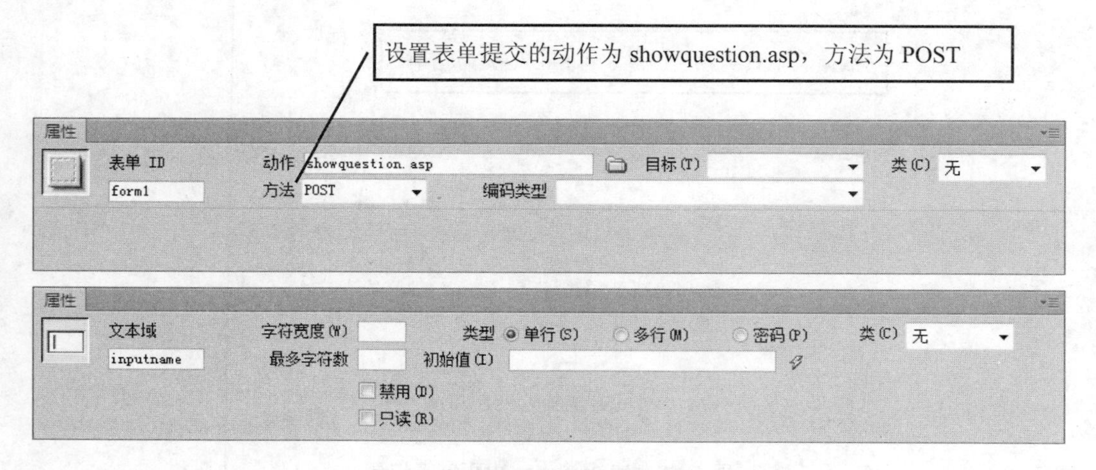

图 5-89　设置表单提交的动态属性

表单属性设置面板中的主要选项作用如下。

- 在【表单 ID】文本框中，输入标识该表单的唯一名称。命名表单后，就可以使用脚本语言(如 JavaScript 或 VBScript)引用或控制该表单。如果不命名表单，则 Dreamweaver CS6 使用语法 form n 生成一个名称，并在向页面中添加每个表单时递增 n 的值。
- 在【方法】下拉列表框中，选择将表单数据传输到服务器的方法。POST 方法将在 HTTP 请求中嵌入表单数据。GET 方法将表单数据附加到请求该页面的 URL 中，是默认设置，但其缺点是表单数据不能太长，所以本例选择 POST 方法。
  - 【目标】下拉列表框用于指定返回窗口的显示方式，各目标值含义如下。
  - _blank：在未命名的新窗口中打开目标文档。
  - _parent：在显示当前文档的窗口的父窗口中打开目标文档。
  - _self：在提交表单所使用的窗口中打开目标文档。
  - _top：在当前窗口的窗体内打开目标文档。此值可确保目标文档占用整个窗口，即使原始文档显示在框架中。

当用户在 lostpassword.asp 页面中输入用户名并单击【提交】按钮后，会通过表单将用户名提交到 showquestion.asp 页面中，该页面的作用就是根据用户名从数据库中找到对应的记录的提示问题并显示在 showquestion.asp 页面中，用户在该页面中输入问题的答案。

下面就制作显示问题的页面，操作步骤如下。

step 03 新建一个文档。设置好网页属性后，输入网页标题“查询问题”，选择【文件】→【保存】菜单命令，将该文档保存为 showquestion.asp。

step 04 在 Dreamweaver CS6 中制作静态网页，完成的效果如图 5-90 所示。

step 05 在文档窗口中选中表单对象，在其对应的【属性】面板【动作】文本框中输入 showpassword.asp 作为该表单提交的对象页面。在【方法】下拉列表框中选择 POST

作为该表单的提交方式，如图 5-91 所示。接下来将输入密码提示问题答案的【文本域】命名为 inputanswer。

图 5-90　showquestion.asp 静态设计

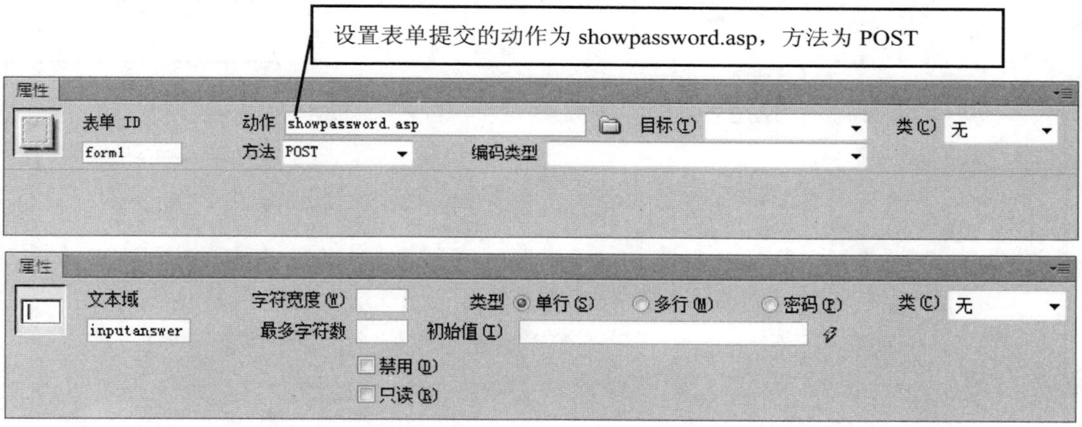

设置表单提交的动作为 showpassword.asp，方法为 POST

属性
表单 ID　form1　动作　showpassword.asp　目标(T)　类(C)　无
方法　POST　编码类型

属性
文本域　inputanswer　字符宽度(W)　类型　单行(S)　多行(M)　密码(P)　类(C)　无
最多字符数　初始值(I)
禁用(D)
只读(R)

图 5-91　设置表单提交的属性

step 06 选择【窗口】→【绑定】菜单命令，打开【绑定】面板，单击该面板上的 + 按钮，在弹出的菜单中选择【记录集(查询)】菜单项，打开【记录集】对话框。

step 07 在该对话框中进行如下设置。

- 在【名称】文本框中输入 Recordset1 作为该记录集的名称。
- 从【连接】下拉列表框中选择 user 作为数据源连接对象。
- 从【表格】下拉列表框中选择使用的数据库表对象为 member。
- 在【列】选项组中选择“选定的”单选按钮，然后从下拉列表框中选择 username 和 question。
- 在【筛选】栏中，设置记录集过滤的条件为“username=”，表单变量为 inputname，表示根据数据库中 username 字段的内容是否和从上一个网页中的表单中的 inputname 表单对象传递过来的信息完全一致来过滤记录对象。

完成后的设置如图 5-92 所示。

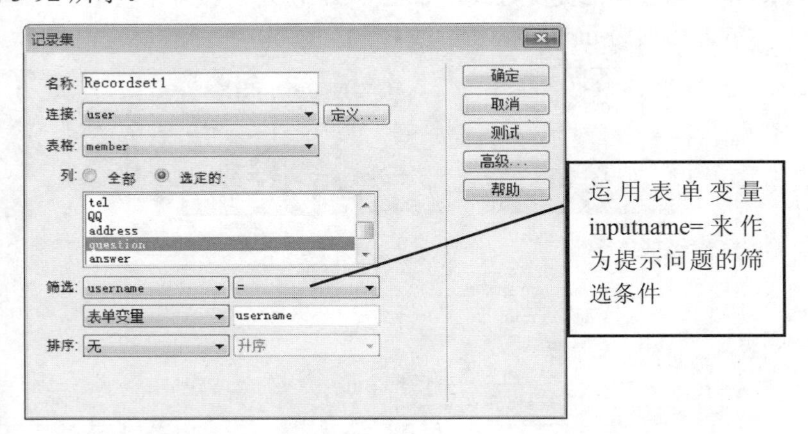

图 5-92 【记录集】对话框

step 08 设置完成后，单击该对话框上的【确定】按钮，关闭该对话框。返回到文档窗口，将 Recordset1 记录集中的 question 字段绑定到页面上相应的位置，如图 5-93 所示。

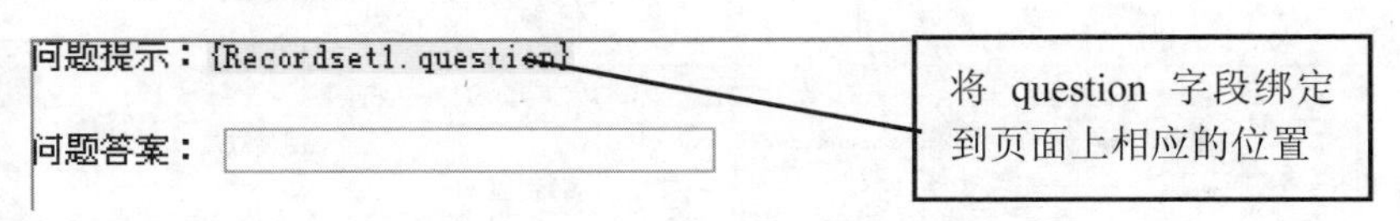

图 5-93 绑定字段

step 09 选择【插入】→【表单】→【隐藏区域】菜单命令，在表单中插入一个表单隐藏域，然后将该【隐藏区域】的名称设置为 username，如图 5-94 所示。

图 5-94 插入并设置隐藏区域

step 10 选中该隐藏区域，转到【绑定】面板，将 Recordset1 记录集中的 username 字段绑定到该表单隐藏区域中，如图 5-95 所示。

当用户输入的用户名不存在时，即记录集 Recordset1 为空时，就会导致该页面不能正常显示，这就需要设置隐藏区域。

step 11 在文档窗口中选中当用户输入用户名存在时显示的内容即整个表单，然后单击【服务器行为】面板上的 + 按钮，在弹出的菜单中选择【显示区域】→【如果记录集不为空则显示区域】菜单项，打开【如果记录集不为空则显示区域】对话框，在该对话框中选择记录集对象为 Recordset1，如图 5-96 所示。这样只有当记录集 Recordset1 不为空时，才显示出来。设置完成后，单击【确定】按钮，关闭该对话框，返回到文档窗口。

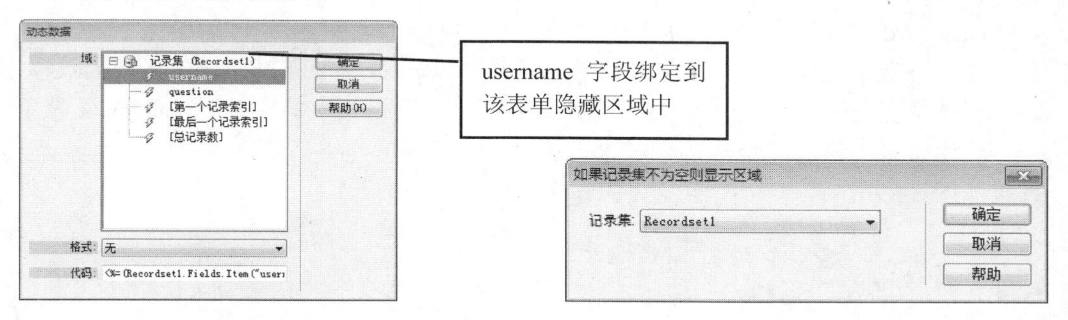

图 5-95　添加表单隐藏区域　　　　图 5-96　【如果记录集不为空则显示区域】对话框

step 12 在网页中编辑显示用户名不存在时的文本“该用户名不存在！”，并为这些内容设置一个“如果记录集为空则显示区域”隐藏区域服务器行为，这样当记录集 Recordset1 为空时，显示这些文本。完成后的网页如图 5-97 所示。

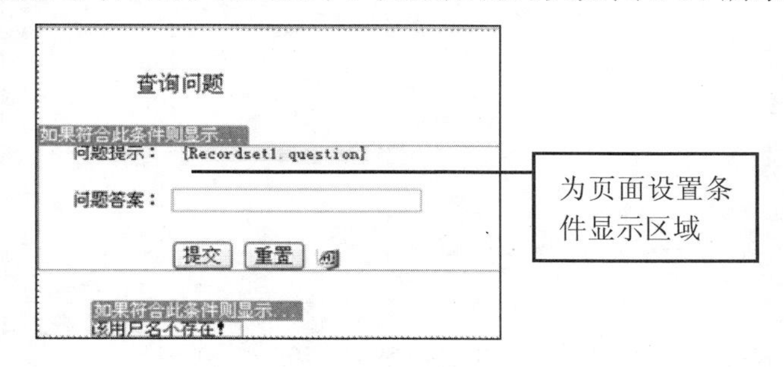

图 5-97　设置隐藏区域

5.6.2　完善密码查询功能页面

当用户在 showquestion.asp 页面中输入答案，单击【提交】按钮后，服务器就会把用户名和密码提示问题答案提交到 showpassword.asp 页面中。设计该页面的操作步骤如下。

step 01 选择【文件】→【新建】菜单命令，打开【新建文档】对话框，选择【空白页】选项面板【页面类型】下拉列表框下的 ASP VBScript 选项，在【布局】下拉列表框中选择“无”选项，然后单击【创建】按钮创建新页面，在网站根目录下新建一个名为 showpassword.asp 的网页并保存。

step 02 在 Dreamweaver CS6 中使用提供的制作静态网页的工具完成如图 5-98 所示的静态部分。

step 03 选择【窗口】→【绑定】菜单命令，打开【绑定】面板，单击该面板上的 按钮，在弹出的菜单中选择【记录集(查询)】菜单项，打开【记录集】对话框。

step 04 在该对话框中进行如下设置。

- 在【名称】文本框中输入 Recordset1 作为该记录集的名称。
- 从【连接】下拉列表框中选择 user 作为数据源连接对象。
- 从【表格】下拉列表框中，选择使用的数据库表对象为 member。

- 在【列】选项组中选择“选定的”单选按钮，然后选择字段列表框中的 username、password 和 answer 3 个字段就行了。
- 在【筛选】栏中设置记录集过滤的条件“answer=”，表单变量为 inputanswer，表示根据数据库中 answer 字段的内容是否和从上一个网页表单中的 inputanswer 表单对象传递过来的信息完全一致来过滤记录对象。

设置如图 5-99 所示。

图 5-98　showpassword.asp 静态设计

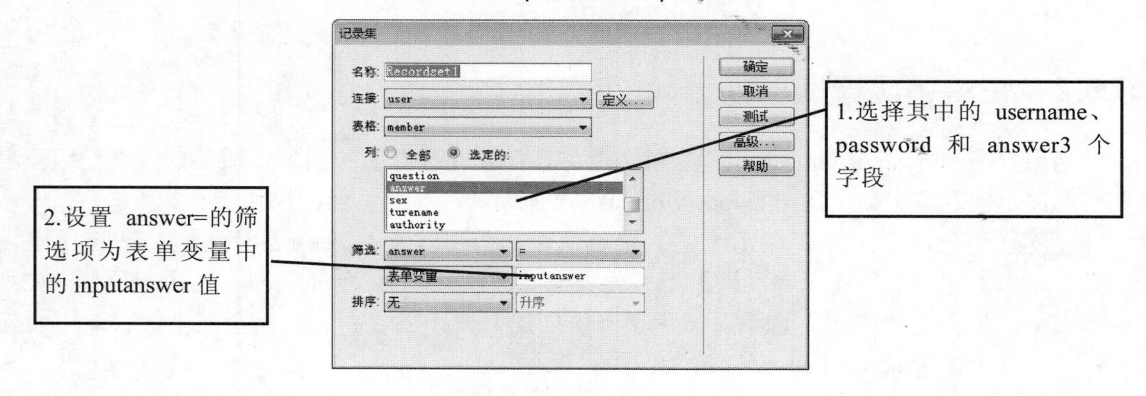

图 5-99　【记录集】对话框

step 05 单击【确定】按钮，关闭该对话框，返回到文档窗口。将记录集中的 username 和 password 两个字段分别添加到网页中，如图 5-100 所示。

step 06 同样需要根据记录集 Recordset1 是否为空来为该网页中的内容设置隐藏区域的服务器行为。在文档窗口中，选中当用户输入密码提示问题答案正确时显示的内容，然后单击【服务器行为】面板上的+按钮，在弹出的菜单中选择【显示区域】→【如果记录集不为空则显示区域】菜单项，打开【如果记录集不为空则显示区域】对话框，在该对话框中选择记录集对象为 Recordset1。这样只有当记录集

Recordset1 不为空时，才显示出来，如图 5-101 所示。设置完成后，单击【确定】按钮，关闭该对话框，返回到文档窗口。

step 07 在网页中选择当用户输入密码提示问题答案不正确时显示的内容，并为这些内容设置一个“如果记录集为空则显示区域”隐藏区域服务器行为，这样当记录集 Recordset1 为空时，显示这些文本，如图 5-102 所示。

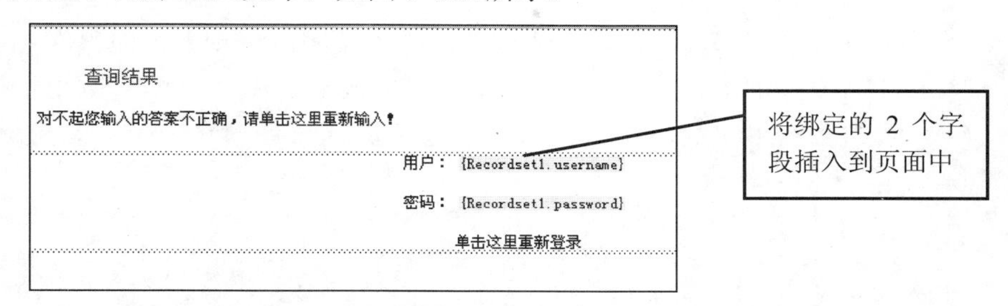

图 5-100 加入的记录集效果

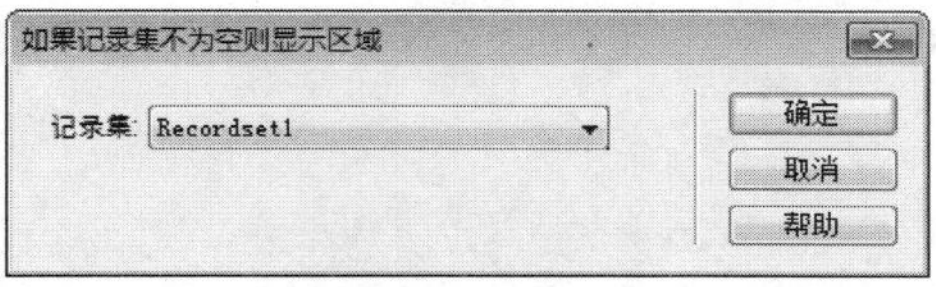

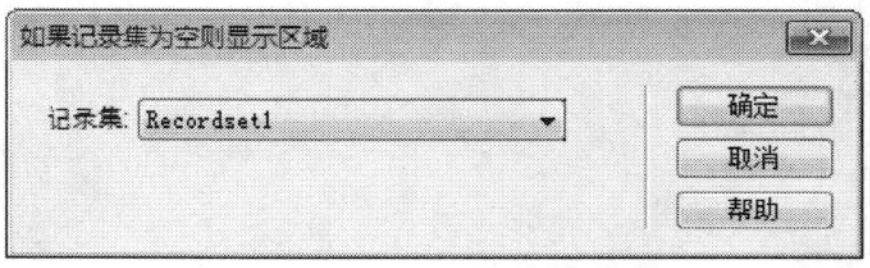

图 5-101 【如果记录集不为空则显示区域】对话框　图 5-102 【如果记录集为空则显示区域】对话框

step 08 完成后的网页如图 5-103 所示。选择【文件】→【保存】菜单命令，将该文档保存到本地站点中。

图 5-103 完成后的网页效果

5.6.3 密码查询模块的测试

编辑工作完成后，就可以测试密码查询模块功能的选择情况了。具体的操作步骤如下。

step 01 打开 IE 浏览器，在地址栏中输入 http://127.0.0.1/index.asp，打开 index.asp 文件，如图 5-104 所示。

step 02 单击“找回密码”超链接，进入【密码查询】页面，在【用户名】文本框中输入要查询密码的用户名称，如这里输入“刘莉”，如图 5-105 所示。

图 5-104 主页效果

图 5-105 【密码查询】页面

step 03 单击【提交】按钮，进入【查询问题】页面，在其中根据提示输入问题的答案，如图 5-106 所示。

step 04 单击【提交】按钮，进入【查询结果】页面，如果问题回答正确，则在该页面中显示用户名和密码信息，密码查询成功，如图 5-107 所示。

图 5-106 【查询问题】页面

图 5-107 【查询结果】页面

step 05 如果在【查询问题】界面中输入的问题答案和注册时输入的不一样，当单击【提交】按钮后，会显示如图 5-108 所示的提示信息，提示用户问题回答错误。

step 06 单击“这里”超链接，会返回到【密码查询】页面当中，这就说明密码查询模块功能测试成功，如图 5-109 所示。

图 5-108　错误提示信息　　　　图 5-109　【密码查询】页面

5.7　数据库路径的修改

制作完网站后，并不是把所制作的网站上传到服务器空间即可以使用。由于前面制作的网站是在本地计算机上进行，所以在上传之前要将数据库的路径进行修改，具体的步骤如下。

step 01 在本地站点中，找到自动生成的 Connections 文件夹，双击该文件夹后找到创建的数据库连接文件 user.asp 并用记事本打开，如图 5-110 所示。

step 02 选择 MM_user_STRING = " dsn=dsnuser; " 文本，并将这一行代码替换为：

```
MM_user_STRING =  "DRIVER={Microsoft Access Driver (*.mdb)};DBQ="
& Server.MapPath("/mdb/member.mdb")
//取得数据库连接的绝对路径为/mdb/member.mdb
```

将数据库的路径改为站点文件夹 mdb 下的 member.mdb，这样只要整个站点的文件夹和文件内容不改变，设置 IIS 后就可以访问。完成更改的 user.asp 如图 5-111 所示。

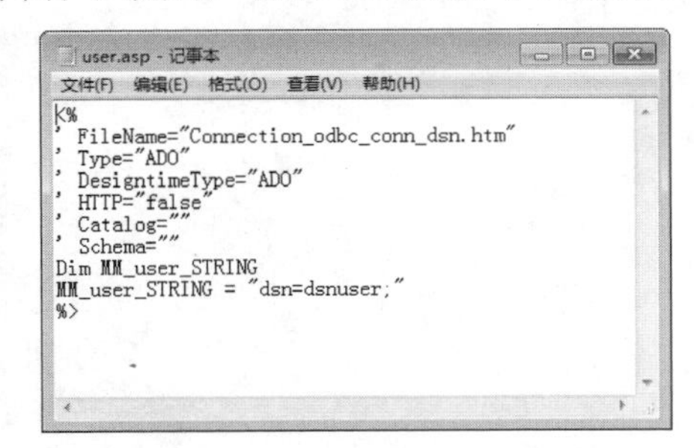

图 5-110　用记事本打开的 user.asp

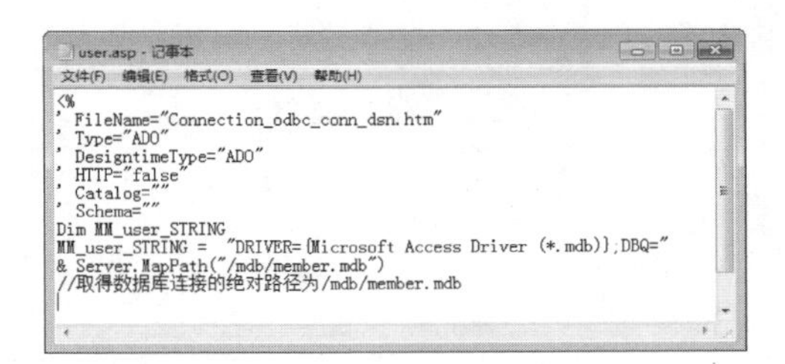

图 5-111　更改后的数据库连接方法

第 6 章

信息资讯管理系统

信息资讯管理系统是动态网站建设中最常见的系统，几乎每一个网站都有信息资讯管理系统，尤其是政府部门、教育系统或企业网站。信息资讯管理系统的作用就是在网上发布信息，通过对信息的不断更新，让用户及时了解行业信息、企业状况。

学习目标(已掌握的在方框中打钩)

- □ 熟悉信息资讯管理系统的功能
- □ 掌握信息资讯管理系统的数据库设计和连接方法
- □ 掌握系统主页面的设计方法
- □ 掌握系统后台管理页面的设计方法
- □ 掌握新增、修改、删除页面的设计方法

6.1 系统的功能分析

在开发动态网站之前，需要规划系统的功能和各个页面之间的关系，绘制出系统脉络图，以方便后面整个系统的开发与制作。

6.1.1 规划网页结构和功能

信息资讯管理系统中涉及的主要操作就是访问者的信息查询功能和系统管理员对信息内容的新增、修改及删除功能。本章将要制作的信息资讯管理系统的网页结构如图 6-1 所示。

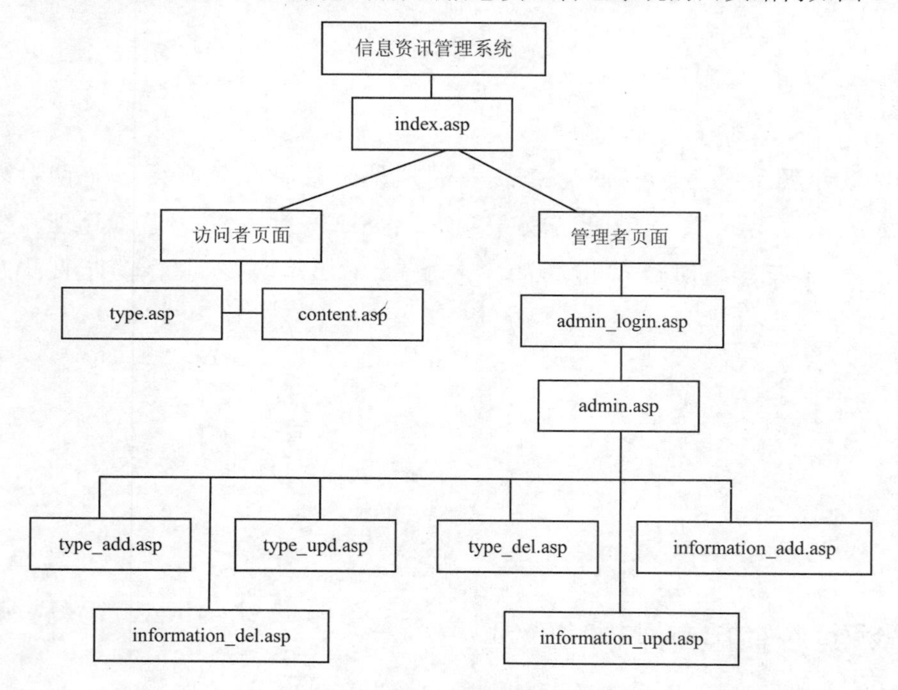

图 6-1 信息资讯管理系统结构

网站的信息资讯管理系统，在技术上主要体现为如何显示信息内容，用模糊关键字进行查询信息，以及对信息及信息分类的修改和删除。一个完整信息资讯管理系统共分为两大部分，一个是访问者访问信息的动态网页部分，另一个是管理者对信息进行编辑的动态网页部分。本系统页面共有 11 个，整体系统页面的功能与文件名称如表 6-1 所示。

表 6-1 信息资讯管理系统开发网页设计表

需要制作的主要页面	页面名称	功 能
网站首页	index.asp	显示信息分类和最新信息页面
信息分类页面	type.asp	显示信息分类中的信息标题页面
信息内容页面	content.asp	显示信息内容页面

续表

需要制作的主要页面	页面名称	功 能
后台管理入口页面	admin_login.asp	管理者登录入口页面
后台管理主页面	admin.asp	对信息进行管理的主要页面
新增信息页面	information_add.asp	增加信息的页面
修改信息页面	information_upd.asp	修改信息的页面
删除信息页面	information_del.asp	删除信息的页面
新增信息分类页面	type_add.asp	增加信息分类的页面
修改信息分类页面	type_upd.asp	修改信息分类的页面
删除信息分类页面	type_del.asp	删除信息分类的页面

6.1.2 网页美工设计

信息资讯管理系统主要起到对行业信息进行宣传的作用，在色调上可以选择简单的蓝色作为主色调，信息首页 index.asp 效果如图 6-2 所示。

图 6-2 信息首页 index.asp 效果

6.2 数据库设计与连接

本节主要讲述如何使用 Access 2010 建立信息管理系统的数据库，如何使用 ODBC 在数据库与网站之间建立动态链接。

6.2.1 数据库设计

信息资讯管理系统需要一个用来存储信息标题和信息内容的信息表 information，还要建立一个信息分类表 information_type 和一个管理员账号信息表 admin。信息数据表 information、信息分类表 information_type 和管理信息表 admin 的字段分别采用如表 6-2～表 6-4 所示的结构。

表 6-2 信息数据表 information

意 义	字段名称	数据类型	字段大小	必填字段	允许空字符串	默认值
主题编号	information_id	自动编号	长整型			
信息标题	information_title	文本	50	是	否	
信息分类编号	information_type	数字		是		
信息内容	information_content	备注				
信息加入时间	information_date	日期/时间		是	否	=Now()
编辑者	information_author	文本				

表 6-3 信息分类表 information_type

意 义	字段名称	数据类型	字段大小	必填字段	允许空字符串	默认值
信息类型编号	type_id	自动编号	长整型			
信息类型名称	type_name	文本	50	是	否	

表 6-4 管理信息表 admin

意 义	字段名称	数据类型	字段大小	必填字段	允许空字符串	默认值
自动编号	id	自动编号	长整型			
管理账号	username	文本	50	是	否	
管理密码	password	文本	50	是	否	

创建数据库的步骤如下。

step 01 在 Microsoft Access 2010 中实现数据库的搭建，首先运行 Microsoft Access 2010 程序，然后选择【空数据库】选项，在主界面的右侧打开【空数据库】窗格，如图 6-3 所示。

step 02 创建用于存放主要内容的常用文件夹，如 images、mdb 等，如图 6-4 所示。

step 03 单击【空数据库】窗格上的【浏览】按钮，打开【文件新建数据库】对话框，在【保存位置】下拉列表框中选择站点 information\mdb 文件夹，在【文件名】文本框中输入文件名 information.mdb，如图 6-5 所示。

step 04 单击【确定】按钮，返回【空数据库】窗格，单击【创建】按钮，即在数据库中创建了 information.mdb 文件，同时自动默认生成一个名字为“表 1”的数据表。右击“表 1”数据表，在打开的快捷菜单中选择【设计视图】命令，如图 6-6 所示。

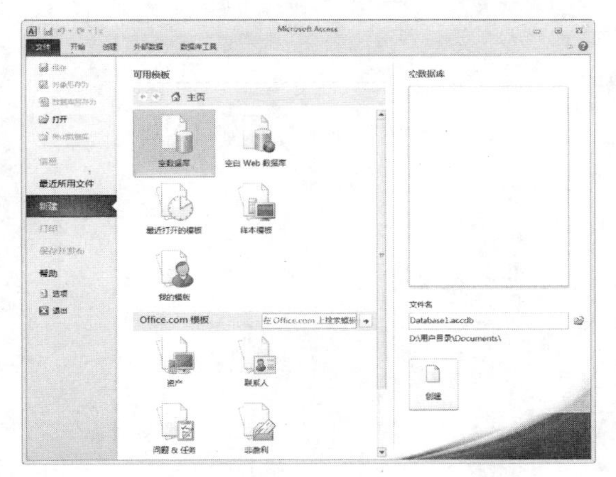

图 6-3　打开【空数据库】窗格

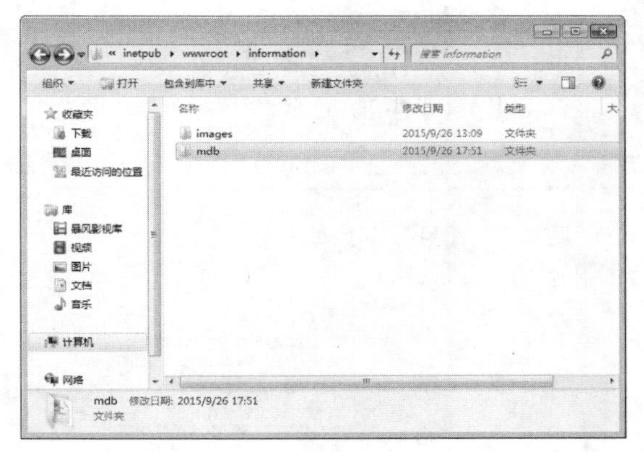

图 6-4　创建文件夹

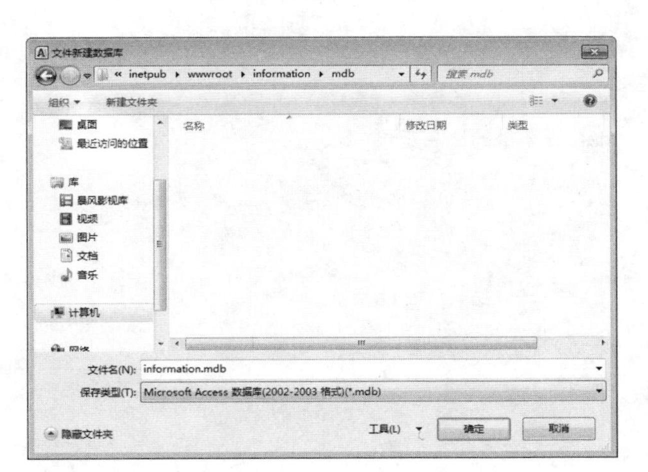

图 6-5　【文件新建数据库】对话框

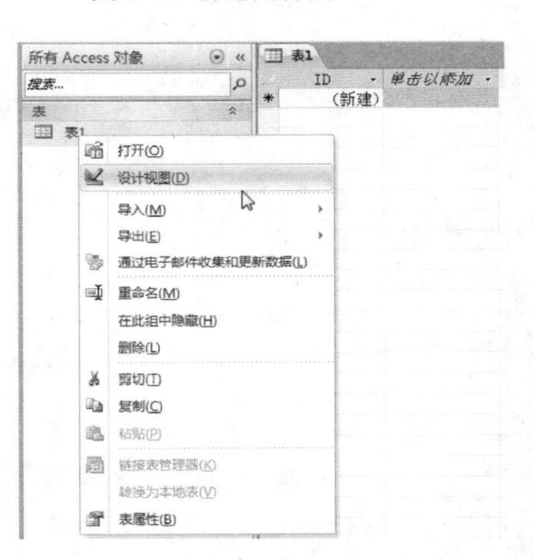

图 6-6　打开快捷菜单

step 05 打开【另存为】对话框，在【表名称】文本框中输入数据表名称 information，如图 6-7 所示。

step 06 单击【确定】按钮，即建立了 information 数据表，按表 6-2 输入字段名并设置其属性，完成后如图 6-8 所示。

step 07 双击 information 选项，打开 information 数据表。为了预览方便，可以在数据库中预先输入一些数据，如图 6-9 所示。

step 08 用上述方法，再创建 information_type 数据表和 admin 数据表。输入字段名称并设置其属性，最终效果如图 6-10 所示。

step 09 编辑完成，单击【保存】按钮，最后关闭 Access 软件。

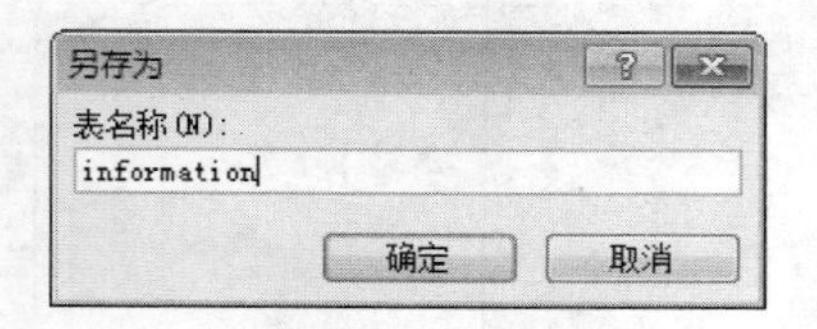

图 6-7 【另存为】对话框

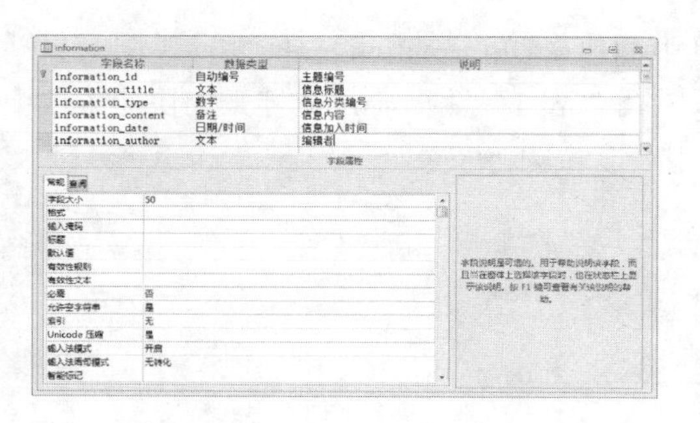

图 6-8 创建表的字段

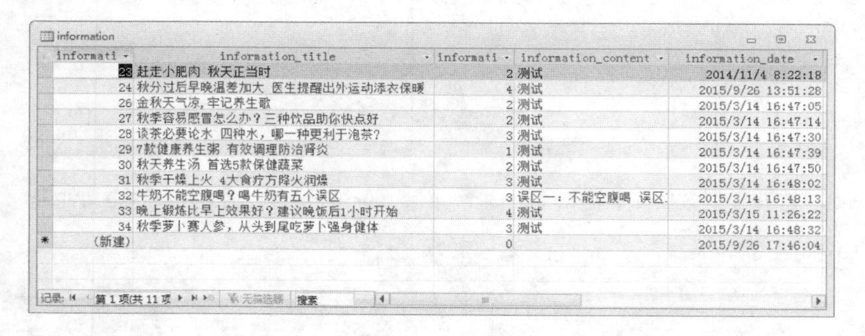

图 6-9 information 表中的输入记录

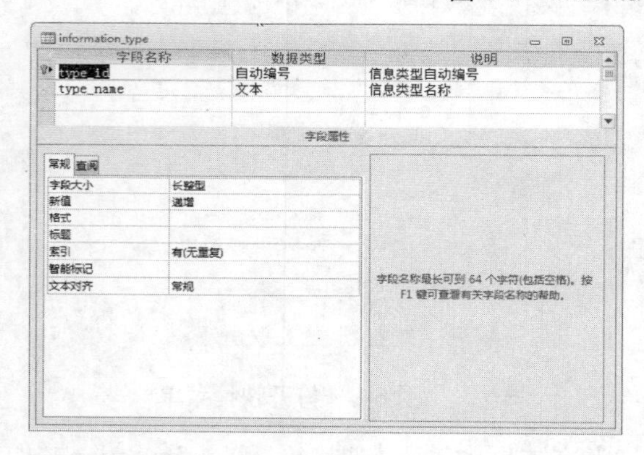

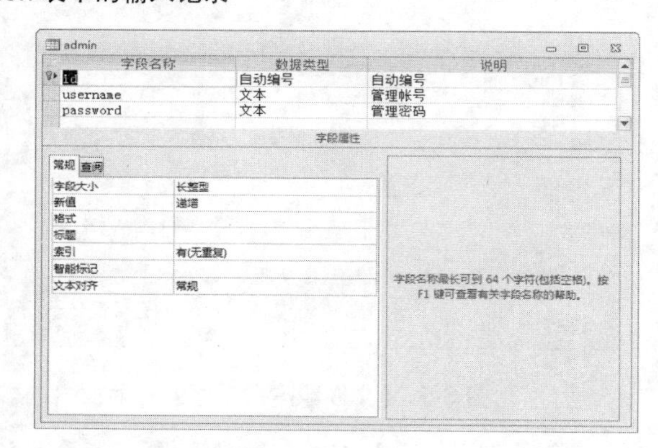

图 6-10 information_type 和 admin 数据表设置

6.2.2 创建数据库连接

数据库编辑完成后，必须在 Dreamweaver CS6 中建立数据源连接对象。这样做的目的是方便在动态网页中使用前面建立的信息系统数据库文件和动态地管理信息数据。

创建数据库连接的具体操作步骤如下。

step 01 在【控制面板】窗口依次选择【管理工具】→【数据源(ODBC)】→【系统 DSN】选项，打开【ODBC 数据源管理器】对话框，如图 6-11 所示。

step 02 单击【添加】按钮，打开【创建新数据源】对话框，选择 Driver do Microsoft Access(*.mdb)选项，如图 6-12 所示。

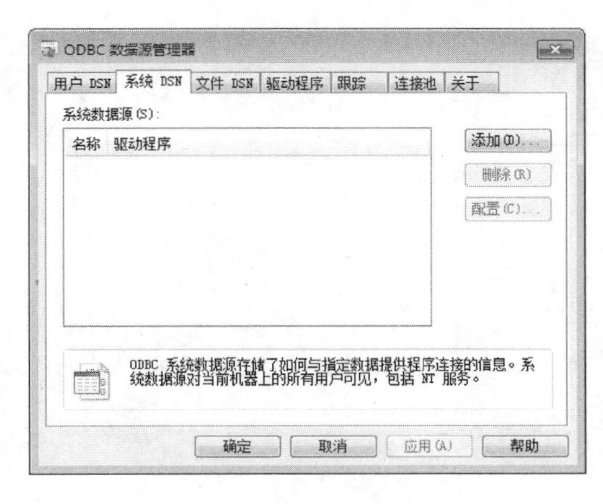

图 6-11 【系统 DSN】选项卡

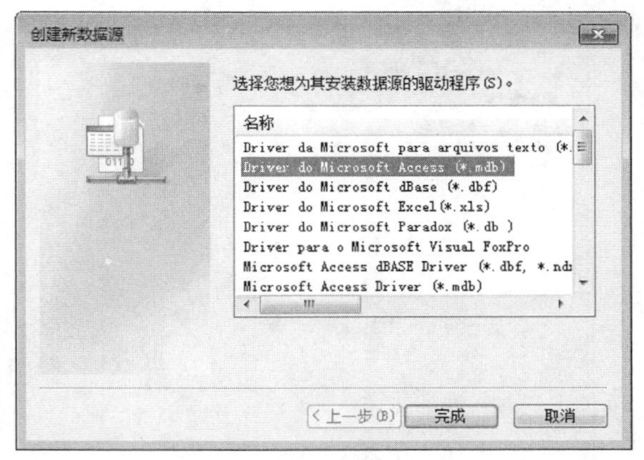

图 6-12 【创建新数据源】对话框

step 03 单击【完成】按钮，打开【ODBC Microsoft Access 安装】对话框，在【数据源名】文本框中输入 information，如图 6-13 所示。

step 04 单击【选择】按钮，打开【选择数据库】对话框，单击【驱动器】下拉按钮，从下拉列表中找到数据库所在的盘符，在【目录】列表框中找到保存数据库的文件夹，然后单击左上方【数据库名】列表框中的数据库文件 information.mdb，则数据库名称自动添加到【数据库名】文本框中，如图 6-14 所示。

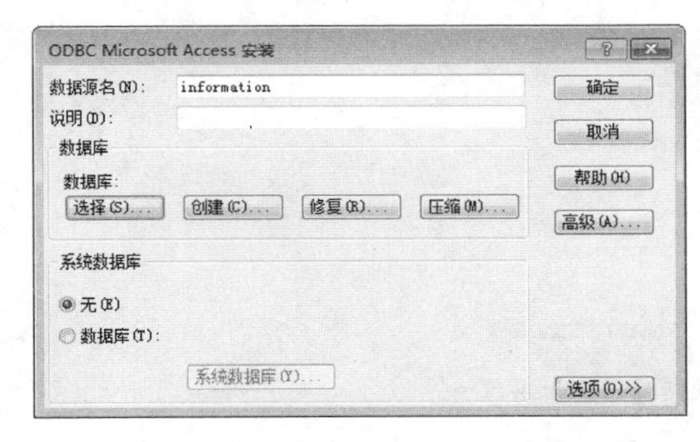

图 6-13 【ODBC Microsoft Access 安装】对话框

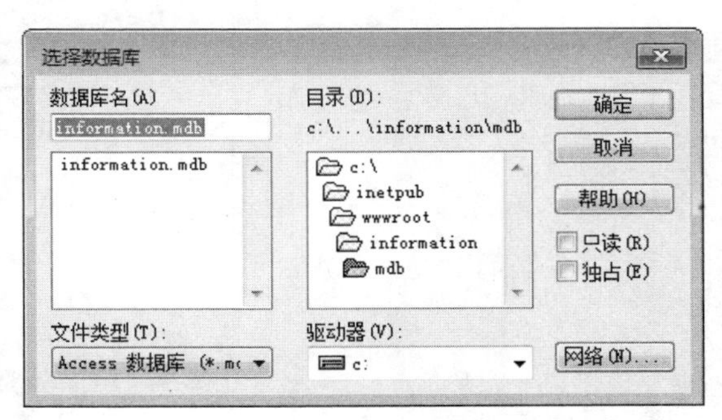

图 6-14 【选择数据库】对话框

step 05 找到数据库后，单击【确定】按钮回到【ODBC Microsoft Access 安装】对话框中，再次单击【确定】按钮，将返回到【ODBC 数据源管理器】中的【系统 DSN】选项卡，可以看到【系统数据源】列表框中已经添加了一个名称为 information、驱动程序为 Driver do Microsoft Access(*.mdb)的系统数据源，如图 6-15 所示。单击【确定】按钮，完成系统 DSN 的设置。

step 06 启动 Dreamweaver CS6，选择【文件】→【新建】菜单命令，打开【新建文档】对话框，选择【空白页】选项面板【页面类型】列表框下的 ASP VBScript 选项，在【布局】列表框中选择“无”选项，然后单击【创建】按钮，在网站根目录下新建一个名为 index.asp 的网页并保存，如图 6-16 所示。

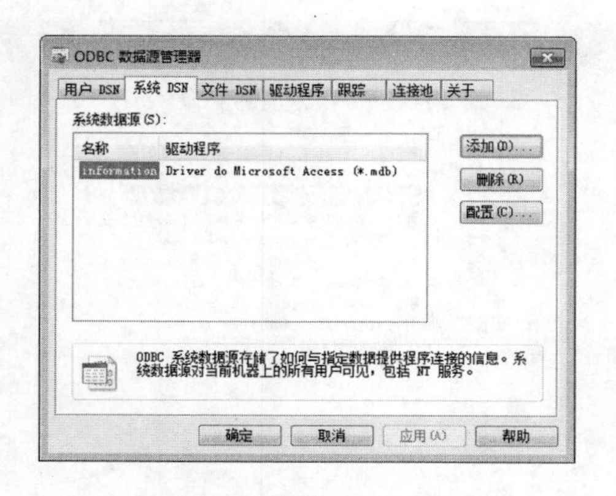

图 6-15　【系统 DSN】选项卡

图 6-16　建立首页并保存

step 07 继续设置站点、文档类型、测试服务器，在 Dreamweaver CS6 中选择【窗口】→【数据库】菜单命令，打开【数据库】面板。

step 08 单击【数据库】面板中的按钮，弹出如图 6-17 所示的菜单，选择【数据源名称】菜单。

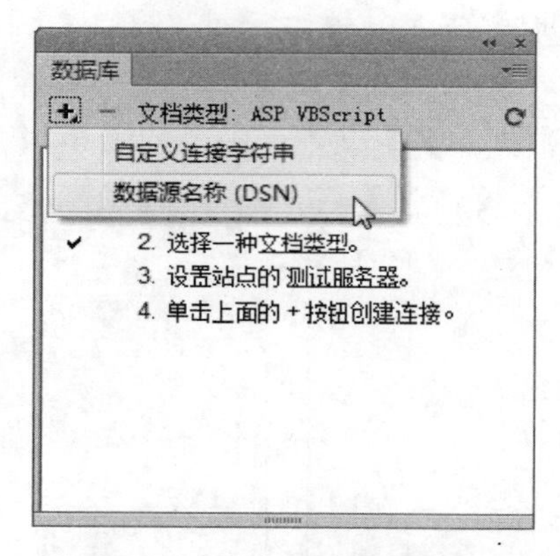

图 6-17　选择【数据源名称】菜单

step 09 打开【数据源名称】对话框，在【连接名称】文本框中输入 information，单击【数据源名称】下拉按钮，从打开的下拉列表中选择 information，其他保持默认值，如图 6-18 所示。

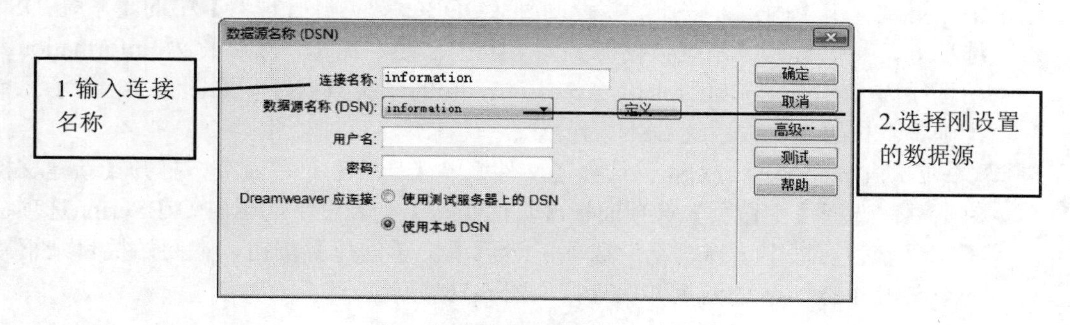

图 6-18　【数据源名称】对话框

step 10 在【数据源名称】对话框中单击【确定】按钮后完成此步骤。在【数据库】面板中可以看到连接的数据库文件，如图 6-19 所示。

step 11 同时，在网站根目录下将会自动创建名为 Connections 的文件夹，该文件夹内有一个名为 information.asp 的文件，它可以用记事本打开，内容如图 6-20 所示。

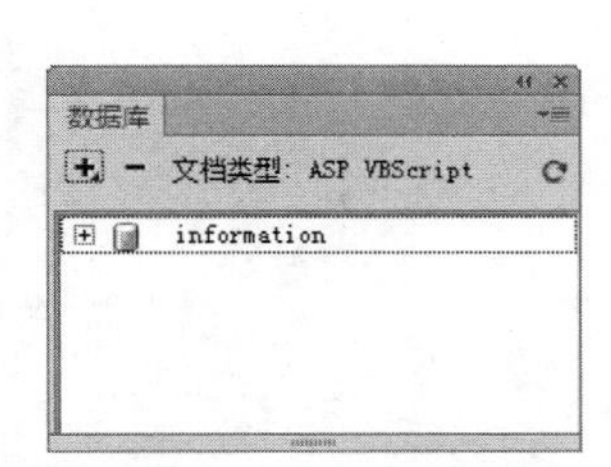

图 6-19　设置的数据库

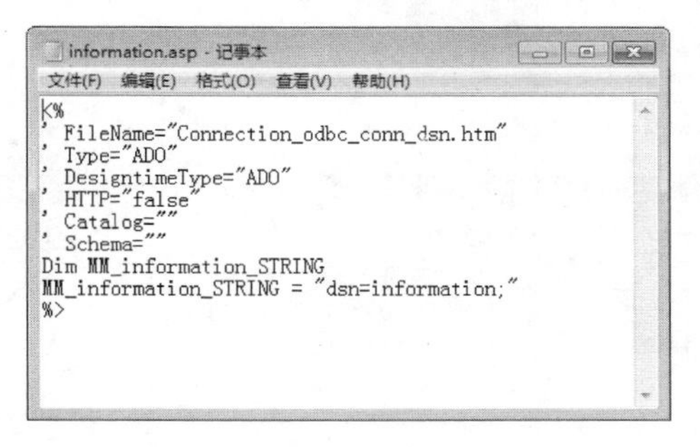

图 6-20　自动产生的 information.asp

step 12 在 Dreamweaver CS6 界面中选择【文件】→【保存】菜单命令，保存该文档，完成数据库的连接。

6.3　系统页面设计

信息资讯管理系统前台部分主要有 3 个动态页面，分别是网站首页 index.asp、信息分类页面 type.asp 和信息内容页面 content.asp。

6.3.1　网站首页的设计

在本小节中主要介绍信息资讯管理系统主页面 index.asp 的制作。在 index.asp 页面中，主要显示最新信息的标题、信息的加入时间，并显示信息分类。单击信息中的分类，进入分类，子页面，可以查看信息子类中的信息信息；单击信息标题，进入信息详细内容页面。

1. 制作信息分类模块

下面介绍首页中信息分类模块的制作，详细的操作步骤如下。

step 01 打开创建的 index.asp 页面，输入网页标题“健康养生网首页”，选择【文件】→【保存】菜单命令将网页保存，如图 6-21 所示。

图 6-21　设置网页标题

step 02 选择【修改】→【页面属性】菜单命令，打开【页面属性】对话框，单击【分类】列表框中的【外观(CSS)】选项，字体大小设置为 12px，在【上边距】文本框中输入 0px，这样设置的目的是为了让页面的第一个表格能置顶到上边，如图 6-22

所示。

step 03 单击【确定】按钮，进入文档窗口。选择【插入】→【表格】菜单命令，打开【表格】对话框，在【行数】文本框中输入 4；在【列】文本框中输入 1，在【表格宽度】文本框中输入 990 像素，其他设置如图 6-23 所示。

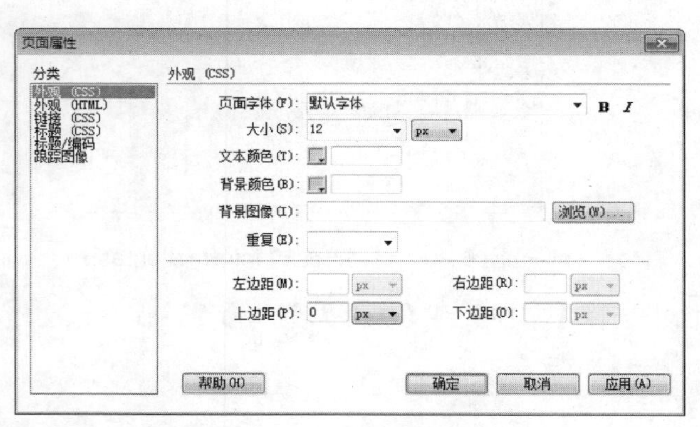

图 6-22　设置页面属性

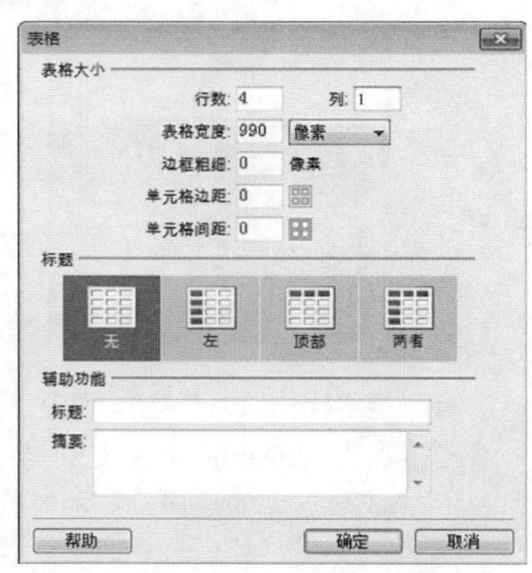

图 6-23　设置插入一个 4 行 1 列的表格

step 04 单击【确定】按钮，在文档窗口中，插入了一个 4 行 1 列的表格。选择插入的整个表格，在【属性】面板上单击【对齐】下拉列表框，选择【居中对齐】选项，让插入的表格居中对齐。

step 05 将指针放置在第 1 行第 1 列单元格中，选择【插入】→【图像】菜单命令，打开【选择图像源文件】对话框，选择 images 文件夹下的 logo.gif 图像，单击【确定】按钮插入图片，如图 6-24 所示。

step 06 将指针放置在第 1 行第 2 列单元格中，选择【插入】→【图像】菜单命令，打开【选择图像源文件】对话框，选择 images 文件夹下的 banner.gif 图像，单击【确定】按钮插入图片，如图 6-25 所示。

step 07 将指针放置在第 2 行单元格中，选择【插入】→【图像】菜单命令，打开【选择图像源文件】对话框，选择 images 文件夹下的 1.gif 图像，单击【确定】按钮插入图片，这样就完成了网站首页头部的设计，如图 6-26 所示。

step 08 将指针放置在第 3 行单元格中，选择【插入】→【表格】菜单命令，插入一个 1 行 3 列的表格，在第 3 行第 1 列单元格中插入 left.jpg 图像作为背景，效果如图 6-27 所示。

step 09 将指针放置在第 3 行第 3 列单元格中，插入 03.gif 图像作为背景，效果如图 6-28 所示。

step 10 将指针放置在第 4 行表格中。选择【插入】→【图像】菜单命令，打开【选择图像源文件】对话框，选择同站点 images 文件夹 7.gif 图片，效果如图 6-29 所示。

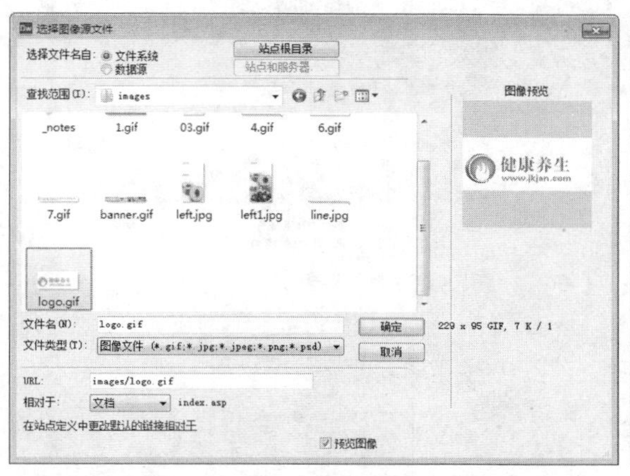

图 6-24 选择 logo.gif 图像

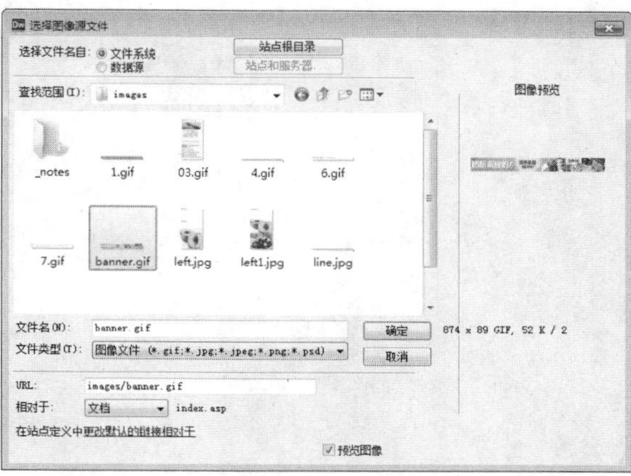

图 6-25 选择 banner.gif 图像

图 6-26 网站首页头部的设计

图 6-27 插入左侧背景图片

图 6-28　插入右侧背景图片

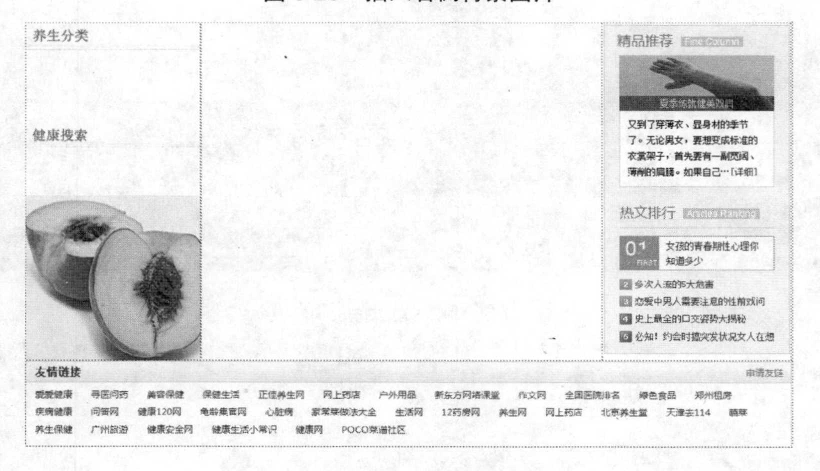

图 6-29　插入底部图片

step 11 将指针放置在第 3 行第 1 列的单元格中，选择【插入】→【表格】菜单命令，打开【表格】对话框，在【行数】文本框中输入 4，在【列】文本框中输入 1，在【表格宽度】文本框中输入 92%，其【边框粗细】、【单元格边距】和【单元格间距】都为 0，效果如图 6-30 所示。

step 12 单击刚创建的左边空白单元格，然后再单击文档窗口上的 拆分 按钮，在<td>和</td>之间加入 valign="top"命令，表示让鼠标能够自动放置至单元格的最上方，效果如图 6-31 所示。

step 13 接下来用【绑定】面板将网页所需要的数据字段绑定到网页中。index.asp 这个页面使用的数据表是 information 和 information_type，单击【绑定】面板上的按钮，在弹出的菜单中选择【记录集(查询)】菜单项，在打开的【记录集】对话框中输入如表 6-5 所示的数据，如图 6-32 所示。

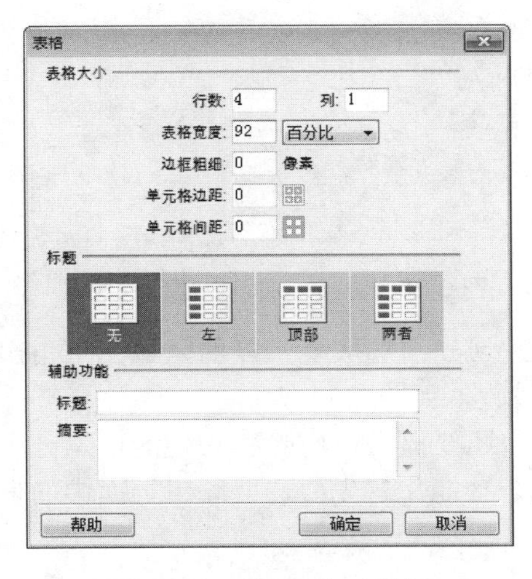

图 6-30 【表格】对话框

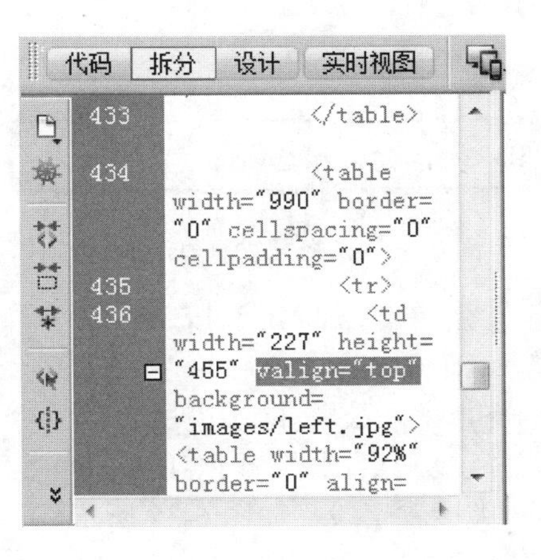

图 6-31 加入代码

表 6-5 记录集设置

属　性	设置值	属　性	设置值
名称	Recordset1	列	全部
连接	information	筛选	无
表格	information_type	排序	无

step 14 绑定记录集后，将记录集中信息分类的字段 type_name 插入至 index.asp 网页的适当位置，如图 6-33 所示。

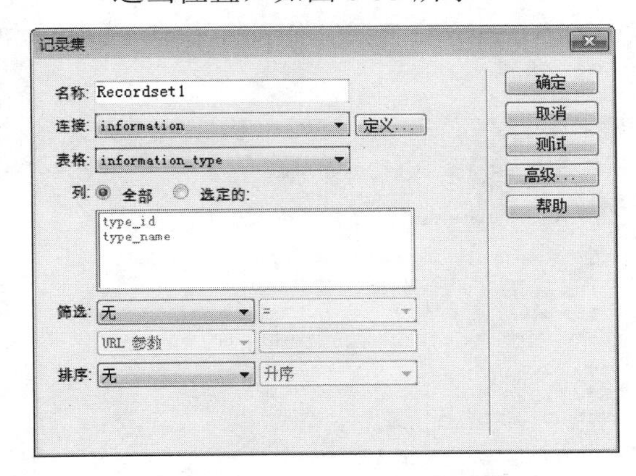

图 6-32 【记录集】对话框

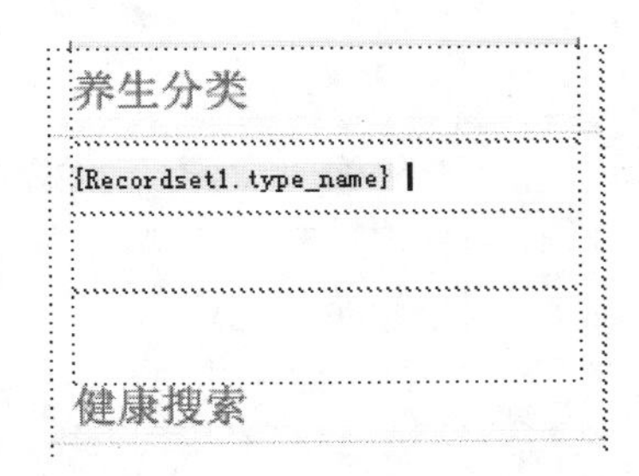

图 6-33 插入至 index.asp 网页中

step 15 由于要在 index.asp 页面中显示数据库中所有信息分类的标题，而目前的设定只会显示数据库的第一笔数据，因此需要加入服务器行为“重复区域”，让所有的信息分类全部显示出来。选择{Recordset1.type_name}所在的行，如图 6-34 所示。

step 16 单击【服务器行为】面板上的+按钮，在弹出的菜单中选择【重复区域】菜单项，在打开的【重复区域】对话框中，选中【所有记录】单选按钮，如图 6-35 所示。

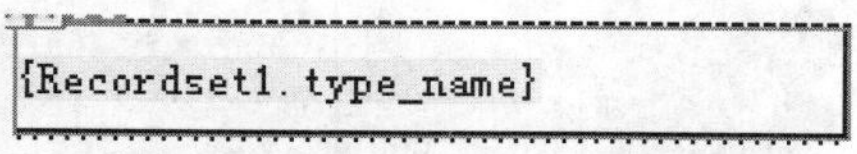

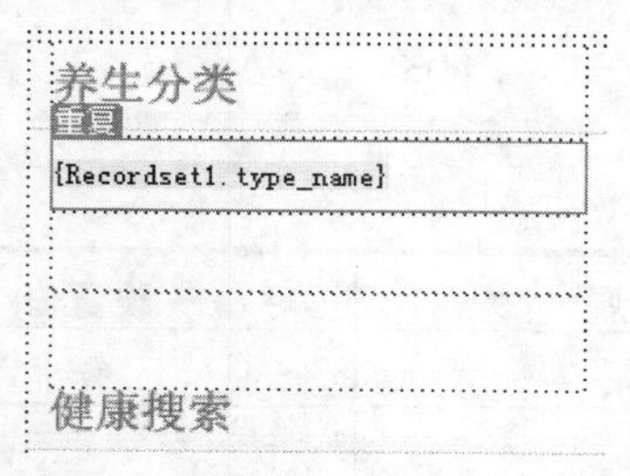

图 6-34 选择要重复显示的一列

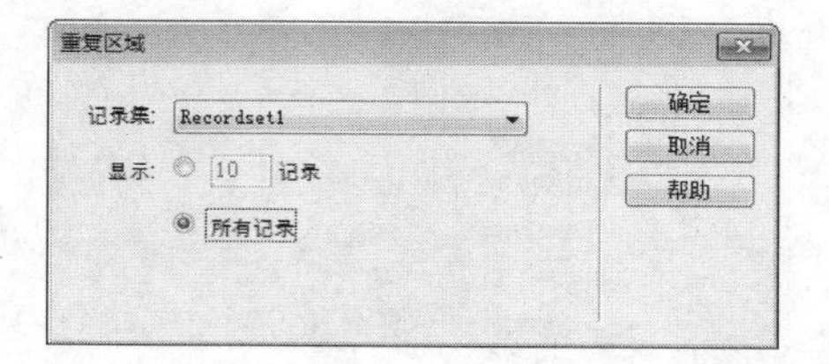

图 6-35 设置一次可以显示的次数

step 17 单击【确定】按钮回到编辑页面，会发现先前选取要重复的区域左上角出现了一个【重复】灰色标签，这表示已经完成设置，如图 6-36 所示。

step 18 除了显示网站中所有信息分类标题外，还要提供访问者感兴趣的信息分类标题链接来实现详细内容的阅读。为了实现这个功能，首先要选取编辑页面中的信息分类标题字段，如图 6-37 所示。

图 6-36 【重复】的灰色标签

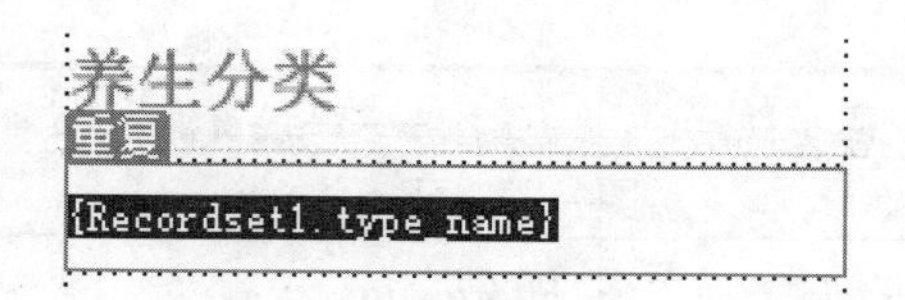

图 6-37 选择信息分类标题

step 19 单击【服务器行为】面板上的按钮，在弹出的菜单中选择【转到详细页面】菜单项。在打开的【转到详细页面】对话框中单击【浏览】按钮，如图 6-38 所示，弹出【选择文件】对话框，选择此站点中的 type.asp 文件，其他设置不变，如图 6-39 所示。

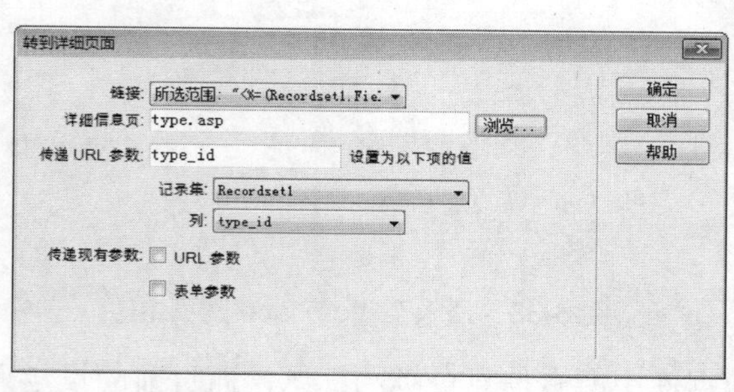

图 6-38 【转到详细页面】对话框

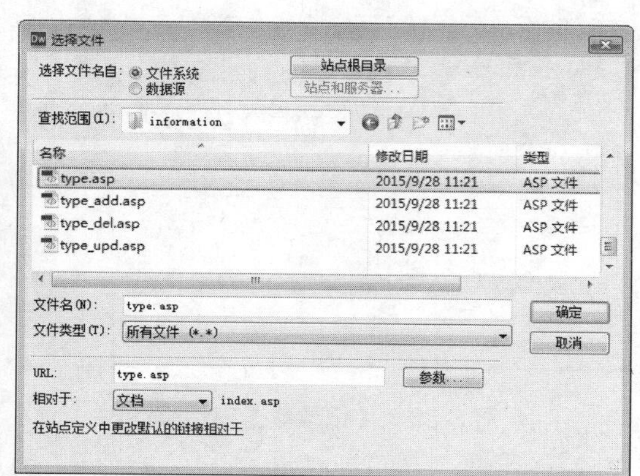

图 6-39 【选择文件】对话框

step 20 单击【确定】按钮回到编辑页面，主页面 index.asp 中信息分类栏目的制作已经完成，最新信息的显示页面设计效果如图 6-40 所示。

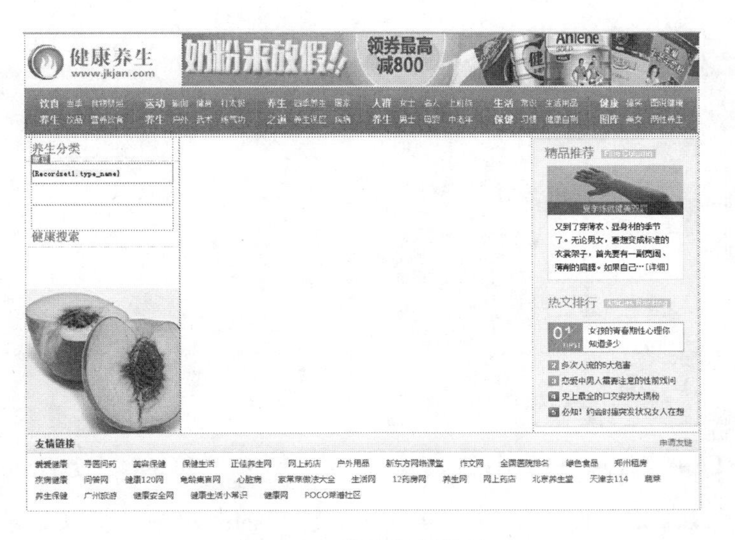

图 6-40　设计结果效果

2. 制作信息数据读取模块

制作完了信息分类栏目后，下一步就是将 information 数据表中的信息数据读取出来，并在首页上进行显示。具体的操作步骤如下。

step 01 将指针放置在第 3 行第 2 列单元格中，选择【插入】→【表格】菜单命令，打开【表格】对话框，在【行数】文本框中输入 3，在【列】文本框中输入 2，在【表格宽度】文本框中输入 92%，其【边框粗细】、【单元格边距】和【单元格间距】都为 0，如图 6-41 所示。

step 02 单击【确定】按钮，即可在网页中插入表格，如图 6-42 所示。

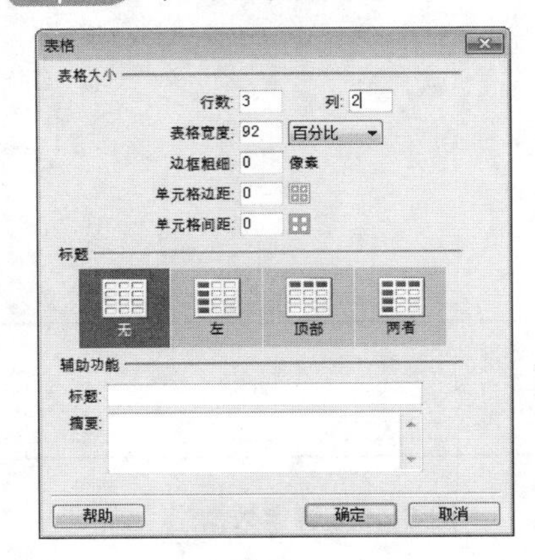

图 6-41　【表格】对话框

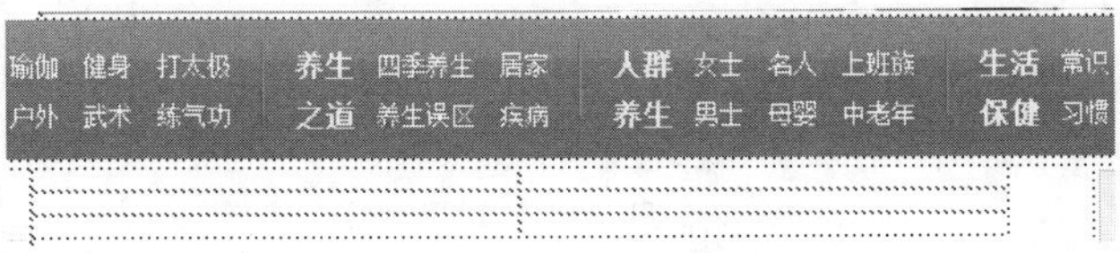

图 6-42　设计结果效果

step 03 合并第一行单元格，然后选择【插入】→【图像】菜单命令，打开【选择图像源文件】对话框，在其中选择要插入的图片，如图 6-43 所示。单击【确定】按钮，插入图片，效果如图 6-44 所示。

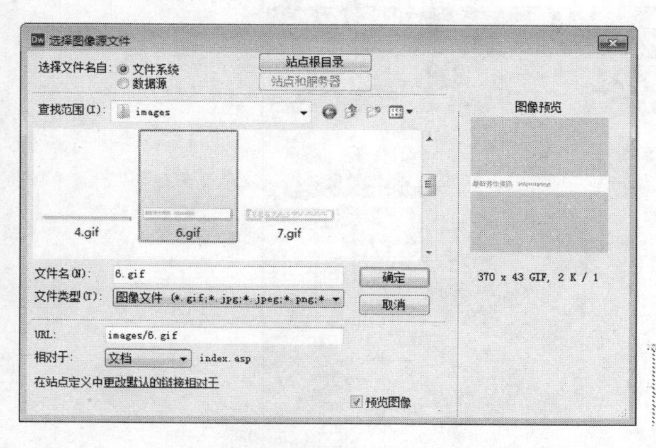

图 6-43 【选择图像源文件】对话框

最新养生资讯 Information

图 6-44 设计结果效果

step 04 单击【绑定】面板上的按钮，在弹出的菜单中选择【记录集(查询)】菜单项，在打开的【记录集】对话框中输入如表 6-6 所示的数据，如图 6-45 所示。

表 6-6 记录集设置

属　性	设置值	属　性	设置值
名称	Re1	列	全部
连接	information	筛选	无
表格	information	排序	information_id 降序

step 05 插入记录集后，将记录集字段插入 index.asp 网页的适当位置，如图 6-46 所示。

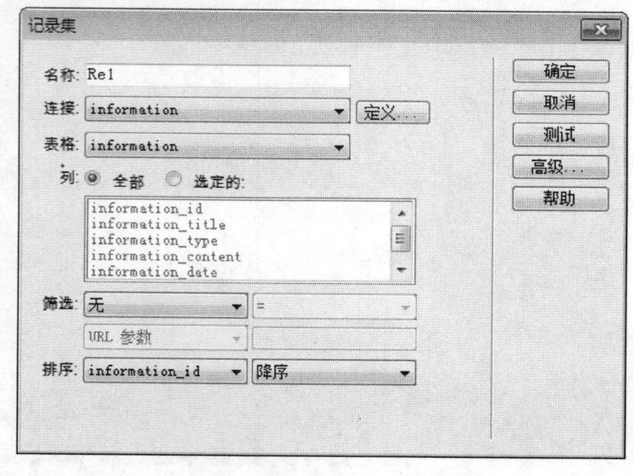

图 6-45 【记录集】对话框

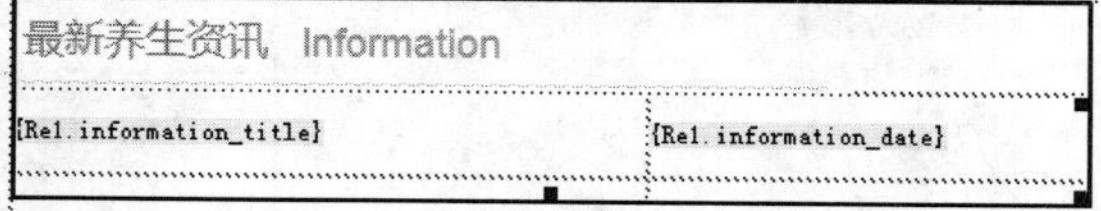

图 6-46 绑定数据

step 06 由于要在 index.asp 页面显示数据库中的部分信息，而目前的设定则只会显示数据库的第一笔数据，因此，需要加入服务器行为“重复区域”设置来重复显示部分信息信息。单击选择要重复显示信息的行，如图 6-47 所示。

step 07 单击【服务器行为】面板上的按钮，在弹出的菜单中选择【重复区域】菜单项，弹出【重复区域】对话框，【记录集】选择 Re1，要重复的记录条数设置为 10 条，如图 6-48 所示。

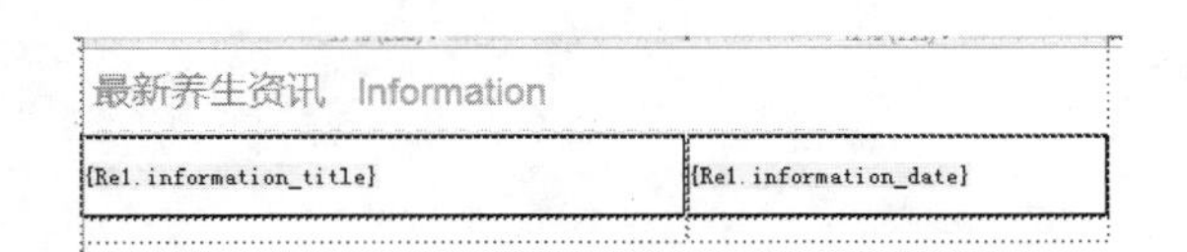

图 6-47　单击需要重复的表格

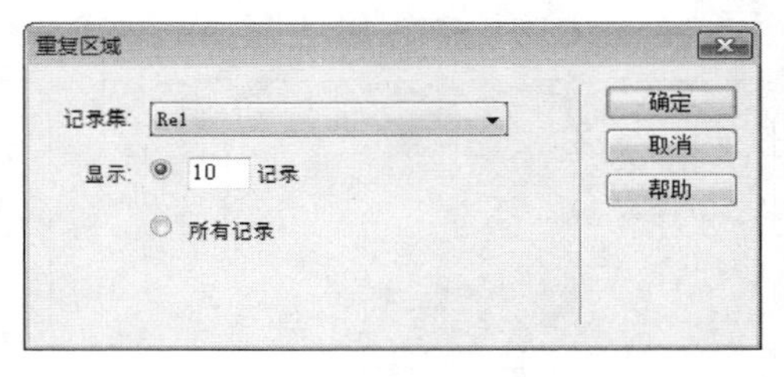

图 6-48　【重复区域】对话框

step 08 单击【确定】按钮，回到编辑页面，会发现先前所选要重复区域左上角出现了一个【重复】灰色标签，这表示已经完成设定了，如图 6-49 所示。

step 09 由于最新信息这个功能，除了显示网站中部分信息外，还要提供访问者感兴趣的信息标题并链接至详细内容来阅读，首先选取编辑页面中的信息标题字段，如图 6-50 所示。

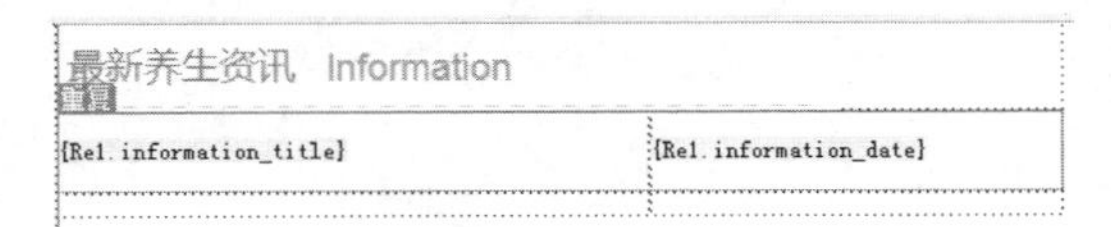

图 6-49　【重复区域】效果

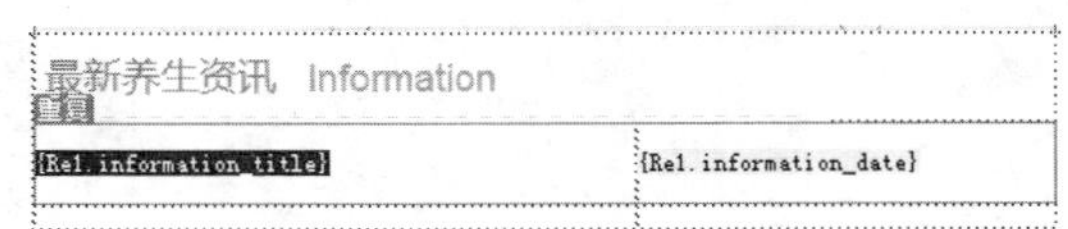

图 6-50　选择信息标题字段

step 10 单击【服务器行为】面板上的 按钮，在弹出的菜单中选择【转到详细页面】菜单项，在打开的【转到详细页面】对话框中单击【浏览】按钮，打开【选择文件】对话框，选择此站点 information 文件夹中的 content.asp 文件，其他设定如图 6-51 所示。

step 11 单击【确定】按钮回到编辑页面。当记录集超过一页，就必须要有【上一页】、【下一页】等按钮或文字，让访问者可以实现翻页，这就是【记录集导航条】的功能。【记录集导航条】按钮位于【插入】面板的【数据】类型中，因此将【插入】面板由【常用】切换成【数据】类型，单击【记录集分页：记录集导航条】按钮，如图 6-52 所示。

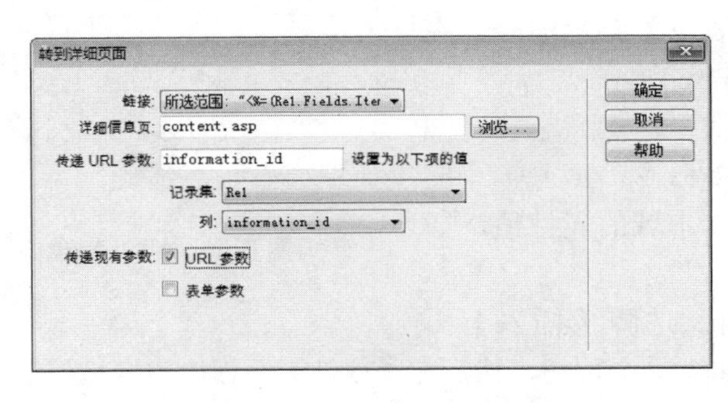

图 6-51　【转到详细页面】对话框

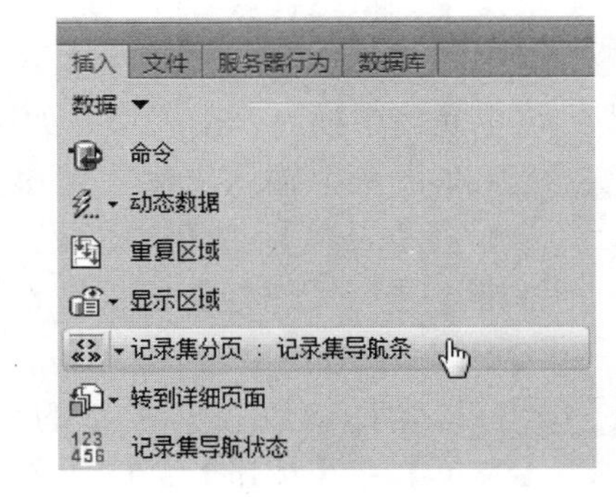

图 6-52　【插入】面板

step 12 在打开的【记录集导航条】对话框中，选取导航条的记录集以及导航条的显示方式为【文本】，如图 6-53 所示。单击【确定】按钮回到编辑页面，这时会在页面表格中的第 3 行出现该记录集的导航条，如图 6-54 所示。

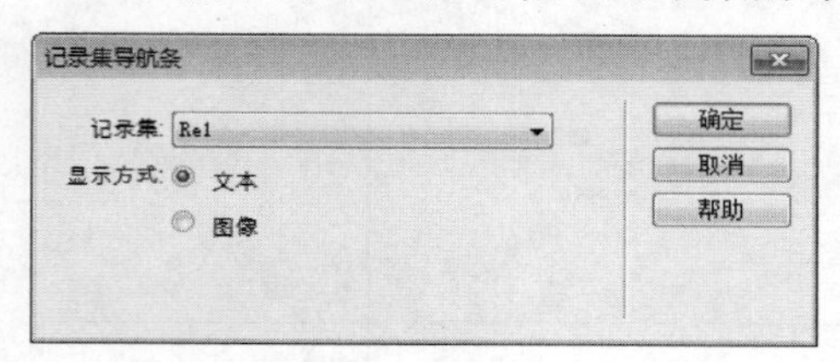

图 6-53　【记录集导航条】对话框

图 6-54　添加记录集导航条

step 13 在【插入】面板的【数据】类型中，单击按钮，打开【记录集导航状态】对话框，选取要导航状态的记录集为 Re1，然后单击【确定】按钮回到编辑页面，会发现页面出现该记录集的导航状态，如图 6-55 所示。

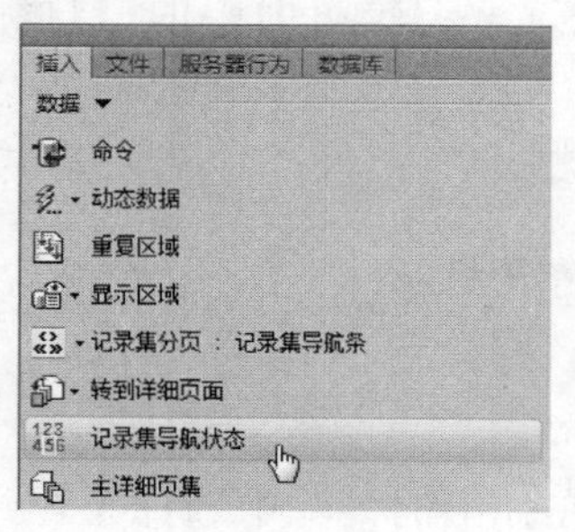

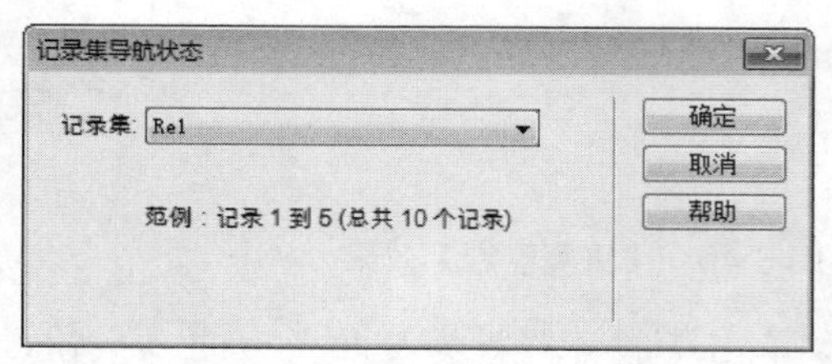

图 6-55　添加记录集导航状态

step 14 index.asp 页面还需要加入查询功能，这样信息资讯管理系统才不会因日后数据太多而有不易访问的情形发生。将指针放置在页面左侧表格中的第 4 行，然后选择【插入】→【表单】→【表单】菜单命令，在该单元格中插入一个表单，如图 6-56 所示。

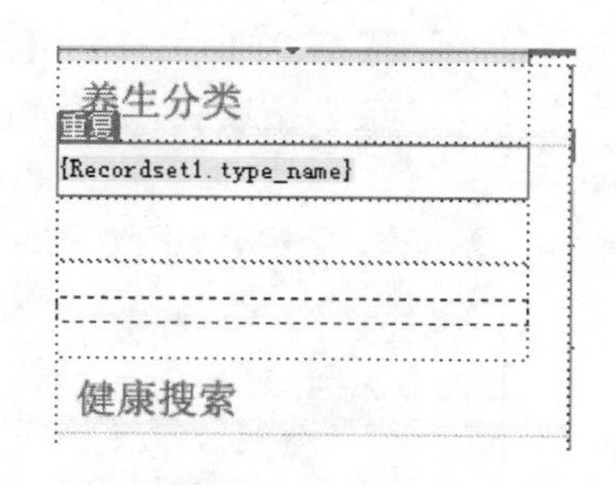

图 6-56　插入表单

step 15 在表单中输入文字“健康查询”，然后选择【插入】→【表单】→【文本域】菜单命令，插入一个文本框，并在【属性】面板中设置文本域的属性值，如图 6-57 所示。

step 16 将光标放置在文本域的后面，选择【插入】→【表单】→【按钮】菜单命令，插入一个按钮，然后在【属性】面板中设置按钮的名称为“查询”，并选中【提交表单】单选按钮，如图 6-58 所示。

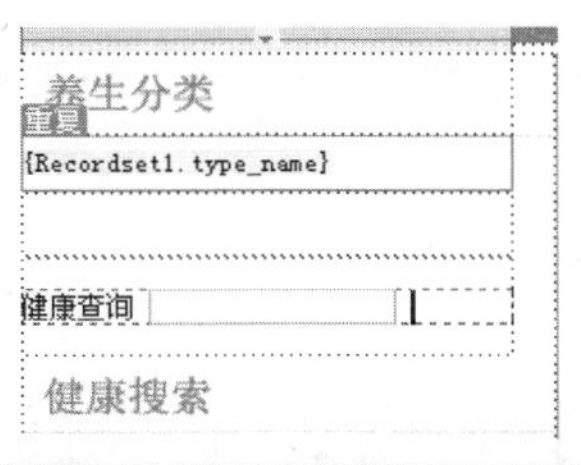

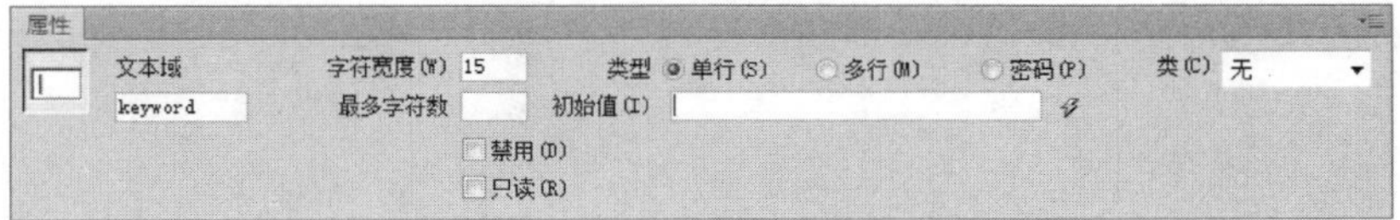

图 6-57　插入和设置文本域

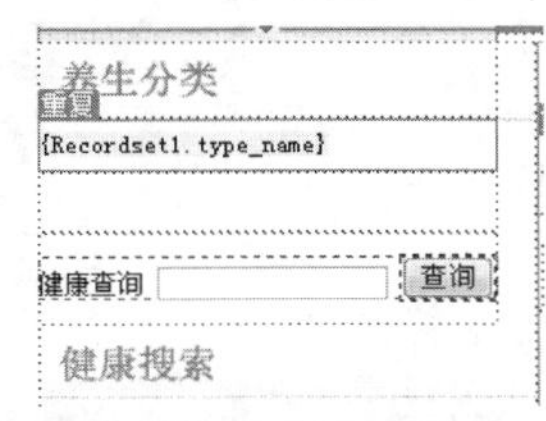

属性　按钮名称　button　值(V) 查询　动作 提交表单(S)　无(N)　重设表单(R)　类(C) 无

图 6-58　插入并设置按钮

step 17 在此要将之前建立的记录集 Re1 做一下更改。打开【记录集】对话框，进入【高级】设置，在原有的 SQL 语法中，加入一段查询功能的语法，以前的 SQL 语句将变成如图 6-59 所示：

```
WHERE  information_title  like '%"&keyword&"%'
```

WHERE information_title like '%"&keyword&"%' 表示查询的条件是输入的关键字和数据库中的 information_title 字段相似就可以

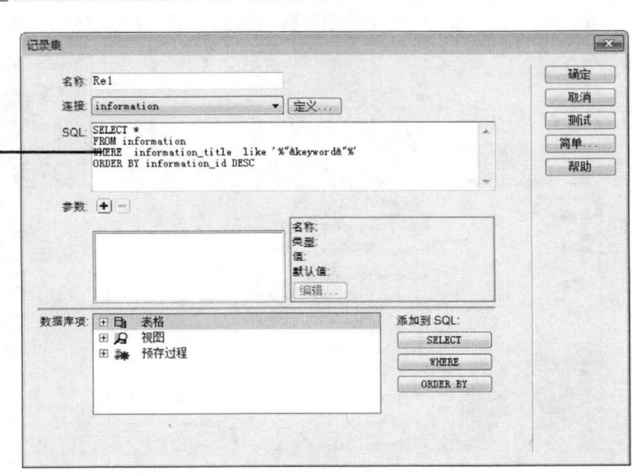

图 6-59　修改 SQL 语句

其中 like 是模糊查询的运算值，%表示任意字符，而 keyword 是个变量，代表关键词。

step 18 切换到代码视图，找到 Re1 记录集相应的代码并加入代码，如图 6-60 所示，完成设置：

```
keyword= request("keyword")
//定义 keyword 为表单中"keyword"的请求变量
```

图 6-60　加入代码

step 19 以上的设置完成后，index.asp 系统主页面就有查询功能了，可以按 F12 键测试是否能正确地查询。首先 index.asp 页面会显示所有网站中的信息分类主题和最新信息标题，如图 6-61 所示。

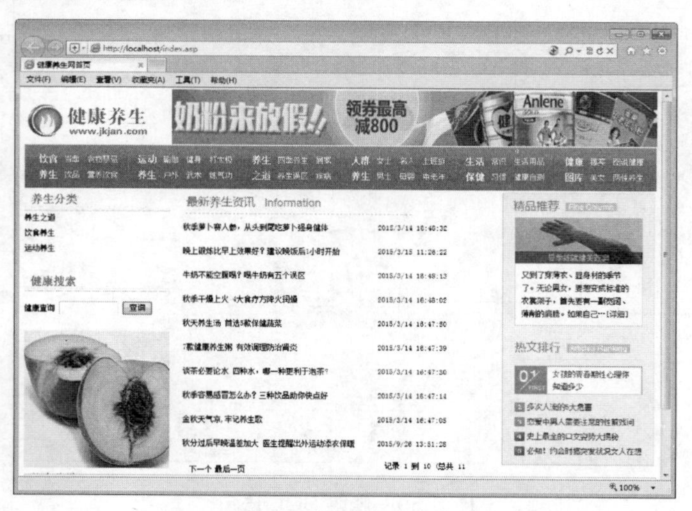

图 6-61　主页面浏览效果

step 20 在关键词中输入“秋季”并单击【查询】按钮，结果会发现页面中的记录只显示有关“秋季”所发表的最新信息主题，这样查询功能就已经完成了，最终的效果如图 6-62 所示。

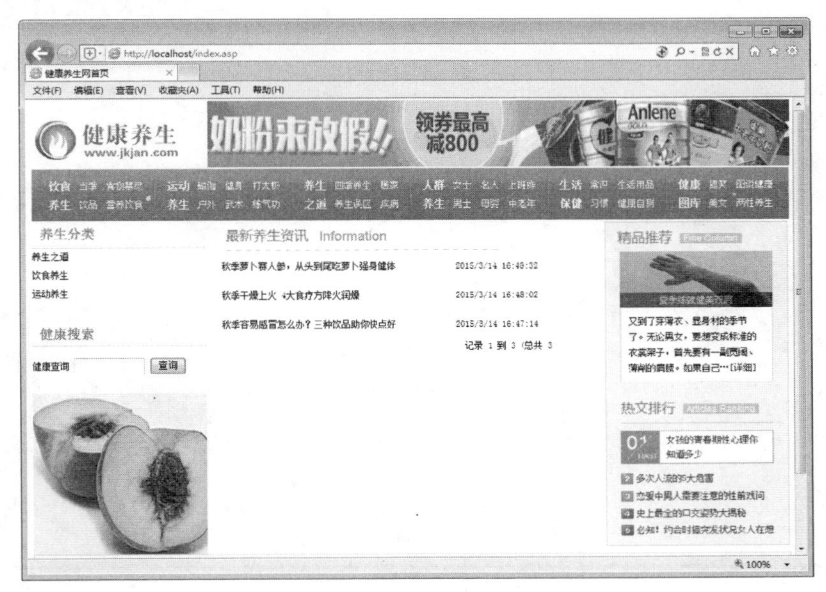

图 6-62 测试查询效果

6.3.2 信息分类页面的设计

信息分类页面 type.asp 用于显示每个信息分类的页面，访问者单击 index.asp 页面中的任何一个信息分类标题时，就会打开相应的信息分类页面。详细的操作步骤说明如下。

step 01 选择【文件】→【新建】菜单命令，打开【新建文档】对话框，选择【空白页】选项面板【页面类型】下拉列表框下的 ASP VBScript 选项，在【布局】下拉列表框中选择“无”选项，然后单击【创建】按钮创建新页面，输入网页标题“信息分类”。选择【文件】→【保存】菜单命令，在站点 information 文件夹中将该文档保存为 type.asp，如图 6-63 所示。

图 6-63 添加网页标题

step 02 信息分类页面和首页面中的静态页面设计差不多。另外，信息分类页面左侧的“养生分类”模块和首页的“养生分类”模块一样，在这里不作详细说明，如图 6-64 所示。

step 03 type.asp 页面主要用于显示所有信息分类标题的数据，所使用的数据表是 information。单击【绑定】面板中的+按钮，在弹出的菜单中选择【记录集(查询)】菜单项，在打开的【记录集】对话框中输入如表 6-7 的数据，再单击【确定】按钮后就完成设定了，如图 6-65 所示。

图 6-64　添加网页标题

表 6-7　输入记录集数据

属　性	设 置 值	属　性	设 置 值
名称	Recordset1	列	全部
连接	information	筛选	information_type、=、URL 参数、type_id
表格	Information	排序	information_id 升序

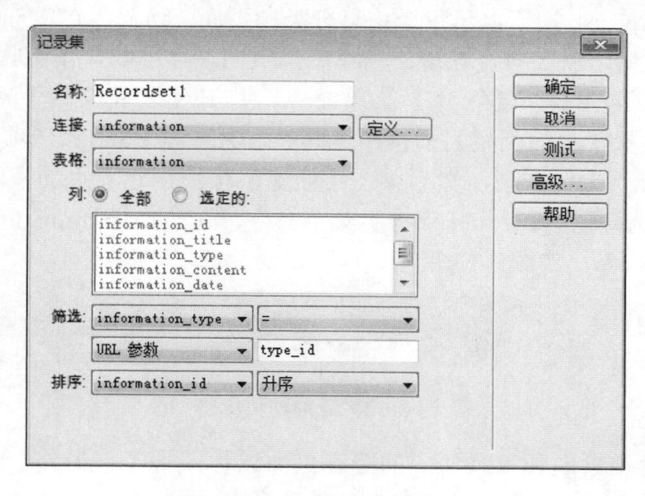

图 6-65　【记录集】对话框

step 04 单击【确定】按钮，完成记录集绑定，如图 6-66 所示。

step 05 将指针定位在表格中第 2 行，然后选择【插入】→【表格】菜单命令，打开【表格】对话框，在其中设置表格的相关参数，如图 6-67 所示。

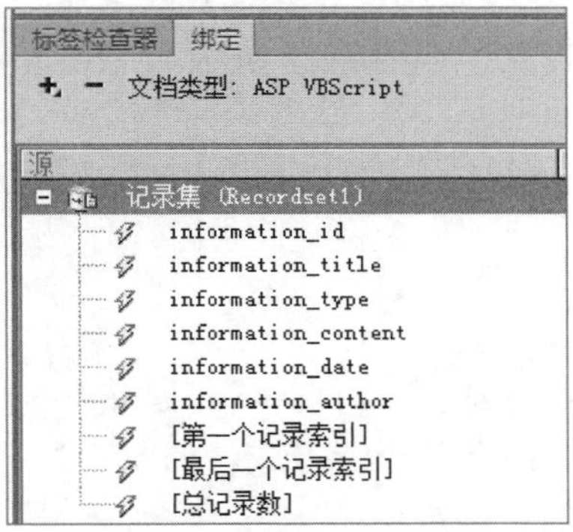

图 6-66　完成记录集绑定

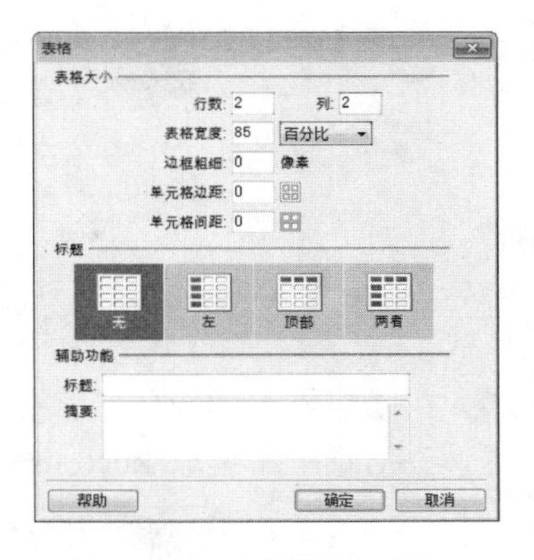

图 6-67　【表格】对话框

step 06 单击【确定】按钮，插入一个 2 行 2 列的表格，并设置表格的对齐方式为“居中对齐”，如图 6-68 所示。

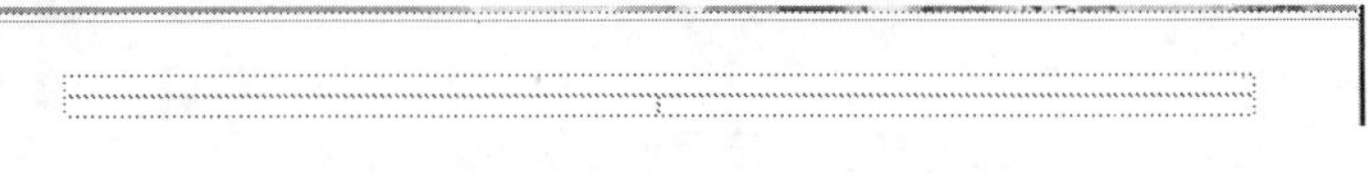

图 6-68　插入并设置表格居中对齐

step 07 合并第 1 行，将记录集的字段插入至 type.asp 网页中的适当位置，如图 6-69 所示。

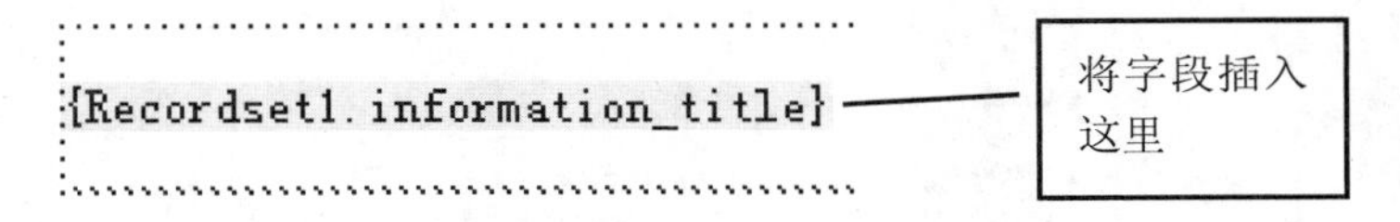

图 6-69　插入至 type.asp 网页中

step 08 为了显示所有记录，需要加入服务器行为 “重复区域”。选择 type.asp 页面中需要重复的表格，如图 6-70 所示。

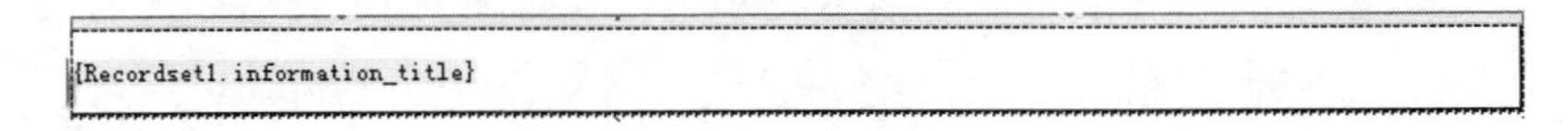

图 6-70　选择要重复显示的行

step 09 单击【服务器行为】面板上的+按钮，在弹出的菜单中选择【重复区域】菜单项，打开【重复区域】对话框，设定一页显示的数据为 10 条，如图 6-71 所示。

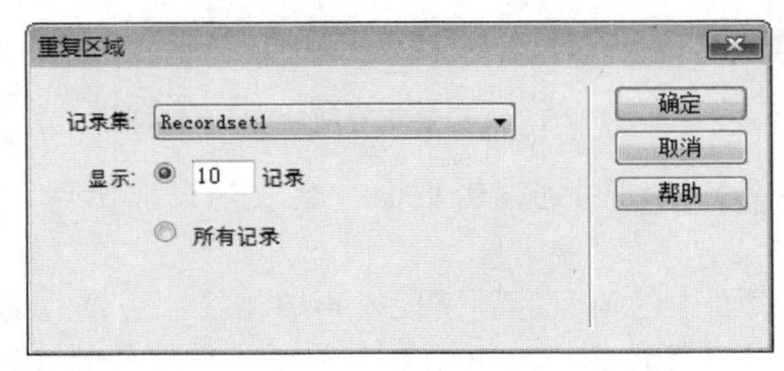

图 6-71　选择一页可以显示的记录条数

step 10 单击【确定】按钮，回到编辑页面，会发现先前选取要重复的区域左上角出现了一个【重复】灰色标签，这表示已经完成设置，如图 6-72 所示。

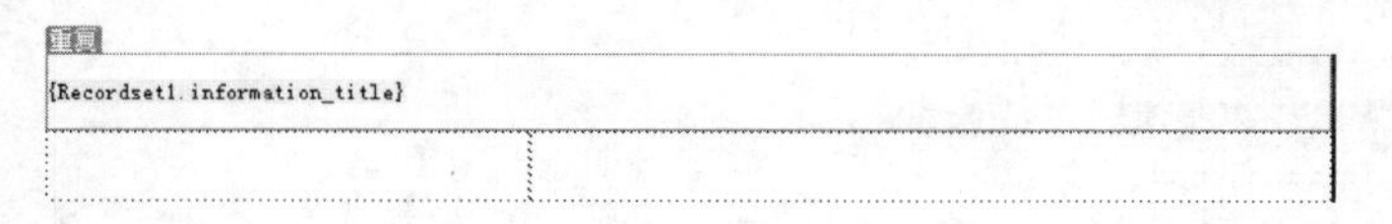

图 6-72　添加重复区域

step 11 在【插入】面板的【数据】类型中，单击按钮，打开【记录集导航条】对话框，在对话框中选取 Recordset1 记录集以及导航条的显示方式，如图 6-73 所示。

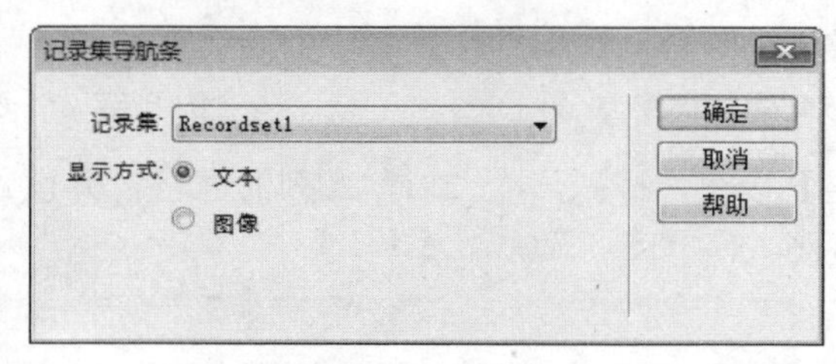

图 6-73　【记录集导航条】对话框

step 12 单击【确定】按钮回到编辑页面，会发现页面出现该记录集的导航条，如图 6-74 所示。

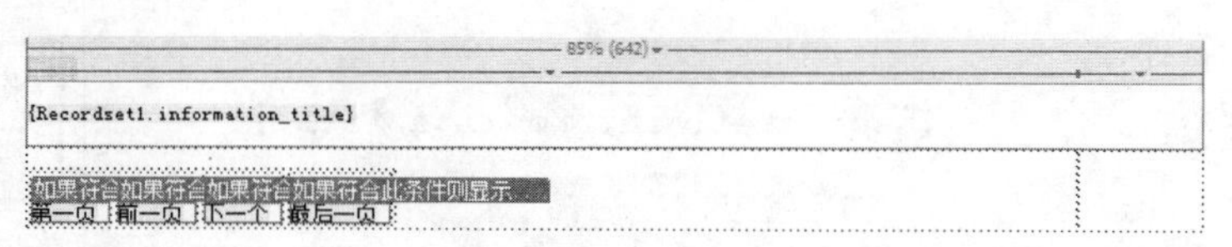

图 6-74　添加记录集导航条

step 13 在【插入】面板的【数据】类型中，单击按钮，打开【记录集导航状态】对话框，选取要导航状态的记录集为 Recordset1，如图 6-75 所示。

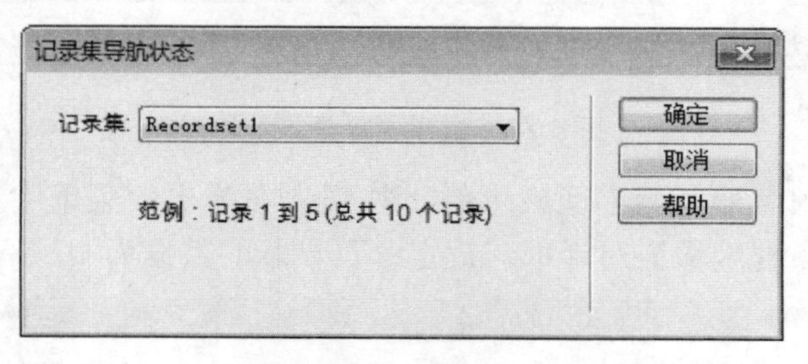

图 6-75　【记录集导航状态】对话框

step 14 单击【确定】按钮回到编辑页面，会发现页面出现该记录集的导航状态，如图 6-76 所示。

step 15 选取编辑页面中的信息标题字段，再单击【服务器行为】面板上的按钮，在弹出的菜单中选择【转到详细页面】菜单项，在打开的【转到详细页面】对话框中单击【浏览】按钮，打开【选择文件】对话框，选择 information 文件夹中的

newscontent.asp。将【传递 URL 参数】设置为 information_id，其他参数设定如图 6-77 所示。最后单击【确定】按钮即可完成设置。

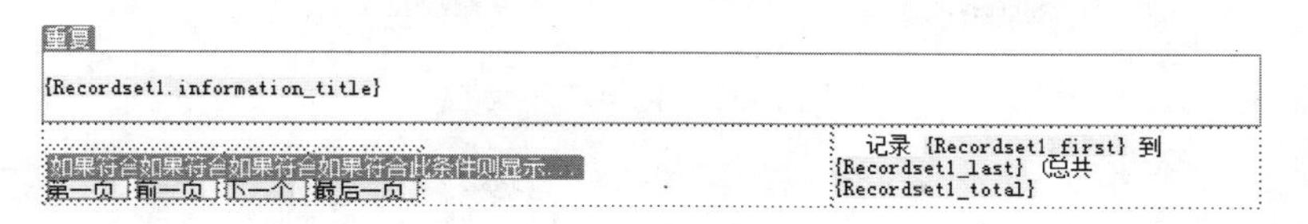

图 6-76　添加记录集导航状态

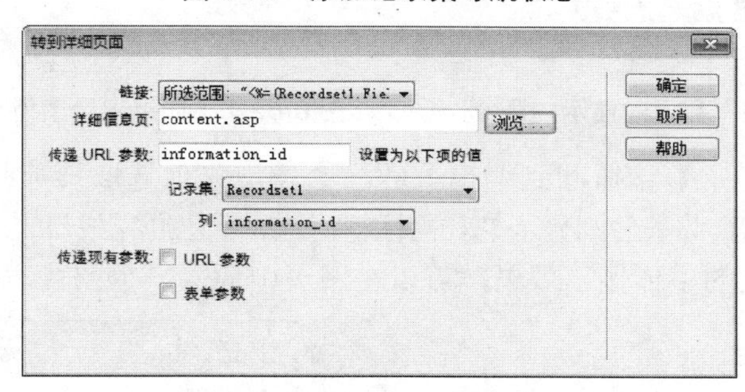

图 6-77　【转到详细页面】对话框

step 16 加入显示区域的设定。首先选取记录集有数据时要显示的数据表格，这里选择需要显示的整个表格，如图 6-78 所示。

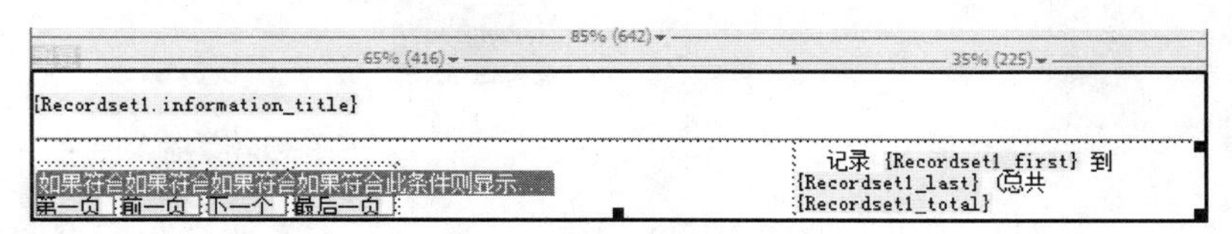

图 6-78　选择要显示的记录

step 17 单击【服务器行为】面板上的+按钮，在弹出的菜单中选择【显示区域】→【如果记录集不为空则显示区域】菜单项，打开【如果记录集不为空则显示区域】对话框，在【记录集】下拉列表中选择 Recordset1，如图 6-79 所示。

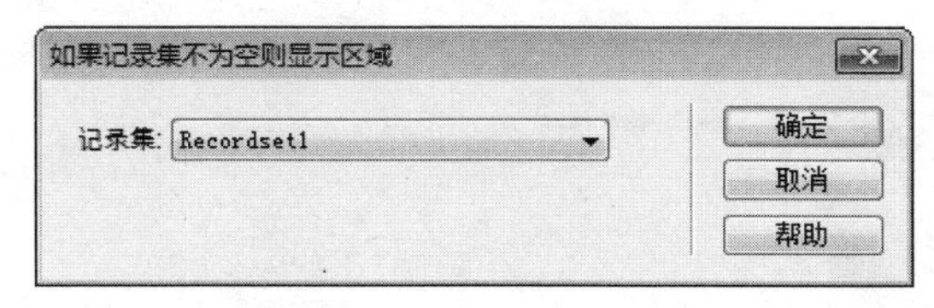

图 6-79　选择要显示的记录集

step 18 单击【确定】按钮回到编辑页面，会发现先前选取要显示的区域左上角出现了一个【如果符合此条件则显示】灰色标签，这表示已经完成设置，如图 6-80 所示。

step 19 选取记录集没有数据时要显示的文字信息，如图 6-81 所示。

step 20 单击【服务器行为】面板上的+按钮，在弹出的菜单中选择【显示区域】→【如果记录集为空则显示区域】菜单项，打开【如果记录集为空则显示区域】对话框，在【记录集】下拉列表中选择 Recordset1，如图 6-82 所示。

图 6-80　记录集不为空

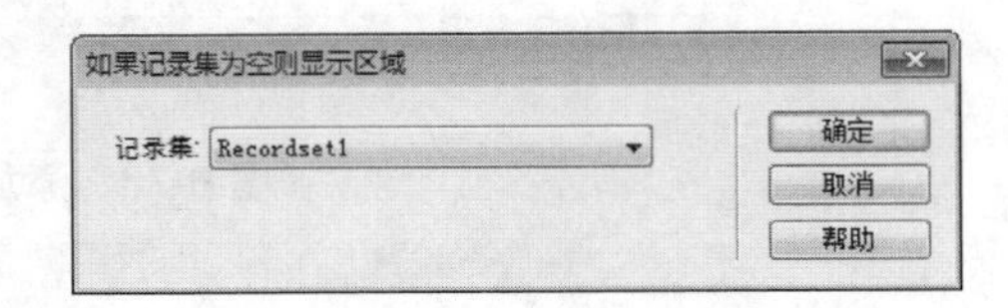

图 6-81　选择没有数据时显示的区域　　　图 6-82　【如果记录集为空则显示区域】对话框

step 21 单击【确定】按钮回到编辑页面，会发现先前选取要显示的区域左上角出现了一个【如果符合此条件则显示】灰色标签，这表示已经完成设置，效果如图 6-83 所示。

step 22 为了网页的整体显示效果，可以在网页中插入一个图片，效果如图 6-84 所示。

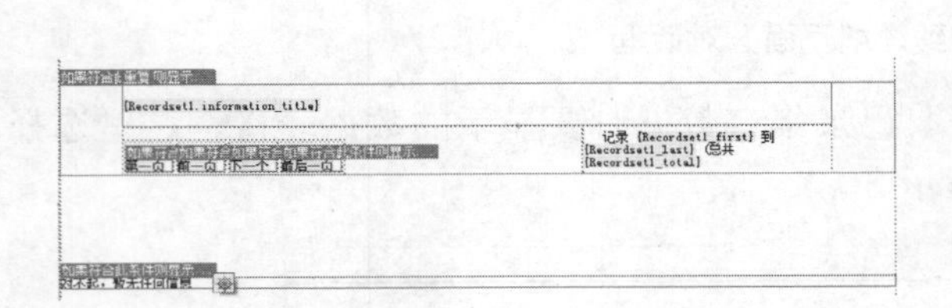

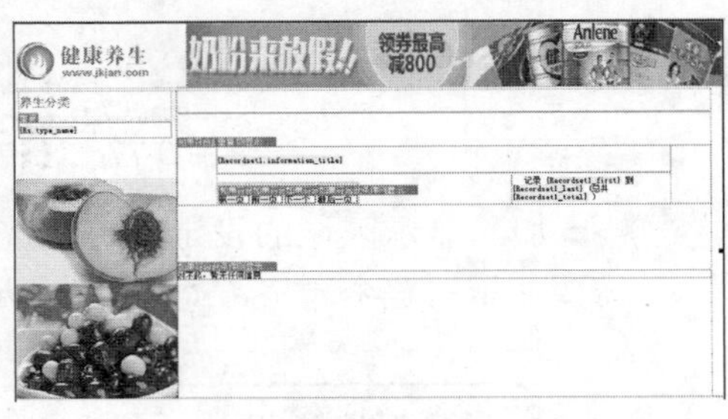

图 6-83　记录集为空　　　图 6-84　插入图片

step 23 至此，信息分类页面 type.asp 的制作完成，预览效果如图 6-85 所示。

图 6-85　信息分类页面效果

6.3.3 信息内容页面的设计

信息内容页面 content.asp 用于显示每一条信息的详细内容，这个页面设计的重点在于如何接收主页面 index.asp 和 type.asp 所传递过来的参数，并根据这个参数显示数据库中相应的数据。详细操作步骤如下。

step 01 选择【文件】→【新建】菜单命令，打开【新建文档】对话框，选择【空白页】选项面板【页面类型】列表框中的 ASP VBScript 选项，在【布局】下拉列表框中选择“无”选项，然后单击【创建】按钮创建新页面。选择【文件】→【保存】菜单命令，在站点中 information 文件夹中将该文档保存为 content.asp。

step 02 页面设计和前面的页面设计差不多，在这里不作详细的页面制作说明，效果如图 6-86 所示。

图 6-86 信息内容页面设计效果

step 03 单击【绑定】面板中的⊞按钮，在弹出的菜单中选择【记录集(查询)】菜单项，在打开的【记录集】对话框中输入如表 6-8 所示的数据，再单击【确定】按钮后就完成设定了，对话框的设置如图 6-87 所示。

表 6-8 记录集设置

属 性	设 置 值	属 性	设 置 值
名称	Recordset1	列	全部
连接	information	筛选	information _id、=、URL 参数、information _id
表格	information	排序	无

step 04 将光标定位在第 2 行第 2 列，选择【插入】→【表格】菜单命令，打开【表

格】对话框，在其中设置表格的参数，如图 6-88 所示。

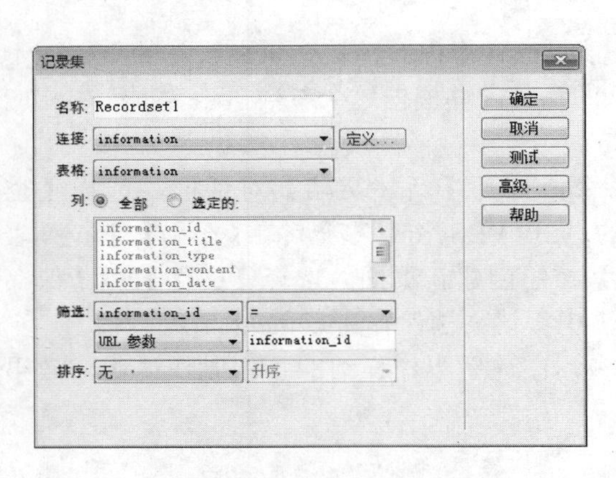

图 6-87 设定记录集

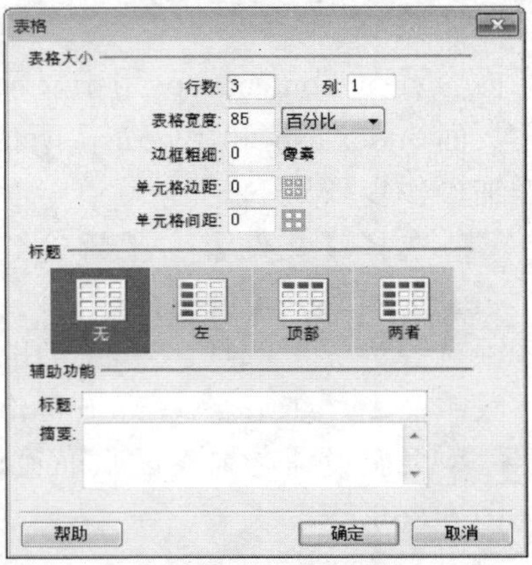

图 6-88 设定表格

step 05 单击【确定】按钮，在网页中插入一个 3 行 1 列的表格。然后选择【插入】→【图像】菜单命令，在表格的第 2 行插入一个图片，如图 6-89 所示。

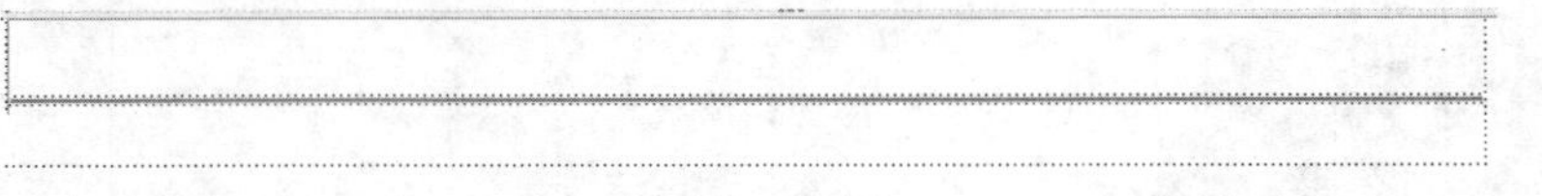

图 6-89 插入图片

step 06 绑定记录集后，将记录集的字段插入至 content.asp 页面中的适当位置，完成信息内容页面 content.asp 的制作，如图 6-90 所示。

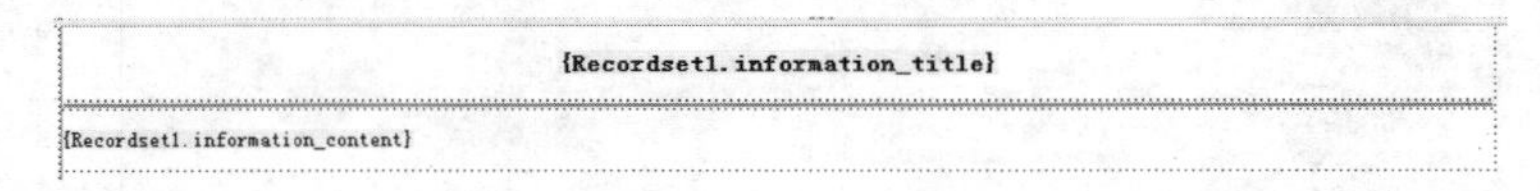

图 6-90 绑定记录集到页面中

step 07 绑定数据到页面后，设置信息标题和信息内容的样式，可更加美观。选择信息标题字段，在【属性】面板 CSS 样式表中，设置大小为 14px，字体颜色为#000，加粗，在弹出的【新建 CSS 规则】对话框中，设置名称为 title，如图 6-91 所示。

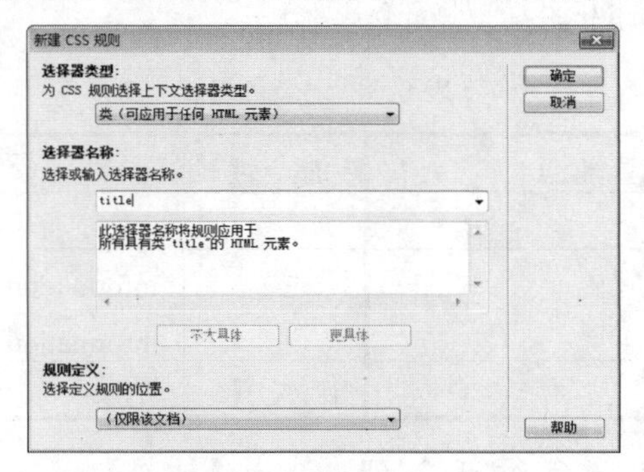

图 6-91 【新建 CSS 规则】对话框

step 08 用同样的方法设置信息内容的样式，这样信息内容页面完成制作。预览效果如图 6-92 所示。

图 6-92　信息内容页面效果

6.3.4　系统页面的测试

制作好一个系统后，需要测试无误，才能上传到服务器以供使用。下面介绍系统页面测试的操作步骤。

step 01 打开 IE 浏览器，在地址栏中输入 http://localhost/index.asp，打开 index.asp 页面，如图 6-93 所示。

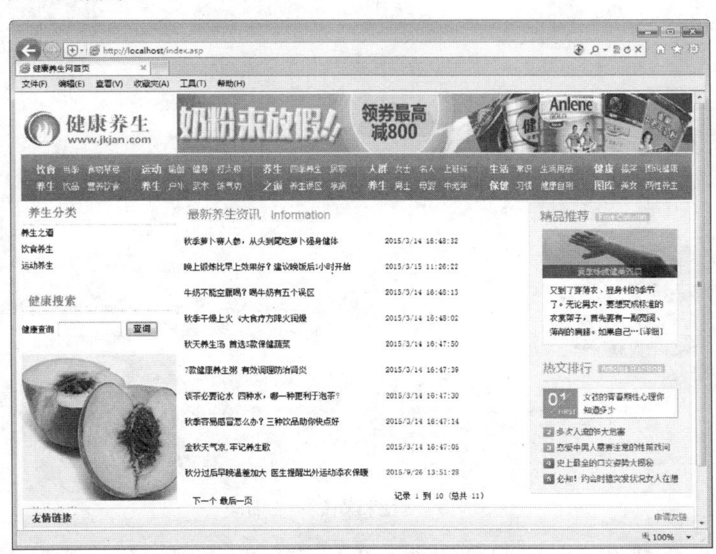

图 6-93　打开首页

step 02 单击页面左侧的信息分类模块下的链接，如这里单击【养生之道】超链接，即可在右侧的页面中显示有关养生之道的信息，如图 6-94 所示。

图 6-94　查看养生之道信息

step 03 单击【饮食养生】超链接，在右侧的页面中则显示有关饮食养生的信息，如图 6-95 所示。

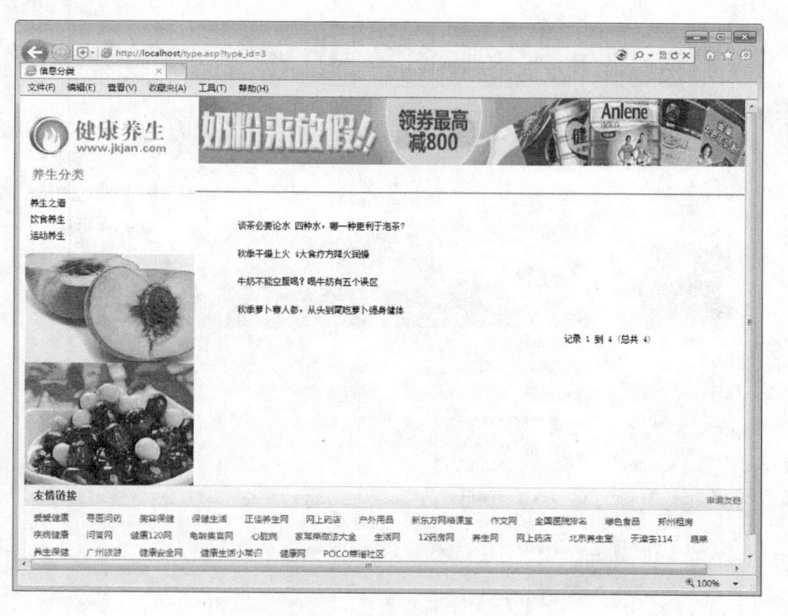

图 6-95　查看饮食养生信息

step 04 如果想要查看分类信息的详细内容，可以在右侧的分类信息中单击任意一个标题，就可以打开该标题的详细内容页面，如图 6-96 所示。这就说明信息资讯管理系统的前台页面设计完成。

图 6-96 分类信息详细内容

6.4 后台管理页面设计

信息资讯管理系统后台管理非常重要，管理者可以通过账号和密码进入后台对信息分类，对信息内容进行增加、修改或删除，使网站能随时保持最新、最实时的信息。

6.4.1 后台管理入口页面

后台管理主页面必须受到权限管理，可以利用登录账号与密码来判别是否由此用户来实现权限的设置管理。详细操作步骤如下。

step 01 选择【文件】→【新建】菜单命令，打开【新建文档】对话框，选择【空白页】选项面板【页面类型】列表框中的 ASP VBScript 选项，在【布局】列表框中选择“无”选项，然后单击【创建】按钮创建新页面，输入网页标题“后台管理入口”。选择【文件】→【保存】菜单命令，在站点 information\admin 文件夹中将该文档保存为 admin_login.asp。

step 02 选择【插入】→【表单】→【表单】菜单命令，插入一个表单。

step 03 将鼠标指针放置在该表单中，选择【插入】→【表格】菜单命令，打开【表格】对话框，在【行数】文本框中输入 4，在【列】文本框中输入 2，在【表格宽度】文本框中输入 400 像素，其他选项保持默认值，如图 6-97 所示。

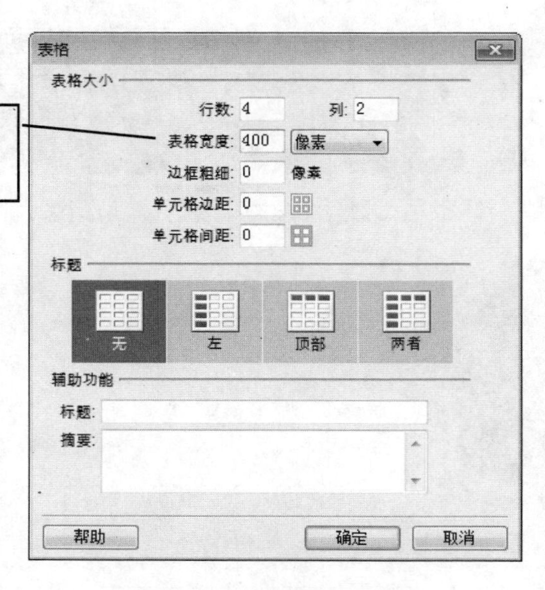

图 6-97 【表格】对话框

step 04 单击【确定】按钮，在该表单中插入了一个 4 行 2 列的表格。选择表格，在【属性】面板中，设置【对齐】为“居中对齐”。拖动鼠标选择第 1 行表格所有单元格，在【属性】面板中单击□按钮，将第 1 行表格合并。用同样的方法把第 4 行合并，如图 6-98 所示。

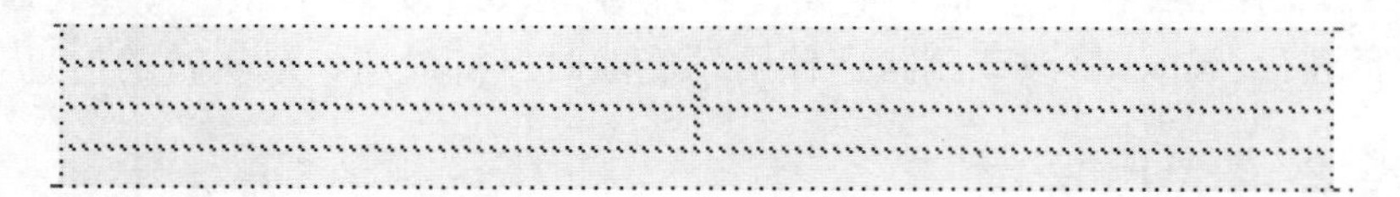

图 6-98 合并单元格

step 05 在表格的第 1 行中输入文字“信息资讯系统后台管理中心”，在表格的第 2 行第 1 个单元格中输入文字说明“账号：”，在第 2 行表格的第 2 个单元格中选择【插入】→【表单】→【文本域】菜单命令，插入单行文本域表单对象，定义文本域名为 username，【类型】为“单行”。文本域属性设置及效果如图 6-99 所示。

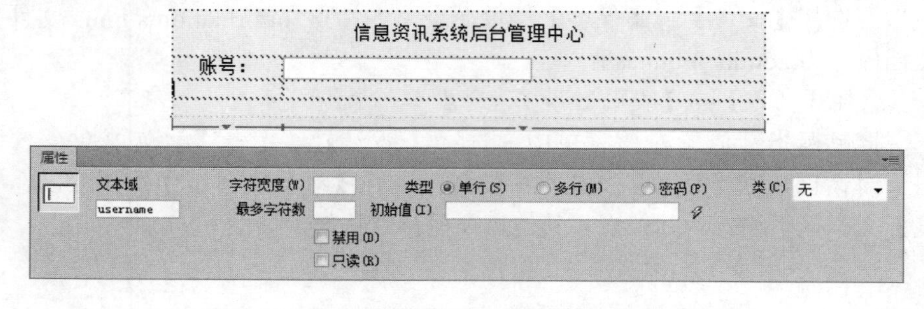

图 6-99 输入账号名和插入文本域的设置与效果

step 06 在第 3 行表格第 1 个单元格中输入文字说明“密码：”，在第 3 行表格的第 2

个单元格中选择【插入】→【表单】→【文本域】菜单命令，插入单行文本域表单对象，定义文本域名为 password，【类型】为“密码”。文本域属性设置及效果如图 6-100 所示。

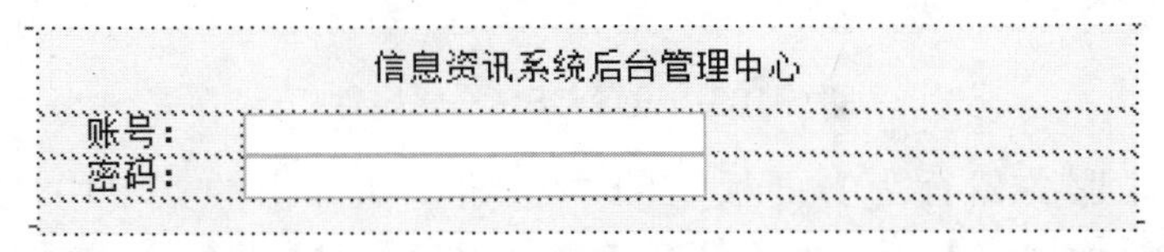

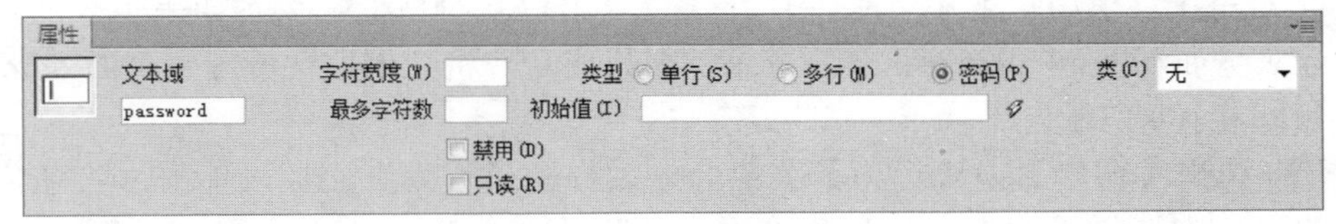

图 6-100　输入密码名和插入文本域的设置及效果

step 07 选择第 4 行表格，选择两次【插入】→【表单】→【按钮】菜单命令，插入两个按钮，并分别在【属性】面板中进行属性变更，一个为登录时用的“提交表单”选项，一个为“重设表单”选项。属性设置及效果如图 6-101 所示。

图 6-101　设置按钮的属性及效果

step 08 选择网页中的整个表格，然后在【属性】面板中设置表格的对齐方式为“居中对齐”，边框的大小为 2，具体的参数设置如图 6-102 所示。

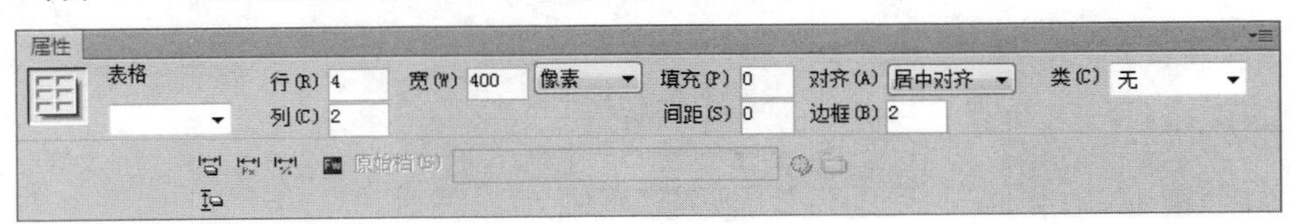

图 6-102　设置表格属性

step 09 选择表格中的文字，然后在【属性】面板中的 CSS 设置界面中设置文字的大小为 16，表格的背景颜色为#66CCFF，如图 6-103 所示。

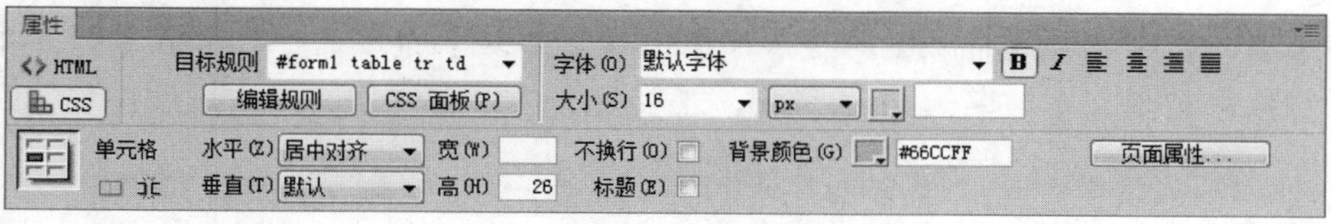

图 6-103　设置 CSS 样式属性

step 10 单击【服务器行为】面板上的+按钮，在弹出的菜单中选择【用户身份验证】→【登录用户】菜单项，打开【登录用户】对话框。设置如果不成功，将返回登录页面 admin_login.asp 重新登录；如果成功，将登录后台管理主页面 admin.asp，如图 6-104 所示。

step 11 选择【窗口】→【行为】菜单命令，打开【行为】面板，单击+按钮，在弹出的菜单中选择【检查表单】菜单项，打开【检查表单】对话框，设置 username 和 password 文本域的【值】都为“必需的”，【可接受】为“任何东西”，如图 6-105 所示。

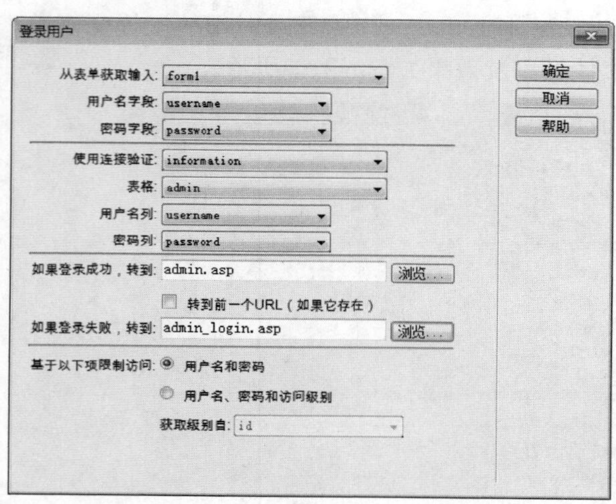

图 6-104　【登录用户】对话框

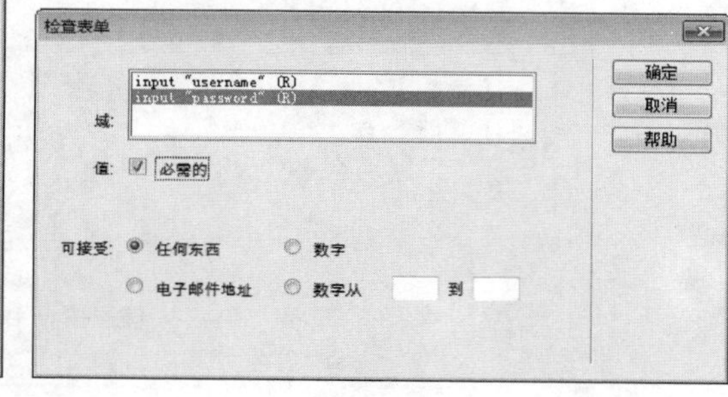

图 6-105　【检查表单】对话框

step 12 单击【确定】按钮，回到编辑页面，完成后台管理入口页面 admin_login.asp 的设计与制作。预览效果如图 6-106 所示。

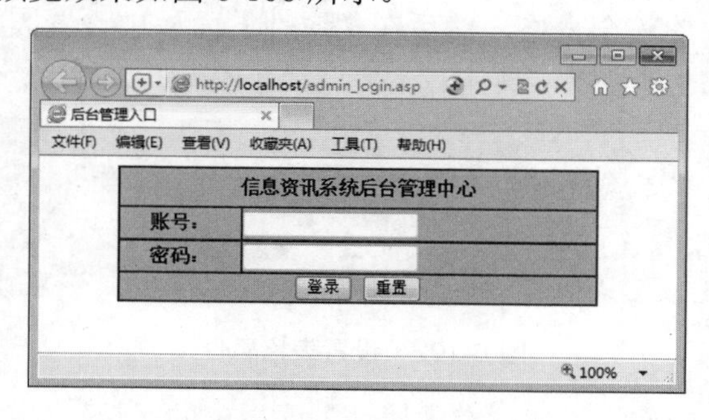

图 6-106　页面预览效果

6.4.2 后台管理主页面

后台管理主页面是管理者在登录页面验证成功后所进入的页面，这个页面可以实现对信息分类，信息内容的新增、修改或删除，使网站能随时保持最新、最实时的信息。详细操作步骤如下。

step 01 打开 admin.asp 页面(此页面设计比较简单，页面设计在这里不作说明)，单击【绑定】面板上的按钮，在弹出的菜单中选择【记录集(查询)】菜单项，在【记录集】对话框中，输入如表 6-9 的数据，再单击【确定】按钮后完成设定。设置如图 6-107 所示。

表 6-9 记录集设置

属 性	设 置 值	属 性	设 置 值
名称	Re	列	全部
连接	information	筛选	无
表格	information	排序	information _id 降序

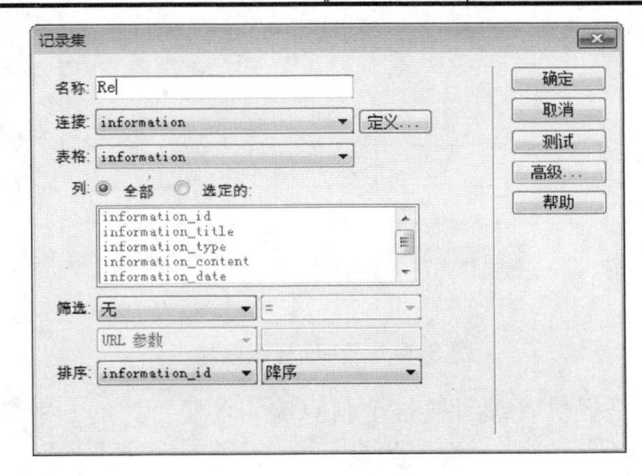

图 6-107 设定记录集

step 02 单击【确定】按钮，完成记录集 Re 的绑定。绑定记录集后，将 Re 记录集中的 information_title 字段插入至 admin.asp 网页中的适当位置。

step 03 在这里要显示的不单是一条信息记录，而是多条信息记录，所以要加入重复区域。选择需要重复的区域，如图 6-108 所示。

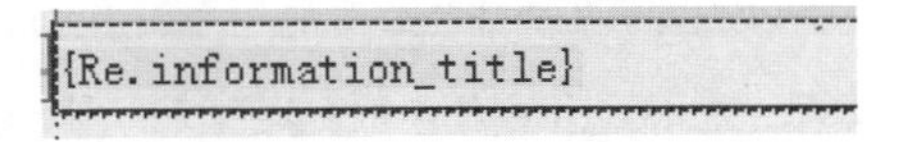

图 6-108 选择重复的区域

step 04 单击【服务器行为】面板上的按钮，在弹出的菜单中选择【重复区域】菜单项，打开【重复区域】对话框，设定一页显示的数据为 10 条记录，如图 6-109 所示。

step 05 单击【确定】按钮回到编辑页面，会发现先前选取要重复的区域左上角出现了一个【重复】灰色标签，这表示已经完成设定，如图 6-110 所示。

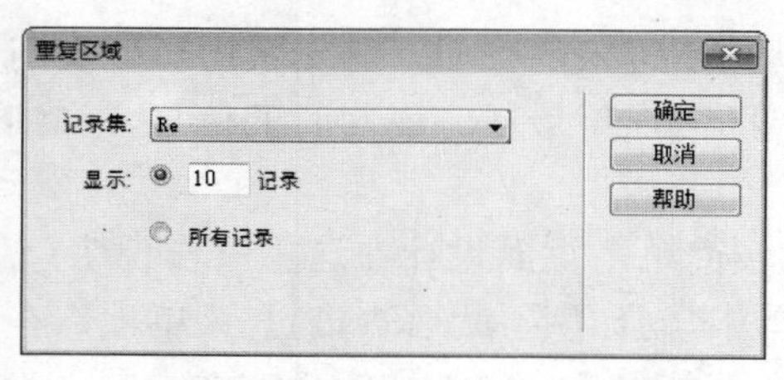

图 6-109　选择重复的区域

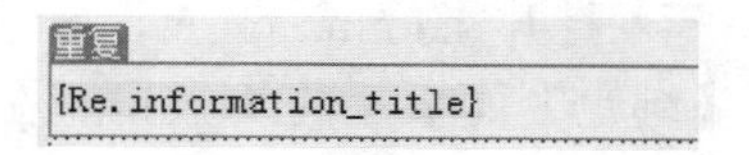

图 6-110　出现灰色标签

step 06 当显示的信息数据大于 10 条，就必须加入记录集分页功能了。在【插入】面板的【数据】类型中，单击按钮，打开【记录集导航条】对话框，选取 Re 记录集，设置导航条的显示方式为文本，然后单击【确定】按钮回到编辑页面，会发现页面出现该记录集的导航条，效果如图 6-111 所示。

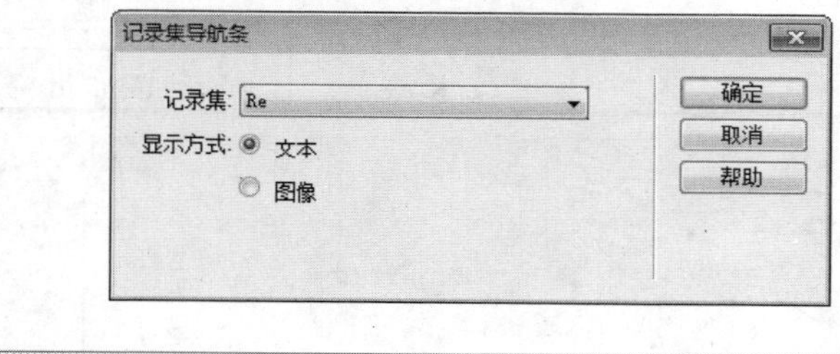

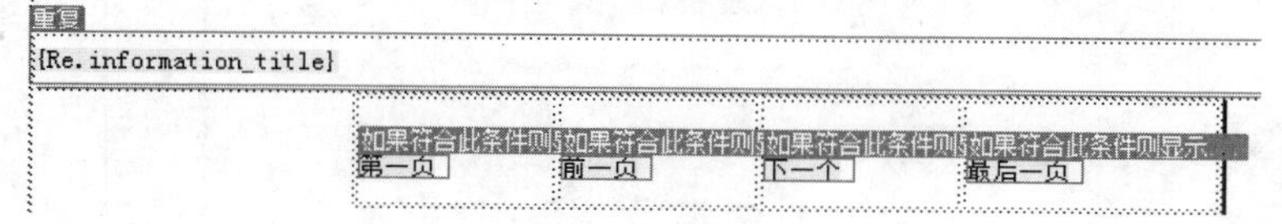

图 6-111　页面显示效果

step 07 admin.asp 是提供管理者链接至信息编辑的页面，可进行新增、修改与删除等操作，所以设置了 4 个链接，设置如表 6-10 所示。

表 6-10　admin.asp 页面的表格设置

属　性	设 置 值	属　性	设 置 值
名称	连接页面	修改	information_upd.asp
标题字段{re_information _title}	content.asp	删除	information_del.asp
添加信息资讯	information_add.asp		

提示　其中“标题字段{re_news_title}”“修改”及“删除”的链接必须要传递参数 news_id 给转到的页面，这样转到的页面才能够根据参数值将某一笔数据从数据库筛选出来再进行编辑。

step 08 首先选取文本“添加信息资讯”，在【插入】面板【常用】类型下单击【超级链接】按钮，将它链接到 admin 文件夹中的 information_add.asp 页面，如图 6-112

所示。

step 09 在右边栏中添加“修改”和“删除”文字。选取“修改”文字，然后单击【服务器行为】面板上的⊞按钮，在弹出的菜单中选择【转到详细页面】选项，如图 6-113 所示。

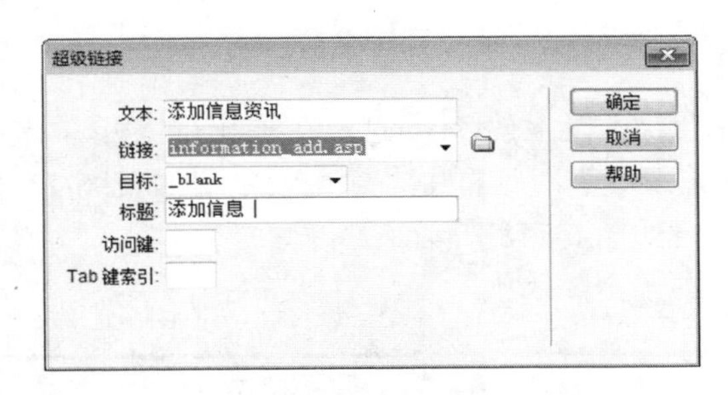

图 6-112 【超级链接】对话框

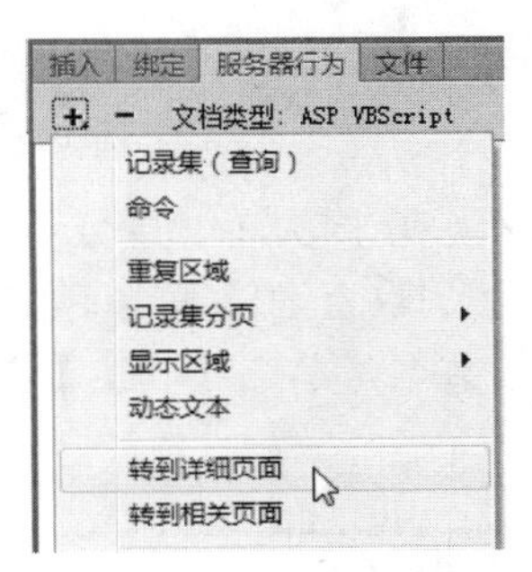

图 6-113 选择【转到详细页面】选项

step 10 打开【转到详细页面】对话框，单击【浏览】按钮，打开【选择文件】对话框，选择 admin 文件夹中的 information_upd.asp，其他设置为默认值，如图 6-114 所示。

step 11 选取“删除”文字并重复上面的操作，要转到的页面改为 information_del.asp，如图 6-115 所示。

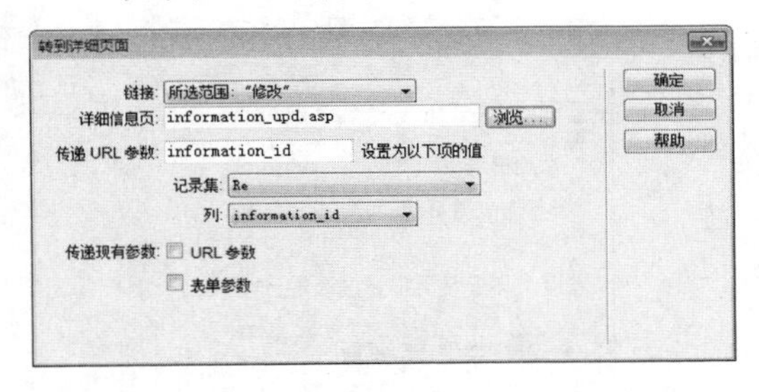

图 6-114 【转到详细页面】对话框

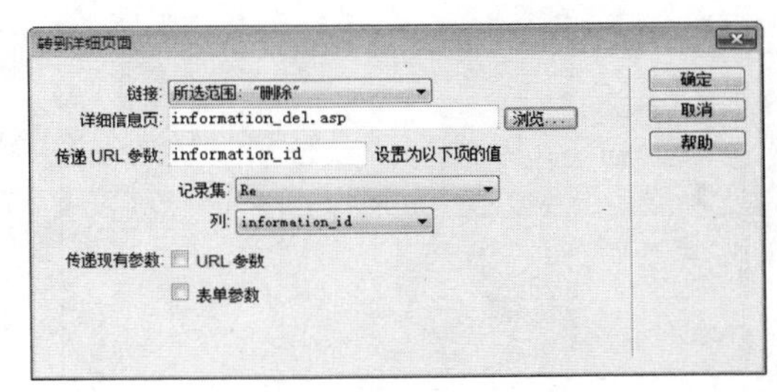

图 6-115 设置“删除”链接转到的页面

step 12 再选取标题字段{Re_information_title}并重复上面的操作，要前往的详细页面改为 content.asp，如图 6-116 所示。

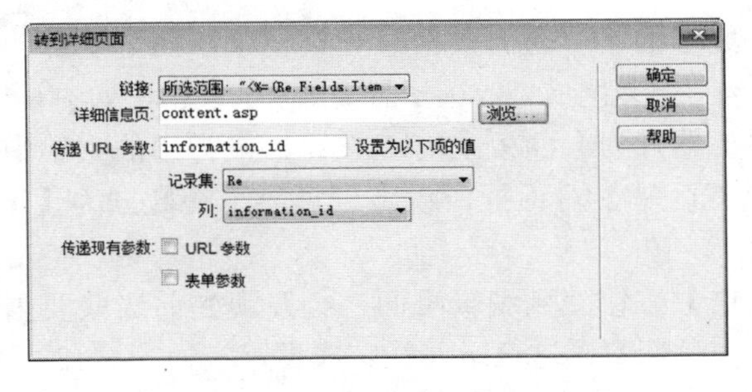

图 6-116 【转到详细页面】对话框

step 13 单击【确定】按钮，完成转到详细页面的设置，到这里已经完成了信息内容的编辑，如图 6-117 所示。

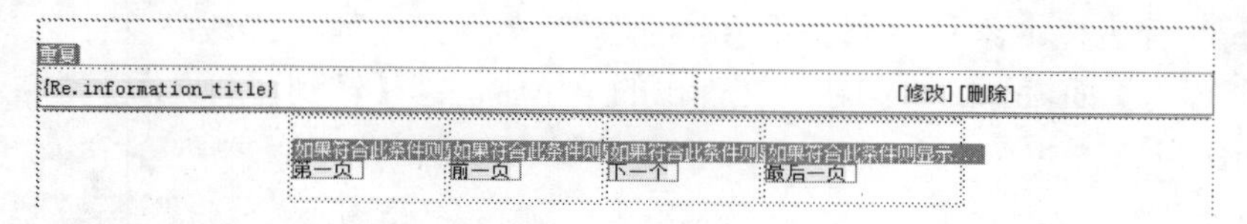

图 6-117　完成转到详细页面的设置

step 14 现在来设置信息分类。单击【绑定】面板上的⊞按钮，在弹出的菜单中选择【记录集(查询)】菜单项，在打开的【记录集】对话框中，输入设定值如表 6-11 所示的数据，单击【确定】按钮完成设置，如图 6-118 所示。

表 6-11　记录集设置

属　性	设 置 值	属　性	设 置 值
名称	Re1	列	全部
连接	information	筛选	无
表格	information_type	排序	无

step 15 绑定记录集后，将 Re1 记录集中的 type_name 字段插入至 admin.asp 网页中的适当位置，然后在字段的后面输入“修改”和“删除”文字信息，如图 6-119 所示。

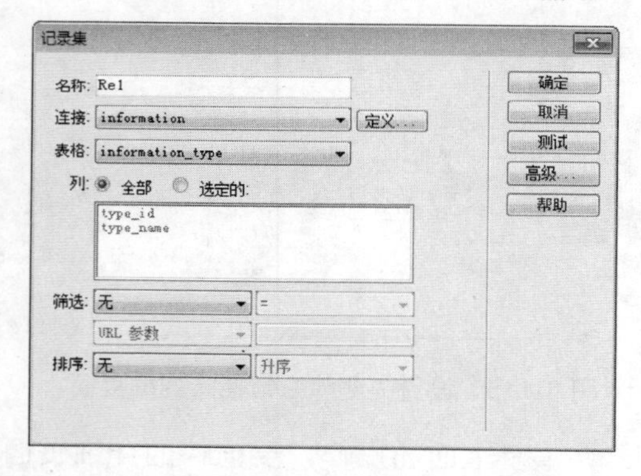

图 6-118　【记录集】对话框

管理员你好！请你添加信息资讯
添加信息资讯
添加信息分类
管理员你好！请你管理信息分类！
类型　管理
{Re1.type_name} [修改][删除]

图 6-119　将记录集的字段插入至 admin.asp 网页中

step 16 在这里要显示的不单是一条信息分类记录，而是全部的信息分类记录，所以要加入服务器行为“重复区域”。选择需要重复的表格，如图 6-120 所示。

step 17 单击【服务器行为】面板上的⊞按钮，在弹出的菜单中选择【重复区域】菜单项，打开【重复区域】对话框，设定一页显示的数据为【所有记录】，如图 6-121 所示。

step 18 单击【确定】按钮回到编辑页面，会发现先前选取要重复的区域左上角出现了一个【重复】灰色标签，这表示已经完成设置，如图 6-122 所示。

step 19 首先选取左边栏中的“修改”文字，然后单击【服务器行为】面板上的⊞按钮，在弹出的菜单中选择【转到详细页面】菜单项，打开【转到详细页面】对话框，单击【浏览】按钮，打开【选择文件】对话框，选择 admin 文件夹中的

type_upd.asp，其他设置为默认值，如图 6-123 所示。

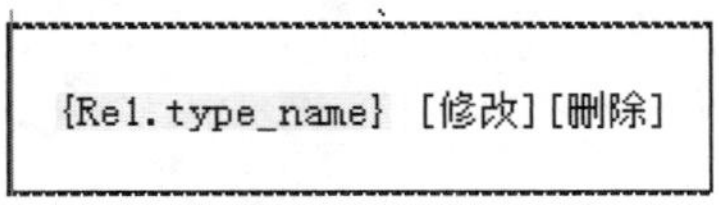

{Re1.type_name} [修改][删除]

图 6-120 选择要重复的一行

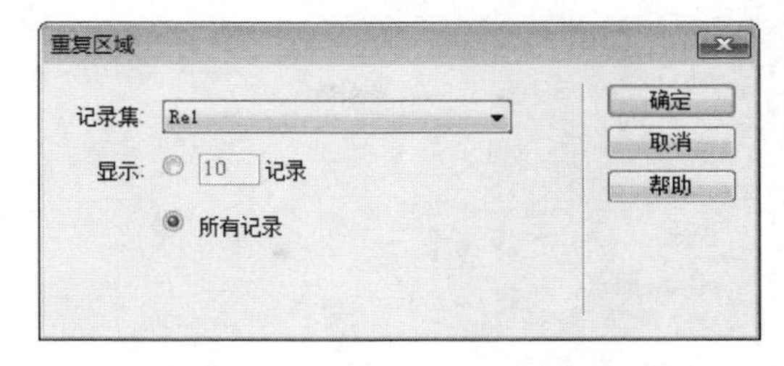

图 6-121 【重复区域】对话框

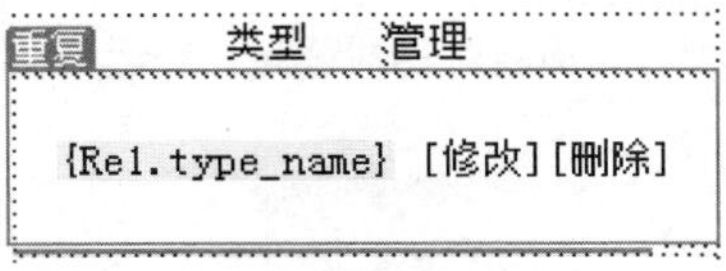

重复 类型 管理
{Re1.type_name} [修改][删除]

图 6-122 添加重复区域效果

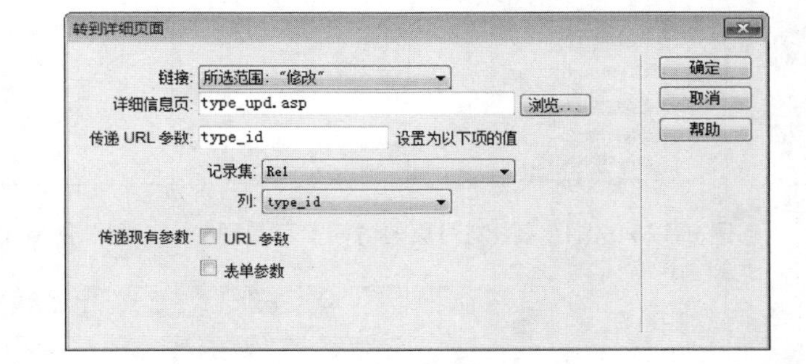

图 6-123 【转到详细页面】对话框

step 20 选取“删除”文字并重复上面的操作，要前往的详细页面改为 type_del.asp，如图 6-124 所示。

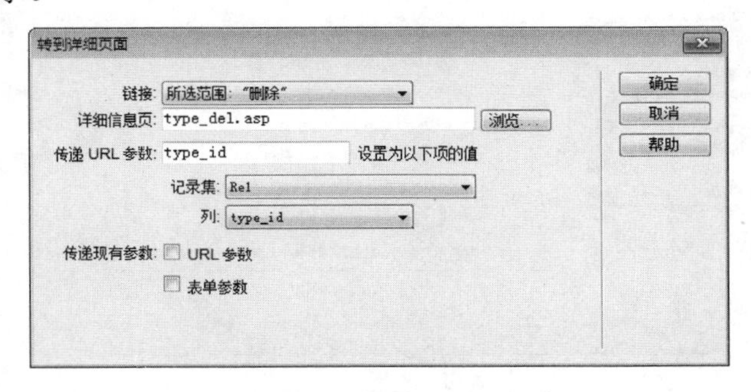

图 6-124 【转到详细页面】对话框

step 21 后台管理是管理员在后台管理入口页面 admin_login.asp 输入正确的账号和密码才可以进入的一个页面，所以必须设置限制对本页访问的功能。单击【服务器行为】面板中的⊞按钮，在弹出的菜单中选择【用户身份验证】→【限制对页的访问】菜单项，如图 6-125 所示。

step 22 在打开的【限制对页的访问】对话框中的【基于以下内容进行限制】栏选择“用户名和密码”，【如果访问被拒绝，则转到】设置为首页 index.asp，如图 6-126 所示。

step 23 单击【确定】按钮，就完成了后台管理主页面 admin.asp 的制作，预览效果如图 6-127 所示。

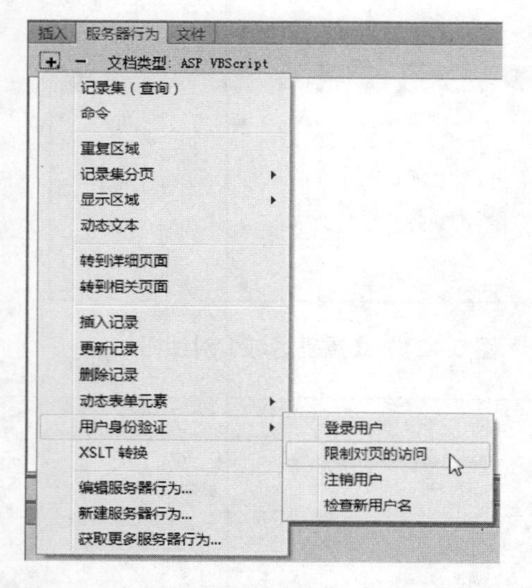

图 6-125　选择【限制对页的访问】菜单项

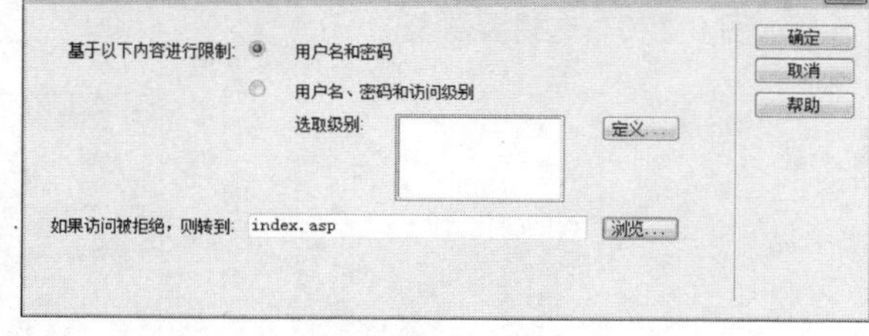

图 6-126　【限制对页的访问】对话框

图 6-127　后台管理页面效果

6.4.3　新增信息页面

新增信息页面 information_add.asp 主要用来实现插入信息的功能，详细操作步骤如下。

step 01 创建 information_add.asp 静态页面，效果如图 6-128 所示。

step 02 单击【绑定】面板上的 ⊞ 按钮，在弹出的菜单中选择【记录集(查询)】菜单项，在打开的【记录集】对话框中，输入设定值如表 6-12 所示的数据，单击【确定】按钮完成设置，如图 6-129 所示。

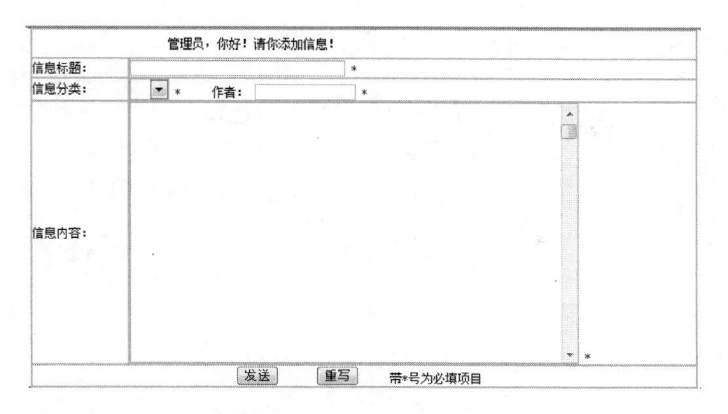

图 6-128　新增信息页面效果

表 6-12　记录集设置

属　性	设 置 值	属　性	设 置 值
名称	Recordset1	列	全部
连接	information	筛选	无
表格	Information_type	排序	无

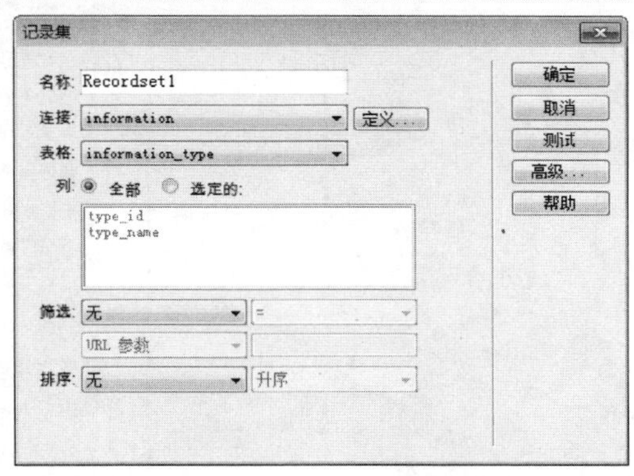

图 6-129　【记录集】对话框

step 03 绑定记录集后，单击【信息分类】列表菜单，在【属性】面板中，单击 动态... 按钮，打开【动态列表/菜单】对话框，设置如表 6-13 所示的数据，如图 6-130 所示。

表 6-13　【动态列表/菜单】对话框设置

属　性	设 置 值
来自记录集的选项	Recordset1
值	type_id
标签	type_name

step 04 单击【选取值等于】后面的【 】按钮，打开【动态数据】对话框，在其中选

择记录集的 type_name 字段，如图 6-131 所示。

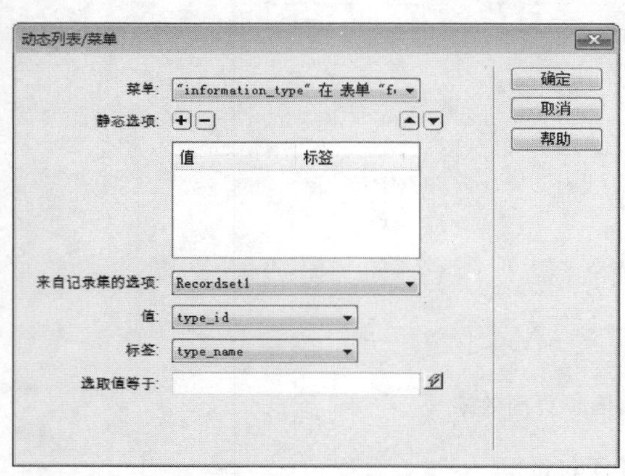

图 6-130 【动态列表/菜单】对话框

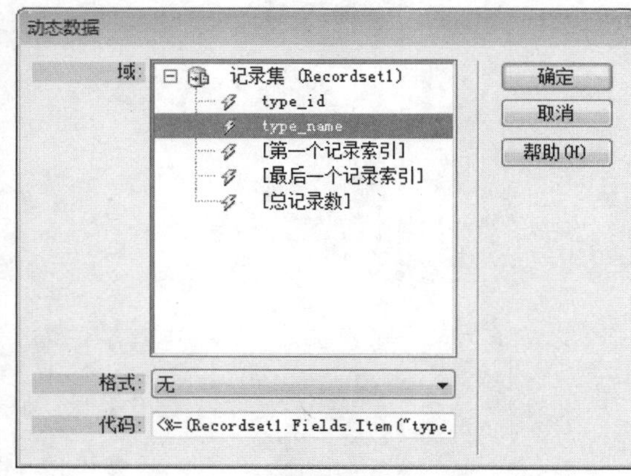

图 6-131 【动态数据】对话框

step 05 【确定】按钮，完成动态数据的绑定，如图 6-132 所示。

step 06 在 information_add.asp 编辑页面中，单击【服务器行为】面板上的按钮，在弹出的菜单中选择【插入记录】菜单项，如图 6-133 所示。

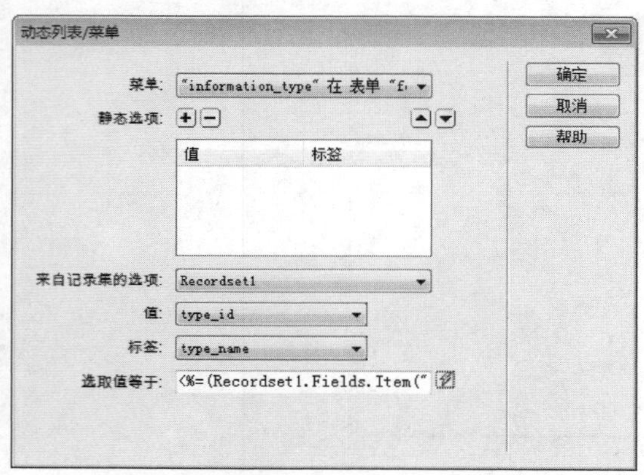

图 6-132 【动态列表/菜单】对话框

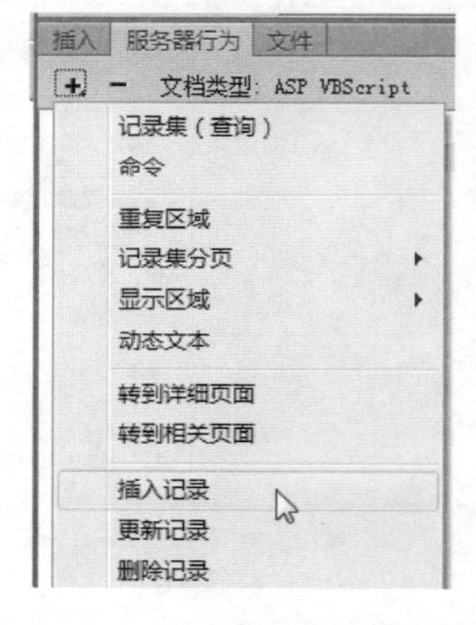

图 6-133 选择【插入记录】菜单项

step 07 在【插入记录】对话框中，输入如表 6-14 的数据，并设定“插入后，转到”为后台管理主页面 admin.asp，如图 6-134 所示。

表 6-14 【插入记录】对话框设置

属 性	设 置 值	属 性	设 置 值
连接	information	获取值自	form1
插入到表格	information	表单元素	表单字段与数据表字段相对应
插入后，转到	admin.asp		

step 08 单击【确定】按钮完成插入记录功能，选择【窗口】→【行为】菜单命令，打开【行为】面板，单击按钮，在弹出的菜单中选择【检查表单】菜单项，打开

【检查表单】对话框，设置【值】为“必需的”，【可接受】为“任何东西”，如图 6-135 所示。

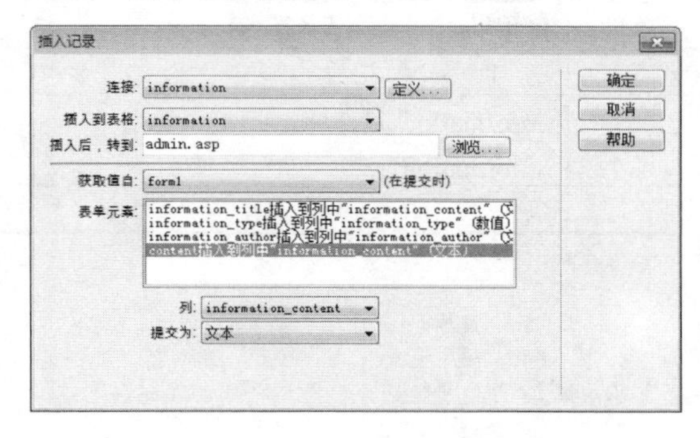

图 6-134 【插入记录】对话框

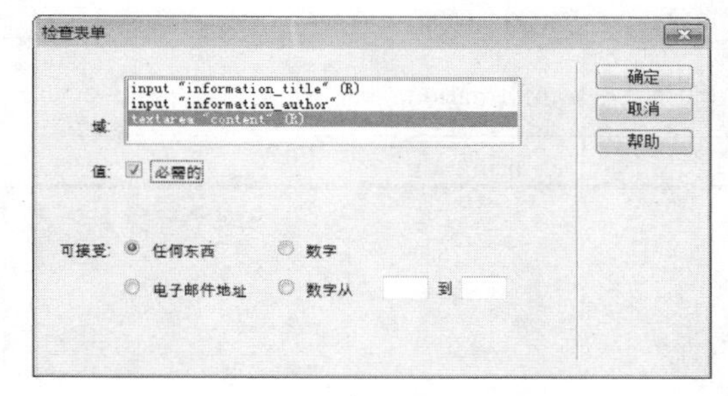

图 6-135 【检查表单】对话框

step 09 单击【确定】按钮回到编辑页面，完成 information_add.asp 页面的设计，在其中根据提示输入需要添加的信息内容，如图 6-136 所示。

step 10 单击【发送】按钮，即可将信息内容添加到网站后台数据库之中，并在管理员主页面中显示出来，如图 6-137 所示。

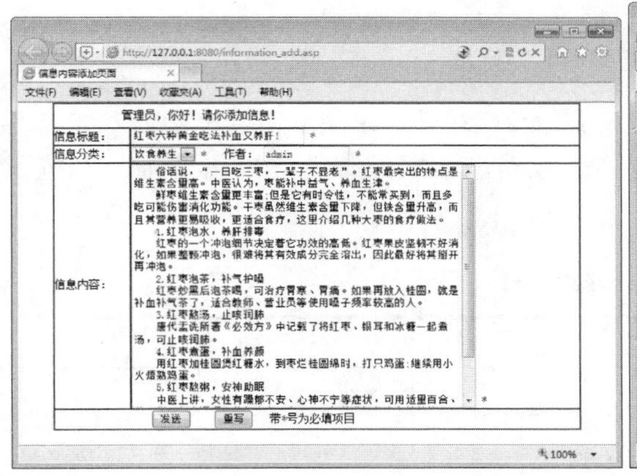

图 6-136 添加信息的内容

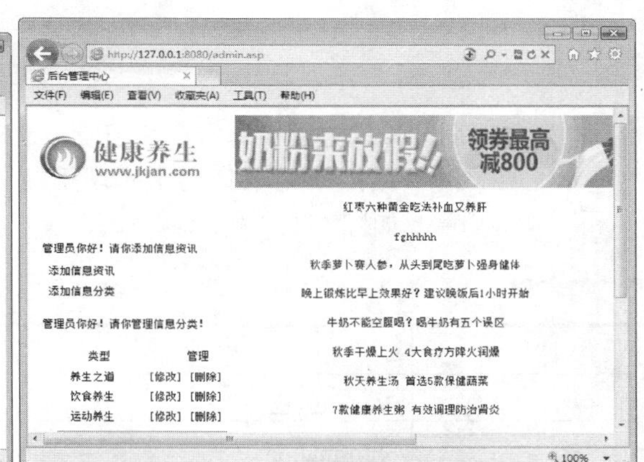

图 6-137 管理员主页面

6.4.4 修改信息页面

修改信息页面 information_upd.asp 的主要功能是将数据表中的数据送到页面的表单中进行修改，然后再将数据更新到数据表中。详细操作步骤如下。

step 01 打开 information_upd.asp 页面，单击【绑定】面板上的 按钮，在弹出的菜单中选择【记录集(查询)】菜单项，在打开的【记录集】对话框中，输入设定值如表 6-15 所示的数据，单击【确定】按钮完成设置，如图 6-138 所示。

表 6-15　记录集设置

属　性	设 置 值	属　性	设 置 值
名称	Recordset1	列	全部
连接	information	筛选	information_id、=、URL 参数、information_id
表格	information	排序	无

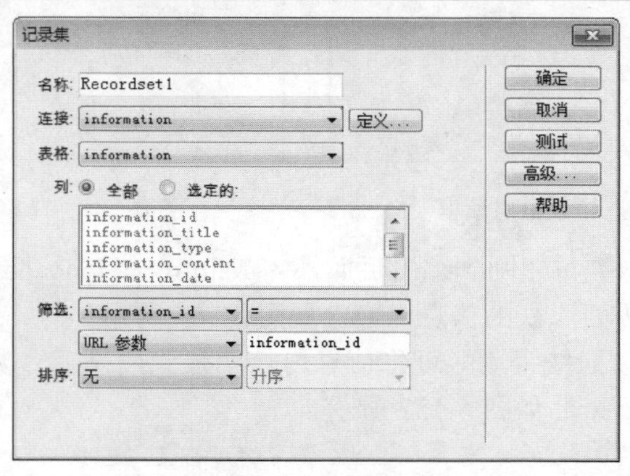

图 6-138　【记录集】对话框

step 02 用同样的方法再绑定一个记录集 Recordset2，在【记录集】对话框中输入如表 6-16 所示的数据，该记录集用于实现下拉列表框动态数据的绑定。单击【确定】按钮完成设置，如图 6-139 所示。

表 6-16　记录集设置

属　性	设 置 值	属　性	设 置 值
名称	Recordset2	列	全部
连接	information	筛选	无
表格	information_type	排序	无

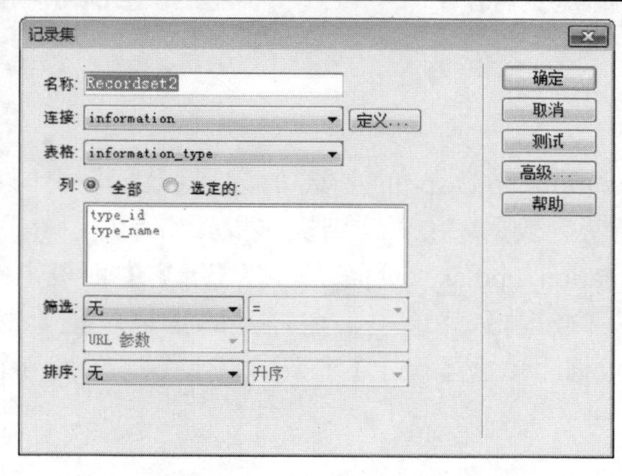

图 6-139　【记录集】对话框

step 03 绑定记录集后，将记录集的字段插入至 information_upd.asp 网页中的适当位置，如图 6-140 所示。

图 6-140　字段的插入

step 04 在“更新时间”栏中必须取得系统的最新时间，方法是在“更新时间”文本域【属性】面板的【初始值】文本框中加入代码<%=now()%>，如图 6-141 所示。

```
<%=now()%> //取得系统当前时间
```

图 6-141　加入代码取得最新时间

step 05 单击【信息分类】列表菜单，在【属性】面板中单击 动态... 按钮，在打开的【动态列表/菜单】对话框中设置如表 6-17 所示的数据，如图 6-142 所示。

表 6-17　【动态列表/菜单】对话框设置

属　性	设 置 值
来自记录集的选项	Recordset2
值	type_id
标签	type_name

step 06 单击【选取值等于】后面的【动态数据】按钮，打开【动态数据】对话框，选择 Recordset1 记录集中的 information_type 字段，如图 6-143 所示。

step 07 完成表单的布置后，在 information_upd.asp 页面中单击【服务器行为】面板上的 按钮，在弹出的菜单中选择【更新记录】菜单项，如图 6-144 所示。

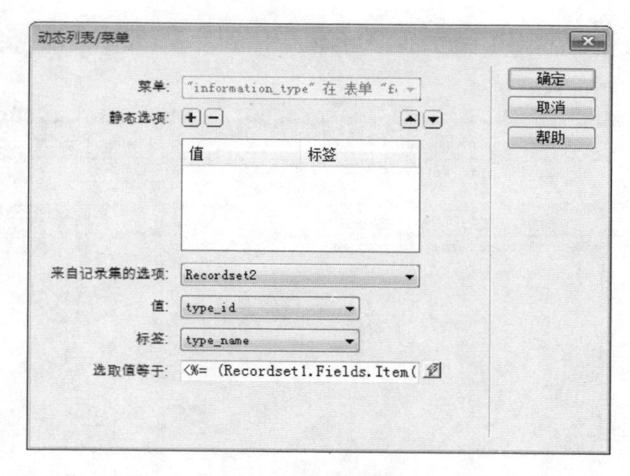

图 6-142 【动态列表/菜单】对话框

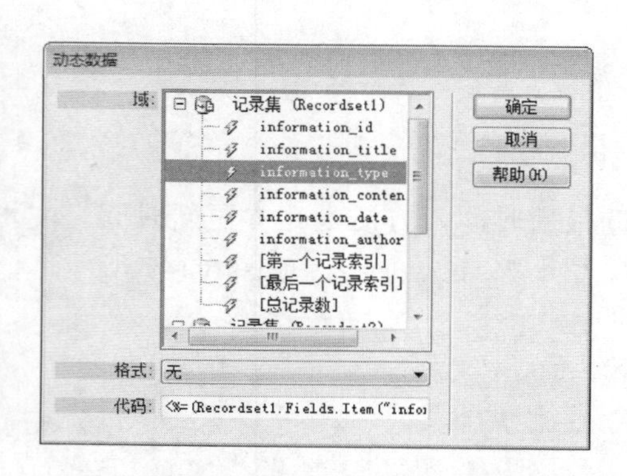

图 6-143 【动态列表/菜单】对话框

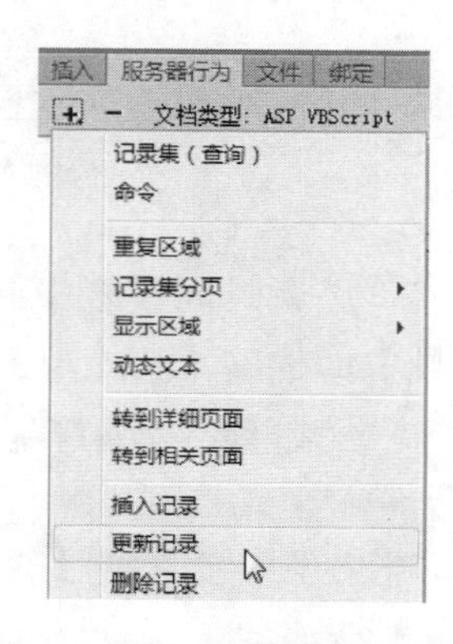

图 6-144 选择【更新记录】菜单项

step 08 在打开的【更新记录】对话框中，输入如表 6-18 所示的值，如图 6-145 所示。

表 6-18 更新记录表格设置

属 性	设 置 值
连接	information
要更新的表格	information
选取记录自	Recordset1
唯一键列	information_id
在更新后，转到	admin.asp
获取值自	form1
表单元素	表单字段与数据表字段相对应

step 09 单击【确定】按钮，完成修改信息页面的设计。预览效果如图 6-146 所示。

step 10 例如这里将该信息的标题修改为“红枣的六种吃法！”，然后单击【更新】按钮，页面会自动转到 admin.asp，在其中可以看到修改之后的信息，如图 6-147 所示。

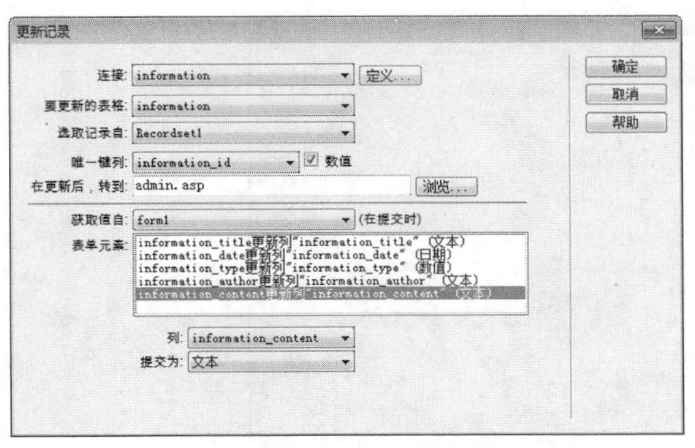

图 6-145 【更新记录】对话框

图 6-146 修改信息页面

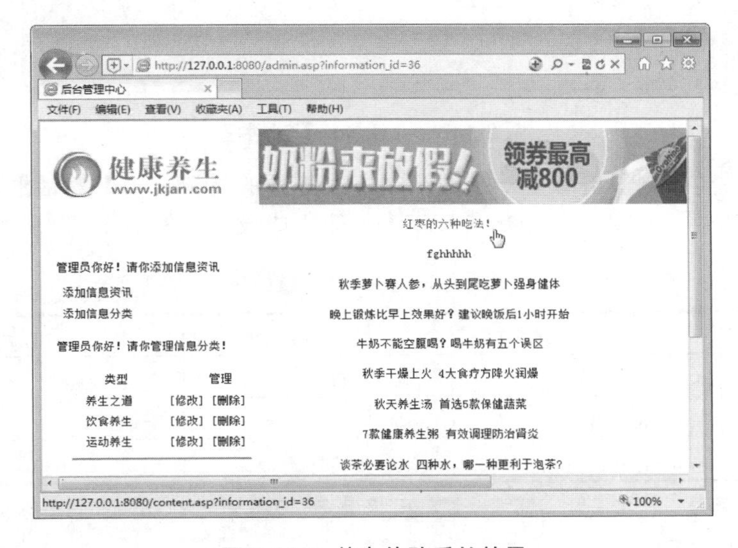

图 6-147 信息修改后的效果

6.4.5 删除信息页面

删除信息页面的方法与修改的页面的方法差不多，它只是将表单中的数据从站点的数据表中删除。详细操作步骤如下。

step 01 打开 information_del.asp 页面，单击【绑定】面板上的+按钮，接着在弹出的菜单中选择【记录集(查询)】菜单项，在打开的【记录集】对话框中，输入设定值如表 6-19 所示的数据，单击【确定】按钮完成设置，如图 6-148 所示。

表 6-19 记录集设置

属 性	设 置 值	属 性	设 置 值
名称	Recordset1	列	全部
连接	information	筛选	information _id、=、URL 参数、information _id
表格	information	排序	无

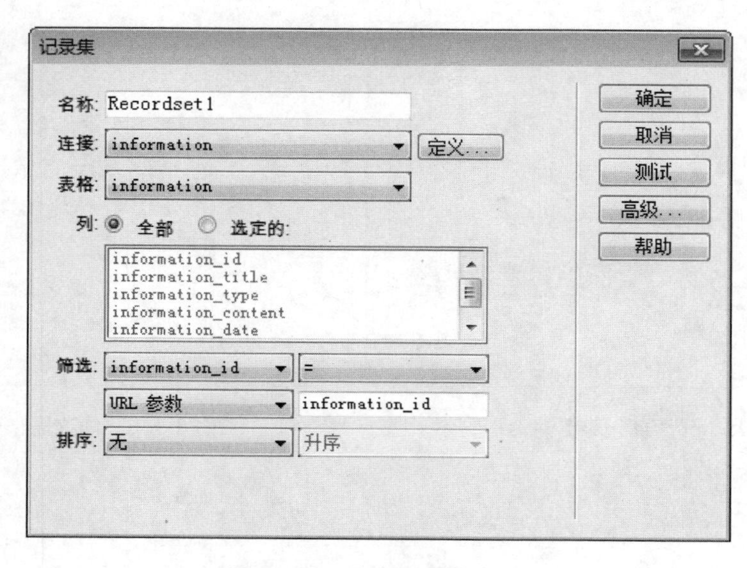

图 6-148 【记录集】对话框

step 02 用同样的方法再绑定一个记录集，在打开的【记录集】对话框中，输入设定值如表 6-20 所示的数据，单击【确定】按钮完成设置，如图 6-149 所示。

表 6-20 记录集设置

属 性	设 置 值	属 性	设 置 值
名称	Recordset2	列	全部
连接	information	筛选	无
表格	information _type	排序	无

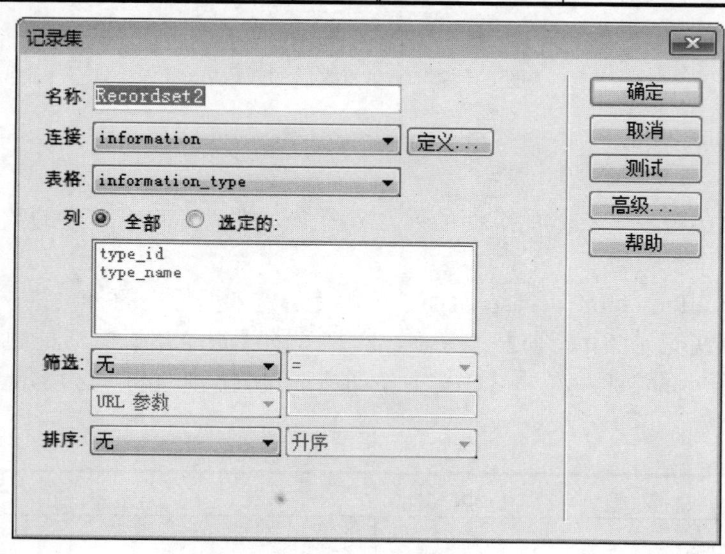

图 6-149 设置记录集参数

step 03 绑定记录集后，将记录集的字段插入至 information_del.asp 网页中的适当位置，如图 6-150 所示。

图 6-150 字段的插入

step 04 绑定记录集后，单击【信息分类】菜单，在【属性】面板中，单击 动态... 按钮，在打开的【动态列表/菜单】对话框中设置如表 6-21 所示的数据，如图 6-151 所示。

表 6-21 【动态列表/菜单】对话框设置

属 性	设 置 值
来自记录集的选项	Recordset2
值	type_id
标签	type_name
选取值等于	Recordset1 记录集中的 information_type 字段

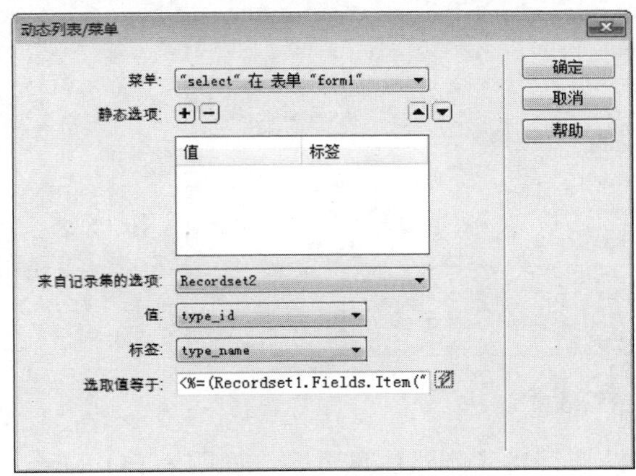

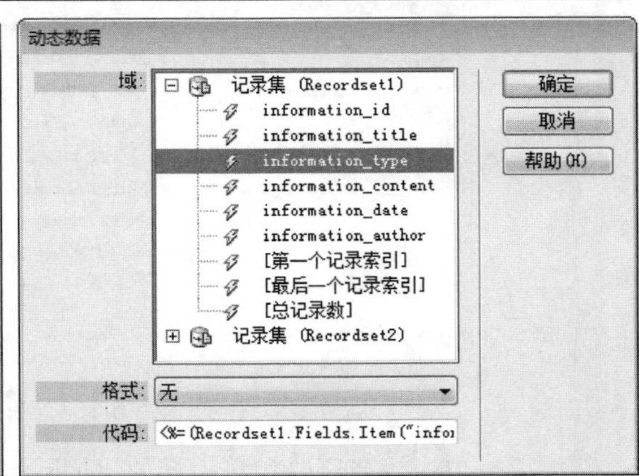

图 6-151 绑定动态列表/菜单

step 05 完成表单的布置后，要在 information_del.asp 页面中单击【服务器行为】面板上的 + 按钮，在弹出的菜单中选择【删除记录】菜单项，在打开的【删除记录】对话框中，输入设定值如表 6-22 所示，设置如图 6-152 所示。

表 6-22 【删除记录】对话框设置

属 性	设 置 值	属 性	设 置 值
连接	information	唯一键列	information_id
从表格中删除	information	提交此表单以删除	form1
选取记录自	Recordset1	删除后，转到	admin.asp

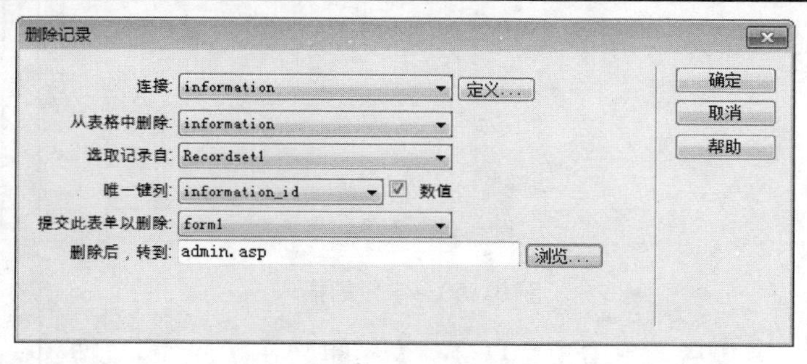

图 6-152 【删除记录】对话框

step 06 单击【确定】按钮，完成删除信息页面的设计。然后进入网站的后台管理页面，如图 6-153 所示，在这里可以对网页的信息进行删除和修改处理。

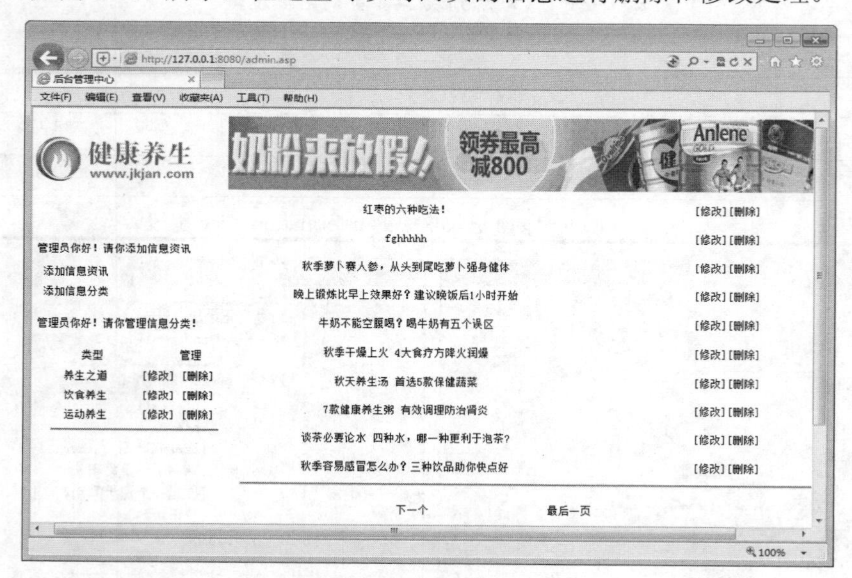

图 6-153 后台管理中心

step 07 单击想要删除信息后面的“删除”链接，进入删除信息页面，如图 6-154 所示。

step 08 单击【删除】按钮，返回到后台管理中心页面，可以看到选择的信息被删除，如图 6-155 所示。

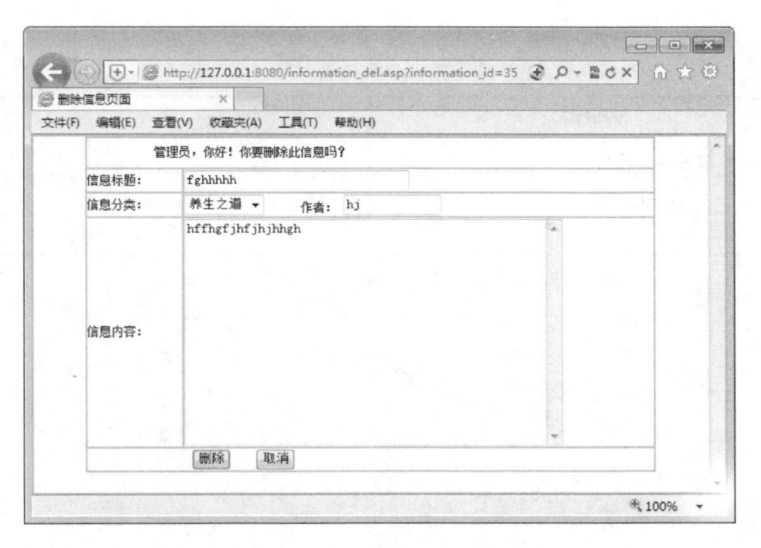

图 6-154　删除信息页面

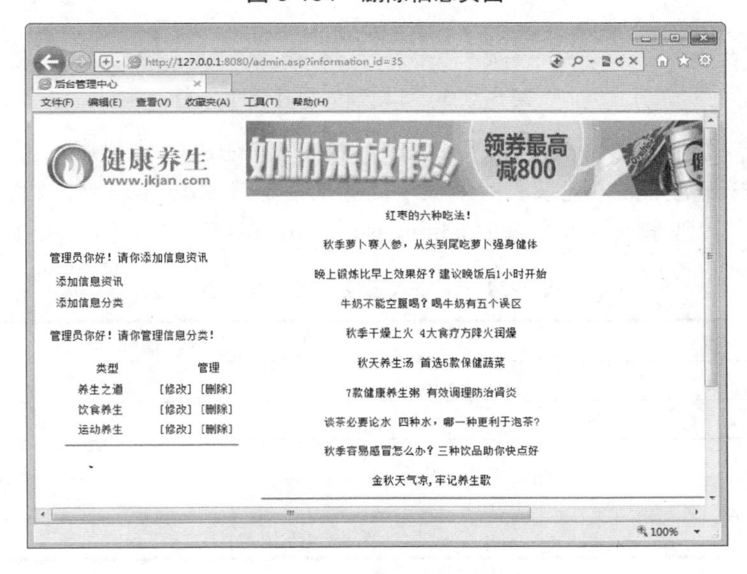

图 6-155　删除信息后的效果

6.4.6　新增信息分类页面

新增信息分类页面 type_add.asp 的功能是将页面的表单数据新增到 information_type 数据表中。详细操作步骤如下。

step 01 打开 type_add.asp 页面，单击【绑定】面板上的按钮，在弹出的菜单中选择【记录集(查询)】菜单项，在打开的【记录集】对话框中，输入设定值如表 6-23 所示的数据，单击【确定】按钮完成设置，如图 6-156 所示。

表 6-23　记录集设置

属　性	设 置 值	属　性	设 置 值
名称	Recordset1	列	全部
连接	information	筛选	无
表格	information_type	排序	无

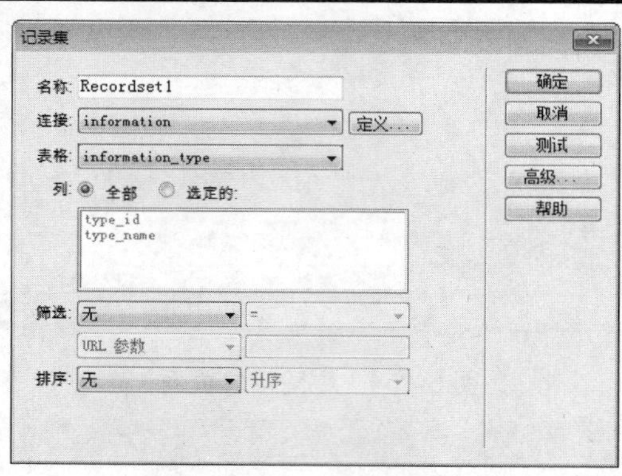

图 6-156　【记录集】对话框

step 02 单击【服务器行为】面板上的按钮，在弹出的菜单中选择【插入记录】菜单，在打开的【插入记录】对话框中，输入设定值如表 6-24 所示的数据，并设定新增数据后转到系统管理主页面 admin.asp，如图 6-157 所示。

表 6-24　【插入记录】对话框设置

属　性	设 置 值
连接	information
插入到表格	information _type
插入后，转到	admin.asp
获取值自	form1
表单元素	表单字段与数据表字段相对应

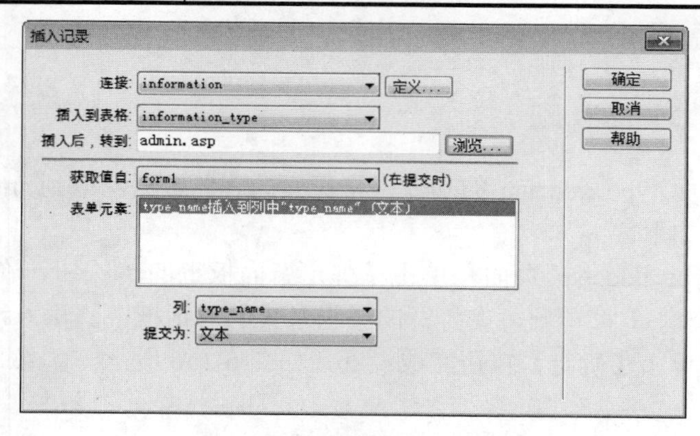

图 6-157　【插入记录】对话框

step 03 选中表单，选择【窗口】→【行为】菜单命令，打开【行为】面板，单击 按钮，在弹出的菜单中选择【检查表单】菜单项，打开【检查表单】对话框，设置【值】为“必需的”，【可接受】为“任何东西”，如图 6-158 所示。

step 04 单击【确定】按钮，完成 type_add.asp 页面设计。在 IE 浏览器中打开网站后台管理中心页面，在其中单击“添加信息分类”链接，如图 6-159 所示。

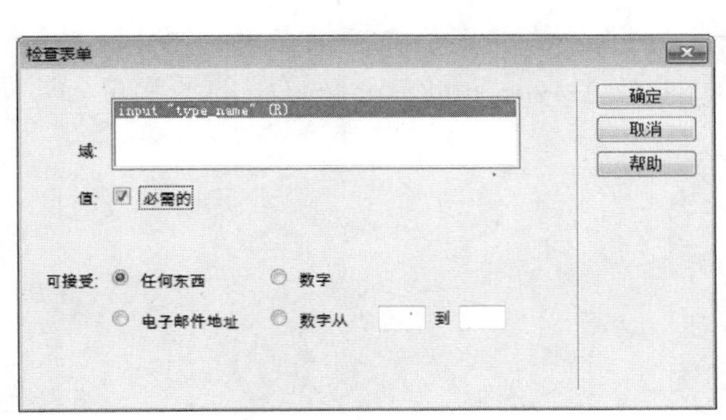

图 6-158 【检查表单】对话框

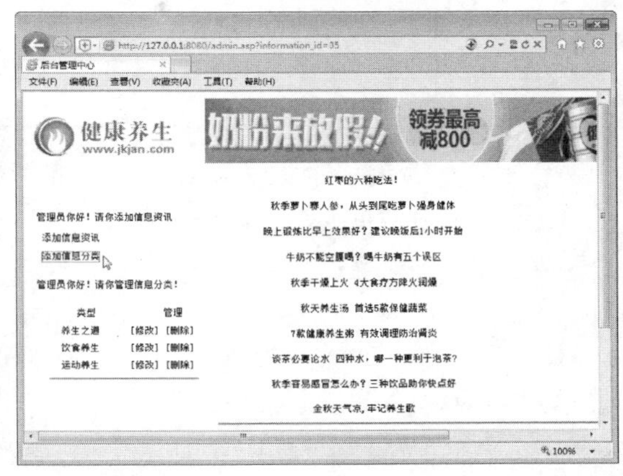

图 6-159 网站后台管理中心页面

step 05 打开添加类型页面，在【信息分类名称】文本框中输入“四季养生”，如图 6-160 所示。

step 06 单击【添加】按钮，即可完成信息分类的添加操作，打开“健康养生”网站的首页，在其中可以看到添加的养生分类信息“四季养生”，如图 6-161 所示。

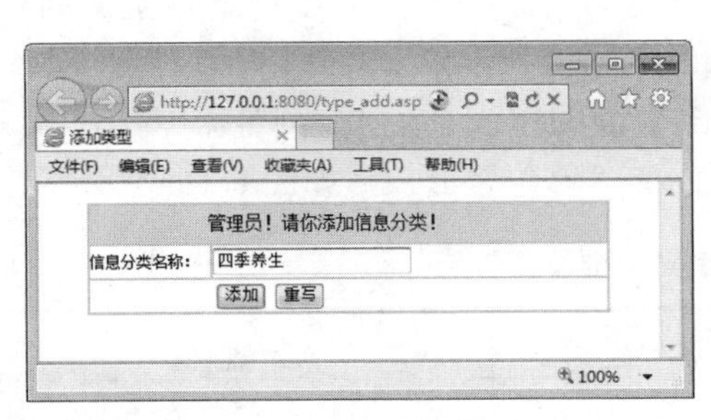

图 6-160 添加类型页面

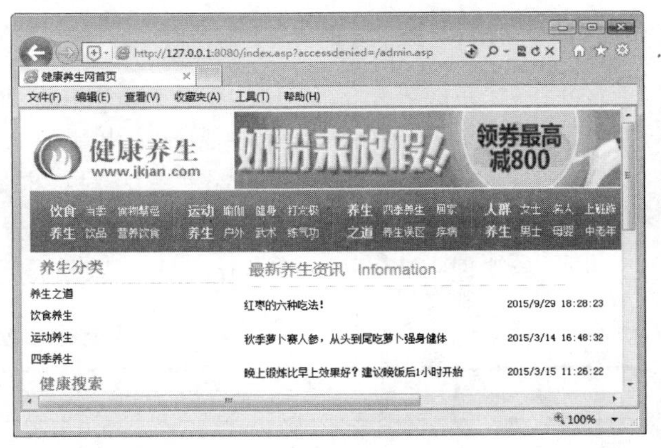

图 6-161 添加分类信息后的效果

6.4.7 修改信息分类页面

修改信息分类页面 type_upd.asp 的功能是将数据表的数据传送到页面的表单中进行修改，然后再更新至数据表中。详细操作步骤如下。

step 01 打开 type_upd.asp 页面，单击【绑定】面板上的 按钮，在弹出的菜单中选择

【记录集(查询)】菜单项，打开【记录集】对话框，输入设定值如表 6-25 所示，单击【确定】按钮完成设定，如图 6-162 所示。

表 6-25 记录集设置

属 性	设 置 值	属 性	设 置 值
名称	Recordset1	列	全部
连接	information	筛选	type_id、=、URL 参数、type_id
表格	information _type	排序	无

step 02 绑定记录集后，将记录集的字段插入至 type_upd.asp 网页中的适当位置，如图 6-163 所示。

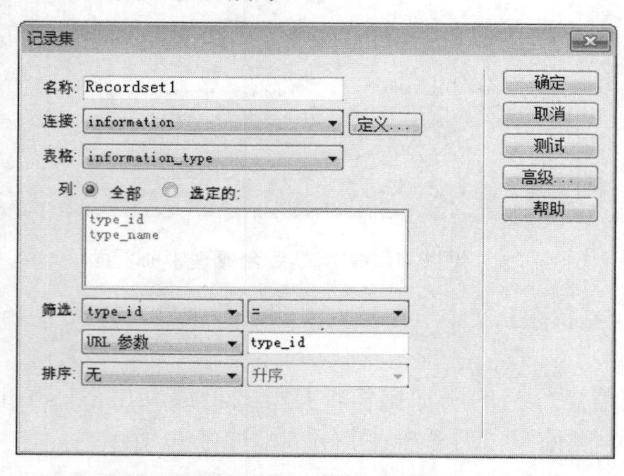

图 6-162 【记录集】对话框

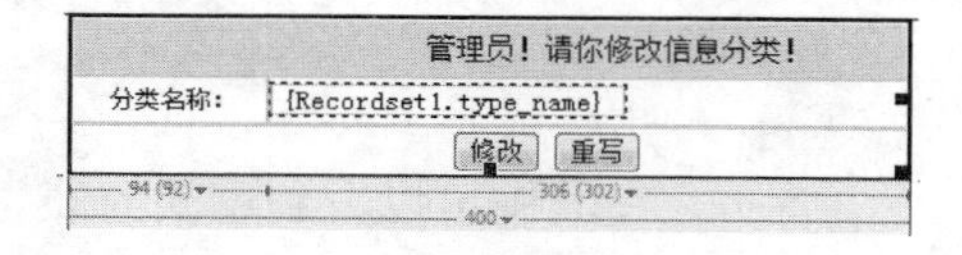

图 6-163 字段的插入

step 03 完成表单的布置后，在 type_upd.asp 页面中，单击【服务器行为】面板上的按钮，在弹出的菜单中选择【更新记录】菜单项，在打开的【更新记录】对话框中，输入设定值如表 6-26 所示，对话框如图 6-164 所示。

step 04 单击【确定】按钮，完成修改信息分类页面的设计。在 IE 浏览器中打开网站后台管理中心页面，在其中单击信息分类后面的“修改”链接，如图 6-165 所示。

表 6-26 【更新记录】对话框设置

属 性	设 置 值	属 性	设 置 值
连接	information	在更新后，转到	admin.asp
要更新的表格	information _type	获取值自	form1
选取记录自	Recordset1	表单元素	表单字段与数据表字段相对应
唯一键列	type_id		

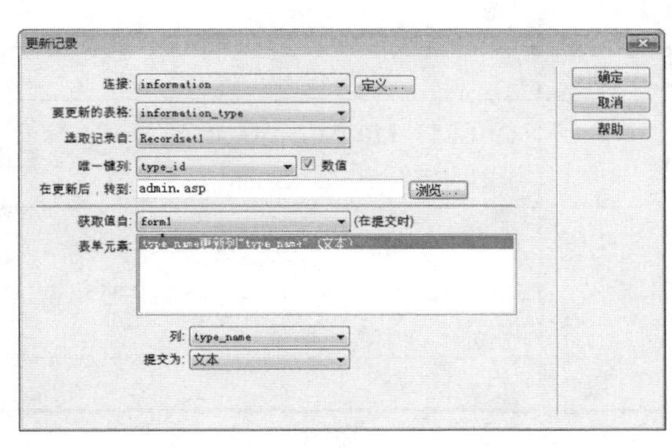

图 6-164 【更新记录】对话框

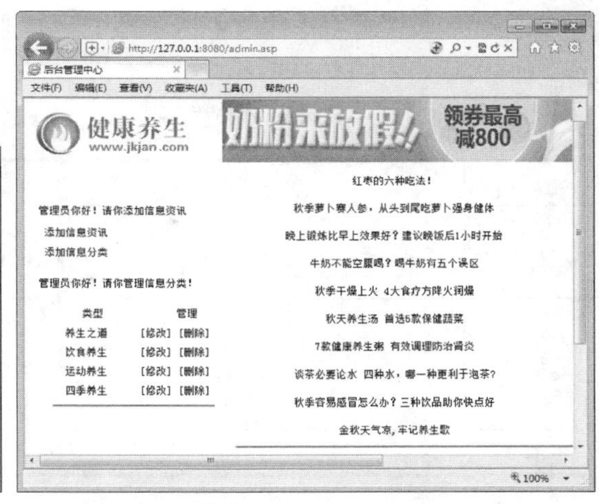

图 6-165 网站后台管理中心页面

step 05 打开修改类型页面，在其中可以对信息进行修改，如这里将“四季养生”修改为“冬季养生”，如图 6-166 所示。

step 06 单击【修改】按钮，即可完成信息分类的修改操作，进入后台管理中心页面当中，可以看到修改后的结果，如图 6-167 所示。

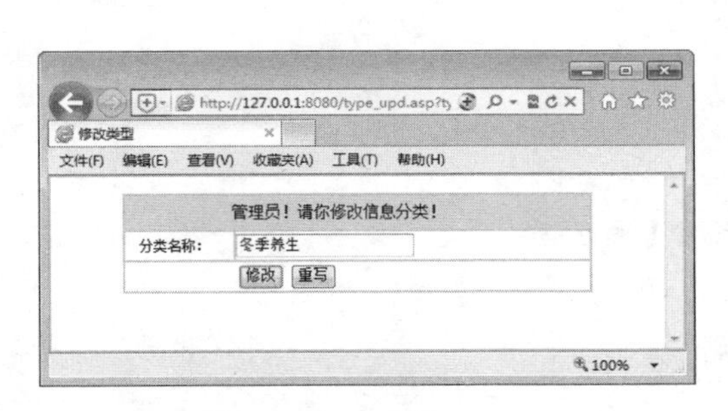

图 6-166 修改类型页面

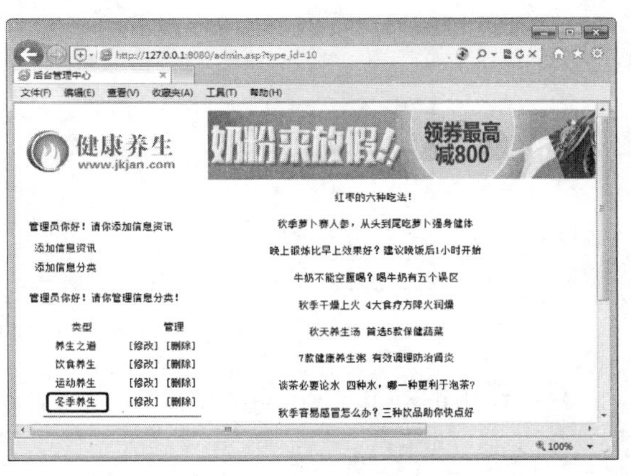

图 6-167 修改分类信息后的效果

6.4.8 删除信息分类页面

删除信息分类页面 type_del.asp 的功能是将表单中的数据从站点的数据表 information_type 中删除。详细操作步骤如下。

step 01 打开 type_del.asp 页面，单击【服务器行为】面板上的 按钮，在弹出的菜单中选择【命令】菜单项，如图 6-168 所示。

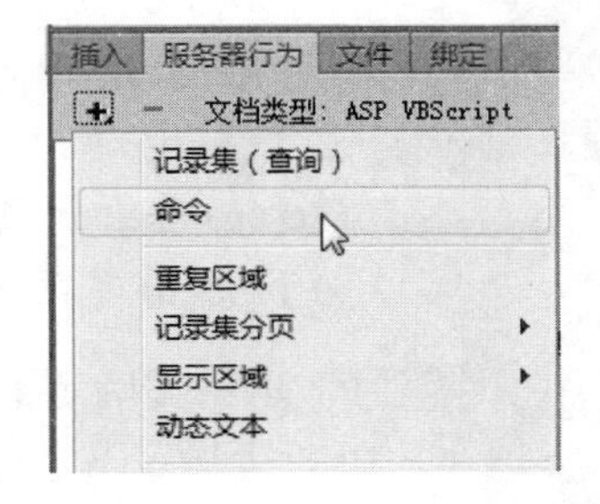

图 6-168 选择【命令】菜单项

step 02 在打开的【命令】对话框中输入如表 6-27 所示的数据，单击【确定】按钮完成设置，如图 6-169 所示。

表 6-27 【命令】对话框设置

属 性	设 置 值	属 性	设 置 值
名称	Command1	SQL	DELETE FROM information_type WHERE type_id =typeid
连接	information	变量	名称： typeid 运行值：Cint(Trim(Request.Querystring ("type_id")))
类型	删除		

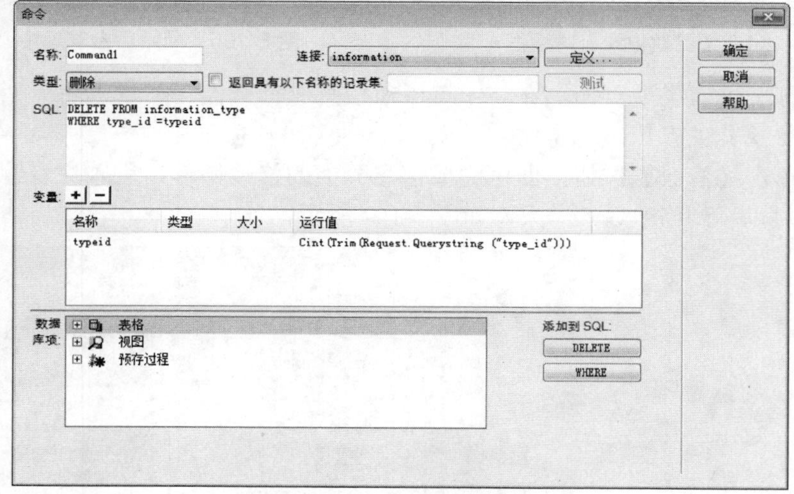

图 6-169 【命令】对话框

对话框中的 SQL 语句如下。

```
DELETE FROM information type
 //从 information_type 数据表中删除
WHERE type id =typeid
 //删除的选择条件为 type_id =typeid
```

在 SQL 语句中，变量名称不要与字段中的名称相同，否则会出现替换错误。这个 SQL 语句是从数据表 information_type 中删除 type_id 字段和从 type_id 所传过来的记录，Cint(Trim(Request.Querystring("type_id")))进行了一个强制转换，因为 type_id 字段是自动增量类型。

step 03 单击【确定】按钮，完成命令设置。在删除页面后需要转到 type_del.asp 页面，切换到代码视图，在要删除的命令之后也就是“%>”之前加入代码 Response.Redirect ("admin.asp")，这样就完成了删除信息分类页面的设置，加入代码效果如图 6-170 所示。

```
<%@LANGUAGE="VBSCRIPT" CODEPAGE="65001"%>
<!--#include file="Connections/information.asp" -->
<%

if(Cint(Trim(Request.Querystring("type_id"))) <> "") then Command1__typeid = Cint(Trim(Request.Querystring("type_id")))

%>
<%

Set Command1 = Server.CreateObject ("ADODB.Command")
Command1.ActiveConnection = MM_information_STRING
Command1.CommandText = "DELETE FROM information_type  WHERE type_id =" + Replace(Command1__typeid, "'", "''") + " "
Command1.CommandType = 1
Command1.CommandTimeout = 0
Command1.Prepared = true
Command1.Execute()
Response.Redirect("admin.asp")
%>
<!DOCTYPE html PUBLIC "-//W3C//DTD XHTML 1.0 Transitional//EN" "http://www.w3.org/TR/xhtml1/DTD/xhtml1-transitional.dtd">
<html xmlns="http://www.w3.org/1999/xhtml">
<head>
<meta http-equiv="Content-Type" content="text/html; charset=gb2312" />
<title>删除类型</title>
</head>
<body>
</body>
</html>
```

图 6-170　加入代码

step 04 代码加入完成后，在 IE 浏览器中打开后台管理中心页面，单击“冬季养生”信息分类后面的“删除”超链接，如图 6-171 所示。

step 05 至此为止，即可将该信息分类删除，可以看到后台管理中心页面中已经不存在该信息分类了，如图 6-172 所示。

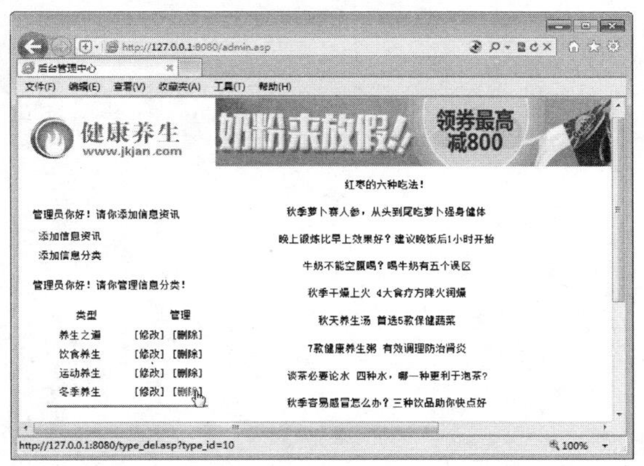

图 6-171　后台管理中心页面

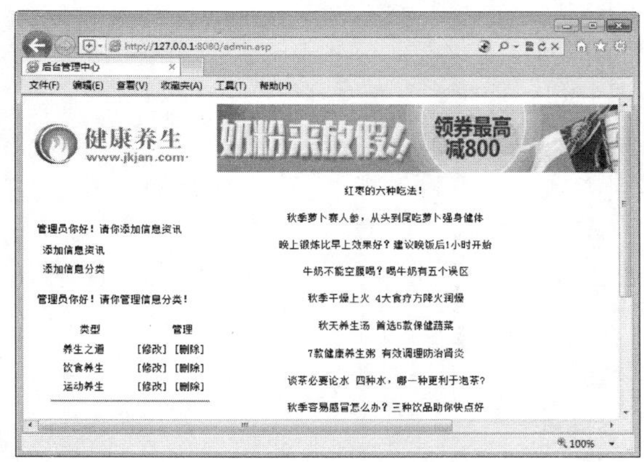

图 6-172　删除分类信息后的效果

至此网站信息资讯管理系统就开发完毕，读者可以将本章开发信息资讯管理系统的方法应用到实际的大型网站建设中。

第 7 章 网络投票系统

网站投票系统是基于网络的一种投票收集及统计的系统，比传统的投票统计更为方便、快速、准确。一般情况下，一个网络投票系统可分为 3 个模块：选票模块、选票处理模块和结果显示模块。投票系统首先给出选票，即供投票者选择的窗体对象，当投票者按下投票按钮后，选票处理模块开始激活，对传送到服务器的数据作相应的处理，服务器端在处理时先判断用户选择的是那一项，然后把相应字段的值加 1。实际上保存投票结果的数据库中的表只有一条记录就可以了，只是需要不断地对这些数据进行更新。最后则是由结果显示模块把投票结果显示出来。通过本章的学习，读者可以开发一个网络投票系统。

学习目标(已掌握的在方框中打钩)

- ☐ 熟悉网络投票系统的功能
- ☐ 掌握网络投票系统的数据库设计和连接方法
- ☐ 掌握设计网络投票系统主界面的方法
- ☐ 掌握设计网络投票管理界面的方法

7.1 系统的功能分析

网络投票系统主要分为系统主界面的制作和系统管理界面的制作两个方面。

7.1.1 规划网页结构和功能

本章将要制作的网络投票系统的网页结构如图 7-1 所示。

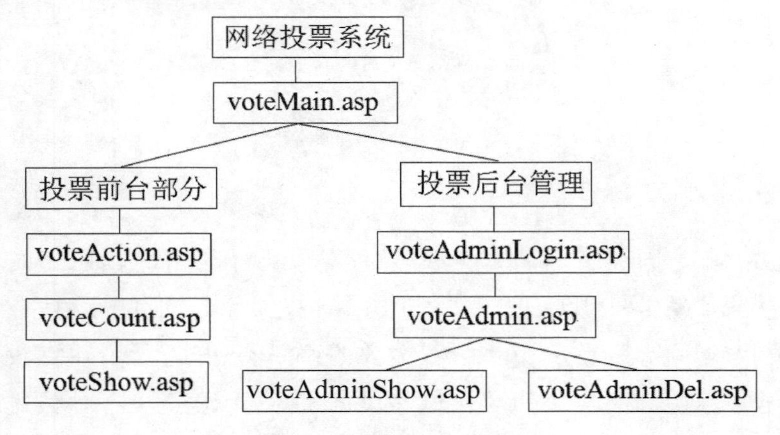

图 7-1 网络投票系统结构

本系统的主要结构分为投票前台和投票后台管理两个部分，整个系统中共有 8 个页面，各个页面的名称和对应的文件名、功能如表 7-1 所示。

表 7-1 网络投票系统网页设计表

页面名称	功 能
voteMain.asp	网络投票系统的主页面
voteAction.asp	投票页面
voteCount.asp	计算票数页面
voteShow.asp	投票结果显示页面
voteAdminLogin.asp	管理员登录页面
voteAdmin.asp	系统管理主界面
voteAdminShow.asp	浏览投票结果页面
voteAdminDel.asp	删除投票活动确认页面

7.1.2 网页美工设计

本实例整体框架比较简单，美工设计效果如图 7-2 所示。初学者在设计制作过程中，可以打开光盘中的源代码，找到相关站点的 images(图片)文件夹，其中放置了已经编辑好的图片。

图 7-2　首页的美工

7.2　数据库设计与连接

本节主要讲述如何使用 Access 2010 建立网络投票系统的数据库，该数据库主要用来存储管理员信息和投票信息。

7.2.1　数据库的设计

通过对网站投票系统的功能分析发现，这个数据库应该包括 3 张表，分别为 admin、votemain 和 voteitem。

1. admin 数据表

这个数据库表主要储存登录管理界面的账号与密码，主键为 ID，该数据库的结构如表 7-2 所示。

表 7-2　admin 数据表的结构

意　义	字段名称	数据类型	字段大小	必填字段	允许空字符串
用户编号	ID	自动编号	长整型		
用户名称	username	文本	20	是	否
用户密码	passwd	文本	20	是	否

2. votemain 数据表

这个数据表主要储存投票活动的名称及举办时间。其中 vote_id 为主键，数据类型为自动编号，如此即能在添加数据时为每一则投票活动加上一个单独的编号而不重复。该数据库的结构如表 7-3 所示。

表 7-3　votemain 数据表的结构

意　义	字段名称	数据类型	字段大小	必填字段	允许空字符串
投票活动编号	vote_ID	自动编号	长整型		
投票活动名称	vote_name	文本	20	是	否
投票举办时间	Vote_time	日期/时间		是	否

3. voteitem 数据表

该数据库主要储存每个投票活动的选项数据，其中 voteitem_id 为主键，数据类型为自动编号，数据表的结构如表 7-4 所示。

表 7-4　voteitem 数据表的结构

意　义	字段名称	数据类型	字段大小	必填字段	允许空字符串
投票选项编号	voteitem_id	自动编号	长整型		
投票活动编号	vote_id	数字	长整型	是	否
投票选项名称	vote_item	文本	50	是	否
得票总数	vote_count	数字	长整型		

在 Access 2010 中创建数据库的操作步骤如下。

step 01 运行 Microsoft Access 2010 程序，选择【空数据库】选项，在主界面的右侧打开【空数据库】窗格，单击【浏览】按钮，如图 7-3 所示。

step 02 打开【文件新建数据库】对话框。在【保存位置】下拉列表框中选择保存路径，在【文件名】文本框中输入文件名 votesystem.accdb。为了让创建的数据库能被通用，在【保存类型】下拉列表框中选择“Microsoft Office Access 2007 数据库(.accdb)”选项，单击【确定】按钮，如图 7-4 所示。

图 7-3　选择【空数据库】选项

图 7-4　【文件新建数据库】对话框

step 03 返回【空数据库】窗格，单击【创建】按钮，即在 Microsoft Access 2010 中创建了 votesystem.mdb 数据库文件，同时 Microsoft Access 2010 自动默认生成了一个“表 1”数据表，如图 7-5 所示。

step 04 在“表 1”上单击鼠标右键，选择快捷菜单中的【设计视图】命令，打开【另存为】对话框，在【表名称】文本框中输入数据表名称 admin，如图 7-6 所示。

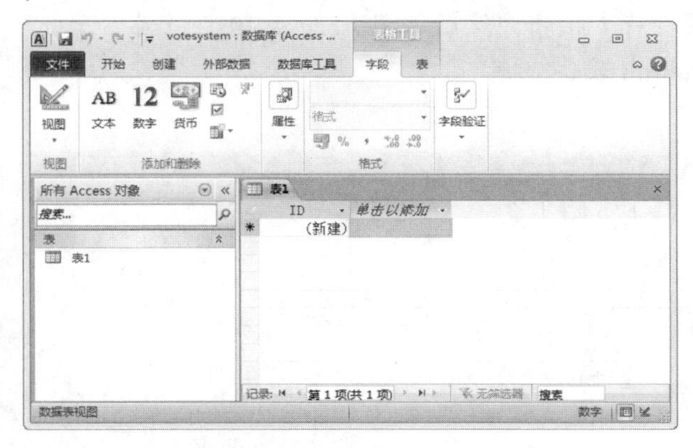

图 7-5　创建的默认数据表

图 7-6　【另存为】对话框

step 05 单击【确定】按钮，系统自动以设计视图方式打开创建好的 admin 数据表，如图 7-7 所示。

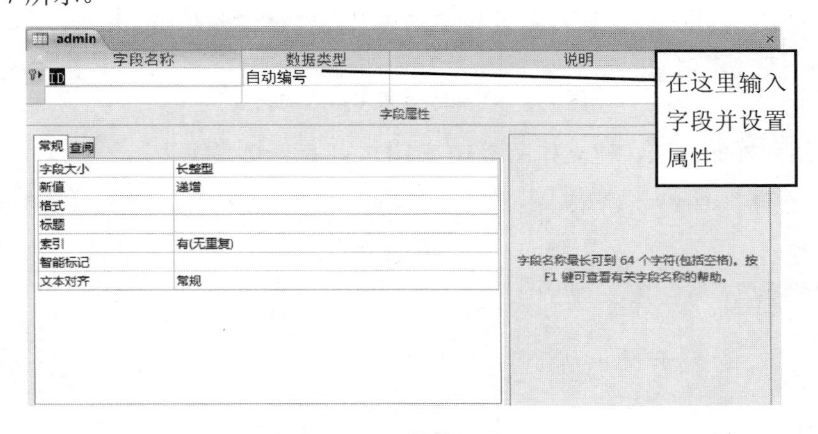

图 7-7　建立的 admin 数据表

step 06 按表 7-2 输入各字段的名称并设置其相应属性，完成效果如图 7-8 所示。

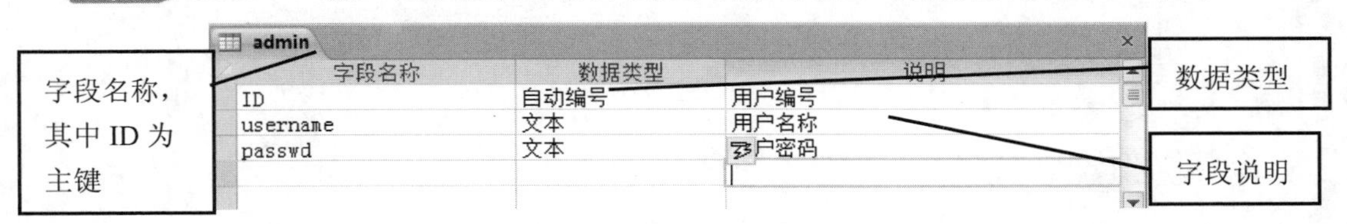

图 7-8　创建表的字段

Access 为 admin 数据表自动创建了一个主键值 ID。主键是在数据库中建立的一个唯一真实值，数据库通过建立主键值，方便后面搜索功能的调用，但要求所产生的数据没有重复。

step 07 双击 admin 选项，打开 admin 数据表。为了方便用户访问，可以在数据库中预先编辑一些记录对象，其中 username 为管理员用户名，passwd 为管理员用户密码，如图 7-9 所示。编辑完成，单击【保存】按钮，然后关闭 Access 2010 软件。至此数据库储存用户名和密码等资料的 admin 表建立完毕。

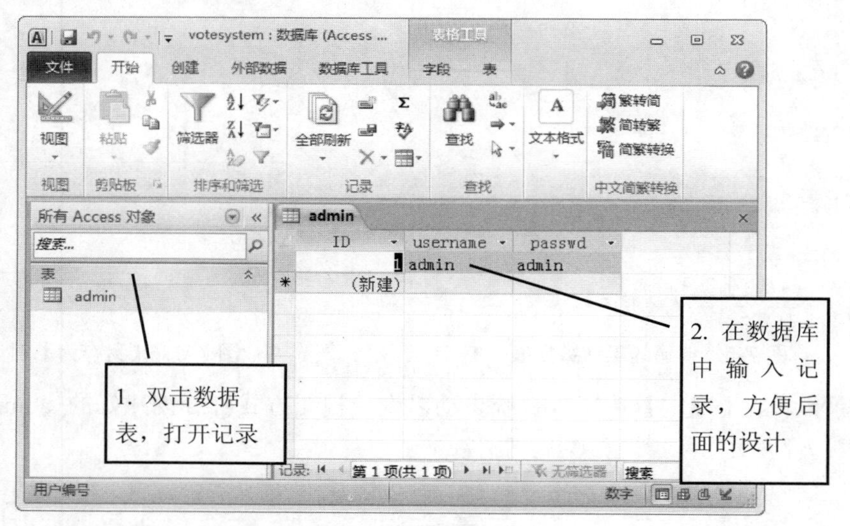
1. 双击数据表，打开记录
2. 在数据库中输入记录，方便后面的设计

图 7-9 在 admin 表中输入的记录

step 08 用同样的方法，建立如图 7-10 和图 7-11 所示的数据表。

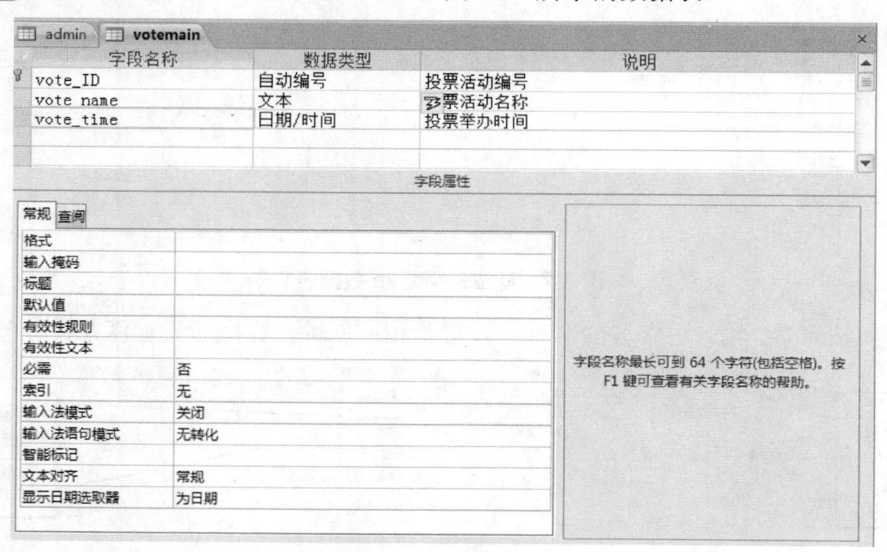

图 7-10 建立的 votemain 数据表

step 09 为了演示效果，分别在 votemain 数据表和 voteitem 数据表添加记录，如图 7-12 和图 7-13 所示。

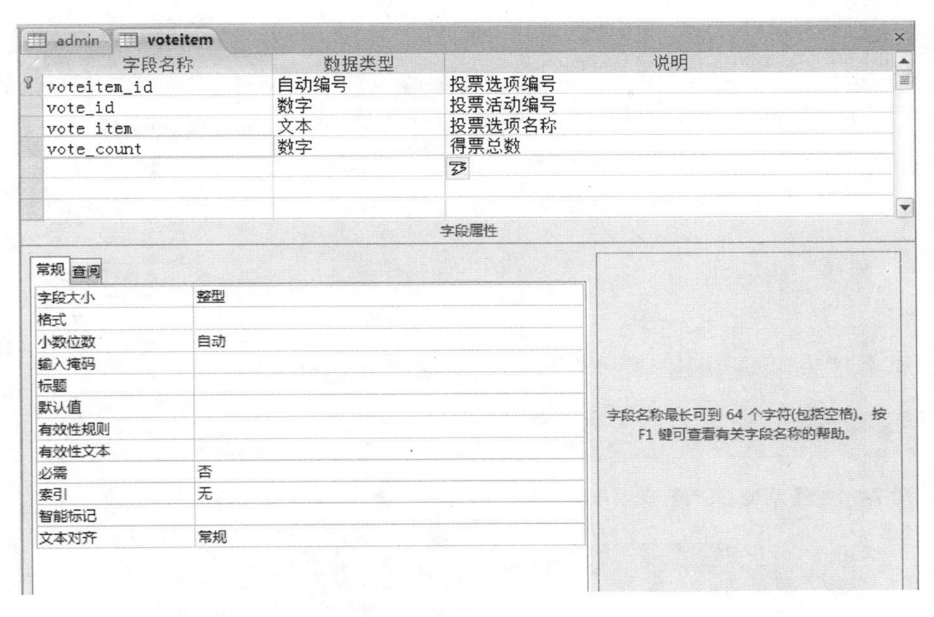

图 7-11　建立的 voteitem 数据表

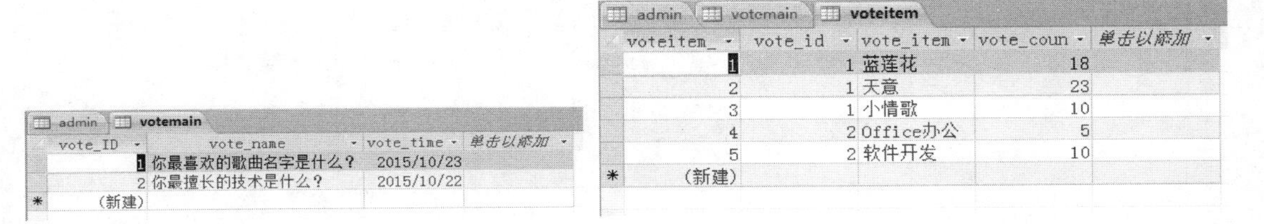

图 7-12　votemain 表中输入的记录

图 7-13　voteitem 表中输入的记录

7.2.2　创建数据库连接

在数据库创建完成后，需要在 Dreamweaver CS6 中建立数据源连接对象，才能在动态网页中使用这个数据库文件。创建数据库连接的具体操作步骤如下。

step 01 在【控制面板】窗口中依次选择【管理工具】→【数据源(ODBC)】→【系统 DSN】选项，打开【ODBC 数据源管理器】对话框，如图 7-14 所示。

step 02 单击【添加】按钮，打开【创建新数据源】对话框，选择 Driver do Microsoft Access(*.mdb)选项，如图 7-15 所示。

step 03 单击【完成】按钮，打开【ODBC Microsoft Access 安装】对话框，在【数据源名】文本框中输入 votesystem，如图 7-16 所示。

step 04 单击【选择】按钮，打开【选择数据库】对话框，单击【驱动器】下拉按钮，从下拉列表中找到数据库所在的盘符，在【目录】列表框中找到保存数据库的文件夹，然后单击左上方【数据库名】列表框中的数据库文件 votesystem.mdb，则数据库名称自动添加到【数据库名】文本框中，如图 7-17 所示。

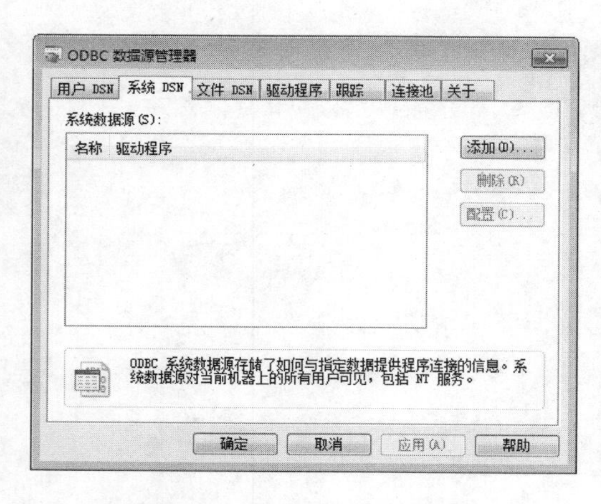

图 7-14 【系统 DSN】选项卡

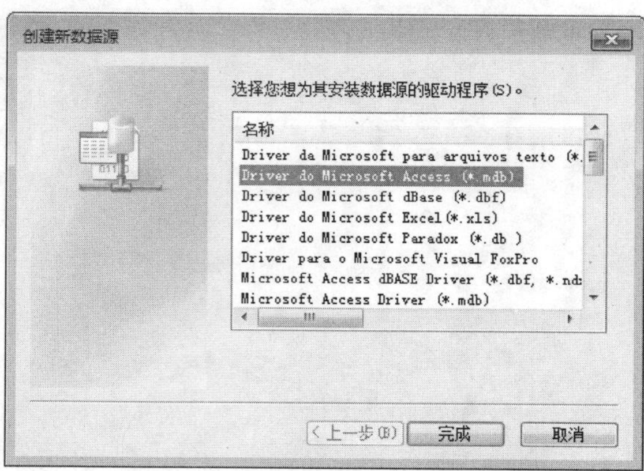

图 7-15 【创建新数据源】对话框

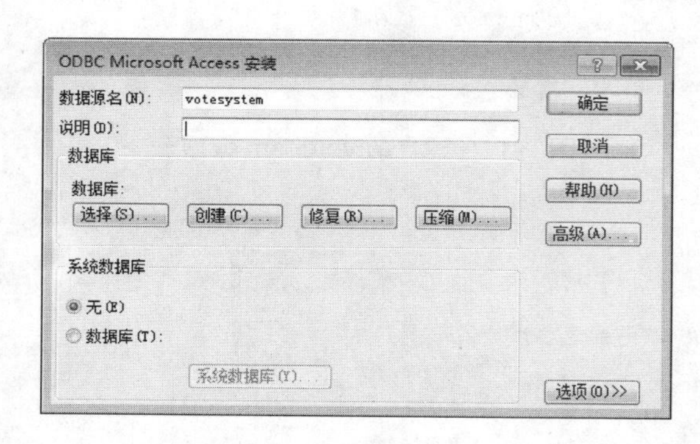

图 7-16 【ODBC Microsoft Access 安装】对话框

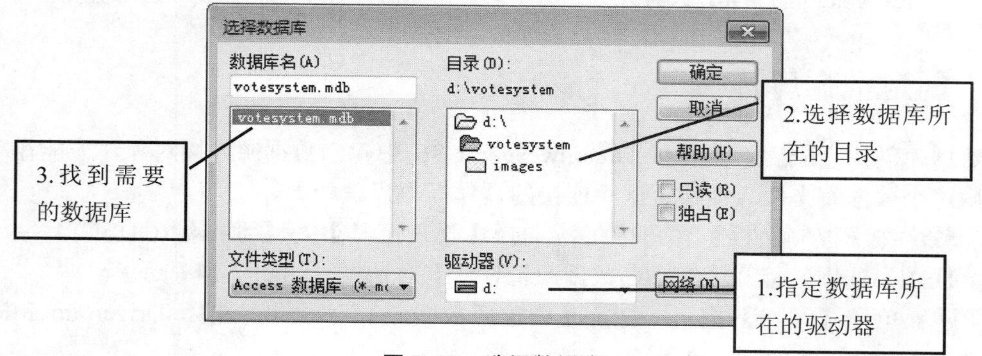

图 7-17 选择数据库

step 05 找到数据库后，单击【确定】按钮，回到【ODBC Microsoft Access 安装】对话框，再次单击【确定】按钮，将返回到【ODBC 数据源管理器】中的【系统 DSN】选项卡，可以看到【系统数据源】列表框中已经添加了一个名称为 votesystem，驱动程序为 Driver do Microsoft Access(*.mdb)的系统数据源，如图 7-18 所示。再次单击【确定】按钮，完成 ODBC 数据源管理器的设置。

step 06 启动 Dreamweaver CS6，打开随书光盘中的“素材\votesystem\votemain.asp”文

件，根据前面讲过的站点设置方法，设置站点、文档类型、测试服务器。在 Dreamweaver CS6 中选择【窗口】→【数据库】菜单命令，打开【数据库】面板，单击按钮，弹出如图 7-19 所示的菜单，选择【数据源名称(DSN)】菜单。

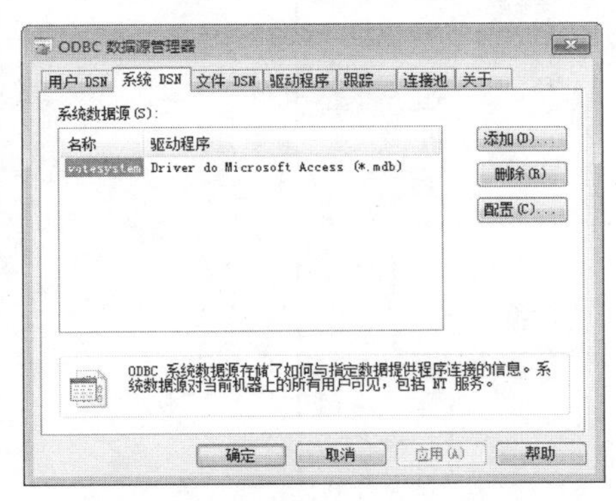

图 7-18 【系统 DSN】选项卡

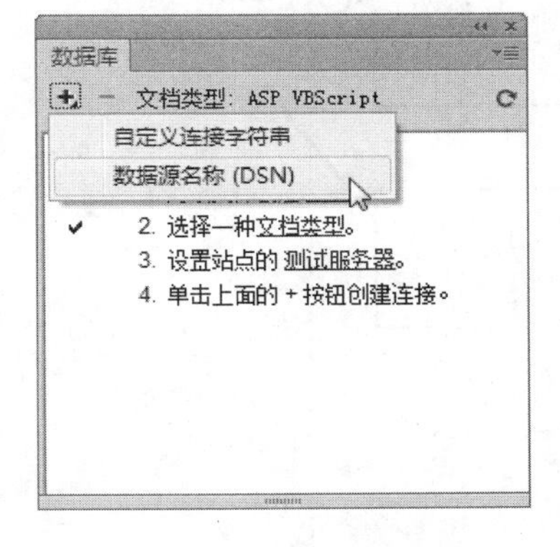

图 7-19 【数据库】面板

step 07 打开【数据源名称(DSN)】对话框，在【连接名称】文本框中输入 votesystem，单击【数据源名称(DSN)】下拉按钮，从打开的下拉列表中选择 votesystem，其他保持默认值，如图 7-20 所示。

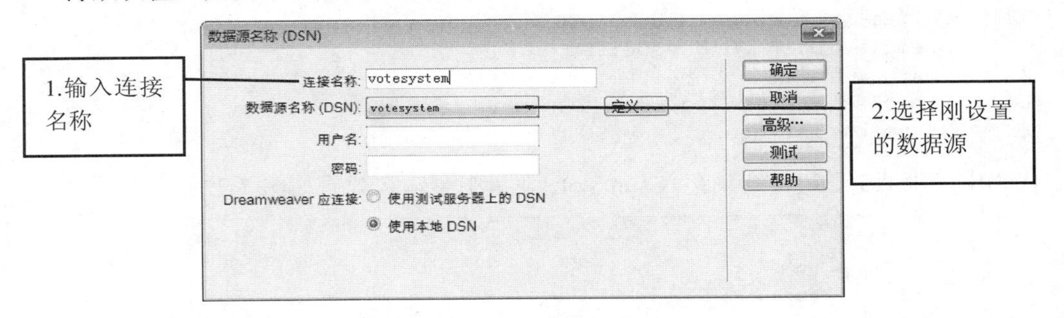

图 7-20 【数据源名称(DSN)】对话框

step 08 单击【确定】按钮，完成数据库的连接。

7.3 网络投票系统主界面的制作

网络投票系统的主要界面包括投票系统主界面、投票页面、计算票数页面和投票结果显示页面等。首先要制作的是网络投票系统的主界面，用户可以在这个页面中看到目前系统中所有的投票活动，用户可以挑选有兴趣的投票活动进入投票并查看结果。

7.3.1 投票系统主界面的制作

完成数据库连接以后，即可制作投票系统主页面，操作步骤如下。

step 01 首先在 voteMain.asp 页面中设置记录集，切换到【绑定】面板，单击按钮，在弹出的菜单中选择【记录集(查询)】菜单项，打开【记录集】对话框，设置如图 7-21 所示。

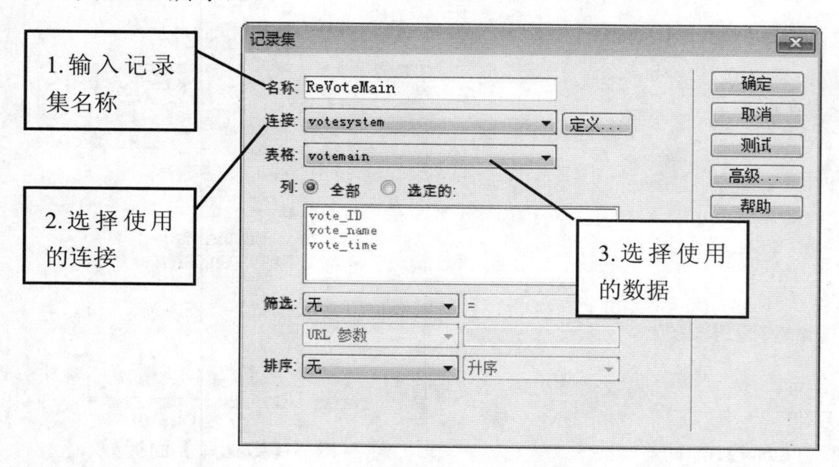

图 7-21 【记录集】对话框

step 02 单击【高级】按钮，在打开的 SQL 文本框中输入如下代码：

```
SELECT votemain.vote_id,votemain.vote_name,votemain.vote_time,
SUM(voteitem.vote_count) AS sumVote
FROM votemain INNER JOIN voteitem
ON votemain.vote_id = voteitem.vote_id
GROUP BY votemain.vote_id,votemain.vote_name,votemain.vote_time
ORDER BY votemain.vote_time DESC
```

代码中使用 AS 语句将结果存入 sumVote 变量中。输入效果如图 7-22 所示。

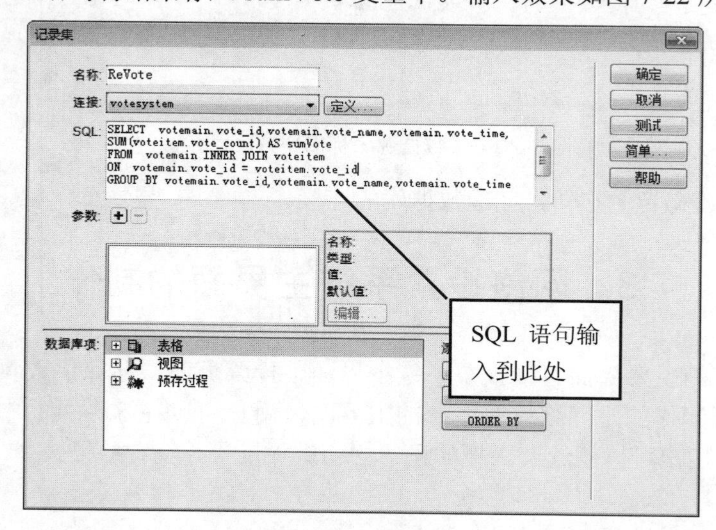

图 7-22 输入 SQL 语句

step 03 单击【测试】按钮，打开【测试 SQL 指令】对话框，数据表中的字段果然依照 SQL 的设置绑定了进来，并完成统计的操作，如图 7-23 所示。

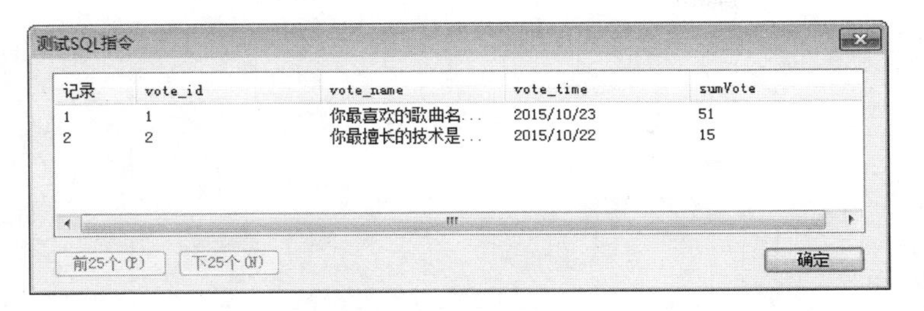

图 7-23 【测试 SQL 指令】对话框

step 04 单击【确定】按钮，返回【记录集】对话框，再次单击【确定】按钮，即可完成记录集的绑定。

step 05 在【绑定】面板上出现上面设置的记录集名称，展开后将需要引用的数据字段一一拖曳到网页中，如图 7-24 所示。

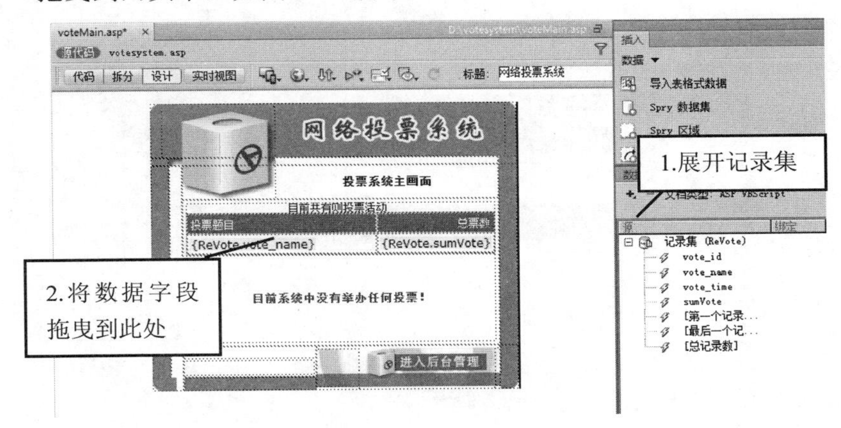

图 7-24 把字段拖曳到网页中

step 06 接着设置页面中的重复区域效果，如图 7-25 所示。

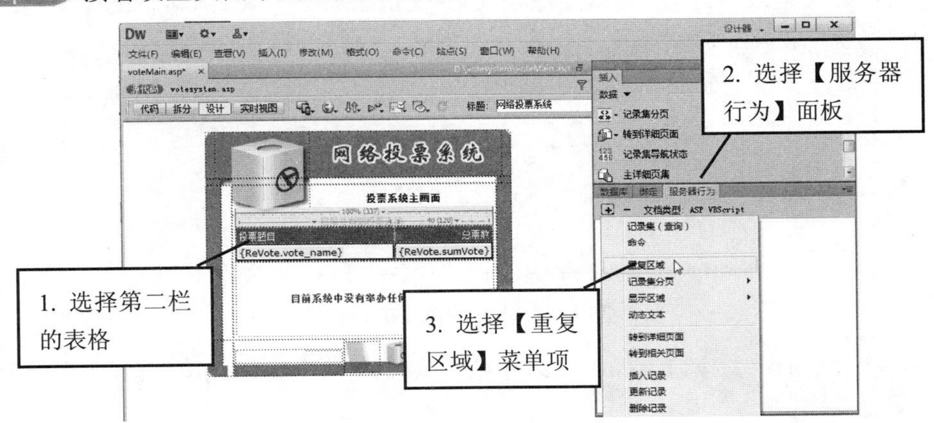

图 7-25 设置重复区域

step 07 打开【重复区域】对话框，选择【记录集】为 ReVote，设置一页显示 10 条记录，如图 7-26 所示，单击【确定】按钮完成设置。

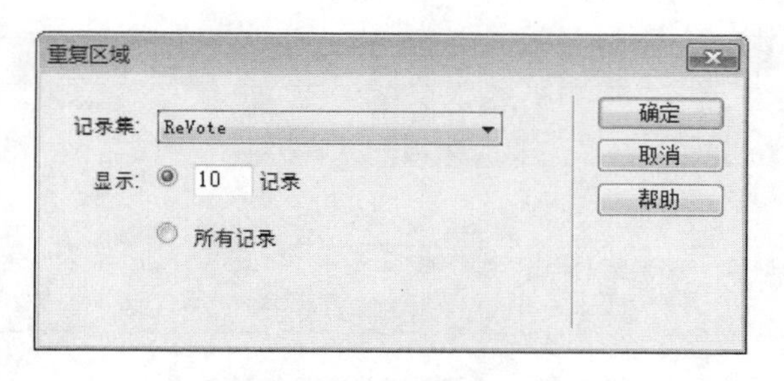

图 7-26 【重复区域】对话框

step 08 在本页中插入记录集导航条。在【插入】面板中选择【数据】→【记录集分页】→【记录集导航条】菜单项，如图 7-27 所示。

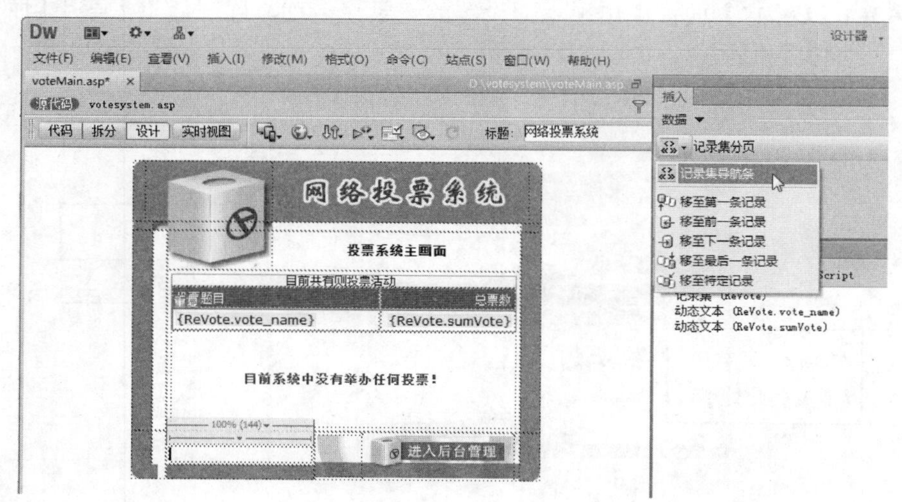

图 7-27 选择【记录集导航条】菜单项

step 09 打开【记录集导航条】对话框，选择【记录集】为 ReVote，设置【显示方式】为“图像”，如图 7-28 所示。

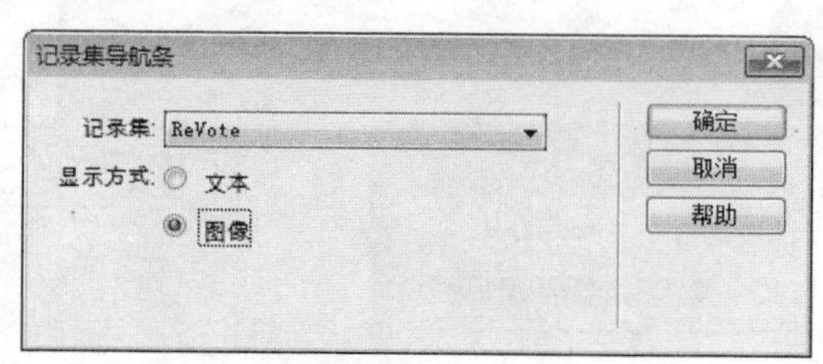

图 7-28 【记录集导航条】对话框

step 10 单击【确定】按钮，插入后的导航条效果如图 7-29 所示，然后按照图示设置表格的宽度属性。

step 11 如图 7-30 所示，合并选择的表格中的一行。

step 12 选择上方的表格，设置记录集不为空则显示的区域，设置方法如图 7-31 所示。

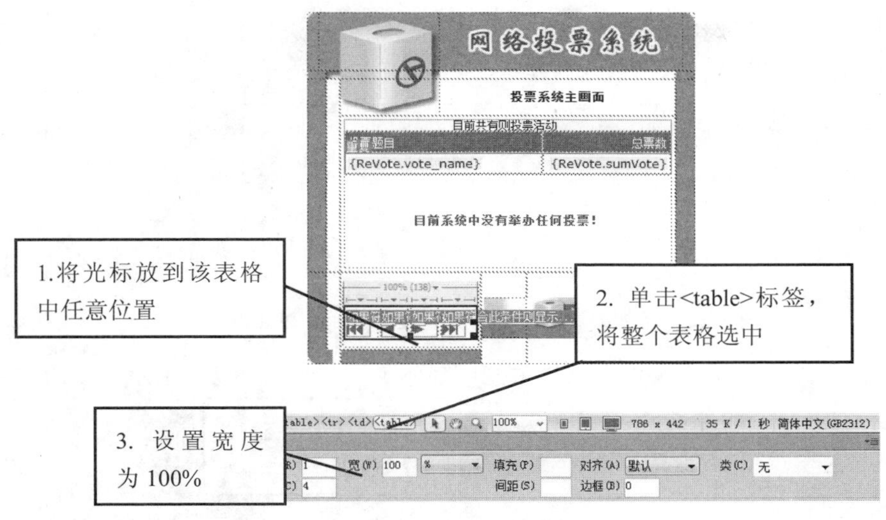

图 7-29　设置表格的属性

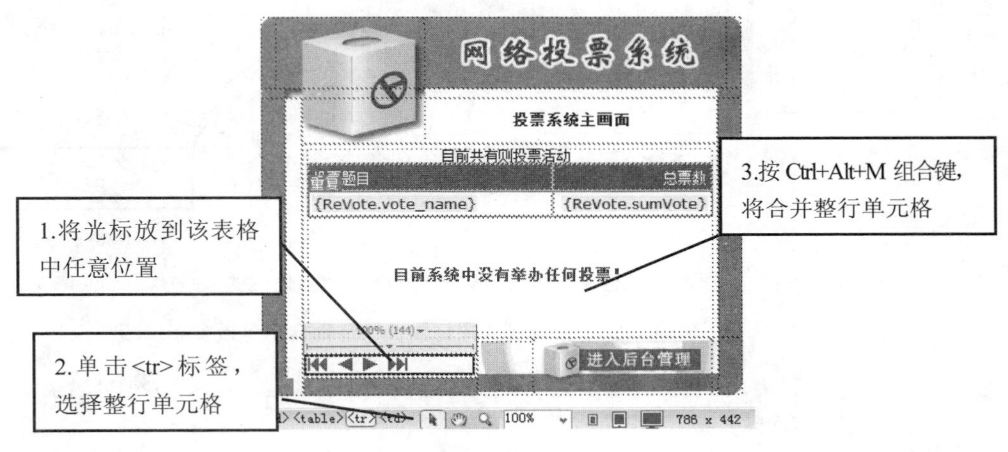

图 7-30　合并单元格

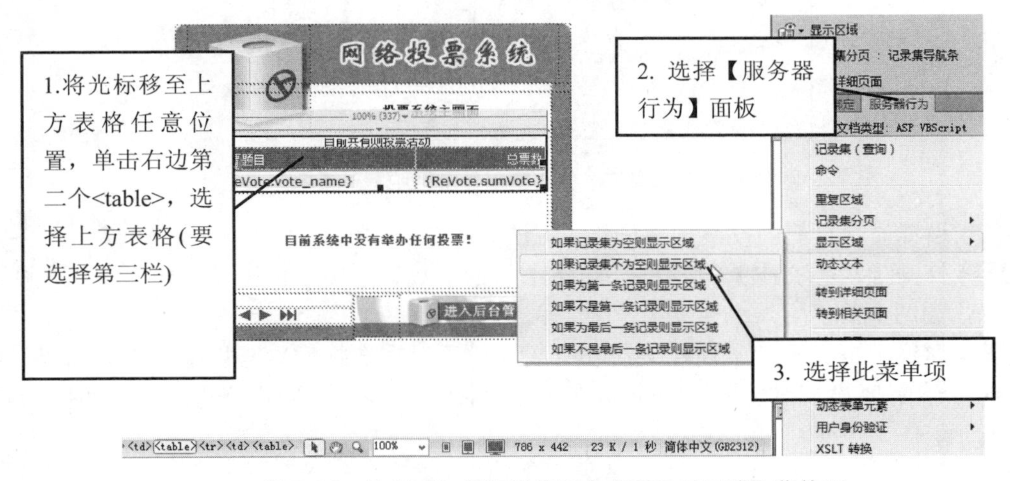

图 7-31　选择【如果记录集不为空则显示区域】菜单项

step 13 打开【如果记录集不为空则显示区域】对话框，选择判断的记录集为 ReVote，单击【确定】按钮完成设置，如图 7-32 所示。

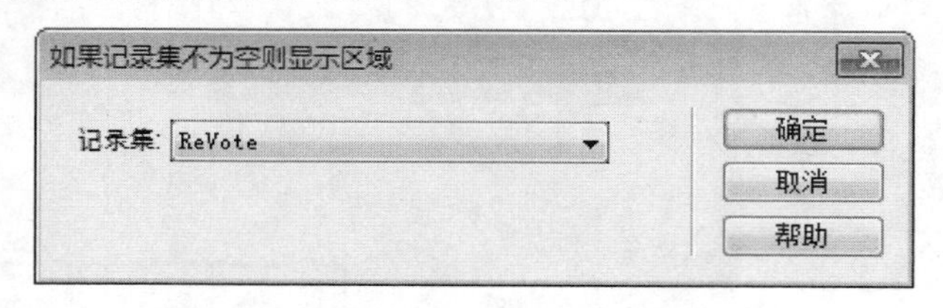

图 7-32 【如果记录集不为空则显示区域】对话框

step 14 选择下方的表格，设置记录集为空则显示的区域，设置方法如图 7-33 所示。

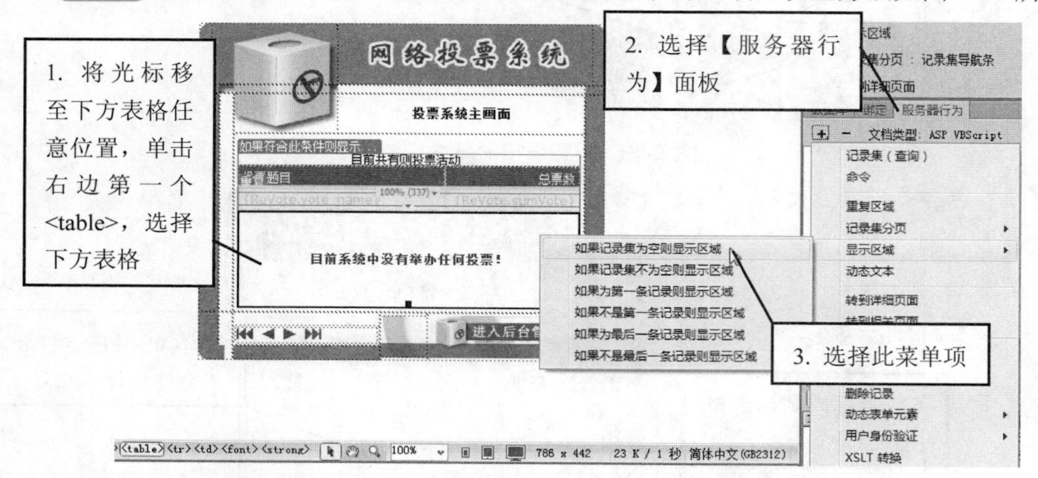

图 7-33 选择【如果记录集为空则显示区域】菜单项

step 15 打开【如果记录集为空则显示区域】对话框，选择判断的记录集为 ReVote，单击【确定】按钮完成设置，如图 7-34 所示。

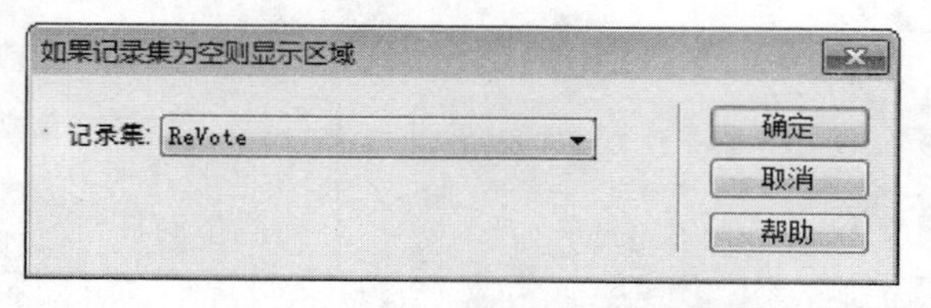

图 7-34 【如果记录集为空则显示区域】对话框

step 16 设置显示目前的投票活动总数，方法如图 7-35 所示。

step 17 打开【动态文本】对话框，选择【总记录数】选项，单击【确定】按钮完成设置，如图 7-36 所示。

step 18 如果用户对于某一项投票活动有兴趣，可以在选择后参与投票并查看结果。在这里就是要设置转到详细页面，将用户引入投票程序页面。设置方法如图 7-37 所示。

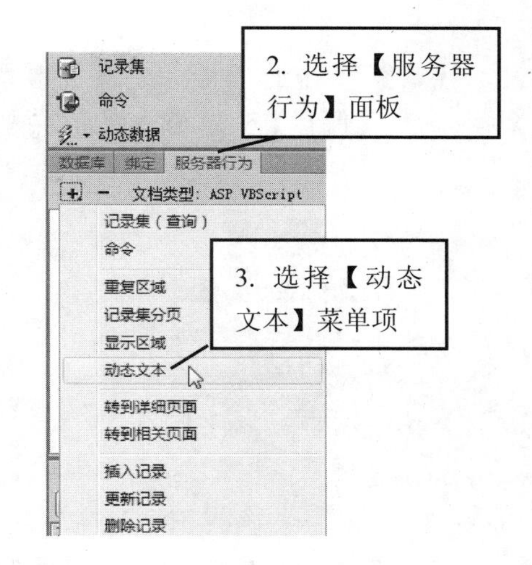

图 7-35 添加动态文本

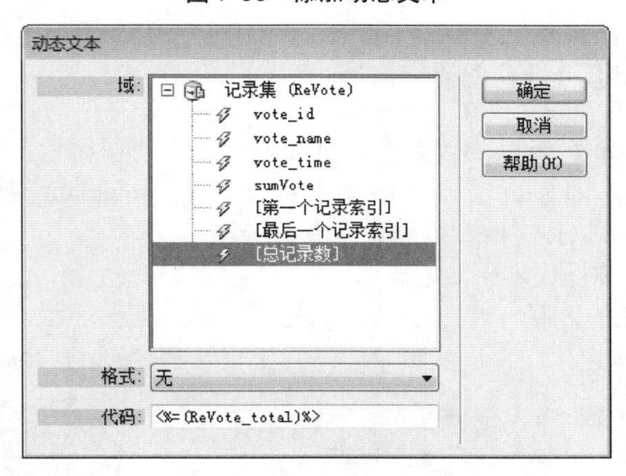

图 7-36 【动态文本】对话框

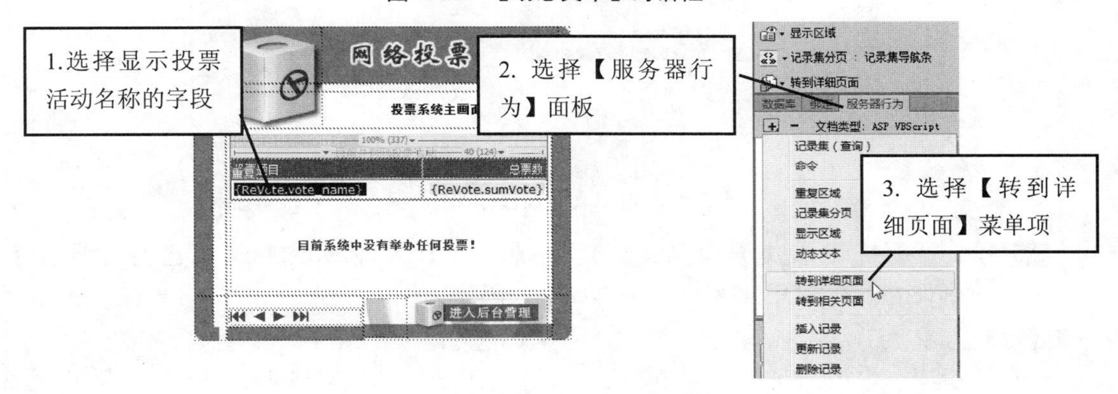

图 7-37 选择【转到详细页面】菜单项

step 19 打开【转到详细页面】对话框，将自动产生链接，设置【详细信息页】为 voteAction.asp、【传递 URL 参数】为 vote_id、【记录集】为 ReVote、【列】为 vote_id，如图 7-38 所示，单击【确定】按钮，完成转到详细页面的设置。

step 20 至此为止，完成投票系统主页面 voteMain.asp 的所有设置。选择【文件】→【保存】菜单命令保存该网页，按 F12 键即可预览效果，如图 7-39 所示。

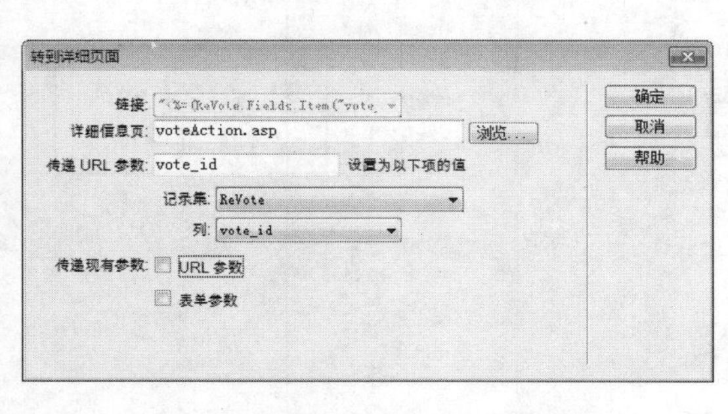

图 7-38 【转到详细页面】对话框

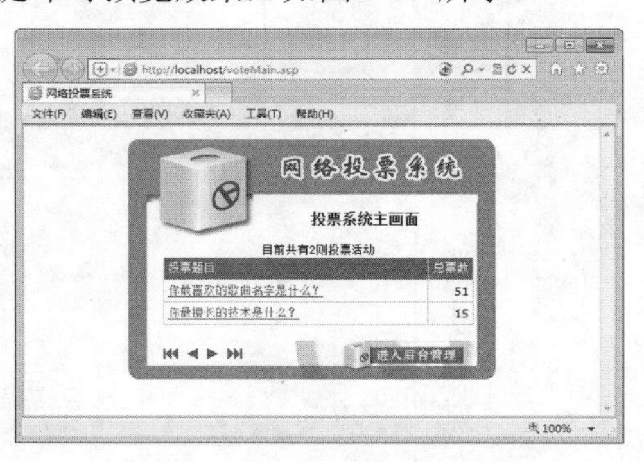

图 7-39 主页面最终预览效果

7.3.2 投票页面的制作

通过投票系统主界面，可以跳转到投票页面。进入投票程序后，首先要显示该投票活动的名称以及所有选项，因为目前投票活动名称保存在 votemain 数据表，而选项保存在 voteitem 数据表，所以要执行将两个数据表结合的操作。

制作投票页面的具体操作步骤如下。

step 01 打开随书光盘中的“素材\votesystem\voteAction.asp”文件，切换到【绑定】面板，单击+按钮，在弹出的菜单中选择【记录集(查询)】菜单项，如图 7-40 所示。

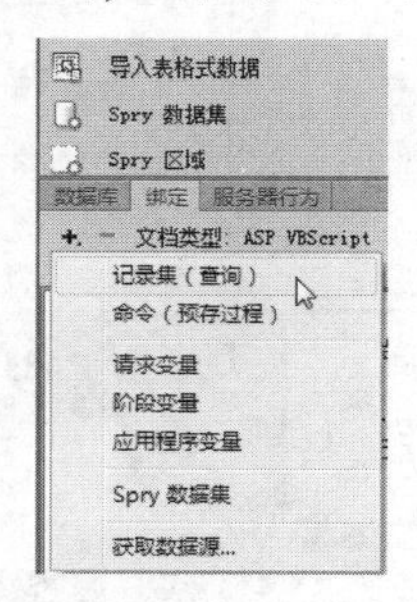

图 7-40 选择【记录集(查询)】菜单项

step 02 打开【记录集】对话框，输入【名称】为 RevoteDetail，选择【连接】为 votesyetm，在 SQL 文本框中输入如下代码：

```
SELECT votemain.vote_id,votemain.vote_name,
       voteitem.voteitem_id,voteitem.vote_item,voteitem.vote_count
       FROM votemain INNER JOIN voteitem
       ON votemain.vote_id = voteitem.vote_id
       WHERE votemain.vote_id = sendID
```

在这里使用了统计函数 SUM，上述代码的含义如下：

```
SELECT  <投票活动.投票活动编号>,<投票活动.投票活动名称>,
        <投票活动.举办时间>,Sum<投票选项.得票总数>
```

```
FROM  <投票活动> INNER JOIN <投票选项>
ON  <投票活动.投票活动编号>= <投票选项.投票活动编号>
WHERE  <投票活动.投票活动编号>=<网页传递参数>
```

其中 sendID 的作用是接收由前一页所传递过来的参数。输入代码如图 7-41 所示。

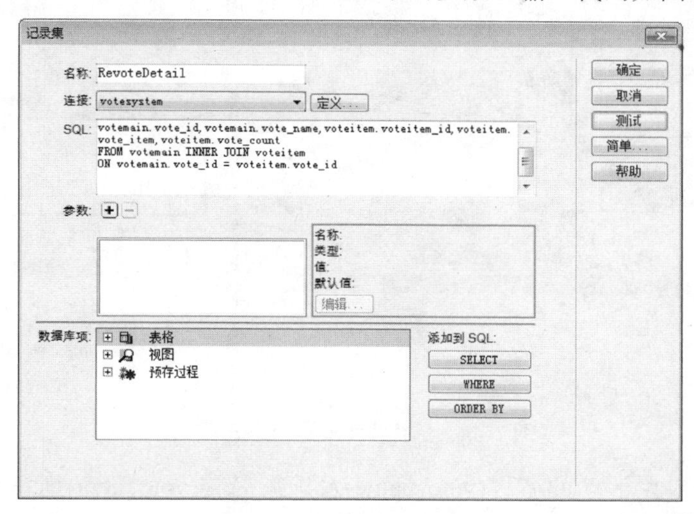

图 7-41 【记录集】对话框

step 03 单击【参数】右侧的+按钮，打开【编辑参数】对话框，输入【名称】为 sendID，选择【类型】为 Numeric，输入【值】为 request.QueryString ("votemain.vote_id")，输入【默认值】为 1，如图 7-42 所示。

step 04 单击【确定】按钮，返回到【记录集】对话框，即可看到参数新增成功，如图 7-43 所示。单击【确定】按钮，完成记录集的添加操作。

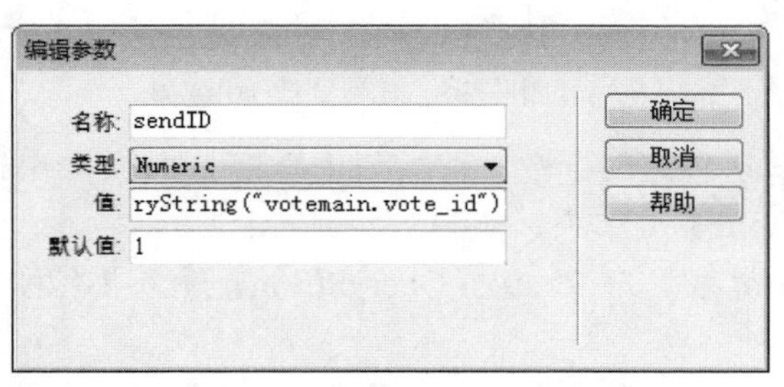

图 7-42 【编辑参数】对话框

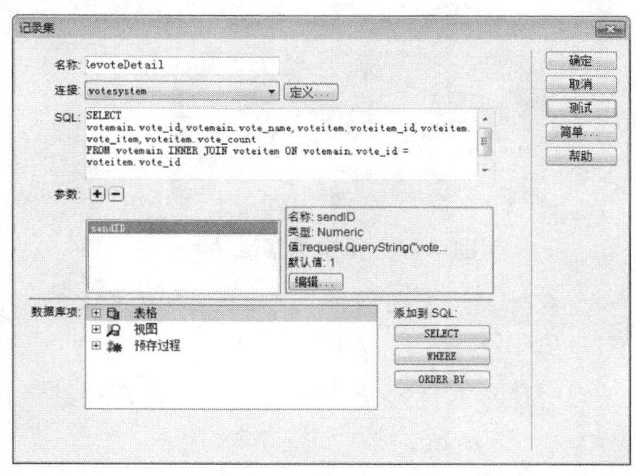

图 7-43 【记录集】对话框

step 05 在这个页面中最重要的是要将投票人选择的选项存入数据库中，而表单中的选项按钮即是最重要的地方。保存每个选项票数的数据表是 voteitem，不过在这一页并不会执行计算票数的操作，而是将投票的结果送出到另一页去统计结果。voteitem

数据表的主键字段为 voteitem_id，即代表投票人选择的选项。到了下一页统计时，程序即可依这页所送过来的值来判断要将哪一个选项的票数加 1。按照图 7-44 所示的操作，把 voteitem_id 拖曳到单选按钮上，那么提交时即可将投票人投票项目的代码传送到下一页去。

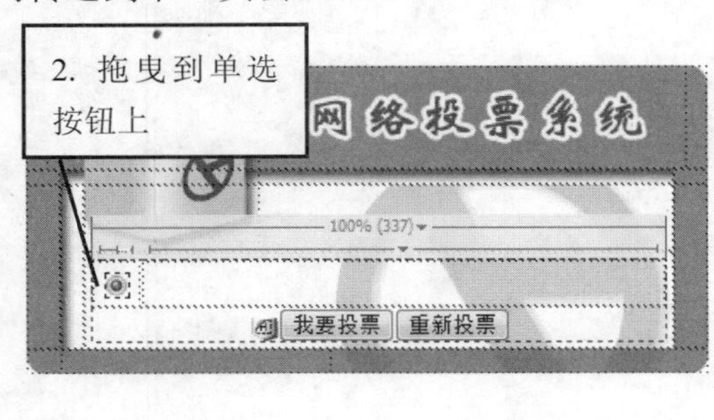

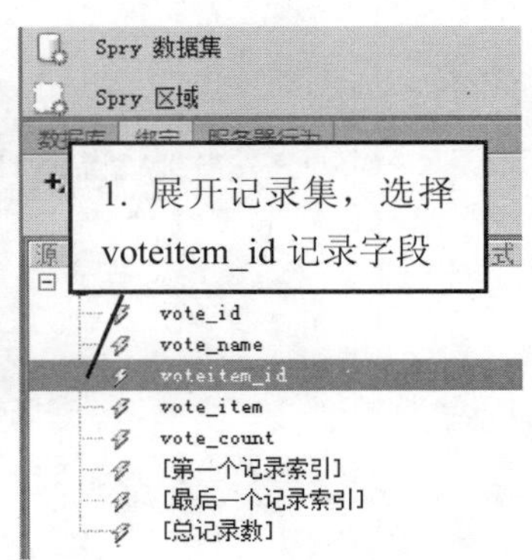

图 7-44　选择 voteitem_id 记录字段

step 06 将该投票活动的名称(vote_name)及选项名称(vote_item)拖曳到页面上的相应位置，如图 7-45 所示。

step 07 选择【我要投票】按钮左侧的一个隐藏字段，名称为 vote_id，作用是要接收上一页传送的 vote_id 参数，然后再传送到下一页去。如此一来下一页也可以接收到这个参数(投票编号)来使用，如图 7-46 所示。

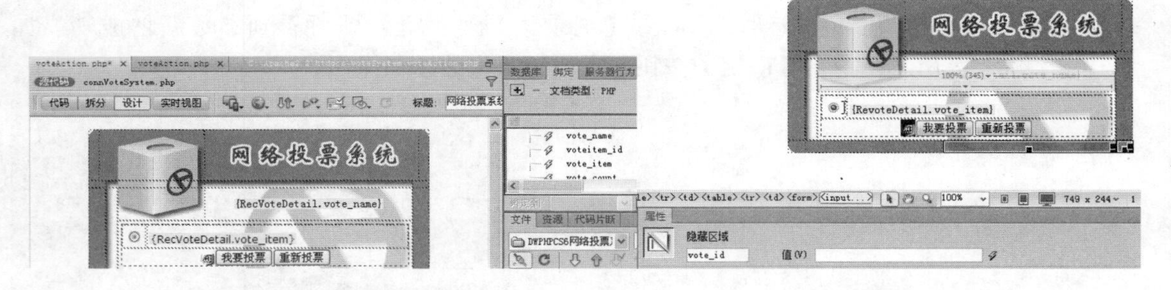

图 7-45　拖曳投票活动名称和选项　　　　图 7-46　隐藏字段 vote_id

step 08 下面设置一个绑定值来承接上一页所传递的参数。切换到【绑定】面板，单击 按钮，在弹出的菜单中选择【请求变量】菜单项，如图 7-47 所示。

step 09 打开【请求变量】对话框，选择【类型】为 Request.QueryString，输入【名称】为 vote_id，如图 7-48 所示。

step 10 单击【确定】按钮，在【绑定】面板中将添加的 URL 变量 vote_id 拖曳到隐藏区域上，那么表单在提交时，这个参数即会跟着传送到下一页中，如图 7-49 所示。

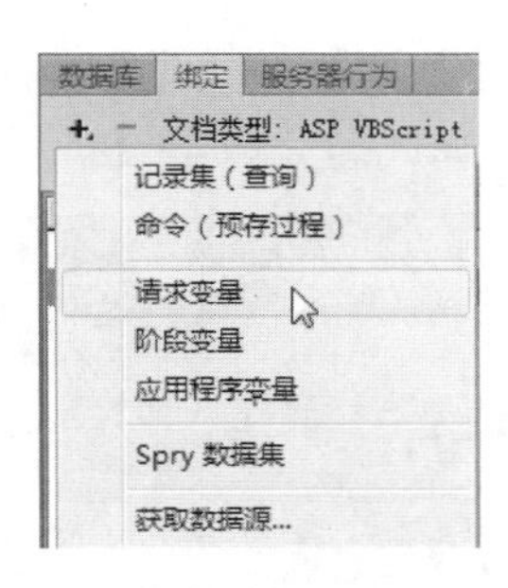

图 7-47　选择【请求变量】菜单项

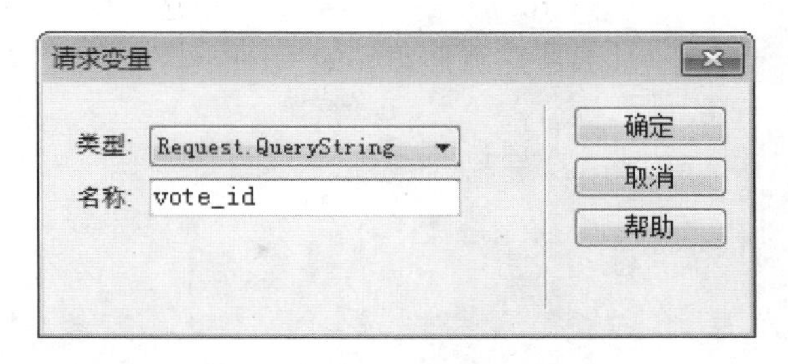

图 7-48　【请求变量】对话框

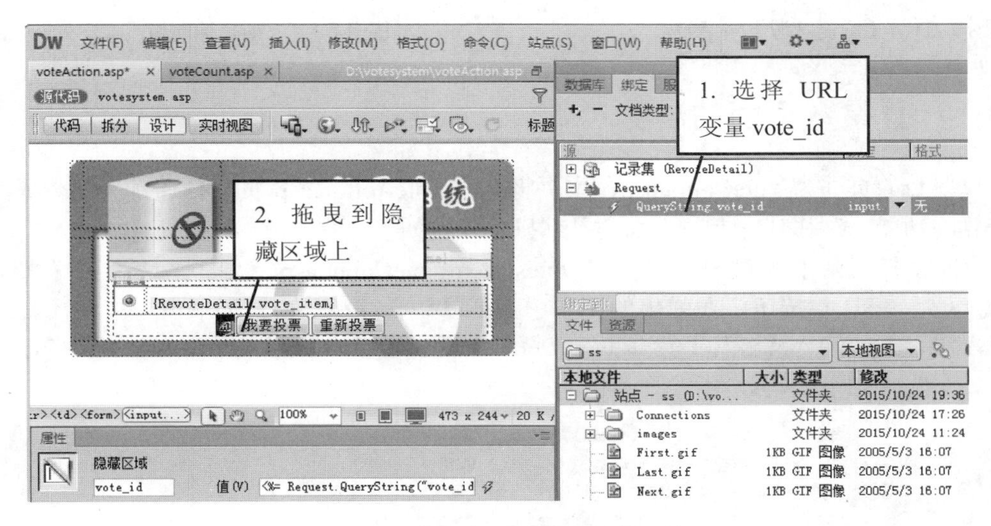

图 7-49　添加 URL 变量到隐藏区域

step 11 选择需要添加重复区域的表格的一行，用于显示所有投票的选项。切换到【服务器行为】面板，单击按钮，在弹出的菜单中选择【重复区域】菜单项，如图 7-50 所示。

图 7-50　选择【重复区域】菜单项

step 12 打开【重复区域】对话框，选择【记录集】为 RevoteDetail，选择【显示】为“所有记录”，如图 7-51 所示。单击【确定】按钮，完成重复区域的设置。

step 13 因为统计票数的操作并不在本页处理，所以要设置表单送出后的目标网页。单击<form>标签，将整个表单选择中，然后在【属性】面板的【动作】文本框中输入计算票数页面“voteCount.asp”，如图 7-52 所示，如此即完成了投票页面的制作。

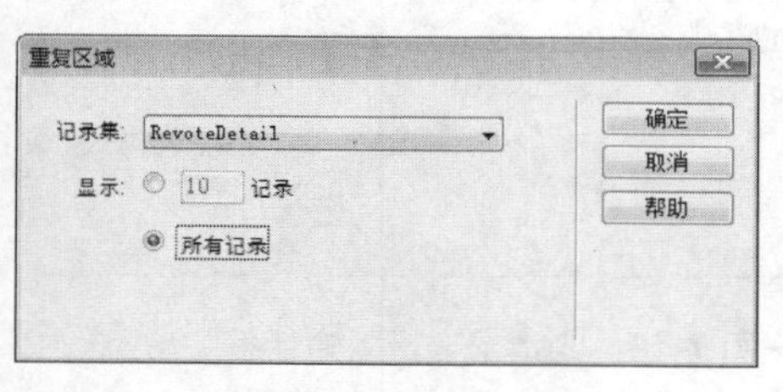

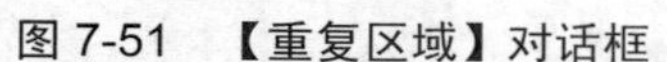
图 7-51 【重复区域】对话框

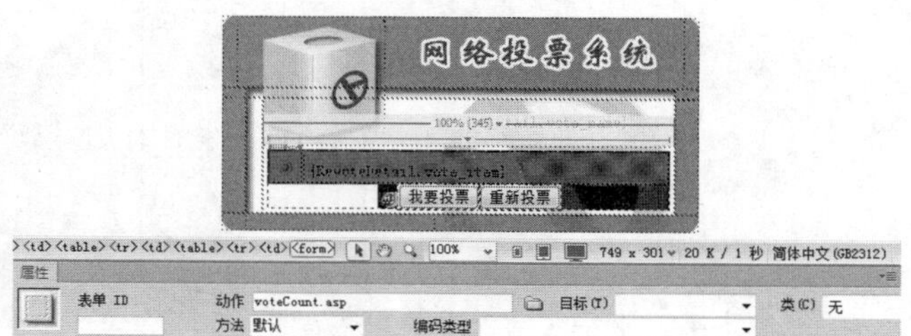

图 7-52 添加目标网页

7.3.3 计算票数页面的制作

计算票数的页面为 voteCount.asp，本页将接收 voteAction.asp 页所传递过来的数据，然后执行计算的功能。制作计算票数页面的具体操作步骤如下。

step 01 打开随书光盘中的“素材\votesystem\voteCount.asp”文件，切换到【绑定】面板，单击+按钮，在弹出的菜单中选择【记录集(查询)】菜单项，打开【记录集】对话框，输入【名称】为 RevoteDetail，设置【连接】为 votesyetm，在 SQL 文本框中输入如下代码：

```
SELECT votemain.vote_id,votemain.vote_name,
       voteitem.voteitem_id,voteitem.vote_item,voteitem.vote_count
       FROM votemain INNER JOIN voteitem
       ON votemain.vote_id = voteitem.vote_id
       WHERE votemain.vote_id = sendID
```

其中 sendID 的作用是接收由前一页所传递过来的参数。代码如图 7-53 所示。

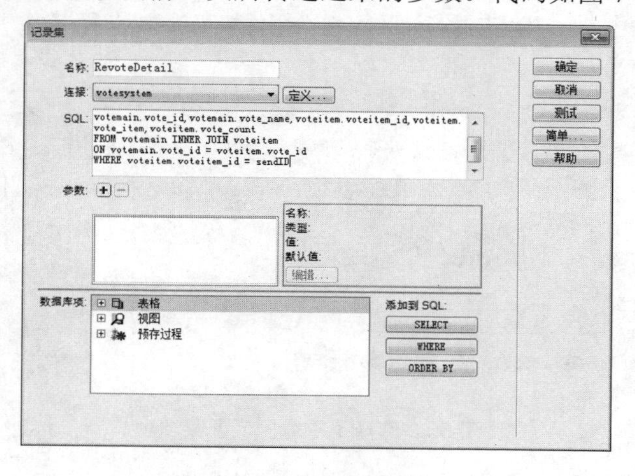

图 7-53 【记录集】对话框

step 02 单击【参数】右侧的+按钮，打开【编辑参数】对话框，输入【名称】为 sendID，设置【类型】为 Numeric，输入【值】为 request.QueryString ("voteitem_id"),

输入【默认值】为 1，如图 7-54 所示。

step 03 单击【确定】按钮，返回到【记录集】对话框，即可看到参数新增成功，如图 7-55 所示。单击【确定】按钮，完成记录集的添加操作。

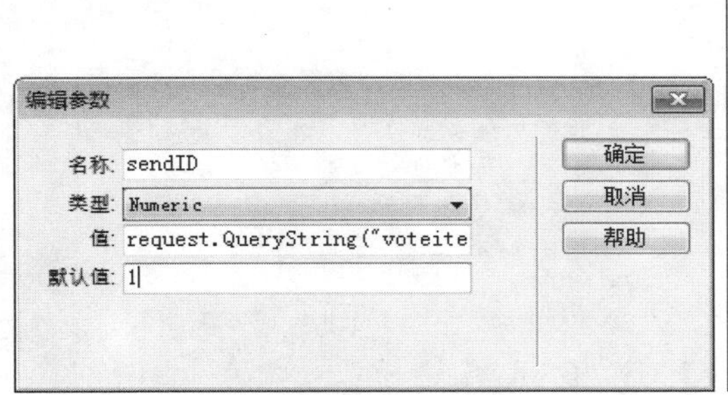

图 7-54 【编辑参数】对话框

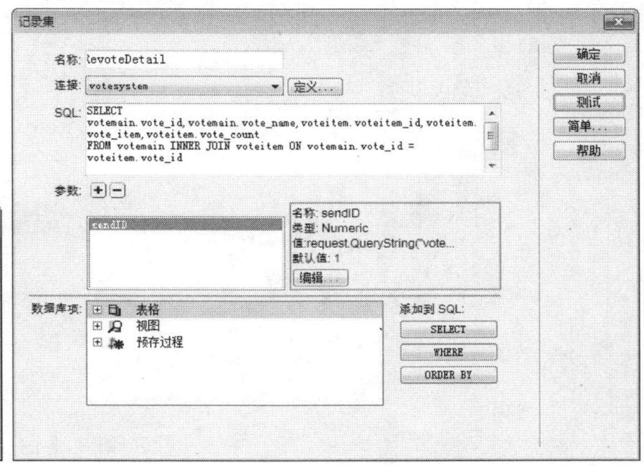

图 7-55 【记录集】对话框

step 04 将该投票活动的名称(vote_name)及选项名称(vote_item)拖曳到页面上的相应位置，如图 7-56 所示。

step 05 切换到【服务器行为】面板，单击+按钮，在弹出的菜单中选择【命令】菜单项，如图 7-57 所示。

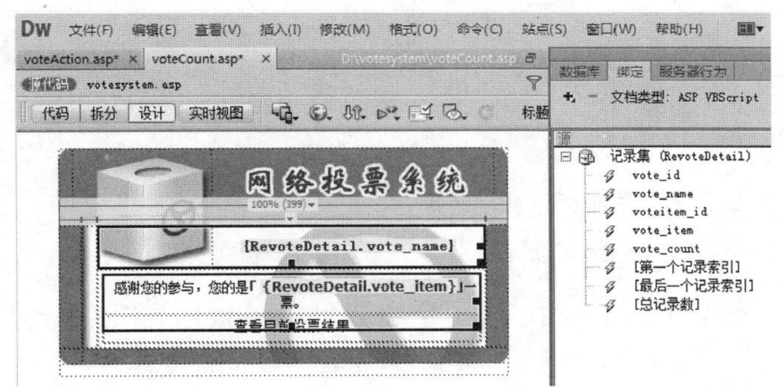

图 7-56 拖曳投票活动名称和选项

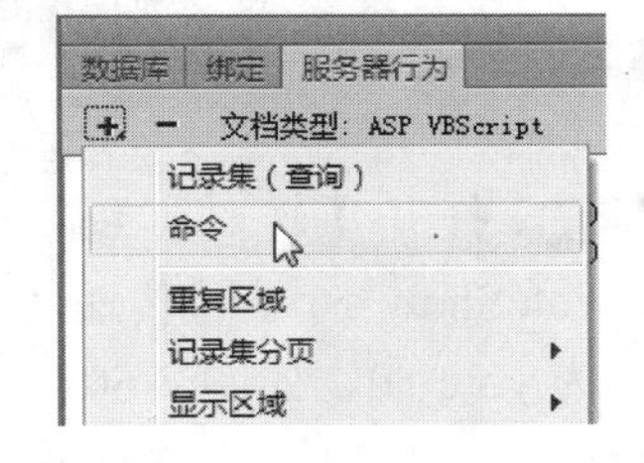

图 7-57 选择【命令】菜单项

step 06 打开【命令】对话框，在【名称】文本框中输入 Command1，选择【连接】为 votesystem，选择【类型】为“更新”，在 SQL 文本框中输入以下代码：

```
UPDATE voteitem
SET votecount = votecount+1
WHERE voteitem_id =sendID
```

上面代码的含义是更新数据表 voteitem，是在 voteitem 数据表的 voteCount 字段保存投票票数。其中 voteCount = voteCount+1 也就是将 voteCount 字段中原有数字加上 1。

step 07 单击【变量】右侧的+按钮，添加变量，设置名称为 sendID、类型为 Numeric，默认值为 1、运行值为 sendID，如图 7-58 示。这是为了接收由前一页所传递过来的参数，以便判断。

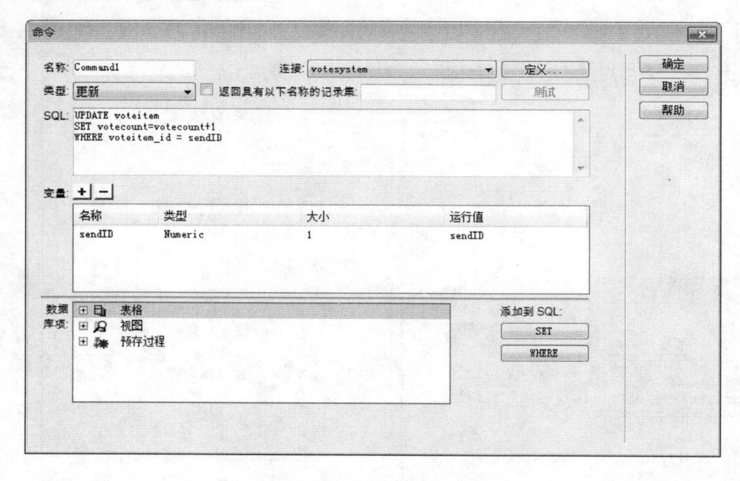

图 7-58 【命令】对话框

step 08 选择文本“查看目前投票结果”，在【服务器行为】面板中单击按钮，在弹出的菜单中选择【转到详细页面】菜单项，如图 7-59 所示。

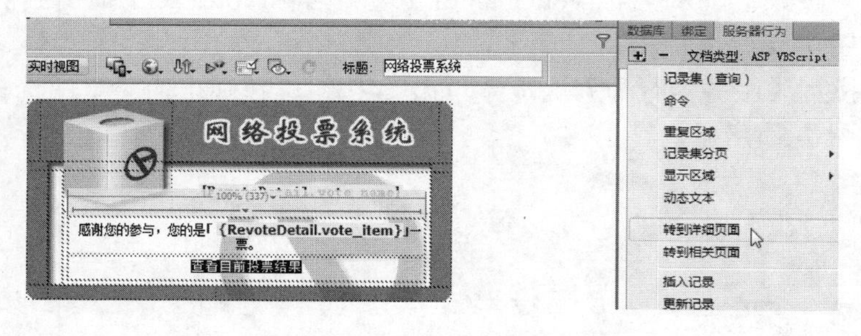

图 7-59 选择【转到详细页面】菜单项

step 09 打开【转到详细页面】对话框，将自动产生链接，设置【详细信息页】为 voteShow.asp、【传递 URL 参数】为 vote_id、【记录集】为 RevoteDetail、【列】为 vote_id，如图 7-60 所示。单击【确定】按钮，完成转到详细页面的设置。

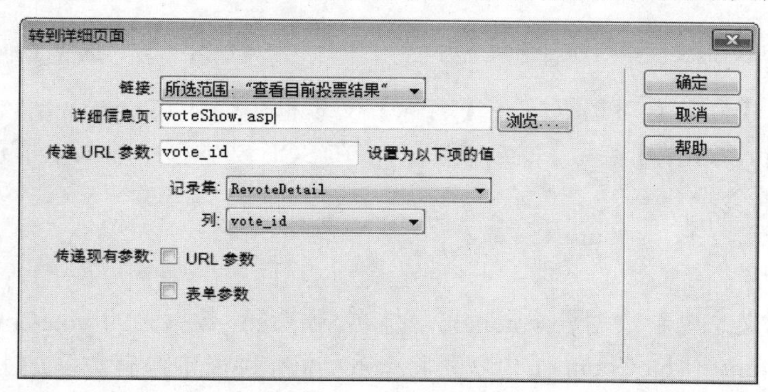

图 7-60 【转到详细页面】对话框

7.3.4 投票结果显示页面的制作

投票结果显示页面为 voteShow.asp，主要作用是把投票的结果以条形图的方式显示。制作投票结果显示页面的操作步骤如下。

step 01 打开随书光盘中的“素材\votesystem\voteShow.asp”文件，切换到【绑定】面板，单击按钮，在弹出的菜单中选择【记录集(查询)】菜单项，打开【记录集】对话框，输入【名称】为 voteSummary，选择【连接】为 votesystem，选择【表格】为 voteitem，选择【列】为“选定的”，选择字段为 vote_count，选择【筛选】为 vote_id、=、URL 参数、vote_id，如图 7-61 所示。

step 02 单击【高级】按钮，即可查看 SQL 代码，如图 7-62 所示。

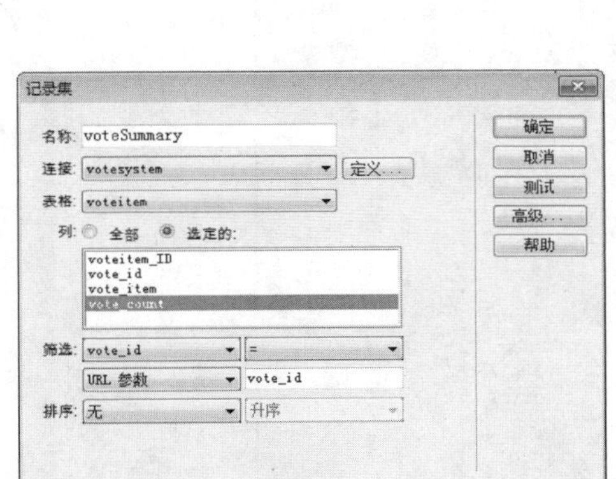

图 7-61 【记录集】对话框

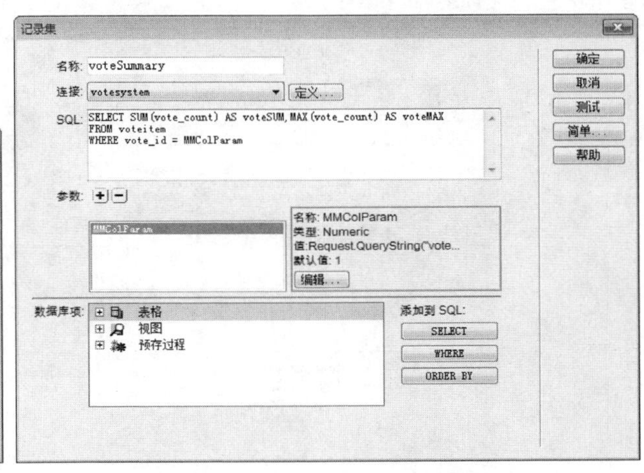

图 7-62 查看 SQL 代码

step 03 单击【确定】按钮，完成添加记录集操作，如图 7-63 所示。

图 7-63 完成添加记录集

step 04 接着绑定第二个记录集 RecVoteShow，这个记录集即用于显示投票的详细数据，包含投票活动名称、投票选项名称及其得票总数等，最重要的是还要添加一个字段显示每个选项图片宽度。切换到【绑定】面板，单击按钮，在弹出的菜单中选择【记录集(查询)】菜单项，打开【记录集】对话框。进入高级模式，在【名称】文本框中输入 RecVoteShow，选择【连接】为 votesystem，在 SQL 文本框中输入如下代码：

```
SELECT votemain.vote_id,votemain.vote_name,voteitem.voteitem_id,
       voteitem.vote_item,voteitem.vote_count,
       (voteitem.vote count/voteSUM*200) AS votePercent
       FROM  votemain INNER JOIN voteitem
       ON  votemain.vote_id = voteitem.vote_id
       WHERE  votemain.vote_id = sendID
```

在本页中设置条形图宽度(长度)不超过 200 像素，所以代表每个投票选项的图片宽度可以用以下的公式来代表：

```
(投票选项的得票数/该投票活动的总得票数 )*200
```

输入代码效果如图 7-64 所示。

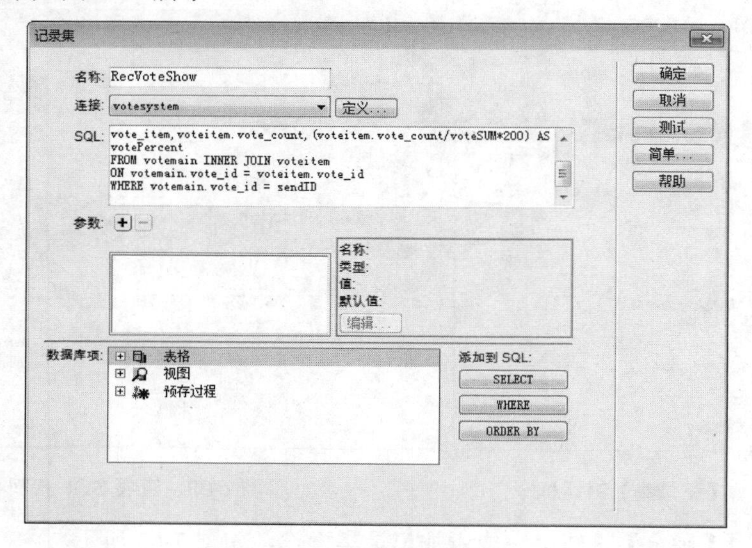

图 7-64 【记录集】对话框

step 05 单击【参数】右侧的+按钮，在打开的【添加参数】对话框中设置【名称】为 voteSUM、【类型】为 Numeric、【值】为 voteSUM =voteSummary.Fields.Item ("voteSUM")、【默认值】为 1，如图 7-65 所示，单击【确定】按钮。

step 06 重复上一步操作，设置【名称】为 sendID、【类型】为 Numeric、【值】为 request.QueryString("votemain.vote_id")、【默认值】为 1，如图 7-66 所示，单击【确定】按钮。

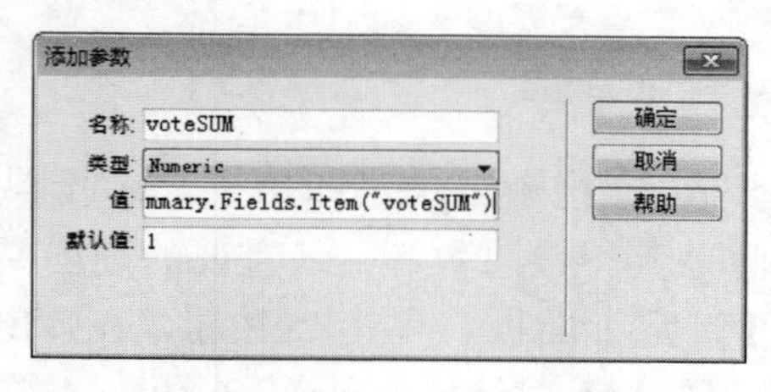

图 7-65 添加参数 voteSUM

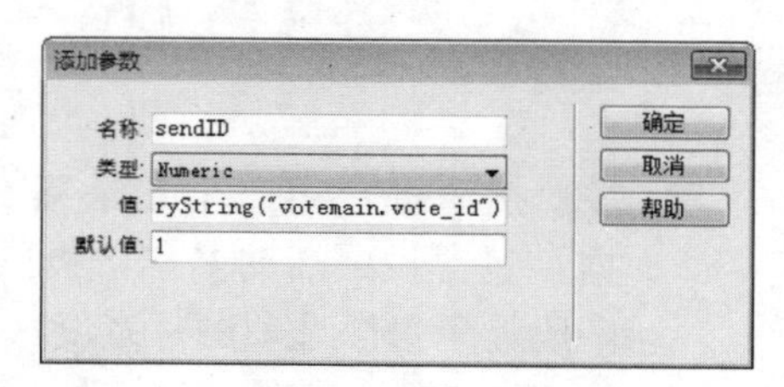

图 7-66 添加参数 sendID

step 07 返回到【记录集】对话框，添加的两个变量参数的效果如图 7-67 所示，单击【确定】按钮。

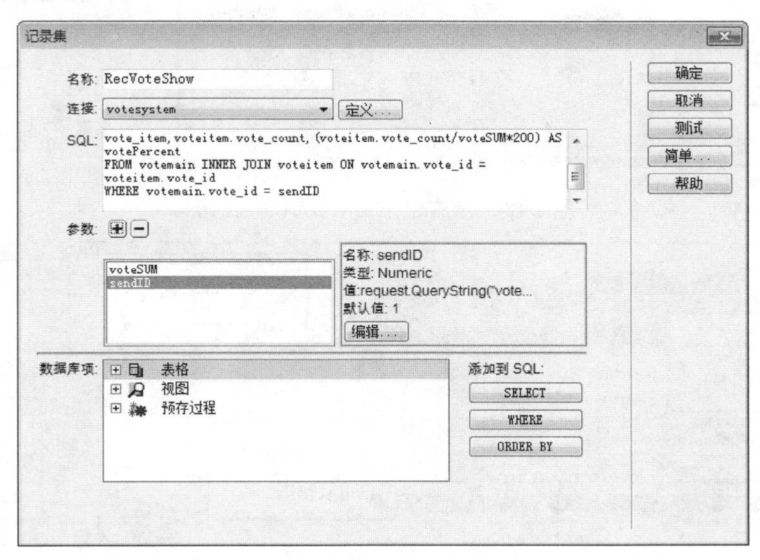

图 7-67 【记录集】对话框

提示 因为第二个记录集 RecVoteShow 会使用到 voteSummary 记录集的 voteSUM 字段数据，所以一定要按照顺序先完成第一个记录集，再来绑定第二个，如此 RecVoteShow 记录集才不会因为无法取得第一个记录集中的字段值而绑定失败。

step 08 切换到【绑定】面板，展开记录集 voteSummary，将投票活动的总票数 vote_Sum 和最高票数 vote_Max 字段拖曳到网页的指定位置，如图 7-68 所示。

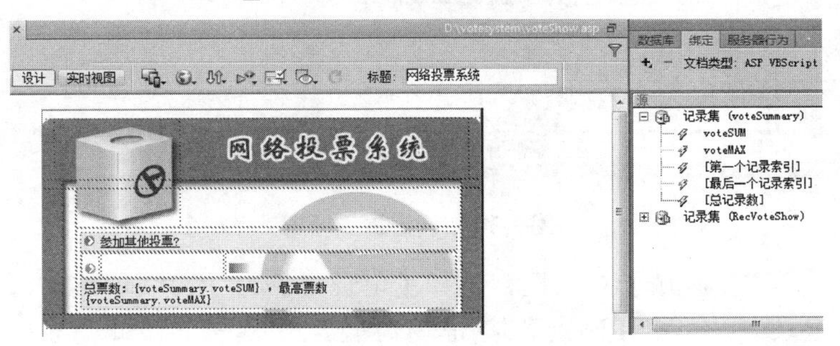

图 7-68 展开记录集 voteSummary

step 09 展开记录集 RecVoteShow，将需要显示字段拖曳到网页合适的位置，如图 7-69 所示。

step 10 这个页面是使用条形图来显示统计的结果，现在已经将每个投票选项的得票比例保存到 votePercent 字段中，所以只要让页面中图片的宽度与这个字段值绑定一起即可。图片的宽度在 HTML 中设置属性名称为 width，如果可以将这个属性值设置为记录集中 votePercent，即可成功完成条形图的显示。设置方法如图 7-70 所示。

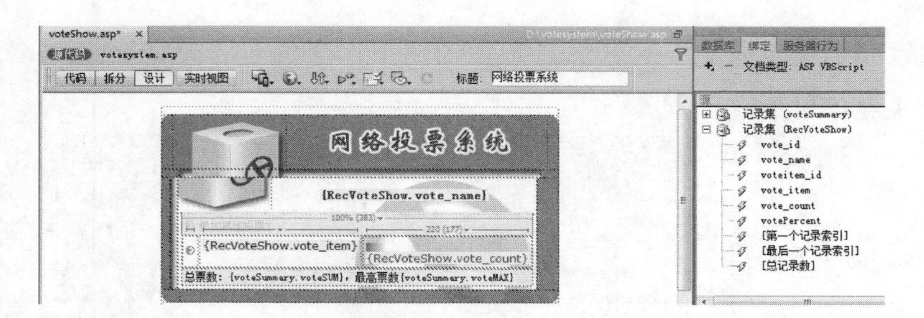

图 7-69　展开记录集 RecVoteShow

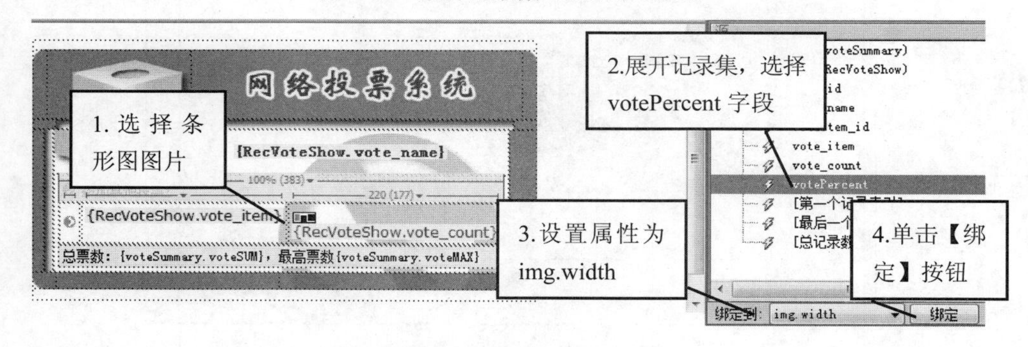

图 7-70　使用条形图显示统计结果

step 11 设置重复区域，显示所有的投票选项，方法如图 7-71 所示。

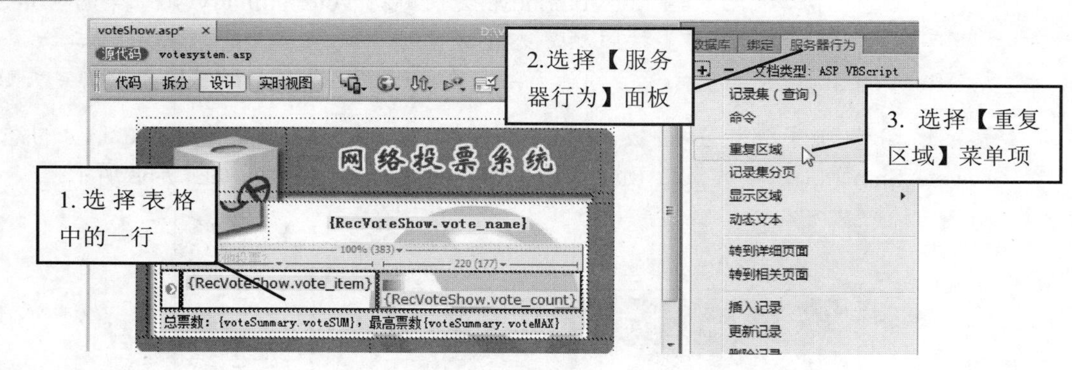

图 7-71　设置重复区域

step 12 打开【重复区域】对话框，选择【记录集】为 RecVoteShow，设置【显示】为“所有记录”，单击【确定】按钮，如图 7-72 所示。至此完成投票结果显示页面 voteShow.asp 的制作。

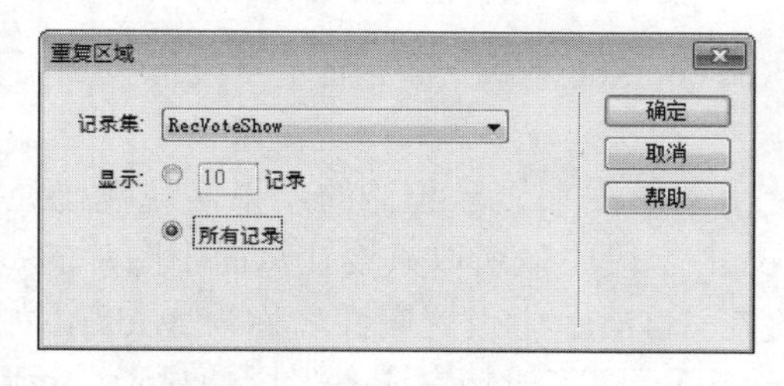

图 7-72　【重复区域】对话框

7.4 网络投票系统管理界面的制作

在网络投票系统中，可以添加投票活动，也可以删除过期的投票活动，且投票系统的维护十分重要。

7.4.1 管理员登录页面的制作

由于管理员页面是不允许网站访问者进入的，必须受到权限管理，可以利用管理员用户账号和用户密码来判断是否有此用户。制作管理员登录页面的操作步骤如下。

step 01 打开随书光盘中的“素材\votesystem\voteAdminLogin.asp”文件，切换到【服务器行为】面板，单击按钮，在弹出的菜单中选择【用户身份验证】→【登录用户】菜单项，如图 7-73 所示。

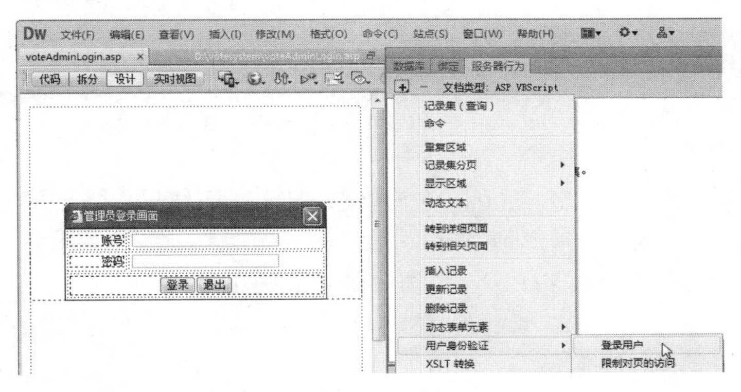

图 7-73 选择【登录用户】菜单项

step 02 打开【登录用户】对话框，设置参数如图 7-74 所示。

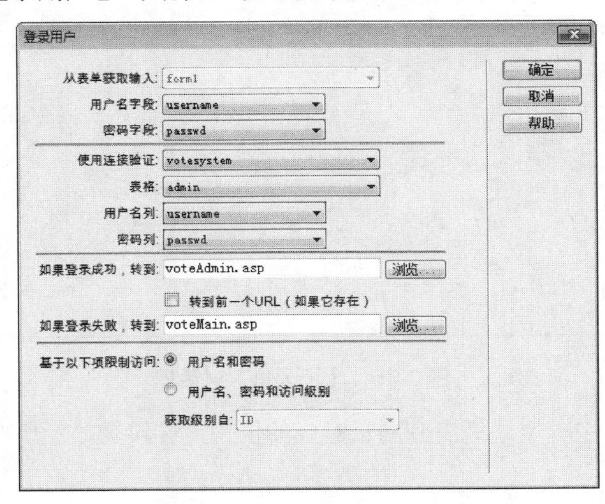

图 7-74 【登录用户】对话框

表单中有两个字段，username 是输入管理员名称的字段，passwd 是输入管理员密码的字段。登录管理员的服务器行为，是将管理员所输入的账号和密码与数据表中所保存的管理员名称和密码对比，若是符合即转到管理界面，不符合即退出到原主画面。

step 03 单击【确定】按钮，完成管理员登录页面 voteAdminLogin.asp 的制作。

7.4.2 系统管理主页面的制作

用户登录成功后，将进入系统管理主界面 voteAdmin.asp。制作该网页的操作步骤如下。

step 01 打开随书光盘中的“素材\votesystem\voteAdmin.asp”文件，切换到【绑定】面板，单击按钮，在弹出的菜单中选择【记录集(查询)】菜单项，打开【记录集】对话框，进入高级模式，输入【名称】为 ReVoteMain，选择【连接】为 Votesystem，在 SQL 文本框中输入如下代码：

```
SELECT votemain.vote_id,votemain.vote_name,
votemain.vote_time,SUM(voteitem.vote_count) AS sumVote
FROM votemain INNER JOIN voteitem ON votemain.vote_id = voteitem.vote_id
GROUP BY votemain.vote_id,votemain.vote_name,votemain.vote_time
ORDER BY votemain.vote_time DESC
```

其中 ORDER BY votemain.vote_time DESC 表示查询结果以按照举办时间递减排序。DESC 表示递减排序，ASC 表示递增排序。

step 02 输入代码如图 7-75 所示，单击【确定】按钮。

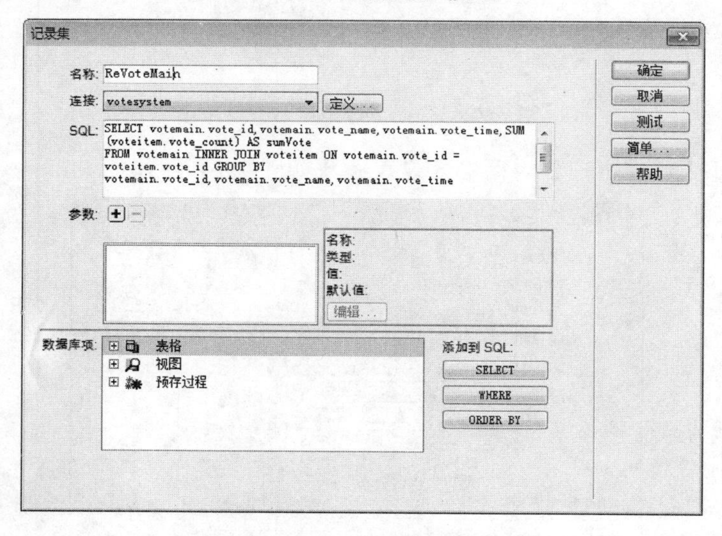

图 7-75 【记录集】对话框

step 03 将记录集中的字段拖曳到网页对应的位置，并设置显示所有的记录数，如图 7-76 所示。

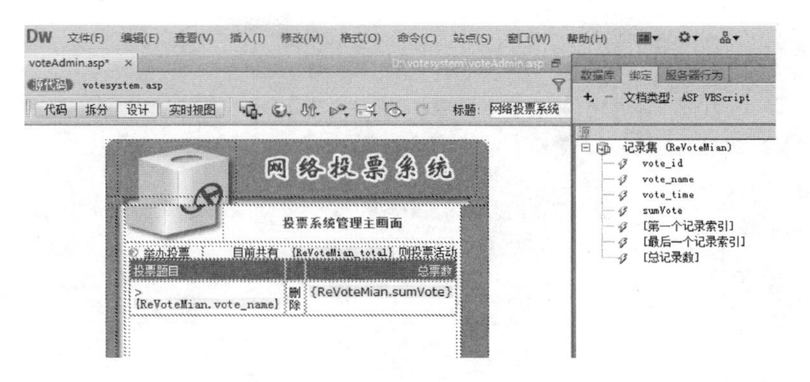

图 7-76 拖曳需要的记录字段

step 04 选择需要重复区域的表格第二行，切换到【服务器行为】面板，单击按钮，在弹出的菜单中选择【重复区域】菜单项，如图 7-77 所示。

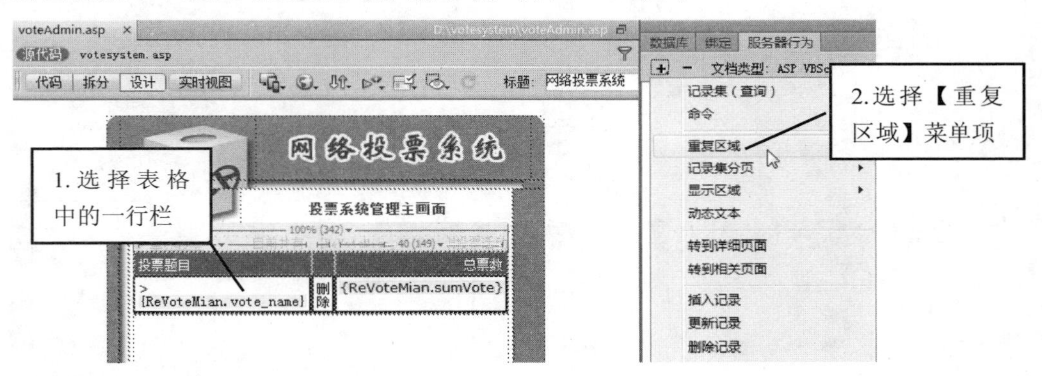

图 7-77 选择【重复区域】菜单项

step 05 打开【重复区域】对话框，选择【记录集】为 ReVoteMain，选择【显示】为 10 条记录，单击【确定】按钮，如图 7-78 所示。

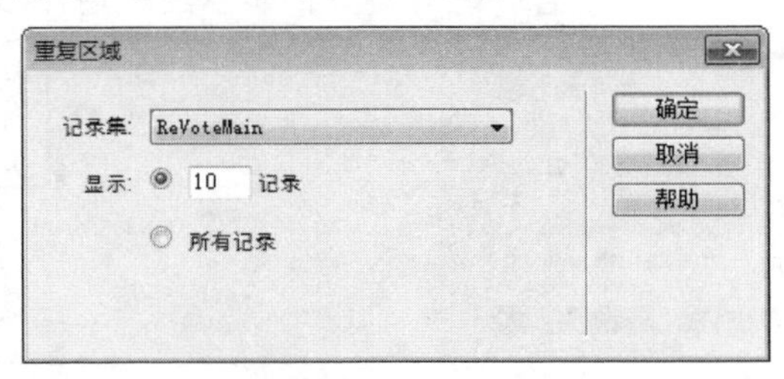

图 7-78 【重复区域】对话框

step 06 将光标定位在下方的单元格中，然后在【插入】面板中选择【数据】→【记录集分页】→【记录集导航条】菜单项，如图 7-79 所示。

step 07 打开【记录集导航条】对话框，选择【记录集】为 ReVoteMain，选择【显示方式】为“图像”，单击【确定】按钮，如图 7-80 所示。

step 08 插入记录集导航条后，参考第 7.3.1 节相关步骤，调整导航条的属性，结果如图 7-81 所示。

图 7-79　选择【记录集导航条】菜单项

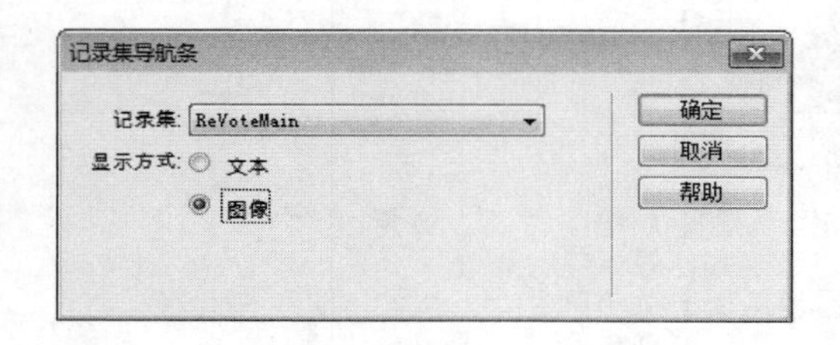

图 7-80　【记录集导航条】对话框

图 7-81　调整导航条的属性

step 09 选择上方的表格，设置记录集不为空则显示的区域，设置方法如图 7-82 所示。

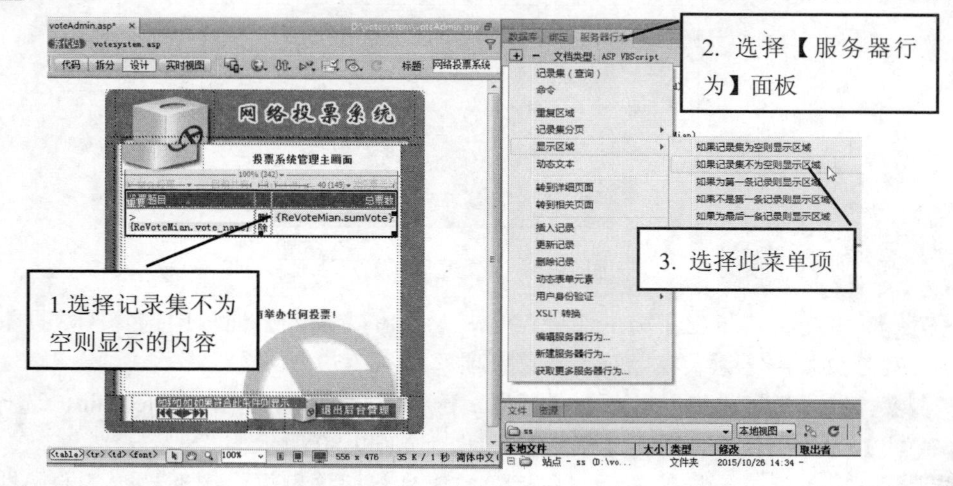
2. 选择【服务器行为】面板
3. 选择此菜单项
1.选择记录集不为空则显示的内容

图 7-82　选择【如果记录集不为空则显示区域】菜单项

step 10 打开【如果记录集不为空则显示区域】对话框，选择判断的记录集为 ReVoteMain，单击【确定】按钮完成设置，如图 7-83 所示。

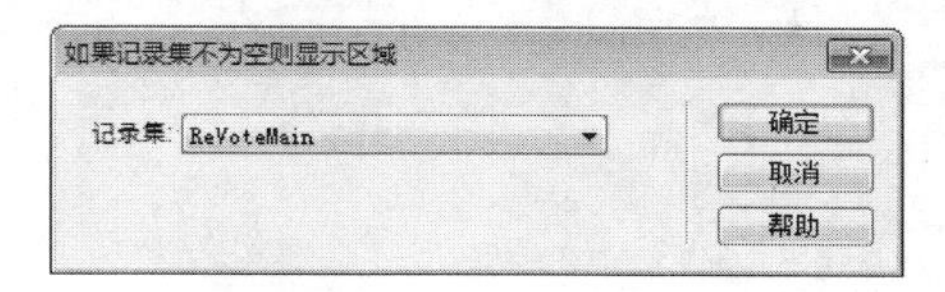

图 7-83 【如果记录集不为空则显示区域】对话框

step 11 选择下方的表格，设置记录集为空则显示的区域，设置方法如图 7-84 所示。

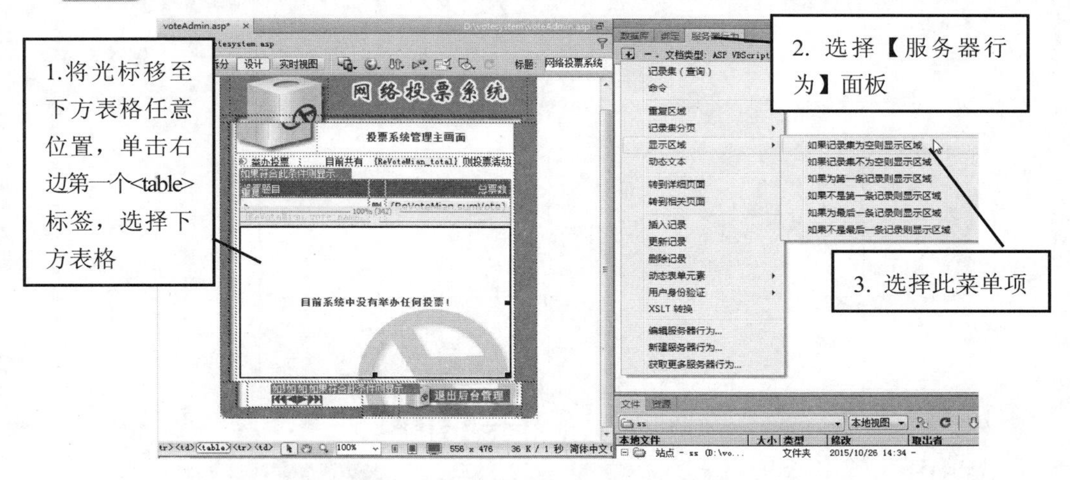

图 7-84 选择【如果记录集为空则显示区域】菜单项

step 12 打开【如果记录集为空则显示区域】对话框，选择判断的记录集为 ReVoteMain，单击【确定】按钮完成设置，如图 7-85 所示。

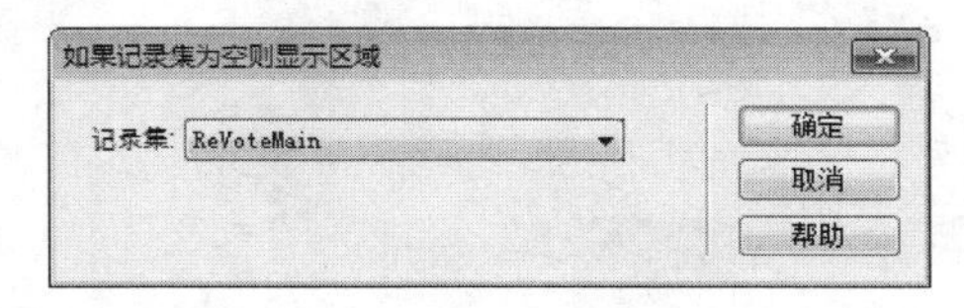

图 7-85 【如果记录集为空则显示区域】对话框

step 13 下面设置一个转到详细页面的链接，让管理员可以浏览某个投票活动的结果。选择“投票题目”文本，在【服务器行为】面板中单击 + 按钮，在弹出的菜单中选择【转到详细页面】菜单项，如图 7-86 所示。

step 14 打开【转到详细页面】对话框，将自动产生链接，设置【详细信息页】为 voteAdminShow.asp、【传递 URL 参数】为 vote_id、【记录集】为 ReVoteMain、【列】为 vote_id，如图 7-87 所示，单击【确定】按钮，完成转到详细页面的设置。

step 15 下面设置“删除”链接，让管理员可以删除某个投票活动。选择“删除”文本，在【服务器行为】面板中单击 + 按钮，在弹出的菜单中选择【转到详细页面】

菜单项，如图 7-88 所示。

图 7-86 选择【转到详细页面】菜单项

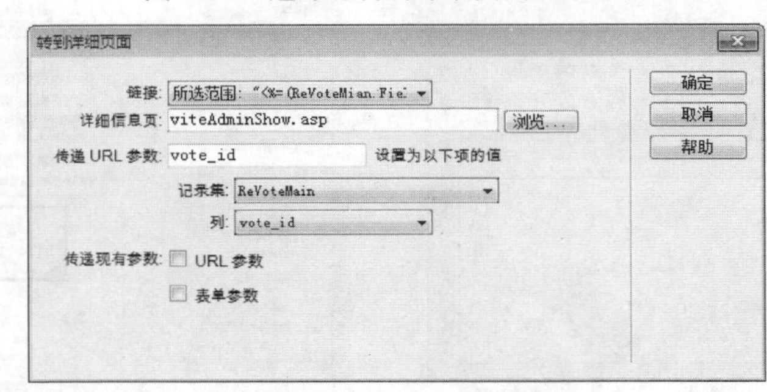

图 7-87 【转到详细页面】对话框

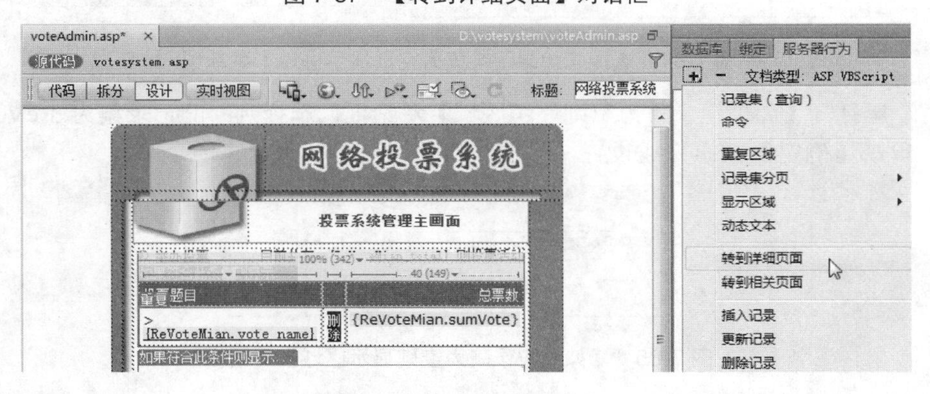

图 7-88 选择【转到详细页面】命令

step 16 打开【转到详细页面】对话框，设置【详细信息页】为 voteAdminDel.asp、【传递 URL 参数】为 vote_id、【记录集】为 ReVoteMain、【列】为 vote_id，如图 7-89 所示，单击【确定】按钮，完成转到详细页面的设置。

step 17 由于 voteAdmin.asp 页面是管理界面，为了避免浏览者跳过登录画面来读取这个页面，可以加上服务器行为来防止这个漏洞。在【服务器行为】面板中单击 + 按钮，在弹出的菜单中选择【用户身份验证】→【限制对页的访问】菜单项，如图 7-90 所示。

step 18 打开【限制对页的访问】对话框，选择【基于以下内容进行限制】为用户名和密码，设置【如果访问被拒绝，则转到】为 voteAdminLogin.asp，单击【确定】按钮，如图 7-91 所示。至此完成投票系统管理主界面 voteAdmin.asp 的制作。

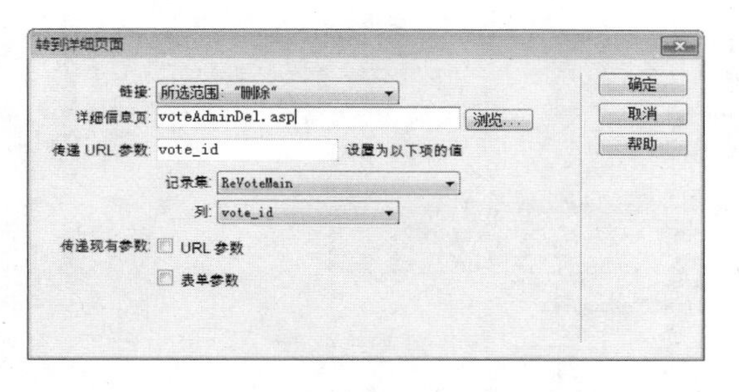

图 7-89 【转到详细页面】对话框

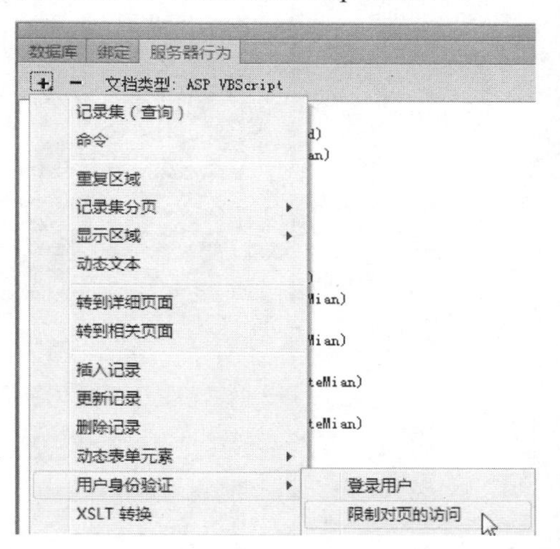

图 7-90 选择【限制对页的访问】菜单项

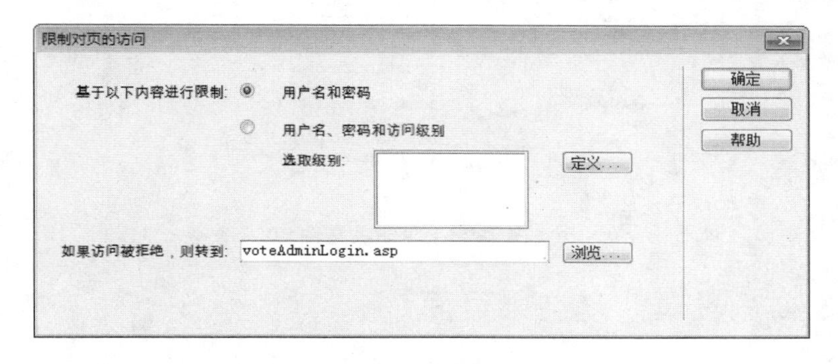

图 7-91 【限制对页的访问】对话框

7.4.3 复制页面

在管理界面中有两个页面在设计上十分相似，一个是让管理员浏览目前投票结果的页面，另一个是让管理员决定是否要删除某个投票活动的页面，它们都会以条形图显示投票结果。其实这两个页面都可以使用已经制作的 voteShow.asp 来修改，所以在这里可以先复制两次 voteShow.asp 页面，然后对复制的两个页面进行修改即可。

在【文件】面板中选择 voteShow.asp 页面，右击并在弹出的菜单中选择【编辑】→【复制】命令，如图 7-92 所示。

再次重复上一步操作，即可复制两个 voteShow.asp 页面，然后分别修改名称为 voteAdminShow.asp 和 voteAdminDel.asp，如图 7-93 所示。

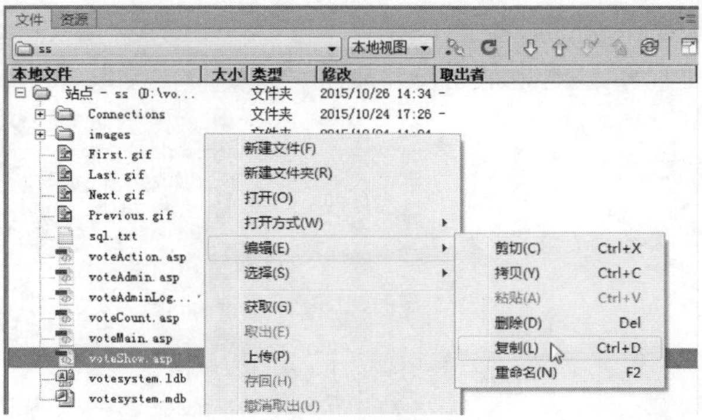

图 7-92　复制文件

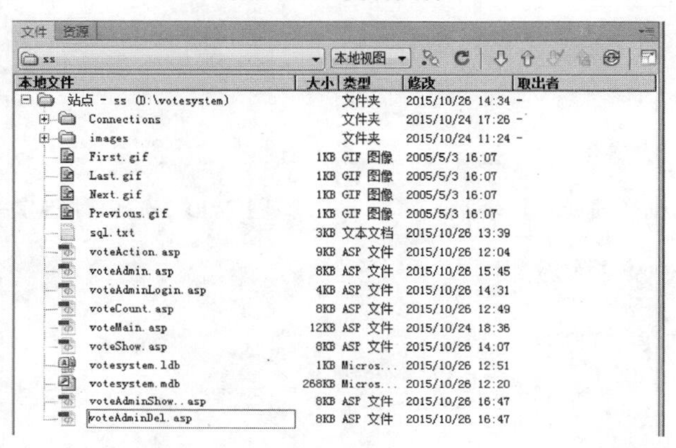

图 7-93　重命名文件

7.4.4　修改浏览投票活动结果页面

浏览投票活动结果页面为 voteAdminShow.asp，修改该页面的操作步骤如下。

step 01 打开 voteAdminShow.asp 页面，将显示投票结果第一栏文字“参加其他投票”删除，如图 7-94 所示。

step 02 将上方显示投票活动名称的字段拖曳到合适的单元格中，然后设置为居中显示，如图 7-95 所示。

图 7-94　删除文字“参加其他投票”

图 7-95　设置投票活动名称字段的位置

step 03 打开随书光盘中的“素材\votesystem\layout.htm”文件，其中有两个表格，选择上方的表格后按 Ctrl + C 组合键复制，如图 7-96 所示。

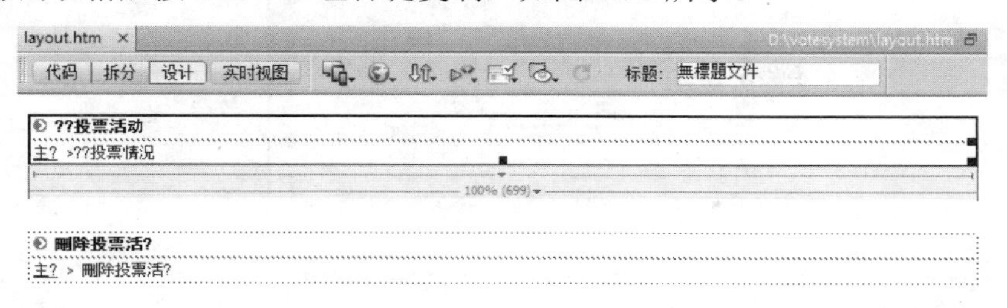

图 7-96 复制上方的表格

step 04 返回到 voteAdminShow.asp 文件中，将光标移到最上方的单元格中，按 Ctrl+V 组合键粘贴即可，如图 7-97 所示。

图 7-97 粘贴到上方的单元格中

7.4.5 修改删除投票活动确认页面

voteAdminDel.asp 页面大致上与 voteAdminShow.asp 十分类似，不同的是这里要有一个转到执行删除操作的访问。具体操作步骤如下。

step 01 打开 voteAdminDel.asp 页面，参照上一节操作，设置效果如图 7-98 所示。

step 02 打开随书光盘中的“素材\votesystem\layout.htm”文件，其中有两个表格，选择下方的表格后按 Ctrl + C 组合键复制，如图 7-99 所示。

图 7-98 设置投票活动名称字段的位置

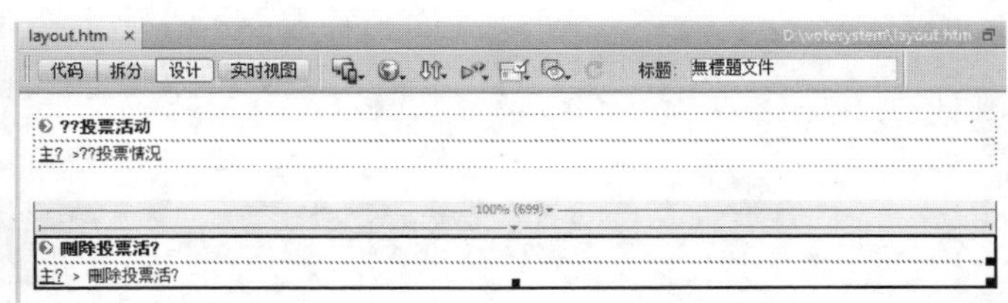

图 7-99 复制下方的表格

step 03 返回到 voteAdminDel.asp 文件中，将光标移到最上方的单元格中，按 Ctrl+V 组合键粘贴即可，如图 7-100 所示。

图 7-100　粘贴到上方的单元格中

step 04 将光标放在需要插入按钮的位置，在【插入】面板中选择【表单】→【按钮】菜单项，如图 7-101 所示。

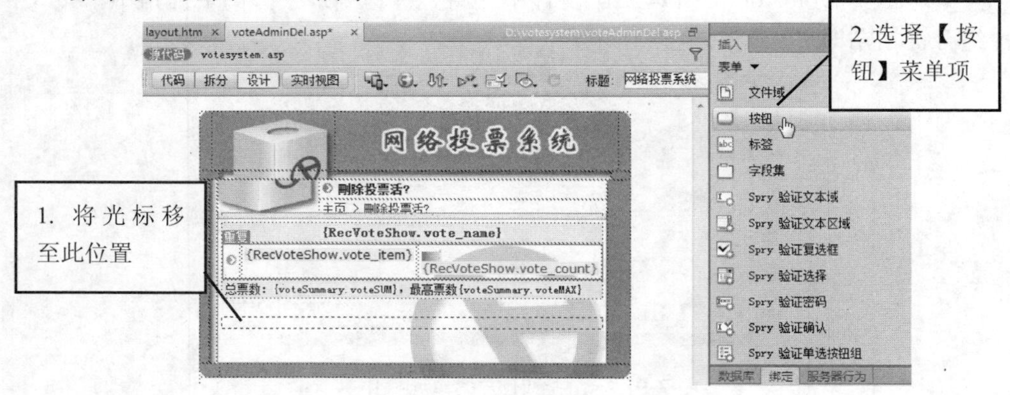

图 7-101　选择【按钮】菜单项

step 05 成功插入按钮，在【属性】面板中将【值】修改为“确定删除此投票活动吗？”，如图 7-102 所示。

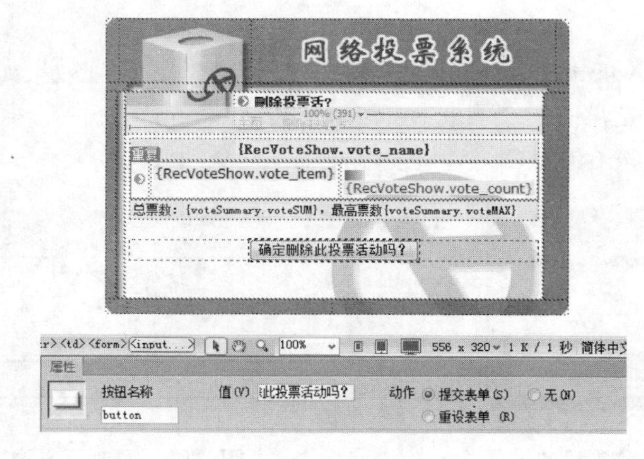

图 7-102　修改按钮的属性

如果管理员在本页单击了这个的按钮，网页会将该项投票活动编号传送至另一页做删除处理。在这里需要加入一个隐藏区域来接收由上一页传送过来的编号，以便在本页表单提交时能送到下一页去。

step 06 在【插入】面板中选择【表单】→【隐藏域】菜单项，如图 7-103 所示。

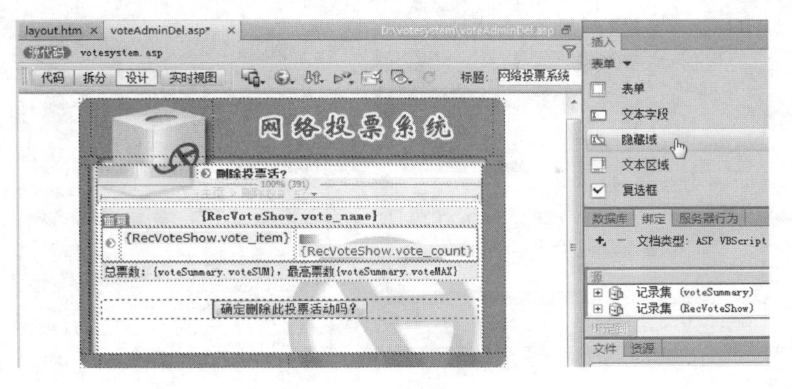

图 7-103　选择【隐藏域】菜单项

step 07 插入隐藏域后，切换到【绑定】面板，单击按钮，在弹出的菜单中选择【请求变量】菜单项，如图 7-104 所示。

图 7-104　选择【请求变量】菜单项

step 08 打开【请求变量】对话框，选择【类型】为 Requset.QueryString，输入【名称】为 vote_id，单击【确定】按钮，如图 7-105 所示。

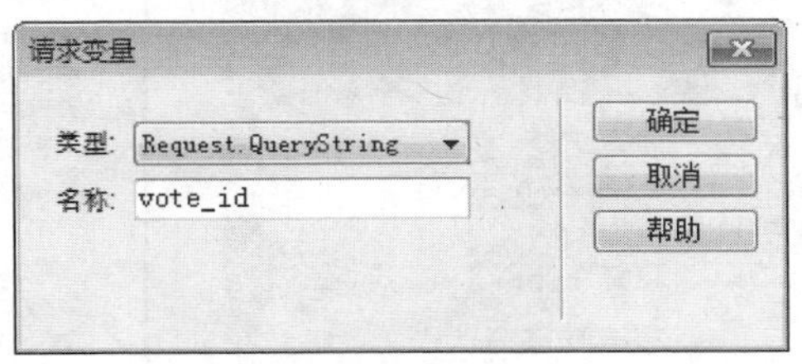

图 7-105　【请求变量】对话框

step 09 在【属性】面板中将隐藏区域的名称修改为 vote_id，然后在【绑定】面板中将新添加的变量拖曳到隐藏区域上，如图 7-106 所示。

step 10 最后要设置单击表单按钮后会转到的页面。选择<form>标签将表单选中，然后在【属性】面板中输入转到的网页 function_del.asp，如图 7-107 所示。

图 7-106　将变量拖曳到隐藏区域

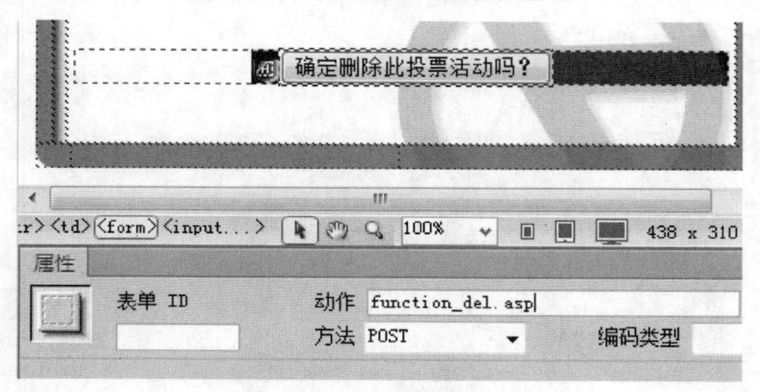

图 7-107　设置按钮的转到页面

step 11 切换到【服务器行为】面板，单击 按钮，在弹出的菜单中选择【删除记录】菜单项，如图 7-108 所示。

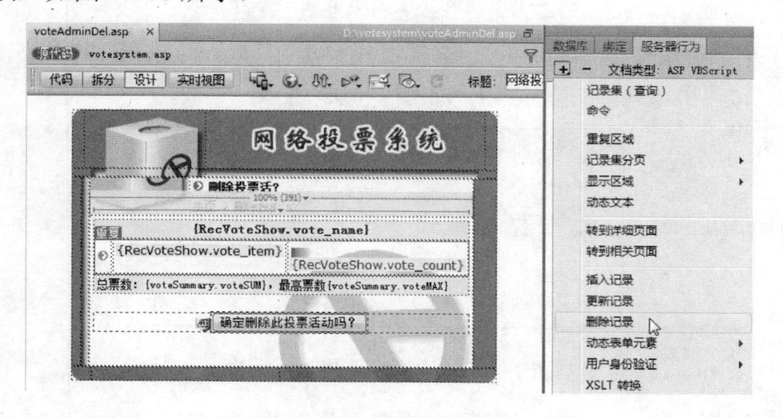

图 7-108　选择【删除记录】菜单项

step 12 打开【删除记录】对话框，设置参数如图 7-109 所示，单击【确定】按钮。

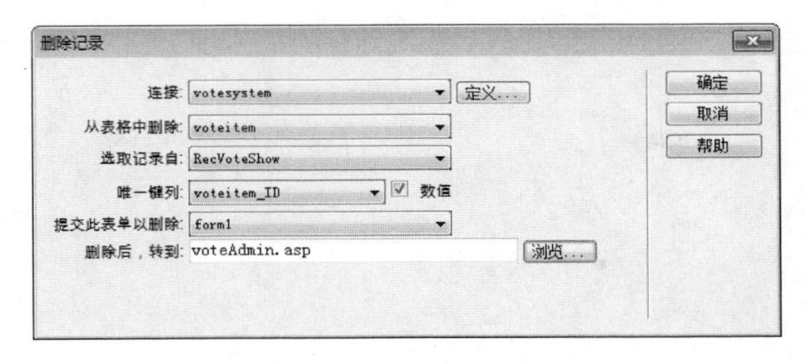

图 7-109 【删除记录】对话框

step 13 最终效果如图 7-110 所示。至此完成修改删除投票活动确认页面的操作。

图 7-110 最终效果

网络投票系统就此完成。

第8章 数字留言板系统

随着互联网的发展，越来越多的用户已经可以使用互联网进行信息交互，而网站留言板的开发解决了信息交互复杂和交互困难的难题。留言板主要提供一个网上信息发布平台，大多作为网站的辅助功能存在。浏览网页的用户可以通过该留言板进行留言的查看，而管理员则可以对用户的留言进行更改和删除等操作。

学习目标(已掌握的在方框中打钩)

- ☐ 熟悉数字留言板系统的功能
- ☐ 掌握数字留言板系统的数据库设计和连接方法
- ☐ 掌握留言板系统访问页面的制作方法
- ☐ 掌握留言板系统后台管理页面的制作方法

8.1 系统的功能分析

本章所制作的数字留言板，留言显示及管理留言的功能都十分完整，相信用户可以在以下的操作中，能制作出一个设计出色、功能完整的留言板。

8.1.1 规划网页结构和功能

本章将要制作的数字留言板系统的网页结构如图 8-1 所示。

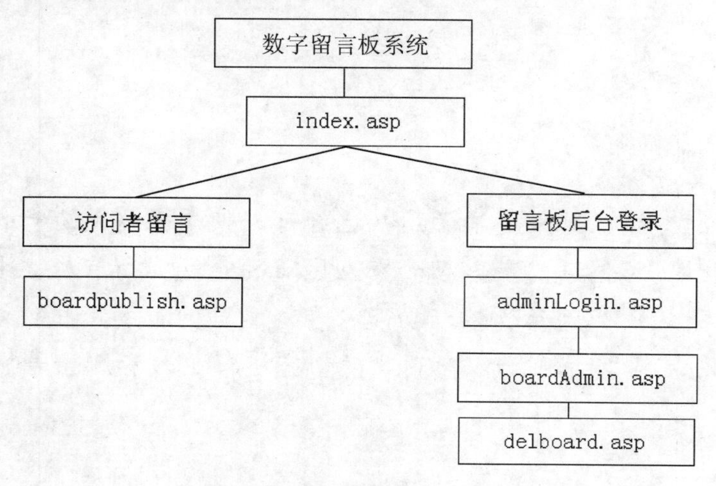

图 8-1 留言板系统结构图

本系统的主要结构分为留言者访问部分和留言板后台管理两个部分，整个系统中共有 5 个页面，各个页面的名称和对应的文件名、功能如表 8-1 所示。

表 8-1 留言板系统网页设计表

页面名称	功 能
index.asp	数字留言板的主页面
boardpublish.asp	访问者留言页面
adminLogin.asp	管理员登录页面
boardAdmin.asp	后台管理主页面
delboard.asp	删除留言页面

8.1.2 网页美工设计

本实例整体框架比较简单，美工设计效果如图 8-2 所示。初学者在设计制作过程中，可以打开光盘中的素材，找到相关站点的 images(图片)文件夹，其中放置了已经编辑好的图片。

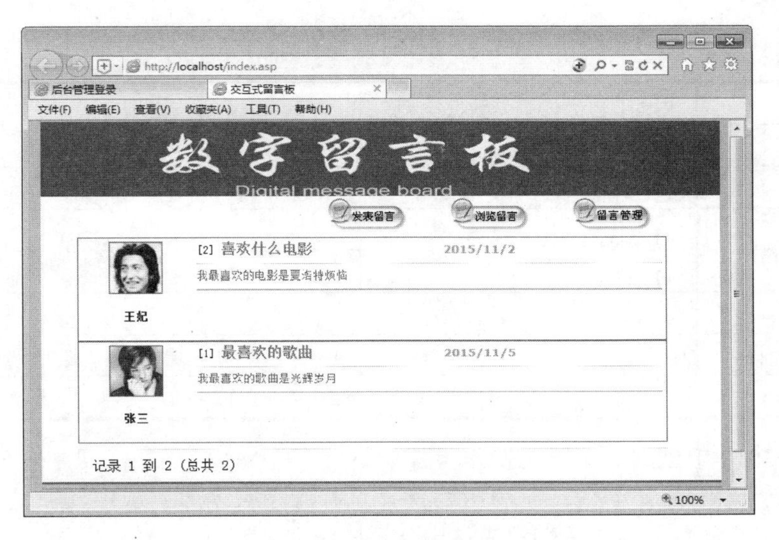

图 8-2 首页的美工效果

8.2 数据库设计与连接

本节主要讲述如何使用 Access 2010 建立数字留言板系统的数据库，该数据库主要用来存储管理员信息和留言信息，同时进一步掌握留言板系统数据库的连接方法。

8.2.1 数据库的设计

通过对网站投票系统的功能分析发现，这个数据库应该包括 2 张表，分别为 admin 数据表和 board 数据表。

1. admin 数据表

这个数据库表主要是储存登入管理界面的账号与密码，主键为 ID，该数据库的结构如表 8-2 所示。

表 8-2 admin 数据表的结构

意 义	字段名称	数据类型	字段大小	必填字段	允许空字符串
用户编号	ID	自动编号	长整型		
用户名称	username	文本	20	是	否
用户密码	passwd	文本	20	是	否

2. board 数据表

这个数据表主要是存储所有留言板的数据，字段的命名都以 bd_为前导符。本数据表以 bd_id(留言编号)为主键。该数据库的结构如表 8-3 所示。

表 8-3 board 数据表的结构

意 义	字段名称	数据类型	字段大小	必填字段	允许空字符串
留言编号	bd_id	自动编号	长整型		
留言人姓名	bd_name	文本	20	是	否
留言人表情	bd_face	文本		是	否
留言主题	bd_subject	文本	20	是	否
留言时间	bd_time	日期/时间		是	否
留言人电子邮件	bd_email	文本	50	是	
留言内容	bd_content	备注		是	否

在 Access 2010 中创建数据库的操作步骤如下。

step 01 运行 Microsoft Access 2010 程序，选择【空数据库】选项，在主界面的右侧打开【空数据库】窗格，【浏览】按钮，如图 8-3 所示。

图 8-3 选择【空数据库】选项

step 02 打开【文件新建数据库】对话框。在【保存位置】下拉列表框中选择保存路径，在【文件名】文本框中输入文件名 boardsystem。为了让创建的数据库能被通用，在【保存类型】下拉列表框中选择“Microsoft Access 数据库(2002-2003 格式)”选项，单击【确定】按钮，如图 8-4 所示。

step 03 返回【空数据库】窗格，单击【创建】按钮，即在 Microsoft Access 2010 中创建了 boardstem.mdb 数据库文件，同时 Microsoft Access 2010 自动默认生成了一个“表 1”数据表，如图 8-5 所示。

step 04 在“表 1”上单击鼠标右键，选择快捷菜单中的【设计视图】命令，打开【另存为】对话框，在【表名称】文本框中输入数据表名称 admin，如图 8-6 所示。

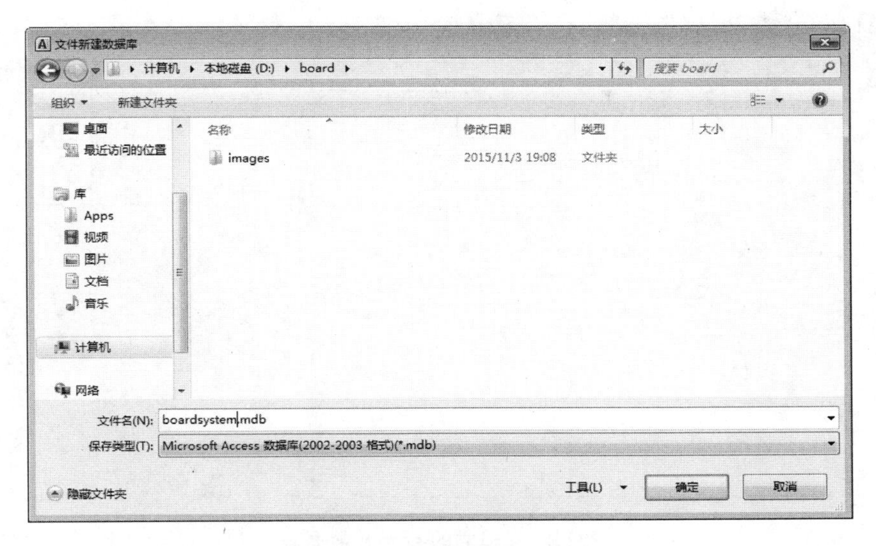

图 8-4　【文件新建数据库】对话框

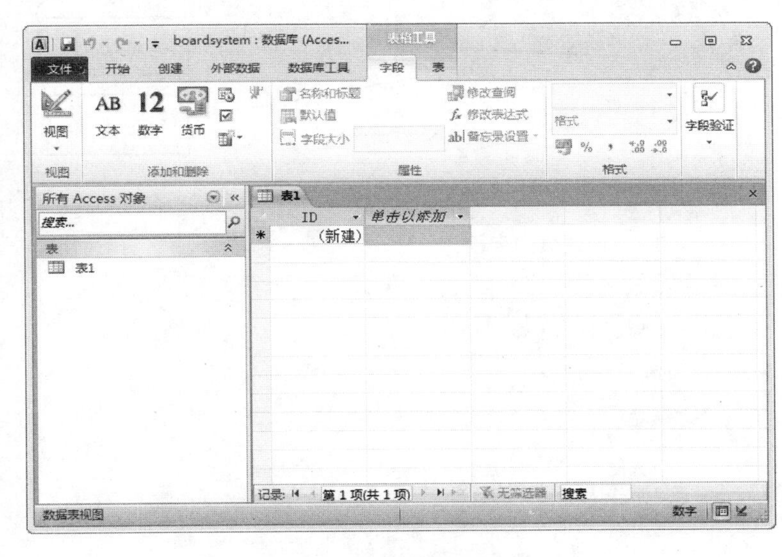

图 8-5　创建的默认数据表

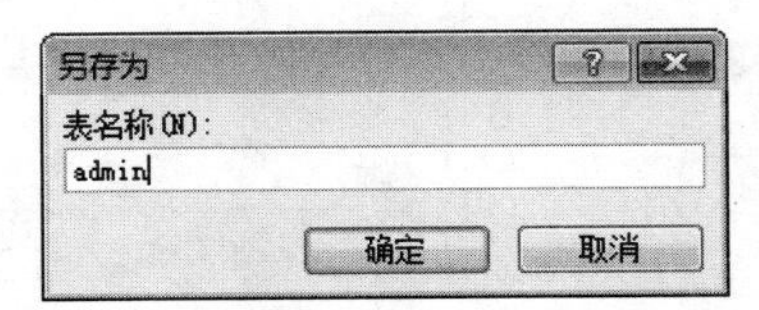

图 8-6　【另存为】对话框

step 05 单击【确定】按钮，系统自动以设计视图方式打开创建好的 admin 数据表，如图 8-7 所示。

step 06 按表 8-2 输入各字段的名称并设置其相应属性，完成效果如图 8-8 所示。

step 07 双击 admin 选项，打开 admin 的数据表。为了方便用户访问，可以在数据库中预先编辑一些记录对象，其中 usermame 为管理员账号，passwd 为管理员用户密码，如图 8-9 所示。编辑完成，单击【保存】按钮，然后关闭 Access 2010 软件。至此数据库储存用户名和密码等资料的 admin 表建立完毕。

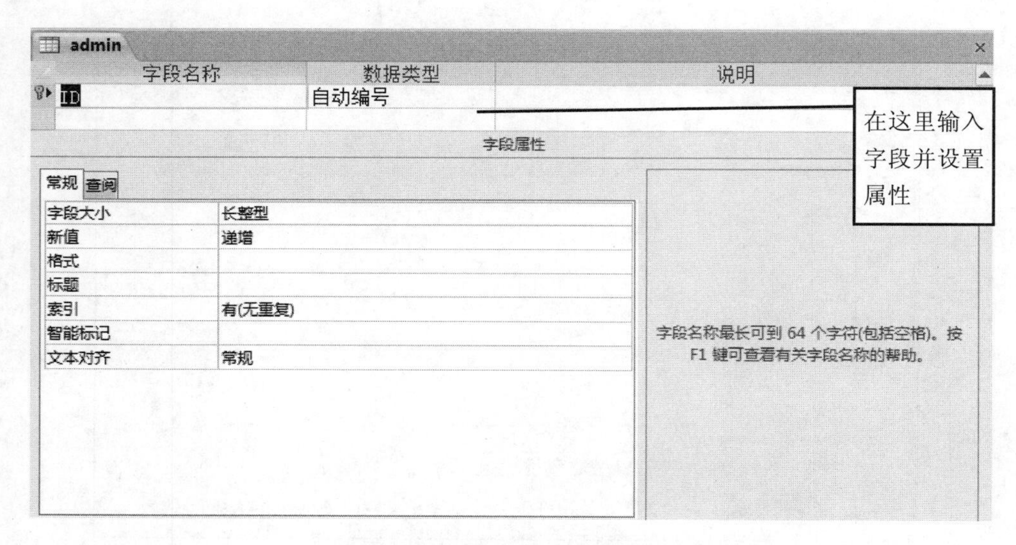

图 8-7　建立的 admin 数据表

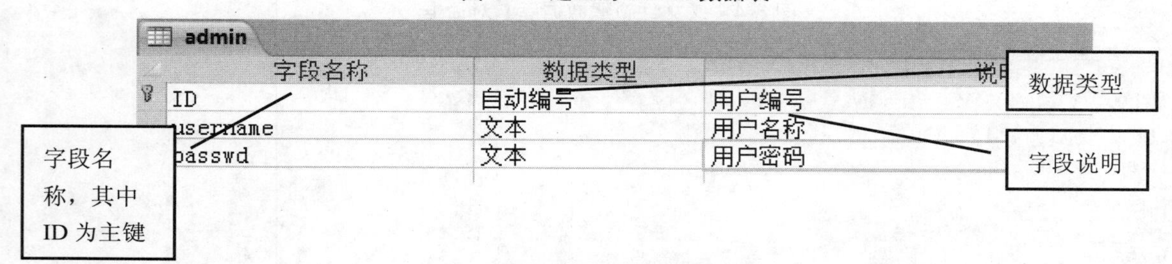

图 8-8　创建表的字段

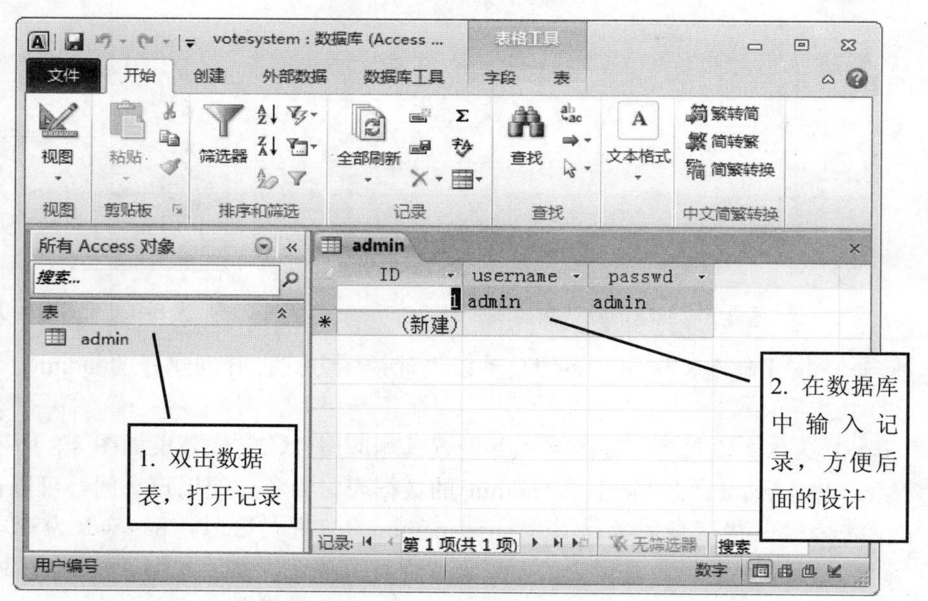

图 8-9　admin 表中输入的记录

step 08 用同样的方法，根据表 8-3 所示的内容建立如图 8-10 所示的 board 数据表。

字段名称	数据类型	说明
bd_id	自动编号	留言编号
bd_name	文本	留言板姓名
bd_face	文本	留言人表情
bd_subject	文本	留言主题
bd_time	日期/时间	留言时间
bd_email	文本	留言人电子邮件
bd_content	备注	留言内容

图 8-10　建立的 board 数据表

step 09 为了演示效果，对 board 数据表添加记录，如图 8-11 所示。

bd_id	bd_name	bd_face	bd_subjec	bd_time	bd_email	bd_content
1	张三	images/face/m01.jpg	最喜欢的歌曲	2015/11/5	357975357@q	我最喜欢的歌曲是光辉岁月
2	王妃	images/face/m03.jpg	喜欢什么电影	2015/11/2	25789562@qq	我最喜欢的电影是夏洛特烦恼
(新建)						

图 8-11　board 表中输入的记录

8.2.2　创建数据库连接

在数据库创建完成后，需要在 Dreamweaver CS6 中建立数据源连接对象，才能在动态网页中使用这个数据库文件。具体操作步骤如下。

step 01 在【控制面板】窗口中依次选择【管理工具】→【数据源(ODBC)】→【系统 DSN】选项，打开【ODBC 数据源管理器】对话框，如图 8-12 所示。

step 02 单击【添加】按钮，打开【创建新数据源】对话框，选择 Driver do Microsoft Access(*.mdb)选项，如图 8-13 所示。

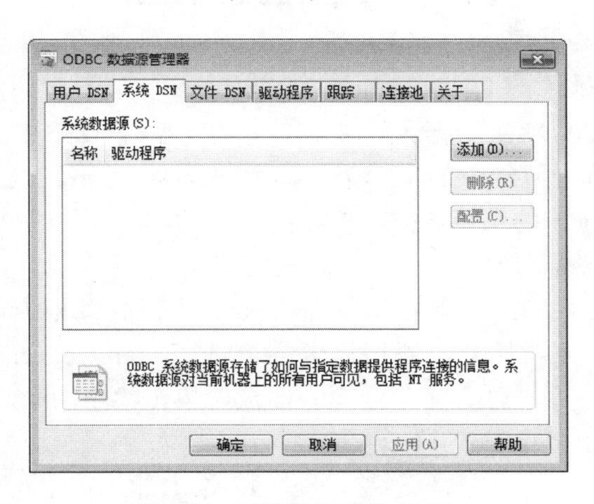

图 8-12　【系统 DSN】选项卡

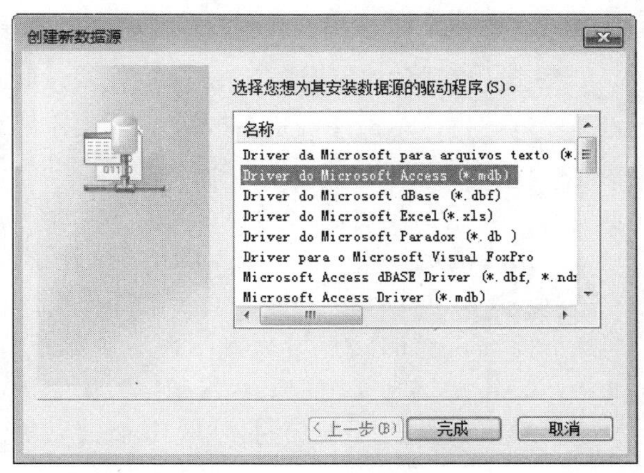

图 8-13　【创建新数据源】对话框

step 03 单击【完成】按钮，打开【ODBC Microsoft Access 安装】对话框，在【数据源名】文本框中输入 boardsystem，如图 8-14 所示。

step 04 单击【选择】按钮，打开【选择数据库】对话框，单击【驱动器】下拉按钮，从下拉列表中找到数据库所在的盘符，在【目录】列表框中找到保存数据库的文件夹，然后单击左上方【数据库名】列表框中的数据库文件 boardsystem.mdb，则数据库名称自动添加到【数据库名】文本框中，如图 8-15 所示。

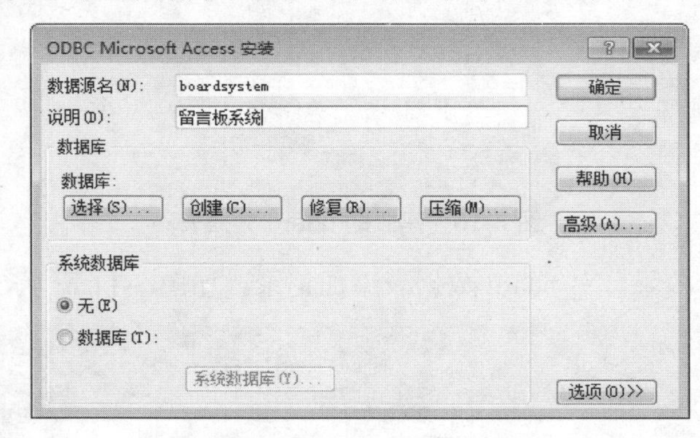

图 8-14 【ODBC Microsoft Access 安装】对话框

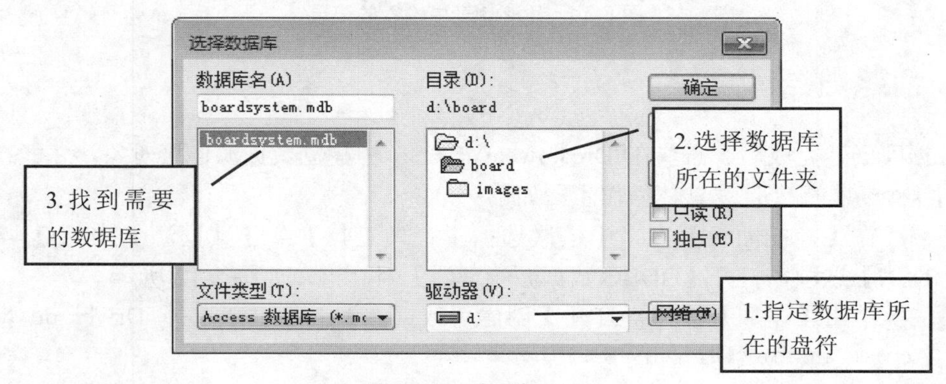

图 8-15 选择数据库

step 05 找到数据库后，单击【确定】按钮，回到【ODBC Microsoft Access 安装】对话框，再次单击【确定】按钮，将返回到【ODBC 数据源管理器】中的【系统 DSN】选项卡，可以看到【系统数据源】列表框中已经添加了一个名称为 boardsystem、驱动程序为 Driver do Microsoft Access(*.mdb)的系统数据源，如图 8-16 所示。再次单击【确定】按钮，完成 ODBC 数据源管理器的设置。

step 06 启动 Dreamweaver CS6，打开随书光盘中的“素材\board\index.asp”文件，根据前面讲过的站点设置方法，设置站点、文档类型、测试服务器。在 Dreamweaver CS6 中选择【窗口】→【数据库】菜单命令，打开【数据库】面板，单击按钮，弹出如图 8-17 所示的菜单，选择【数据源名称(DSN)】菜单项。

step 07 打开【数据源名称(DSN)】对话框，在【连接名称】文本框中输入 boardsystem，单击【数据源名称(DSN)】下拉按钮，从打开的下拉列表中选择 boardsystem，其他保持默认值，如图 8-18 所示。

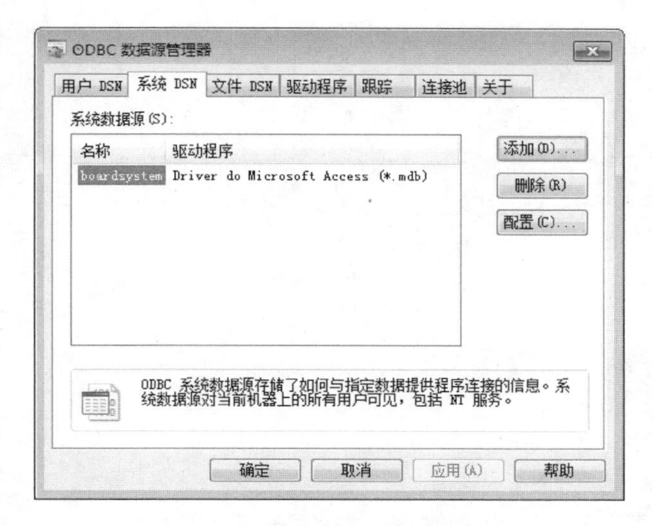

图 8-16 【系统 DSN】选项卡

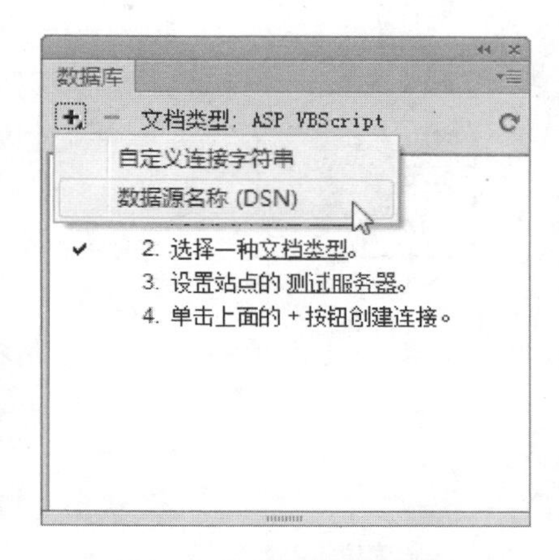

图 8-17 【数据库】面板

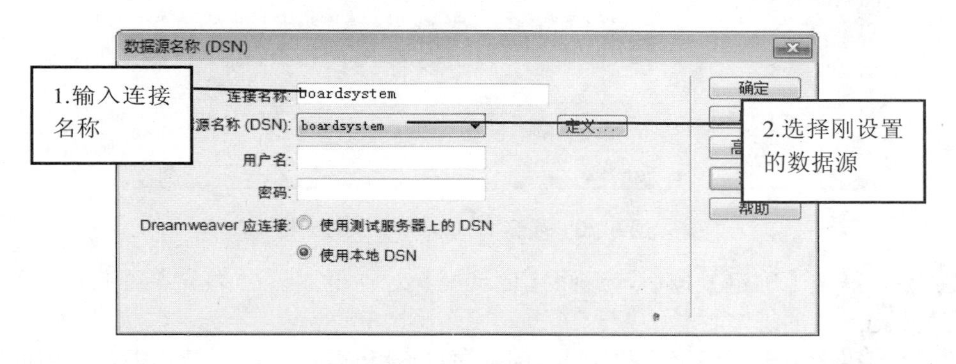

图 8-18 【数据源名称(DSN)】对话框

step 08 单击【确定】按钮，完成数据库的连接。

8.3 留言板系统访问页面的制作

8.3.1 留言板系统主页面的制作

完成数据库连接以后，即可制作留言板系统主页面，操作步骤如下。

step 01 首先在 index.asp 页面中设置记录集。切换到【绑定】面板，单击+按钮，在弹出的菜单中选择【记录集(查询)】菜单项，打开【记录集】对话框，设置方法如图 8-19 所示。

step 02 单击【测试】按钮，打开【测试 SQL 指令】对话框，数据表中的记录果然依照 bd_id 字段降序排列，如图 8-20 所示。

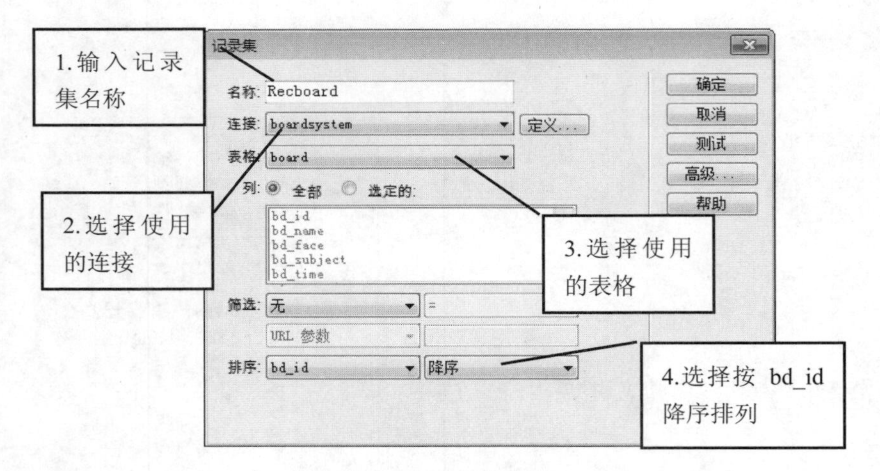

图 8-19 【记录集】对话框

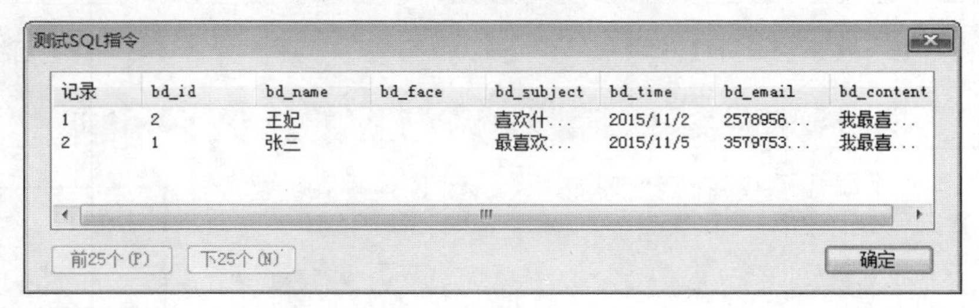

记录	bd_id	bd_name	bd_face	bd_subject	bd_time	bd_email	bd_content
1	2	王妃		喜欢什...	2015/11/2	2578956...	我最喜...
2	1	张三		最喜欢...	2015/11/5	3579753...	我最喜...

图 8-20 【测试 SQL 指令】对话框

step 03 单击【确定】按钮，返回【记录集】对话框，再次单击【确定】按钮，即可完成记录集的绑定。

step 04 在【绑定】面板上出现上面设置的记录集名称，展开后将需要引用的数据字段一一拖曳到网页中，如图 8-21 所示。

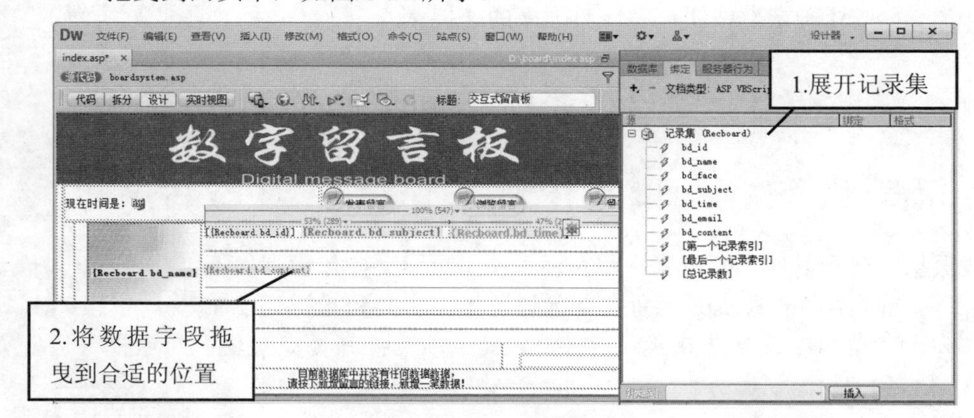

图 8-21 将字段拖曳到网页中

step 05 设置留言信息中表情图片的显示。选择图像占位符，在【属性】面板中单击【浏览文件】按钮，如图 8-22 所示。

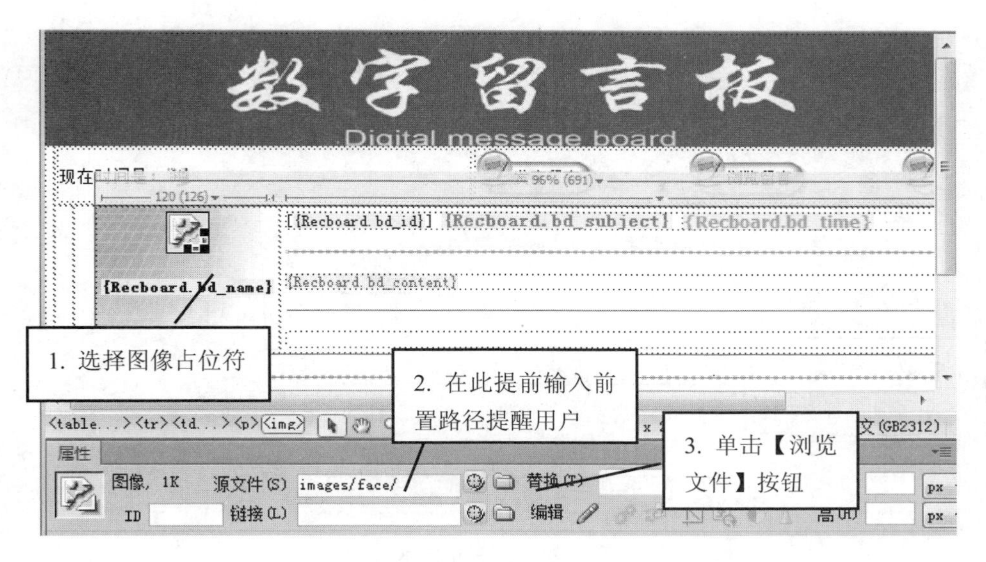

图 8-22　设置图片占位符的链接

在留言板中，每则留言都可以选择一个留言表情。而表情图片并不是直接保存在数据库中，而是只保存表情图片的文件名。在显示时，只要使用数据库中保存的文件名替换图片的显示路径，即可正确显示表情图片。在本例中，将所有的表情图片放置在 board\images\face 文件夹中，所以所有要显示的图片名称要加上这个前置路径才能正确显示。

step 06 打开【选择图像源文件】对话框，选中【数据源】单选按钮，然后在【域】列表框中选择【记录集(Recboard)】栏中的 bd_face 字段，如图 8-23 所示。

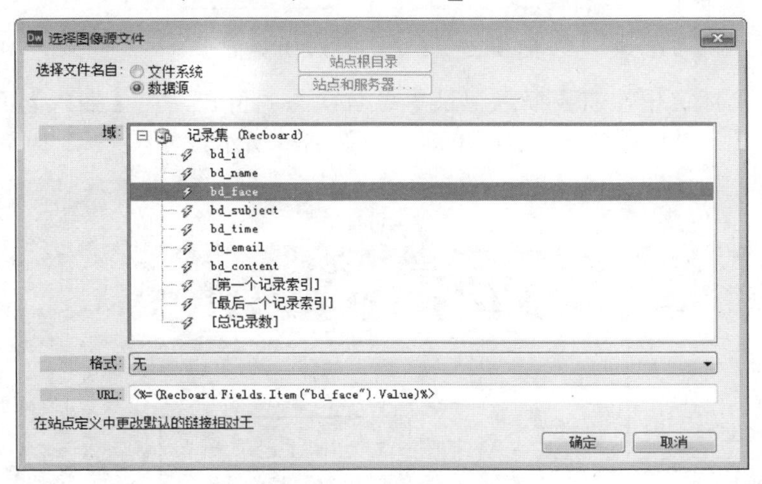

图 8-23　【选择图像源文件】对话框

step 07 单击【确定】按钮，完成记录集绑定。然后设置页面中的重复区域效果，如图 8-24 所示。

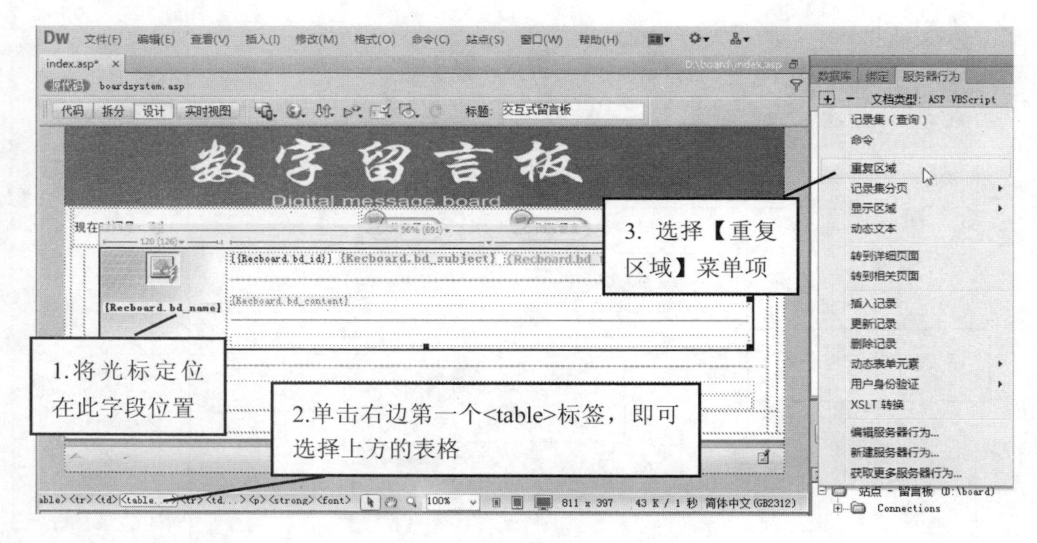

图 8-24 设置重复区域

step 08 打开【重复区域】对话框，选择记录集为 Recboard，设置一页显示 10 条记录，如图 8-25 所示，单击【确定】按钮完成设置。

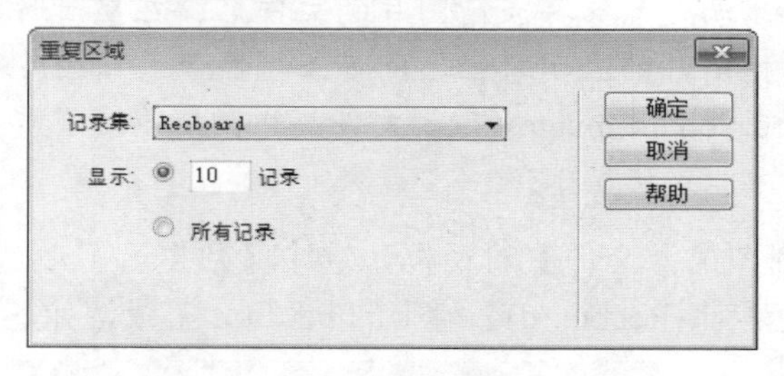

图 8-25 【重复区域】对话框

step 09 将光标定位在需要插入记录集导航状态的位置，在【插入】面板中选择【数据】→【记录集导航状态】菜单项，如图 8-26 所示。

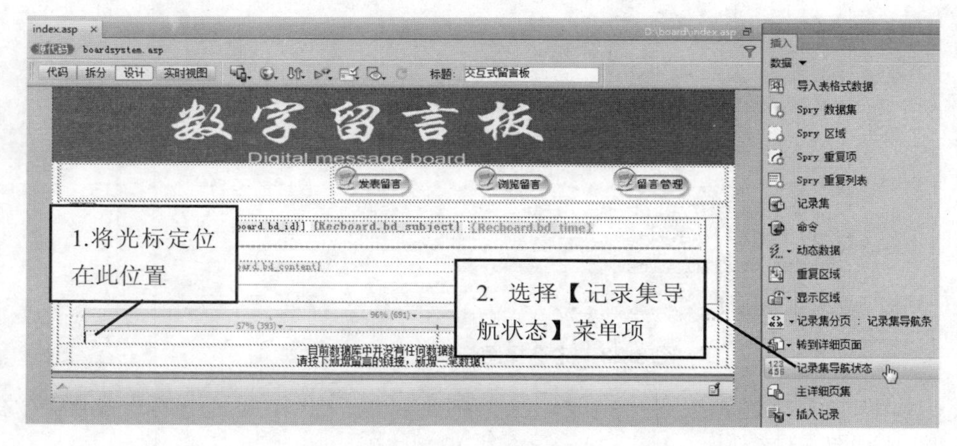

图 8-26 选择【记录集导航状态】菜单项

step 10 打开【记录集导航条】对话框，选择【记录集】为 Recboard，设置【显示方式】为“文本”，如图 8-27 所示。

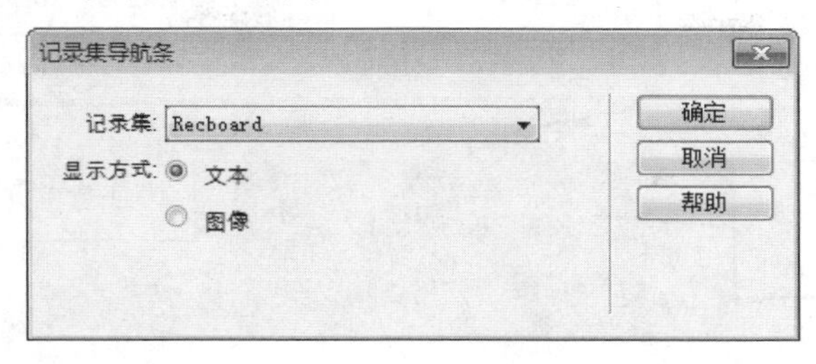

图 8-27 【记录集导航条】对话框

step 11 单击【确定】按钮，成功插入记录集导航状态。继续在本页中插入记录集导航条，在【插入】面板中选择【数据】→【记录集分页】→【记录集导航条】菜单项，如图 8-28 所示。

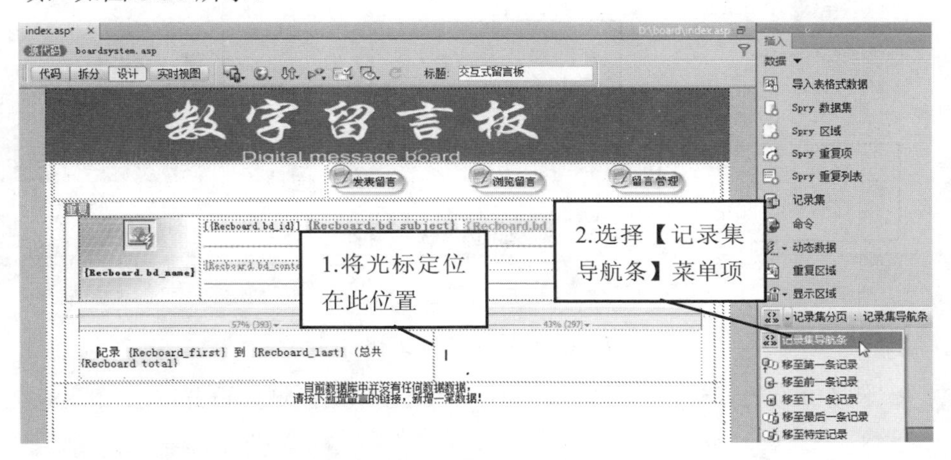

图 8-28 选择【记录集导航条】菜单项

step 12 打开【记录集导航条】对话框，选择【记录集】为 Recboard，设置【显示方式】为“图像”，如图 8-29 所示。

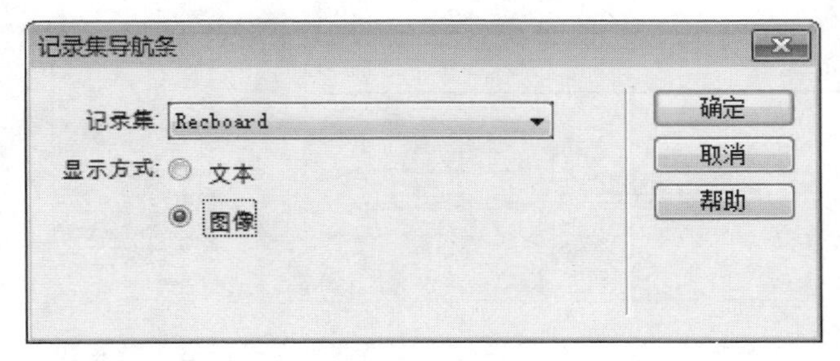

图 8-29 【记录集导航条】对话框

step 13 插入后的导航条效果如图 8-30 所示，然后按照图设置表格的宽度属性。

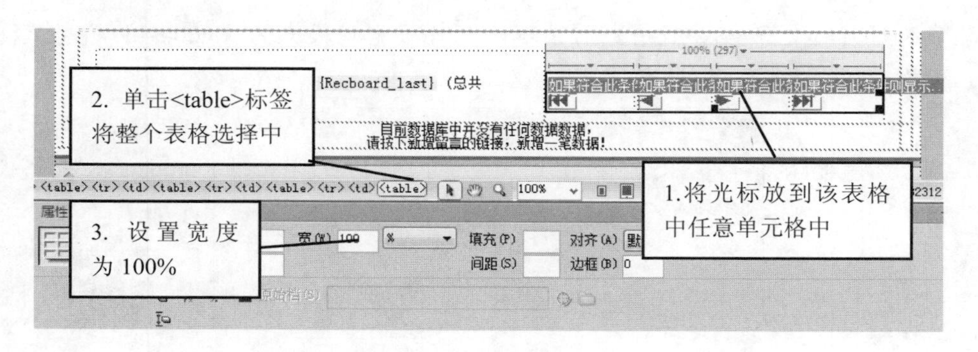
2. 单击<table>标签将整个表格选择中
1.将光标放到该表格中任意单元格中
3. 设置宽度为100%

图 8-30　设置表格的属性

step 14 如图 8-31 所示，合并表格中的一行。

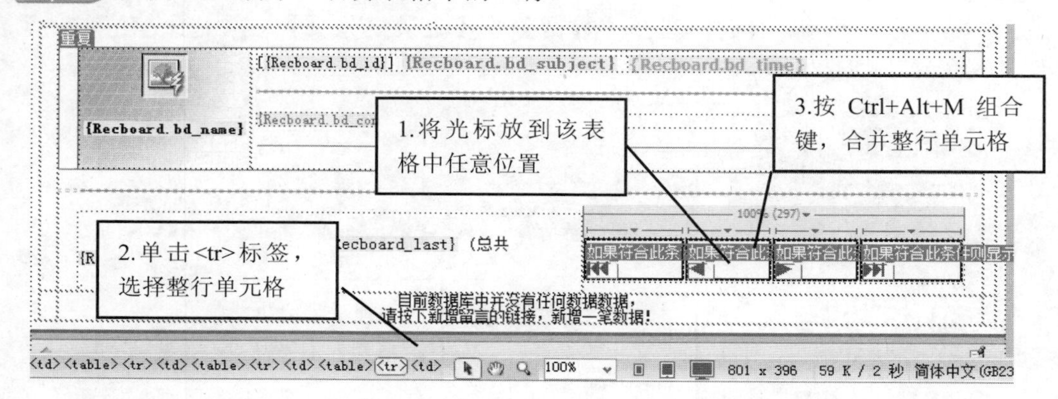
1.将光标放到该表格中任意位置
3.按 Ctrl+Alt+M 组合键，合并整行单元格
2.单击<tr>标签，选择整行单元格

图 8-31　合并单元格

step 15 选择上方的表格，设置记录集不为空则显示的区域，设置方法如图 8-32 所示。

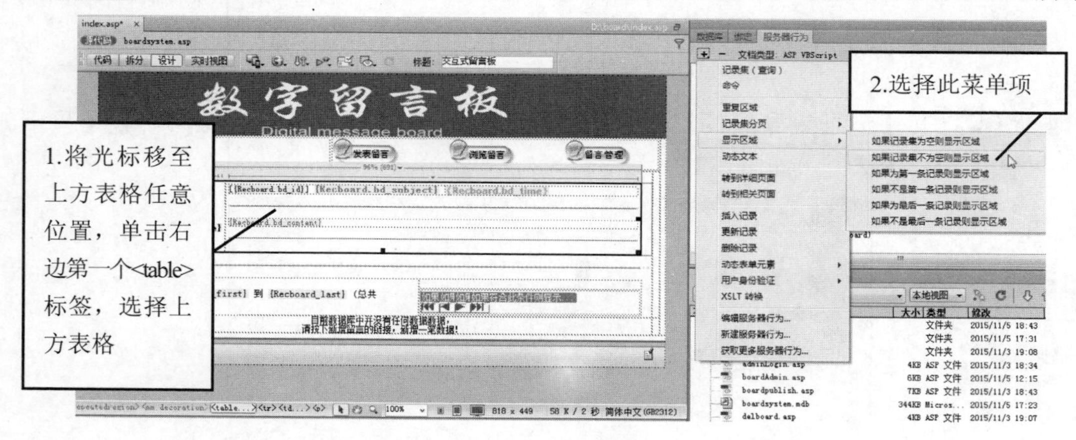
1.将光标移至上方表格任意位置，单击右边第一个<table>标签，选择上方表格
2.选择此菜单项

图 8-32　选择【如果记录集不为空则显示区域】菜单项

step 16 打开【如果记录集不为空则显示区域】对话框，选择判断的记录集为 Recboard，单击【确定】按钮完成设置，如图 8-33 所示。

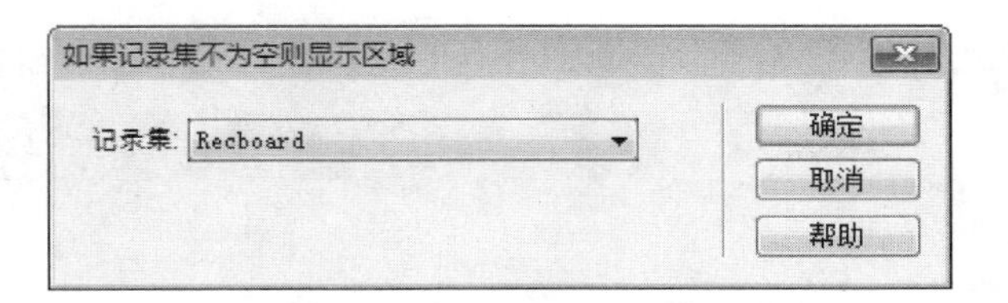

图 8-33 【如果记录集不为空则显示区域】对话框

step 17 选择下方的表格，设置记录集为空则显示的区域，设置方法如图 8-34 所示。

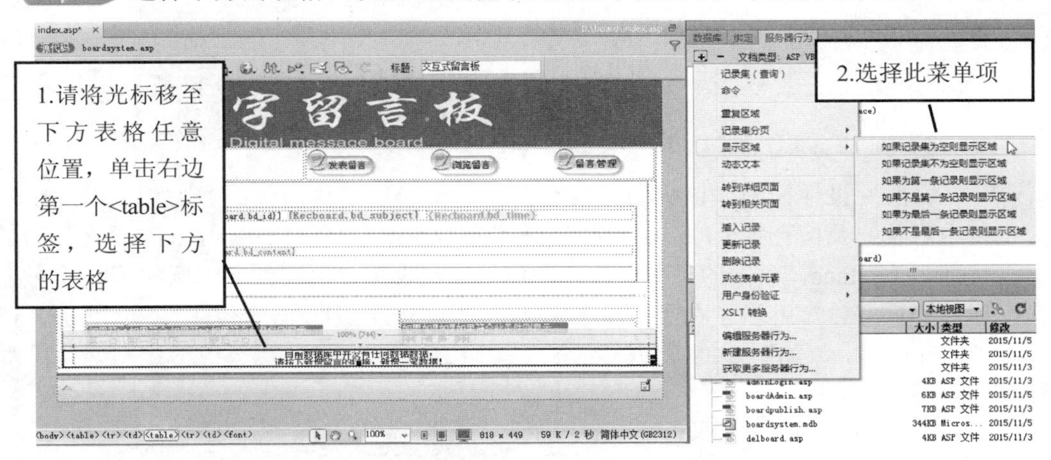

图 8-34 选择【如果记录集为空则显示区域】菜单项

step 18 打开【如果记录集为空则显示区域】对话框，选择判断的记录集为 Recboard，单击【确定】按钮完成设置，如图 8-35 所示。

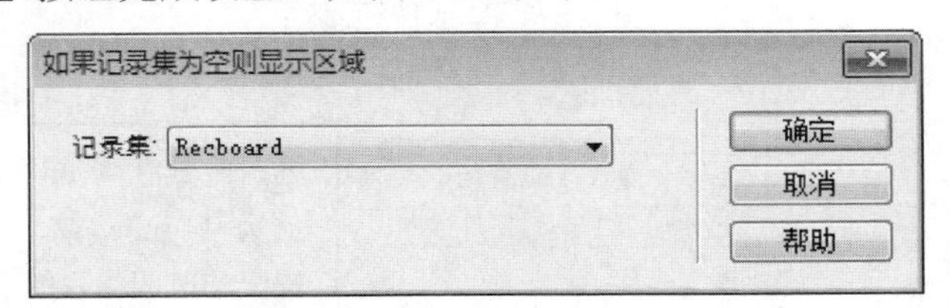

图 8-35 【如果记录集为空则显示区域】对话框

step 19 至此，留言板系统的主页面制作完成。

8.3.2 访问者留言页面的制作

通过留言板系统主界面，可以跳转到访问者留言页面，用户可以在此页面中添加留言信息。其制作步骤如下。

step 01 打开随书光盘中的“素材\board\boardpublish.asp”文件，将光标定位到“现在时间是”文本后，切换到拆分视图，输入代码<%=now()%>。此步骤的目的是显示当前时间，如图 8-36 所示。

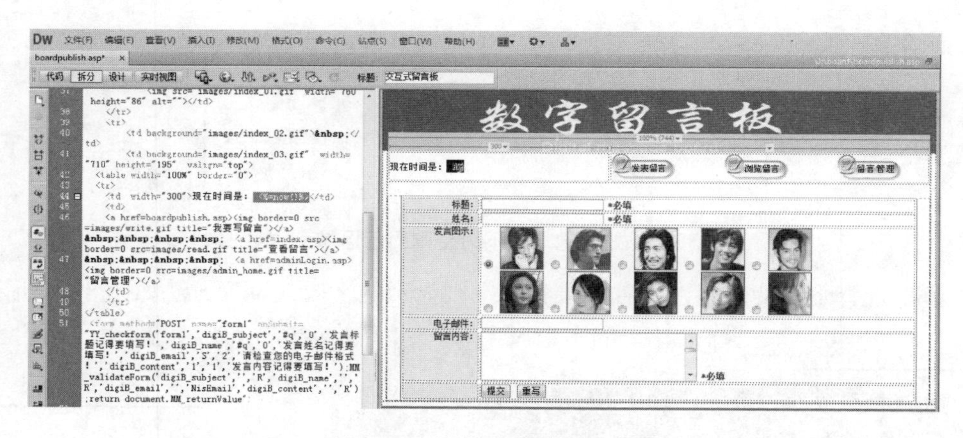

图 8-36　添加当前时间代码

step 02 切换到设计视图。该页面主要是使用一个表单把输入数据添加到数据库中。所以用户首先要检查表单的名称，特别是【发言图示】列表框中的 10 个单选按钮的名称都为 bd_face，不同的是每个按钮的值为该代表图片的文件名，例如第 3 个按钮的属性如图 8-37 所示。在【提交】按钮左侧添加隐藏区域，名称为 bd_time，值为 <%=now()%>，如图 8-38 所示。

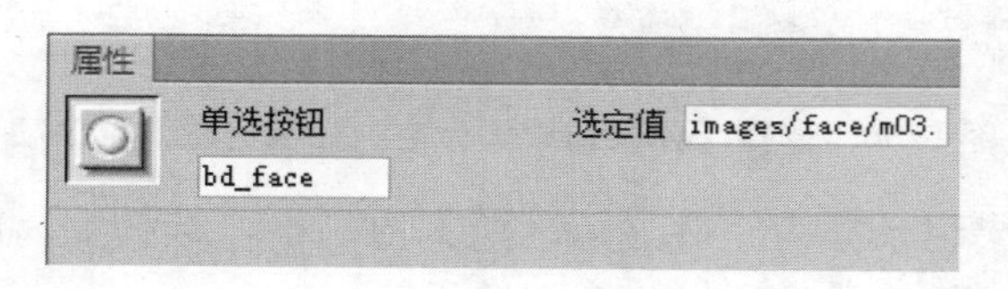

图 8-37　单选按钮属性

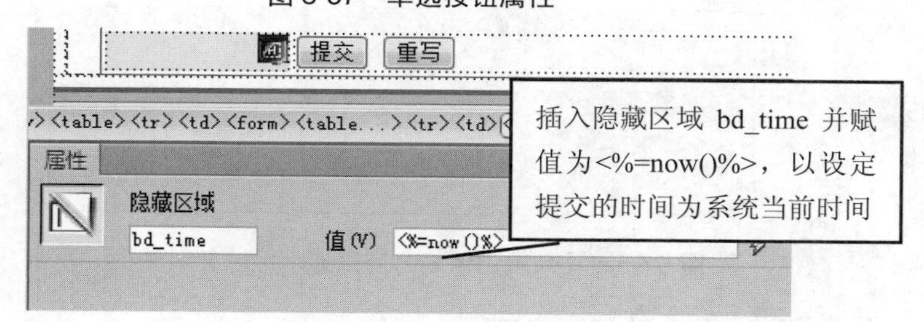

图 8-38　添加当前时间代码

step 03 如果访问者没有输入任何信息就提交表单，此时数据库中会多出一条空白的记录。为了防止这种情况出现，需要添加检查表单行为。选择整个表单后，选择【窗口】→【行为】菜单命令，打开【行为】面板，单击+.按钮，在弹出的菜单中选择【检查表单】菜单项，如图 8-39 所示。

step 04 打开【检查表单】对话框，设置 bd_subject、bd_name 和 bd_content 为“必需的”，如图 8-40 所示。

图 8-39 选择【检查表单】菜单项

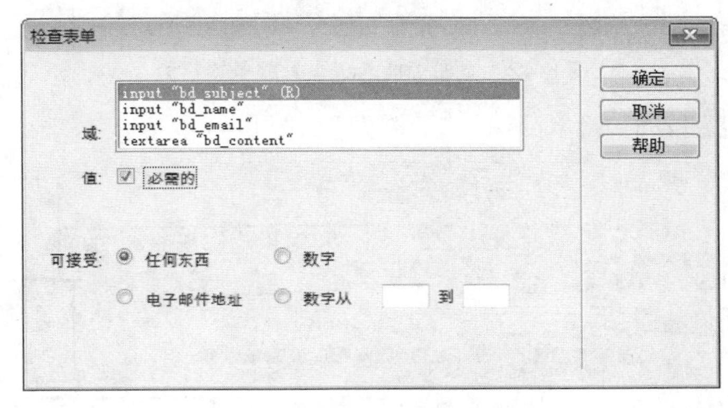

图 8-40 【检查表单】对话框

step 05 字段 bd_email 不是必填的字段，但是如果留言人输入的不是电子邮件的格式仍然是不符合规格，所以用户可以在选择该字段后，选择【电子邮件地址】单选按钮，即可执行表单检查，如图 8-41 所示。

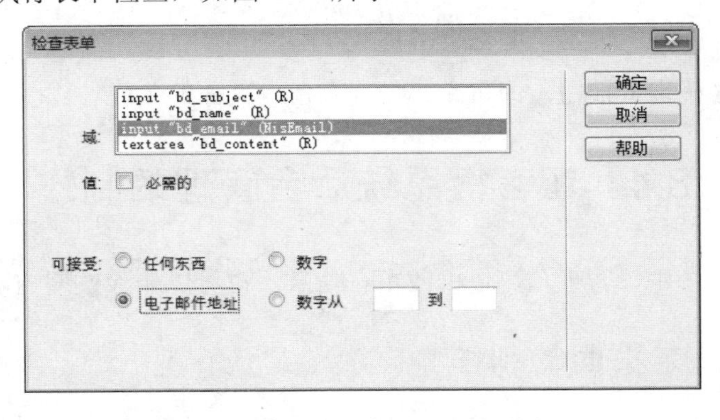

图 8-41 选择【电子邮件地址】单选按钮

step 06 完成检查表单的行为后，需要检查【事件】是否为 OnSubmit，也就是在表单送出时才会触发这个检查操作。完成了表单的布置并加上表单检查后，用户就可以将数据插入数据库中了。接着按照如图 8-42 所示操作，添加【插入记录】服务器行为。

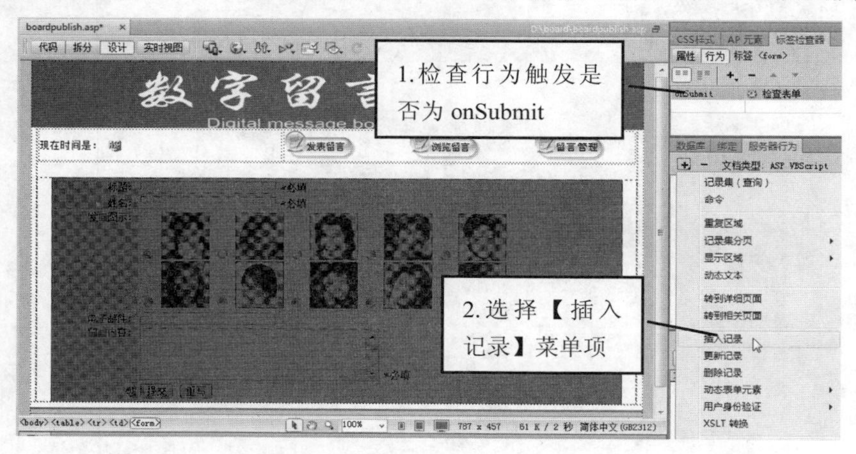

图 8-42　添加【插入记录】服务器行为

step 07 打开【插入记录】对话框，具体设置如图 8-43 所示。

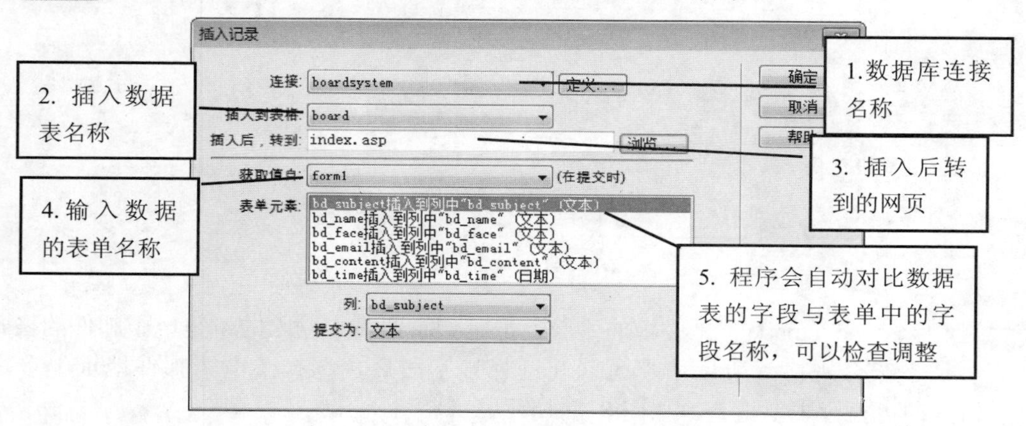

图 8-43　【插入记录】对话框

step 08 单击【确定】按钮，即可完成访问者留言页面的制作。

8.4　留言板系统后台管理的制作

在留言板管理系统中，管理员可以修改留言信息，也可以删除过期的留言信息。

8.4.1　管理员登录页面的制作

留言板后台管理系统需要通过 adminLogin.asp 进行登录管理。制作管理员登录页面的操作步骤如下。

step 01 打开随书光盘中的“素材\board\adminLogin.asp”文件，切换到【服务器行为】

面板，单击⊞按钮，在弹出的菜单中选择【用户身份验证】→【登录用户】菜单项，如图 8-44 所示。

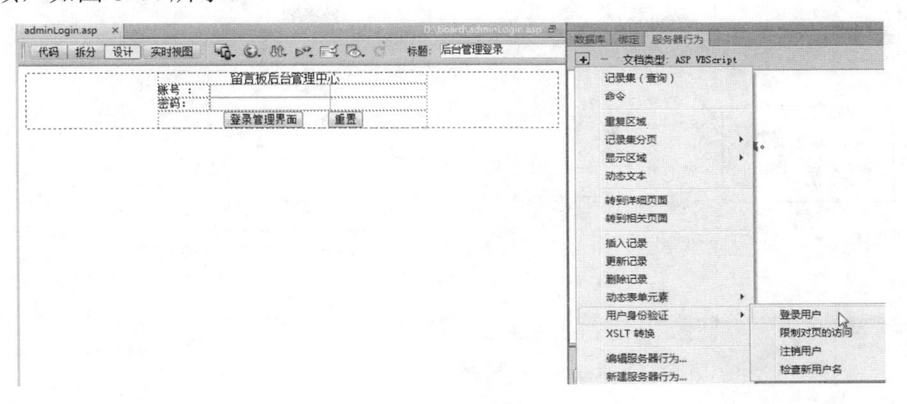

图 8-44　选择【登录用户】菜单项

step 02 打开【登录用户】对话框，设置参数如图 8-45 所示。

图 8-45　【登录用户】对话框

step 03 单击【确定】按钮，完成管理员登录页面 adminLogin.php 的制作。

8.4.2　留言板后台管理主界面的制作

用户登录成功后，将进入系统管理员主界面 boardAdmin.asp。制作该网页的操作步骤如下。

step 01 打开随书光盘中的“素材\board\boardAdmin.asp”文件，切换到【绑定】面板，单击⊞按钮，在弹出的菜单中选择【记录集(查询)】菜单，打开【记录集】对话框，设置方法如图 8-46 所示。

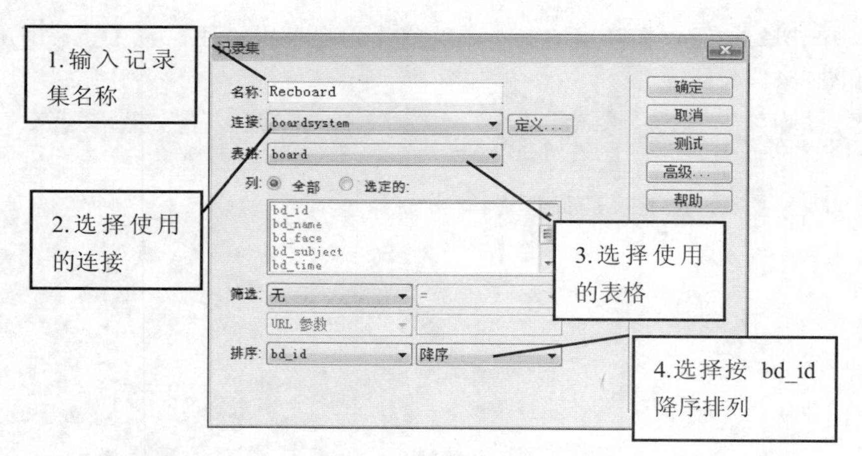

图 8-46 【记录集】对话框

step 02 单击【确定】按钮，即可完成记录集的绑定。在【绑定】面板上出现上面设置的记录集名称，展开后将需要引用的数据字段一一拖曳到网页中，其中特别注意的是需要把 bd_id 字段拖曳到隐藏符上，如图 8-47 所示。

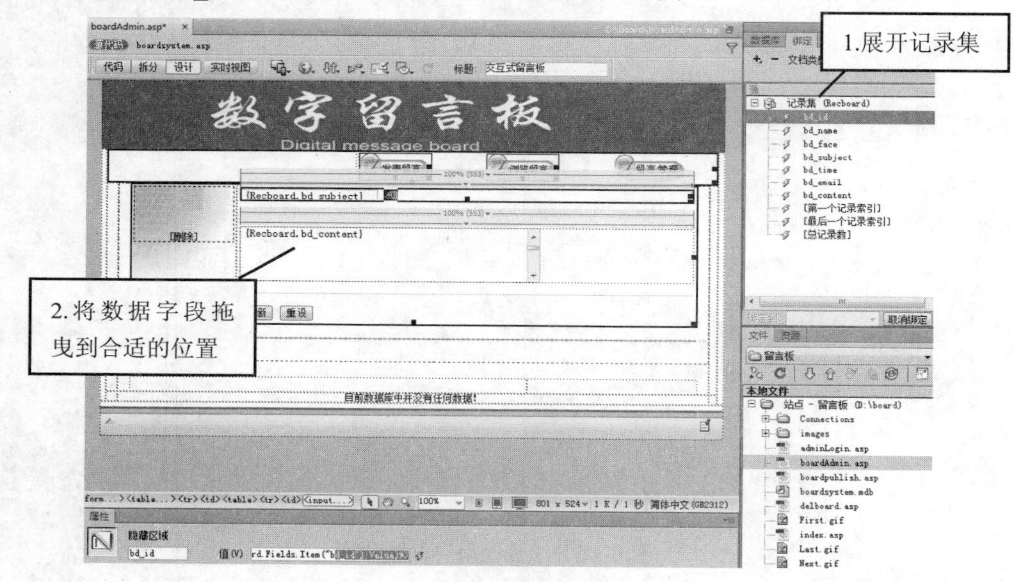

图 8-47 将字段拖曳到网页中

step 03 下面设置留言信息中表情图片的显示。选择图像占位符，单击【浏览文件】按钮，如图 8-48 所示。

step 04 打开【选择图像源文件】对话框，选中【数据源】单选按钮，然后在【域】列表框中选择【记录集(Recboard)】栏中的 bd_face 字段，如图 8-49 所示。

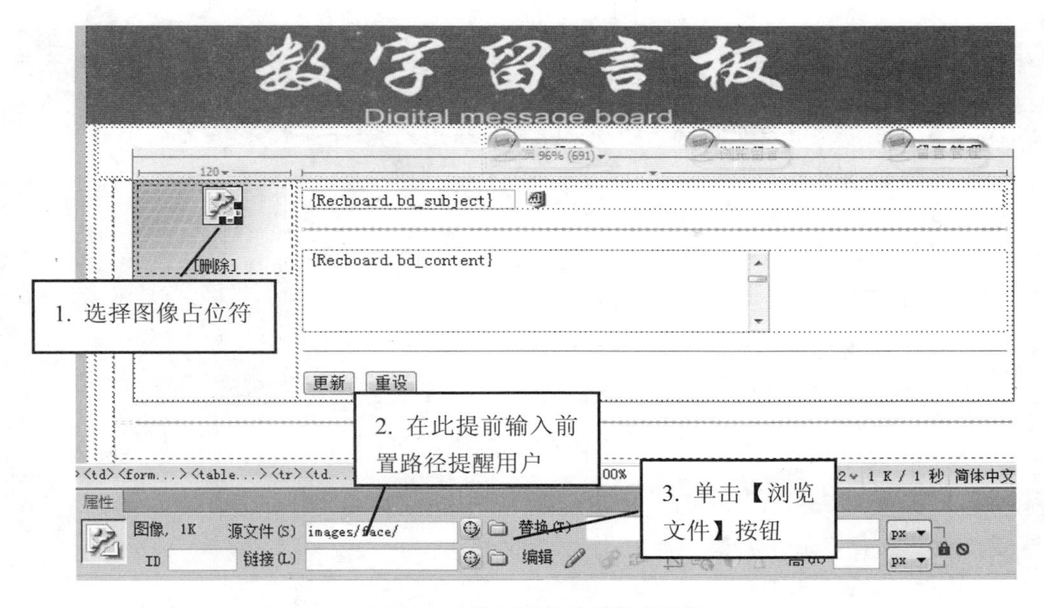

图 8-48　设置图片占位符的链接

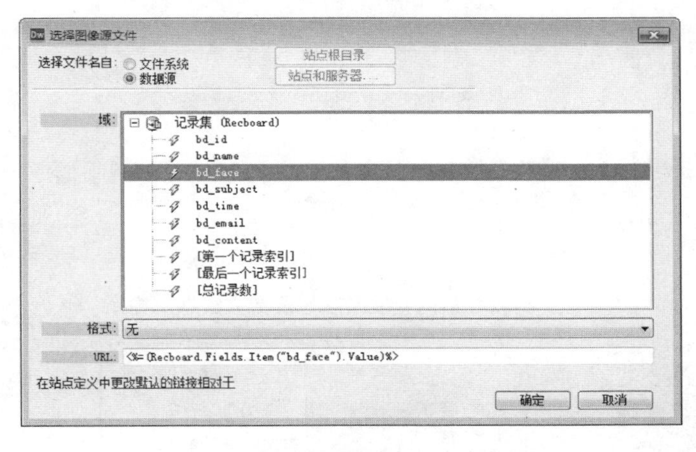

图 8-49　【选择图像源文件】对话框

step 05 单击【确定】按钮，完成记录集绑定。然后设置页面中的重复区域效果。选择需要重复区域的上方表格，切换到【服务器行为】面板，单击按钮，在弹出的菜单中选择【重复区域】菜单项，如图 8-50 所示。

step 06 打开【重复区域】对话框，选择【记录集】为 Recboard，选择【显示】为 10 条记录，单击【确定】按钮，如图 8-51 所示。

step 07 参考 8.3.1 节相关内容，插入数据导航条状态及数据集导航栏，如图 8-52 所示。

注意　在这里要提醒用户，插入数据集导航状态与数据集导航栏前一定要先设置重复区域，否则在加入这两个功能时会出现错误信息。

step 08 将光标定位在刚刚插入的数据导航条状态中，单击右边第二个<table>标签，选择记录集不为空则显示的表格，设置方法如图 8-53 所示。

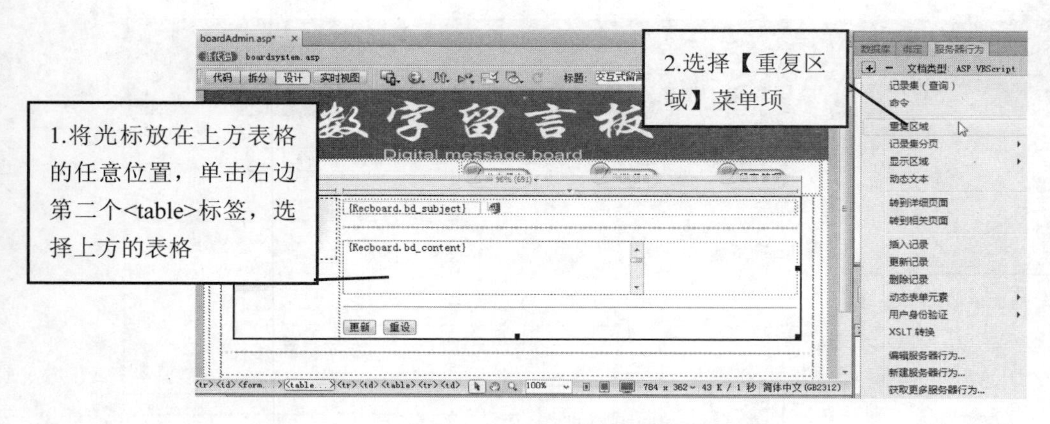

图 8-50　选择【重复区域】菜单项

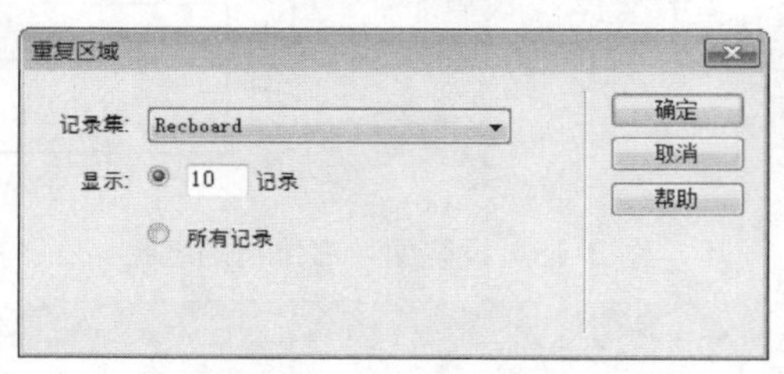

图 8-51　【重复区域】对话框

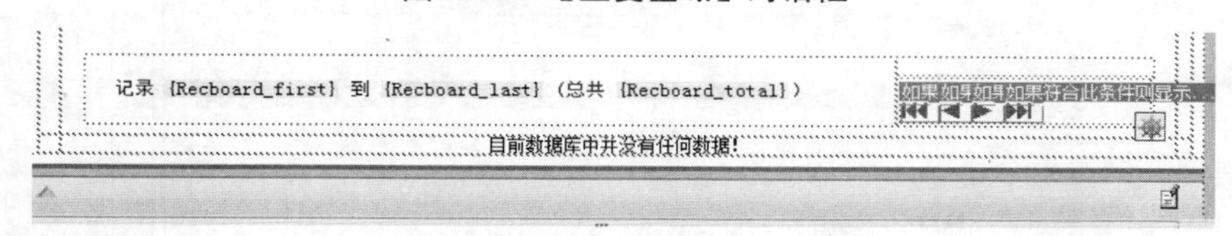

图 8-52　数据导航条状态及数据集导航栏

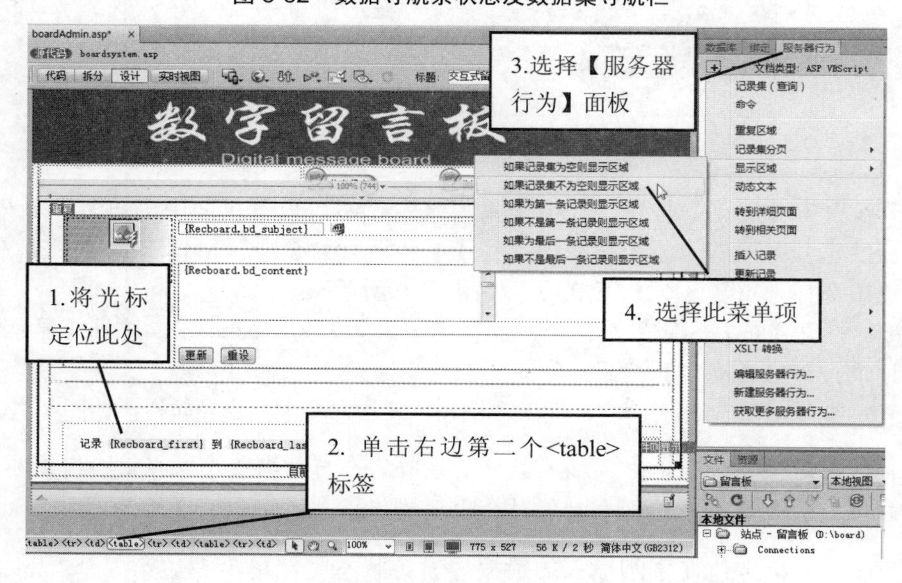

图 8-53　选择【如果记录集不为空则显示区域】菜单项

step 09 打开【如果记录集不为空则显示区域】对话框，选择判断的记录集为 Recboard，单击【确定】按钮完成显示区域的设置，如图 8-54 所示。

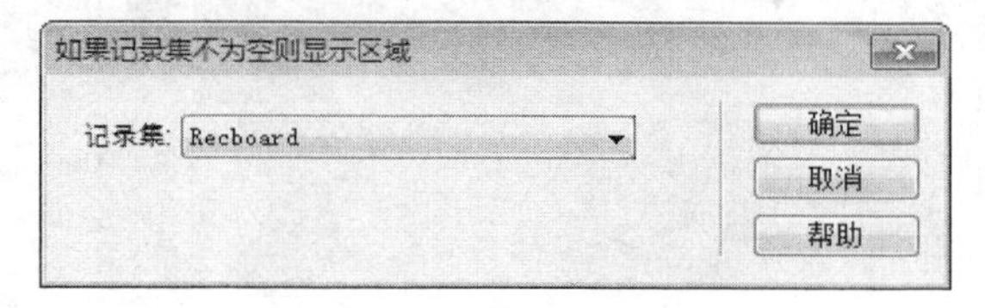

图 8-54 【如果记录集不为空则显示区域】对话框

step 10 选择下方的表格，设置记录集为空则显示的区域，设置方法如图 8-55 所示。

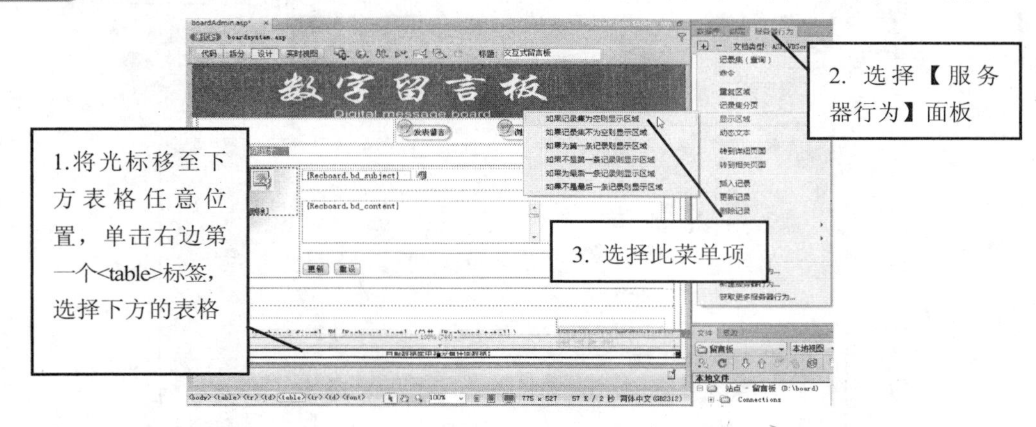

图 8-55 选择【如果记录集为空则显示区域】菜单项

step 11 打开【如果记录集为空则显示区域】对话框，选择判断的记录集为 Recborad，单击【确定】按钮完成设置，如图 8-56 所示。

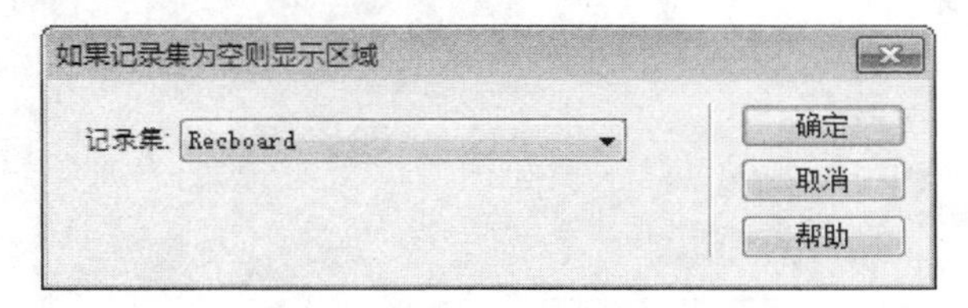

图 8-56 【如果记录集为空则显示区域】对话框

step 12 下面设置删除链接，让管理员可以删除某个留言信息。选择“删除”文本，在【服务器行为】面板中单击[+]按钮，在弹出的菜单中选择【转到详细页面】菜单项，如图 8-57 所示。

step 13 打开【转到详细页面】对话框，设置【详细信息页】为 delboard.asp、【传递 URL 参数】为 bd_id、【记录集】为 Recboard、【列】为 bd_id，如图 8-58 所示。单击【确定】按钮，完成转到详细页面的设置。

step 14 在【服务器行为】面板中单击[+]按钮，在弹出的菜单中选择【更新记录】菜单项，打开【更新记录】对话框，参数设置如图 8-59 所示，单击【确定】按钮完成更新记录设置。

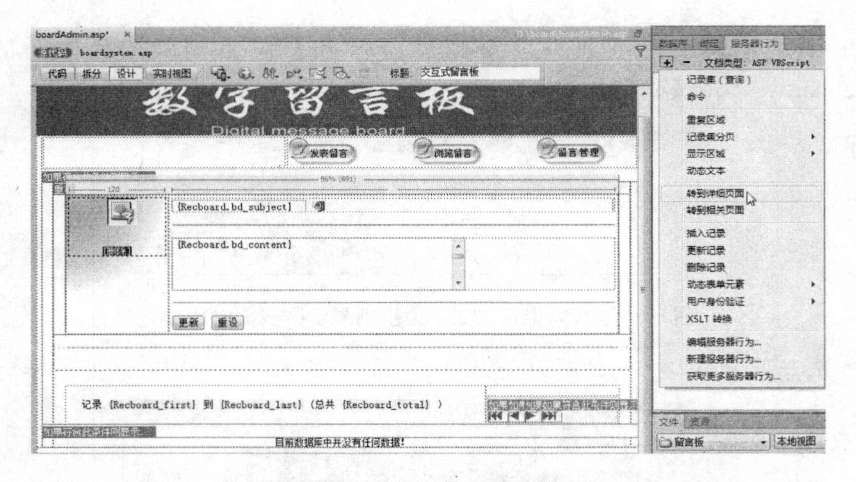

图 8-57　选择【转到详细页面】菜单项

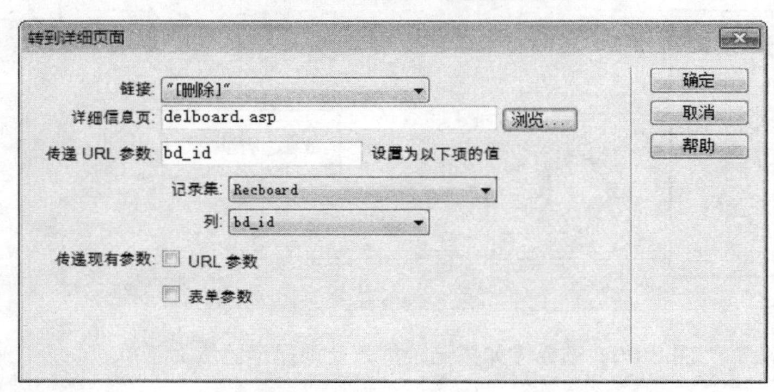

图 8-58　【转到详细页面】对话框

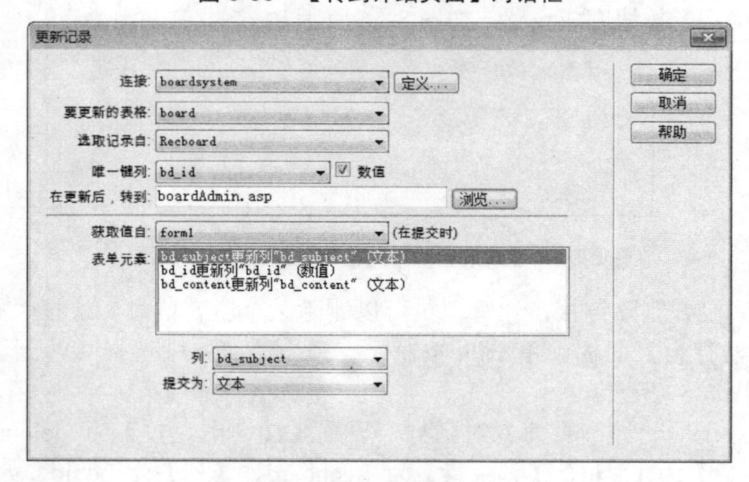

图 8-59　【更新记录】对话框

step 15 由于 boardAdmin.asp 页面是管理界面，为了避免浏览者跳过登录画面来读取这个页面，可以加上服务器行为来防止这个漏洞。在【服务器行为】面板中单击 按钮，在弹出的菜单中选择【用户身份验证】→【限制对页的访问】菜单项，如图 8-60 所示。

step 16 打开【限制对页的访问】对话框，选择【基于以下内容进行限制】为“用户名和密码”，设置【如果访问被拒绝，则转到】为 adminLogin.asp，单击【确定】按钮，如图 8-61 所示。至此完成留言板后台管理主界面 boardAdmin.asp 的制作。

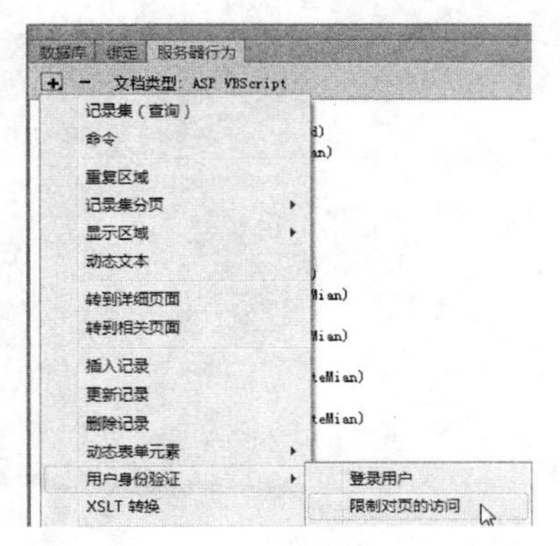

图 8-60 选择【限制对页的访问】菜单项

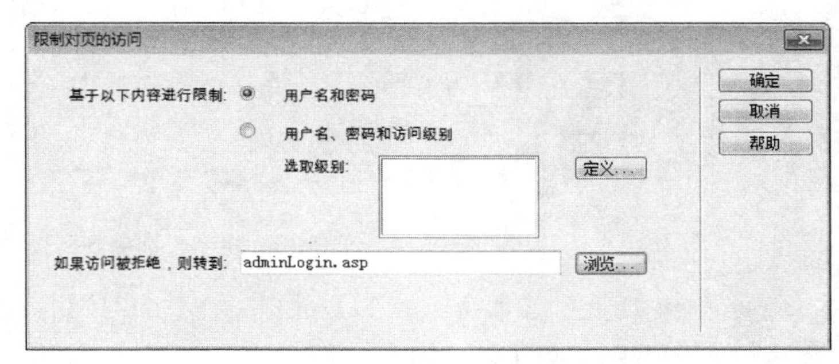

图 8-61 【限制对页的访问】对话框

8.4.3 删除留言页面

删除留言页面为 delboard.asp，主要作用是把表单中的记录从相应的数据表中删除。具体操作步骤如下。

step 01 打开随书光盘中的“素材\board\delboard.asp”文件，切换到【绑定】面板，单击按钮，在弹出的菜单中选择【记录集(查询)】菜单项，打开【记录集】对话框，设置方法如图 8-62 所示。

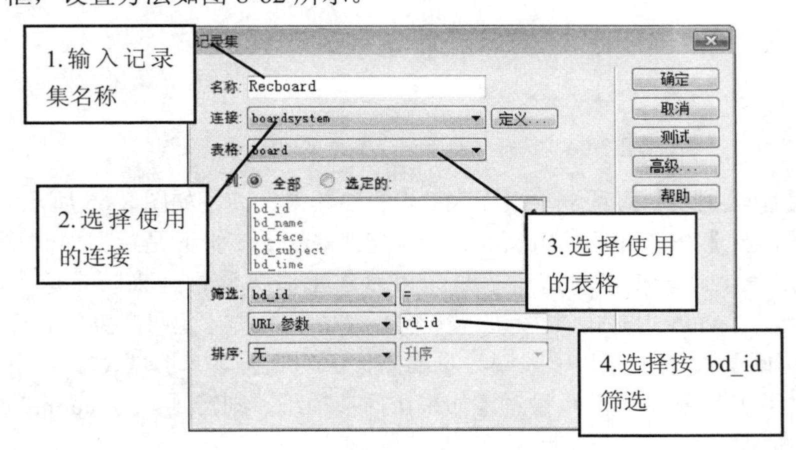

图 8-62 【记录集】对话框

step 02 单击【确定】按钮，即可完成记录集的绑定。在【绑定】面板上出现上面设置的记录集名称，展开后将需要引用的数据字段一一拖曳到网页中，其中特别注意的是需要把 bd_face 字段拖曳到图像占位符上，如图 8-63 所示。

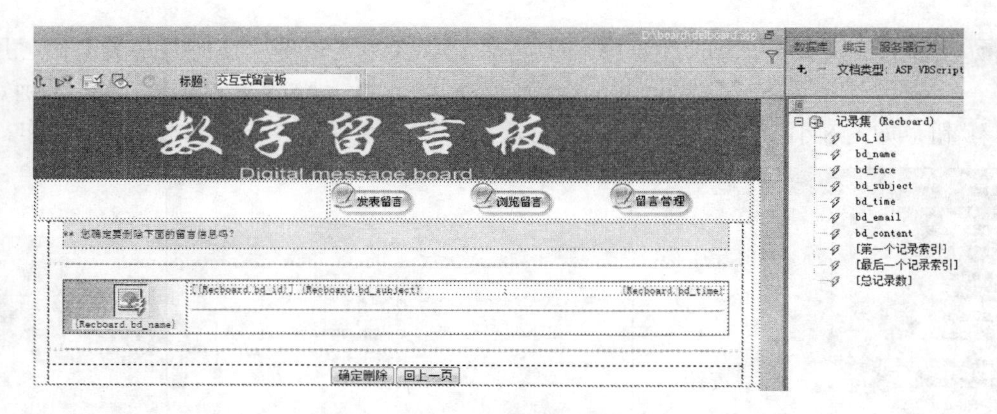

图 8-63 将字段拖曳到网页中

step 03 切换到【服务器行为】面板，单击按钮，在弹出的菜单中选择【删除记录】菜单项，如图 8-64 所示。

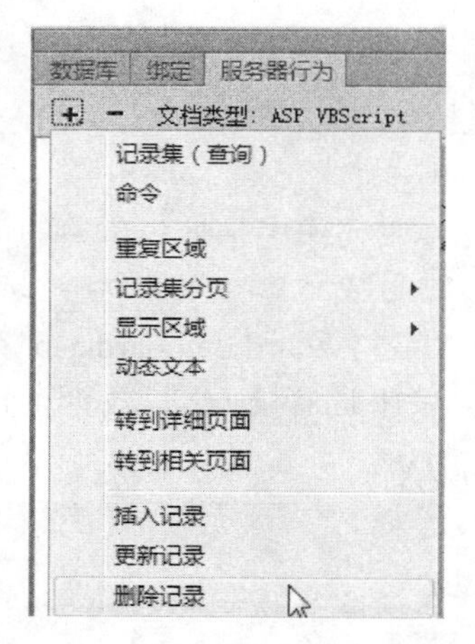

图 8-64 选择【删除记录】菜单项

step 04 打开【删除记录】对话框，根据表 8-4 的参数来设置，如图 8-65 所示。

step 05 单击【确定】按钮回到编辑页面。由于 delboard.asp 页面是管理界面，为了避免浏览者跳过登录画面来删除留言信息，可以加上服务器行为来防止这个漏洞。在【服务器行为】面板中单击按钮，在弹出的菜单中选择【用户身份验证】→【限制对页的访问】命令，打开【限制对页的访问】对话框，选择【基于以下内容进行限制】为“用户名和密码”，设置【如果访问被拒绝，则转到】为 adminLogin.asp，如图 8-66 所示。

表 8-4 【删除记录】对话框设置

属　性	设 置 值	属　性	设 置 值
连接	boardsystem	唯一键列	bd_id
从表格中删除	board	提交此表单以删除	form1
选取记录自	Recboard	删除后，转到	boardAdmin.asp

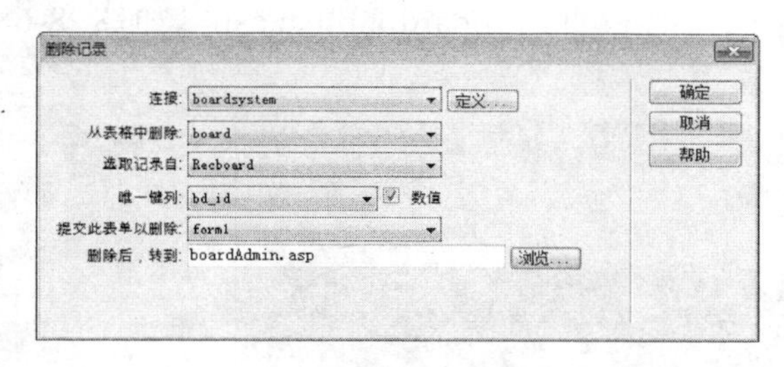

图 8-65 【删除记录】对话框

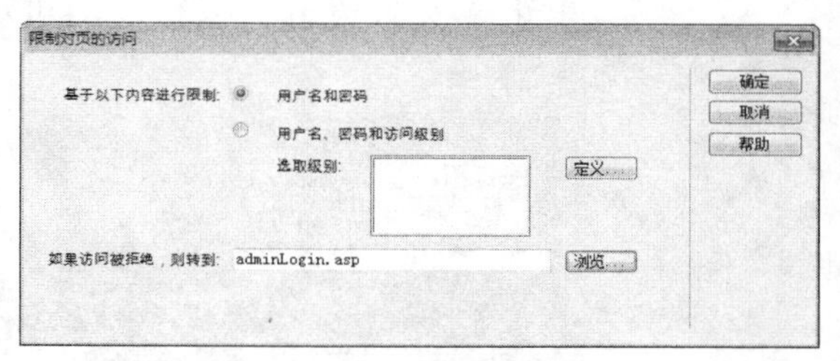

图 8-66 【限制对页的访问】对话框

step 06 单击【确定】按钮，然后保存 delboard.asp 页面。这样就完成删除留言页面的制作了。

8.5 留言板管理系统功能的测试

留言板系统制作完成后，即可进行测试操作，从而进一步完善整个留言板系统。

8.5.1 留言测试

留言测试步骤如下。

step 01 在 IE 浏览器中输入 http://localhost/，打开 index.asp 文件，效果如图 8-67 所示。

图 8-67 index.asp 文件效果

细心的用户此时会发现，主页上没有显示状态栏导航条。根本原因是添加重复区域时设置的条件为显示 10 条记录，而此时数据库中刚刚有两个记录，所以不显示状态栏导航条。

step 02 单击【发表留言】按钮，即可进入留言板页面 boardpublish.asp，如图 8-68 所示。

图 8-68 留言页面效果

step 03 在留言页面中输入留言信息，如图 8-69 所示。单击【提交】按钮，此时打开 board 数据库，可以看到记录中多了一个刚填写的数据，表示添加留言信息成功，如图 8-70 所示。

图 8-69 留言页面效果

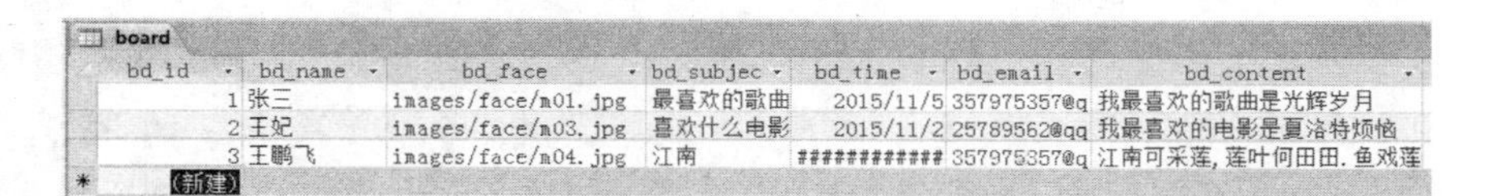

board

bd_id	bd_name	bd_face	bd_subjec	bd_time	bd_email	bd_content
1	张三	images/face/m01.jpg	最喜欢的歌曲	2015/11/5	357975357@q	我最喜欢的歌曲是光辉岁月
2	王妃	images/face/m03.jpg	喜欢什么电影	2015/11/2	25789562@qq	我最喜欢的电影是夏洛特烦恼
3	王鹏飞	images/face/m04.jpg	江南	############	357975357@q	江南可采莲，莲叶何田田. 鱼戏莲
* (新建)						

图 8-70　数据表中新添加的记录

step 04 单击【提交】按钮，转到留言板主界面中，可以看到新添加的记录显示出来了，如图 8-71 所示。

图 8-71　新添加的留言效果

8.5.2　后台管理测试

通过后台管理，管理员可以修改和删除留言信息。其操作步骤如下。

step 01 在留言板主页中单击【留言管理】按钮，打开 adminLogin.asp 文件，输入管理员账号和密码，如图 8-72 所示，

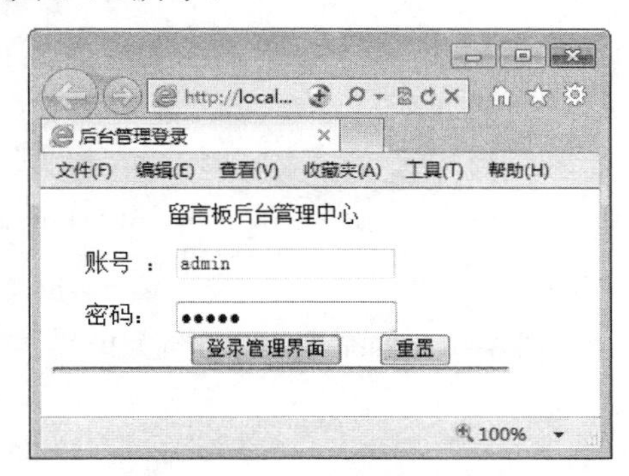

图 8-72　管理员登录页面

step 02 单击【登录管理界面】按钮，进入 boardAdmin.asp 页面，如图 8-73 所示。管理

员可以修改留言标题和内容，最后单击【更新】按钮即可修改留言信息。

图 8-73　boardAdmin.asp 页面效果

step 03 在需要删除的留言中单击“删除”链接，进入 delboard.asp 页面，单击【确定删除】按钮，即可删除选择的留言，如图 8-74 所示。

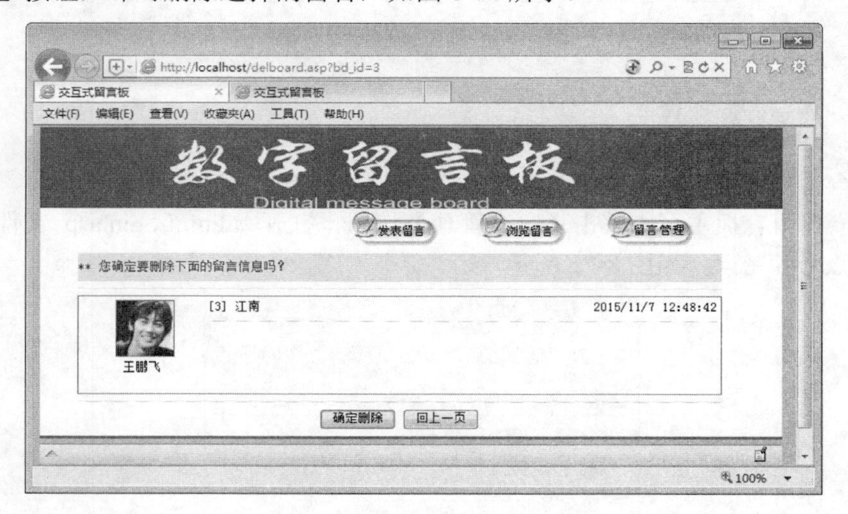

图 8-74　delboard.asp 页面效果

第9章 电子相册管理系统

电子相册管理系统的特点是从相册管理的角度出发，通过数据库将几乎所有与之相关的数据统一管理起来，从而形成了集成的信息集。电子相册管理系统较好的用户界面、信息共享、信息管理，使得管理人员和用户使用更加便捷。电子相册系统容纳的信息量非常大，主要通过文字和图片等方式展示出来。阅读者除了可以在文字上得知记录者的心情、更可以通过生动的照片赋予文字立体的画面。在本章中，最重要的技巧在于如何实现图片的上传功能。

学习目标(已掌握的在方框中打钩)

- ☐ 熟悉电子相册系统的功能
- ☐ 掌握电子相册系统的数据库设计和连接方法
- ☐ 掌握设计电子相册主界面的方法
- ☐ 掌握设计电子相册管理员界面的方法

9.1 系统的功能分析

在电子相册管理系统中，通常按照不同的类别划分不同的照片。用户可以查看图片和说明文字；管理员可以进行添加相册、修改相册和删除相册等操作。

9.1.1 规划网页结构和功能

本章将要制作的电子管理相册系统的网页结构如图 9-1 所示。

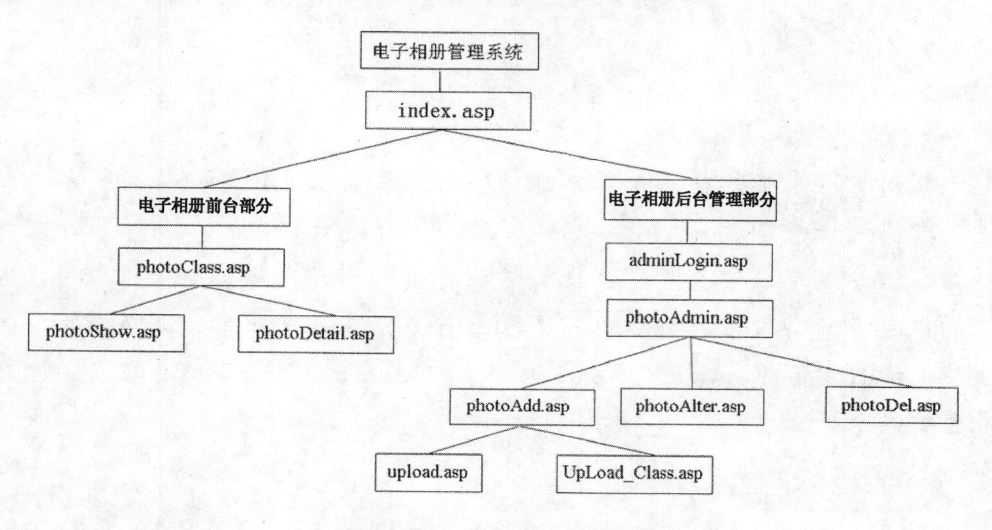

图 9-1 电子相册管理系统结构

本系统的主要结构分为电子相册前台部分和电子相册后台管理两个部分，整个系统中共有 11 个页面，各个页面名称和对应的功能如表 9-1 所示。

表 9-1 电子相册管理系统网页设计表

页面名称	功 能
index.asp	电子相册系统的主界面
photoClass.asp	电子相册分类页面
photoShow.asp	电子相册浏览图片页面
photoDetail.asp	电子相册详细显示页面
adminLogin.asp	管理员登录页面
photoAdmin.asp	管理主界面
photoAdd.asp	电子相册添加页面
upload.asp	图片上传页面
UpLoad_Class.asp	图片上传类页面
photoAlter.asp	电子相册修改页面
photoDel.asp	电子相册删除页面

9.1.2 网页美工设计

本实例整体框架比较简单，美工设计效果如图 9-2 所示。初学者在设计制作过程中，可以打开光盘中的源代码，找到相关站点的图片文件夹，其中放置了已经编辑好的图片。

图 9-2 首页的美工

9.2 数据库设计与连接

本节主要讲述如何使用 Access 2010 建立电子相册管理系统的数据库，该数据库主要用来存储管理员信息和电子相册信息；同时进一步掌握开发电子相册管理系统数据库的连接方法。

9.2.1 数据库的设计

通过对电子相册管理系统的功能分析发现，这个数据库应该包括 2 张表，分别为 photomain 数据表和 admin 数据表。

1. photomain 数据表

这个数据表主要是保存电子相册的数据。其中 pt_ID 为主键，数据类型为自动编号，如此即能在添加数据时为每一个相册加上一个单独的编号而不重复。该数据库的结构如表 9-2 所示。

表 9-2　photomain 数据表的结构

意　义	字段名称	数据类型	字段大小	允许空字符串
相册编号	pt_ID	自动编号	长整型	否
相册的标题	pt_subject	文本	20	否
相册的日期	pt_time	日期/时间		否
相册的内容	pt_content	备注		否
相册的类别	pt_class	文本	20	否
相册的照片	pt_photo	文本	100	否
照片说明	pt_explain	文本	100	否

2. admin 数据表

这个数据表主要是存储登入管理界面的账号与密码，主键为 ID，该数据库的结构如表 9-3 所示。

表 9-3　admin 数据表的结构

意　义	字段名称	数据类型	字段大小	必填字段	允许空字符串
账户编号	ID	自动类型	长整型		
用户名称	username	文本	20	是	否
用户密码	passwd	文本	20	是	否

在 Access 2010 中创建数据库的操作步骤如下。

step 01 运行 Microsoft Access 2010 程序，选择【空数据库】选项，在主界面的右侧打开【空数据库】窗格，单击【浏览】按钮，如图 9-3 所示。

图 9-3　选择【空数据库】选项

step 02 打开【文件新建数据库】对话框。在【保存位置】下拉列表框中选择保存路径，在【文件名】文本框中输入文件名 photosystem.mdb。为了让创建的数据库能被通用，在【保存类型】下拉列表框中选择“Microsoft Access 数据库(2002-2003 格式)(*.mdb)】选项，单击【确定】按钮，如图 9-4 所示。

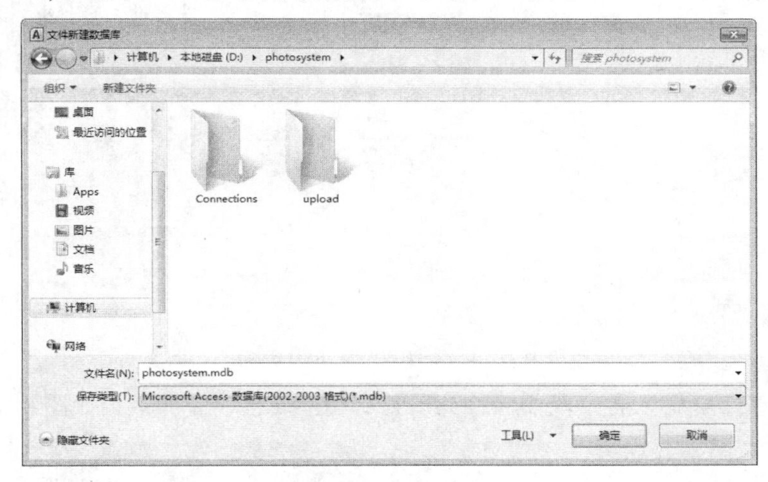

图 9-4 【文件新建数据库】对话框

step 03 返回【空数据库】窗格，单击【创建】按钮，即在 Microsoft Access 2010 中创建了 photosystem.mdb 数据库文件，同时 Microsoft Access 2010 自动默认生成了一个“表 1”数据表，如图 9-5 所示。

step 04 在“表 1”上单击鼠标右键，选择快捷菜单中的【设计视图】命令，打开【另存为】对话框，在【表名称】文本框中输入数据表名称 photomain，如图 9-6 所示。

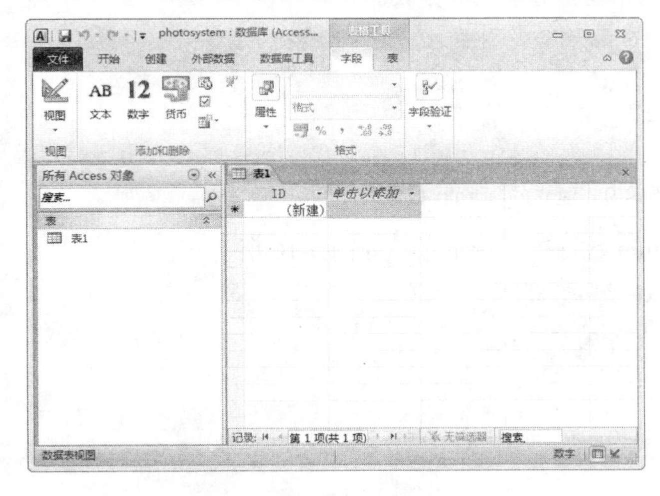

图 9-5 创建的默认数据表

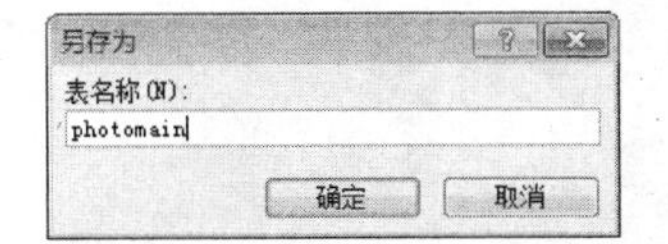

图 9-6 【另存为】对话框

step 05 单击【确定】按钮，系统自动以设计视图方式打开创建好的 photomain 数据表，如图 9-7 所示。

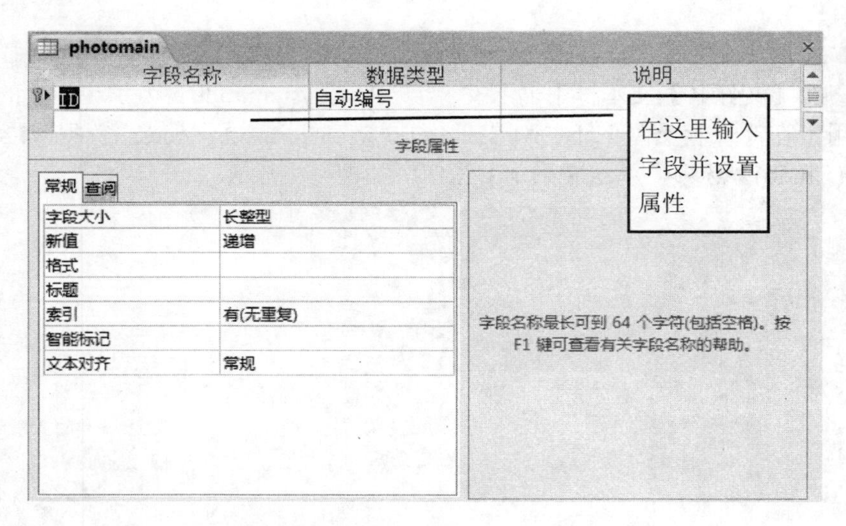

图 9-7 创建的 photomain 数据表

step 06 按表 9-2 输入各字段的名称并设置其相应属性，完成效果如图 9-8 所示。

photomain

字段名称	数据类型	说明
pt_ID	自动编号	相册编号
pt_subject	文本	相册的标题
pt_time	日期/时间	相册的日期
pt_content	备注	相册的内容
pt_class	文本	相册的类别
pt_photo	文本	相册的照片
pt_explain	文本	照片说明

字段名称，其中 bbs_ID 为主键

数据类型

字段说明

图 9-8 创建表的字段

step 07 用同样的方法，建立如图 9-9 所示的数据表。

admin

字段名称	数据类型	说明
ID	自动编号	用户编号
username	文本	用户名
passwd	文本	用户密码

图 9-9 建立的 admin 数据表

step 08 为了演示效果，对 admin 数据表添加记录，如图 9-10 所示。

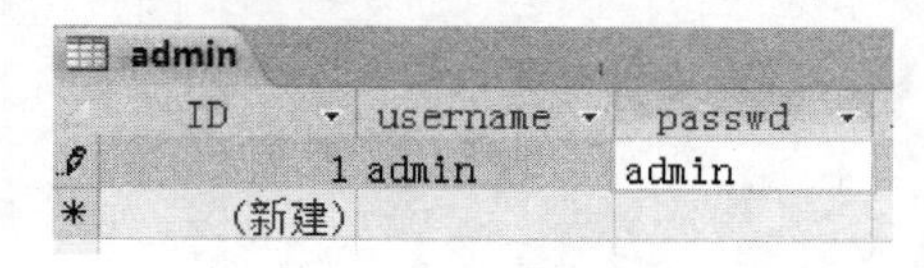
admin

ID	username	passwd
1	admin	admin
(新建)		

图 9-10 admin 表中输入的记录

9.2.2 创建数据库连接

在数据库创建完成后，需要在 Dreamweaver CS6 中建立数据源连接对象，才能在动态网页中使用这个数据库文件。创建数据库连接的具体操作步骤如下。

step 01 在【控制面板】窗口中依次选择【管理工具】→【数据源(ODBC)】→【系统 DSN】选项，打开【ODBC 数据源管理器】对话框，如图 9-11 所示。

step 02 单击【添加】按钮，打开【创建新数据源】对话框，选择 Driver do Microsoft Access(*.mdb)选项，如图 9-12 所示。

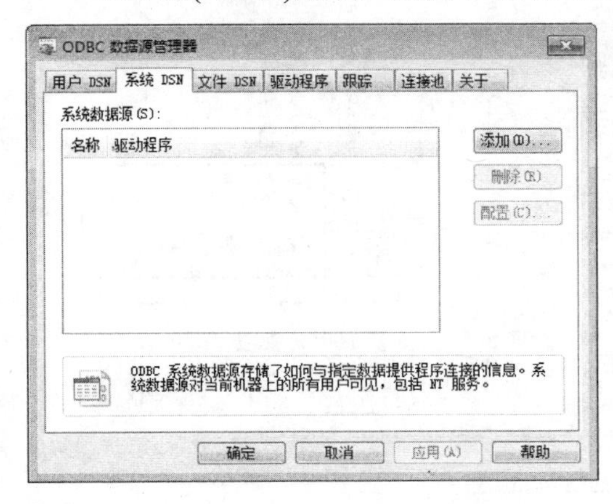

图 9-11 【系统 DSN】选项卡

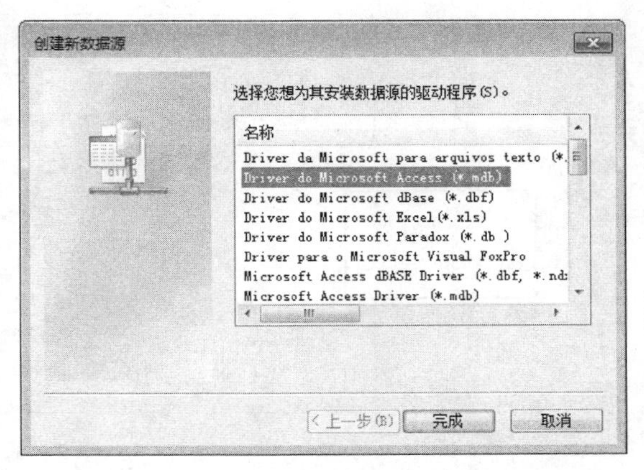

图 9-12 【创建新数据源】对话框

step 03 单击【完成】按钮，打开【ODBC Microsoft Access 安装】对话框，在【数据源名】文本框中输入 photoconn，在【说明】文本框中输入“电子相册系统”，如图 9-13 所示。

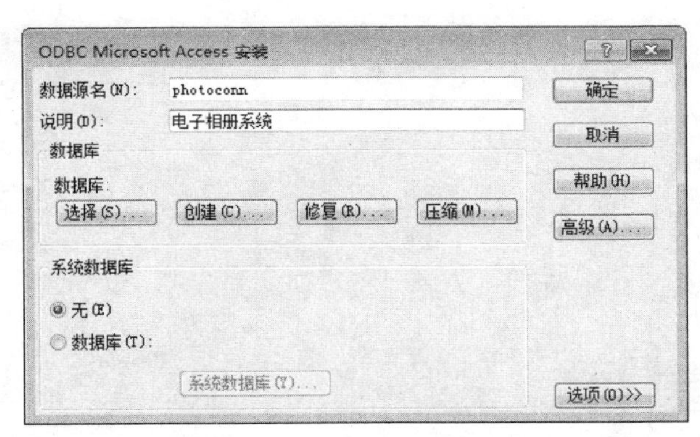

图 9-13 【ODBC Microsoft Access 安装】对话框

step 04 单击【选择】按钮，打开【选择数据库】对话框，单击【驱动器】下拉按钮，从下拉列表中找到数据库所在的盘符，在【目录】列表框中找到保存数据库的文件夹，然后单击左上方【数据库名】列表框中的数据库文件 photosystem.mdb，则数据库名称自动添加到【数据库名】文本框中，如图 9-14 所示。

step 05 找到数据库后，单击【确定】按钮回到【ODBC Microsoft Access 安装】对话框。再次单击【确定】按钮，将返回到【ODBC 数据源管理器】中的【系统 DSN】选项卡，可以看到【系统数据源】列表框中已经添加了一个名称为 photoconn、驱动程序为 Driver do Microsoft Access(*.mdb)的系统数据源，如图 9-15 所示。再次单击【确定】按钮，完成 ODBC 数据源管理器的设置。

step 06 启动 Dreamweaver CS6，打开随书光盘中的“素材\photosystem\index.asp”文件，根据前面讲过的站点设置方法，设置好站点、文档类型、测试服务器。在 Dreamweaver CS6 中选择【窗口】→【数据库】菜单命令，打开【数据库】面板，单击⊞按钮，弹出如图 9-16 所示的菜单，选择【数据源名称(DSN)】菜单项。

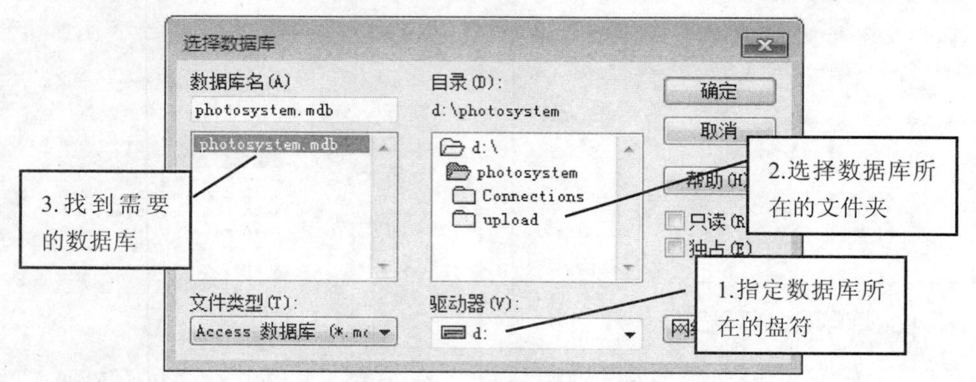

图 9-14 选择数据库

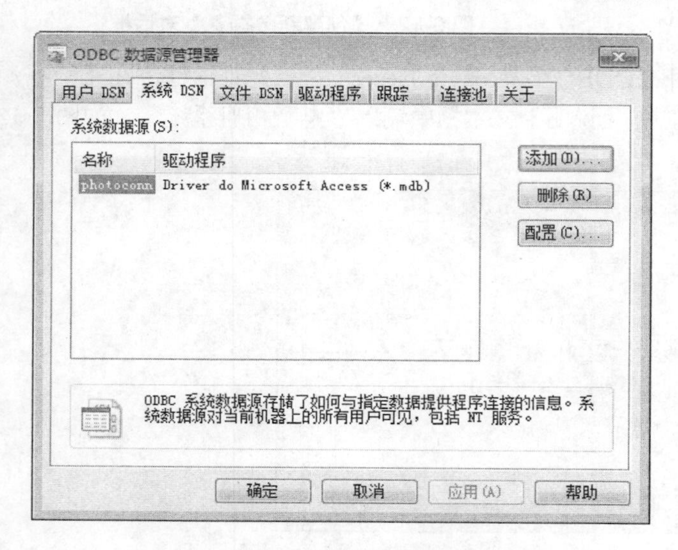

图 9-15 【系统 DSN】选项卡

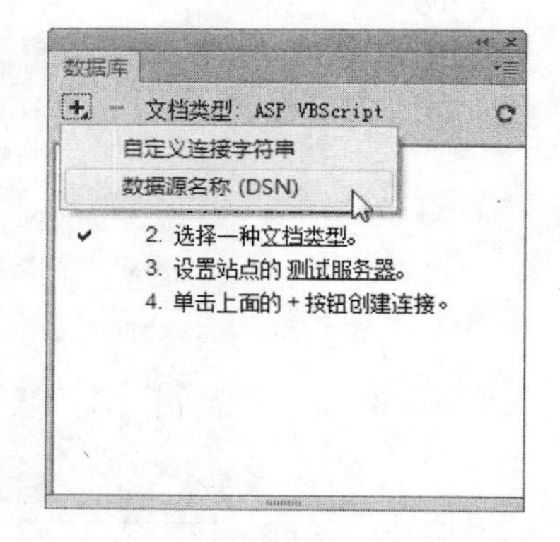

图 9-16 【数据库】面板

step 07 打开【数据源名称(DSN)】对话框，在【连接名称】文本框中输入 photoconn，单击【数据源名称(DSN)】下拉按钮，从打开的下拉列表中选择 photoconn，其他保持默认值，如图 9-17 所示。

step 08 单击【确定】按钮，完成数据库的连接。

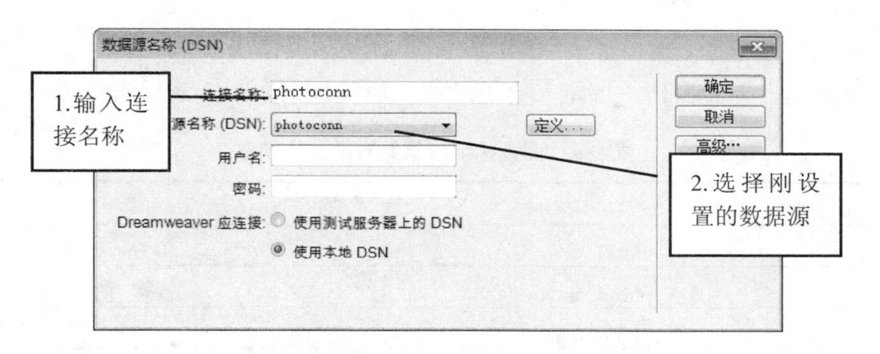

图 9-17 【数据源名称(DSN)】对话框

9.3 电子相册系统主界面的制作

定义好站点并建立数据库连接后，就可以制作电子相册系统的主界面。它主要包括电子相册系统主界面、电子相册分类页面、电子相册浏览图片页面和电子相册详细显示页面。

9.3.1 电子相册系统主界面的制作

电子相册系统主界面的文件是 index.asp，该页面主要显示电子相册的 4 大分类：风景、人物、汽车和艺术。浏览者可以单击不同的分类链接，查看相应的相册，也可以单击“后台管理”链接进入电子相册系统后台。系统主界面 index.asp 的静态页面设计如图 9-18 所示。

图 9-18 电子相册管理系统主界面静态效果

具体操作步骤如下。

step 01 在 index.asp 页面中需要绑定 4 个记录集，分别为风景、人物、汽车、艺术。首先绑定风景记录集，切换到【绑定】面板，单击+按钮，在弹出的菜单中选择【记录集(查询)】菜单项，打开【记录集】对话框，输入数据如表 9-4 所示，结果如图 9-19

所示。

step 02 重复上一步操作，绑定人物记录集，输入效果如图 9-20 所示。

表 9-4　设置【记录集】对话框的参数

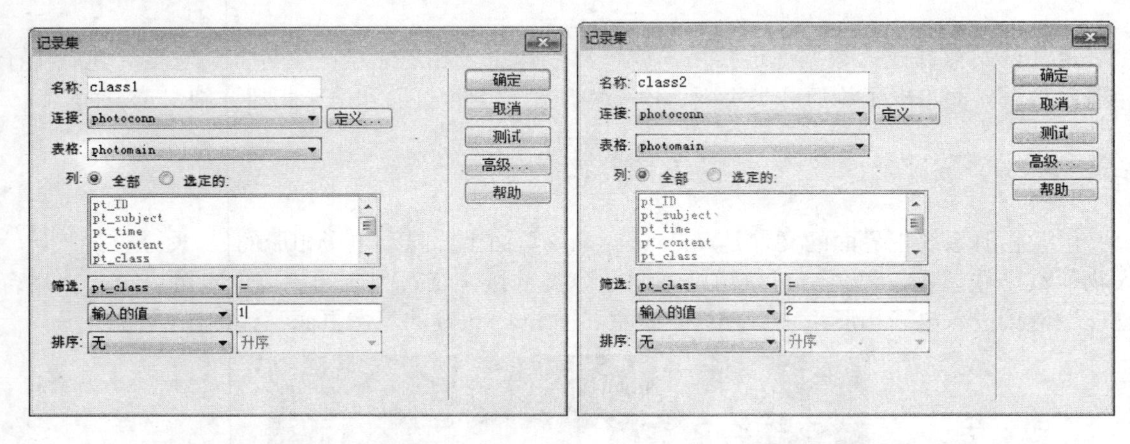

属　性	设 置 值
名称	class1
连接	photoconn
表格	photomain
列	全部
筛选	pt_class、=、输入的值、1
排序	无

图 9-19　绑定风景记录集

图 9-20　绑定人物记录集

step 03 重复上一步操作，绑定汽车记录集，输入效果如图 9-21 所示。

step 04 重复上一步操作，绑定艺术记录集，输入效果如图 9-22 所示。

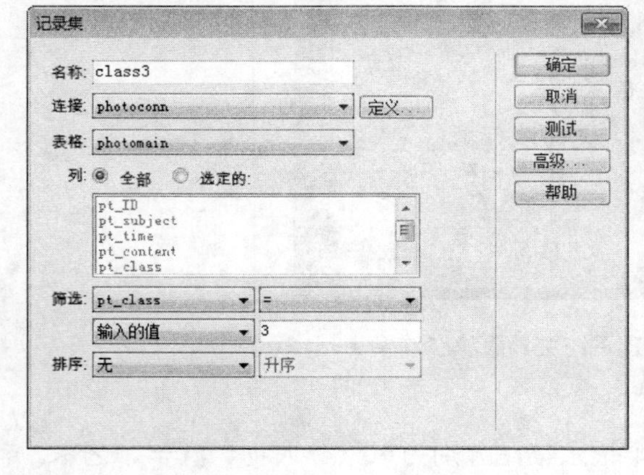

图 9-21　绑定汽车记录集

图 9-22　绑定艺术记录集

step 05 在每种相册分类中记录相册内容数量，引导用户去点击，可按照下面的方法来设置显示字段。分别展开上述 4 个记录集，将【总记录数】字段拖曳到网页的不同的位置，如图 9-23 所示。

图 9-23 将【总记录数】拖曳到网页的不同的位置

step 06 在首页中还有 5 个链接需要设置，分别是“后台管理”“风景”“人物”“汽车”“艺术”。首先设置“后台管理”的链接为 adminLogin.asp，如图 9-24 所示。

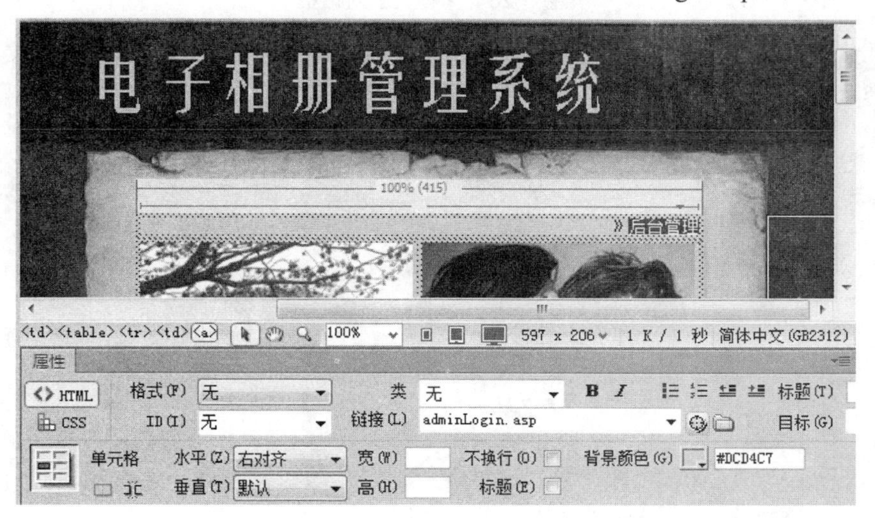

图 9-24 设置“后台管理”的链接

step 07 选择“风景”文本，单击【属性】面板中【链接】右侧的【浏览文件】按钮 ，打开【选择文件】对话框，选择文件为 photoClass.asp，如图 9-25 所示。

图 9-25 【选择文件】对话框

step 08 单击【参数】按钮，打开【参数】对话框，输入【名称】为 pt_class、【值】为 1，如图 9-26 所示。

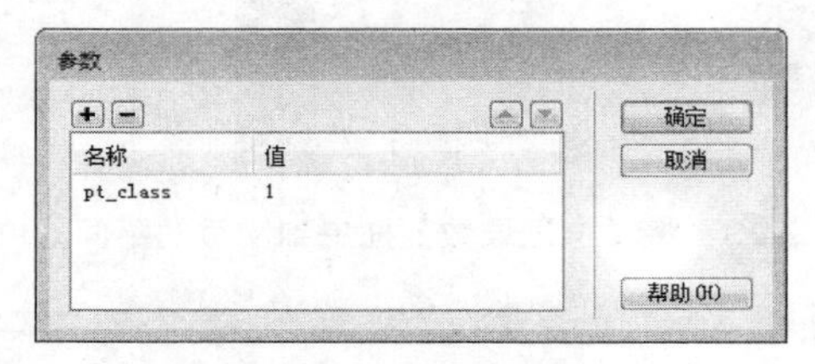

图 9-26 【参数】对话框

step 09 单击【确定】按钮，返回到【选择文件】对话框，可以看到 URL 文本框中的内容为 photoClass.asp?pt_class=1，如图 9-27 所示。

图 9-27 【选择文件】对话框

step 10 使用同样的方法，设置“人物”链接，如图 9-28 所示。

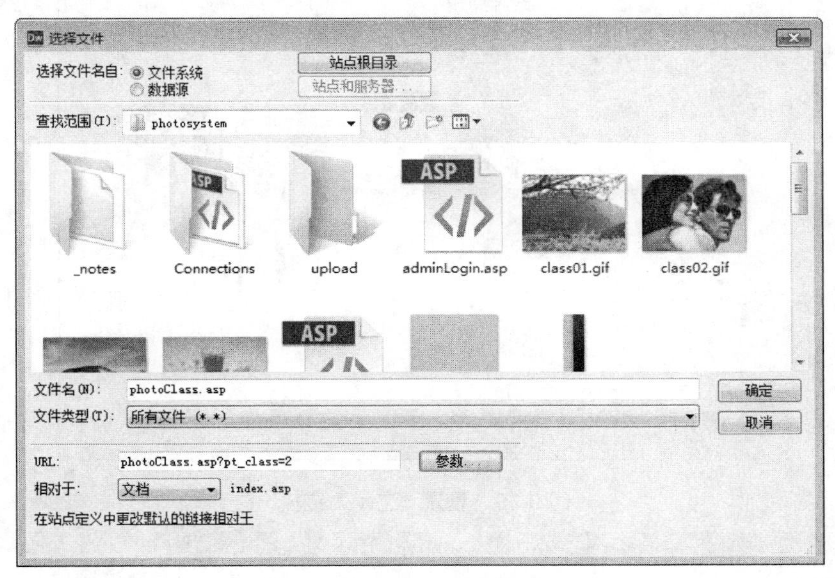

图 9-28　设置“人物”链接

step 11 使用同样的方法，设置“汽车”链接，如图 9-29 所示。

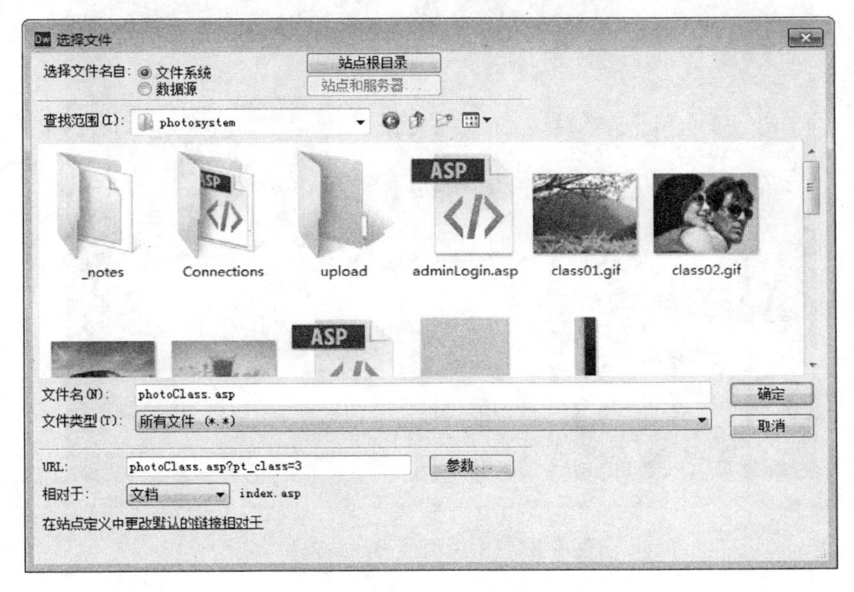

图 9-29　设置“汽车”链接

step 12 使用同样的方法，设置“艺术”链接，如图 9-30 所示。

step 13 至此为止，完成首页 index.asp 的所有设置。选择【文件】→【保存】菜单命令保存该网页，按 F12 键预览效果，如图 9-31 所示。

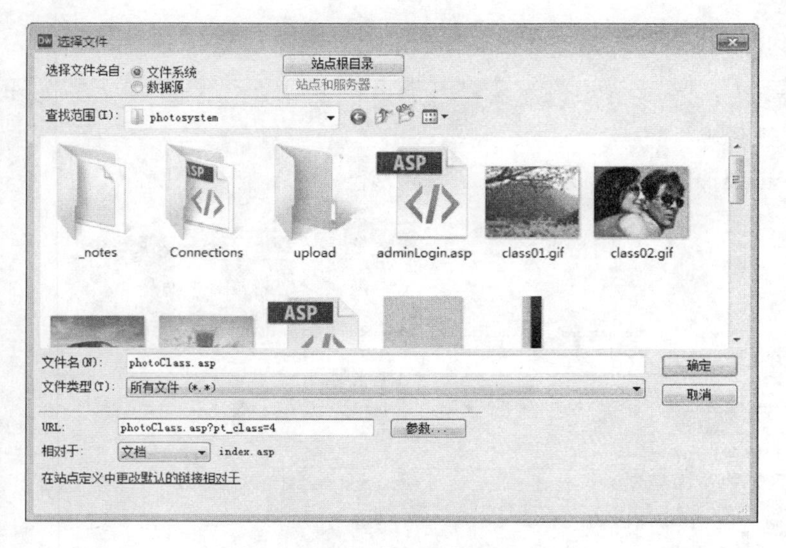

图 9-30　设置“艺术”链接

图 9-31　主页面最终预览效果

9.3.2　电子相册分类页面的制作

在设置主页 index.asp 时，选择照片类别后会打开电子相册分类页面 photoClass.asp 页面，该页面的制作方法和技巧如下。

step 01 打开随书光盘中的“素材\photosystem\photoClass.asp”文件，静态页面效果如图 9-32 所示。

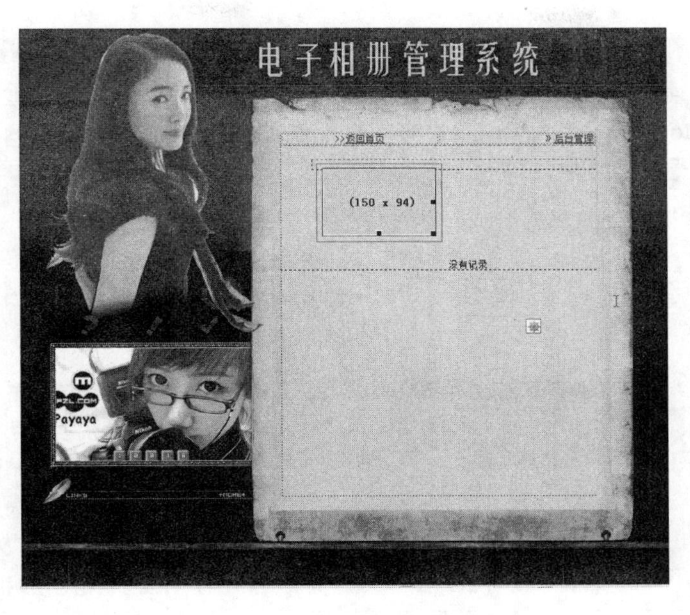

图 9-32　电子相册分类页面的静态效果

step 02 切换到【绑定】面板，单击⊕按钮，在弹出的菜单中选择【记录集(查询)】菜单项，打开【记录集】对话框，输入数据如表 9-5 所示，结果如图 9-33 所示。

表 9-5　设置【记录集】对话框的参数

属　性	设 置 值
名称	photoclass
连接	photoconn
表格	photomain
列	全部
筛选	pt_class、=、URL 参数、pt_class
排序	pt_time、降序

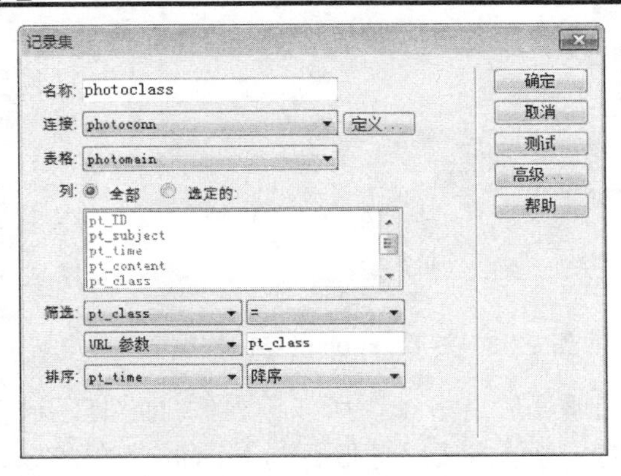

图 9-33　【记录集】对话框

step 03 选择图像占位符，单击【属性】面板中【链接】右侧的【浏览文件】按钮，打开【选择图像源文件】对话框，选中【数据源】单选按钮，在【域】列表框中选择 pt_photo 字段，然后在 URL 文本框中添加图片的前缀 upload/，如图 9-34 所示。

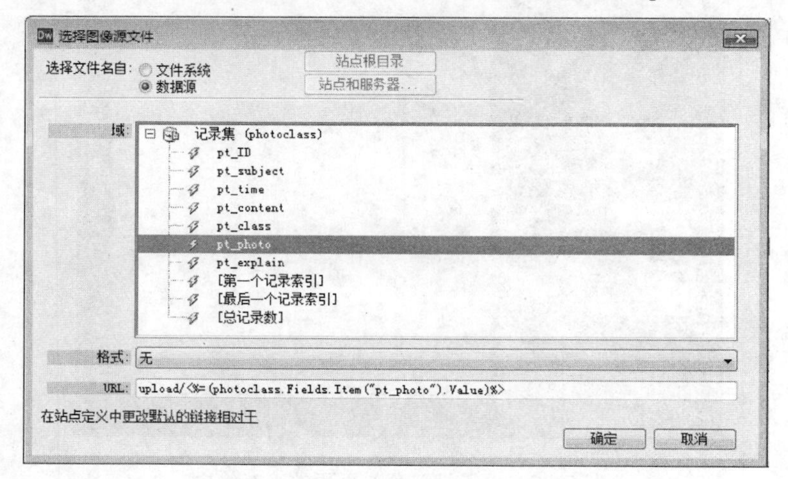

图 9-34 【选择图像源文件】对话框

step 04 单击【确定】按钮，然后在【属性】面板中设置宽度为 150px，高度为 94px，如图 9-35 所示。

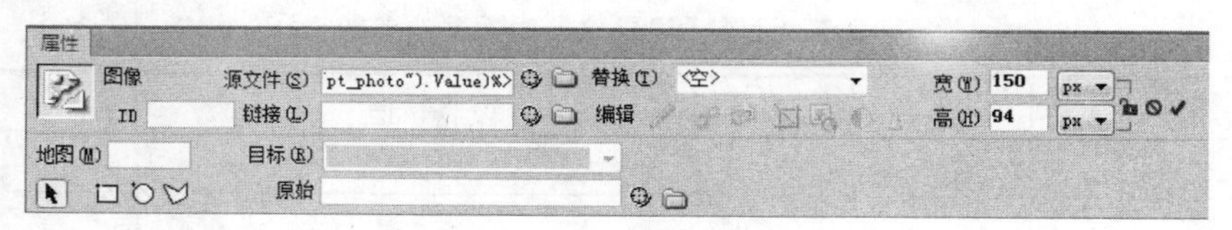

图 9-35 【属性】面板

step 05 展开记录集，将 pt_subject 字段拖曳到网页中合适的位置，如图 9-36 所示。

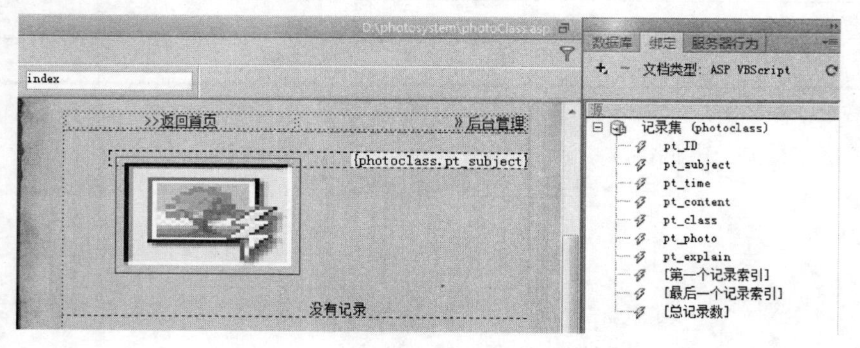

图 9-36 将 pt_subject 字段拖曳到网页中

step 06 一个类别的相册一般有多个，所以需要添加重复区域功能。单击图像占位符，然后单击<li>标签，再单击【服务器行为】面板上的按钮，在弹出的菜单中选择【重复区域】菜单项，如图 9-37 所示。

图 9-37 设置重复区域

step 07 打开的【重复区域】对话框，设置显示的记录数为 6 条记录，如图 9-38 所示。

step 08 单击【确定】按钮，回到编辑页面，会发现先前选取要重复的区域左上角出现了一个【重复】灰色标签，这表示已经完成设置。

step 09 当相册的图片多于 6 条记录的时候，需要在第 2 页中显示，所以要加入记录集导航条。在【插入】面板选择【数据】→【记录集分页】→【记录集导航】菜单项，在打开的【记录集导航条】对话框中，选取要导航条的记录集以及导航条的显示方式，如图 9-39 所示。

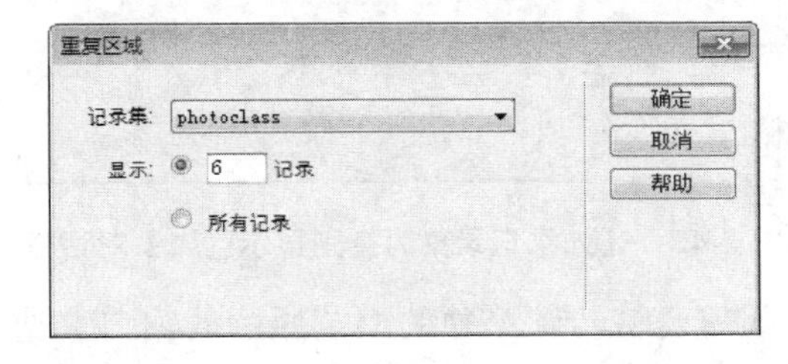

图 9-38 【重复区域】对话框

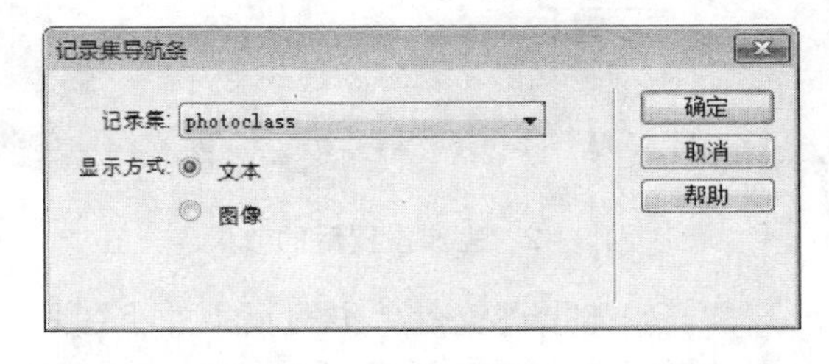

图 9-39 【记录集导航条】对话框

step 10 单击【确定】按钮回到编辑页面，会发现页面出现该记录集的导航条，如图 9-40 所示。

step 11 如果数据表中没有相册记录，必须提示“没有记录”。只有相册中有记录，才能显示相册的图片和标题信息，所以要加入“显示区域”功能。选择页面中的图像占位符，单击<li>标签，再单击【服务器行为】面板上的+按钮，在弹出的菜单中选择【显示区域】→【如果记录集不为空则显示区域】命令，打开的【如果记录集不为空则显示区域】对话框中单击【确定】按钮，如图 9-41 所示。

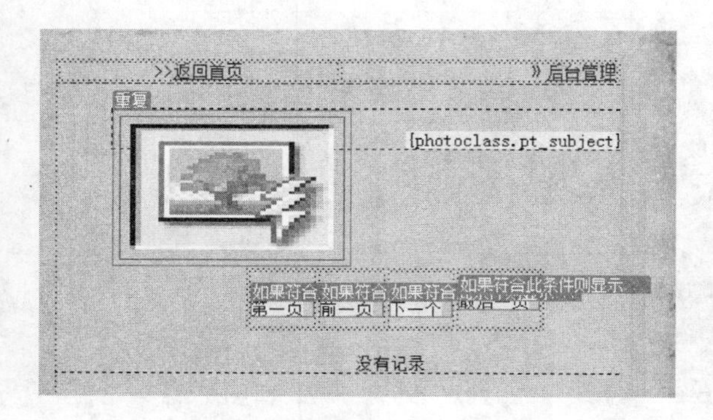

图 9-40　添加记录集导航条

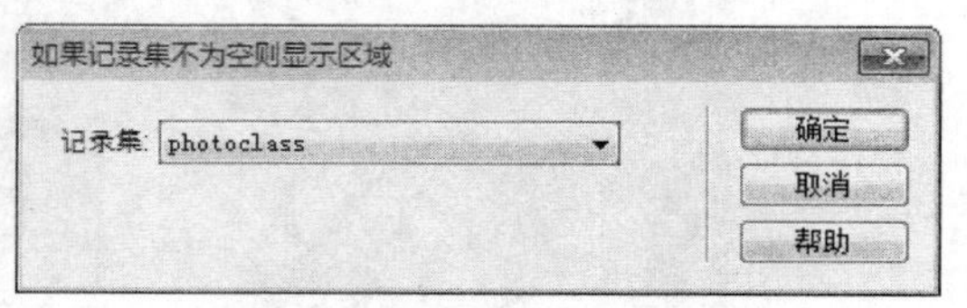

图 9-41　【如果记录集不为空则显示区域】对话框

step 12 回到编辑页面，会发现先前选取要显示区域的左上角出现了一个【如果符合此条件则显示……】的灰色标签，这表示已经完成设置，如图 9-42 所示。

step 13 选择文本“没有记录”所在的行，单击【服务器行为】面板上的+按钮，在弹出的菜单中选择【显示区域】→【如果记录集为空则显示区域】命令，打开【如果记录集为空则显示区域】对话框，单击【确定】按钮，如图 9-43 所示。

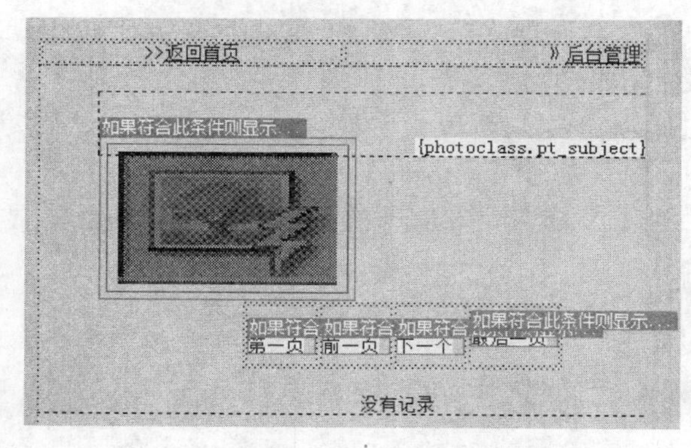

图 9-42　完成设置后的效果

图 9-43　【如果记录集为空则显示区域】对话框

step 14 如果浏览者单击网页中的小图片，则需要跳转到单独的浏览原图的窗口。选择图像占位符，选择【窗口】→【行为】菜单命令，打开【行为】面板，单击+按钮，在弹出的菜单中选择【打开浏览器窗口】菜单项，打开【打开浏览器窗口】对话框，如图 9-44 所示。

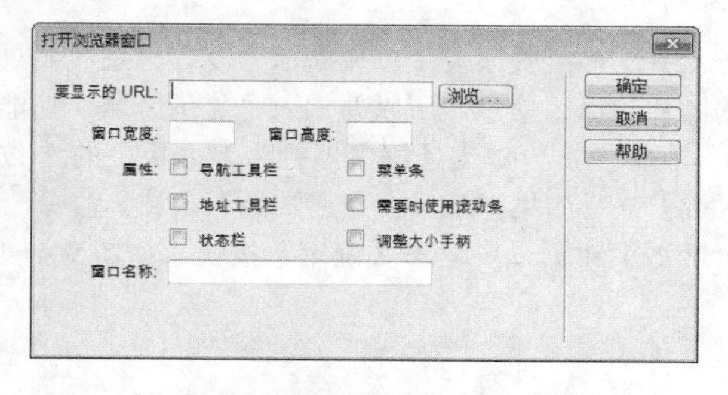

图 9-44　【打开浏览器窗口】对话框

step 15 单击【浏览】按钮，打开【选择文件】对话框，选择文件为 photoShow.asp，如图 9-45 所示。

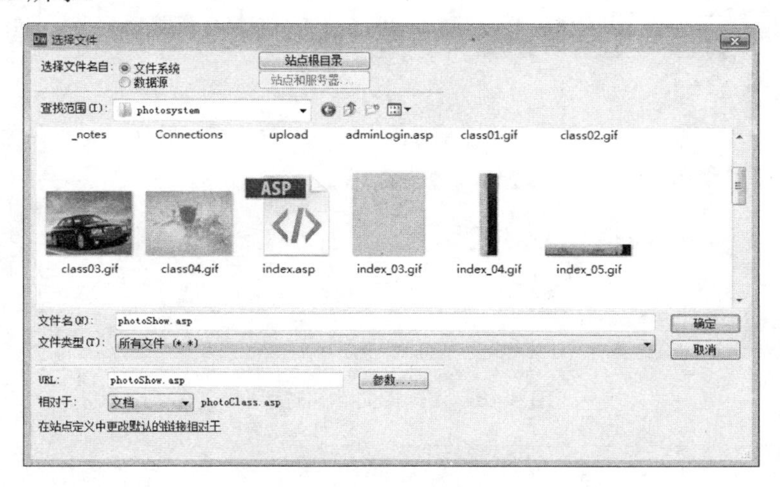

图 9-45 【选择文件】对话框

step 16 单击【参数】按钮，打开【参数】对话框，输入【名称】为 pt_ID，单击【值】下方的按钮，如图 9-46 所示。

step 17 打开【动态数据】对话框，选择 pt_ID 字段，如图 9-47 所示。

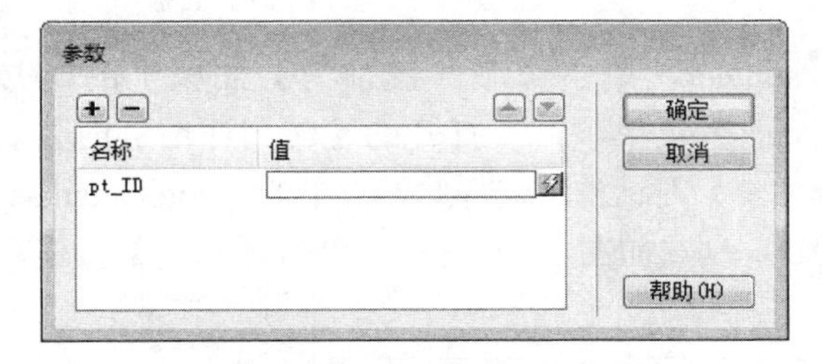

图 9-46 【参数】对话框

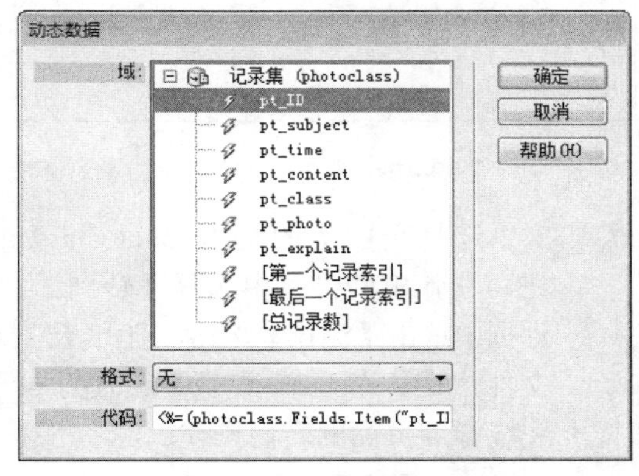

图 9-47 【动态数据】对话框

step 18 单击【确定】按钮，返回到【参数】对话框。再次单击【确定】按钮，返回到【选择文件】对话框，如图 9-48 所示。

step 19 单击【确定】按钮，返回到【打开浏览器窗口】对话框，输入【窗口宽度】为 420，【窗口高度】为 360，【窗口名称】为 photoShow，如图 9-49 所示。

step 20 单击【确定】按钮，返回到【行为】面板，查看触发行为的动作是否为 onClick，如图 9-50 所示。

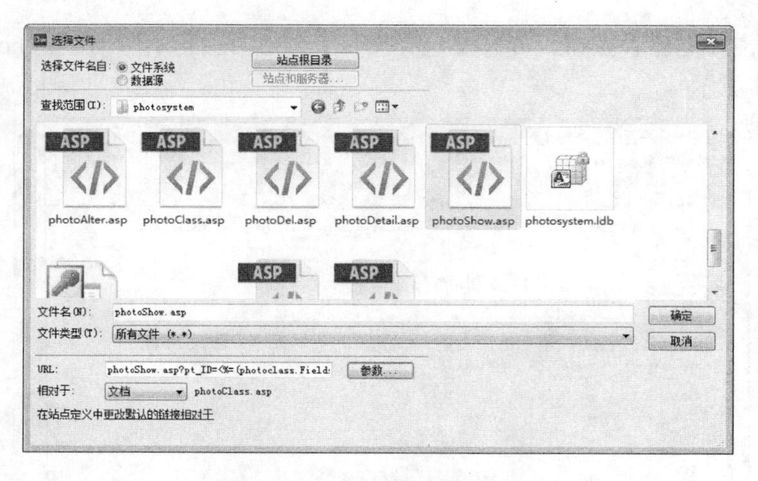

图 9-48 【选择文件】对话框

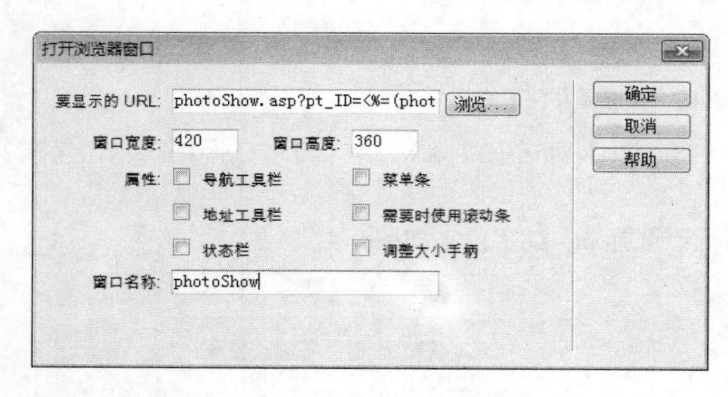

图 9-49 【打开浏览器窗口】对话框

图 9-50 【行为】面板

step 21 选择页面上的文本 photoclass.pt_subject，单击【服务器行为】面板上的按钮，在弹出的菜单中选择【转到详细页面】菜单项，在打开的【转到详细页面】对话框中单击【浏览】按钮，打开【选择文件】对话框，选择此站点中的 photoDetail.asp 文件，【传递 URL 参数】设置为 pt_ID，设置如图 9-51 所示。单击【确定】按钮，完成详细页面的转向操作。

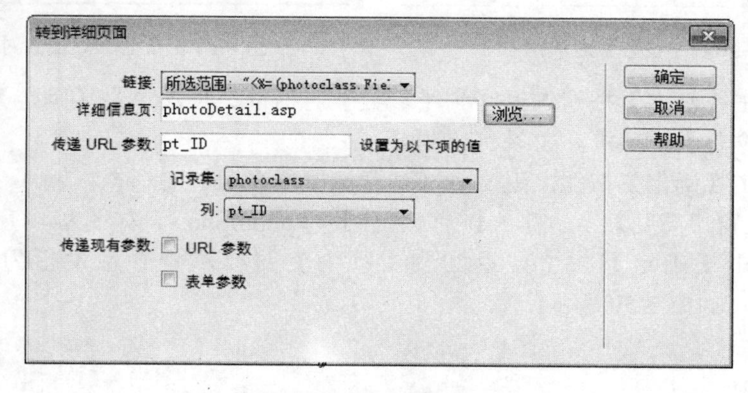

图 9-51 【转到详细页面】对话框

9.3.3 电子相册浏览图片页面的制作

当用户在电子相册分类页面 photoclass.asp 上选择某一个小图片后，此时会进入浏览图片页面 photoShow.asp。其具体操作步骤如下。

step 01 打开随书光盘中的“素材\photosystem\photoShow.asp”文件，静态页面效果如图 9-52 所示。

图 9-52 浏览图片页面的静态效果

step 02 切换到【绑定】面板，单击按钮，在弹出的菜单中选择【记录集(查询)】菜单项，打开【记录集】对话框，输入数据如表 9-6 所示，结果如图 9-53 所示。

表 9-6 设置【记录集】对话框的参数

属 性	设 置 值
名称	show
连接	photoconn
表格	photomain
列	选定的：pt_ID、pt_photo
筛选	pt_ID、=、URL 参数、pt_ID
排序	无

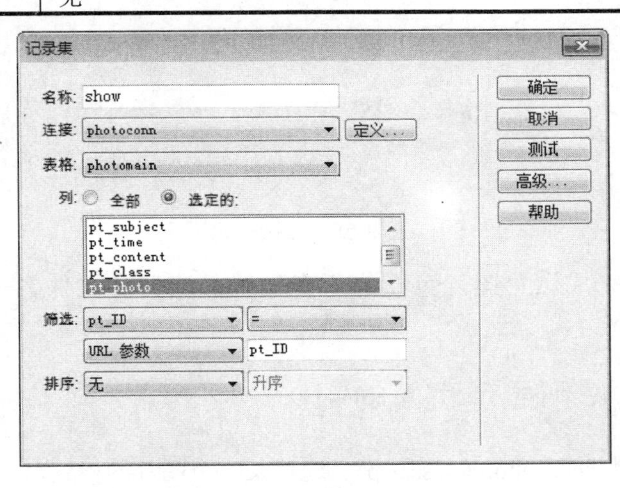

图 9-53 【记录集】对话框

step 03 选择图像占位符，单击【属性】面板中【链接】右侧的【浏览文件】按钮，打开【选择图像源文件】对话框，选择【数据源】单选按钮，在【域】列表框中选择 pt_photo 字段，然后在 URL 文本框中添加图片的前缀 upload/，如图 9-54 所示。

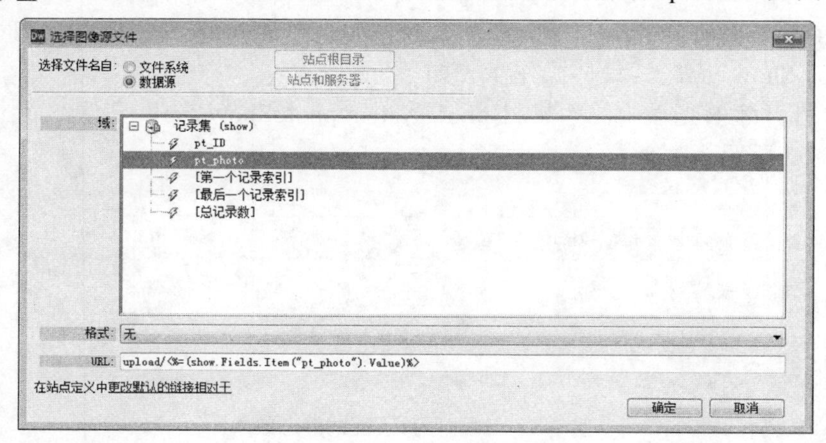

图 9-54　【选择图像源文件】对话框

step 04 单击【确定】按钮，返回到编辑窗口，单击【关闭窗口】按钮。然后切换到拆分视图，在代码窗口中修改代码如下：

```
<input name="button" type=button onClick="window.close()"  value="关闭窗口">
```

修改效果如图 9-55 所示。

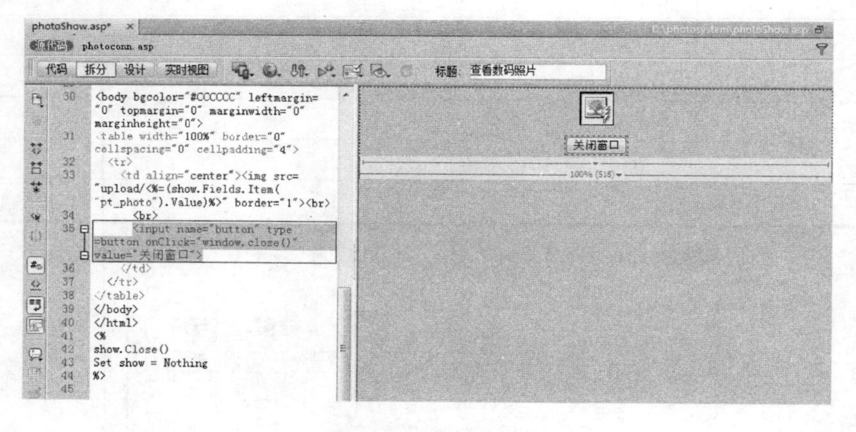

图 9-55　修改代码

step 05 至此，完成浏览图片页面的所有设置，选择【文件】→【保存】菜单保存该网页。

9.3.4　电子相册详细显示页面的制作

当用户在相册分类页面 photoClass.asp 上选择某一个图片的标题后，会进入电子相册详细显示页面 photoDetail.asp。其具体操作步骤如下。

step 01 打开随书光盘中的“素材\photosystem\photoDetail.asp”文件，静态页面效果如

图 9-56 所示。

图 9-56　相册详细显示页面的静态效果

step 02 切换到【绑定】面板，单击按钮，在弹出的菜单中选择【记录集(查询)】菜单项，打开【记录集】对话框，输入数据如表 9-7 所示，结果如图 9-57 所示。

表 9-7　设置【记录集】对话框的参数

属　性	设 置 值
名称	Recdetail
连接	photoconn
表格	photomain
列	全部
筛选	pt_ID、=、URL 参数、pt_ID
排序	无

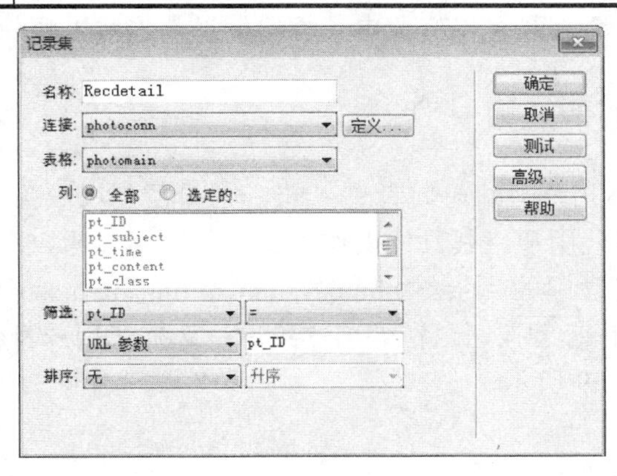

图 9-57　【记录集】对话框

step 03 单击【确定】按钮，完成记录集的添加操作。在设定完记录集绑定后，先把记录集中的字段拖曳到页面上的相应位置，其中图像占位符绑定相册图片 pt_photo 字段。需要在【属性】面板的【源文件】文本框中添加图片的前缀 upload/，如图 9-58 所示。

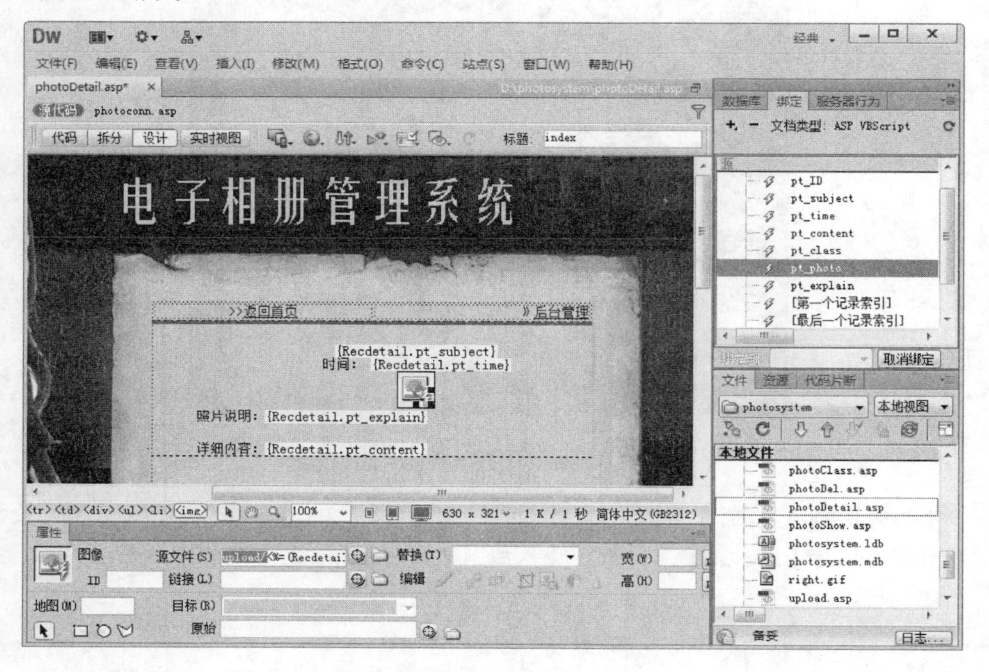

图 9-58　将字段拖曳到页面上

step 04 至此，完成相册详细显示页面的所有设置，选择【文件】→【保存】菜单命令保存该网页。

9.4　电子相册系统管理界面的制作

在电子相册系统中，管理员可以修改电子相册信息，也可以删除不需要的电子相册。

9.4.1　管理员登录页面的制作

由于管理主页面是不允许网站访问者进入的，必须受到权限管理，可以利用管理员账号和管理密码来判断是否有此用户。其具体操作步骤如下。

step 01 打开随书光盘中的“素材\photosystem\adminLogin.asp”文件，切换到【服务器行为】面板，单击 按钮，在弹出的菜单中选择【用户身份验证】→【登录用户】菜单项，如图 9-59 所示。

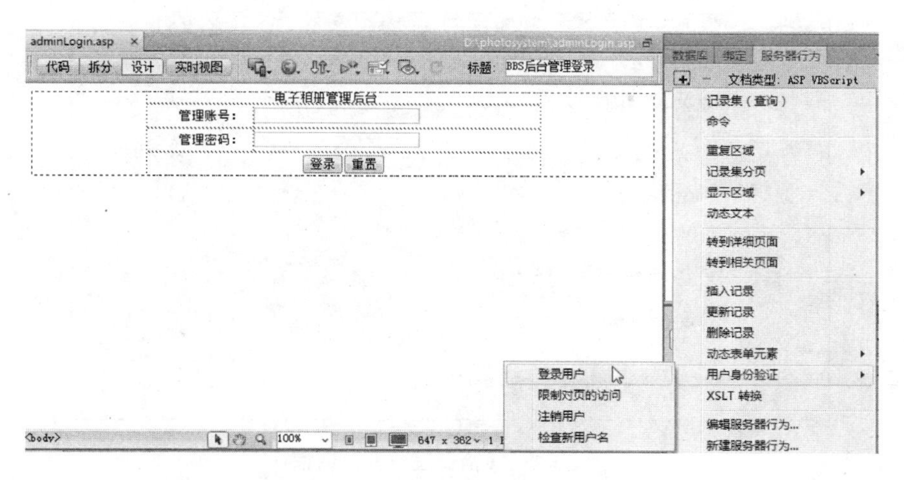

图 9-59　选择【登录用户】菜单项

step 02 打开【登录用户】对话框，设置方法如图 9-60 所示。

提示　表单中有两个字段，username 是输入管理员名称的字段，passwd 是输入管理员密码的字段。登录管理员的服务器行为，是将管理员所输入的账号和密码，与数据表中所保存的管理员名称与密码对比，若是符合即转到管理页面 photoAdmin.asp，不符合即退出到电子相册系统主页面 index.asp。

step 03 单击【确定】按钮，完成登录用户的验证。选择【窗口】→【行为】菜单命令，打开【行为】面板，单击+.按钮，在弹出的菜单中选择【检查表单】菜单项，打开【检查表单】对话框，设置 input"password"(R)为“必需”的，如图 9-61 所示。

登录用户
从表单获取输入: form1
用户名字段: username
密码字段: passwd
使用连接验证: photoconn
表格: admin
用户名列: username
密码列: passwd
如果登录成功，转到: photoAdmin.asp 浏览...
转到前一个URL(如果它存在)
如果登录失败，转到: index.asp 浏览...
基于以下项限制访问: 用户名和密码
用户名、密码和访问级别
获取级别自: ID
确定
取消
帮助

图 9-60　【登录用户】对话框

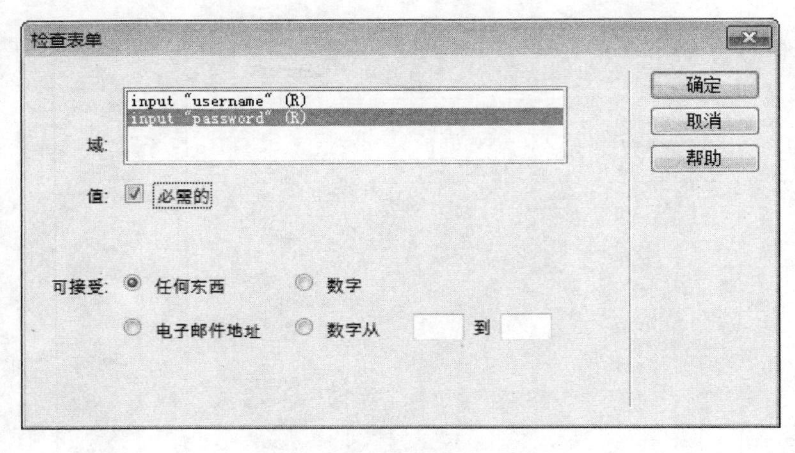

图 9-61 【检查表单】对话框

step 04 单击【确定】按钮，完成管理员登录页面 adminLogin.asp 的制作。

9.4.2 电子相册系统管理主界面的制作

用户登录成功后，将进入系统管理主界面 photoAdmin.asp。该页面主要为管理员提供数据的修改和删除操作。具体操作步骤如下。

step 01 打开随书光盘中的“素材\photosystem\photoAdmin.asp”文件，静态页面效果如图 9-62 所示。

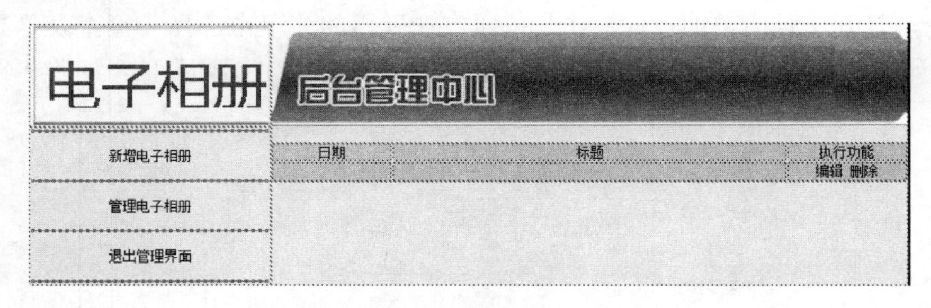

图 9-62 系统管理主界面的静态效果

step 02 分别设置网页中各个文本的超级链接，如表 9-8 所示。

表 9-8 设置页面中的链接

文 本	链接文件
新增电子相册	photoAdd.asp
管理电子相册	photoAdmin.asp

step 03 切换到【绑定】面板，单击+按钮，在弹出的菜单中选择【记录集(查询)】菜单项，打开【记录集】对话框，输入数据如表 9-9 所示，结果如图 9-63 所示。

表 9-9 设置【记录集】对话框的参数

属 性	设 置 值
名称	Recphoto
连接	photoconn
表格	photomain
列	选定的、pt_ID、pt_subject、pt_time
筛选	无
排序	pt_time、降序

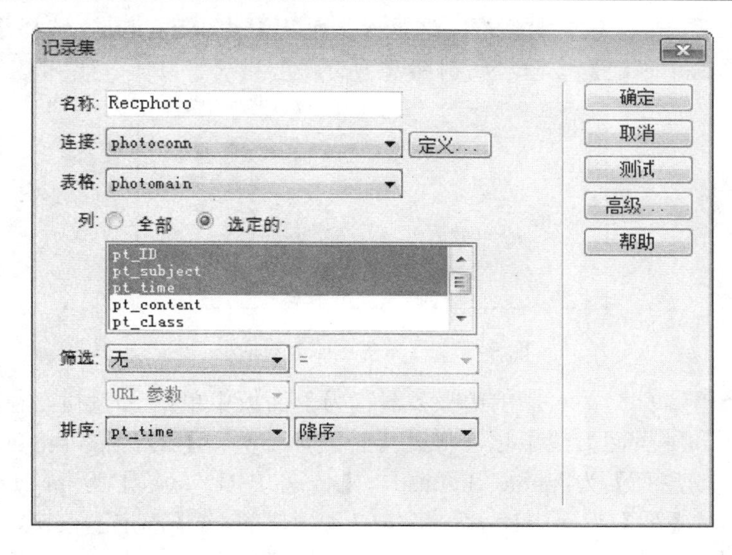

图 9-63 【记录集】对话框

step 04 单击【确定】按钮，即可完成记录集的绑定。在【绑定】面板上出现上面设置的记录集名称，展开后将需要引用的数据字段一一拖曳到网页中，如图 9-64 所示。

图 9-64 把字段拖曳到网页中

step 05 选择需要重复区域的表格的第二行，切换到【服务器行为】面板，单击 + 按钮，在弹出的菜单中选择【重复区域】菜单项，如图 9-65 所示。

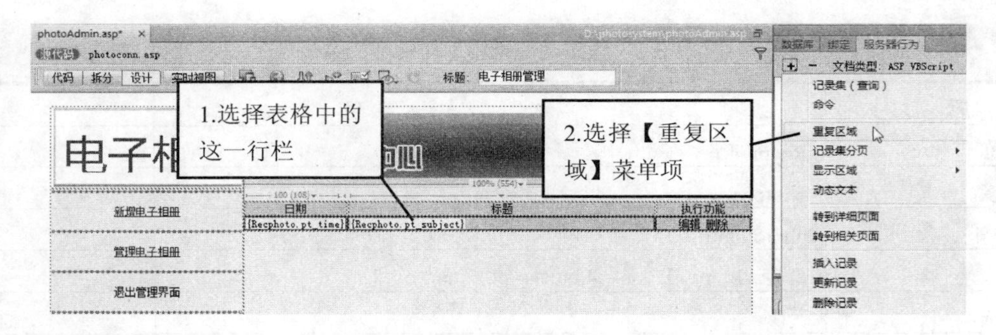

图 9-65　选择【重复区域】菜单项

step 06 打开【重复区域】对话框，选择【记录集】为 Recphoto，选择【显示】为 10 条记录，单击【确定】按钮，如图 9-66 所示。

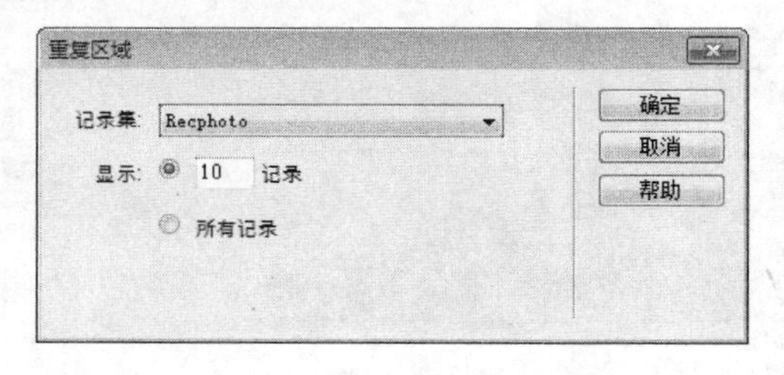

图 9-66　【重复区域】对话框

step 07 选择“编辑”文本，在【服务器行为】面板中单击按钮，在弹出的菜单中选择【转到详细页面】菜单项，打开【转到详细页面】对话框，将自动产生链接，设置【详细信息页】为 photoAlter.asp、【传递 URL 参数】为 pt_ID、【记录集】为 Recphoto、【列】为 pt_ID，如图 9-67 所示，单击【确定】按钮，完成转到详细页面的设置。

step 08 重复上一步操作，设置“删除”文本的转到页面为 photoDel.asp，如图 9-68 所示。

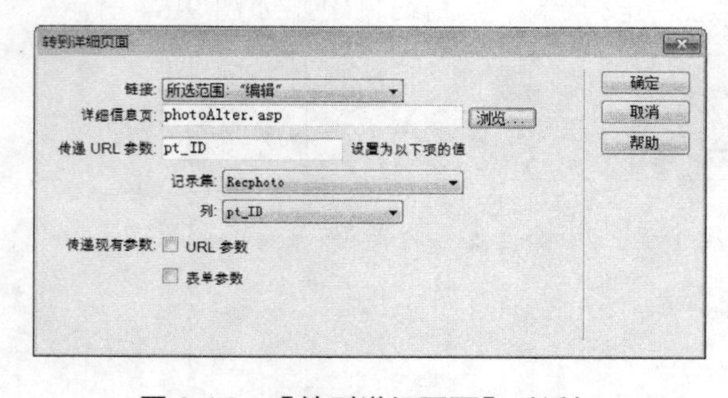

图 9-67　【转到详细页面】对话框

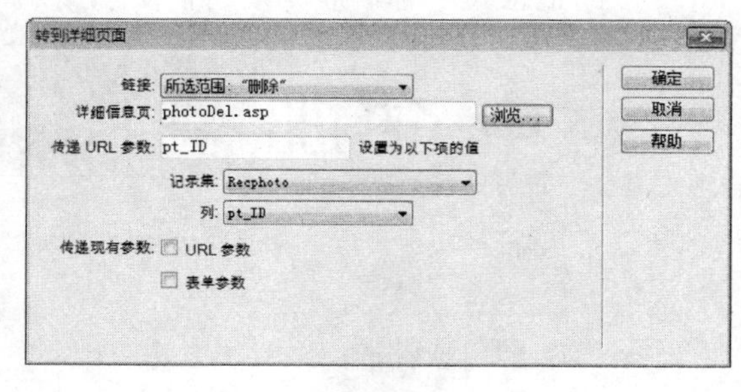

图 9-68　设置“删除”文本的转到页面

step 09 将光标定位在下方的单元格中，然后在【插入】面板中选择【数据】→【记录集分页】→【记录集导航条】命令，打开【记录集导航条】对话框，选择【记录集】为 Recphoto，选择【显示方式】为“文本”，单击【确定】按钮，如图 9-69 所示。

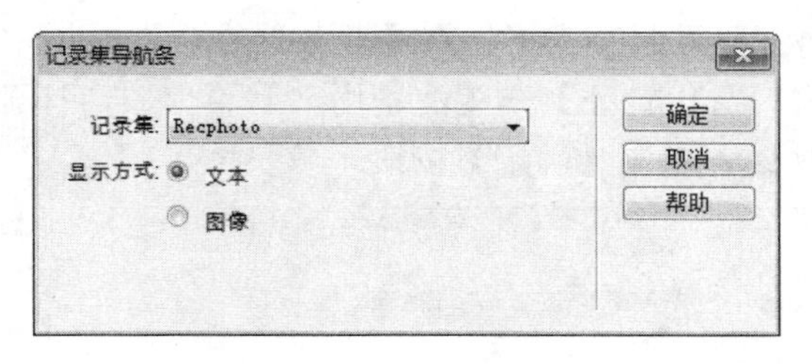

图 9-69 【记录集导航条】对话框

step 10 插入记录集导航条的效果如图 9-70 所示。

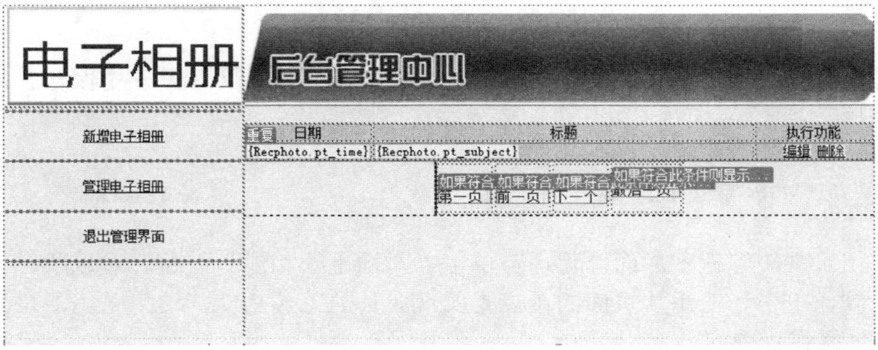

图 9-70 插入记录集导航条

step 11 由于 photoAdmin.asp 页面是管理主界面，为了避免浏览者跳过登录画面来读取这个页面，可以加上服务器行为来防止这个漏洞。在【服务器行为】面板中单击按钮，在弹出的菜单中选择【用户身份验证】→【限制对页的访问】菜单项，如图 9-71 所示。

step 12 打开【限制对页的访问】对话框，选择【基于以下内容进行限制】为“用户名和密码”，设置【如果访问被拒绝，则转到】为 adminLogin.asp，单击【确定】按钮，如图 9-72 所示。

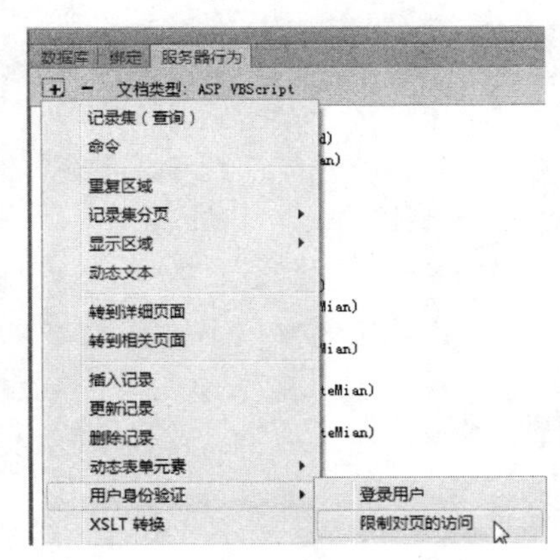

图 9-71 选择【限制对页的访问】菜单项

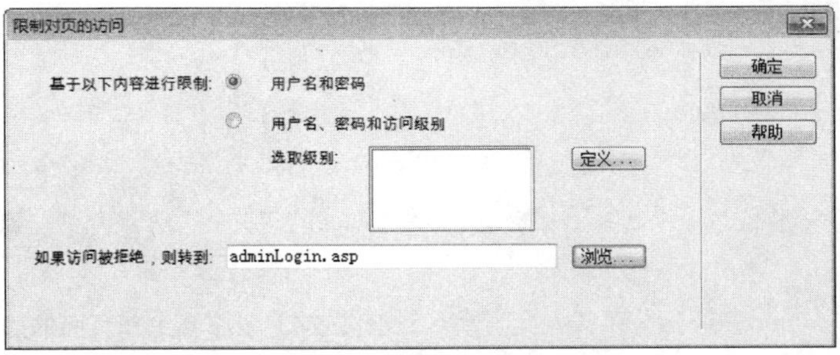

图 9-72 【限制对页的访问】对话框

step 13 选择“退出管理界面”文本，在【服务器行为】面板中单击+按钮，在弹出的菜单中选择【用户身份验证】→【注销用户】菜单项，打开【注销用户】对话框，设置如图 9-73 所示，单击【确定】按钮。

图 9-73 【注销用户】对话框

step 14 至此，完成相册管理主界面的所有设置，选择【文件】→【保存】命令保存该网页。

9.4.3 电子相册添加页面的制作

在电子相册系统管理主界面，管理员单击“新增电子相册”链接，可以跳转到电子相册添加页面。制作电子相册添加页面的难点是实现图片的上传功能，这里采用的是无插件的上传方法，具体操作步骤如下。

step 01 打开随书光盘中的“素材\photosystem\photoAdd.asp”文件，静态页面效果如图 9-74 所示。

注意 页面中 4 个单选按钮的名称都是 pt_class，但是选定值分别是 1、2、3、4，对应风景、人物、汽车、艺术 4 种照片类型。

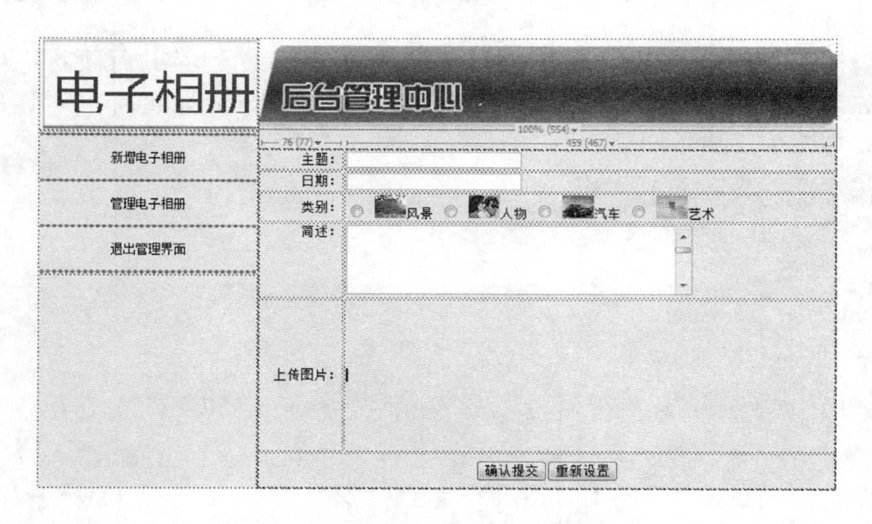

图 9-74 发布新主题页面的静态效果

step 02 为了实现图片上传功能，需要将光标定位在“上传图片”右侧的单元格中，切换到【拆分】模式，在<td>和</td>之间输入以下代码，如图 9-75 所示。

```
<iframe frameborder="0" height="60" width="400" name="upload"
src="upload.asp"></iframe>
<label for="pt photo"></label>
<input type="text" name="pt_photo" id="pt_photo">
```

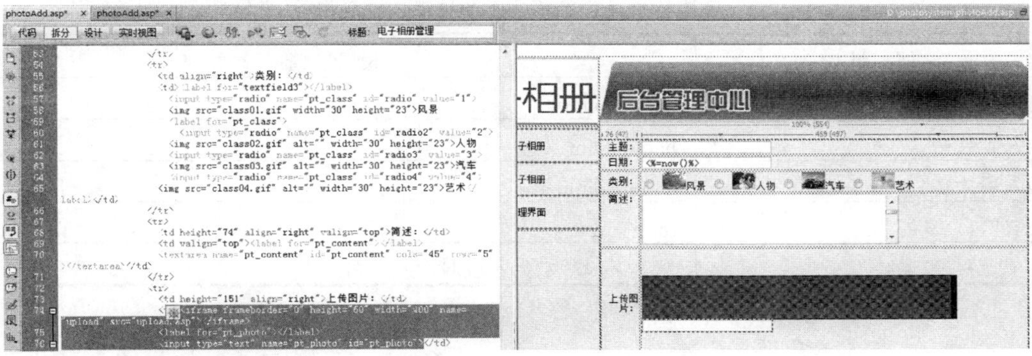

图 9-75　输入相关代码

此步使用了嵌入式框架(iframe)功能，此功能通常在页面中需要加载其他页面时使用。

step 03 接着在上面添加代码之后输入以下代码，如图 9-76 所示。

```
<script>
   function backfn(fname){
      document.getElementById("pt photo").value=fname;
      }
</script>
```

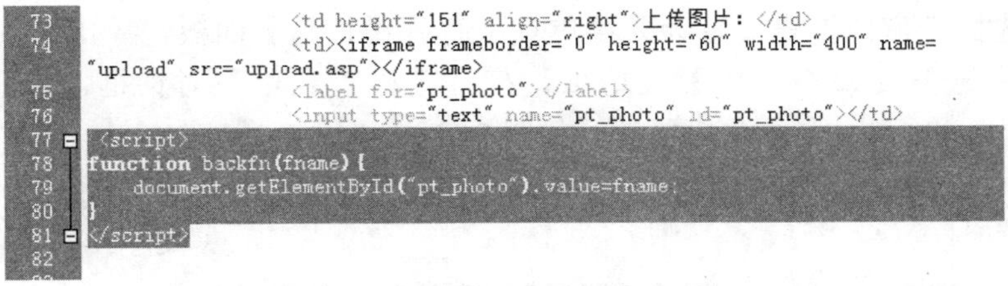

图 9-76　输入相关代码

step 04 选择“日期”右侧的文本域 pt_time，在【属性】面板的【初始值】文本框中输入“<%=now()%>”，如图 9-77 所示。如此只要管理员一进入这个页面，程序即会自动取得系统当前时间并在这个文本域上显示。

图 9-77　【属性】面板

step 05 切换到【服务器行为】面板，单击按钮，在弹出的菜单中选择【插入记录】菜单项，打开【插入记录】对话框，输入如表 9-10 所示的数据，新增记录后转到主页面 index.asp，如图 9-78 所示，单击【确定】按钮完成插入记录操作。

表 9-10 【插入记录】对话框中的设置

属　性	设 置 值
连接	photoconn
插入到表格	photomain
插入后，转到	photoAdmin.asp
获取值自	form1
表单元素	文本字段和数据字段对应上即可

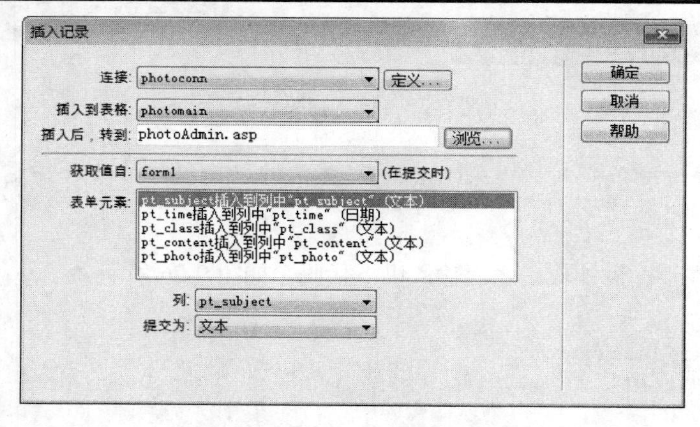

图 9-78 【插入记录】对话框

step 06 选择【窗口】→【行为】菜单项，打开【行为】面板，单击按钮，在弹出的菜单中选择【检查表单】菜单项，打开【检查表单】对话框，设置 pt_subject、pt_photo 和 pt_content 为必需的，如图 9-79 所示。

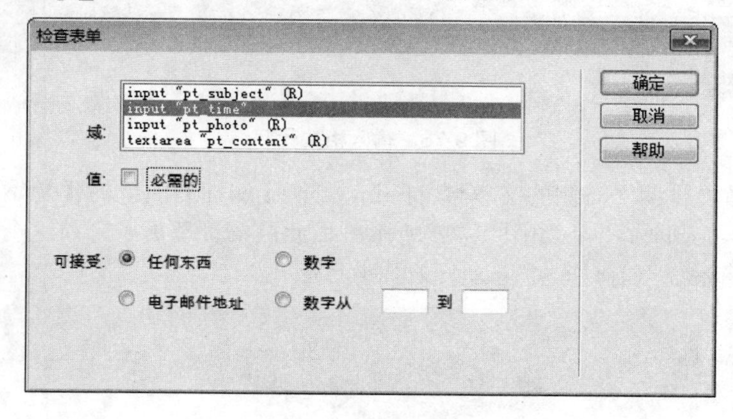

图 9-79 【检查表单】对话框

step 07 单击【确定】按钮，完成检查表单的操作。至此电子相册添加页面已经制作完成。

9.4.4 电子相册修改页面的制作

电子相册修改页面为 photoAlter.asp，主要功能是将修改后的主题和内容更新到 photomian 数据表中。具体操作步骤如下。

step 01 打开随书光盘中的“素材\photosystem\photoAlter.asp”文件，静态页面效果如图 9-80 所示。

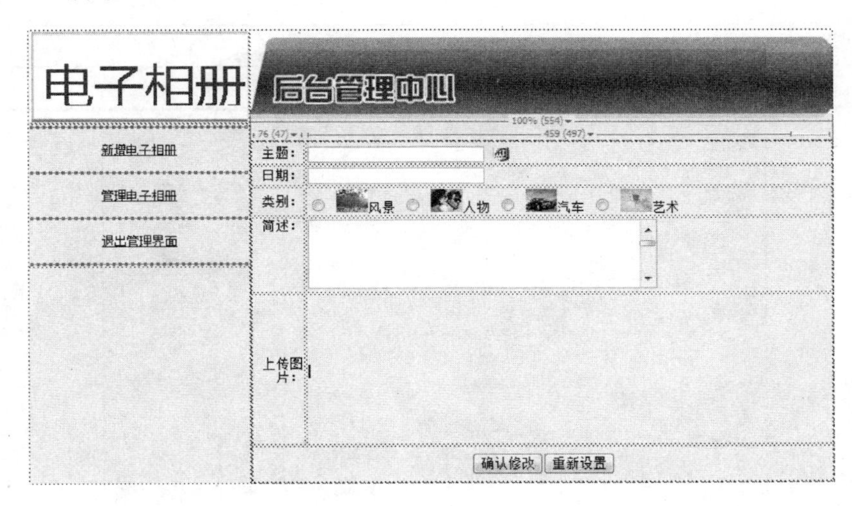

图 9-80 修改讨论主题页面的静态效果

step 02 参照上一节所学的知识，添加上传图片的功能，代码和效果如图 9-81 所示。

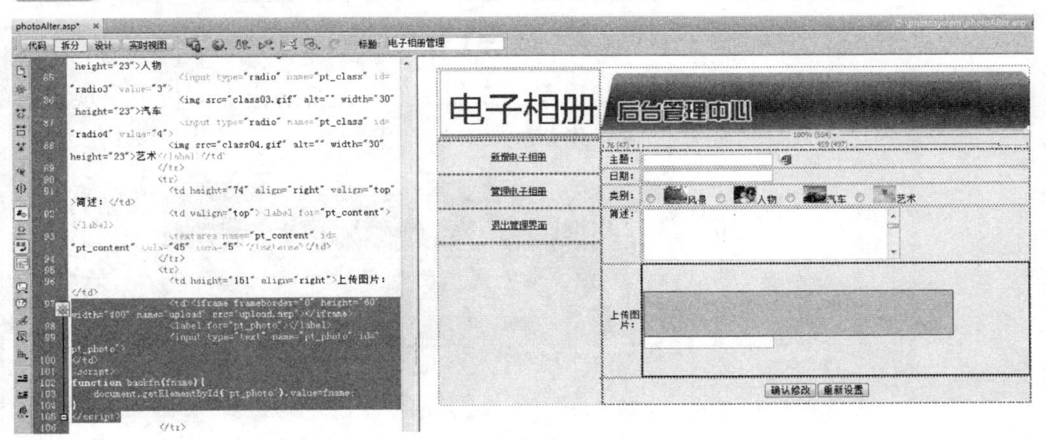

图 9-81 输入代码

step 03 切换到【绑定】面板，单击按钮，在弹出的菜单中选择【记录集(查询)】菜单项，打开【记录集】对话框，输入数据如表 9-11 所示，输入效果如图 9-82 所示。

表 9-11 设置【记录集】对话框的参数

属 性	设 置 值
名称	Recalter
连接	photoconn
表格	photomain
列	全部
筛选	pt_ID、=、URL 参数、pt_ID
排序	无、升序

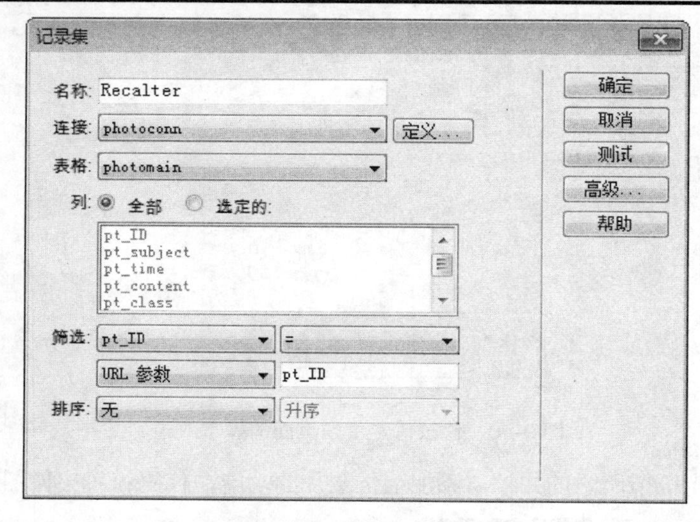

图 9-82 【记录集】对话框

step 04 单击【确定】按钮，完成记录集的添加操作。在【绑定】面板上出现设置的记录集名称，展开后将需要引用的数据字段一一拖曳到网页中，如图 9-83 所示。

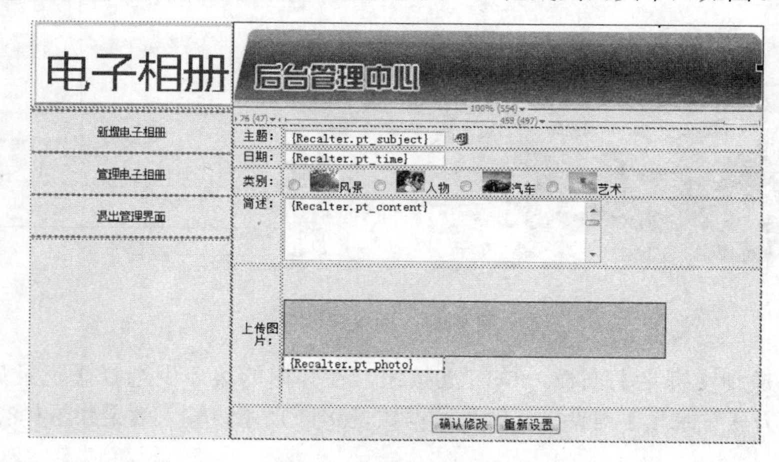

图 9-83 将字段拖曳到网页中

step 05 选择隐藏域，然后将 bbs_ID 字段拖曳到上面，在【属性】面板中的【值】文本框中自动添加有相关代码，如图 9-84 所示。

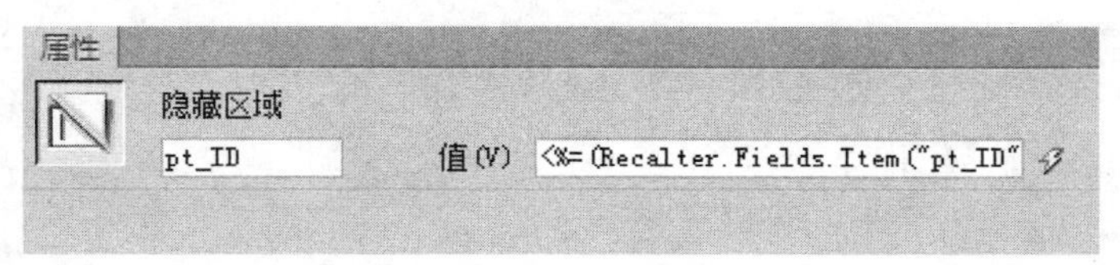

图 9-84 【属性】面板

step 06 切换到【服务器行为】面板，单击 按钮，在弹出的菜单中选择【动态表单元素】→【动态单选按钮组】菜单项，打开【动态单选按钮】对话框，如图 9-85 所示。

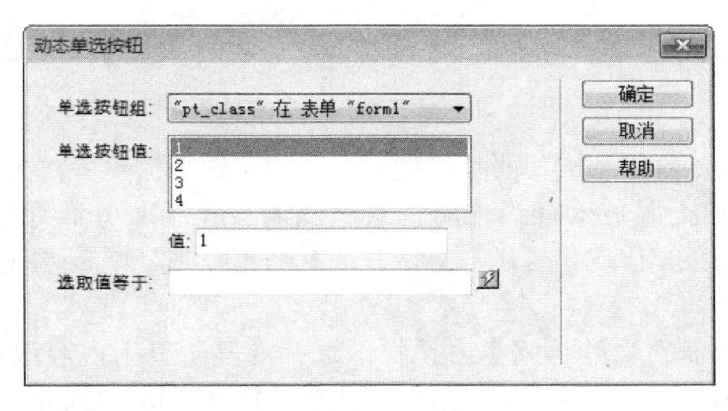

图 9-85 【动态单选按钮】对话框

step 07 单击 按钮，打开【动态数据】对话框，选择【域】列表框中的记录集字段 pt_class，如图 9-86 所示。

step 08 单击【确定】按钮，返回到【动态单选按钮】对话框，【选取值等于】文本框中自动添加有相关的代码，如图 9-87 所示。

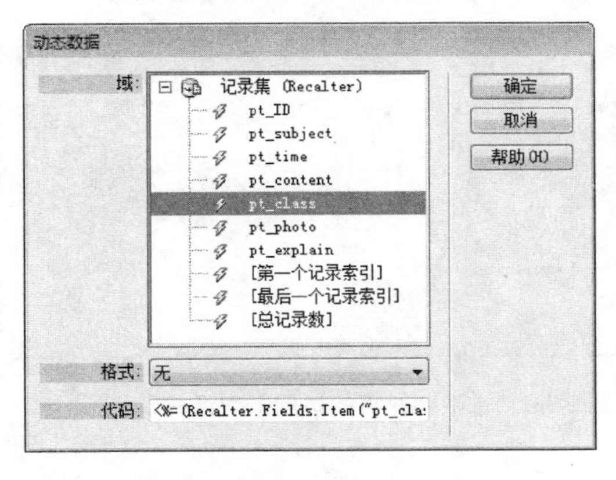

图 9-86 【动态数据】对话框

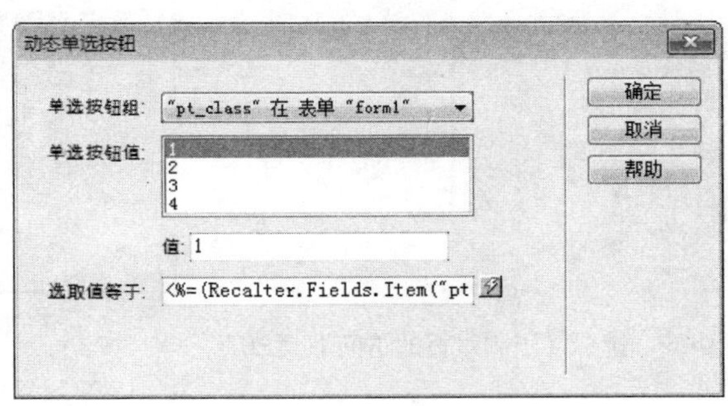

图 9-87 【动态单选按钮】对话框

step 09 单击【确定】按钮，然后在【服务器行为】面板单击 按钮，在弹出的菜单中选择【更新记录】菜单项，打开【更新记录】对话框，设置参数如图 9-88 所示。

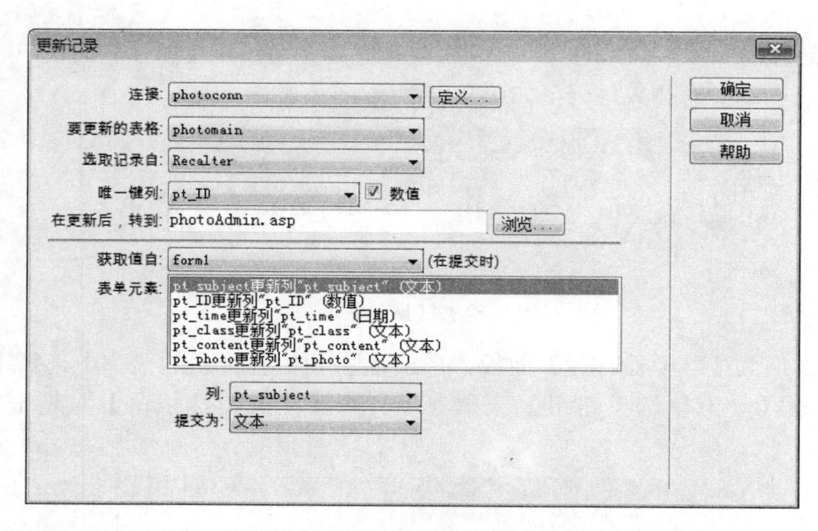

图 9-88 【更新记录】对话框

step 10 由于 photoAlter.asp 页面是管理界面，为了避免浏览者跳过登录画面来读取这个页面，可以加上服务器行为来防止这个漏洞。在【服务器行为】面板中单击⊞按钮，在弹出的菜单中选择【用户身份验证】→【限制对页的访问】菜单项，如图 9-89 所示。

step 11 打开【限制对页的访问】对话框，选择【基于以下内容进行限制】为“用户名和密码”，设置【如果访问被拒绝，则转到】为 adminLogin.asp，单击【确定】按钮，如图 9-90 所示。

step 12 至此，完成相册修改页面的所有设置，选择【文件】→【保存】菜单命令保存该网页。

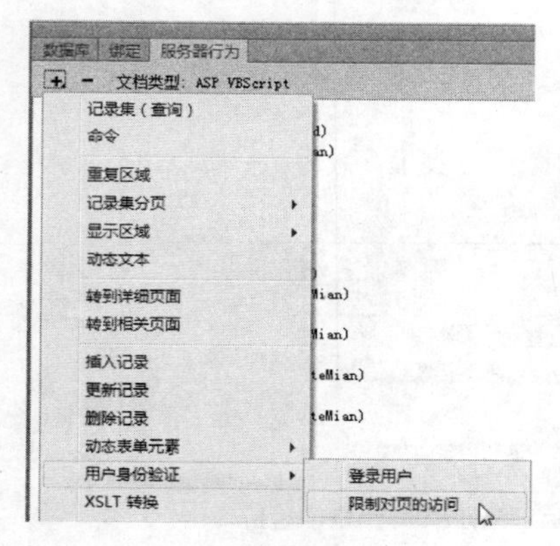

图 9-89 选择【限制对页的访问】菜单项

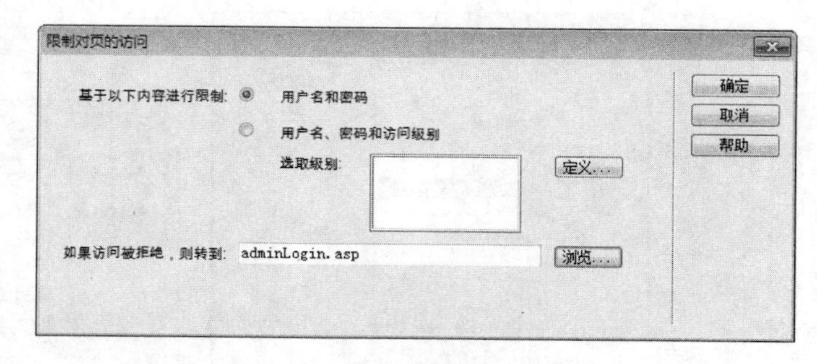

图 9-90 【限制对页的访问】对话框

9.4.5 电子相册删除页面的制作

电子相册删除页面 photoDel.asp 的主要功能是删除指定的相册，具体操作步骤如下。

step 01 打开随书光盘中的“素材\photosystem\bbsdel.asp.asp”文件，静态页面效果如

图 9-91 所示。

图 9-91　电子相册删除页面的静态效果

step 02 切换到【绑定】面板，单击⊞按钮，在弹出的菜单中选择【记录集(查询)】菜单项，打开【记录集】对话框，单击【高级】按钮，进入记录集高级编辑模式，在打开的 SQL 文本框中输入如下代码，如图 9-92 所示。

```
SELECT photomain.*
FROM photomain
WHERE  photomain.pt_ID =sendID
```

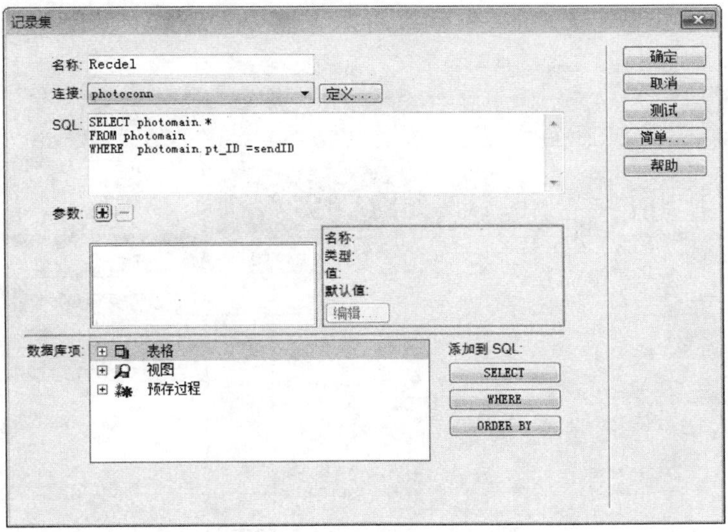

图 9-92　输入 SQL 语句

step 03 单击【参数】右侧的⊞按钮，打开【添加参数】对话框，输入【名称】为 sendID，选择【类型】为 Numeric，输入【值】为 request.QueryString ("photomain.pt_ID ")，输入【默认值】为 1，如图 9-93 所示。

step 04 单击【确定】按钮，返回到【记录集】对话框，即可看到参数新增成功，如图 9-94 所示。

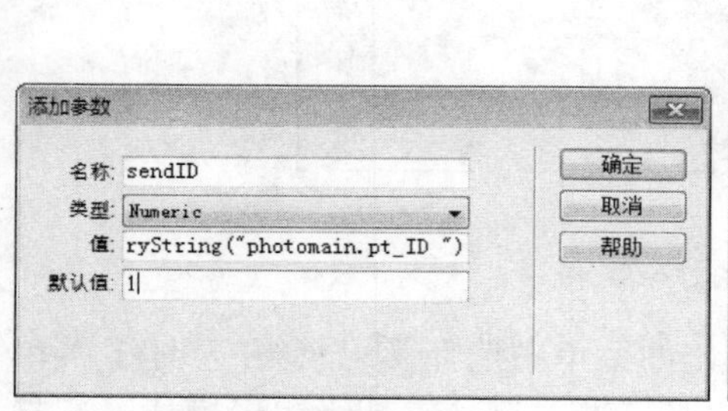

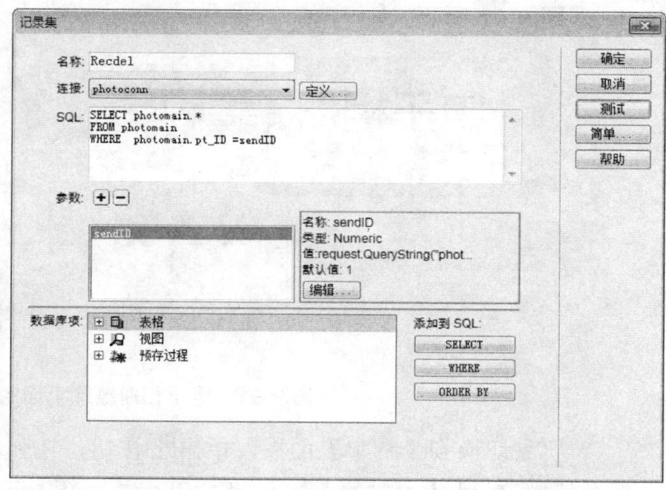

图 9-93 【添加参数】对话框　　　　图 9-94 【记录集】对话框

step 05 单击【确定】按钮，完成记录集的添加操作。在【绑定】面板上出现设置的记录集名称，展开后将需要引用的数据字段一一拖曳到网页中，其中图像占位符绑定相册图片 pt_photo 字段，需要在【属性】面板的【源文件】文本框中添加图片的前缀 upload/，如图 9-95 所示。

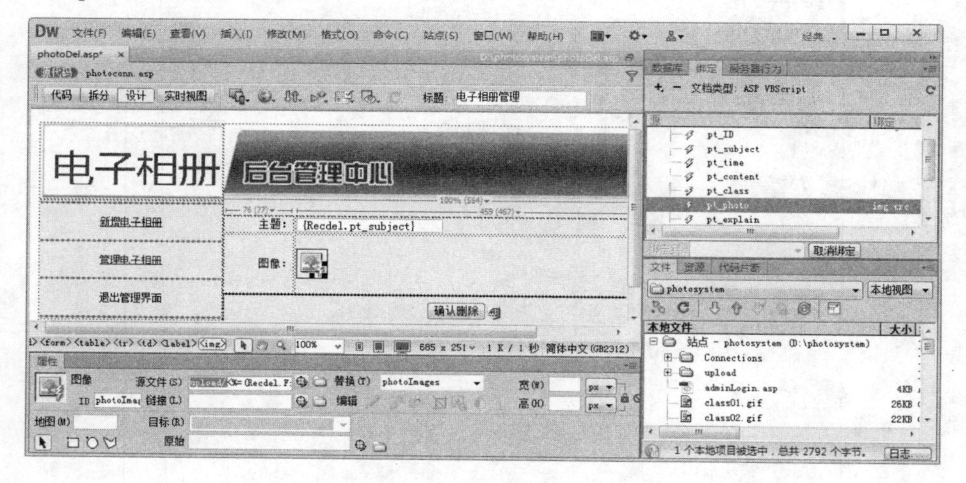

图 9-95 将字段拖曳到网页中

step 06 选择隐藏区域，然后将 pt_ID 字段拖曳到上面，【属性】面板中的【值】文本框中自动添加有相关代码，如图 9-96 所示。

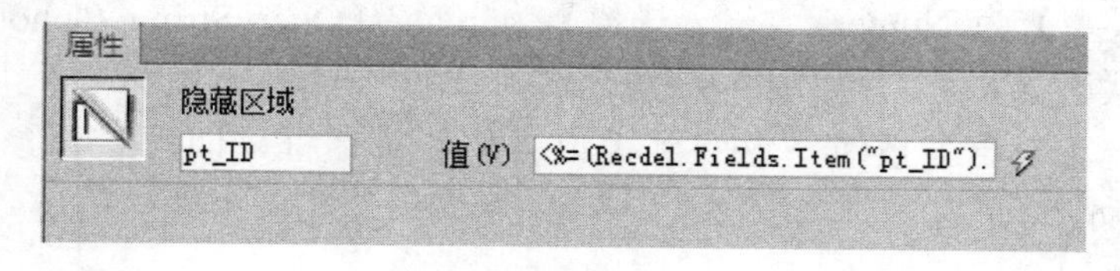

图 9-96 【属性】面板

step 07 切换到【服务器行为】面板，单击+按钮，在弹出的菜单中选择【删除记录】菜单项，打开【删除记录】对话框，设置参数如图 9-97 所示。

图 9-97　【删除记录】对话框

step 08 单击【确定】按钮，完成电子相册删除页面的制作。到此本章的电子相册系统就此完成。

9.5　电子相册系统功能的测试

电子相册系统制作完成后，即可进行测试操作，从而进一步完善整个电子相册系统。

9.5.1　管理相册测试

由于电子相册中没有任何数据，这里先进行管理相册的测试。操作步骤如下。

step 01 在 IE 浏览器中输入 http://localhost/adminLogin.asp，打开登录页面，输入管理账号和管理密码，如图 9-98 所示。

step 02 单击【登录】按钮，进入电子相册管理主页面 photoAdmin.asp 页面，如图 9-99 所示。管理员可以新增、修改和删除电子相册。

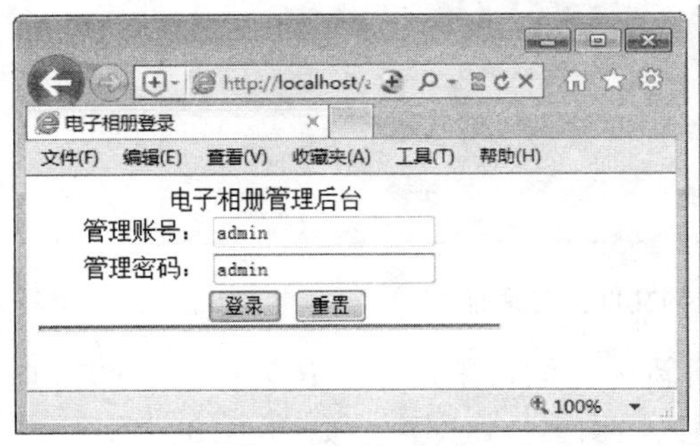

图 9-98　管理员登录页面

图 9-99　photoAdmin.asp 页面效果

step 03 单击“新增电子相册”链接，进入电子相册新增页面 photoAdd.asp，按要求输入主题和简述，并选择相册的类别，如图 9-100 所示。

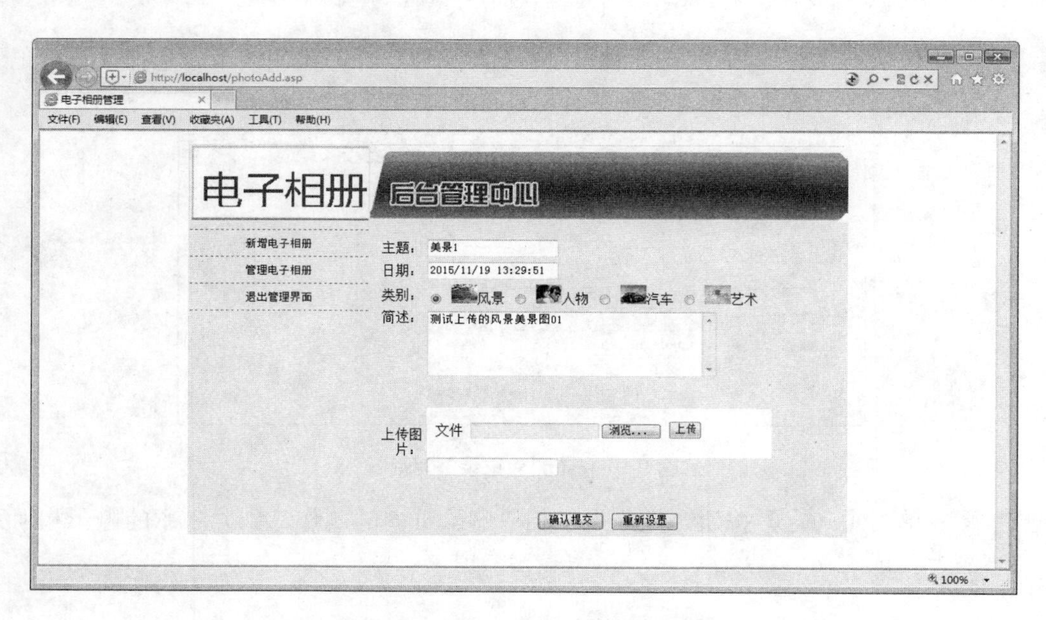

图 9-100 photoAdd.asp 页面效果

step 04 单击【浏览】按钮，打开【选择要加载的文件】对话框，选择需要上传的照片，如图 9-101 所示。

图 9-101 【选择要加载的文件】对话框

step 05 单击【打开】按钮，返回到电子相册新增页面，单击【上传】按钮，即可自动上传选择的图片，上传成功后，单击【确认提交】按钮即可，如图 9-102 所示。

step 06 提交表单后，自动进入电子相册管理页面，可以看到添加的相册。重复上面的操作，可以添加多个相册，如图 9-103 所示。

step 07 在需要修改的相册右侧单击“编辑”链接，进入修改相册页面，如图 9-104 所示。修改完成后，单击【确认修改】按钮即可。

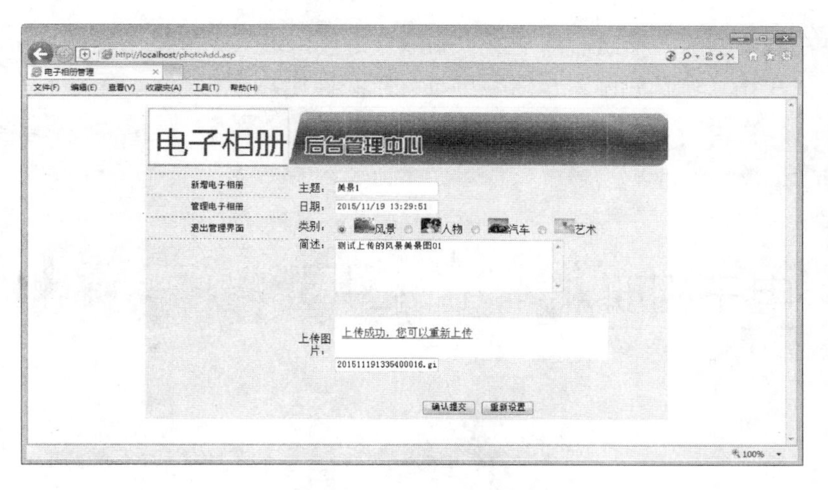

图 9-102 成功上传图片

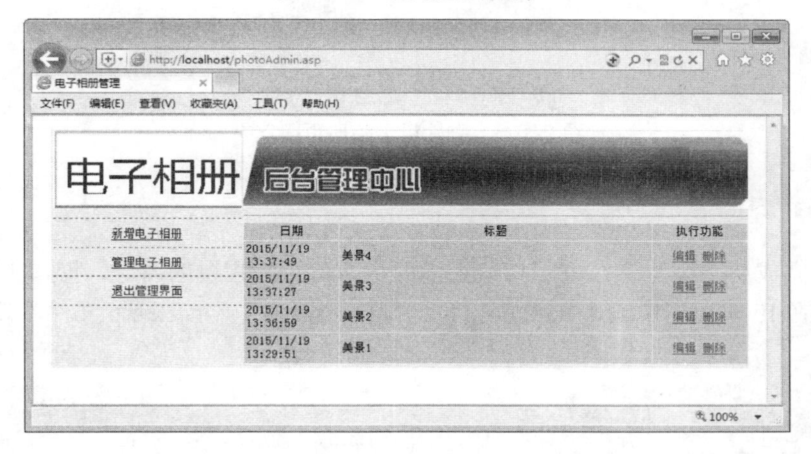

图 9-103 添加多个相册效果

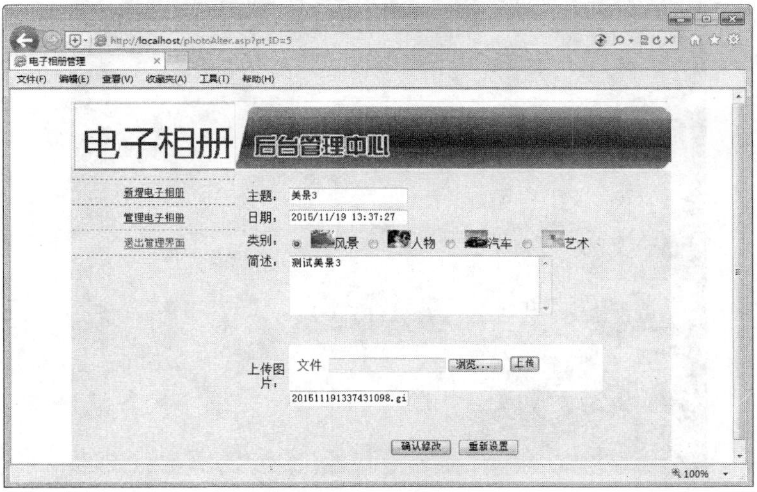

图 9-104 修改相册页面效果

step 08 在需要删除的相册右侧单击“删除”链接，进入删除电子相册页面，如图 9-105 所示。单击【确认删除】按钮即可进行删除操作。

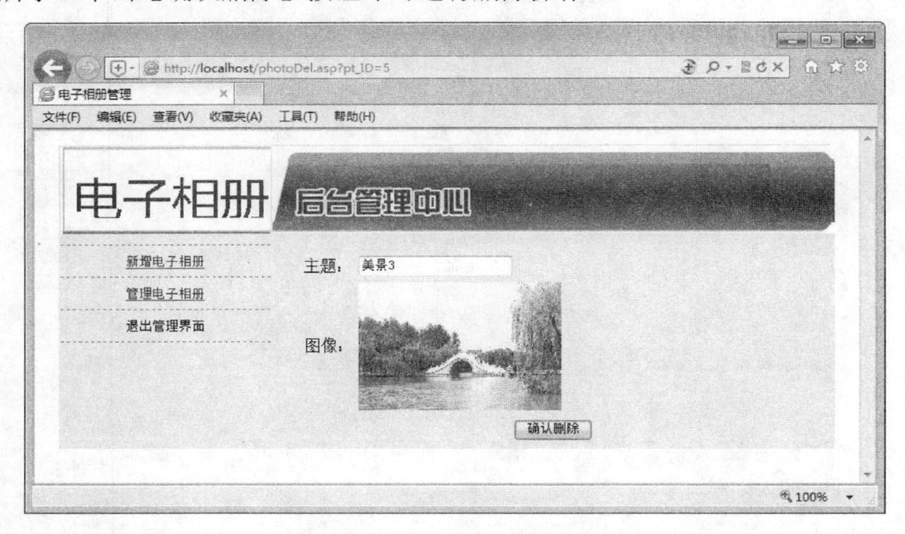

图 9-105　删除电子相册页面效果

9.5.2　管理相册前台测试

相册添加完成后，浏览者在电子相册主界面中即可查看相册的内容，操作步骤如下。

step 01 在 IE 浏览器中输入 http://localhost/index.asp，打开 index.asp 文件，效果如图 9-106 所示。

图 9-106　index.asp 文件效果

step 02 选择第一个相册类别“风景”，进入电子相册分类页面，如图 9-107 所示。

图 9-107 电子相册分类页面效果

step 03 单击感兴趣的小图片，即可进入查看照片页面，如图 9-108 所示。查看完成后，单击【关闭窗口】按钮即可。

图 9-108 查看照片页面效果

step 04 单击相册的标题，即可进入电子相册详细显示页面，如图 9-109 所示。

图 9-109　电子相册详细显示页面效果

第 10 章 BBS 论坛管理系统

BBS 是 Bulletin Board System 的英文缩写，意思是电子公告牌系统。它提供了公共电子白板，允许用户在上面发布信息和留言。它跟留言板有什么不同呢？一般普通的留言板，是以留言的顺序来呈现，所以当用户要看这个留言板时，就必须重头开始看，而且常常多则留言说的是同一个话题，却离得相当远。而 BBS 论坛是完全以主题为排序的依据，发言人通常是在 BBS 论坛上看到讨论的主题，再依据主题去回复；当然用户自己也可以发表新的主题，让其他人来回复。如此一来，所有的相关主题的留言就会归纳在一起，阅读起来也比较有条理。本章将学习开发一个界面简约但功能强大的 BBS 论坛。

学习目标(已掌握的在方框中打钩)

- ☐ 熟悉 BBS 论坛系统的功能
- ☐ 掌握 BBS 论坛系统的数据库设计和连接方法
- ☐ 掌握设计 BBS 论坛主界面的方法
- ☐ 掌握设计 BBS 论坛管理界面的方法

10.1 系统的功能分析

BBS 论坛通常按不同的主题划分为很多个板块，按照板块或者栏目的不同，由管理员设立不同的版主，版主可以对自己的栏目或板块进行删除、修改或者锁定等操作。

10.1.1 规划网页结构和功能

本章将要制作的 BBS 论坛管理系统的网页结构如图 10-1 所示。

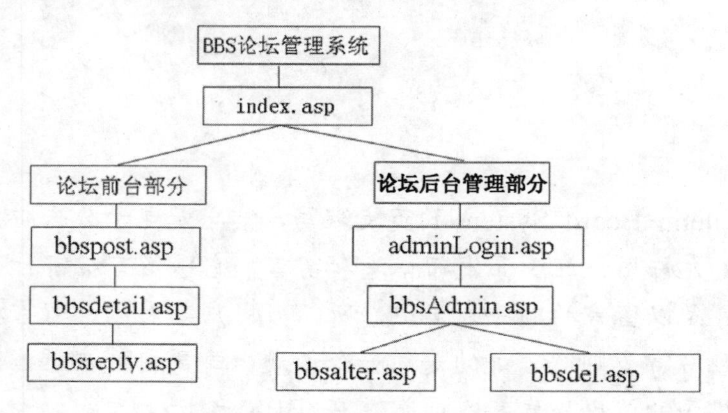

图 10-1 BBS 论坛管理系统结构图

本系统的主要结构分为 BBS 论坛前台部分和 BBS 论坛后台管理部分，整个系统中共有 8 个页面，各个页面名称和功能如表 10-1 所示。

表 10-1 BBS 论坛管理系统网页设计表

页面名称	功 能
index.asp	BBS 论坛系统的主页面
bbspost.asp	发布新主题页面
bbsdetail.asp	讨论主题详细页面
bbsreply.asp	回复讨论主题页面
adminLogin.asp	管理员登录页面
bbsAdmin.asp	系统管理主页面
bbsalter.asp	修改讨论主题页面
bbsdel.asp	删除讨论主题页面

10.1.2 网页美工设计

本实例整体框架比较简单，美工设计效果如图 10-2 所示。初学者在设计制作过程中，可以打开光盘中的源代码，找到相关站点的 pic(图片)文件夹，其中放置了已经编辑好的图片。

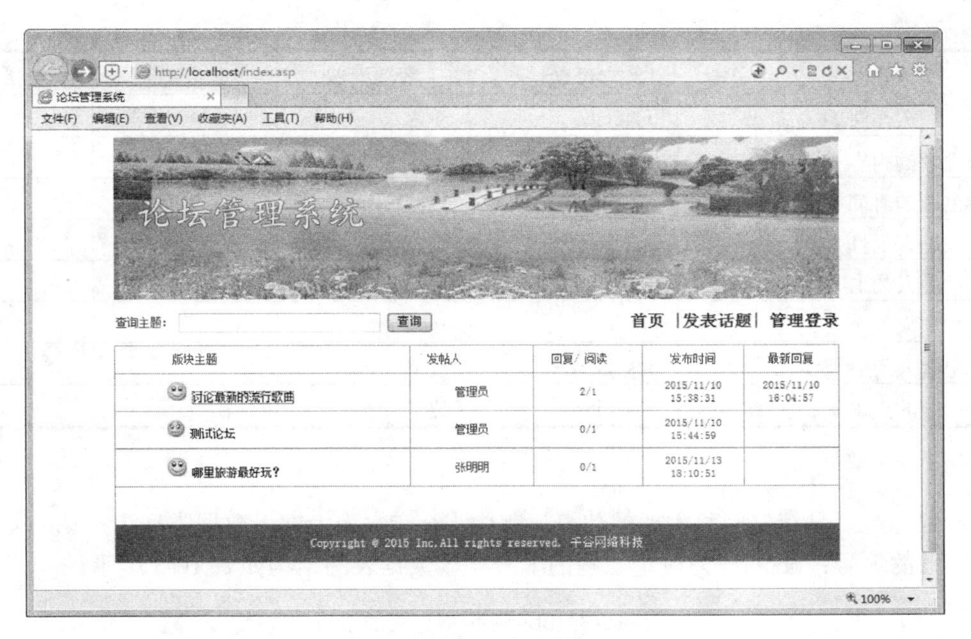

图 10-2 首页的美工

10.2 数据库设计与连接

本节主要讲述如何使用 Access 2010 建立网站论坛管理系统的数据库，该数据库主要用来存储管理员信息、讨论主题信息和回复主题信息，同时进一步介绍 BBS 论坛管理系统数据库的连接方法。

10.2.1 数据库的设计

通过对网站论坛管理系统的功能分析发现，这个数据库应该包括 3 张表，分别为 bbsmain、bbsreply 和 admin 数据表。

1. bbsmain 数据表

这个数据表主要是保存讨论主题的数据。其中 bbs_ID 为主键，数据类型为自动编号，如此即能在添加数据时为每一则讨论主题加上一个单独的编号而不重复。该数据库的结构如表 10-2 所示。

表 10-2 bbsmain 数据表的结构

意 义	字段名称	数据类型	字段大小	默认值
讨论主题编号	bbs_ID	自动编号	长整型	
讨论主题的标题	bbs_subject	文本	20	
发布主题的人	bbs_name	文本	10	

续表

意　义	字段名称	数据类型	字段大小	默认值
发布主题人当时的表情	bbs_face	文本		
发布主题的内容	bbs_content	备注		
发布主题的时间	bbs_time	日期/时间		Now()
发布主题人的性别	bbs_sex	文本		
发布主题人的 E-mail	bbs_email	文本	20	
发布主题人的个人主页	bbs_url	文本	20	
发布主题人的 IP 地址	bbs_ip	数字	20	
讨论主题的点击次数	bbs_hits	数字	长整型	

2. bbsreply 数据表

该数据库主要是存储回复主题的信息。其中 rep_ID 为主键，数据类型为自动编号，是回复讨论主题的编号；bbs_ID 为讨论主题的编号。该数据表的结构如表 10-3 所示。

表 10-3　bbsreply 数据表的结构

意　义	字段名称	数据类型	字段大小	默认值
回复主题编号	rep_ID	自动编号	长整型	
讨论主题编号	bbs_ID	数字	长整型	
回复主题人的姓名	rep_name	文本	10	
回复主题人当时的表情	rep_face	文本		
回复主题的时间	rep_time	日期/时间		Now()
回复主题的内容	rep_content	备注		
回复主题人的性别	rep_sex	文本		
回复主题人的 E-mail	rep_email	文本	20	
回复主题人的个人主页	rep_url	文本	20	
讨论主题人的 IP 地址	bbs_ip	数字	20	

3. admin 数据表

这个数据库表主要是存储登录管理界面的账号与密码，主键为 ID，该数据库的结构如表 10-4 所示。

表 10-4　admin 数据表的结构

意　义	字段名称	数据类型	字段大小	必填字段	允许空字符串
账户编号	ID	自动编号	长整型		
用户名称	username	文本	20	是	否
用户密码	passwd	文本	20	是	否

其操作步骤如下。

step 01 运行 Microsoft Access 2010 程序，选择【空数据库】选项，在主界面的右侧打开【空数据库】窗格，单击【浏览】按钮，如图 10-3 所示。

图 10-3　打开【空数据库】窗格

step 02 打开【文件新建数据库】对话框。在【保存位置】下拉列表框中选择保存路径，在【文件名】文本框中输入文件名 bbs.mdb。为了让创建的数据库能被通用，在【保存类型】下拉列表框中选择“Microsoft Access 数据库(2002-2003 格式)(*.mdb)”选项，单击【确定】按钮，如图 10-4 所示。

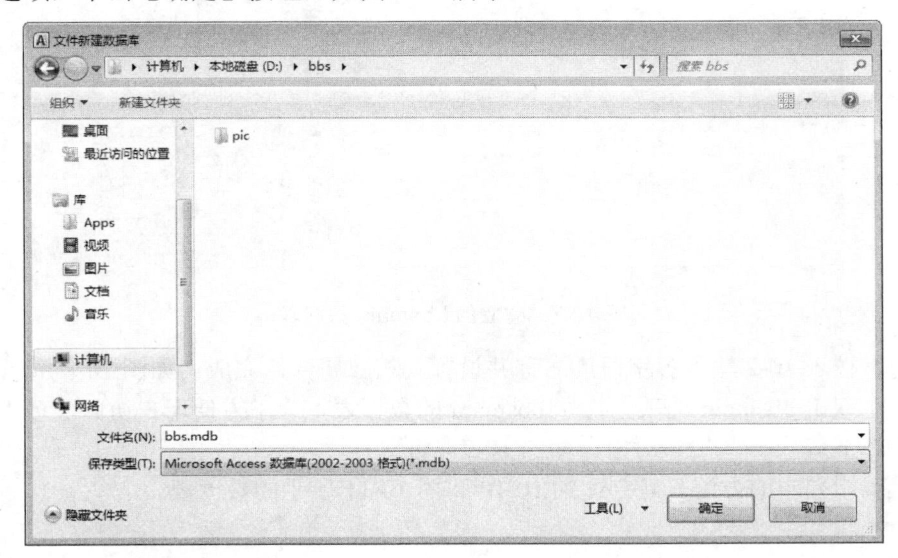

图 10-4　【文件新建数据库】对话框

step 03 返回【空数据库】窗格，单击【创建】按钮，即在 Microsoft Access 2010 中创建了 bbs.mdb 数据库文件，同时 Microsoft Access 2010 自动默认生成了一个“表 1”数据表，如图 10-5 所示。

step 04 在“表 1”上单击鼠标右键，选择快捷菜单中的【设计视图】命令，打开【另存为】对话框，在【表名称】文本框中输入数据表名称 bbsmain，如图 10-6 所示。

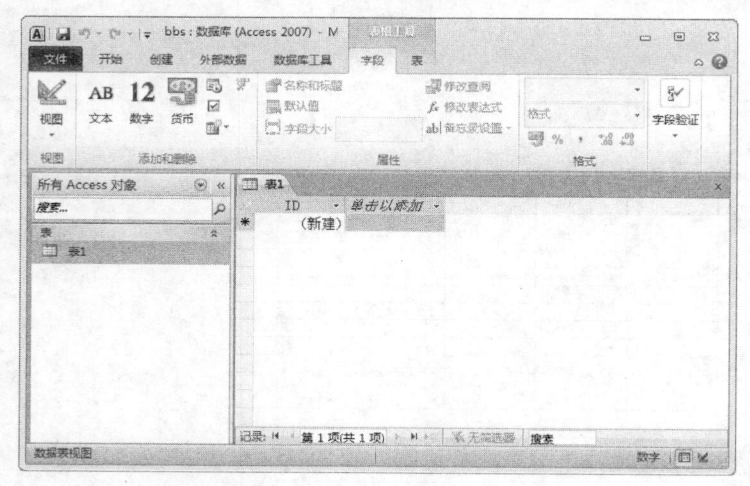

图 10-5 创建的默认数据表

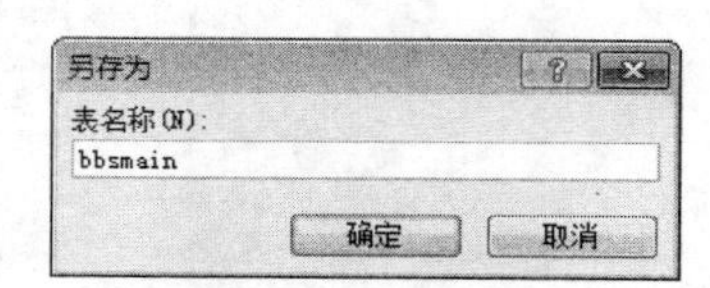

图 10-6 【另存为】对话框

step 05 单击【确定】按钮，系统自动以设计视图方式打开创建好的 bbsmain 数据表，如图 10-7 所示。

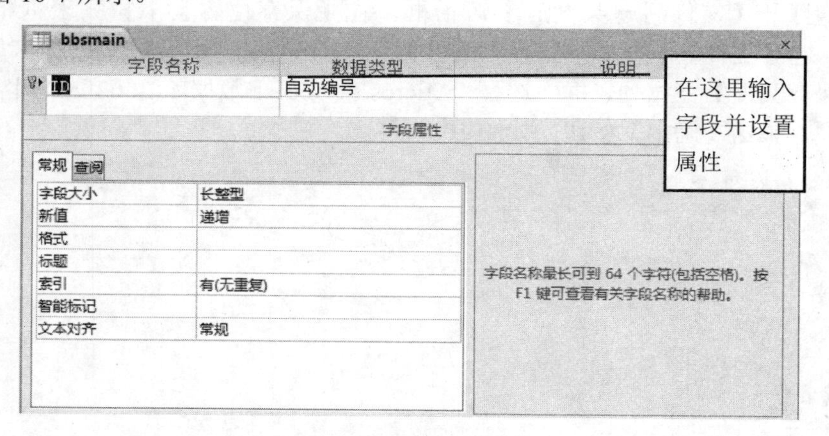

图 10-7 建立的 bbsmain 数据表

step 06 按表 10-2 输入各字段的名称并设置其相应属性，完成后如图 10-8 所示。

step 07 双击 bbsmain 选项，打开 bbsmain 的数据表，为了方便用户访问，可以在数据库中预先编辑一些记录对象，如图 10-9 所示。

step 08 用同样的方法，建立如图 10-10 和图 10-11 所示的数据表。

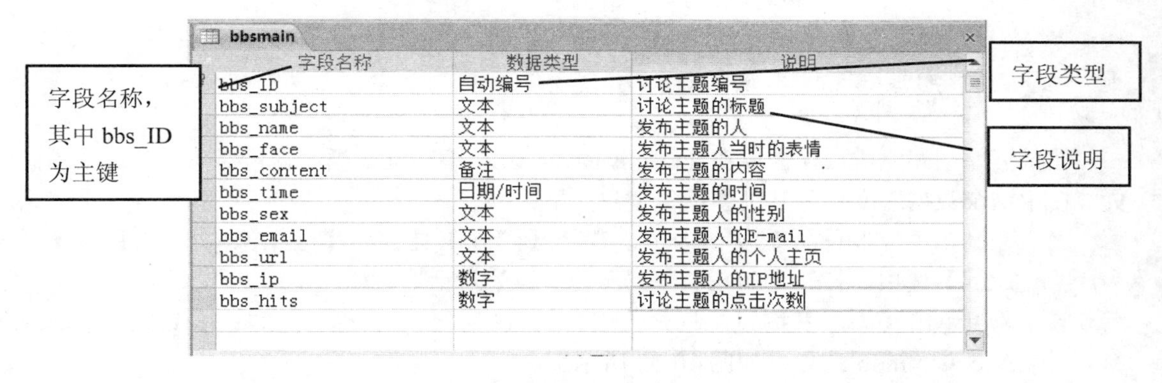

字段名称	数据类型	说明
bbs_ID	自动编号	讨论主题编号
bbs_subject	文本	讨论主题的标题
bbs_name	文本	发布主题的人
bbs_face	文本	发布主题人当时的表情
bbs_content	备注	发布主题的内容
bbs_time	日期/时间	发布主题的时间
bbs_sex	文本	发布主题人的性别
bbs_email	文本	发布主题人的E-mail
bbs_url	文本	发布主题人的个人主页
bbs_ip	数字	发布主题人的IP地址
bbs_hits	数字	讨论主题的点击次数

图 10-8　创建表的字段

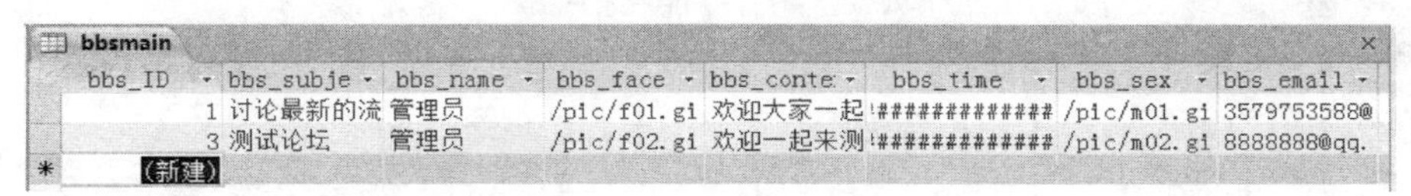

bbs_ID	bbs_subje	bbs_name	bbs_face	bbs_conte	bbs_time	bbs_sex	bbs_email
1	讨论最新的流	管理员	/pic/f01.gi	欢迎大家一起	##############	/pic/m01.gi	3579753588@
3	测试论坛	管理员	/pic/f02.gi	欢迎一起来测	##############	/pic/m02.gi	8888888@qq.
(新建)							

图 10-9　在 bbsmain 表中输入的记录

字段名称	数据类型	说明
ID	自动编号	账户编号
username	文本	用户名称
passwd	文本	用户密码

图 10-10　建立的 admin 数据表

字段名称	数据类型	说明
rep_ID	自动编号	回复主题编号
bbs_ID	数字	讨论主题编号
rep_name	文本	回复主题的人
rep_content	备注	回复主题的内容
rep_time	日期/时间	回复主题的时间
rep_sex	文本	回复主题人的性别
rep_email	文本	回复主题人的E-mail
rep_url	文本	回复主题人的个人主页

图 10-11　建立的 bbsreply 数据表

step 09 为了演示效果，分别对 admin 数据表和 bbsreply 数据表添加记录如图 10-12 和图 10-13 所示。

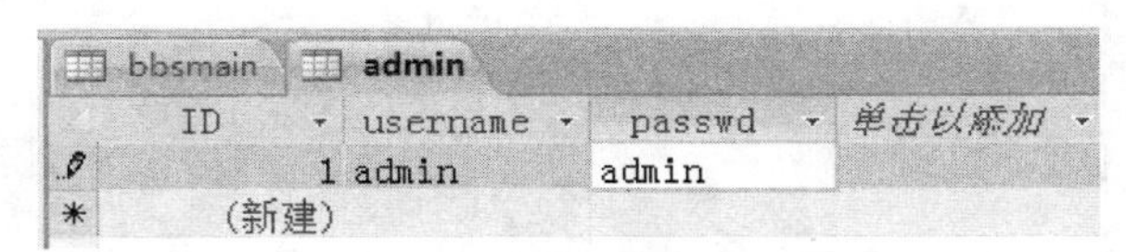

ID	username	passwd	单击以添加
1	admin	admin	
(新建)			

图 10-12　在 admin 表中输入的记录

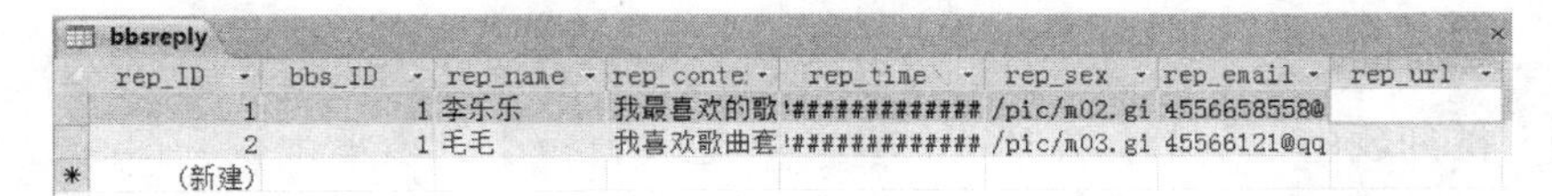

rep_ID	bbs_ID	rep_name	rep_conte	rep_time	rep_sex	rep_email	rep_url
1	1	李乐乐	我最喜欢的歌	##############	/pic/m02.gi	45566585558@	
2	1	毛毛	我喜欢歌曲套	##############	/pic/m03.gi	45566121@qq	
(新建)							

图 10-13　在 bbsreply 表中输入的记录

10.2.2 创建数据库连接

在数据库创建完成后，需要在 Dreamweaver CS6 中建立数据源连接对象，才能在动态网页中使用这个数据库文件。其具体操作步骤如下。

step 01 在【控制面板】窗口中依次选择【管理工具】→【数据源(ODBC)】→【系统 DSN】选项，打开【ODBC 数据源管理器】对话框，如图 10-14 所示。

step 02 单击【添加】按钮，打开【创建新数据源】对话框，选择 Driver do Microsoft Access(*.mdb)选项，如图 10-15 所示。

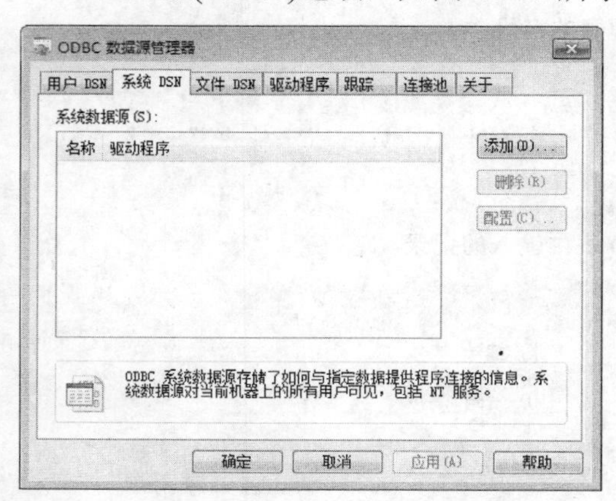

图 10-14 【系统 DSN】选项卡

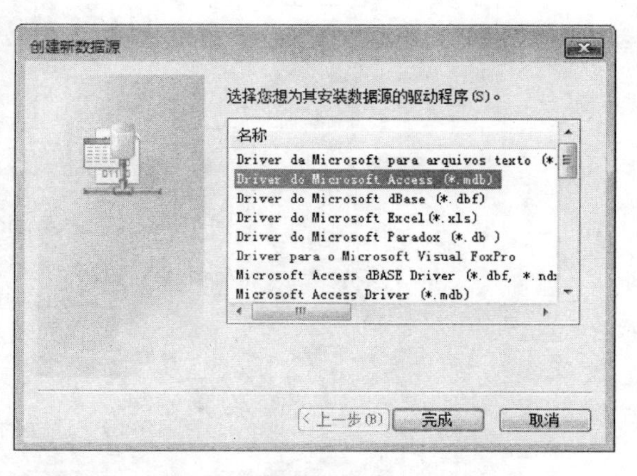

图 10-15 【创建新数据源】对话框

step 03 单击【完成】按钮，打开【ODBC Microsoft Access 安装】对话框，在【数据源名】文本框中输入 bbsconn，在【说明】文本框中输入“论坛系统”，如图 10-16 所示。

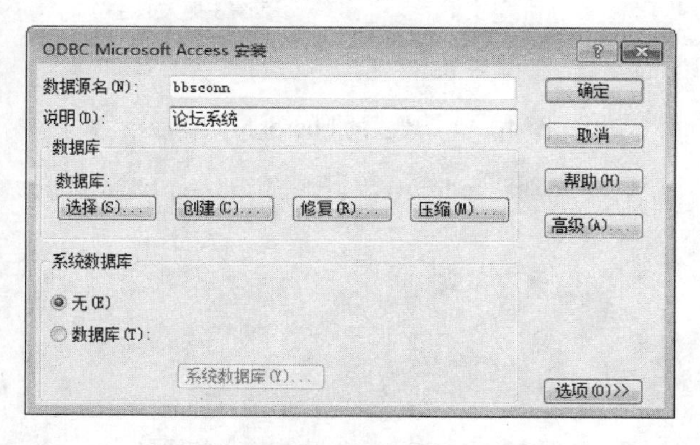

图 10-16 【ODBC Microsoft Access 安装】对话框

step 04 单击【选择】按钮，打开【选择数据库】对话框，单击【驱动器】下拉按钮，从下拉列表中找到数据库所在的盘符，在【目录】列表框中找到保存数据库的文件夹，然后单击左上方【数据库名】列表框中的数据库文件 bbs.mdb，则数据库名称自动添加到【数据库名】文本框中，如图 10-17 所示。

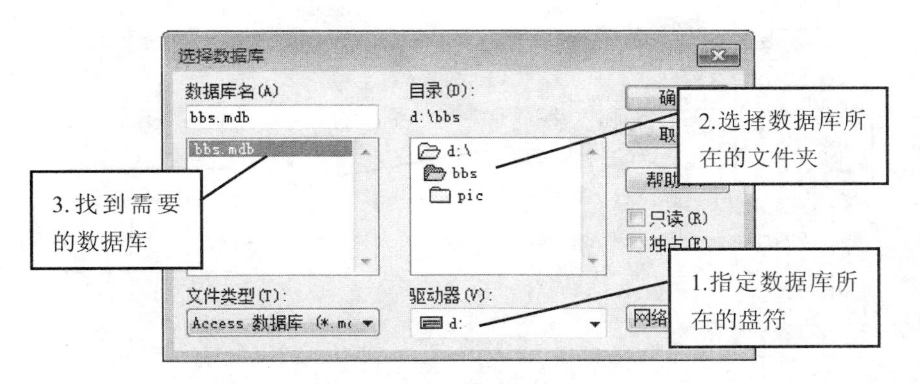

图 10-17　选择数据库

step 05 找到数据库后，单击【确定】按钮回到【ODBC Microsoft Access 安装】对话框。再次单击【确定】按钮，将返回到【ODBC 数据源管理器】中的【系统 DSN】选项卡，可以看到【系统数据源】列表框中已经添加了一个名称为 bbsconn、驱动程序为 Driver do Microsoft Access(*.mdb)的系统数据源，如图 10-18 所示。再次单击【确定】按钮，完成 ODBC 数据源管理器的设置。

step 06 启动 Dreamweaver CS6，打开随书光盘中的“素材\bbs\index.asp”文件，根据前面讲过的站点设置方法，设置好站点、文档类型、测试服务器。在 Dreamweaver CS6 中选择【窗口】→【数据库】菜单命令，打开【数据库】面板，单击按钮，弹出如图 10-19 所示的菜单，选择【数据源名称(DSN)】菜单项。

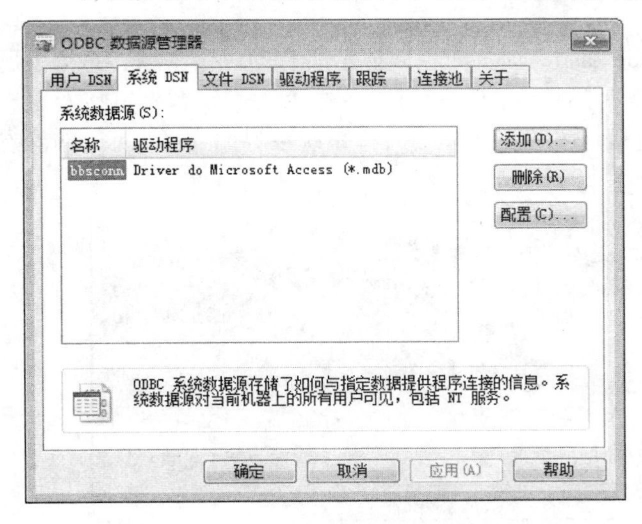

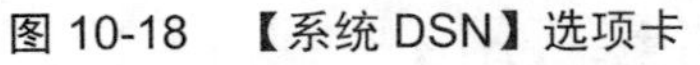

图 10-18　【系统 DSN】选项卡

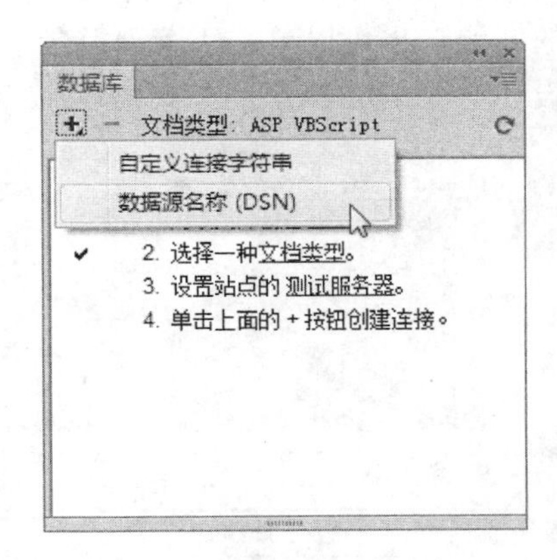

图 10-19　【数据库】面板

step 07 打开【数据源名称(DSN)】对话框，在【连接名称】文本框中输入 bbsconn，单击【数据源名称(DSN)】下拉按钮，从打开的下拉列表中选择 bbsconn，其他保持默认值，如图 10-20 所示。

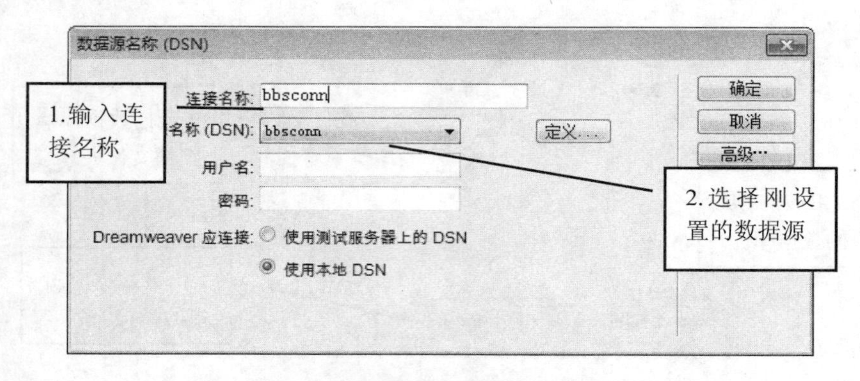

图 10-20 【数据源名称(DSN)】对话框

step 08 单击【确定】按钮，完成数据库的连接。

10.3 BBS 论坛管理系统主界面的制作

定义好站点并建立数据库连接后，就可以制作 BBS 论坛管理系统的主界面。它主要包括论坛系统的主页面、发布新主题页面、讨论主题详细页面、回复讨论主题页面和搜索主题页面等。

10.3.1 BBS 论坛系统主界面的制作

BBS 论坛系统主页面的文件是 index.asp，该页面主要显示所有的讨论主题、每个主题的点击数、回复数、发布时间和最新回复时间等。浏览者可以单击“发表话题”链接发表一个新的话题，也可以单击“管理登录”链接进入论坛管理后台。系统主界面 index.asp 的静态页面设计如图 10-21 所示。

图 10-21 BBS 论坛系统主页面静态效果

具体操作步骤如下。

step 01 首先在 index.asp 页面中设置记录集。切换到【绑定】面板，单击[+]按钮，在弹出的菜单中选择【记录集(查询)】菜单项，打开【记录集】对话框，输入数据如表 10-5 所示，结果如图 10-22 所示。

表 10-5 设置【记录集】对话框的参数

属 性	设 置 值
名称	Recbbs
连接	bbsconn
表格	bbsmain
列	全部
筛选	无
排序	无

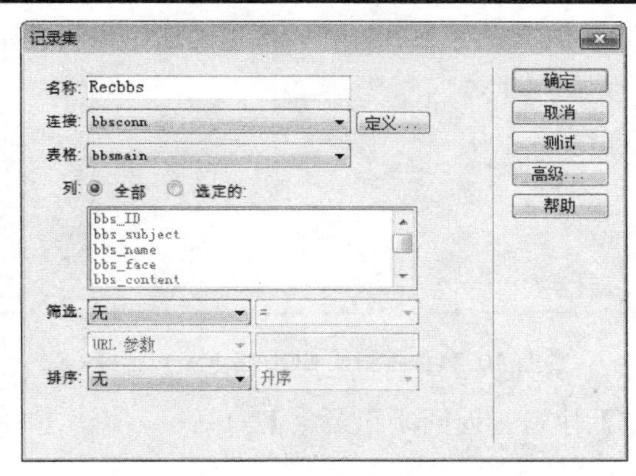

图 10-22 【记录集】对话框

step 02 单击【高级】按钮，在 SQL 文本框中输入如下代码：

```
SELECT bbsmain.bbs_ID,FIRST(bbsmain.bbs_time)AS bbstime,
FIRST(bbsmain.bbs_hits)AS bbshits,FIRST(bbsmain.bbs_subject)AS bbssubject,
FIRST(bbsmain.bbs_url)AS bbsurl,FIRST(bbsmain.bbs_email)AS bbsemail,
FIRST(bbsmain.bbs_sex)AS bbssex,FIRST(bbsmain.bbs_face)AS bbsface,
FIRST(bbsmain.bbs_content)AS bbscontent,FIRST(bbsmain.bbs_name)AS bbsname,
COUNT(bbsreply.rep_ID)AS RepNum,MAX(bbsreply.rep_time)AS LatesTime
FROM bbsmain LEFT OUTER JOIN bbsreply
ON bbsmain.bbs_ID=bbsreply.bbs_ID
GROUP BY bbsmain.bbs_ID
```

其中使用 FIRST()函数获取 bbsmain 表中指定字段的第一条数据，使用 COUNT()函数获取共有多少条回复记录，使用 MAX()函数获取所有回复记录中最新的回复时间。由于 bbsmain 数据表中的主题在 bbsreply 数据表中不一定会有对应回复的话题，所以这里使用 LEFT OUTER JOIN 将接合关系中两个数据表分为左、右两个数据表，其中左边数据表在经过接合后，不管右边的数据表是否存在，仍然会将资料全部列出。输入效果如图 10-23 所示。

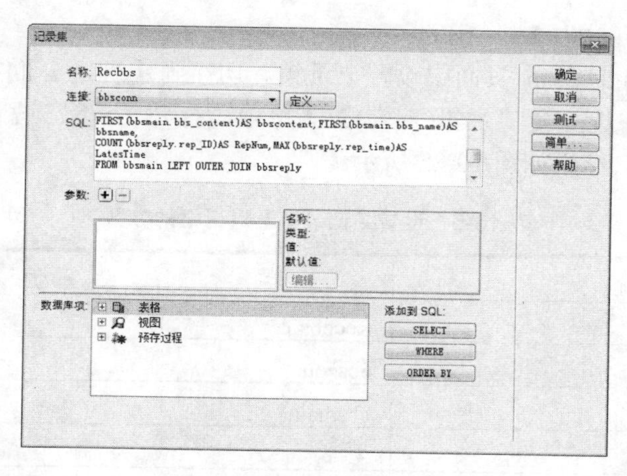

图 10-23 输入 SQL 语句

step 03 单击【测试】按钮，打开【测试 SQL 指令】对话框，数据表中的字段果然依照 SQL 的设置绑定了进来，并完成统计的操作，如图 10-24 所示。

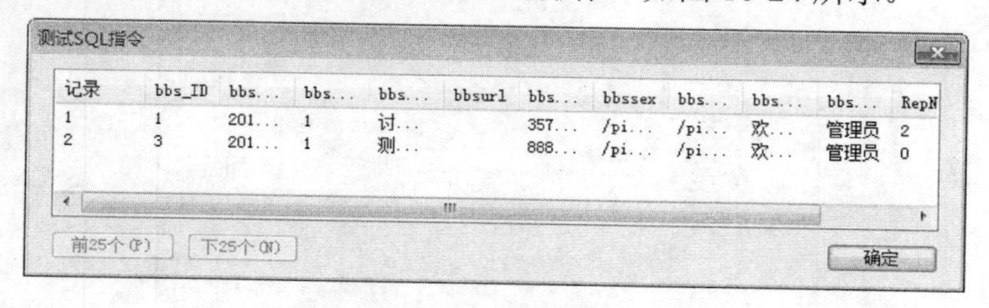

图 10-24 【测试 SQL 指令】对话框

step 04 单击【确定】按钮，返回【记录集】对话框，再次单击【确定】按钮，即可完成记录集的绑定。

step 05 在【绑定】面板上出现设置的记录集名称，展开后将需要引用的数据字段一一拖曳到网页中，如图 10-25 所示。

版块主题	发帖人	回复/ 阅读	发布时间	最新回复
{Recbbs.bbssubject}	{Recbbs.bbsname}	{Recbbs.RepNum} / {Recbbs.bbshits}	{Recbbs.bbstime}	{Recbbs.LatesTime}
数据库中没有任何数据，请先发帖				

图 10-25 把字段拖曳到网页中

step 06 将光标定位在{Recbbs.bbssubject}的左边，选择【插入】→【图像对象】→【图像占位符】菜单命令，打开【图像占位符】对话框，设置高度和宽度都为 20，如图 10-26 所示。单击【确定】按钮，插入一个图像占位符。

step 07 选择插入的图像占位符，单击【属性】面板【源文件】文本框右侧的【浏览文件】按钮，打开【选择图像源文件】对话框，选中【数据源】单选按钮，在【域】列表框中选择记录集中的 bbsface 字段，如图 10-27 所示。单击【确定】按钮，完成记录集的绑定。

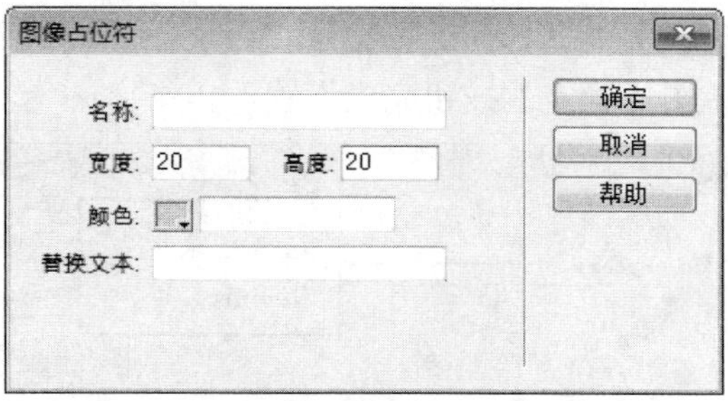

图 10-26 【图像占位符】

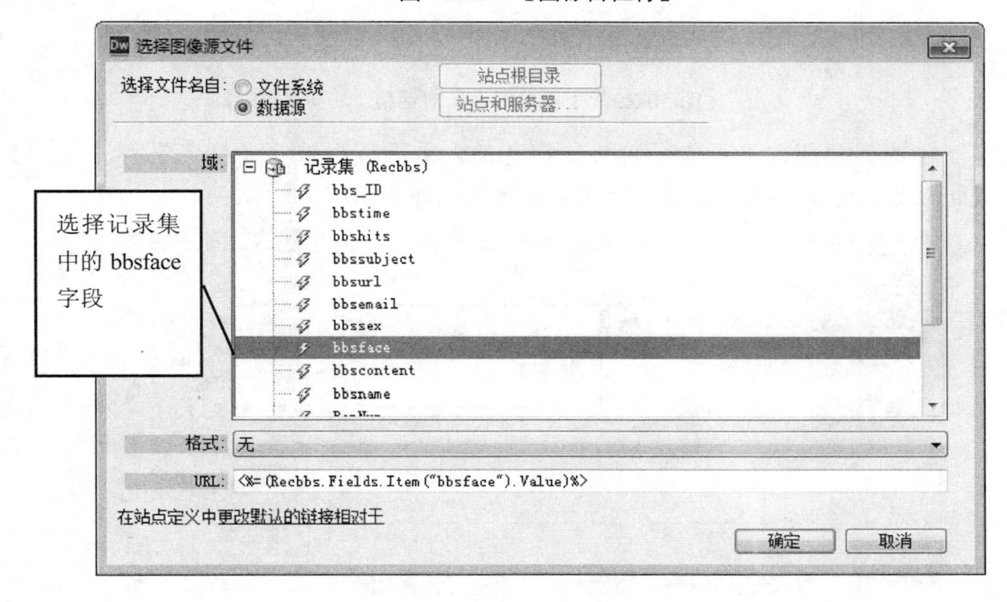

图 10-27 【选择图像源文件】对话框

step 08 接着设置页面中的重复区域效果，如图 10-28 所示。

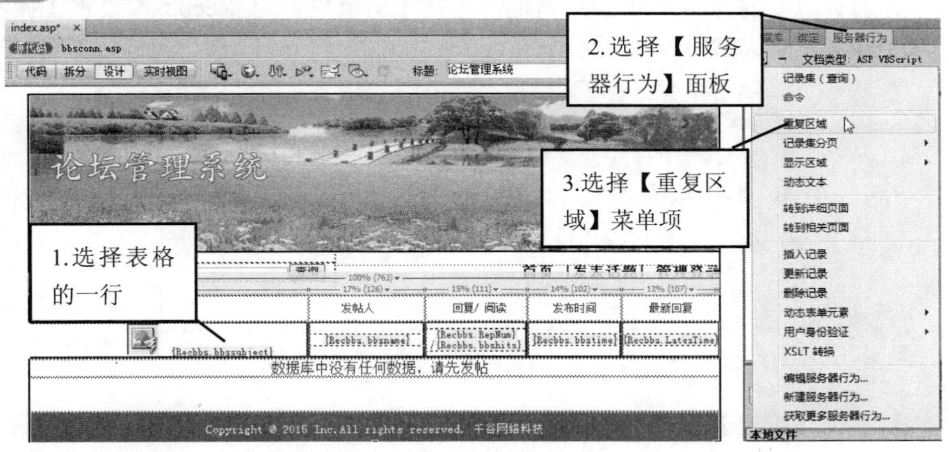

图 10-28 设置重复区域

step 09 打开【重复区域】对话框，选择记录集为 Recbbs，设置一页显示 10 条记录，如图 10-29 所示，单击【确定】按钮完成设置。

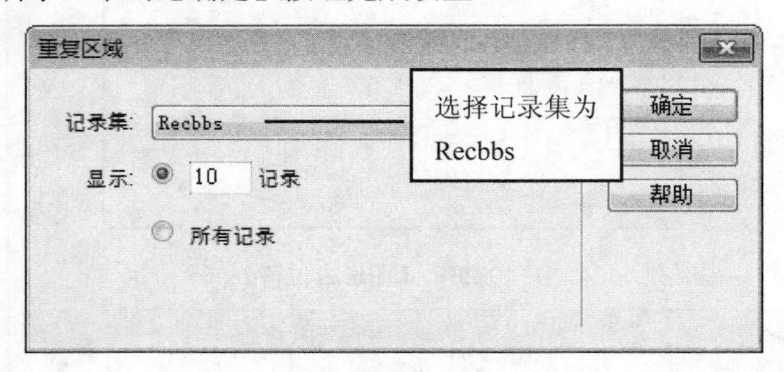

图 10-29 【重复区域】对话框

step 10 在本页中插入记录集导航条。在【插入】面板中选择【插入】→【数据】→【记录集分页】→【记录集导航条】菜单项，如图 10-30 所示。

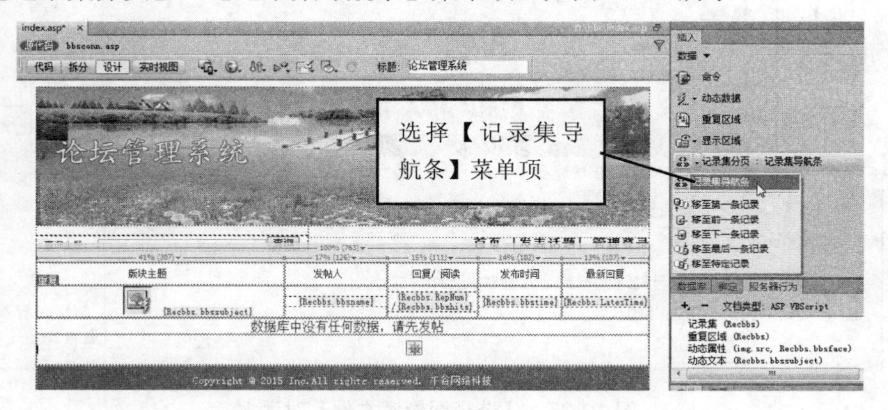

图 10-30 选择【记录集导航条】菜单项

step 11 打开【记录集导航条】对话框，选择【记录集】为 Recbbs，设置【显示方式】为“文本”，如图 10-31 所示。

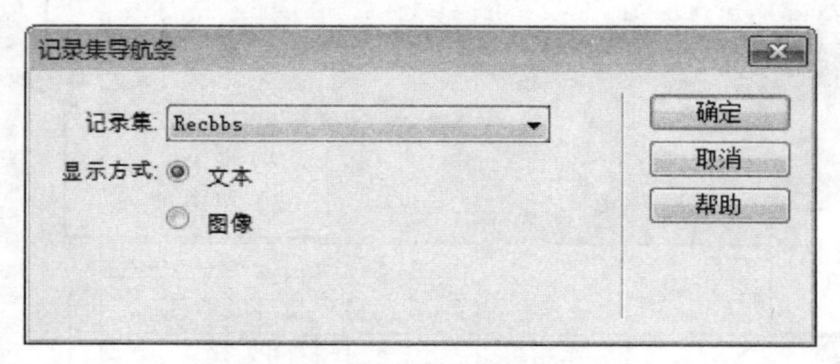

图 10-31 【记录集导航条】对话框

step 12 单击【确定】按钮，插入后的导航条效果如图 10-32 所示。

step 13 选择上方的表格，设置记录集不为空则显示的区域，设置方法如图 10-33 所示。

step 14 打开【如果记录集不为空则显示区域】对话框，选择判断的记录集为 Recbbs，单击【确定】按钮完成设置，如图 10-34 所示。

图 10-32　插入后的导航条效果

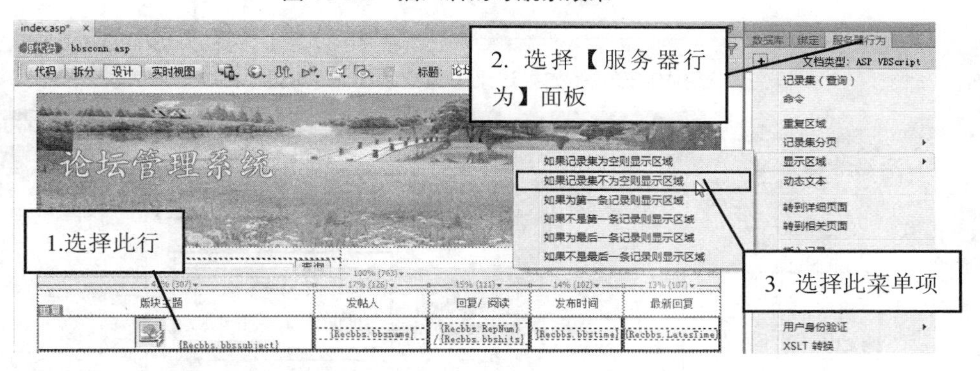

图 10-33　选择【如果记录集不为空则显示区域】菜单项

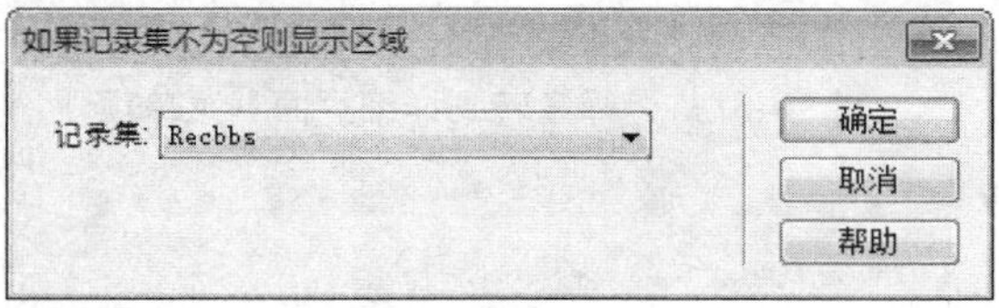

如果记录集不为空则显示区域

记录集: Recbbs

确定

取消

帮助

图 10-34　【如果记录集不为空则显示区域】对话框

step 15 选择下方的表格，设置记录集为空则显示的区域，设置方法如图 10-35 所示。

step 16 打开【如果记录集为空则显示区域】对话框，选择判断的记录集为 Recbbs，单击【确定】按钮完成设置，如图 10-36 所示。

step 17 如果用户对于某一项主题有兴趣的话，可以在选择后进行回复。在这里即是要设置转到详细页面，将用户引入回复主题页面。设置方法如图 10-37 所示。

step 18 打开【转到详细页面】对话框，将自动产生链接，设置【详细信息页】为 bbsdetail.asp、【传递 URL 参数】为 bbs_ID、【记录集】为 Recbbs、【列】为 bbs_ID，如图 10-38 所示，单击【确定】按钮，完成转到详细页面的设置。

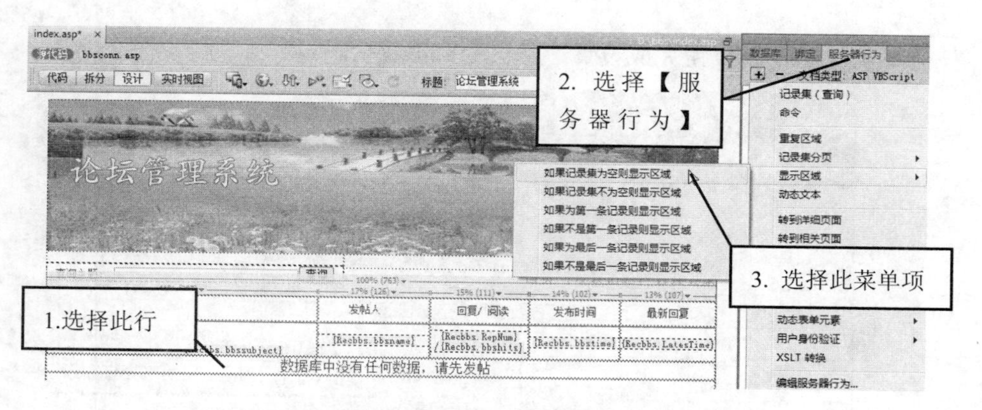

图 10-35 选择【如果记录集为空则显示区域】菜单项

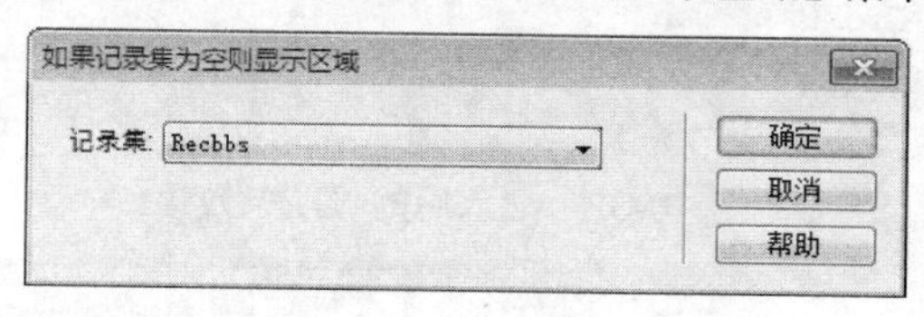

图 10-36 【如果记录集为空则显示区域】对话框

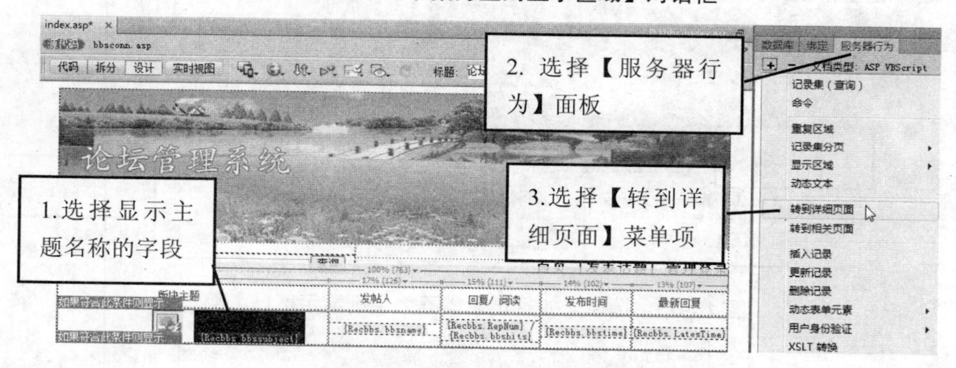

图 10-37 选择【转到详细页面】菜单项

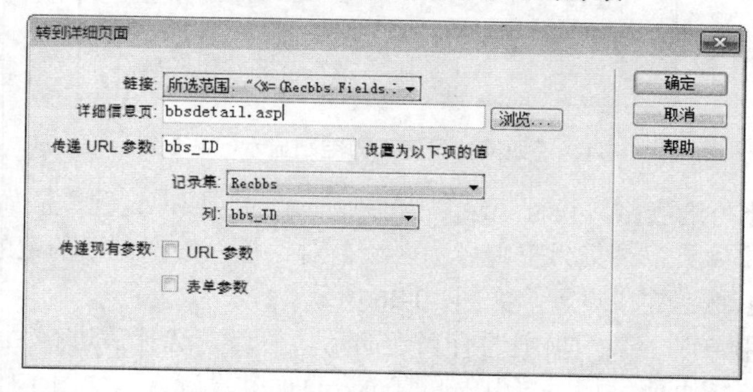

图 10-38 【转到详细页面】对话框

step 19 在 index.asp 页面中有 3 个文字链接“首页”“发表话题”和“管理登录”，下面设定其链接文件，如表 10-6 所示。

表 10-6 文字链接的页面

文 字	链接页面
首页	index.asp
发表话题	bbspost.asp
管理登录	adminLogin.asp

step 20 至此，完成论坛系统主页面 index.asp 的所有设置，选择【文件】→【保存】菜单命令保存该网页，按 F12 键即可预览效果，如图 10-39 所示。

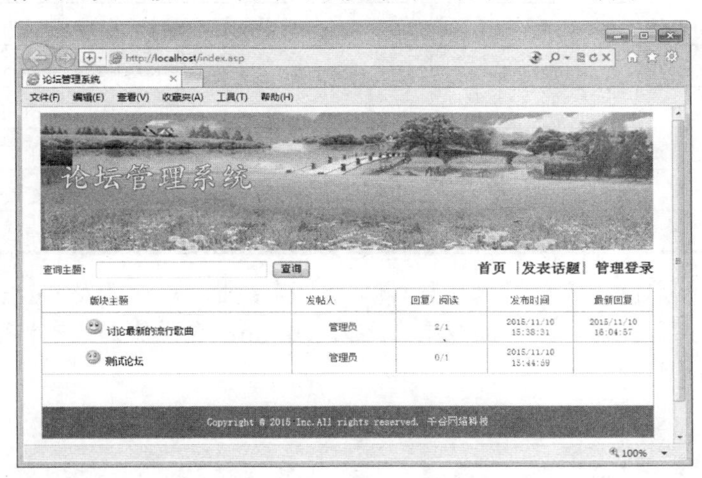

图 10-39 主页面最终预览效果

10.3.2 发布新主题页面的制作

在 BBS 论坛系统主界面，用户通过单击“发表话题”链接，可以跳转到发布新主题页面 bbspost.asp。具体操作步骤如下。

step 01 打开随书光盘中的“素材\bbs\bbspost.asp”文件，静态页面效果如图 10-40 所示。

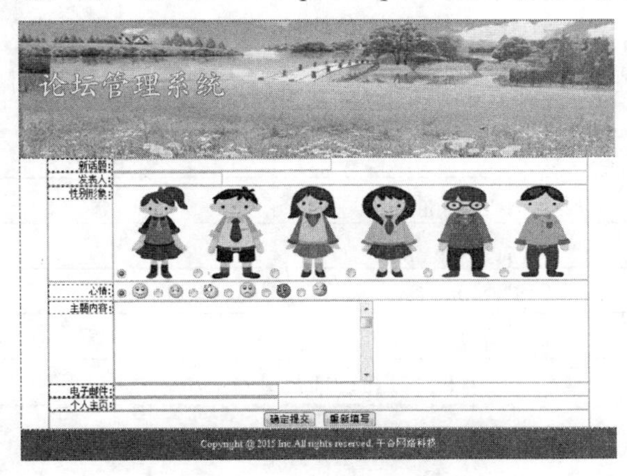

图 10-40 发布新主题页面的静态效果

step 02 页面的表单 form1 中文本域和文本区域设置如表 10-7 所示。

表 10-7 表单 form1 中文本域和文本区域

含 义	文本域/按钮名称	方法/类型
表单	form1	post
讨论主题的标题	bbs_subject	单行
发布主题的人	bbs_name	单行
发布主题人的性别	bbs_sex	单选按钮
发布主题人当时的表情	bbs_face	单选按钮
发布主题的内容	bbs_content	多行
发布主题人的 E-mail	bbs_email	单行
发布主题人的个人主页	bbs_url	单行
确定提交	Submit	提交表单
重新填写	Submit2	重设表单

step 03 将光标定位在【重新填写】右侧，选择【插入】→【表单】→【隐藏区域】菜单命令，然后在【属性】面板中命名为 bbs_ip，在【值】文本框中输入如下代码，如图 10-41 所示。

```
<%=Request.ServerVariables("REMOTE_ADDR")%>
```

图 10-41 设置隐藏区域的名称和值

step 04 切换到【服务器行为】面板，单击 按钮，在弹出的菜单中选择【插入记录】菜单项，打开【插入记录】对话框，输入如表 10-8 所示的数据，新增记录后转到主页面 index.asp，如图 10-42 所示，单击【确定】按钮完成插入记录操作。

表 10-8 【插入记录】对话框中的设置

属 性	设 置 值
连接	bbsconn
插入到表格	bbsmain
插入后，转到	index.asp
获取值自	form1
表单元素	文本字段和数据字段对应上即可

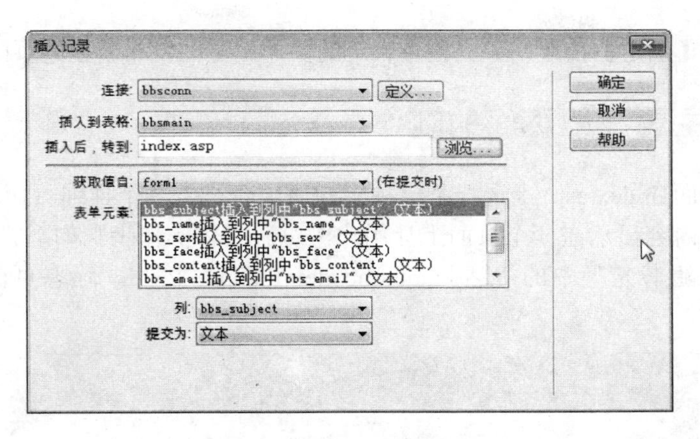

图 10-42 【插入记录】对话框

step 05 选择【窗口】→【行为】菜单命令，打开【行为】面板，单击+.按钮，在弹出的菜单中选择【检查表单】菜单项，打开【检查表单】对话框，设置 bbs_subject、bbs_name 和 bbs_content 为“必需的”，如图 10-43 所示。

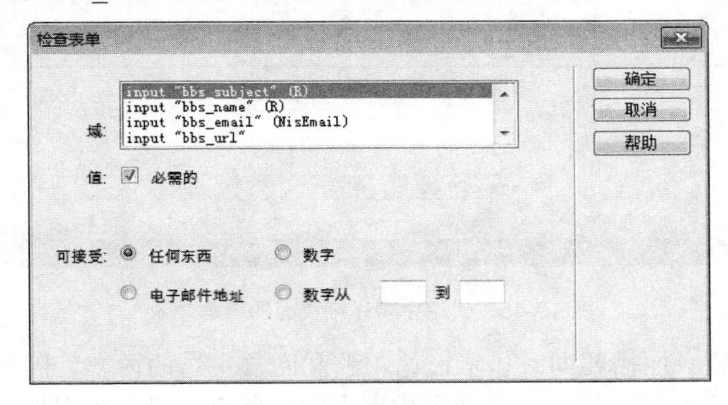

图 10-43 【检查表单】对话框

step 06 字段 bbs_email 不是必填的字段，但是如果留言人输入的不是电子邮件的格式仍然是不符合规定，所以可以在选择该字段后，选中【电子邮件地址】单选按钮，即可执行表单检查，如图 10-44 所示。

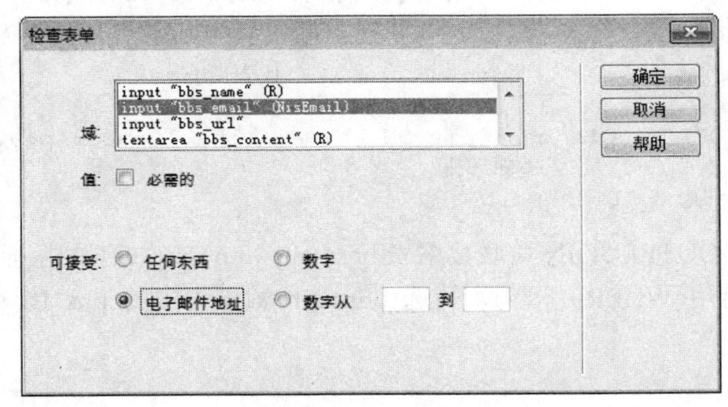

图 10-44 选中【电子邮件地址】单选按钮

step 07 单击【确定】按钮，完成检查表单的操作。至此发布新主题页面已经制作完成。

10.3.3 讨论主题详细页面的制作

当用户在主页面 index.asp 上选择某一项主题后，会进入一个详细页面，将这个主题的主留言及回复留言的内容显示在一个页面上让用户浏览。具体操作步骤如下。

step 01 打开随书光盘中的“素材\bbs\bbsdetail.asp”文件，静态页面效果如图 10-45 所示。

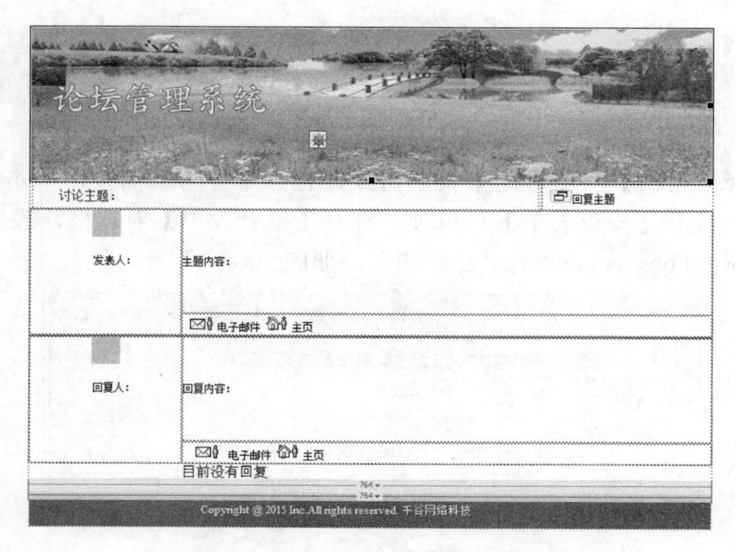

图 10-45 讨论主题详细页面的静态效果

step 02 由于该页面需要同时显示讨论主题和回复主题的内容，因此需要把两个记录集进行合并，一次性取得这两个数据表中的所有字段，可根据主题页面传送过来的 URL 参数 bbs_ID 进行筛选。

step 03 换到【绑定】面板，单击+按钮，在弹出的菜单中选择【记录集(查询)】菜单项，打开【记录集】对话框，单击【高级】按钮，进入记录集高级设定的对话框，将现有的 SQL 语句改成如下的 SQL 语句，如图 10-46 所示：

```
SELECT
bbsmain.*,bbsreply.*     //两个表的所有记录，*代表所有
FROM
bbsmain LEFT OUTER JOIN bbsreply ON bbsmain.bbs_ID=bbsreply.bbs_ID
                         //数据关联
WHERE  bbsmain.bbs_ID =sendID
```

代码中用 LEFT OUTER JOIN 关联数据表 bbsmain 和 bbsreply 中的字段，取得两个数据表中的相关数据。并且用 WHERE 语句，筛选 bbsmain 数据表中的 bbs_ID 字段值等于 sendID 变量值。

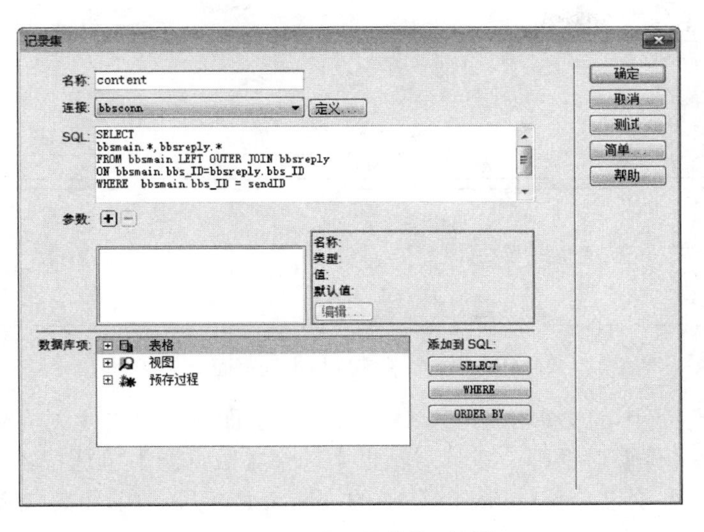

图 10-46 【记录集】对话框

step 04 单击【参数】右侧的 + 按钮，打开【添加参数】对话框，输入【名称】为 sendID，选择【类型】为 Numeric，输入【值】为 request. QueryString ("bbsmain.bbs_ID")，输入【默认值】为 1，如图 10-47 所示。

step 05 单击【确定】按钮，返回到【记录集】对话框，即可看到参数新增成功，如图 10-48 所示。单击【确定】按钮，完成记录集的添加操作。

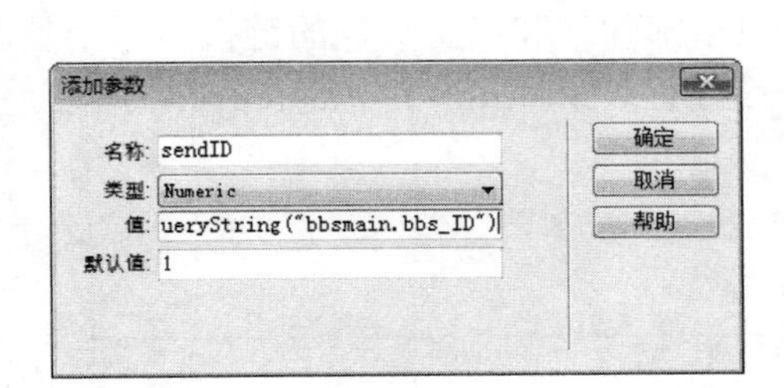

图 10-47 【添加参数】对话框

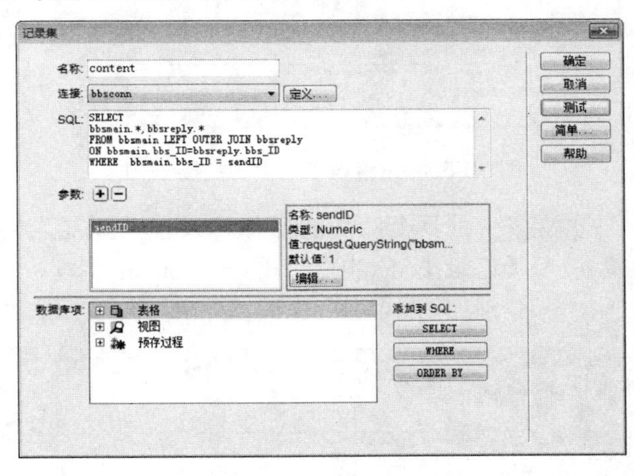

图 10-48 【记录集】对话框

step 06 在设定完记录集绑定后，先把记录集中的字段拖曳到页面上的相应位置，其中两个图像占位符分别绑定发布人性别形象 bbs_sex 字段和回复人性别形象 bbs_ref_sex 字段，其结果如图 10-49 所示。

step 07 选择表格中的文本“电子邮件”，在【属性】面板上单击【浏览文件】按钮，打开【选择文件】对话框，在该对话框中选中【数据源】单选按钮，然后在【域】列表框中选择【记录集(content)】中的 bbs_email 字段，并且在 URL 链接前面加上“mailto:”，如图 10-50 所示。

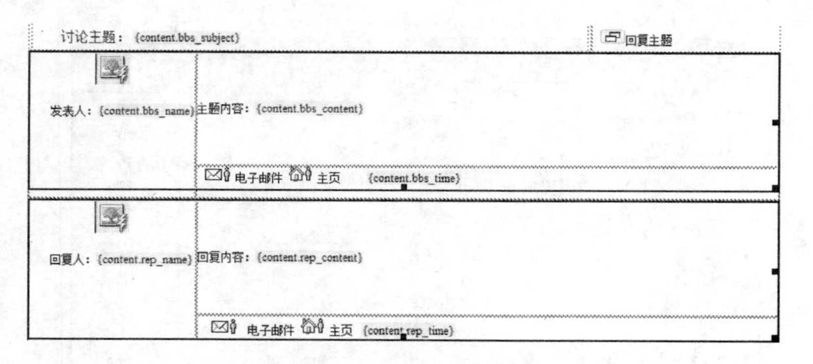

图 10-49　将字段拖曳到页面上

step 08 选择表格中的文本“主页”，在【属性】面板上单击【浏览文件】按钮，打开【选择文件】对话框。在该对话框中选中【数据源】单选按钮，然后在【域】列表框中选择【记录集(content)】中的 bbs_url 字段，并且在 URL 链接前面加上“http://”，如图 10-51 所示。

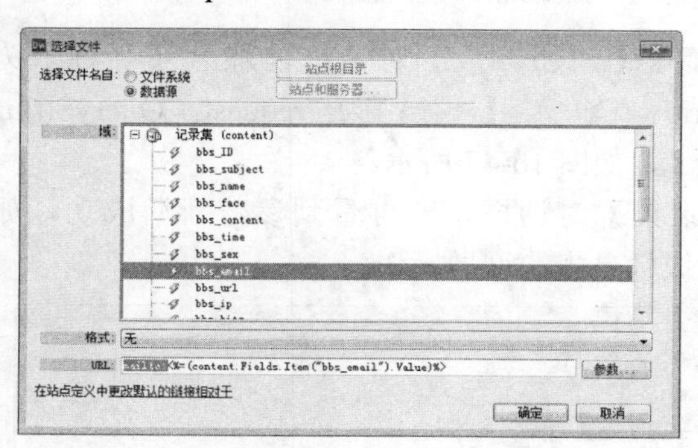

图 10-50　设置电子邮件的链接

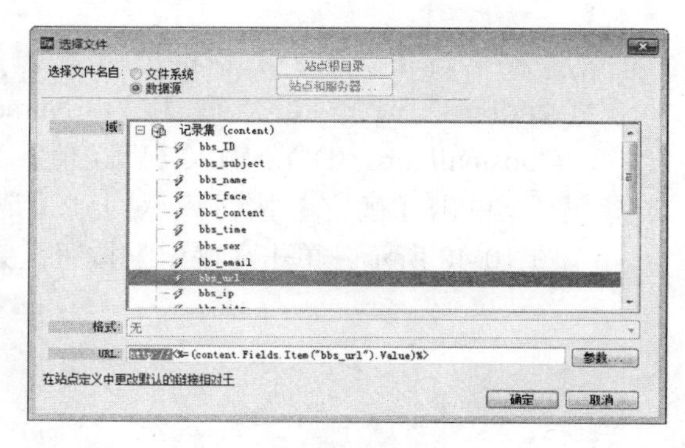

图 10-51　设置主页的链接

step 09 重复上两步的操作，设置其回复人的“电子邮件”和“主页”的链接。一个是【记录集(detail)】中的 rep_email 字段，一个是【记录集(detail)】中的 rep_url 字段，分别如图 10-52 和图 10-53 所示。

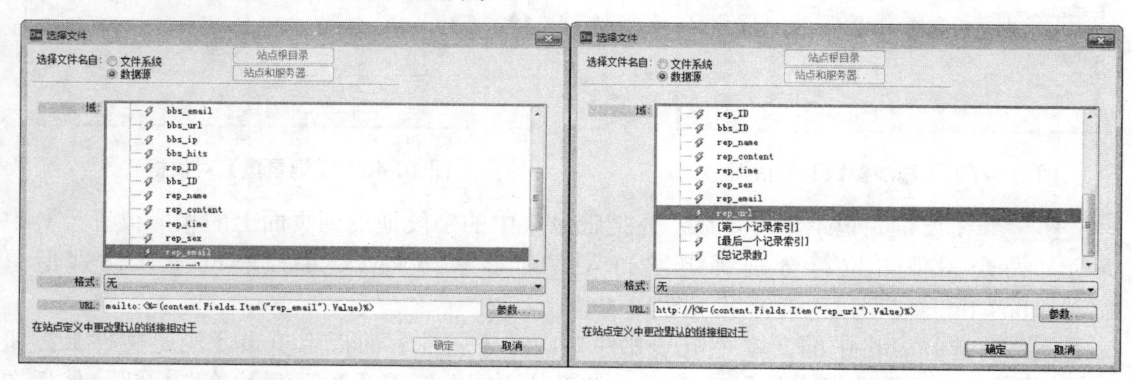

图 10-52　设置电子邮件的链接

图 10-53　设置主页的链接

step 10 选择文本“回复主题”，单击【服务器行为】面板上的按钮，在弹出的菜单中选择【转到详细页面】菜单项，在打开的【转到详细页面】对话框中单击【浏览】按钮，打开【选择文件】对话框，在【详细信息页】中选择此站点中的 bbsreply.asp，【传递 URL 参数】设置为 bbs_ID，设置如图 10-54 所示。单击【确定】按钮，完成详细页面的转向操作。

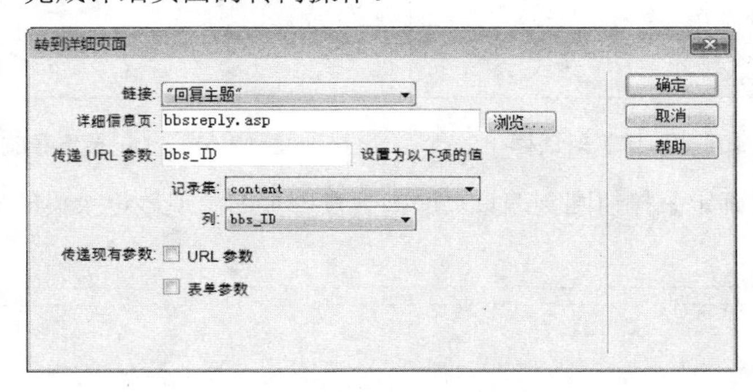

图 10-54 【转到详细页面】对话框

step 11 一个主题回复的内容一般是多个，所以要把回复的内容信息全部显示出来。选择页面中要重复的表格，单击【服务器行为】面板上的+按钮，在弹出的菜单中选择【重复区域】菜单项，如图 10-55 所示。

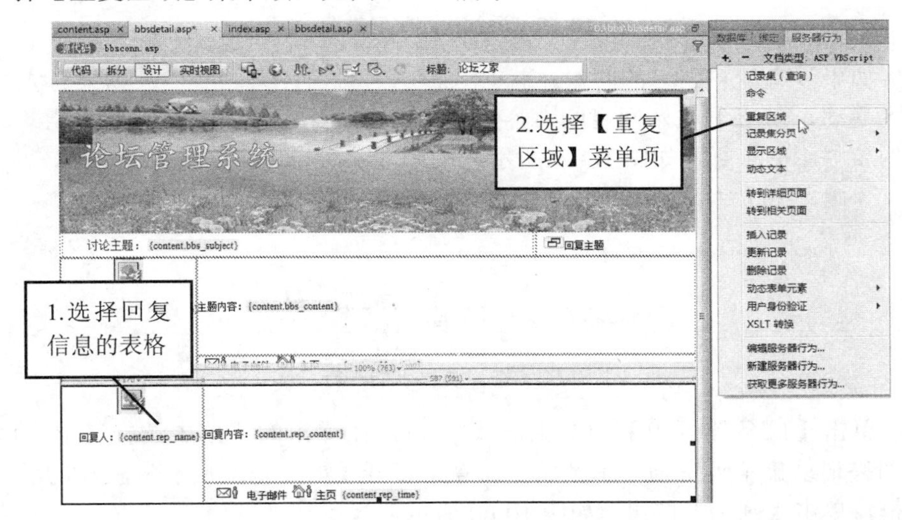

图 10-55 选择要重复的表格

step 12 打开的【重复区域】对话框，设置显示的记录数为 6 条记录，如图 10-56 所示。

step 13 单击【确定】按钮，回到编辑页面，会发现先前所选取要重复的区域左上角出现了一个【重复】灰色标签，这表示已经完成设置。

step 14 当回复的内容多于 6 条记录的时候，需要在第二页中显示，所以要加入记录集导航条。在【插入】面板中选择【数据】→【记录集分页】→【记录集导航】菜单项，在打开的【记录集导航条】对话框中，选取导航条的记录集以及导航条的显示方式，如图 10-57 所示。

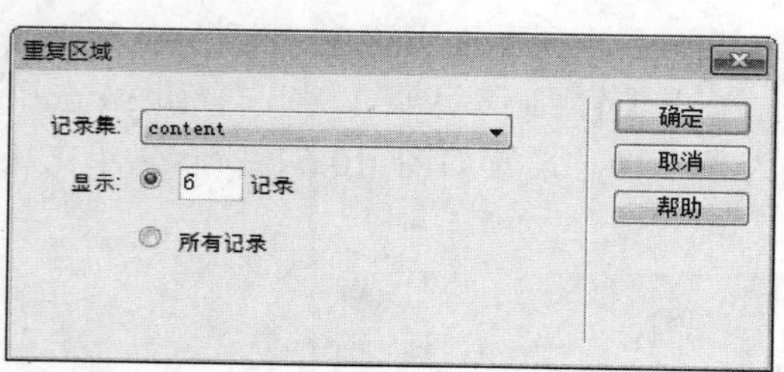

图 10-56 【重复区域】对话框

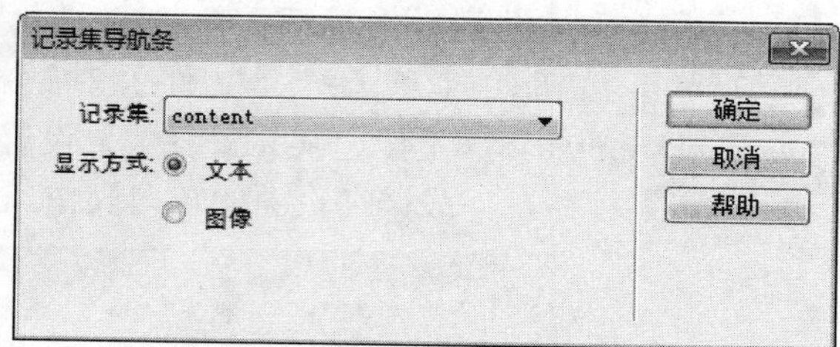

图 10-57 【记录集导航条】对话框

step 15 单击【确定】按钮回到编辑页面，会发现页面出现该记录集的导航条，如图 10-58 所示。

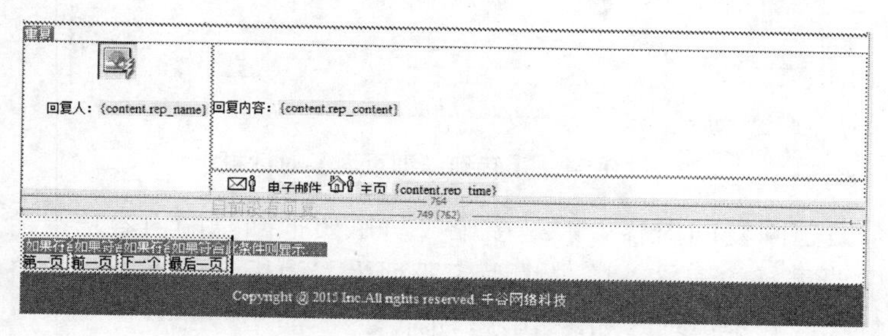

图 10-58 添加记录集导航条

step 16 如果没有信息回复的时候，就必须提示“目前没有回复”；如果有人回复了这个主题时，就必须显示回复的内容信息，所以要加入“显示区域”功能。选择有数据时要显示的一行，如图 10-59 所示。

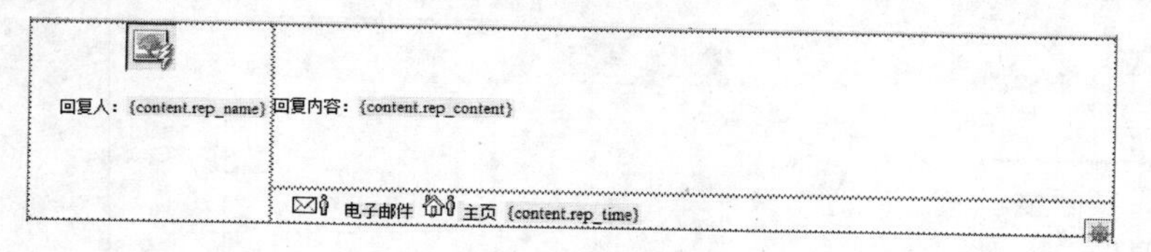

图 10-59 选择要显示的一行

step 17 单击【服务器行为】面板上的按钮，在弹出的菜单中选择【显示区域】→【如果记录集不为空则显示区域】命令，打开【如果记录集不为空则显示区域】对话框，单击【确定】按钮，如图 10-60 所示。

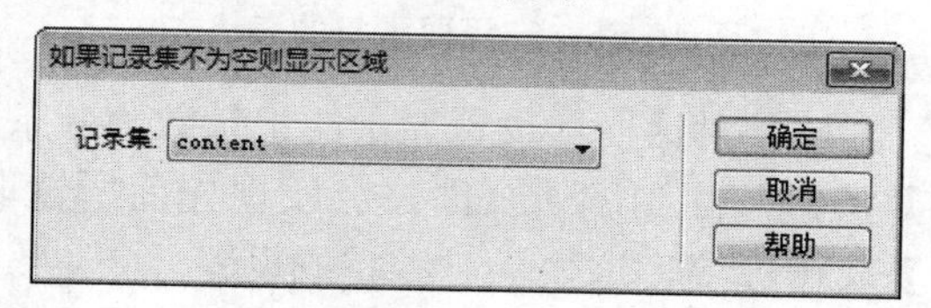

图 10-60 【如果记录集不为空则显示区域】对话框

step 18 回到编辑页面，会发现先前选取要显示的区域左上角出现了一个【如果符合此条件则显示……】的灰色标签，这表示已经完成设置，如图 10-61 所示。

step 19 选择文本“目前没有回复”所在的行，单击【服务器行为】面板上的按钮，在弹出的菜单中选择【显示区域】→【如果记录集为空则显示区域】菜单项，打开【如果记录集为空则显示区域】对话框，单击【确定】按钮，如图 10-62 所示。

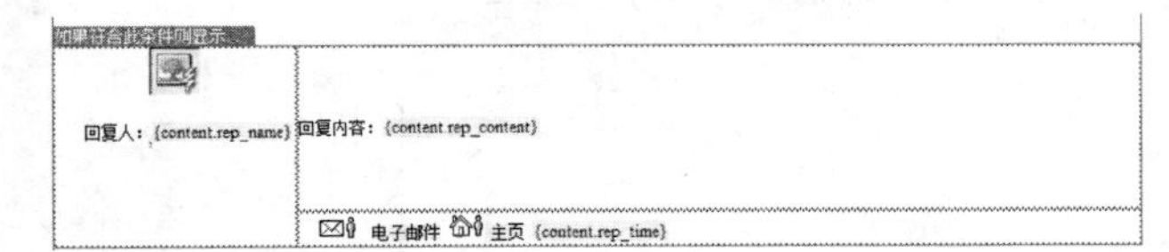

图 10-61 完成设置后的效果

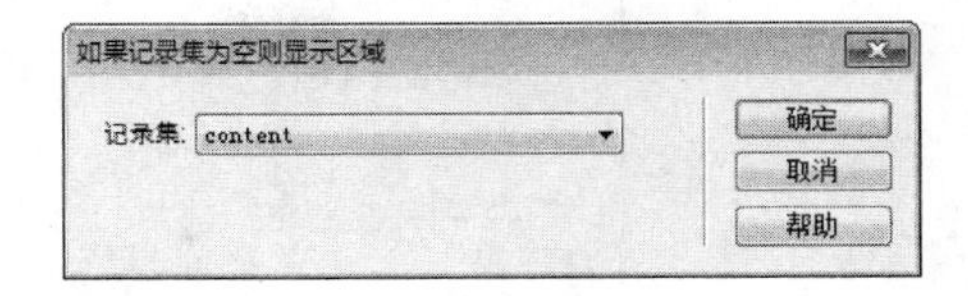

图 10-62 【如果记录集为空则显示区域】对话框

10.3.4 添加记录点击次数功能

在主页中设置了文章阅读统计功能，当访问者点击标题进入讨论主题详细页面时，阅读统计数目就要增加一次，这主要是通过更新 bbsmain 数据表里的 bbs-hits 字段来实现的。具体操作步骤如下。

step 01 打开 bbsdetail.asp 页面，单击【服务器行为】面板上的按钮，在弹出的菜单中选择【命令】菜单项，打开【命令】对话框，设置【名称】为 hits，【类型】选择为更新，【连接】选择 bbsconn 数据源，在 SQL 文本框中输入以下 SQL 语句，如图 10-63 所示。

```
UPDATE bbsmain                    //更新 bbsmain 数据表
SET bbs_hits = bbs_hits + 1       //设置 bbsmain 数据表中的 bbs_hits 中字段自动加 1
WHERE bbs_ID = hitID              // bbs_ID 的值等于 hitID 变量中的值
```

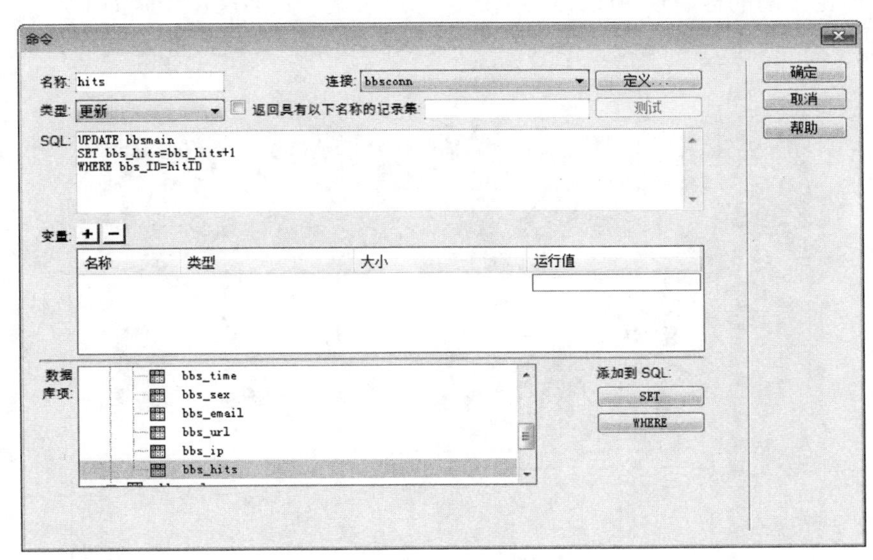

图 10-63 【命令】对话框

step 02 单击【变量】右边的按钮。输入【名称】为 hitID、【类型】为 Numeric、【大小】为 1，【运行值】为 Request.QueryString("bbs_ID")，如图 10-64 所示。其中 hitID 为 SQL 用来识别回复的变量，其值等于当前网页所显示的讨论主题编号。

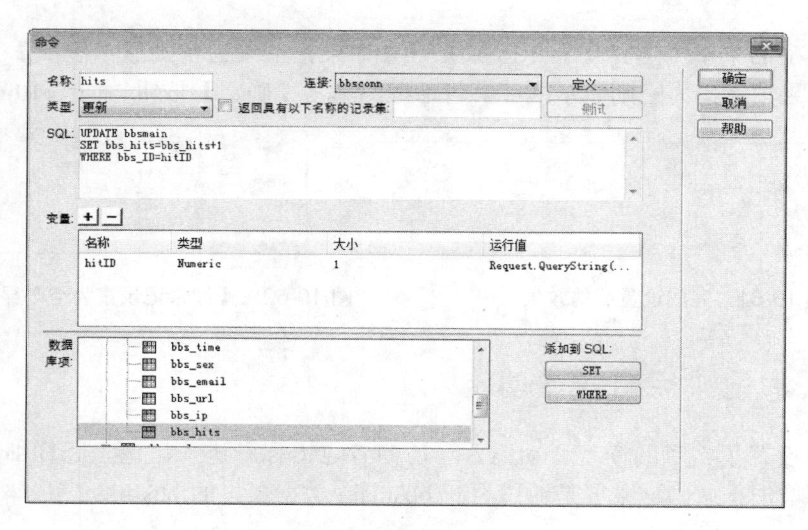

图 10-64 【命令】对话框

step 03 单击【确定】按钮，完成添加记录点击次数功能的操作。

10.3.5 回复讨论主题页面的制作

回复讨论主题页面 bbsreply.asp 主要是将表单中填写的回复内容信息添加到 bbsreply 数据表中。由于回复讨论主题页面需要传递讨论主题详细页面中的参数 bbs_ID(主题编号)和 bbs_subject(讨论主题的标题)，所以需要绑定两个记录集。具体操作步骤如下。

step 01 打开随书光盘中的“素材\bbs\bbsreply.asp”文件，静态页面效果如图 10-65 所示。

图 10-65 回复讨论主题页面的静态效果

step 02 切换到【绑定】面板，单击⊞按钮，在弹出的菜单中选择【记录集(查询)】菜单项，打开【记录集】对话框，输入【名称】为 reply，选择【连接】为 bbsconn、【表格】为 bbsmain、【列】为“选定的”，【筛选】设置为 bbs_ID、=、URL 参数、bbs_ID，其中在列表框需要按住 Ctrl 键选择 bbs_ID 和 bbs_subject 两个字段，如图 10-66 所示。

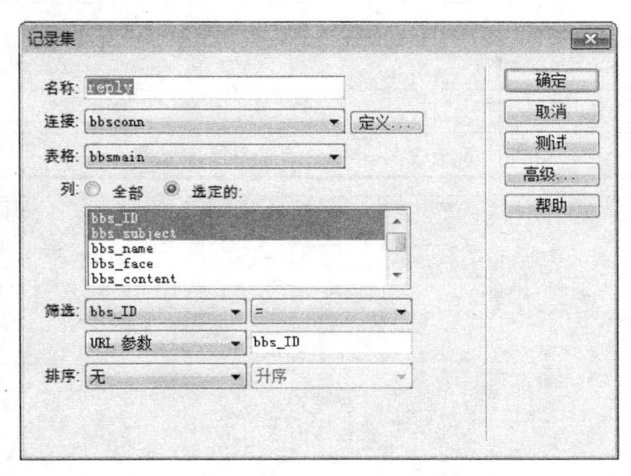

图 10-66 【记录集】对话框

step 03 单击【确定】按钮，完成记录集的绑定操作。将记录集中的 bbs_ID 和 bbs_subject 字段拖曳到页面的相应位置，其中 bbs_ID 字段拖曳到隐藏域上，如图 10-67 所示。

图 10-67 将字段拖曳到页面上

step 04 切换到【服务器行为】面板，单击 按钮，在弹出的菜单中选择【插入记录】菜单项，打开【插入记录】对话框，输入如表 10-9 所示的数据，新增记录后转到讨论主题详细页面 bbsdetail.asp，如图 10-68 所示。单击【确定】按钮，完成插入记录操作。

表 10-9 【插入记录】对话框中的设置

属 性	设 置 值
连接	bbsconn
插入到表格	bbsreply
插入后，转到	bbsdetail.asp
获取值自	form1
表单元素	文本字段和数据字段对应上即可

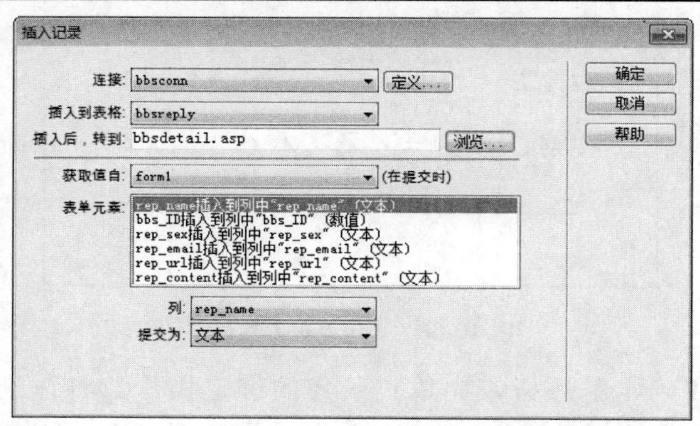

图 10-68 【插入记录】对话框

step 05 选择【窗口】→【行为】菜单命令，打开【行为】面板，单击+.按钮，在弹出的菜单中选择【检查表单】菜单项，打开【检查表单】对话框，设置 rep_name 和 rep_content 为“必需的”，如图 10-69 所示。

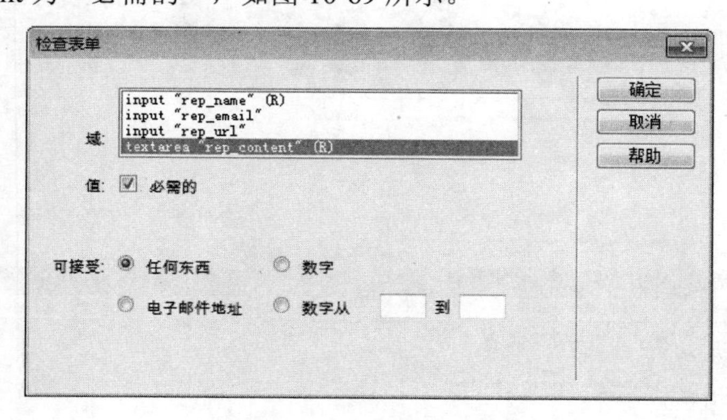

图 10-69 【检查表单】对话框

step 06 字段 rep_email 不是必填的字段，但是如果回复主题人输入的不是电子邮件的格式，则仍然不符合规定，所以用户可以在选择该字段后，选中【电子邮件地址】单选按钮，即可执行表单检查，如图 10-70 所示。

step 07 单击【确定】按钮，完成检查表单的操作。至此回复主题页面已经制作完成。

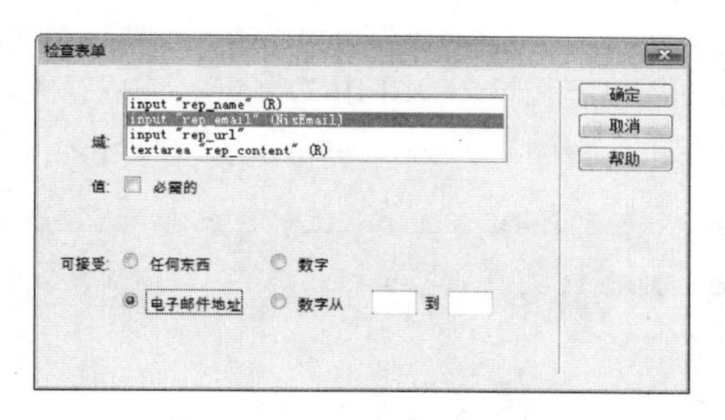

图 10-70 选中【电子邮件地址】单选按钮

10.3.6 搜索主题页面的制作

在主页 index.asp 中需要添加搜索功能，具体操作步骤如下。

step 01 打开主页 index.asp 文件，首先设置搜索的表单字段，注意字段名称应为 keyword，如图 10-71 所示。

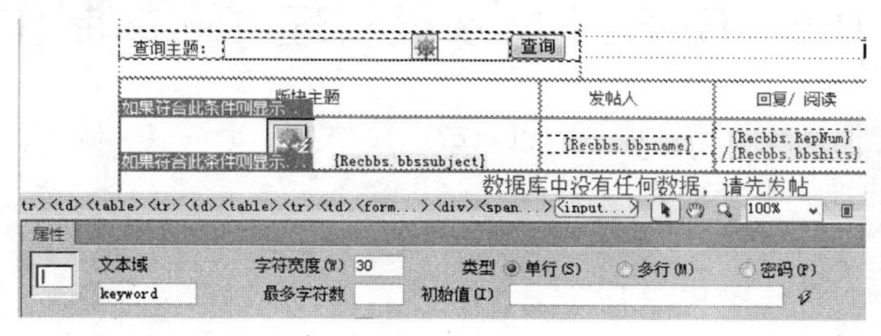

图 10-71 检查文本框的名称

step 02 打开之前创建的记录集 Recbbs，在原有的 SQL 语法中 GROUP BY bbs_Main.bbs_ID 的前面，加入一段查询功能的语法，如图 10-72 所示。

```
WHERE bbs_Title like '%"&keyword&"%'
```

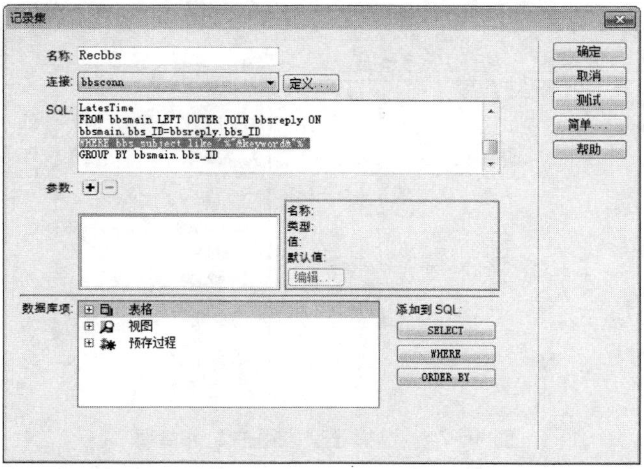

图 10-72 修改 SQL 语句

step 03 单击【确定】按钮，完成SQL语句的修改。再切换到代码视图，在Recbbs记录集绑定的代码中加入以下代码，如图10-73所示，完成设置。

```
keyword= request("keyword")   //定义keyword为请求变量keyword
```

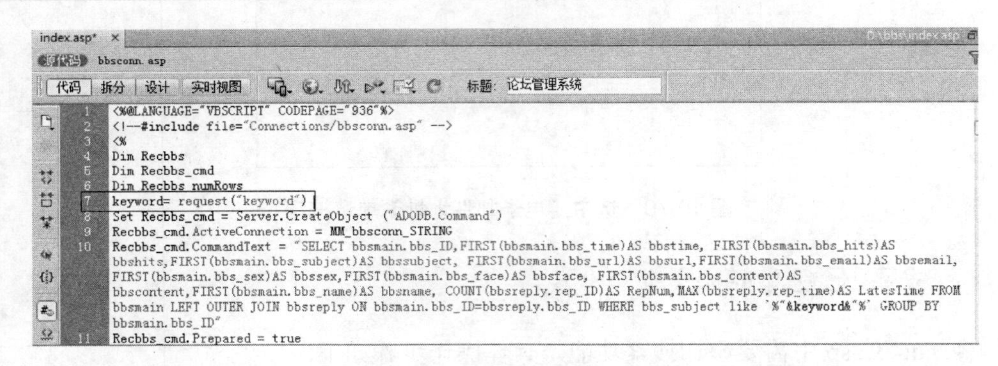

图10-73　添加代码

10.4　BBS论坛系统管理界面的制作

在BBS论坛管理系统中，管理员可以修改主题信息，也可以删除不文明或者不合法的信息，对于论坛系统的维护十分重要。

10.4.1　管理员登录页面的制作

由于管理主页面是不允许网站访问者进入的，必须受到权限管理，可以利用管理账号和管理密码来判断是否有此用户。制作管理员登录页面的操作步骤如下。

step 01 打开随书光盘中的“素材\bbs\adminLogin.asp”文件，切换到【服务器行为】面板，单击+按钮，在弹出的菜单中选择【用户身份验证】→【登录用户】菜单项，如图10-74所示。

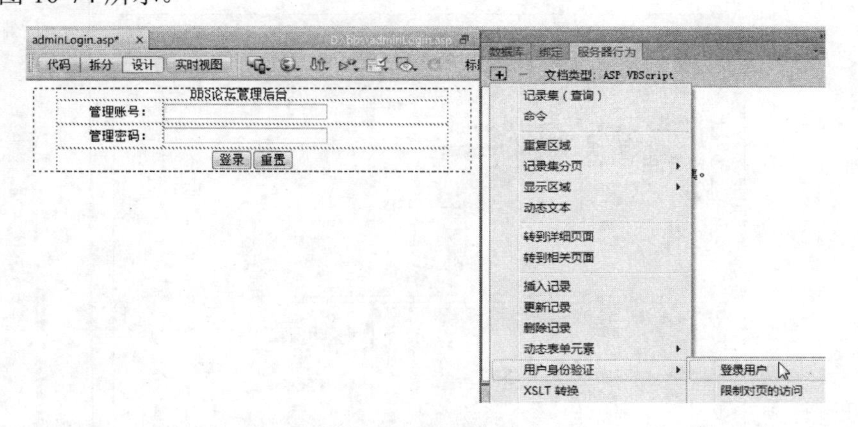

图10-74　选择【登录用户】菜单项

step 02 打开【登录用户】对话框，设置参数如图10-75所示。

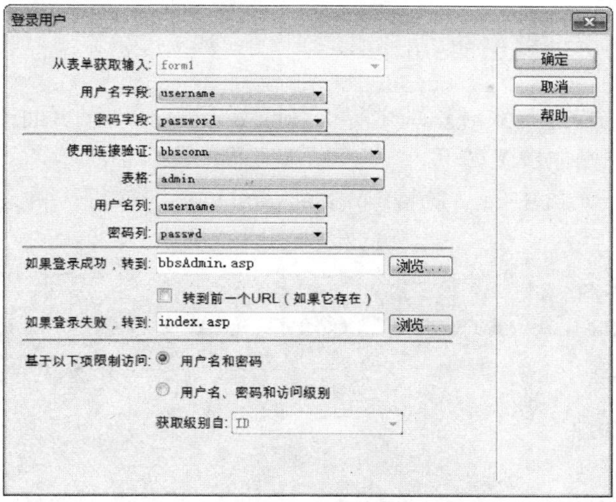

图 10-75 【登录用户】对话框

表单中有两个字段，username 是输入管理员名称的字段，passwd 是输入管理员密码的字段。登录管理员服务器的行为，是根据管理员所输入的账号密码，与数据表中所保存的管理员名称与密码对比，若是符合即转到管理页面 bbsAdmin.asp，不符合即退出到 BBS 论坛系统主页面 index.asp。

step 03 单击【确定】按钮，完成登录用户的验证。选择【窗口】→【行为】菜单命令，打开【行为】面板，单击+.按钮，在弹出的菜单中选择【检查表单】菜单项，打开【检查表单】对话框，设置 username 和 passwd 为“必需的”，如图 10-76 所示。

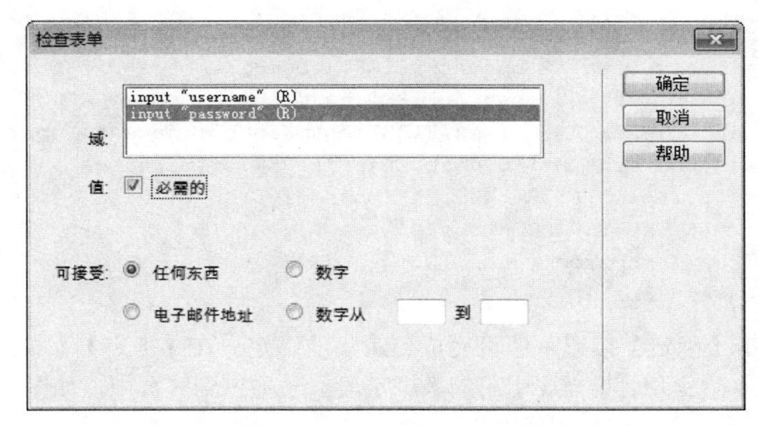

图 10-76 【检查表单】对话框

step 04 单击【确定】按钮，完成管理员登录页面 adminLogin.asp 的制作。

10.4.2 论坛系统管理主界面的制作

用户登录成功后，将进入系统管理主界面 bbsAdmin.asp。该页面主要为版主提供数据的修改和删除操作，具体操作步骤如下。

step 01 打开随书光盘中的“素材\bbs\bbsAdmin.asp”文件，静态页面效果如图 10-77 所示。

图 10-77 系统管理主界面的静态效果

step 02 切换到【绑定】面板，单击+按钮，在弹出的菜单中选择【记录集(查询)】菜单项，打开【记录集】对话框，单击【高级】按钮，进入记录集高级编辑模式，在 SQL 文本框中输入如下代码，如图 10-78 所示。

```
SELECT bbsmain.bbs_ID,FIRST(bbsmain.bbs_time)AS bbstime,
FIRST(bbsmain.bbs_hits)AS bbshits,FIRST(bbsmain.bbs_subject)AS bbssubject,
FIRST(bbsmain.bbs_url)AS bbsurl,FIRST(bbsmain.bbs_email)AS bbsemail,
FIRST(bbsmain.bbs_sex)AS bbssex,FIRST(bbsmain.bbs_face)AS bbsface,
FIRST(bbsmain.bbs_content)AS bbscontent,FIRST(bbsmain.bbs_name)AS bbsname,
COUNT(bbsreply.rep_ID)AS RepNum,MAX(bbsreply.rep_time)AS LatesTime
FROM bbsmain LEFT OUTER JOIN bbsreply
ON bbsmain.bbs_ID=bbsreply.bbs_ID
GROUP BY bbsmain.bbs_ID
```

step 03 单击【确定】按钮，即可完成记录集的绑定。在【绑定】面板上出现设置的记录集名称，展开后将需要引用的数据字段一一拖曳到网页中，如图 10-79 所示。其中 bbsface 字段拖曳到图像占位符上。

step 04 选择需要重复区域的表格的第二行，切换到【服务器行为】面板，单击+按钮，在弹出的菜单中选择【重复区域】菜单项，如图 10-80 所示。

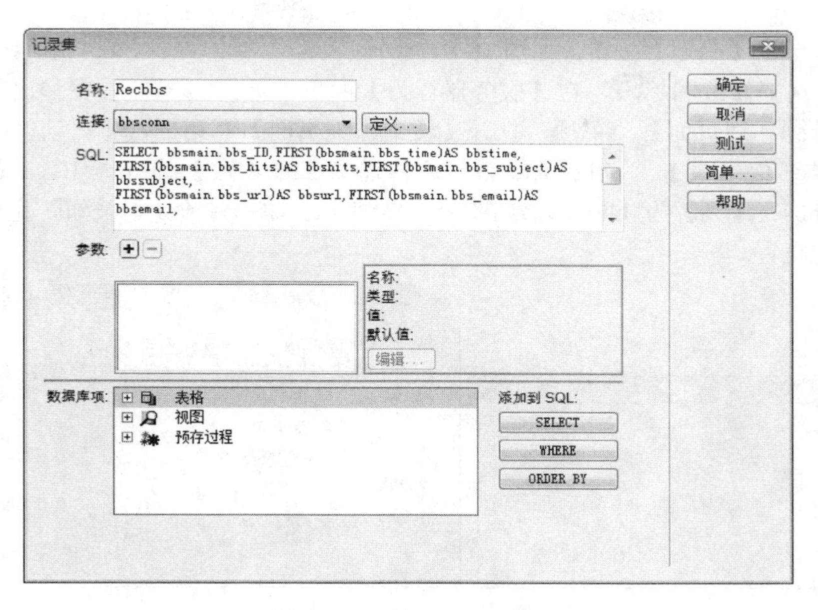

图 10-78　输入 SQL 语句

图 10-79　把字段拖曳到网页中

图 10-80　选择【重复区域】菜单项

step 05 打开【重复区域】对话框，选择【记录集】为 Recbbs，选择【显示】为 10 条记录，单击【确定】按钮，如图 10-81 所示。

step 06 选择修改图标，在【服务器行为】面板中单击按钮，在弹出的菜单中选择【转到详细页面】菜单项，打开【转到详细页面】对话框，将自动产生链接，设置【详细信息页】为 bbsalter.asp、【传递 URL 参数】为 bbs_ID、【记录集】为 Recbbs、【列】为 bbs_ID，如图 10-82 所示。单击【确定】按钮，完成转到详细页面的设置。

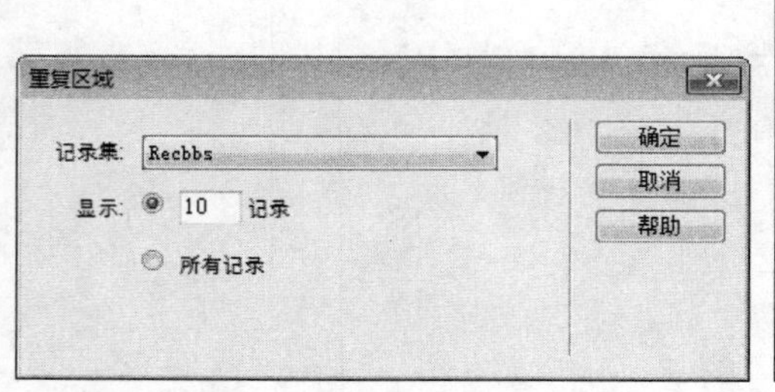

图 10-81 【重复区域】对话框

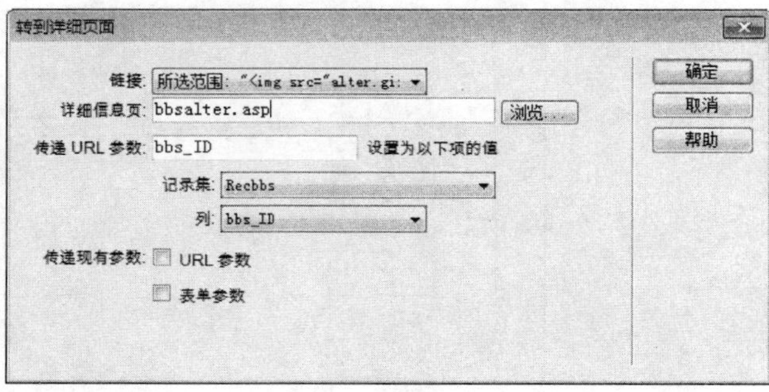

图 10-82 【转到详细页面】对话框

step 07 重复上一步操作，设置【删除】图标，转到删除讨论主题页面 bbsdel.asp，如图 10-83 所示。

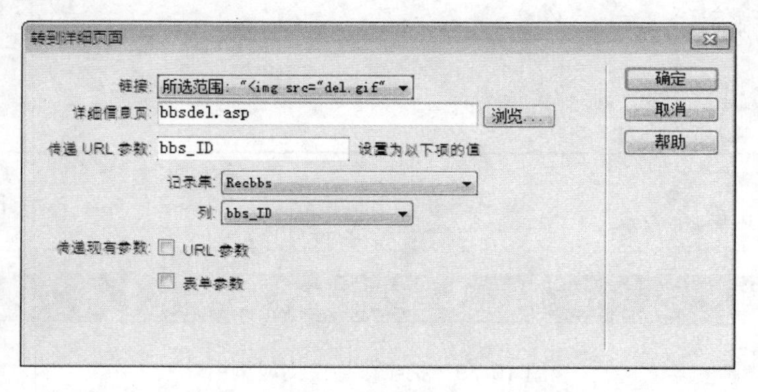

图 10-83 设置删除图标的转到页面

step 08 将光标定位在下方的单元格中，然后在【插入】面板中选择【数据】→【记录集分页】→【记录集导航条】菜单项，打开【记录集导航条】对话框，选择【记录集】为 Recbbs，选择【显示方式】为“文本”，单击【确定】按钮，如图 10-84 所示。

step 09 插入记录集导航条的效果如图 10-85 所示。

step 10 选择上方的表格的一行，设置记录集不为空则显示的区域，设置方法如图 10-86 所示。

step 11 打开【如果记录集不为空则显示区域】对话框，选择判断的记录集为 Recbbs，单击【确定】按钮完成设置，如图 10-87 所示。

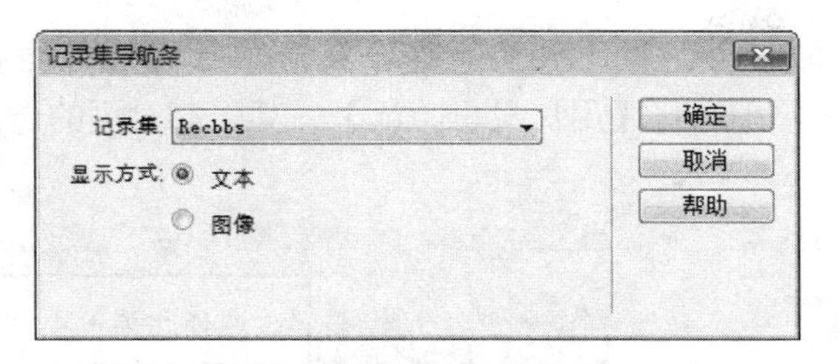

图 10-84 【记录集导航条】对话框

图 10-85 插入记录集导航条

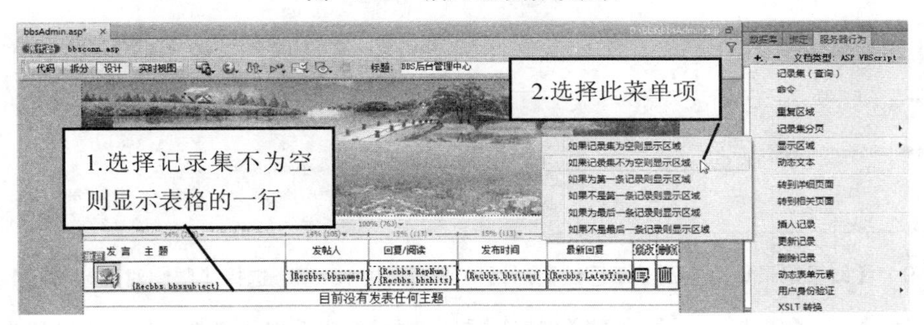

图 10-86 选择【如果记录集不为空则显示区域】菜单项

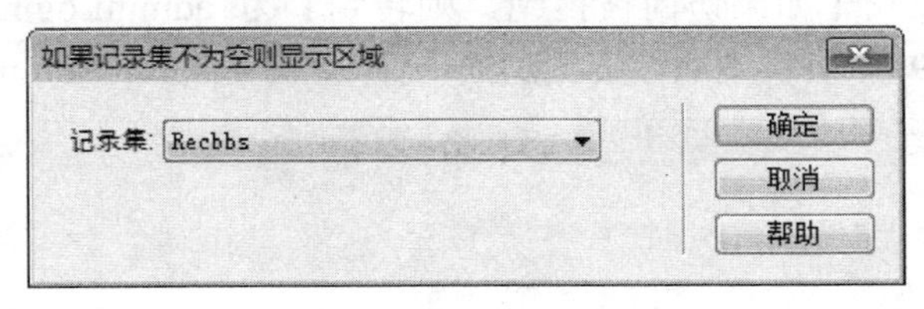

图 10-87 【如果记录集不为空则显示区域】对话框

step 12 选择“目前没有发布任何主题”所在的行，设置记录集为空则显示的区域，方法如图 10-88 所示。

step 13 打开【如果记录集为空则显示区域】对话框，选择判断的记录集为 Recbbs，单击【确定】按钮完成设置，如图 10-89 所示。

step 14 由于 bbsAdmin.asp 页面是管理界面，为了避免浏览者跳过登录页面来读取这个页面，可以添加服务器行为来防止这个漏洞。在【服务器行为】面板中单击按钮，在弹出的菜单中选择【用户身份验证】→【限制对页的访问】菜单项，如图 10-90 所示。

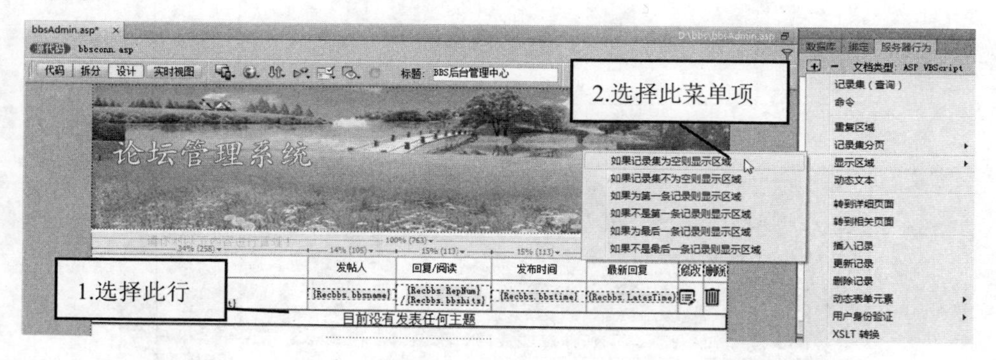

图 10-88　选择【如果记录集为空则显示区域】菜单项

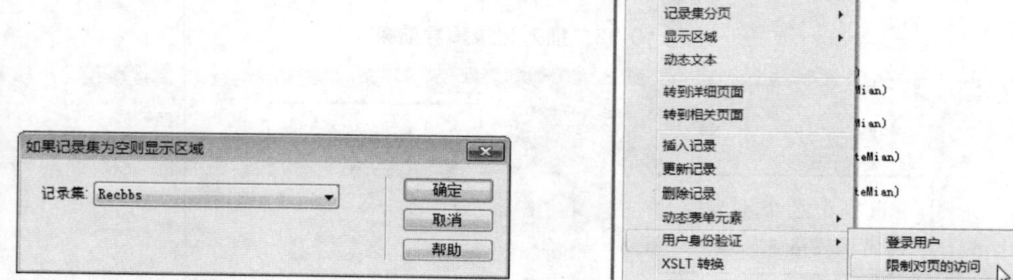

图 10-89　【如果记录集为空则显示区域】对话框　　图 10-90　选择【限制对页的访问】菜单项

step 15 打开【限制对页的访问】对话框，选择【基于以下内容进行限制】为“用户名和密码”，设置【如果访问被拒绝，则转到】为 adminLogin.asp，单击【确定】按钮，如图 10-91 所示。至此完成论坛系统管理主界面 bbsAdmin.asp 的制作。

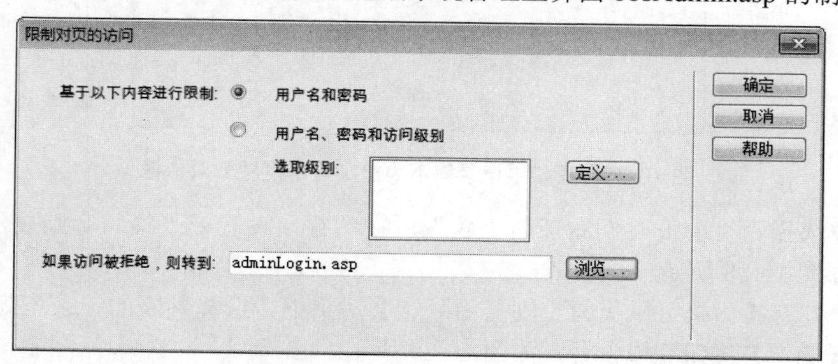

图 10-91　【限制对页的访问】对话框

10.4.3 修改讨论主题页面的制作

修改讨论主题页面为 bbsalter.asp.asp，主要功能是将修改的主题和内容更新到 bbsmain 数据表中。具体操作步骤如下。

step 01 打开随书光盘中的“素材\bbs\bbsalter.asp.asp”文件，静态页面效果如图 10-92 所示。

图 10-92 修改讨论主题页面的静态效果

step 02 切换到【绑定】面板，单击[+]按钮，在弹出的菜单中选择【记录集(查询)】菜单项，打开【记录集】对话框，单击【高级】按钮，进入记录集高级编辑模式，在 SQL 文本框中输入如下代码，如图 10-93 所示。

```
SELECT bbsmain.*,bbsreply.*
FROM bbsmain LEFT OUTER JOIN bbsreply
ON bbsmain.bbs_ID=bbsreply.bbs_ID
WHERE  bbsmain.bbs_ID =sendID
```

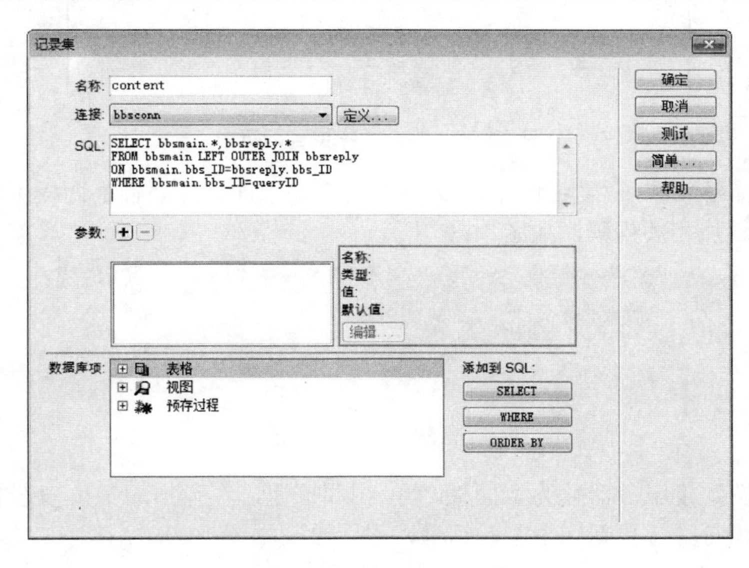

图 10-93 输入 SQL 语句

step 03 单击【参数】右侧的[+]按钮，打开【添加参数】对话框，输入【名称】为

sendID，选择【类型】为 Numeric，输入【值】为 request. QueryString ("bbsmain.bbs_ID")，输入【默认值】为 1，如图 10-94 所示。

step 04 单击【确定】按钮，返回到【记录集】对话框，即可看到参数新增成功，如图 10-95 所示。

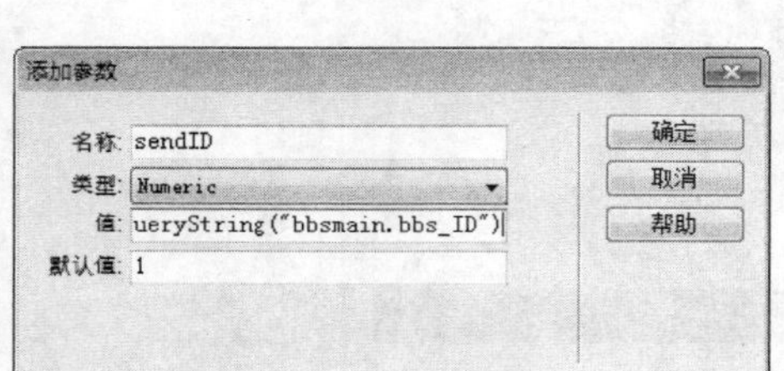

图 10-94　【添加参数】对话框

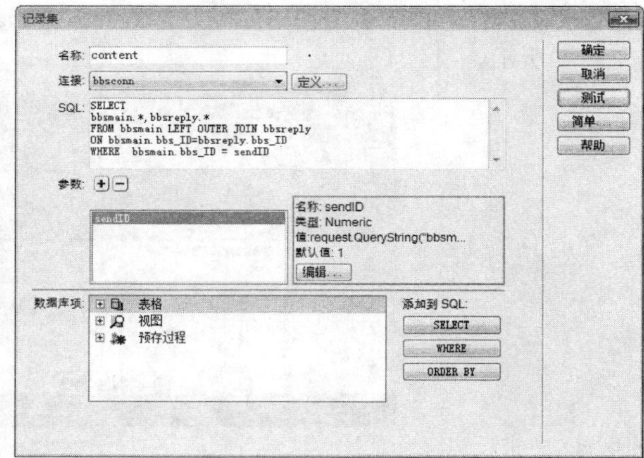

图 10-95　【记录集】对话框

step 05 单击【确定】按钮，完成记录集的添加操作。在【绑定】面板上出现设置的记录集名称，展开后将需要引用的数据字段一一拖曳到网页中，如图 10-96 所示。

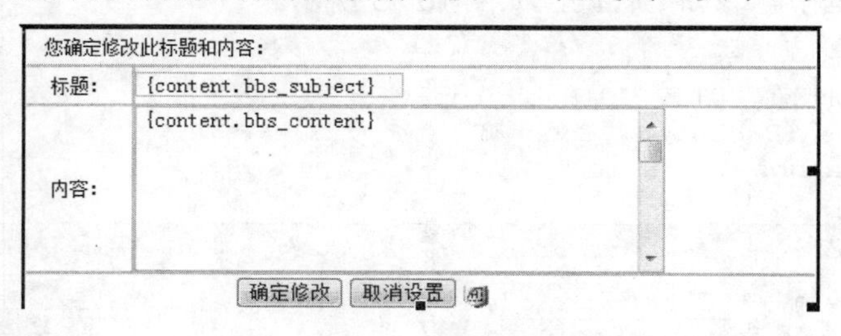

图 10-96　将字段拖曳到网页中

step 06 选择隐藏域，然后将 bbs_ID 字段拖曳到上面，【属性】面板中的【值】文本框中自动添加相关代码，如图 10-97 所示。

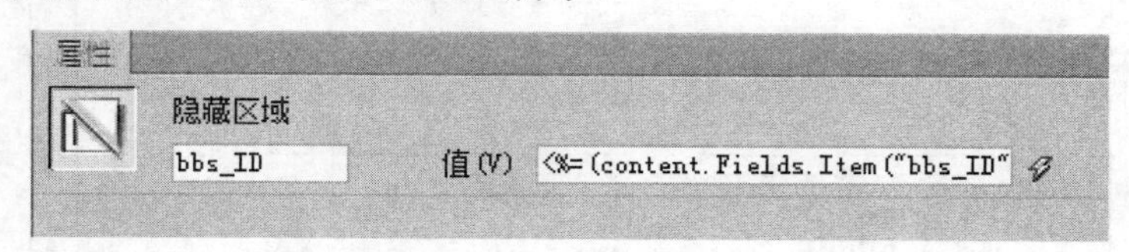

图 10-97　【属性】面板

step 07 切换到【服务器行为】面板，单击 按钮，在弹出的菜单中选择【更新记录】菜单栏，打开【更新记录】对话框，设置参数如图 10-98 所示。

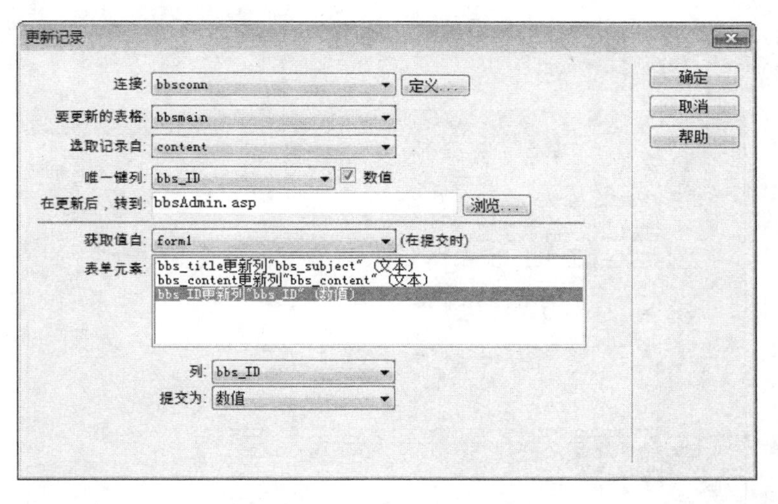

图 10-98　【更新记录】对话框

step 08 单击【确定】按钮，完成修改讨论主题页面的制作。

10.4.4　删除讨论主题页面的制作

bbsdel.asp 页面大致上与 bbsalter.asp 十分类似，不同的是这里要有一个执行删除操作。具体操作步骤如下。

step 01 打开随书光盘中的“素材\bbs\bbsdel.asp.asp”文件，静态页面效果如图 10-99 所示。

图 10-99　删除讨论主题页面的静态效果

step 02 切换到【绑定】面板，单击 按钮，在弹出的菜单中选择【记录集(查询)】菜单项，打开【记录集】对话框，单击【高级】按钮，进入记录集高级编辑模式，在 SQL 文本框中输入如下代码，如图 10-100 所示。

```
SELECT bbsmain.*,bbsreply.*
FROM bbsmain LEFT OUTER JOIN bbsreply
```

```
ON bbsmain.bbs_ID=bbsreply.bbs_ID
WHERE  bbsmain.bbs_ID =sendID
```

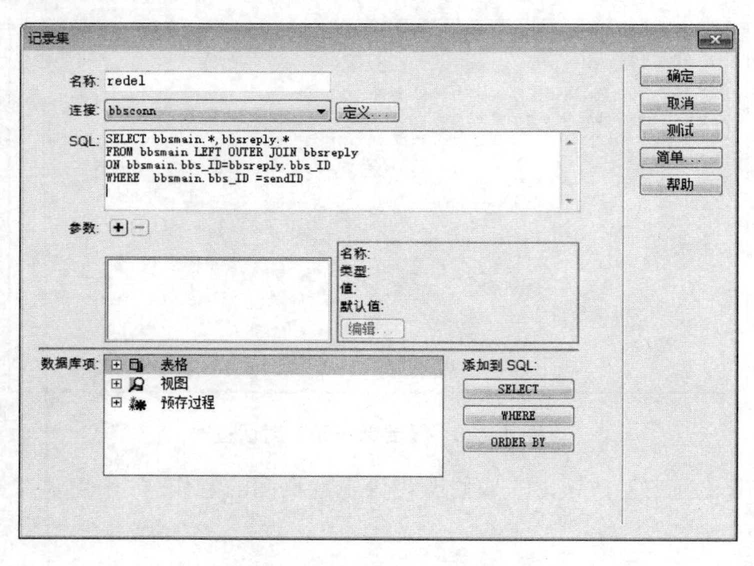

图 10-100　输入 SQL 语句

step 03 单击【参数】右侧的⊞按钮，打开【添加参数】对话框，输入【名称】为 sendID，选择【类型】为 Numeric，输入【值】为 request. QueryString ("bbsmain.bbs_ID")，输入【默认值】为 1，如图 10-101 所示。

step 04 单击【确定】按钮，返回到【记录集】对话框，即可看到参数新增成功，如图 10-102 所示。

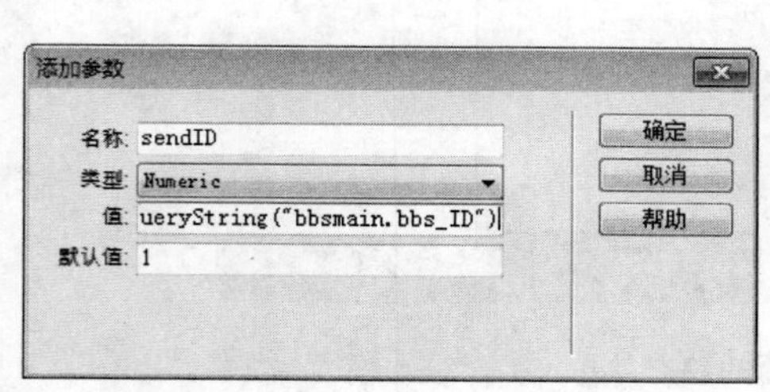

图 10-101　【添加参数】对话框

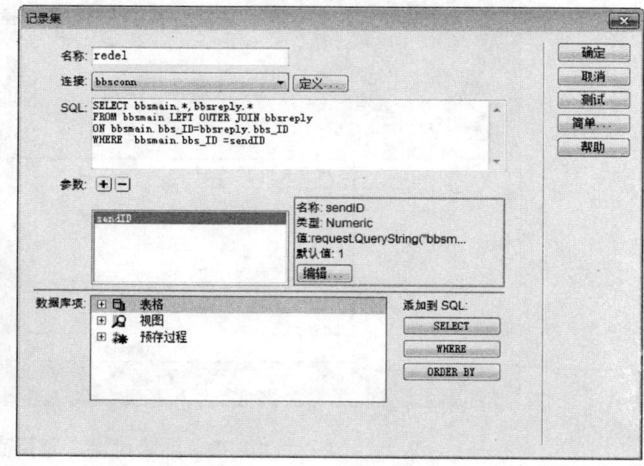

图 10-102　【记录集】对话框

step 05 单击【确定】按钮，完成记录集的添加操作。在【绑定】面板上出现设置的记录集名称，展开后将需要引用的数据字段一一拖曳到网页中，如图 10-103 所示。

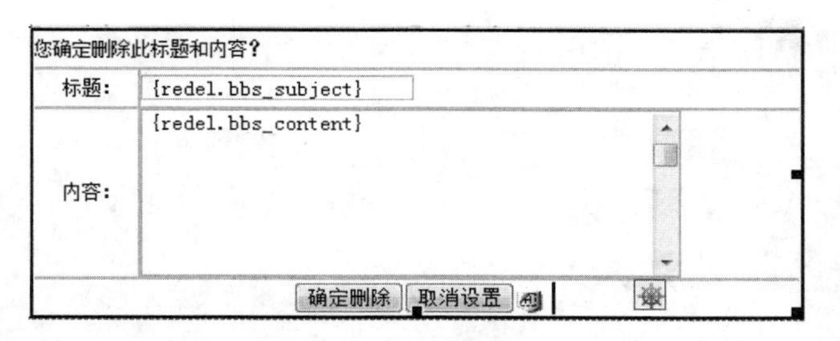

图 10-103 将字段拖曳到网页中

step 06 选择隐藏域，然后将 bbs_ID 字段拖曳到上面，【属性】面板中的【值】文本框中自动添加相关代码，如图 10-104 所示。

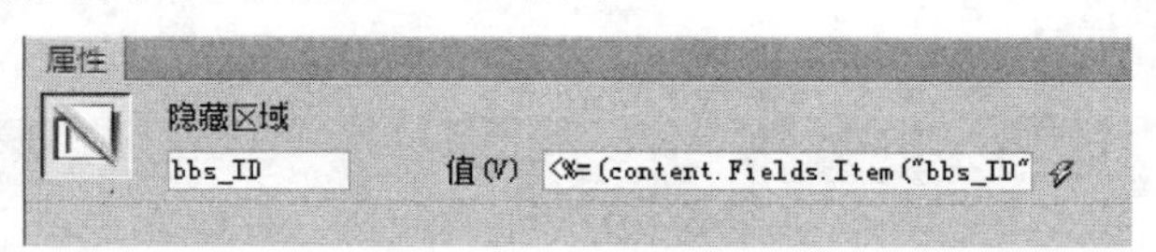

图 10-104 【属性】面板

step 07 切换到【服务器行为】面板，单击 按钮，在弹出的菜单中选择【删除记录】菜单项，打开【删除记录】对话框，设置的参数如图 10-105 所示。

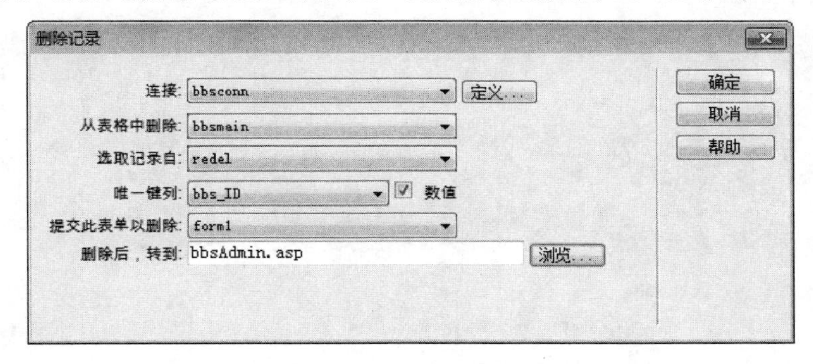

图 10-105 【删除记录】对话框

step 08 单击【确定】按钮，完成删除讨论主题页面的制作。到此本章的 BBS 论坛管理系统就此完成。

10.5 BBS 论坛管理系统功能的测试

BBS 论坛系统制作完成后，即可进行测试操作，从而进一步完善整个论坛系统。

10.5.1 发帖测试

发布新帖的操作步骤如下。

step 01 在 IE 浏览器中输入 http://localhost/index.axp，打开 index.asp 文件，效果如图 10-106 所示。

图 10-106　index.asp 文件效果

step 02 选择第一个主题“讨论最新的流行歌曲”，进入讨论主题详细页面，如图 10-107 所示。

图 10-107　讨论主题详细页面效果

step 03 单击“回复主题”链接，即可进入回复讨论主题页面，如图 10-108 所示。输入相关信息后，单击【确定提交】按钮，即可新增回复信息。

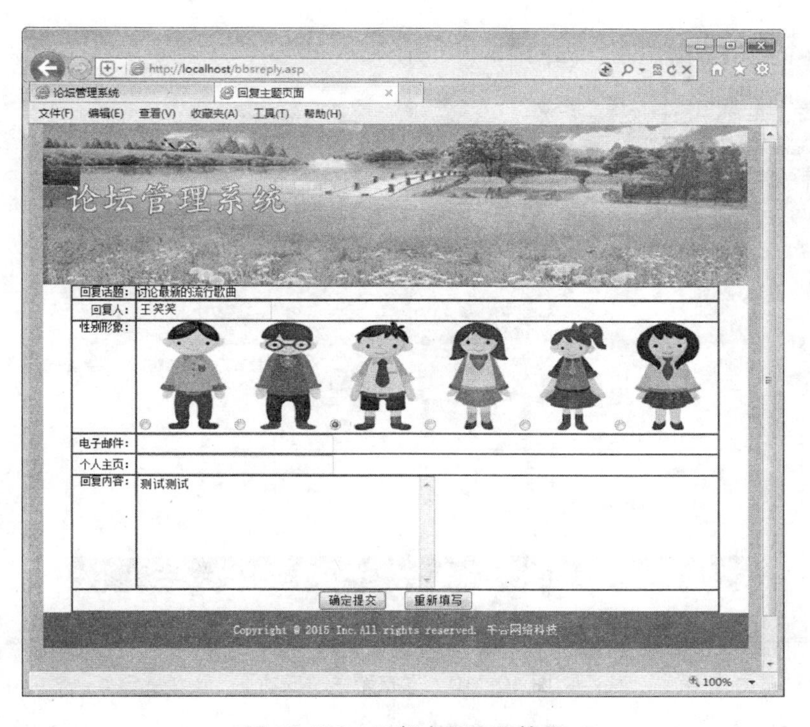

图 10-108　回复主题页面效果

step 04 在主页面 index.asp 中单击“发表话题”链接，即可进入发布新主题页面 bbspost.asp，如图 10-109 所示。

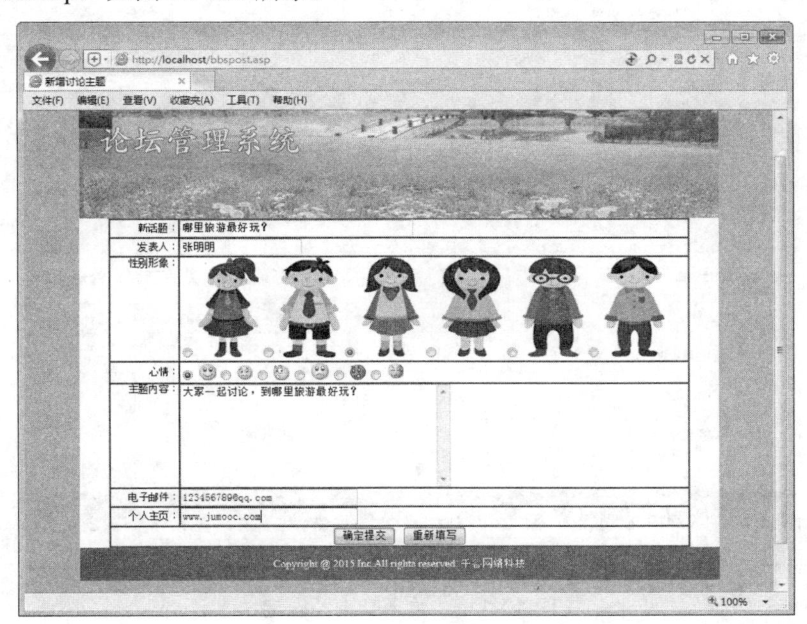

图 10-109　发布新主题页面效果

step 05 输入相关信息后，单击【确定提交】按钮，返回到主页面，可以看到主页中多了一个刚填写的主题，如图 10-110 所示。

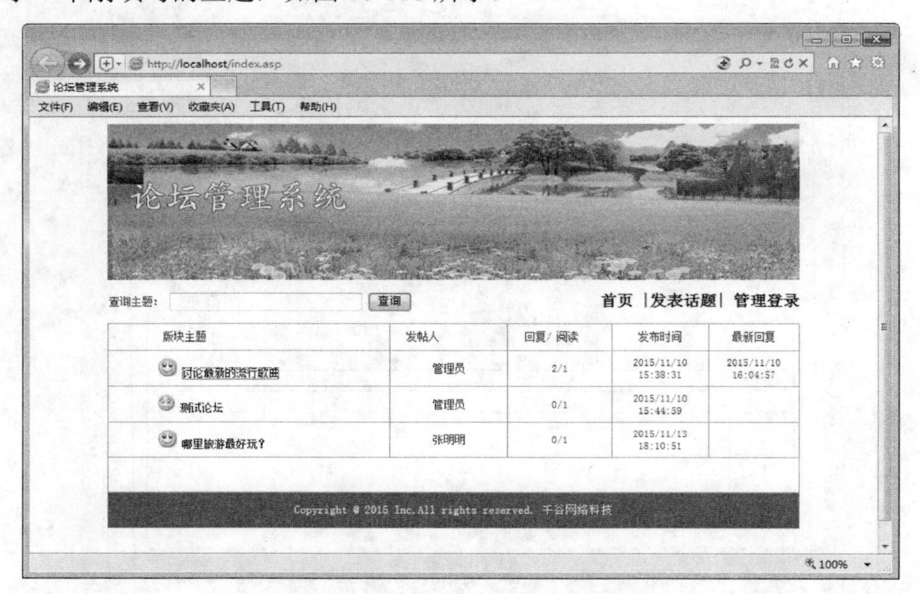

图 10-110　发布新主题成功

step 06 在搜索文本框中输入查询关键词“流行歌曲”，然后单击【查询】按钮，如图 10-111 所示。

图 10-111　输入查询关键词

step 07 系统自动筛选符合条件的记录，并显示出来，如图 10-112 所示。

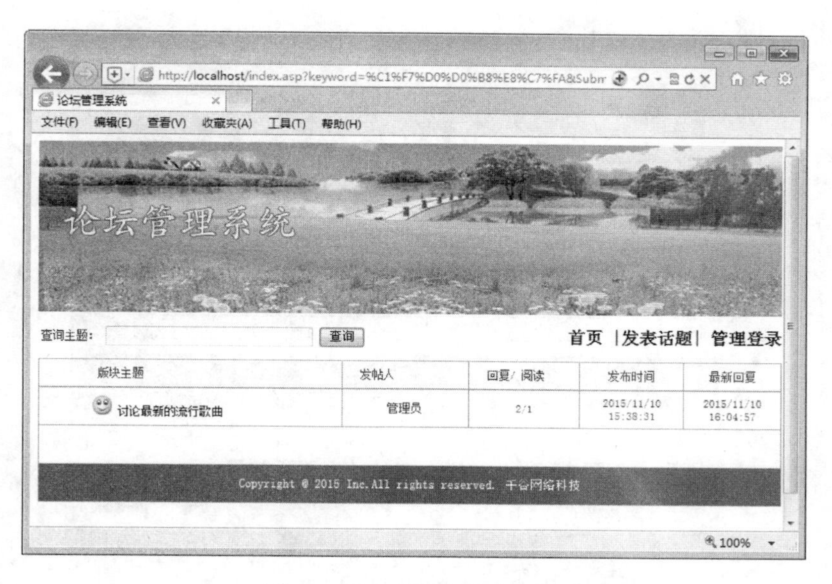

图 10-112　搜索的查询结果

10.5.2　论坛后台管理测试

通过后台管理，管理员可以修改和删除主题信息。具体操作步骤如下。

step 01 在论坛主页中单击【管理登录】按钮，打开 adminLogin.asp 文件，输入管理账号和管理密码，如图 10-113 所示。

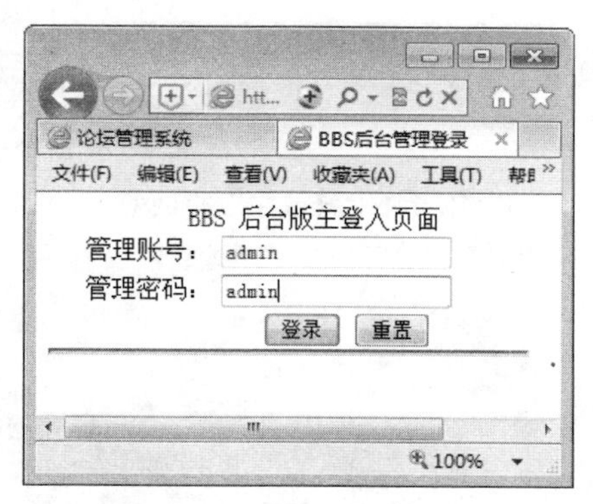

图 10-113　管理员登录页面

step 02 单击【登录】按钮，进入 bbsAdmin.asp 页面，如图 10-114 所示。管理员可以修改和删除主题信息。

step 03 在需要修改的主题右侧单击【修改】图标，进入修改讨论主题页面，如图 10-115 所示。修改完成信息后，单击【确定修改】按钮即可。

step 04 在需要删除的主题右侧单击【删除】图标，进入删除讨论主题页面，如图 10-116 所示。单击【确定删除】按钮即可进行删除操作。

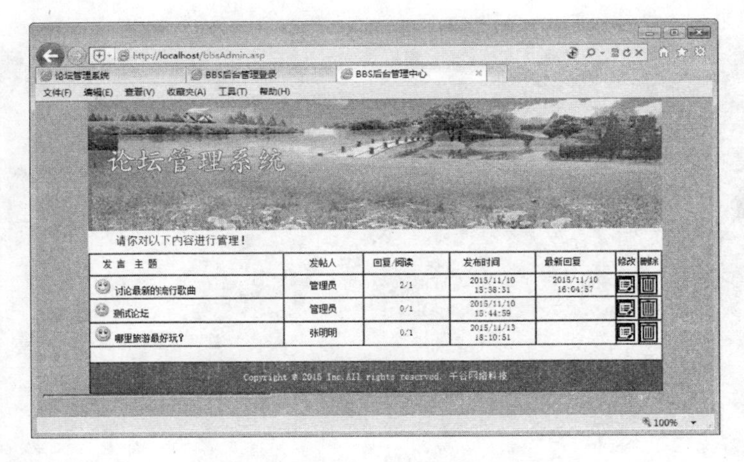

图 10-114　bbsAdmin.asp 页面效果

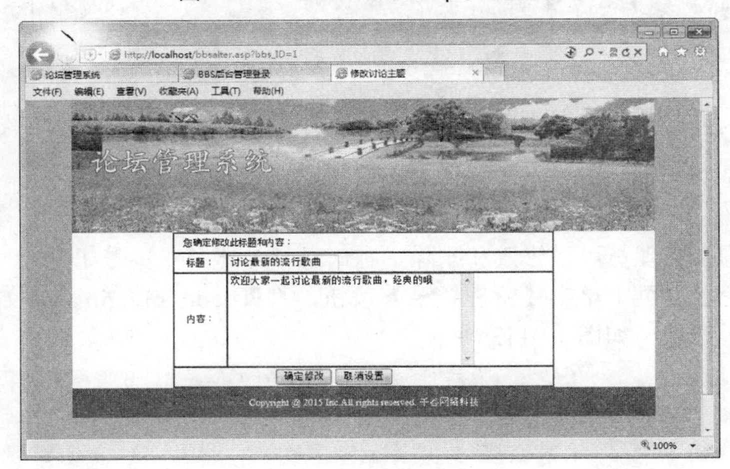

图 10-115　修改主题页面效果

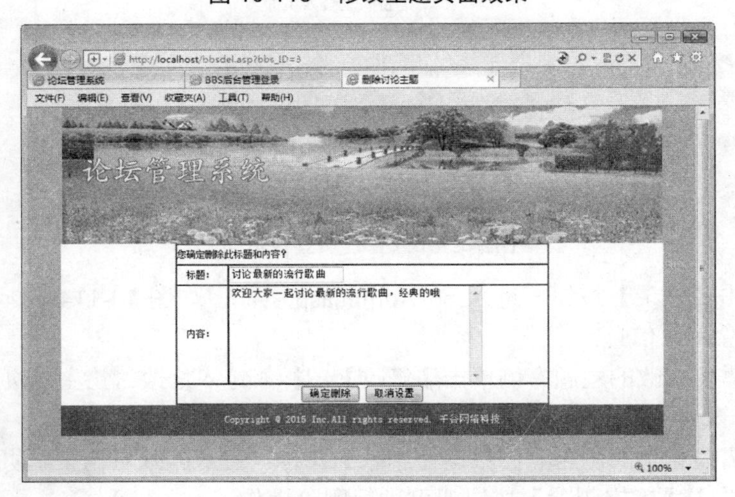

图 10-116　删除主题页面效果

第 11 章 网上购物系统

网上购物系统是提供网络购物的站点，浏览者通过网络足不出户就可以购买到自己所喜欢的商品。网上购物系统是一套集网上购物和商品管理为一体的强大的网上商店系统。它不仅具有多种商品分类检索和搜索、购物车、在线订单等功能，同时还有强大的后台商品管理功能。本章主要讲述网站购物系统的开发方法和技巧。

学习目标(已掌握的在方框中打钩)

- ▢ 掌握网上购物系统的数据库设计方法
- ▢ 掌握网上购物系统首页的制作方法
- ▢ 掌握商品列表页的制作方法
- ▢ 掌握商品内容页的制作方法
- ▢ 掌握网站购物车的制作方法
- ▢ 掌握会员登录的制作方法
- ▢ 掌握会员中心的制作方法
- ▢ 掌握后台登录的制作方法
- ▢ 掌握商品管理的制作方法
- ▢ 掌握订单管理的制作方法

11.1 购物网站系统分析与设计

11.1.1 购物网站购物流程

各类购物网站在购物细节方面各有不同，但购物网站实现在网上购物都需要经过以下几个步骤。

1. 用户注册

通常情况下，购物网站是只对该网站的会员开放，它不允许任何人随意在网上购物，因此，在网上进行购物之前需要先成为该网站的会员。例如，如果需要在当当网上买一本书，就需要先成为当当网的用户，否则当当网会提示您还不是当当网的用户，并邀请您进行会员注册。

用户注册成为会员的好处是，当用户在网上购物时所填写的订单信息不可靠或者不详细时，网站管理员可以通过查看用户注册时的会员信息进行联系，以便用户能够及时收到在网上购买的商品。

2. 商品浏览

注册好用户之后，就可以在网站中进行商品的浏览。如果对所需要的商品已有明确的目标，也可以直接通过关键字搜索和通过高级功能进行快速搜索来查找商品。

3. 使用购物车

购物车的使用，可以分为添加商品到购物车、管理购物车里的商品两个部分。成为会员后，可以通过导航条查看购物信息，也可以在购物网站浏览商品或者通过搜索功能直接到所需要的商品页面后，单击【购买】按钮将所找到的商品放入到购物车，此时，车中会显示购物的商品数量和相关价格等信息。

在购物车中，也可以通过单击商品名称查看商品的详细信息，也可对购物车中不如意的商品进行删除，或者修改订购数量等。

4. 收银付款

购物完成后，需要到收银台付款，还需要对购物信息进行确认，同时要认真填写送货地址和联系方式，并记录本次购物订单号，以便对订单状态进行查询。

除此之外，还需要对收银方式进行选择。收银方式分为网上银行收银和货到付款两种方式。如果选择了货到付款的方式，需要在领取商品后，将应付金额交给送货人员，并签名确认收货。

5. 退出系统

完成网上购物后，需要退出系统，注销个人账号，以防止其他人通过您的账号进行购物，给您带来不必要的经济损失和麻烦。

11.1.2 购物网站主要功能

常见的购物网站，无论其规模大小，一般都需要具备以下功能。

1. 信息管理功能

购物网站一般从商品、价格、前台显示、安全设置、送货方式等方面进行管理，应尽可能做到功能全面、灵活。网站管理通常应包括以下内容：

- 维护商城基本信息(地址、邮编、电话，Logo)。
- 维护站点公告、站点新闻等基本信息。

2. 商品管理功能

购物网站相对于实体商城的优势在于可以容纳无限数量的商品品牌和数量，而实体商城却受到场地的限制。网站商品管理通常应包括以下内容：

- 对商品进行分类管理，便于用户对商品进行搜索和查找。
- 对商品信息进行管理，便于用户了解商品详细信息。商品信息主要包括商品体积、质量、库存、有效期、价格等。
- 排行管理，对热卖商品应进行销售排行。

3. 会员管理功能

购物网站会员管理的优势在于会员被纳入互动社区进行管理，顾客只要在网上注册成为商城会员，就自动可以获得积分，可以在线购物、在线支付，可以享受会员优惠价等。会员管理通常应包括以下内容：

- 对会员的信用进行账号锁定、信息修改等会员信息的管理。
- 网站会员可享受商品优惠价格。

4. 购物车管理功能

购物网站中的购物车的优势在于可以自由选择商品的属性，比如某款式衣服的大、中、小号等，以及衣服的颜色；而且不同型号不同颜色，售价也不一样。商品购买者可以通过购物车中的商品进行比较，选择合适的购商品。对购物车管理的通常应包括：

- 能够将商品添加至购物车。
- 允许用户更改购物商品数量。
- 能够进行网上收银结账。

5. 支付方式管理功能

实现在线支付是网上购物的一个基本要求，它不仅给顾客带来了方便，也为商场运营节省了运营开销。通常支付方式应包括：

- 支付宝支付。
- 银行卡支付。
- 通过快递员(或送货员)支付。

6. 订单管理功能

从客户提交商品订单到商品交易成功，是一个完整的工作流程，应及时跟踪购物网站的订单状态，为客户订单查询做好服务。例如：商品目前的状态是未审核、已审核、已发货、已退货、已付款、已取消等。每一个状态都标明某一订单在所处工作流的环节，当订单完成所有步骤后，标识为结束状态，订单管理通常应包括：

- 订单状态的管理。
- 订单跟踪管理。
- 方便用户查询订单。

7. 商品搜索功能

购物网站的搜索功能应具有关键字搜索和高级搜索两种功能。高级搜索功能主要是根据商品价格、型号、类别等进行特殊的查找搜索，目的是让顾客可以便捷、准确地找到自己需要的产品。

8. 留言板功能

留言板是方便用户表达自己在购物网站上进行购物时的所感所想，为管理者提出更新、更优的服务要求，形成用户与管理进行互动的平台。

9. 信誉投票功能

投票功能主要是为用户表达该网站的满意度进行投票，同时，也给管理者提供可靠网站信誉的信息，有利于及时调整管理策略和服务态度。

11.2 数据库设计

网上购物系统的数据库是比较庞大的，在设计的时候需要从使用功能模块入手，分别创建不同名称的数据表，命名的时候也要与使用的功能相配合，以便后面相关页面制作时的调用。由于需要的数据表文件特别多，用户可以打开本章 data 文件夹下查看数据库文件 data.mdb，如图 11-1 所示。

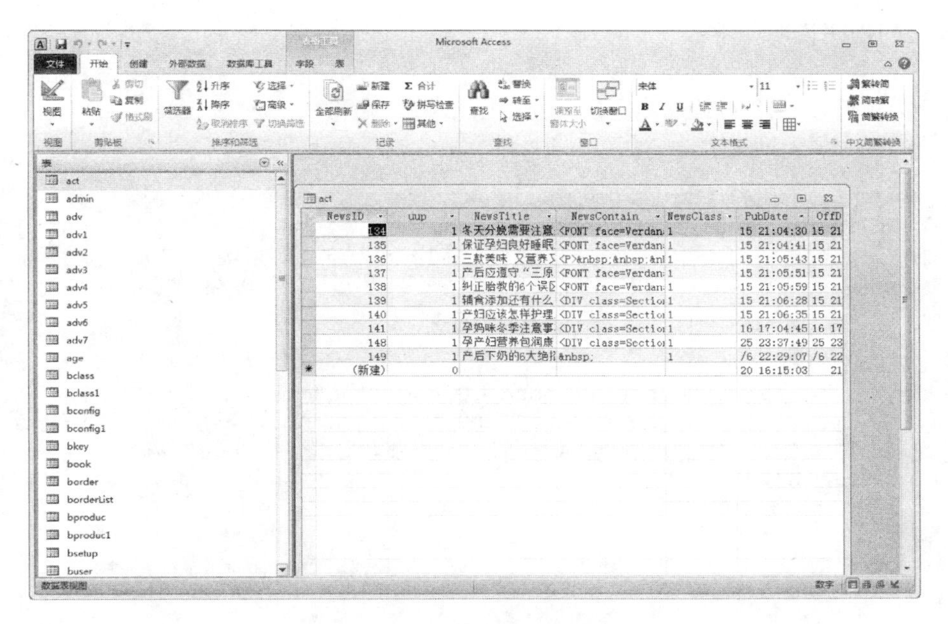

图 11-1 建立的数据库

11.3 制作购物网站首页

数据库建立完成后，进入网站首页制作过程。根据网站框架结构，整个首页分为 5 个组成部分，分别是顶部(top.asp)、中左侧分类导航(left.asp)、中上搜索框(search.asp)、中部主体(middle.asp)、底部(help.asp 和 bottom.asp)，下面将一一讲解。

11.3.1 数据库连接

本网站数据库的连接是通过 conn.asp 页面实现。页面比较简单，就是设置数据库连接的基本命令，如图 11-2 所示。

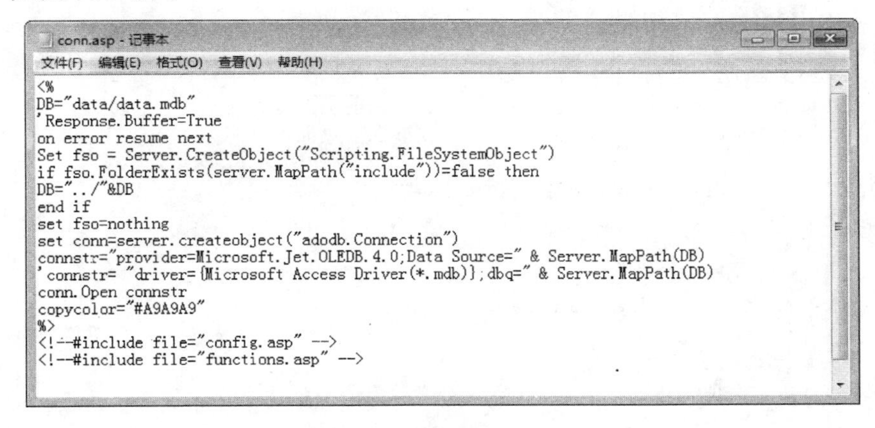

conn.asp - 记事本

文件(F) 编辑(E) 格式(O) 查看(V) 帮助(H)

```
<%
DB="data/data.mdb"
'Response.Buffer=True
on error resume next
Set fso = Server.CreateObject("Scripting.FileSystemObject")
if fso.FolderExists(server.MapPath("include"))=false then
DB="../"&DB
end if
set fso=nothing
set conn=server.createobject("adodb.Connection")
connstr="provider=Microsoft.Jet.OLEDB.4.0;Data Source=" & Server.MapPath(DB)
'connstr= "driver={Microsoft Access Driver(*.mdb)};dbq=" & Server.MapPath(DB)
conn.Open connstr
copycolor="#A9A9A9"
%>
<!--#include file="config.asp" -->
<!--#include file="functions.asp" -->
```

图 11-2 设置数据库连接的基本命令

本连接的程序说明如下：

```
<%
//以下为数据库连接代码
DB="data/data.mdb"
//定义数据库的路径
'Response.Buffer=True
on error resume next
Set fso = Server.CreateObject("Scripting.FileSystemObject")
if fso.FolderExists(server.MapPath("include"))=false then
DB="../"&DB
end if
set fso=nothing
set conn=server.createobject("adodb.Connection")
connstr="provider=Microsoft.Jet.OLEDB.4.0;Data Source=" & Server.MapPath(DB)
'connstr= "driver={Microsoft Access Driver(*.mdb)};dbq=" &
Server.MapPath(DB)
//定义为 Access 数据库
conn.Open connstr
//打开数据库
copycolor="#A9A9A9"
%>
<!--#include file="config.asp" -->
<!--#include file="functions.asp" -->
```

11.3.2 制作 top.asp 页面

网上购物商城的顶部主要用来放置网站 Logo、Banner、导航和一些常用功能，如注册、登录、收藏等。注册、登录都是做链接方式，链接到另外一个页面；Logo、Banner 直接用 Dreamweaver 进行插入图片。这里主要对收藏和导航实现代码进行讲解。

1. 收藏

收藏功能在大多数网站的右上角都可以看到，主要是让那些对网站感兴趣的人把网站收藏到 IE 的收藏夹里，方便下次打开。一般收藏功能包含两个要素：网站名称和网站的链接。代码如下：

```
<script type="text/javascript">
function addFavorite() {
var a = document.title;                    '获取当前页面标题
    var b = location.href;                 '获取当前页面地址
try {
window.external.addFavorite(b, a)   '添加
   } catch(c) {                            '重试
try {
         if (document.all) {
         window.external.addFavorite(b, a)
         } else {
      if (window.sidebar) {
       window.sidebar.addPanel(a, b, "")
              }
         }
```

```
        } catch(c) {
            alert("加入收藏失败，请使用Ctrl+D进行添加")          '失败后提示
        }
    }
}
</script>
```

为了确保添加收藏成功，这里不仅使用重试，而且要给出失败后解决的办法。

2. 导航

导航对网站来说是至关重要的。导航的主要作用是要把网站中对访客最重要的东西展现出来，方便访客快速浏览。基于这一点，对于一个网站有多个分类的情况，首先要确定哪些分类可以在导航中出现，出现的分类导航先后顺序也要根据主次进行排序。本站导航实现代码如下：

```
<%
dimi
i=0
set rs_2=server.createobject("adodb.recordset")
sql="select distinct top 6 LarCode,LarSeq from bclass order by LarSeq"
rs_2.Open sql,conn,1,1
  Do While Not rs_2.eof
  if i=0 then    '当是第一个导航时
  %>
<li class="navFirst"><a href="class.asp?LarCode=<%=rs_2("LarCode")%>"
><%=rs_2("LarCode")%></a><li>
<%
elseif i=5 then '当是最后一个导航时
  %>
<li  class="navLast"><a href="class.asp?LarCode=<%=rs_2("LarCode")%>"
><%=rs_2("LarCode")%></a><li>
<%
  else '中间其他导航
  %>
<li  ><a href="category.asp?class=<%=rs_2("LarCode")%>"
><%=rs_2("LarCode")%></a><li>
<%
end if
  rs_2.movenext
i=i+1
    if rs_2.eof then exit do
loop
  rs_2.close
set rs_2=nothing
  %>
```

在效果图(可参考图 11-11)中可以看到，导航的第一部分和最后一个部分都有个角，所以要把导航分为 3 个部分，这样就需要定义一个变量 i 去记录哪个是第一个，哪个是最后一个。

11.3.3 制作 left.asp 页面

在 left.asp 中，主要实现对商品的分类导航。

在购物网站中，除了网站的主导航外，一般还有整站商品分类的类导航，这样做的优点是让访客浏览商品时更有针对性，能快速在网站中找到所需的商品，如图 11-3 所示。

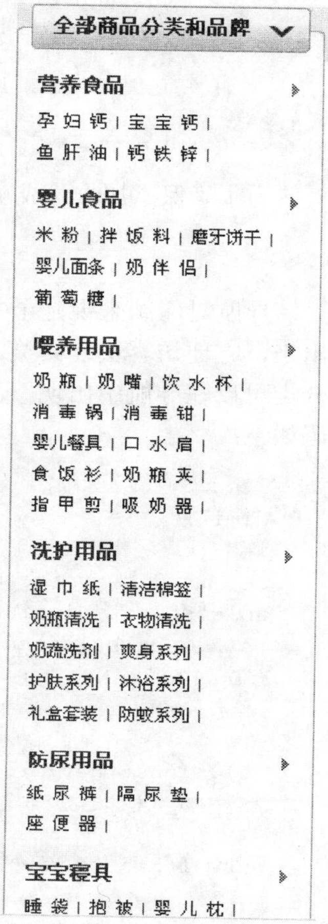

商品分类显示时，先显示一个主分类，然后显示主分类下的小分类；再显示一个主分类，再显示主分类下的小分类。这样的过程可以通过一个嵌套循环完成，代码如下：

全部商品分类和品牌
营养食品
孕妇钙 | 宝宝钙 |
鱼肝油 | 钙铁锌 |
婴儿食品
米粉 | 拌饭料 | 磨牙饼干 |
婴儿面条 | 奶伴侣 |
葡萄糖 |
喂养用品
奶瓶 | 奶嘴 | 饮水杯 |
消毒锅 | 消毒钳 |
婴儿餐具 | 口水肩 |
食饭衫 | 奶瓶夹 |
指甲剪 | 吸奶器 |
洗护用品
湿巾纸 | 清洁棉签 |
奶瓶清洗 | 衣物清洗 |
奶蔬洗剂 | 爽身系列 |
护肤系列 | 沐浴系列 |
礼盒套装 | 防蚊系列 |
防尿用品
纸尿裤 | 隔尿垫 |
座便器 |
宝宝寝具
睡袋 | 抱被 | 婴儿枕 |

图 11-3 分类导航页面

```
<%
    sqlbiglar="select Distinct LarCode,LarSeq from
bclass order by LarSeq" '读取大类
    Set rsprodbigtree=Server.CreateObject
("ADODB.RecordSet")
    rsprodbigtree.Open sqlbiglar,conn,1,1
    if rsprodbigtree.bof and rsprodbigtree.eof then
        response.write "对不起，本商城暂未开业"
    else
        Do While Not rsprodbigtree.eof
%>
<dl class="last" >
<dt onMouseOver="this.className='mhover'" onmouseout=
"this.className=''">
<div class="clear"></div>
<a
href="class.asp?LarCode=<%=rsprodbigtree("LarCode")
%>"><%=rsprodbigtree("LarCode")%></a>
</dt>
    <%
        '是否显示中类
        '以下是根据前面读取的大类名称，读取各个大类下的中类
sqllar="select MIDCode,MIDSeq from bclass where
larcode='"&rsprodbigtree("LarCode")&"' order by MIDSeq"
        Set rsprodtree=Server.CreateObject("ADODB.RecordSet")
rsprodtree.Open sqllar,conn,1,1
            Do While Not rsprodtree.eof
        %>
<dd><a href='class.asp?LarCode="<%=rsprodbigtree("LarCode")%>"&MidCode="<%=
rsprodtree("midCode")%>"'><%=rsprodtree("midCode")%></a></dd>
<%
rsprodtree.movenext
            Loop
set rsprodtree=nothing
se tsqllar=nothing
        %>
</dl>
<%
            rsprodbigtree.movenext
            Loop
```

```
        end if
    set rsprodbigtree=nothing
    set sqlbiglar=nothing
%>
```

嵌套循环的意思是一个循环中包含另一个循环。在这里，第一个循环选择出所有的商品大类，并把第一个循环检出的结果带到第二个循环中作为检索的条件，检索出商品大类的所有子类(商品子分类)。

11.3.4 制作 search.asp 页面

一个电子商城系统，商品少则几百类，多则成千上万类，这样一个分类可能产生几十个分页，根据访问习惯，大家一般只访问前 6 页，面对这个问题，分类导航就有点力不从心了。所以，有一个全站产品的搜索功能非常必要，访客可以根据产品分类，输入关键词去查找自己想购买的商品，实现效果如图 11-4 所示。

请输入商品关键字 搜索 热门搜索： 美素 | 每伴 | 消毒 | NUK |

图 11-4 商品搜索页面

在搜索框后边还有一些热门搜索的链接，这个功能对于用户和网站运营者来说都很重要。对用户来说，可以充分了解商城关注产品的情况，对网站运营者来说，这个搜索排行有助于调整产品库存和合理安排营销计划。

11.3.5 制作 middle.asp 页面

middle.asp 是全站商品首页展示推广区域。相关数据表明，首页区域商品销售比例占全站商品销售比例的 80%，即网站的销售绝大部分都是由首页转换来的。所以如何制作一个合理的受用户欢迎的展示布局和合理安排推荐产品，对于网站成功营销是至关重要的。由于每个商家的主打产品不一样，商品推荐也不是一成不变的，通过总结有以下两个要点。

- 展示主打产品。主打产品是指在商家产品中重点推出的产品，该产品具有长久的盈利点。
- 产品展示要结合活动，展示形式要丰富；对如今的网络购物用户来说，普通简单的商品展示已激发不起他们的关注。而网络购物就是基于眼球经济的，如果首页商品激发不起关注，二级分类页面被访问的可能几乎不存在，这就意味着付出的努力被毁于一旦，网络营销彻底失败。

下面介绍展示布局的构建。

1. 幻灯广告区

幻灯广告区的图片尺寸一般都比较大，通常是为了一个活动或新品而费心做的广告图，与普通的商品图片相比较，这里的图片更具有宣传性，常用来展示商城最新产品、最新活动产品、主打产品，如图 11-5 所示。

图 11-5 幻灯广告区

其主要实现原理是通过 JavaScript 脚本控制 li 的切换，代码如下：

```
<div class="mod_slide">
<div class="main slide" id="slide lunbo first">
<div class="widgets_box" style="OVERFLOW: hidden"
name="__pictureLetter_12578" wid="12578">
<ul class="body slide" id="slide panel12578">
<li><a href='<%=hf5url%>' title='<%=hf5tit%>' target=_blank><img border=0
width=565 height=295 src='<%=hf5pic%>'></a></li>
<li><a href='<%=hf4url%>' title='<%=hf4tit%>' target= blank><img border=0
width=565 height=295 src='<%=hf4pic%>'></a></li>
<li><a href='<%=hf3url%>' title='<%=hf3tit%>' target=_blank><img border=0
width=565 height=295 src='<%=hf3pic%>'></a></li>
<li><a href='<%=hf2url%>' title='<%=hf2tit%>' target=_blank><img border=0
width=565 height=295 src='<%=hf2pic%>'></a></li>
<li><a href='<%=hfurl%>' title='<%=hftit%>' target= blank><img border=0
width=565 height=295 src='<%=hfpic%>'></a></li>
</ul>
</div>
<div class="bor_slide" name="__pictureLetter_12578" wid="12578">
<ul class="custom_slide" id=slide_nav12578>
<li class="current"><a href='<%=hf5url%>'
target=_blank><%=hf5tit%></a></li>
<li  ><a href='<%=hf4url%>'  target=_blank><%=hf4tit%></a></li>
<li  ><a href='<%=hf3url%>'  target= blank><%=hf3tit%></a></li>
<li  ><a href='<%=hf2url%>'  target=_blank><%=hf2tit%></a></li>
<li  ><a href='<%=hfurl%>' target=_blank><%=hftit%></a></li>
</ul>
</div>
</div>
</div>
<SCRIPT type=text/javascript>
$(document).ready(function(){
    // 主图片轮换展示
    varfirst_con_id =
$("#slide_lunbo_first").children(".bor_slide").children
(".custom slide").attr("id");
    $("#slide_lunbo_firstdiv:first").imgscroller({controllId:first_con_id});
```

```
    // 频道内图片轮换展示
    var slide_nav001 =
$("#channel_slide_001").children(".bor_slide").children
(".custom_slide").attr("id");
    var slide_nav002 = $("#channel_slide_002").children(".bor_slide").
children(".custom_slide").attr("id");
    var slide_nav003 =
$("#channel_slide_003").children(".bor_slide").children
(".custom_slide").attr("id");
    if(slide_nav001){
        $("#channel_slide_001
div:first").imgscroller({controllId:slide_nav001});
    }
    if(slide_nav002){
        $("#channel_slide_002
div:first").imgscroller({controllId:slide_nav002});
    }
    if(slide_nav003){
        $("#channel_slide_003
div:first").imgscroller({controllId:slide_nav003});
    }
    // 图片延迟加载
    $("img").filter(function(){
        return $(this).attr('realsrc') != null;
    }).lazyload({
        threshold: 300
        }
    );
    // 图片滚动显示
    widget_pic_slide(104);
//  widget_pic_slide_auto(104,5);
});
</SCRIPT>
```

2. 精选热销区

精选热销区用于推荐当前商品库中热销的产品，把热销的几个主打产品提炼出来，让访客第一时间内看到，如图 11-6 所示。

图 11-6　精选热销区

3. 商品品牌区

商品具有品牌属性，而每个品牌都有自己的忠实用户，特别是那些知名品牌，它们对网站访客来说，具有很大的说服力。好的品牌一定要推荐出来，这些都会促成网站的销售额，如图 11-7 所示。

4. 新品特价区

新产品要特别推荐出来，要有各种商品促销活动，这样的网站布局安排，网站盈利才可能提升，如图 11-8 所示。

图 11-7 商品品牌区

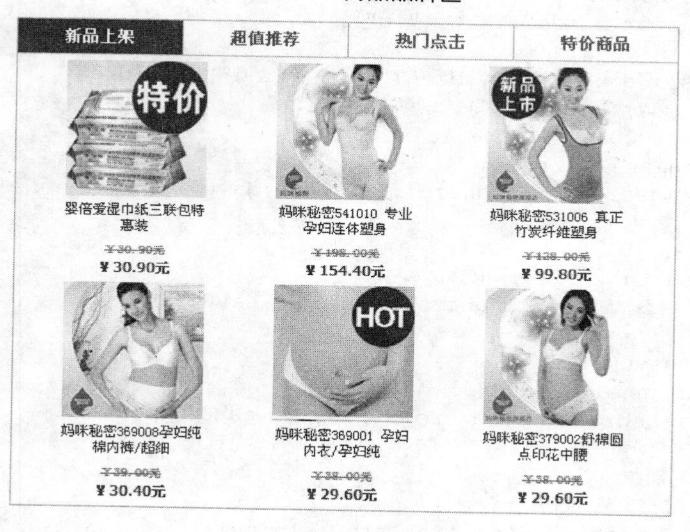

图 11-8 新品特价区

图 11-8 中设定新品上架、超值推荐、热门点击、特价商品 4 个功能，根据商品的不同情况，把受关注和需要关注的商品推荐出来，便于访客了解。这是一个选项卡切换功能。这 4 个功能实现方式基本一样，只是 SQL 语句筛选条件不同。新品上架实现代码如下：

```
<ol class="female">
<%
setrs=conn.execute("select top 6 * from bproduc where online=true  order by
AddDate desc")
ifrs.bof and rs.eof then
response.write "暂时没有新上架商品"
else
   Do While Not rs.eof
   %>
<div class="index_fourFrameGoods">
<div class="goodsPic">
<a href=list.asp?ProdId=<%=rs("ProdId")%>><img  border=0
onload='DrawImage(this)'
alt='<%=rs("ProdName")%>'
src='<%=rs("ImgPrev")%>' style="height:120px; width:120px;"></a>
</div>
<div class="goodsName">
<a
href='list.asp?ProdId=<%=rs("ProdId")%>'><%=lleft(rs("ProdName"),30)%></a>
</div>
    <div class="goodsPrice01">￥<%=FormatNum(rs("PriceOrigin"),2)%>元</div>
    <div class="goodsPrice02">￥<%=FormatNum(rs("PriceList"),2)%>元</div>
</div>
<%
```

```
    rs.movenext
    loop
end if
    setrs=nothing
 %>
</ol>
```

代码中 order by AddDate desc 语句可以使商品按上架时间进行倒序排列，这样最新添加的商品就被检索出来。另外，商品还设有会员价和市场价，这样鲜明的对比更能突出网站商品在价格上的优势，激发用户的购买力。

5. 重点主分类商品推荐区

这部分对购物网站来说也是很重要的，它的实现方式与前边的板块没有太大差别，主要是表现形式不一样，如图 11-9 所示。

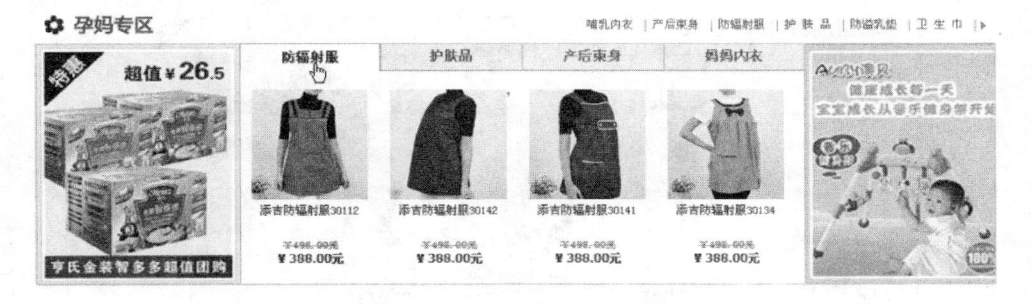

图 11-9 重点主分类商品推荐区

至此，首页主题主要功能实现完毕。在实现过程中，使用了 4 个表现形式，分别是幻灯、列表、选项卡、广告栏，不管展现形式如何，都只是这几点知识的重用。

11.3.6 制作 help.asp 页面和 bottom.asp 页面

网站底部区域在购物网站中常常用来放置购物指南和版权声明。相对来说，这部分内容基本不会有变化，不涉及语句，只是把需要做链接的地方做好链接就行，如图 11-10 所示。

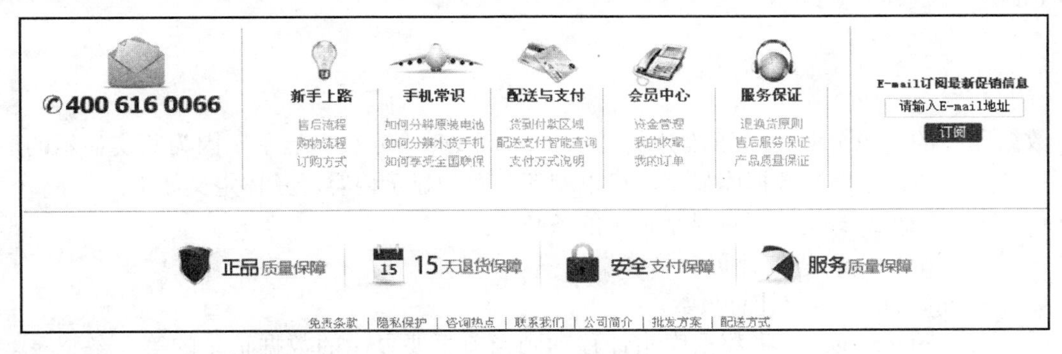

图 11-10 网站底部效果

11.4 制作商品列表页

在首页制作中，商品都是分类的，每个分类下会有一定数量的商品，一屏已不能满足显示了，这就需要一种新的表现形式，那就是列表页，如图 11-11 所示。

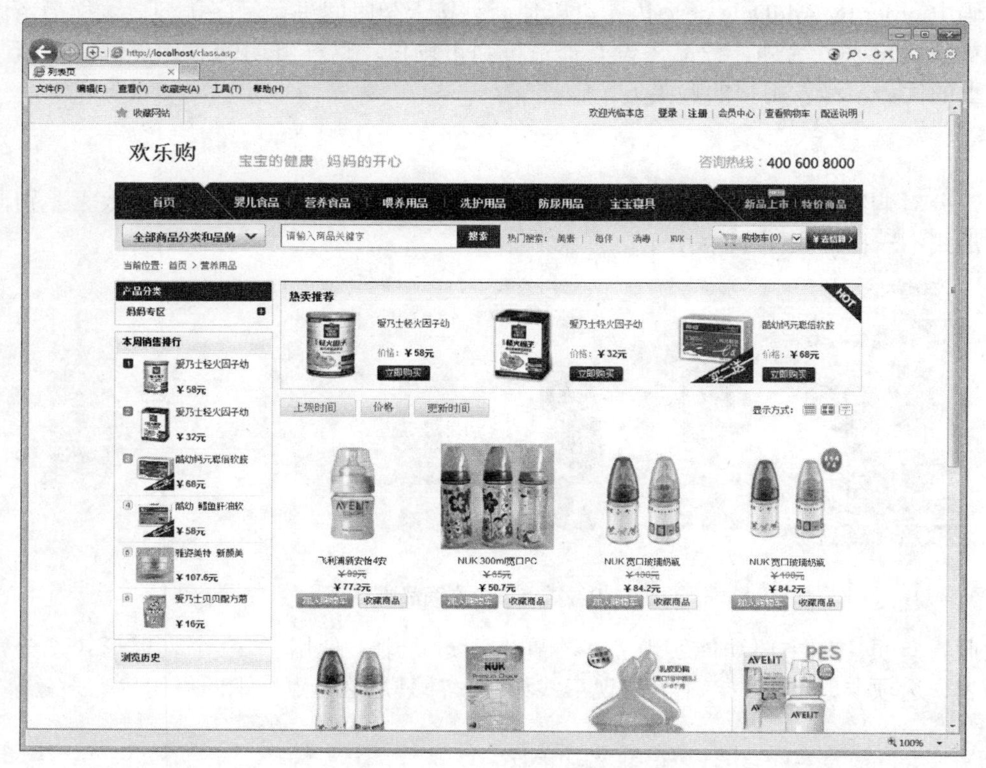

图 11-11 商品列表页效果

从图 11-11 中可以看到，商品列表页可以分为本周销售排行、浏览历史、热卖推荐和商品列表。

11.4.1 实现分页效果

数据库中的记录分割成若干段分页显示，为什么叫“分页”显示？因为其实显示的原始页面只有一页，通过控制数据库显示，可以刷新页面的显示内容。具体定义如下：

- rs.pagesize-->定义一页显示记录的条数。
- rs.recordcount-->统计记录总数。
- rs.pagecount-->统计总页数。
- rs.absolutepage-->将数据库指针移动到当前页要显示的数据记录的第一条记录。比如有 20 条记录的一个数据库，10 条记录显示一页，当页面为 2 时，通过使用 rs.absolutepage 将指针移动到第 11 条记录处，依次类推。

实现分页的代码如下：

```
<%
    Set rsprolist=Server.CreateObject("ADODB.RecordSet")
    rsprolist.Open sqlprod,conn,1,1
    if rsprolist.bof and rsprolist.eof then
        response.write "对不起，本商城暂未开业"
        else
rsprolist.pagesize=8   '定义一页显示的记录数目
tatalrecord=rsprolist.recordcount  '获取记录总数目
tatalpages=rsprolist.pagecount '获取分页的数目
rsprolist.movefirst
nowpage=request("page")  '用 request 获取当前页数，注意 page 是自己定义的变量并非函数
if nowpage&"x"="x" then  '处理页码为空时的情况
nowpage=1
else
nowpage=cint(nowpage)   '将页码转换成数字型
end if
rsprolist.absolutepage=nowpage    '将指针移动到当前显示页的第一条记录
n=1
     Do While Not rsprolist.eof and n<= rsprolist.pagesize
  %>
    <div class="globalProductWhitegoodsItem_res_w"
onMouseOver="this.className='globalProductGraygoodsItem_res_w'"
onMouseOut="this.className='globalProductWhitegoodsItem_res_w'" >
<div class="goodsItem_res">
<a href="list.asp?ProdId=<%=rsprolist("ProdId")%>"><imgsrc="<%=rsprolist
("ImgPrev")%>" alt="<%=lleft(rsprolist("ProdName"),15)%>" class="goodsimg"/>
</a><br />
<p><a href="list.asp?ProdId=<%=rsprolist("ProdId")%>"
title="<%=lleft(rsprolist("ProdName"),15)%>"><%=lleft(rsprolist("ProdName"),
15)%></a></p>
<font class="market_s">¥<%=lleft(rsprolist("PriceOrigin"),5)%>元</font><br
/>
<font class="shop_s">¥<%=lleft(rsprolist("pricelist"),5)%>元</font><br />
<a
href=shop.asp?ProdId=<%=rsprolist("ProdId")%>target="_blank"><imgsrc="css/
images/goumai.gif"></a><a  href=fav.asp?ProdId=<%=rsprolist("ProdId")%>
target="_blank"><imgsrc="css/images/shoucang.gif"></a>
</div>
    </div>
<%
    n=n+1
            rsprolist.movenext
            Loop
        end if
    setrsprolist=nothing
%>
</div>
<h4>
共:<%=tatalpages%>页当前为:<%=nowpage%>页<%if nowpage>1 then%><a
href="class.asp?page=<%=nowpage-1%>">上一页</a><%else%>上一页<%end if%>
```

```
<%for k=1 to tatalpages%>
<%if k<>nowpage then %>
<a href="class.asp?page=<%=k%>"><%=k%></a><%else%><%=k%>
<%end if%>
<%next%>
<%if nowpage<tatalpages then %><a href="class.asp?page=<%=nowpage+1%>">下一
页</a><%else%>下一页<%end if%>
<%if nowpage<>1 then %><a href="class.asp?page=<%=1%>">首页</a><%else%>首页
<%end if%>
<%if nowpage<>tatalpages then %><ahref="class.asp?page=<%=tatalpages%>">末
页</a><%else%>末页<%end if%>
</h4>
```

分页可以分为 4 个过程，首先建立数据链接，其次设置分页参数，再次读取数据，最后翻页设定。

11.4.2　实现浏览历史效果

浏览历史功能可以让购物者查看自己访问网站的记录，方便选择自己感兴趣的商品，给网络购物提供更多方便。代码如下：

```
<div class="boxCenterListclearfix" id='history_list'>
            <!--最近浏览开始!-->
                    <table cellSpacing=0 cellPadding=0 width=178  >
                    <%
                    liulan = request.cookies("liu")
                    liuid = Request("Prodid")
                    if Len(liulan) = 0 then
                    liulan = "'" &buyid& "', '1'"
                    elseIfInStr(liulan, liuid ) <= 0 then
                    liulan = liulan& ", '" &liuid& "', '1'"
                    end If
                    response.cookies("liu") = liulan
                    response.cookies("liu").expires=now()+365
                    %>
                    <%
                    setcqrsprod=conn.execute("select * from bproduc where
ProdId in ("&liulan&") order by ProdId")
                    b=rsprod("PriceOrigin")-rsprod("PriceList")
                    s=1
                    Do While Not cqrsprod.eof
                    prodname=lleft(cqrsprod("ProdName"),23)
                    response.write "<tr><td class=td1 height=30
>  <imgsrc='images/ico_"&s&".jpg'>  <a
href='list.asp?ProdId="&cqrsprod("ProdId")&"'>"&prodname&"</a></td></tr>"
                    response.write "<tr><td height=1
background=images/top/histroy_line.gif></td></tr>"
                    s=s+1
                    k=k+1
                    if k>renmen_num-1 then exit do
```

```
                                if cqrsprod.eof then exit do
                                cqrsprod.movenext
                                loop
                                response.write "<tr><td height=5 ></td></tr>"
                                setcqrsprod=nothing
                                %>
                                </table>
                                <!--最近浏览结束!-->
</div>
```

浏览记录的实现是用 Cookie 来记录访客的访问商品编号，然后进行商品检索。使用 Cookie 进行记录有两个好处，一是不增加数据库的负担；二是当 Cookie 过期后能自动清除。

11.5　制作商品内容页

商品内容页不仅要把商品展现出来，而且还要能与访客进行交互，可以增加顾客评论、显示购买记录、提示如何购买，还可以把相关商品推荐给访客，不仅方便购物，提高服务质量，而且可以把整个网站商品贯穿起来，如图 11-12 所示。

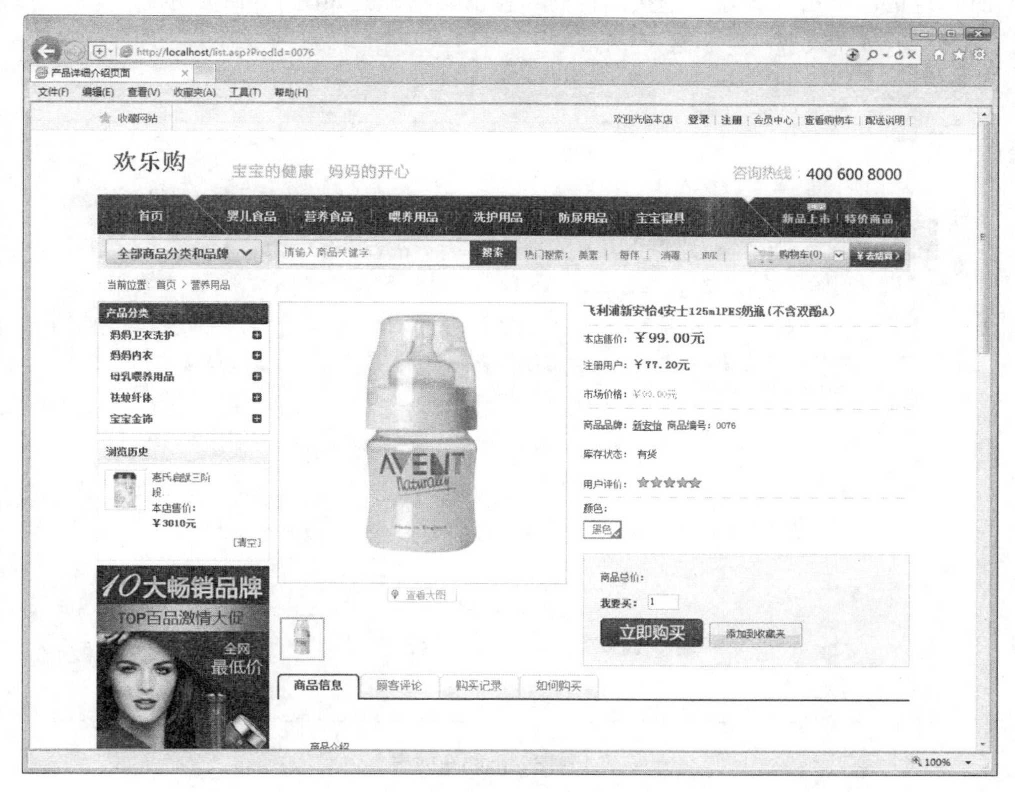

图 11-12　商品内容页效果

在商品详情页面中，除了以上几个工作要做，通常还要记录商品的点击量，点击量好的商品，销售情况肯定差不了。具体代码如下：

```
conn.execute "UPDATE bproduc SET ClickTimes ="&rsprod("ClickTimes")+1&"
WHERE ProdId ='"&id&"'"
```

通过设置 ClickTimes 字段进行计数，在商品详情页打开时，使 ClickTimes 自增 1。

11.6　实现网站购物车功能

下面来说明如何制作购物车。

11.6.1　制作购物车

购物系统是购物网站中最核心的部分。本节将对购物车如何实现网上购物进行详细讲解。

用户单击商品内容页面中的【立即购买】按钮，系统会判断该用户是否已经登录。如果已经成功登录，那么可以将该商品添加至购物车中，购物车中的商品数量初始值为 1。如果需要对该商品进行团购的话，可以在购物车页面中单击【修改】按钮，对商品购买数量进行修改，同时，也可以单击“删除”链接，将商品移出购物车。如图 11-13 所示。

图 11-13　购物车效果

购物车页面为根目录下的 check.asp 文件。下面代码主要用来实现购物车添加商品、修改商品数量、删除购物车中的商品：

```
<%
buylist=request.cookies("buyok")("cart")'取 Cookies 记录所选代购商品
if trim(request("del"))<>"" then '删除购物车中某个商品
buylist=replace(buylist,trim(request("del")),"XXXXXXXX")
response.cookies("buyok")("cart")=buylist
end if
If Request("edit") = "ok" Then'修改购物车中商品数量
buylist = ""
buyid = Split(Request("ProdId"), ", ")
For I=0 To UBound(buyid)
if i=0 then
buylist = "'" &buyid(I) & "', '"&request(buyid(I))&"'"
else
buylist = buylist& ", '" &buyid(I) & "', '"&request(buyid(I))&"'"
end if
Next
response.cookies("buyok")("cart") = buylist'把修改过的购物情况记录到 cookies
End If
Set rs=conn.execute("select * from bproduc where ProdId in ("&buylist&")
order by ProdId")
"从商品表中根据商品 ID 进行读取商品信息
%>
```

如果是已登录会员将显示会员价格，否则提示提示会员登录，代码如下：

```
<%
if request.cookies("buyok")("userid")="" then '使用 cookies 进行判断会员是否登录
    response.write "<a href='alogin.asp'><font
    color=red>"&huiyuanjia&"</font></a><br>"
else
    response.write"<font
color=red>"&FormatNum(rs("PriceList")*checkuserkou()/10,2)&"</font><br>"
'已登录显示会员价格
    end if
%>
```

另外还需要统计购物总金额，方便购物者了解要为购物车中商品支付多少钱。代码如下：

```
<%
Sum = 0
While Not rs.eof'获取选购商品数量
buynum=split(replace(buylist,"'",""),", ")
for i=0 to ubound(buynum)
if rs("prodid")=buynum(i) then
Quatity=buynum(i+1)'取得商品数量
exit for
end if
next
```

```
if not isNumeric(Quatity) then Quatity=1
If Quatity<= 0 Then Quatity = 1
Sum = Sum + csng(rs("PriceList"))*Quatity*checkuserkou()/10
'合计商品总价
%>
```

checkuserkou 用来获取会员折扣。

11.6.2　制作结算中心

当确定要结算时，单击购物车下方的【结账】按钮，进入结算中心，如图 11-14 所示。

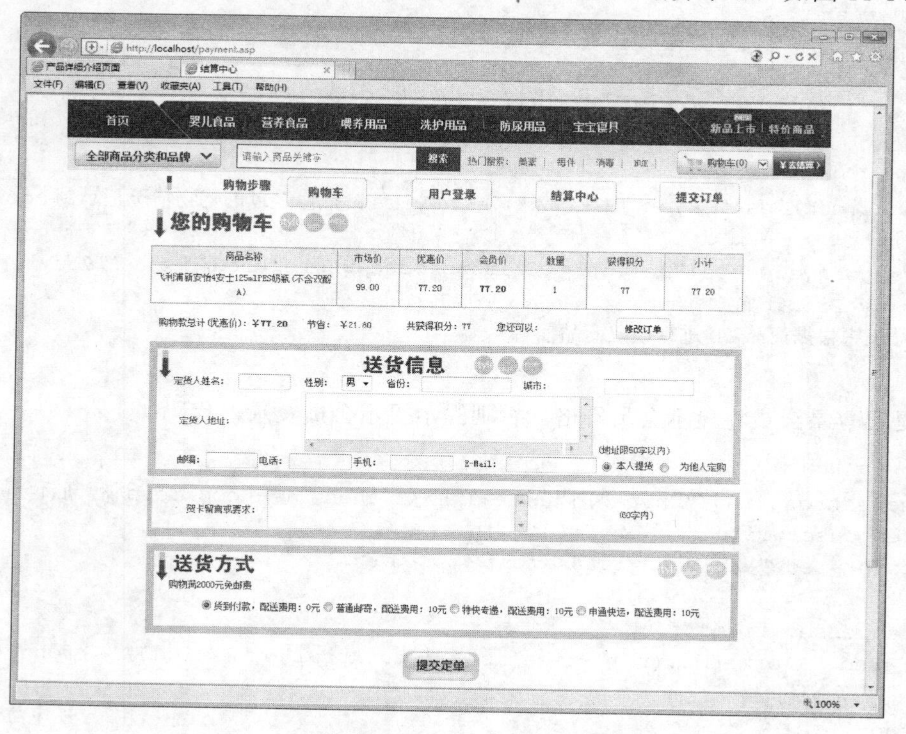

图 11-14　结算中心效果

在结算中心可以看到购物车中的商品，并可以根据情况返回修改订单。但结算中心的主要目的是为了输入送货信息，包括订货人姓名、地址、电话和送货方式等。

11.6.3　制作生成的订单

在确定购买商品和收货信息之后，就可以提交生成的订单，如图 11-15 所示。这里需要注意的是订单号的生成，通常使用时间与随机数进行组合，代码如下：

```
<%
Randomize'强制使用随机数
d=right("00"&int(99*rnd()),2) '生成一个两位随机数
yy=right(year(date),2) '获取年份的后两位
```

```
mm=right("00"&month(date),2) '获取月份
dd=right("00"&day(date),2) '获取日期
riqi=yy& mm &dd
xiaoshi=right("00"&hour(time),2) '获取小时
fenzhong=right("00"&minute(time),2) '获取分钟
miao=right("00"&second(time),2) '获取秒
inBillNo=yy& mm &dd&xiaoshi&fenzhong&miao& d'组合订单号
%>
```

图 11-15 生成订单效果

生成订单号之后，就可以提交订单数据到数据库表，然后就可以选择合适的支付方式付款了。商家会在确认订单之后发货。

11.7 制作会员注册和会员登录页面

在制作会员中心之前，要先制作会员注册和会员登录这两个页面，否则会员中心也就无法从页面到达。

11.7.1 制作会员注册页面

在首页可以看到会员注册和会员登录、会员中心有 3 个导航，它们的位置也是相当显眼的。在网站制作中，有一个原则：重要的信息一定要放在重要的位置。

会员注册页面为根目录下的 reg_member.asp 文件，效果如图 11-16 所示。

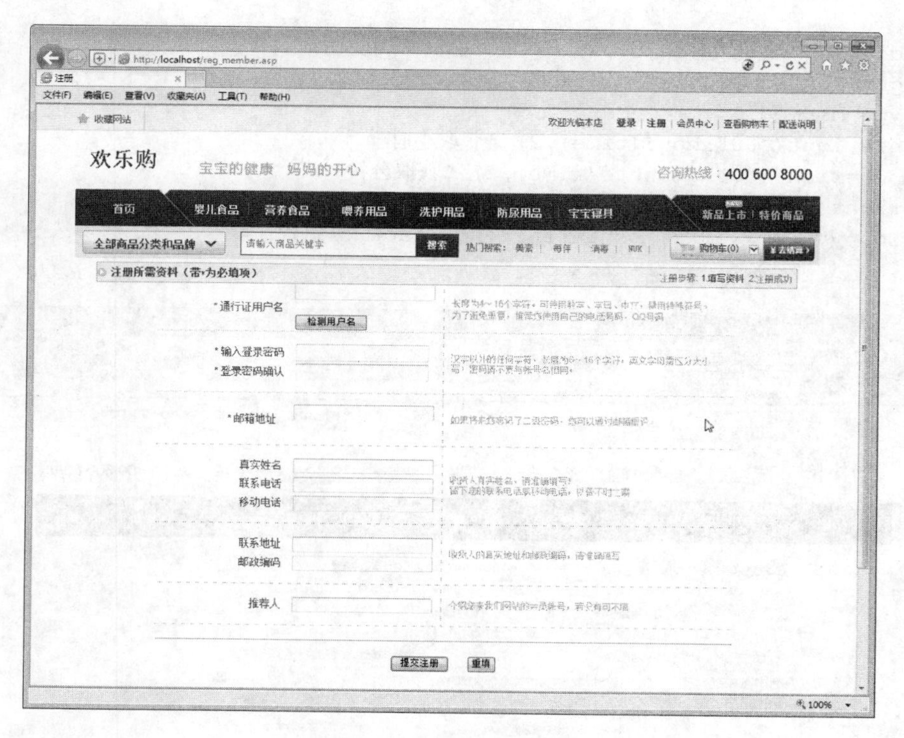

图 11-16　会员注册页面效果

在会员注册过程中，要先检测该会员名称是否已经注册过，然后再输入会员相关信息进提交。会员检测实现代码如下：

```
<%
userid=request.ServerVariables("query_string")
if userid = "" then
   response.write "<img border=0 src=images/small/wrong.gif alt='出错了，您没有输入用户名，或者输入的用户名中含有非法字符'>"
   response.end
elseif buyoktxtcheck(userid)<>userid then
   response.write "<img border=0 src=images/small/wrong.gif alt='出错了，您没有输入用户名，或者输入的用户名中含有非法字符'>"
   response.end
else
setrs = conn.execute("SELECT * FROM buser where UserId= '" &UserId& "'")
if not (rs.Bof or rs.eof) then
   response.write "<img border=0 src=images/small/no.gif alt='非常遗憾，此用户名已被他人注册，请选用其他用户名。'>"
else
   response.write "<img border=0 src=images/small/yes.gif alt='恭喜，您可以使用此用户名。'>"
end if
setrs=nothing
end if
conn.close
set conn=nothing
%>
```

在注册提交密码信息时，一般使用 md5 对密码进行加密，增强用户信息的安全性，这个过程在注册信息保存页面 reg_save.asp 中处理，代码如下：

```
<!--#include file="include/md5.asp"-->引入 md5 文件
<%
User Password=request.form("pw1")'取得提交的密码信息
User_Password=md5(User_Password) '使用 md5 加密获取到的密码信息
%>
```

11.7.2 制作会员登录页面

注册过会员信息之后，就可以进行会员登录，只有成功登录才能跳转到会员中心。会员登录的制作分为两步，第一步是输入会员用户名、密码；第二步对输入信息进行验证。当输入有误时会提示相关信息，如图 11-17 所示。

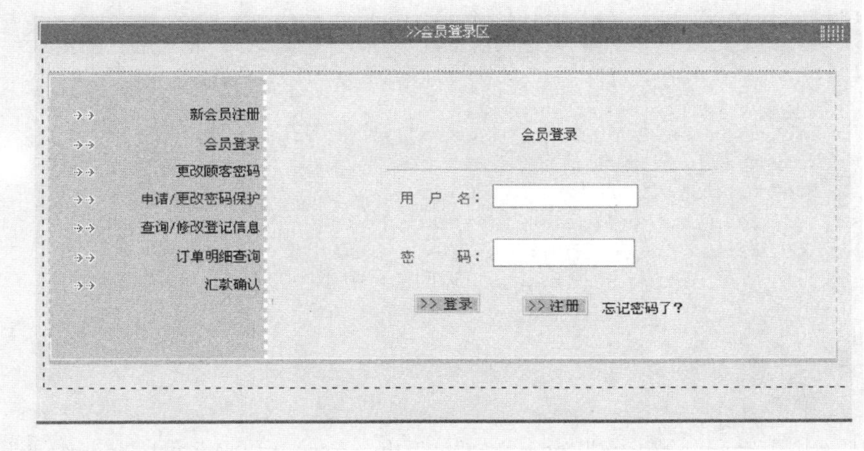

图 11-17 会员登录页面

会员登录处理代码如下：

```
<%
Userid=trim(request.form("userid"))'取提交的用户名
Password=trim(request.form("password")) '取提交的密码
if request.form("Login")<>"ok" then response.redirect "index.asp"
'判断提交动作不是 login 时,返回首页
ifUserid = "" or Password ="" then response.redirect "error.asp?error=004"
'判断输入为空时提示信息
if Userid = request.cookies("buyok")("userid") then response.redirect
"error.asp?error=005"'判断已登录时提示信息
sql = "select * from buser where userid='"&Userid&"'"'根据用户名进行用户表
Set rs=Server.CreateObject("ADODB.RecordSet")
rs.open sql,conn,1,3
if (rs.bof and rs.eof) then
    response.redirect "error.asp?error=003"'检索不到时提示信息
    response.end
end if
```

```
if rs("Status")<>"正常" and rs("Status")<>"1" then'如果用户状态不正常提示信息
response.write "<script language='javascript'>"
response.write "alert('出错了，您的会员号已被锁定或者未通过审核。');"
response.write "location.href='javascript:history.go(-1)';"
response.write "</script>"
response.end
end if
if  rs("UserPassword")<> md5(Password) then'比较输入的密码
session("login_error")=session("login_error")+1'记录用户登录次数
response.write "<script language='javascript'>"
response.write "alert('您输入的密码不正确，请检查后重新输入。\n\n 出错
"&session("login_error")&" 次');"
response.write "location.href='javascript:history.go(-1)';"
response.write "</script>"
response.end
else
    rs("lastlogin")=now()'记录用户登录时间
    rs("IP")=Request.serverVariables("REMOTE_ADDR")'记录用户登录 IP
    rs("TotalLogin")=rs("TotalLogin")+1'记录用户登录次数
    rs.update
    response.cookies("buyok")("userid")=lcase(userid)
'验证成功后，设置用户 cookies 信息
    if request.form("cook")<>"0" then
response.cookies("buyok").expires=now+cook
    response.write "<meta http-equiv='refresh'
content='0;URL=user_center.asp'>"'返回会员中心
end if
rs.close
setrs=nothing
%>
```

在代码中使用 if request.form("Login")<>"ok" then response.redirect "index.asp"可以避免非法的 url 提交，并且验证成功后要记录用户的登录时间、IP、登录次数，方便统计用户的行为和分析用户对网站的忠诚度。

11.8 实现会员中心功能

会员中心主要实现会员信息的维护、登录密码的修改、订单查询功能。

11.8.1 制作会员中心页面

登录之后，进入会员中心页面，如图 11-18 所示。

会员中心页面分为 3 部分，左边导航，包括查看购物车、安全退出、会员中心、修改信息、修改密码、订单明细查询、我的收藏夹。右上方是会员的个人信息，右下方是最近的订单情况。

从会员中心页面可以看出，会员中心是会员快速了解个人购物积分、订单和个人登录信息的快捷方式。该功能使程序更加符合购物体验和使用习惯。

图 11-18 会员中心页面效果

11.8.2 制作修改会员信息页面

修改会员信息页面的功能主要是用来变更用户个人信息，包括地址、电话等会员基础信息。用户维护好自己的信息，在购物结算时就可以减少输入，如图 11-19 所示。

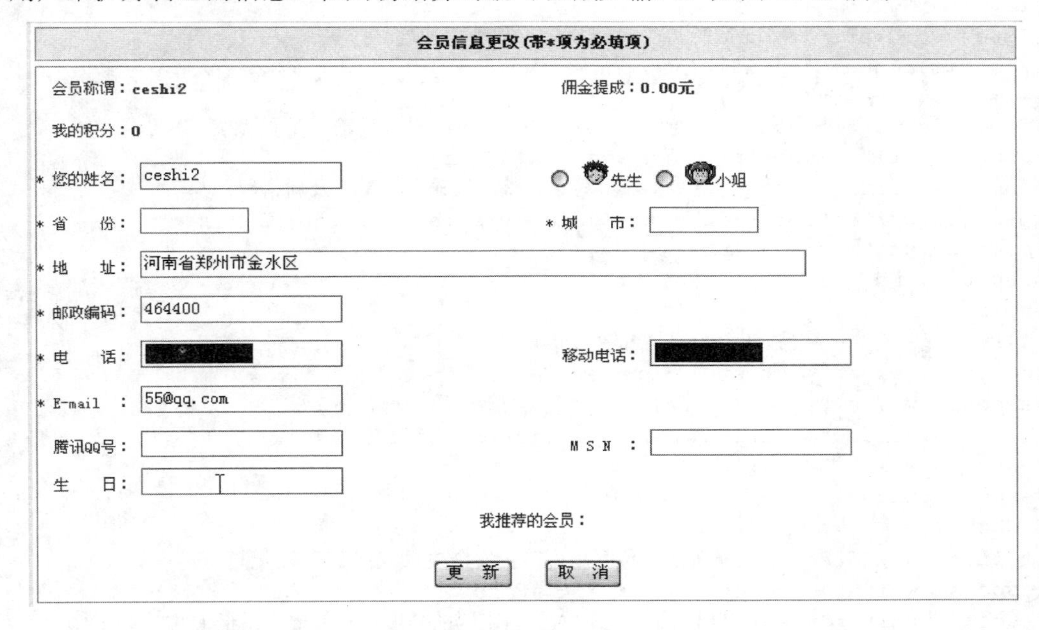

图 11-19 修改会员信息页面

制作这个页面时，一般要验证邮政编码、电话、E-mail 是否符合特定的格式，提醒和保障用户提交信息的正确性。

11.8.3 制作修改会员密码页面

从安全角度上来看，用户的登录密码一般需要定期更换，长时间不更换密码很容易造成密码的丢失和被盗取。修改会员密码页面相对简单，如图 11-20 所示。

会员修改密码

会员称谓：ceshi2

* 会员旧登录密码：

* 会员新登录密码：

* 确认新登录密码：

确认修改

图 11-20　修改会员密码页面效果

首先要提示输入旧密码以验证用户修改密码权限。只有输入正确的旧密码，才能更改密码，这样做也是为了增强密码安全性。还要防止通过 URL 地址的方式直接修改密码。检查和验证代码如下：

```
<%
oldpassword=trim(request("oldpassword"))'获取旧密码
Pw1=trim(request("pw1"))'获取新密码
Pw2=trim(request("pw2"))
if oldpassword="" or Pw1="" or pw2=""  then '验证输入是否为空
response.write "<script language='javascript'>"
response.write "alert('出错了，填写不完整，请输入原密码及新密码。');"
response.write "location.href='javascript:history.go(-1)';"
response.write "</script>"
response.end
end if
if Pw1<>pw2 then '验证新密码是否输入准确
response.write "<script language='javascript'>"
response.write "alert('出错了，两次输入的新密码不符。');"
response.write "location.href='javascript:history.go(-1)';"
response.write "</script>"
response.end
end if
if llen(pw1)<6then '验证新密码长度是否符合安全要求
response.write "<script language='javascript'>"
response.write "alert('出错了，您输入的新密码的长度不够，要求最低 6 位。');"
response.write "location.href='javascript:history.go(-1)';"
response.write "</script>"
response.end
end if
setrs=conn.execute("select * from buser where
UserId='"&request.cookies("buyok")("userid")&"'")
if rs("userpassword")<>md5(oldpassword) then '验证原密码是否正确
response.write "<script language='javascript'>"
response.write "alert('出错了，您输入的原密码不正确。');"
response.write "location.href='javascript:history.go(-1)';"
response.write "</script>"
response.end
```

```
end if
if ucase(request.cookies("buyok")("userid"))<>ucase(request.form("userid"))
then'验证会员是否登录处于有效状态
response.write "<script language='javascript'>"
response.write "alert('出错了，您无权进行此操作。');"
response.write "location.href='javascript:history.go(-1)';"
response.write "</script>"
response.end
end if
%>
```

11.8.4 制作查看订单明细页面

在订单明细查询中，首先进行订单列表的查看，然后可以查看具体某个订单的详细情况，并进行订单取消、订单恢复或者订单删除等操作，如图 11-21 和图 11-22 所示。

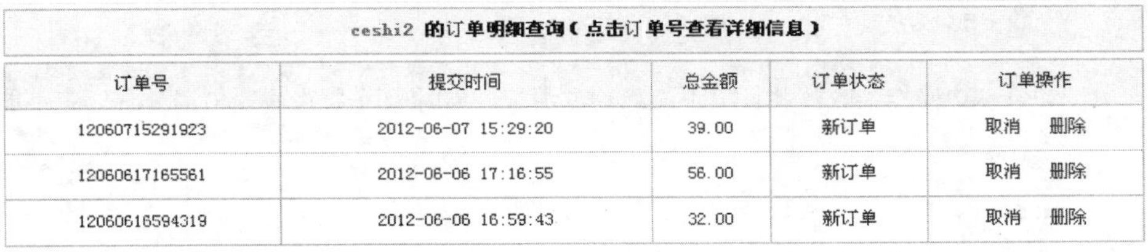

ceshi2 的订单明细查询（点击订单号查看详细信息）

订单号	提交时间	总金额	订单状态	订单操作
12060715291923	2012-06-07 15:29:20	39.00	新订单	取消 删除
12060617165561	2012-06-06 17:16:55	56.00	新订单	取消 删除
12060616594319	2012-06-06 16:59:43	32.00	新订单	取消 删除

图 11-21 查看订单列表

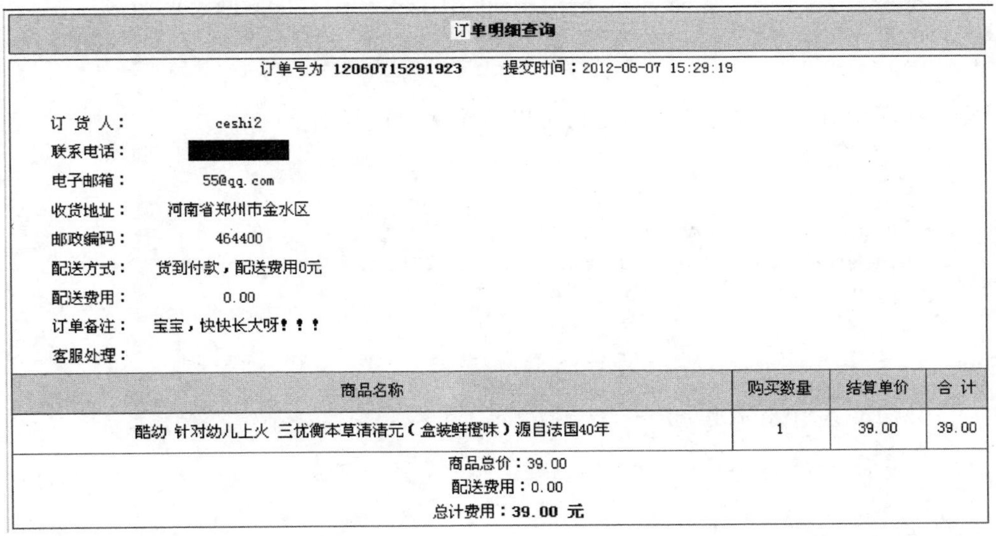

订单明细查询

订单号为 **12060715291923** 提交时间：2012-06-07 15:29:19

订 货 人： ceshi2
联系电话：
电子邮箱： 55@qq.com
收货地址： 河南省郑州市金水区
邮政编码： 464400
配送方式： 货到付款，配送费用0元
配送费用： 0.00
订单备注： 宝宝，快快长大呀！！！
客服处理：

商品名称	购买数量	结算单价	合 计
酷幼 针对幼儿上火 三忧衡本草清清元（盒装鲜橙味）源自法国40年	1	39.00	39.00

商品总价：39.00
配送费用：0.00
总计费用：**39.00 元**

图 11-22 查看订单明细

订单明细中显示订单的详细情况，包括订货人、收货地址、购买商品等。在订单取消中需要附加判断，判断订单撤销是否由本人操作，订单状态是否允许取消(在订单被商家确认后不能被撤销)，代码如下：

```
<%
sql="select * from bOrderList where OrderNum='"&request("cancel")&"'"
setrs=Server.Createobject("ADODB.RecordSet")
rs.Open sql,conn,1,3
if rs.eof and rs.bof then
        tishi="出错了，没有此订单！"
    elseif rs("userid")<>request.cookies("buyok")("userid") then
    '判断是否本人操作
        tishi="出错了，您不能操作此订单！"
    else
        if rs("Status")="11" then'订单处于 11 状态可以被恢复
        rs("Status")="0"
        rs.update
        tishi="操作成功，所选订单已被恢复！"
        elseif rs("Status")="0" then'订单状态值是 0 时可以被撤销
        rs("Status")="11"
        tishi="操作成功，所选订单已被取消！"
        rs.update
        else
        tishi="操作失败，此订单不能自行取消！"'如果订单状态不是 0,11 时订单不能被撤销
        end if
    end if
        rs.close
        setrs=nothing
    response.write "<script language='javascript'>"'操作提示
    response.write "alert('"&tishi&"');"
    response.write "location.href='my_order.asp';" '返回订单列表页
    response.write "</script>"
%>
```

同样，在删除订单时候也要判断是否可以被删除，代码如下：

```
<%
    if rs.eof and rs.bof then
        tishi="出错了，没有此订单！"
    elseif rs("userid")<>request.cookies("buyok")("userid") then
        tishi="出错了，您不能操作此订单！"
    else
        conn.execute("update bOrderList set del=true where
        OrderNum='"&request("Del")&"'")
        tishi="操作成功，所选订单已被删除！"
    end if
%>
```

11.8.5 制作收藏夹

对用户来说，收藏夹可以提供很多的便捷，如果没有这个功能，辛辛苦苦找到的有兴趣购买的商品，下次还要从头再找一遍，费时费力。对于网站运营者来说，这个功能能提高用户潜在的购买力。用户在登录的情况下，只需在感兴趣的商品处单击【收藏】按钮即可，操

作非常便捷，【收藏夹】如图 11-23 所示，代码请参考附书光盘中的相关文件。

ceshi2 的收藏夹					
选择	商 品 编 号	商 品 名 称	市场价	优惠价	购买
☑	0005	酷幼 金装初乳奶有机米粉 益生元护肠配方 源自法国有机大米400g	68.00元	68.00元	放入购物车

注意：若要删除收藏箱中的商品，请去掉商品前的小勾，再单击“更新收藏箱”。

更新收藏箱

图 11-23　收藏夹效果

在需要购买时，只需勾选收藏夹中对应商品，单击【放入购物车】按钮就能进行购买操作。

11.9　制作后台登录页

后台登录过程同会员登录过程在原理和实现上是一样的，由于后台对于网站经营者相当重要，所以应该加强安全性建设。本系统网站后台页面为根目录的 admin.asp 文件，如图 11-24 所示。

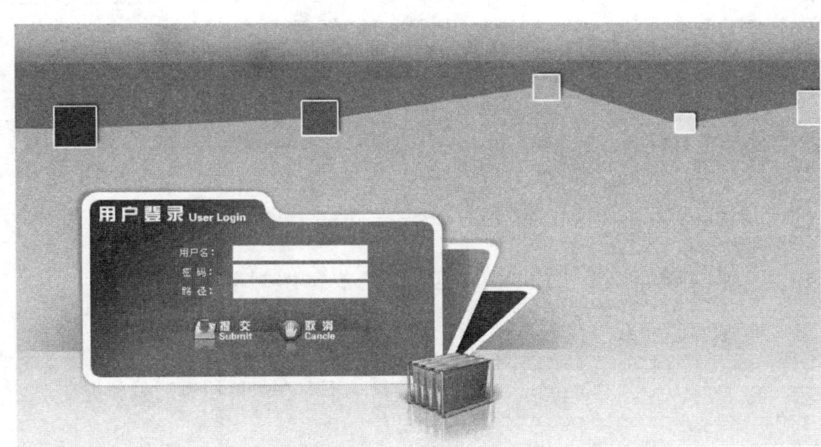

图 11-24　后台登录页面效果

登录的时候对输入后台路径进行安全性设定，把后台路径设定为一个不常见的目录，能有效阻止一些人的恶意猜测登录。主要代码如下：

```
<%
if session("buyok_admin_login")>=5 then
'判断登录次数，如果错误登录次数大于 5，记录 IP，锁定禁止登录
Set rs=Server.CreateObject("ADODB.RecordSet")
sql="select * from bconfig"
rs.open sql,conn,1,3
userip=Request.serverVariables("REMOTE_ADDR")
if instr(rs("ip"),userip)<0 then rs("ip")=rs("ip")&"@"&userip
rs.update
rs.close
```

```
setrs=nothing
response.write "<script language='javascript'>"
response.write "alert('您涉嫌非法登录网站后台，已被系统锁定。请与技术人员联系。');"
response.write "location.href='index.asp';"
response.write "</script>"
response.end
end if

path=trim(request("path"))'取得后台路径
username=trim(request("username"))
password=trim(request("password"))

    if buyoktxtcheck(request("username"))<>request("username") or
buyoktxtcheck(request("password"))<>request("password") then
'验证登录用户名密码是否有非法字符，避免sql攻击
    response.write "<script language='javascript'>"
    response.write "alert('您填写的内容中含有非法字符，请检查后重新输入！');"
    response.write "location.href='javascript:history.go(-1)';"
    response.write "</script>"
    response.end
    end if

    if path = "" or username="" or password="" then'判断输入是否为空
        response.write "<script language='javascript'>"
        response.write "alert('填写不完整，请检查后重新提交！');"
        response.write "location.href='javascript:history.go(-1)';"
        response.write "</script>"
        response.end
    end if

    Set fso = Server.CreateObject("Scripting.FileSystemObject")'检查路径是否
存在
    if fso.FolderExists(server.MapPath("./"&path))=false then
            session("buyok_admin_login")=session("buyok_admin_login")+1
            '记录登录次数
        response.write "<script language='javascript'>"
        response.write "alert('您填写的目录不存在，请检查后重新提交。\n\n提示：出错
"&session("buyok_admin_login")&"次');"
        response.write "location.href='javascript:history.go(-1)';"
        response.write "</script>"
        response.end
        end if
    setfso=nothing

    set rs=conn.execute("select * from manage where
password='"&md5(password)&"' and username='"&username&"'")
'判定用户名密码是否正确
    if not(rs.bof and rs.eof) then
        session("buyok_admin_login")=0
        Response.cookies("buyok")("admin")=username    '设置cookies
        Response.Redirect (path&"/index.asp")          '登录真实后台
    else
        response.write "<script language='javascript'>"
            session("buyok_admin_login")=session("buyok_admin_login")+1
```

```
            '记录用户名密码错误次数
        response.write "alert('您填写的用户名或者密码有误，请检查后重新输入。\n\n 提示：出错"&session("buyok admin login")&"次');"
        response.write "location.href='javascript:history.go(-1)';"
        response.write "</script>"
        response.end
    end if
    setrs=nothing
    conn.close
    set conn=nothing
%>
```

本系统使用 4 种安全措施保障后台安全有效登录：

- 后台路径判定。
- 用户名、密码判定。
- 密码使用 md5 加密技术。
- 锁定非法用户登录 IP。

当输入正确的用户名、密码后台地址之后，方可进入管理后台。

11.10 实现商品管理功能

商品管理是购物系统网站后台的根本，前台的商品信息都是由商品管理功能进行维护更新。在本例中，实现以下几种功能：

- 商品分类管理：对商品类别进行维护，包括增加、删除、修改。
- 添加商品：对商品进行添加。
- 管理商品：对商品进行管理，包括编辑、删除、推荐等。

11.10.1 制作商品分类管理页面

为了提高用户检索商品的效率，最方便快捷的方法就是把商品进行分类管理，这个功能的实现在目录 admin 的 prod0.asp 文件中，如图 11-25 所示。

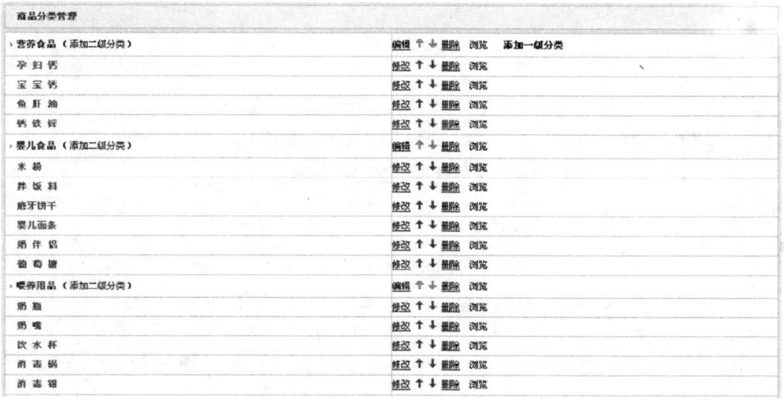

商品分类管理	
› 营养食品（添加二级分类）	编辑 ↑ ↓ 删除 浏览 添加一级分类
孕 妇 钙	修改 ↑ ↓ 删除 浏览
宝 宝 钙	修改 ↑ ↓ 删除 浏览
鱼 肝 油	修改 ↑ ↓ 删除 浏览
钙 铁 锌	修改 ↑ ↓ 删除 浏览
› 婴儿食品（添加二级分类）	编辑 ↑ ↓ 删除 浏览
米 粉	修改 ↑ ↓ 删除 浏览
拌 饭 料	修改 ↑ ↓ 删除 浏览
磨牙饼干	修改 ↑ ↓ 删除 浏览
婴儿面条	修改 ↑ ↓ 删除 浏览
奶 伴 侣	修改 ↑ ↓ 删除 浏览
葡 萄 糖	修改 ↑ ↓ 删除 浏览
› 喂养用品（添加二级分类）	编辑 ↑ ↓ 删除 浏览
奶 瓶	修改 ↑ ↓ 删除 浏览
奶 嘴	修改 ↑ ↓ 删除 浏览
饮 水 杯	修改 ↑ ↓ 删除 浏览
消 毒 锅	修改 ↑ ↓ 删除 浏览
消 毒 钳	修改 ↑ ↓ 删除 浏览

图 11-25 商品分类管理页面

在本例中商品可以进行两级分类，一级分类的实现代码如下：

```
<%
subaddlarclass()
'增加一级分类
if request("add")="ok" then'验证是否是添加动作
If trim(request("newclass"))="" or instr(request("newclass"),"&")>0 or
instr(request("newclass"),"%")>0 or instr(request("newclass"),"'")>0 or
instr(request("newclass"),"&quot;")>0 then'验证输入是否完整
response.write "<script language='javascript'>"
response.write "alert('出错了，资料填写不完整或不符合要求，请检查后重新提交。');"
response.write "location.href='javascript:history.go(-1)';"
response.write "</script>"
response.end
end if
set rs=conn.execute("select * from bclass where
LarCode='"&trim(request("newclass"))&"'")
if not (rs.eof and rs.bof) then'检查输入是否已经存在
response.write "<script language='javascript'>"
response.write "alert('出错了，已经有一个同名分类存在，请使用其他名称。');"
response.write "location.href='javascript:history.go(-1)';"
response.write "</script>"
response.end
end if
set rs=nothing
set rs=conn.execute("select * from bclass order by larseqdesc")'生成排序号
if not(rs.eof and rs.bof) then
count=clng(rs("larseq"))+1
else
count=1
end if
set rs=nothing
set rsadd=Server.CreateObject("ADODB.Recordset")'添加操作
sql="SELECT * FROM bclass"
rsadd.open sql,conn,3,3
rsadd.addnew
rsadd("LarSeq")=count
rsadd("MidSeq")=1
rsadd("LarCode")=trim(request.form("newclass"))
rsadd("MidCode")=trim(request.form("newclass"))
rsadd.update
rsadd.close
set rsadd=nothing
response.write "<script language='javascript'>"
response.write "alert('操作成功，已添加一级分类
""&trim(request.form("newclass"))&"，及一个同名的二级分类。');"
response.write "location.href='prod0.asp';"
response.write "</script>"
```

```
response.end
else
….
End if
End sub
%>
```

二级分类添加实现过程与一级分类一样。另外，在分类管理中还有个功能，是对分类进行排序。在前面介绍过，重要的信息要显示在重要的位置，购物系统中主打产品分类同样也要进行优先显示，这就需要通过后台进行排序操作。一级分类排序提升的代码如下：

```
<%
'一级分类向上提升
if action="larup" then'判断是否提升动作
LarCode=request("LarCode")'获得要提升的类名
i=0
set rs=server.createobject("adodb.recordset")
sql="select * from bclass order by LarSeqasc, MidSeqasc"'对类别按照大类排列
rs.open sql,conn,1,3
old=""
do while not rs.eof'循环取得待排序在检索结果中的序号
if rs("larcode")<>old then i=i+1
if rs("larcode")=larcode then
g=I'把序号赋给变量G
exit do
end if
if rs.eof then exit do
old=rs("larcode")'用old记录下一个类名
rs.movenext
loop
rs.movefirst'移动指针到记录集首行
i=0
old=""
do while not rs.eof
if rs("larcode")<>old then i=i+1
if i=g-1 then'对于排序在上边一位的排序字段加1
rs("larseq")=i+1
elseif i>1 and i=g then'对于待排序的排序字段减1
rs("larseq")=i-1
else
rs("larseq")=I'除此之外的排序不变
end if
rs.update
if rs.eof then exit do
old=rs("larcode")
rs.movenext
loop
response.Redirect "prod0.asp"
```

```
rs.close
se trs=nothing
end if
%>
```

这段代码的作用是把待提升排序商品类别的序号与原先排在它上一位商品类别的排序号交换，这样就达到提升排序的目的。另外，一级分类降序、二级分类升降序的实现过程都是一样的，不再一一介绍。

11.10.2 制作添加商品页面

商品的添加是在新商品入库的地方，具体实现在 admin 目录下 prod1.asp 文件中，如图 11-26 所示。

只要根据数据库字段设定好要提交的表单进行提交编制、保存代码即可。

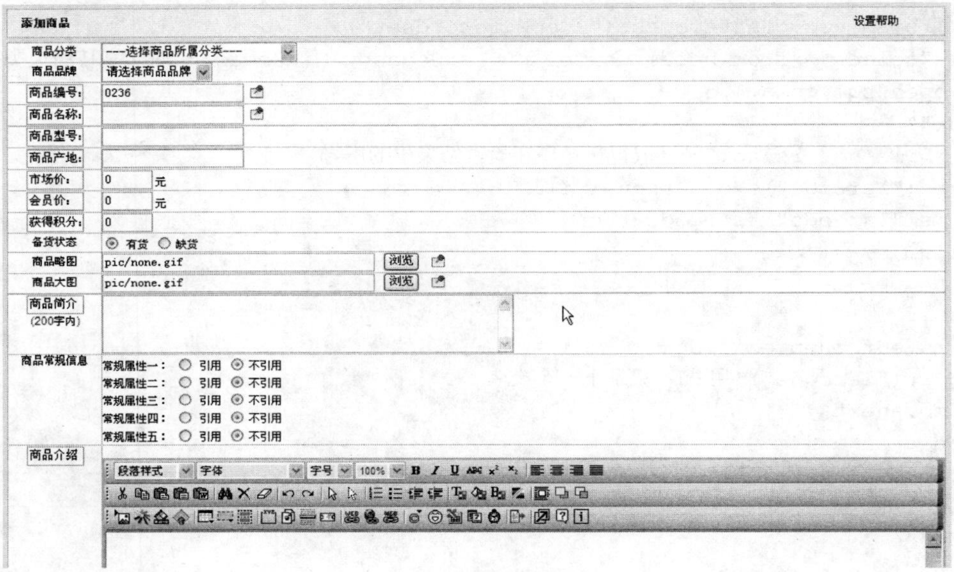

图 11-26 添加商品页面

11.10.3 制作管理商品页面

商品管理实现对已保存在库的商品进行管理，包括编辑、删除、设为推荐、设为特价，如图 11-27 所示。

单击【编辑】按钮可以对商品进行编辑。通过【设为推荐】按钮可以把商品推荐到首页推荐区。【关闭】按钮是停止该商品的显示，比如季节性产品，在季节过后不再显示；当下一年销售季节时，【打开】按钮可再显示。

商品管理　　设置帮助

选	编号	名称 [点击名称预览该商品]	添加/提升日期	编辑			状态	点击数
□	0235	婴倍爱湿巾纸三联包特惠装	2011-05-05	编辑	设为推荐	设为特价	显示	21
□	0234	妈咪秘密541010 专业孕妇连体塑身衣	2011-05-05	编辑	设为推荐	设为特价	显示	23
□	0233	妈咪秘密531006 真正竹炭纤维塑身背	2011-05-05	编辑	设为推荐	设为特价	显示	20
□	0232	妈咪秘密369008孕妇纯棉内裤/超细棉	2011-05-05	编辑	设为推荐	设为特价	显示	19
□	0231	妈咪秘密369001 孕妇内衣/孕妇纯棉	2011-05-05	编辑	设为推荐	设为特价	显示	21
□	0230	妈咪秘密379002舒棉圆点印花中腰孕	2011-05-05	编辑	设为推荐	设为特价	显示	19
□	0229	妈咪秘密279002孕妇文胸 专业孕妇内	2011-05-05	编辑	设为推荐	设为特价	显示	21
□	0228	妈咪秘密769006专业孕妇家居服 孕妇	2011-05-05	编辑	设为推荐	设为特价	显示	20
□	0227	妈咪秘密769002专业孕妇家居服 孕妇	2011-05-05	编辑	设为推荐	设为特价	显示	20
□	0226	妈咪秘密769005专业孕妇家居服 孕妇	2011-05-05	编辑	设为推荐	设为特价	显示	18
□	0225	妈咪秘密769004专业孕妇家居服 孕妇	2011-05-03	编辑	设为推荐	设为特价	显示	17
□	0224	妈咪秘密211009孕妇文胸 哺乳文胸	2011-05-03	编辑	设为推荐	设为特价	显示	17
□	0223	妈咪秘密269005孕妇文胸 哺乳文胸	2011-05-03	编辑	设为推荐	设为特价	显示	15
□	0222	妈咪秘密229018孕妇文胸 哺乳文胸	2011-05-03	编辑	设为推荐	设为特价	显示	24
□	0221	妈咪秘密269010孕妇文胸 哺乳文胸	2011-05-03	编辑	设为推荐	设为特价	显示	14
□	0220	妈咪秘密269006孕妇文胸 哺乳文胸	2011-05-03	编辑	设为推荐	设为特价	显示	14
□	0219	妈咪秘密269003孕妇文胸 哺乳文胸	2011-05-03	编辑	设为推荐	设为特价	显示	14
□	0218	妈咪秘密269002孕妇文胸 哺乳文胸	2011-05-03	编辑	设为推荐	设为特价	显示	14
□	0217	贝彤婴幼儿竹炭净味隔尿垫(大号标准	2011-05-01	编辑	设为推荐	设为特价	显示	17
□	0216	贝彤婴幼儿竹炭净味隔尿垫(中号标准	2011-05-01	编辑	设为推荐	设为特价	关闭	20

□全选 删除 关闭 打开 添加商品

首页 上页 下页 末页 第1页 共12页 商品总数：233 每页商品数：20

图 11-27　商品管理页面

11.11　实现订单管理功能

下面来说明如何实现订单的管理功能。

11.11.1　制作订单管理页面

在网络购物中，最核心的就是订单的管理。一个合理的订单管理流程，能大大提高订单处理和发货速度。本系统中正常订单管理的流程是【新订单】→【已确认待付款】→【在线支付成功】→【已发货待收货】→【订单完成】。另外，当用户自行取消订单时，显示“会员自行取消”；当审核信息不全无法更正时，要作为“无效单已取消”进行处理，如图 11-28 所示。

订单管理

选	订单号	金额	会员ID	收货人姓名	下单时间	订单状态
□	12060617165561	56.00	ceshi2	ceshi2	2012-06-06 17:16:55	新订单
□	12060616594319	32.00	ceshi2	ceshi2	2012-06-06 16:59:43	新订单
□	12060615312648	32.00	游客	陈凡灵	2012-06-06 15:31:26	新订单
□	12053100131405	184.80	游客	111	2012-05-31 0:13:14	新订单
□	12052123200447	497.50	游客	111	2012-05-21 23:20:04	新订单

□ 删除

总订单数5 每页 首页 前页 下页 末页 第1页 共1页

图 11-28　订单管理页面

订单管理页面为 admin 目录 order1.asp 文件。在订单管理中，可以更改订单的各种状态和删除订单。在进行相关操作前，需要先检测用户是否有权限处理。权限检测实现代码如下：

```
<%
sub checkmanage(str)
Set mrs = conn.Execute("select * from manage where
username='"&request.cookies("buyok")("admin")&"'")
if not(mrs.bof and mrs.eof) then
manage=mrs("manage")
if instr(manage,str)<=0 then
response.write "<script language='javascript'>"
response.write "alert('警告：您没有此项操作的权限！');"
response.write "location.href='quit.asp';"
response.write "</script>"
response.end
else
session("buyok_admin_login")=0
end if
else
response.write "<script language='javascript'>"
response.write "alert('没有登录，不能执行此操作！');"
response.write "location.href='quit.asp';"
response.write "</script>"
response.end
end if
set mrs=nothing
end sub
%>
```

订单修改过程实现还是比较简单的。需要注意的是，如果采取会员积分，就需要在订单状态更改后处理，代码如下：

```
<%
userid=rs("userid")
OrderNum=rs("OrderNum")
if request.form("edit")="ok" then'修改订单状态
    set rs=Server.Createobject("ADODB.RecordSet")
    sql="select * from bOrderList where OrderNum='"&OrderNum&"'"
    rs.Open sql,conn,1,3
    rs("LastModifytime")=now()
    if trim(request("Memo"))<>"" then rs("Memo")=trim(request("Memo"))
   if trim(request("Status"))<>"" then rs("Status")=trim(request("Status"))

set rstjr=conn.execute("select * from buser where UserId='"&userid&"'")
set rsjifensum=conn.execute("select * from bOrder where
OrderNum='"&OrderNum&"'")
    if request("Status")="99" then'如果订单完成，更新会员积分
    conn.execute("update buser set totalsum= totalsum+"&rs("ordersum")&"
where userid='"&userid&"'")
    conn.execute("update buser set jifen= jifen+"&rs("ordersum")&" where
userid='"&userid&"'")
```

```
    conn.execute("update buser set jifensum=
jifensum+"&rsjifensum("jifensum")&" where userid='"&userid&"'")
end if
    rs.update
    rs.close
    set rs=nothing
    response.write "<script language='javascript'>"
    response.write "alert('操作成功，您已经修改一个订单。');"
    response.write
"location.href='order1.asp?action=list&id="&request("ID")&"';"
    response.write "</script>"
    response.end
end if
%>
```

11.11.2 制作订单搜索页面

订单搜索功能对订单管理来说也是必不可少的。在数量数以千计的情况下，依靠分页进行检索订单是不现实的。订单搜索就是通过对订单过程中的几个主要字段进行组合条件，在数据库中筛查条件匹配的订单，如图 11-29 所示。

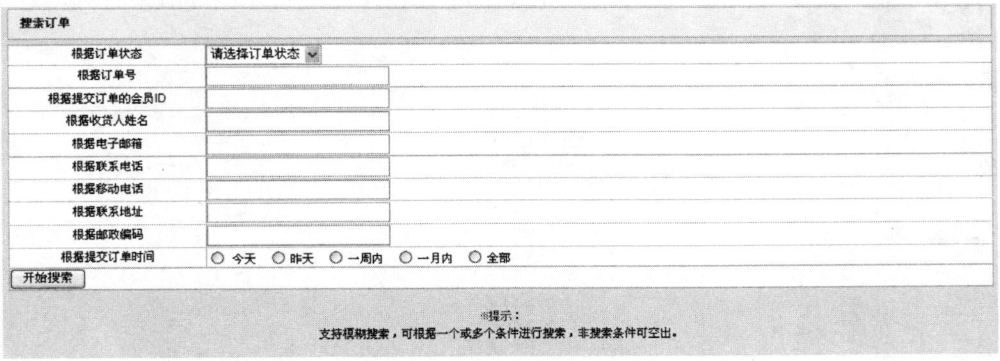

搜索订单	
根据订单状态	请选择订单状态
根据订单号	
根据提交订单的会员ID	
根据收货人姓名	
根据电子邮箱	
根据联系电话	
根据移动电话	
根据联系地址	
根据邮政编码	
根据提交订单时间	○ 今天 ○ 昨天 ○ 一周内 ○ 一月内 ○ 全部
开始搜索	

※提示：
支持模糊搜索，可根据一个或多个条件进行搜索，非搜索条件可空出。

图 11-29 订单搜索页面

筛选条件包括订单状态、订单号、会员名、收货人姓名、联系电话、订单提交时间等。通过这些关键条件，能快速检索出要查找的订单。

11.11.3 制作订单打印页面

在电子商务活动中，货物配送人员只有收到打印出来的订单凭证才能发货，所以订单打印功能也很重要。订单打印文件是 admin 目录下 order4.asp，如图 11-30 所示。

通过调整表格布局和定义表格的样式，使表格符合打印格式，最后通过 window.print()函数进行 Web 页打印。

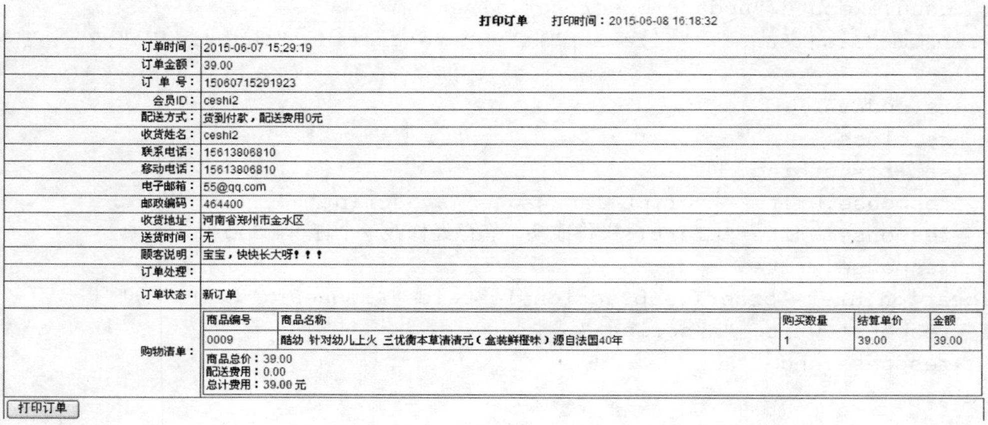

打印订单　打印时间：2015-06-08 16:18:32

订单时间：	2015-06-07 15:29:19
订单金额：	39.00
订 单 号：	15060715291923
会员ID：	ceshi2
配送方式：	货到付款，配送费用0元
收货姓名：	ceshi2
联系电话：	15613806810
移动电话：	15613806810
电子邮箱：	55@qq.com
邮政编码：	464400
收货地址：	河南省郑州市金水区
送货时间：	无
顾客说明：	宝宝，快快长大呀！！！
订单处理：	
订单状态：	新订单

购物清单：

商品编号	商品名称	购买数量	结算单价	金额
0009	酷幼 针对幼儿上火 三忧衡本草清清元（盒装鲜橙味）源自法国40年	1	39.00	39.00

商品总价：39.00
配送费用：0.00
总计费用：39.00 元

打印订单

图 11-30　订单打印页面

11.12　后台其他功能介绍

作为一个完善的网站，电子商城网站还要具有管理员管理和管理员权限设定管理、图片广告管理等功能，如图 11-31 所示。这些功能都可以在网站后台左侧导航中找到，这里不再具体介绍。

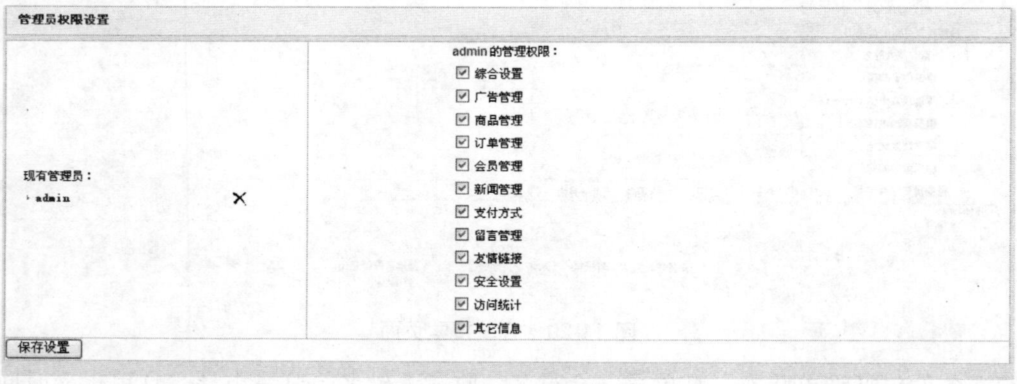

管理员权限设置

现有管理员：
· admin　×

admin 的管理权限：
☑ 综合设置
☑ 广告管理
☑ 商品管理
☑ 订单管理
☑ 会员管理
☑ 新闻管理
☑ 支付方式
☑ 留言管理
☑ 友情链接
☑ 安全设置
☑ 访问统计
☑ 其它信息

保存设置

图 11-31　管理权限页面效果

第 3 篇

网站营销推广

第12章 网站搜索引擎优化(SEO)

搜索引擎优化是目前被广为关注的网络营销手段，无数企业和个人站长参与其中，对大多企业来说，搜索引擎优化是其网站扬名天下的法宝。针对搜索引擎优化新手，在踏入搜索引擎优化技术殿堂之前，先充分了解搜索引擎优化的基本定义、方向、优势和误区等方面的内容，对 SEO 岗位职责有一个清楚的认知，对以后的实际操作是否有益有评估价值和指导意义。

学习目标(已掌握的在方框中打钩)

- ☐ 搜索引擎优化的基本概念
- ☐ 掌握搜索引擎优化的目标
- ☐ 掌握搜索引擎优化的分类
- ☐ 理解搜索引擎优化的误区
- ☐ 正确理解 SEO 的核心内容

12.1 初识搜索引擎优化(SEO)

搜索引擎优化由搜索引擎和优化两个部分组成，其中搜索引擎是平台，优化是动作。通俗地讲，搜索引擎优化就是通过总结搜索引擎的排名规律，对网站进行合理优化，使网站在搜索引擎搜索结果中排名提高，让搜索引擎给网站带来客户。

12.1.1 搜索引擎原理

做 SEO 虽然不需要会编程，也不需要技术细节，但理解搜索引擎的基本工作原理是必需的。从原理出发，才可以摸索出搜索引擎优化更深层次的内涵。

通常情况下，搜索引擎的工作大体上可以分为 4 个阶段。

1. 爬行和抓取

我们知道，搜索引擎是通过对大量网页进行相关性排序生成查询结果的，那么搜索引擎第一步要做的是通过蜘蛛程序在网上发现新网页并抓取文件，建立海量网页数据库。这个程序从搜索引擎自身数据库中已知的网页出发，像正常用户的浏览器一样访问已存在的网页上的链接，并把访问返回的代码存入数据库。

蜘蛛在访问已知的网页后，会跟踪网页上的链接，从一个页面爬到下一个页面，整个过程像蜘蛛在蜘蛛网上移动一样，这就是搜索引擎蜘蛛名称的由来。当通过链接发现有新的网址时，蜘蛛就把新的网址记入搜索引擎自己的数据库，等待抓取。

整个互联网由无数相互链接的网站及页面组成，从理论上说，蜘蛛从任何一个页面出发都可以爬行抓取到所有页面。搜索引擎蜘蛛抓取的页面文件，往往与用户浏览器中看到的页面大不相同。蜘蛛会将这些抓取的网页文件存入数据库，以待后用。

理论上蜘蛛能爬行和抓取所有页面，实际上这样做并不可行。一般来说，蜘蛛只抓取它认为重要的页面，如网站和页面权重高、更新速度快、存在导入链接、与首页点击距离近等。SEO 的工作也要从这几方面考虑，才能吸引蜘蛛抓取。

2. 索引

蜘蛛抓取的原始页面并不能直接用于查询和排序，而是由另外一个程序进行网页文件分解、分析，并以某种特定的形式存入自己的庞大数据库，这个过程就是索引。

在索引数据库中，网页的文字内容，关键词出现的位置、字体、颜色等信息都有相应的记录。索引一般包括以下过程：提取文字、分词处理、去停止词、消除噪声、去重复、建立索引库。

3. 搜索词处理

经过索引蜘蛛抓取页面，搜索引擎就可以随时处理用户的搜索了。用户在搜索引擎界面输入关键词，单击【搜索】按钮后，搜索引擎程序即对输入的搜索词进行处理，如图 12-1 所示。

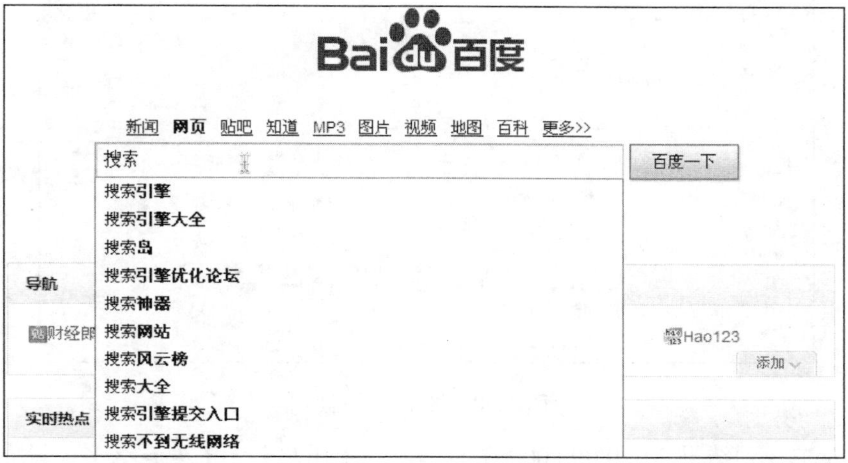

图 12-1 搜索关键词

这个处理过程很烦琐，而且中间的过程对用户而言是不可见的，也是搜索引擎的核心机密之一。常见的搜索词处理包括中文的分词、去停止词、拼写错误矫正、触发整合搜索等，如图 12-2 所示。

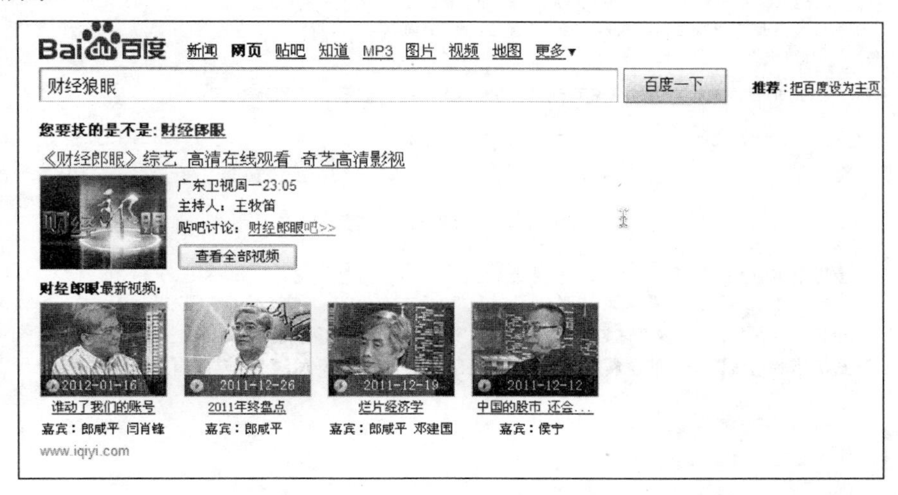

图 12-2 搜索结果

4. 排序

对搜索词进行处理后，搜索引擎排序程序开始工作：从索引数据库中找出所有包含搜索词(或称关键词)的网页页面，并且根据搜索引擎自己的排名算法，计算出哪些网页应该排在搜索结果的前面，哪些网页应该靠后。然后搜索引擎会按一定格式，将这些经过排序的网页输出到搜索结果页面，提供给用户作为最终的搜索结果。

通常情况下，主流搜索引擎的排序过程只需极短的时间，如 0.16 秒，如图 12-3 所示。

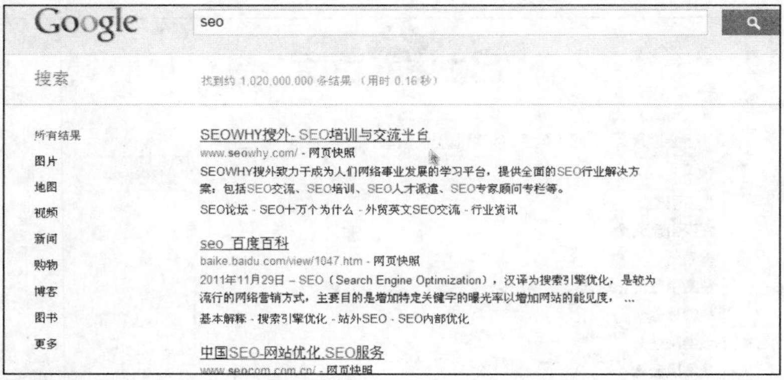

图 12-3　搜索结果排序

在图 12-3 中找到结果 1 020 000 000 条。但实际上用户并不需要这么多，排序程序要对这么多文件进行处理也要花很长时间，绝大部分用户只会查看前两页的搜索结果，所以搜索引擎一般只返回 1000 个搜索结果，百度通常返回 76 页，Google 通常返回 100 页，如图 12-4 和图 12-5 所示。

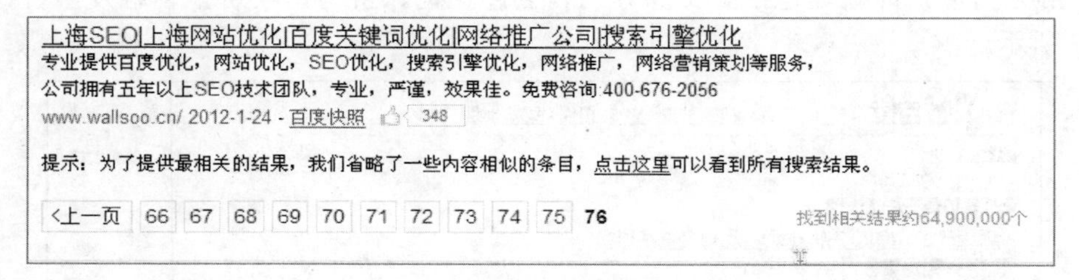

图 12-4　百度返回结果

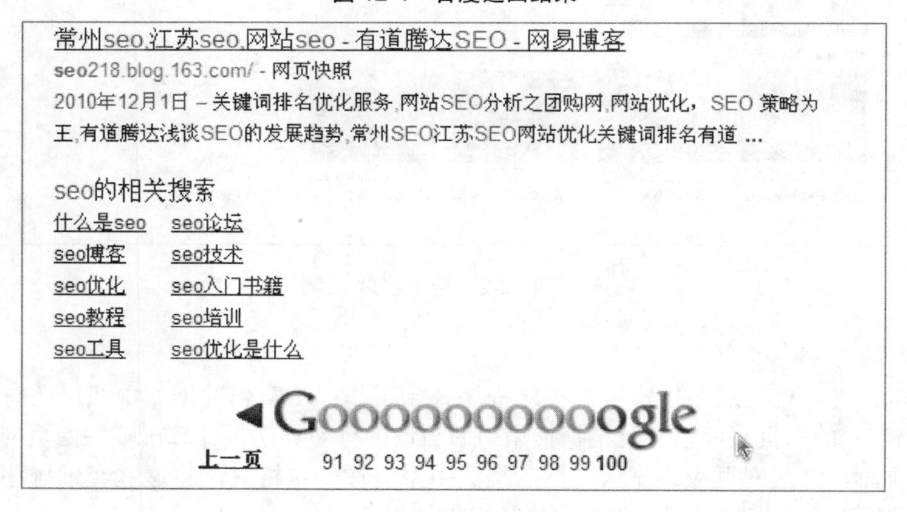

图 12-5　Google 返回结果

前面简单介绍了搜索引擎的工作工程，实际上这是一个非常复杂的过程，排序算法需要实时从索引数据库中找出所有的相关页面、实时计算相关性和加入过滤算法等，其复杂程度是外人无法想象的。可以说搜索引擎是当今规模最大、最复杂的计算系统之一。

从搜索引擎的基本工作原理可以看出，在整个搜索引擎工作的过程中，虽然搜索引擎有足够多抓取的网页、有自己非常好的排名算法、有很强的运算能力，但是它仍然是个“程序”，并不具备人的思维能力，所以对网页内容的理解和辨别是非常困难的。这也就是为什么很多时候使用搜索引擎往往得不到自己确切想要的信息的原因。

12.1.2 搜索引擎优化(SEO)的含义

知道搜索引擎的工作原理后，再来理解搜索引擎优化就比较容易。

搜索引擎优化(Search Engine Optimization，SEO)，是指通过采用易于搜索引擎索引的合理手段，使网站各项基本要素适合搜索引擎的检索原则并且对用户更友好(Search Engine Friendly)，从而更容易被搜索引擎收录及优先排序。通俗地讲，通过总结搜索引擎的排名规律，对网站进行合理优化，才能使网站在百度和 Google 的排名提高，让搜索引擎给你带来客户，如图 12-6 所示。

图 12-6 搜索排名

SEO 是一种思想，而不仅仅是针对搜索引擎进行单一的排名优化。SEO 思想应该贯穿在网站策划、建设、维护全过程的每个细节中，需要网站设计、开发和推广的每个参与人员充分了解，并且在自己日常的工作中体现出搜索引擎优化细节，养成自然的优化习惯。

12.1.3 SEO 是吸引潜在“眼球”的最佳方法

在网络中，“眼球效应”就是基本法则，能吸引眼球就意味着能带来收益的可能。SEO 正是吸引“眼球”的最佳方法。

在目前的网络中，搜索引擎无疑是最易于引导用户行为的媒介，因为用户往往是产生需求，才会使用搜索引擎搜索自己想要的内容。而搜索引擎的目标则是将整个互联网中的信息汇总起来，给用户返回需要的信息，便于用户进行访问。正是基于这样的模式，搜索引擎优化的基本目标就是获得相关关键词的优秀排名，以便用户快速、直接地寻找到自己想要的内容。

12.2 搜索引擎优化的目标

如果只是简单地理解搜索引擎优化的目标，其实就是获得更好的排名。但是这样片面地理解是不利于深入学习搜索引擎优化技术的。

总体而言，搜索引擎优化的目标是“通过过程贯彻思想”：从网站策划、网站建设到网站运营，整个过程都离不开搜索引擎优化，每个环节都应该具备优化思想。

12.2.1 提升网站访问量

提升网站访问量最简单的办法是使自己的网页排名靠前，这也是搜索引擎优化最常见的目标，就是在搜索引擎许可的优化原则下，通过对网站中代码、链接和文字描述的重组优化，加上后期对该优化网站进行合理的反向链接操作，最终实现被优化的网站在搜索引擎的检索结果中得到更靠前的排名，进而提高点击率，让产品更多地展示在用户面前。

通过搜索排名的不断提升，网站可以获得更多的流量，让更多有需要的用户进行访问，如图 12-7 所示。

访问来源	PV(Top100来源访客访问页数)	百分比
总计	26461	100%
http://www.baidu.com	10068	38.05%
http://baike.baidu.com	5319	20.1%
直接输入	3279	12.39%
http://www.google.com.hk	2428	9.18%
http://www.soso.com	2428	9.18%
http://www.sogou.com	1130	4.27%
http://web.gougou.com	295	1.11%

图 12-7 网站访问量

需要特别指出的是，好的排名不一定产生好的流量，经常会有排名一样的网站，有的网站点击转化率高达 5%，而有的不到 0.5%，这也敦促我们要改变以排名为目的的思想。

12.2.2 提升用户体验

除获得更多的访问量外，搜索引擎优化还需要通过对网站功能、网站结构、网页布局、网站内容等要素进行合理设计，使得网站内容、功能、表现形式等方面，更好地满足用户体验的需求，让访问者和潜在客户获得自己想要的信息，从而突出网站自身的价值。

用户体验方面的优化点很多，大体而言，经过用户体验优化的网站，访问者可以方便地浏览网站的信息、使用网站的服务。具体表现形式很广，如以用户需求为导向的网站设计、网站导航的方便性、网页打开速度更快、网页布局更合理、网站信息更丰富、网站内容更有效和网站形象更有助于用户产生信任等。

12.2.3 提高业务转化率

搜索引擎优化的最终目标还是在优化的过程提高业务转化率，给企业带来生意，提升企业的利润。这一点是最重要的，特别是一些 SEO 新手，往往只是考虑排名或者用户体验，而忽视了根本目的。至关重要的是，排名和用户体验都要为业务转化让步。

12.3 搜索引擎优化的分类

目前搜索引擎还不能实现搜索结果与用户的意图准确相关，搜索引擎各种算法技术还在不断提升中，从而促使搜索引擎优化技术不断进步、不断改变。但基本原理短时间内不可能有根本性的变化，所以优化还是有迹可循。从目前搜索引擎自身技术的发展来看，可以笼统地将搜索引擎优化分为站内搜索引擎优化和站外搜索引擎优化两部分。

12.3.1 站内搜索引擎优化

站内搜索引擎优化，简单地说，就是在网站内部进行搜索引擎优化。

对网站所有者来说，站内搜索引擎优化是最容易控制的部分，因为网站是自己的，可以根据自己的需求设定网站结构，制作网站内容。同时，投入成本也是可以控制的。

站内搜索引擎优化大体分为以下几个部分：

- 关键词策略。
- 域名空间优化。
- 网站结构优化。
- 内容策略。
- 内部链接策略。
- 页面代码优化。

12.3.2 站外搜索引擎优化

与站内搜索引擎优化相比，站外搜索引擎优化相对而言更单一，但是难度更大，效果也更直接。

站外搜索引擎优化，也可以说是脱离站点自身的搜索引擎优化技术，命名源自外部站点对网站在搜索引擎排名的影响，这些外部的因素是超出站长的直接控制的。

最有用、功能最强大的外部优化因素就是反向链接，即通常所说的外部链接，如图 12-8 所示。

指向您网站的链接

页数	外部链接数 (36,580)
http://www.[illegible]com/	36,569
news/article_405.html	2
wenzhang/article_417.html	2
cdrfc/article_619_28.html	1
cdrfc/article_624_10.html	1
wenzhang/article_165.html	1
wenzhang/article_1846.html	1
wenzhang/article_1850.html	1
wenzhang/article_1854.html	1
wenzhang/article_214.html	1

图 12-8　网站外部链接

互联网的本质特征之一是链接，毫无疑问，外部链接对于一个站点的抓取、收录、排名都起到非常重要的作用。

12.4　搜索引擎优化的误区

搜索引擎优化从本质而言，是一种提高网站自身质量，提升内容含金量的技术。但是由于受到的关注比较多，人气比较热，网络上的论点也比较繁杂，所以导致很多想学习搜索引擎优化的新手进入误区。

12.4.1　为了搜索引擎而优化

搜索引擎优化很多时候只是一种手段、一种策略，它的目标表面上看是搜索引擎排名，但是实际上最终由访客判断是否是自己的需求。

有一些 SEO 新手，抱着“我就是为了搜索引擎而进行的优化！”的态度，他们不站在来访用户的角度看问题，不考虑来访者阅读体验、浏览习惯，采用很多貌似有利于搜索引擎的技术，单纯地为了搜索引擎而进行优化。这种没有把握本质的做法，是走不远的。

“为了优化而优化”的例子很多，比如时下火热的“伪原创”就是很好的例子：搜索引擎已经越来越重视原创的内容，但是很多网站主并没有能力、精力、时间去为自己的网站原创一些内容，所以就采用伪原创程序，为自己的网站制作可以欺骗搜索引擎的伪原创内容。

所谓“伪原创”，就是把一篇文章用程序进行再加工，使其让搜索引擎认为是一篇原创文章，从而提高网站权重。这些伪原创工具，通常通过非常生硬的词语替换、段落调整、语句顺序变换等方式，将一篇文章改得面目全非。这样的文章，从某种意义上说，的确是原创的，但却是任何活生生的人都读不明白的拼凑产品。这样的文章对一个营销网站而言，除遭人厌烦，没有什么意义。

12.4.2 听信虚假广告

在百度和 Google 网站上，可以找到官方给出的搜索引擎优化、网站建设建议，相同的一点是：不要听信那些虚假的搜索引擎优化广告。

在百度官方的站长问题解答中，关于 SEO 虚假广告，有这样的内容。

不要因为 SEO 以下的说法，而冒险将自己的网站托付给他们随意处置：

A. 我和百度的人很熟，想怎么干就怎么干，没风险。

B. 我是搜索引擎专家，对百度的算法一清二楚，玩玩火也不要紧。

C. 我把 xxx、yyy、zzz 这些关键词都搞到第一了，所以我是牛人啊！

上述内容可以在 http://www.baidu.com/search/guide.html#2 查到，如图 12-9 所示。

4. 我请一些“SEO”来为我的网站或者网页做优化，会有什么后果？

答：合理的搜索引擎优化，参见百度的“给站长的建站建议”。

外界很多打着SEO旗号的公司或者个人，也许能为您的网站带来短期的排序收益，但是
法来提高排名，甚至会利用您的资源进行他们个人的运营项目，最终导致您的利益受损。

不要因为SEO们以下的说法，而冒险将自己的网站托付给他们随意处置：

A. 我和百度的人很熟，想怎么干就怎么干，没风险。

B. 我是搜索引擎专家，对百度的算法一清二楚，玩玩火也不要紧。

C. 我把xxx、yyy、zzz这些关键词都搞到第一了，所以我是牛人啊！

图 12-9　百度站长问题解答

在 Google 的官方网站管理员指南中，同样可以看到类似关于虚假 SEO 广告的内容。

没有人可以保证在 Google 排名第一。

如果 SEO 宣称可以确保您名列前茅，或声称与 Google 有特殊关系，可以优先向 Google 提交您的网站，千万不要相信。Google 从来都没有优先提交一说。实际上，向 Google 直接提交网站的唯一方式就是通过我们的添加网址页或提交 Sitemap。您可以自己完成这些工作，无须支付任何费用。

上述内容可以在 http://www.Google.com/support/webmasters/bin/answer.py?hl=cn&answer=35291 看到。

除上面的这一点，Google 关于虚假 SEO 广告的建议还有很多。

目前在中国，有很多从事搜索引擎优化的公司。这些公司良莠不齐，有非常优秀的专业 SEO 团队，也有无数号称“给多少钱就可以排在某某搜索引擎第一位、第一页”的皮包公司。作为网站站长、公司负责人，最明智的做法就是不要听信这些虚假广告，对搜索引擎优化有正确的认识，在这个路上没有捷径，没有途径可以达到“多快好省”的目的。

12.4.3 急于求成

搜索引擎优化是一个比较缓慢、需要坚持不懈的行为，一般从建站到收录可能需要一个月左右。对于一个不出名、权重不高的站点，搜索引擎不会每天都光顾，妄想十天半月就能通过搜索引擎优化排到某个热门搜索词第一位，这是不切合实际的。如果要对网站进行优化，要做好思想准备，往往花了两三个月才把一个词排到首页，可能第二天它又名落孙山，跌到首页之外。搜索引擎有非常多的排名算法，这些算法都是商业机密，以前不会彻底公布，以后也不会公开。而且这些排名算法还在不断变化中，对于热门关键词又有很多公司在进行着不懈的优化，不改进就倒退，这是必然的，所以用急于求成的心态去面对搜索引擎优化是不可取的。

对那些有足够的资金预算并且准备利用搜索引擎做营销的网络营销者(公司)来说，最好的方法是直接做付费的搜索引擎广告，这样即使是一个今天刚刚推出的网站，明天就可以出现在某些搜索词的结果的第一位。注意要直接采用搜索引擎官方的广告合作方式，而不是找一个中介公司去做这些事情，比如直接参与 Google 的 AdWords 或者百度推广，如图 12-10 和图 12-11 所示。

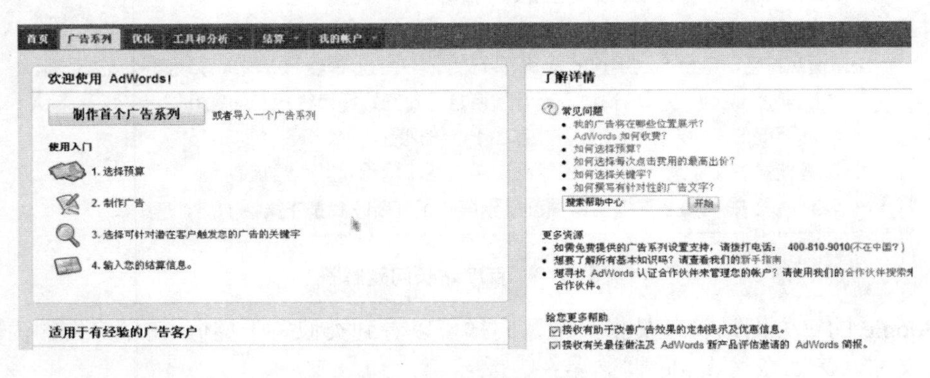

图 12-10　Google 的 AdWords

图 12-11　百度推广

对于普通的网站站长，在没有太多预算的情况下，通过自己的双手进行合理的搜索引擎优化，是最方便也是最好的推广手段——在养成搜索引擎优化思想之后，你会发现即使花费较少的投入，也可以获得很好的优化效果。

12.4.4 采用黑帽手法

黑帽手法是指使用作弊手段或一些可疑手段进行搜索引擎优化，相应 SEO 也被分为黑帽 SEO 和白帽 SEO 两种。

黑帽 SEO 的存在也是迎合了部分网站所有者低投入、高回报的心理需求。有些 SEO 从业者为短期利益而采用作弊方法影响搜索引擎的排名结果，但随时会因为搜索引擎算法的改变、搜索引擎发现作弊手法而面临惩罚，对于网站所有者来说是得不偿失的。

搜索引擎最大的机密在于排名算法，而这些算法不可能是绝对完美的，很可能在偶然的情况下被人发现缺陷。利用搜索引擎算法的缺陷，就可能在短期内获得非常好的排名——但这绝对不长久，而且黑帽 SEO 带来的恶果也同样让人恐怖。

常见的黑帽 SEO 手法有隐藏网页、关键词堆砌、垃圾链接、桥页、群发链接等。如下代码是通过隐藏链接进行作弊：

```
<div class="show mt8"><div class="xxccvv"
id="xxccvv"><script>document.write('<style> .Fgb798
{ display:none; }</style>')</script>
<p>   <a href='http://www.xxx.com/gznz/' target='_blank'
style='color:#000000'>肛周脓肿</a>通常是由于不合理的生活习惯造成的。<a
href='http://www.xxx.com/gznz/' target='_blank' style='color:#000000'>肛周脓
肿</a>的临床表现是什么?这是大家比较关注的问题，了解<a
href='http://www.xxx.com/gznz/' target='_blank' style='color:#000000'>肛周脓
肿</a>的临床表现可以进行自我诊断，及早到正规医院进行治疗。<div class='Fgb798'><a
href="http://www.xxx.com/glu/">肛瘘</a></div></p>
<p>  <div class='Fgb798'><a href="http://www.jngcyy.com/glu/">肛瘘
</a></div></p>
</div>
```

针对搜索引擎优化作弊，每个搜索引擎都有一套自己的发现、惩罚机制，也提倡所有搜索引擎使用者举报作弊站点。

千万不要以为搜索引擎不会发现你的作弊方法。在过去的无数黑帽 SEO 例子中，搜索引擎的反应速度都是极为快速的。一旦被搜索引擎确定为作弊，搜索引擎可能对你的网站进行降权处理，或者删除收录、以后不再收录等惩罚措施。对一个想要长期、稳定进行运营的网站而言，这样的结果无疑是不能承受的。

12.5 正确理解 SEO

搜索引擎优化之所以在目前的网络上如此火热，搜索引擎对网民的引导作用是原因之一。另外非常重要的一个方面是任何网络营销者、网站站长都可以参与到搜索引擎优化中，并通过自己的优化，提升营销业绩，推广网站品牌。相比搜索引擎广告投入而言，这种投入产出是很吸引人的。

12.5.1 SEO 不是作弊

SEO 给人的第一印象就是网上大量的广告链接和留言板里让人生厌的广告垃圾，大家都认为这是 SEO 干的，就连一些从事互联网行业的人也持有这样的观点。这就是早期 SEO 作弊泛滥给大家造成的不好印象。真的 SEO 不是作弊，是受搜索引擎欢迎的，是搜索引擎的朋友。一个高质量的稿件被正确推荐出来，也正是搜索引擎想要实现的目的，关键在于优化的内容是否恰如其分地体现稿件的价值。值得一提的是，Google 有很多员工在博客、论坛中很活跃，发布信息、回答问题，积极参与搜索引擎营销行业大会，以某种形式指导站长做 SEO。百度也于 2010 年 4 月开通了半官方的百度站长俱乐部，针对 SEO 有关问题做出回答。

12.5.2 SEO 内容为王

SEO 以内容为基础。无论怎么优化提升排名，如果内容与关键词没有很强的关联，对促进业务的转化是没有任何益处的，反而浪费宝贵的带宽和流量资源。只有优秀的内容，再加上恰如其分的优化处理，这样才能被来访者使用。

12.5.3 SEO 与 SEM 关系

SEM(Search Engine Marketing)中文意思是“搜索引擎营销”。SEM=SEO+PPC，SEO 现在已经不仅仅是一种网站优化的技术了，而演进成一种网络营销方式，所以可以这样说，SEO 和 PPC 在一个网站互相配合，共同为这个平台获得的收益服务。所以很多资源都可以共享，如关键词库等。SEO 和 PPC 的目的都一样，只是一个投入技术资源、一个投入钱。这样看来 SEO 适合那些资金不宽裕的小公司，SEM 适合资金充裕有一定实力的公司。

12.5.4 SEO 与竞价推广关系

前面已经介绍了 SEO 与 SEM 的区别，竞价推广也是 SEM 付费营销的一个方法，实施效果明显、快捷，与 SEO 也是相互协同的关系，共同为网站营收服务。

第 13 章 网站推广与营销策略

俗话说：“酒香不怕巷子深。”但是一个再好的网站，如果埋没在互联网中，不进行任何的宣传，要想被人发现是非常困难的。本章主要介绍网络营销推广的常用方法和技巧，为网站脱颖而出、创造价值做好准备。

学习目标(已掌握的在方框中打钩)

- ☐ 掌握如何进行搜索引擎营销
- ☐ 掌握论坛营销的策略
- ☐ 掌握微博营销的策略
- ☐ 掌握企业微博营销的技巧
- ☐ 掌握网络新闻营销的技巧

13.1 网站推广常用方法

很多网站制作者花费了很多时间精力去制作网站，结果网站发布之后，每天的访客没有几个，根本带不来商业机会，究其原因就是没有做好宣传推广。在当今互联网信息爆炸的时代，推广宣传对网站是否能运作下去是至关重要的。

13.1.1 什么是网站推广

网站推广即网络推广，就是在网上把自己的产品利用各种手段、各种媒介推广出去，使自己的企业能获得更多、更大的利益。

13.1.2 网站营销推广的方法

1. 搜索引擎营销

搜索引擎营销包括两种，一个是付费搜索引擎广告，另一个是免费搜索引擎优化。

搜索引擎优化是近年来较为流行的网络营销方式，主要目的是在搜索引擎中增加特定关键字的曝光率以增加网站的能见度，进而增加销售的机会。

一般情况下，SEO 分为站外 SEO 和站内 SEO 两种。SEO 的主要工作是通过了解各类搜索引擎如何抓取互联网页面、如何进行索引，以及如何确定其对某一特定关键词的搜索结果排名等技术来对网页进行相关的优化，使其提高搜索引擎排名，从而提高网站访问量，最终提升网站的销售能力或宣传能力的技术。

搜索引擎营销(Search Engine Marketing，SEM)是一种网络营销的模式，目的在于推广网站，增加知名度，通过搜索引擎返回的排名结果来获得更好的销售或者推广渠道。

简单来说，搜索引擎营销就是基于搜索引擎平台的网络营销，利用网民对搜索引擎的依赖和使用习惯，在检索信息时尽可能将营销信息传递给目标客户，如图 13-1 所示。

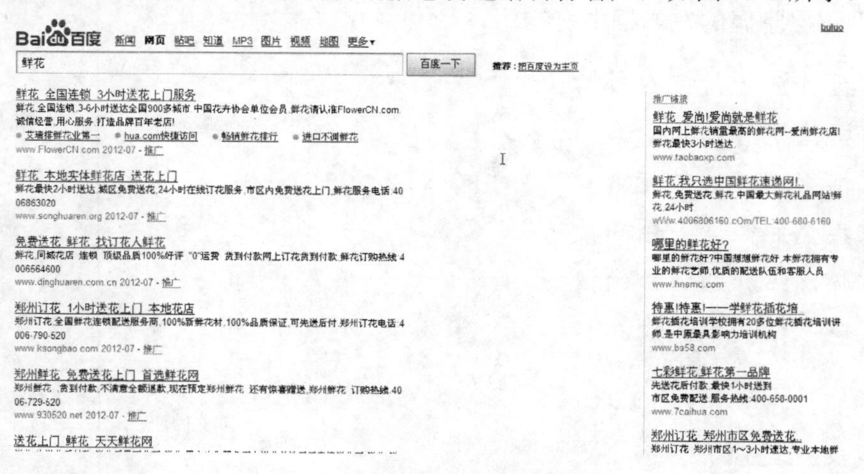

图 13-1 百度搜索引擎搜索结果

2. 网站广告

在网站上做 Banner、Flash 广告推广，是一种传统的网络推广方式。此类广告，宣传目标人群面比较广，不像搜索竞价那样能锁定潜在目标客户群。目前，网站广告是国内新浪、搜狐、网易等门户网站的主要盈利网络营销方式。如图 13-2 所示为搜狐网站。

图 13-2 网站广告

3. 网络新闻

网络新闻是突破传统的新闻传播概念，在视、听、感方面给受众全新的体验。它将无序化的新闻进行有序的整合，并且大大压缩了信息的厚度，让人们在最短的时间内获得最有效的新闻信息。不仅如此，未来的网络新闻将不再受传统新闻发布者的限制，受众可以发布自己的新闻，并在短时间内获得更快的传播，而且新闻将成为人们互动交流的平台。网络新闻将随着人们认识的提高向着更深的层次发展，这将完全颠覆网络新闻的传统概念。

最成功案例之一是“封杀王老吉”的网络新闻，如图 13-3 所示。

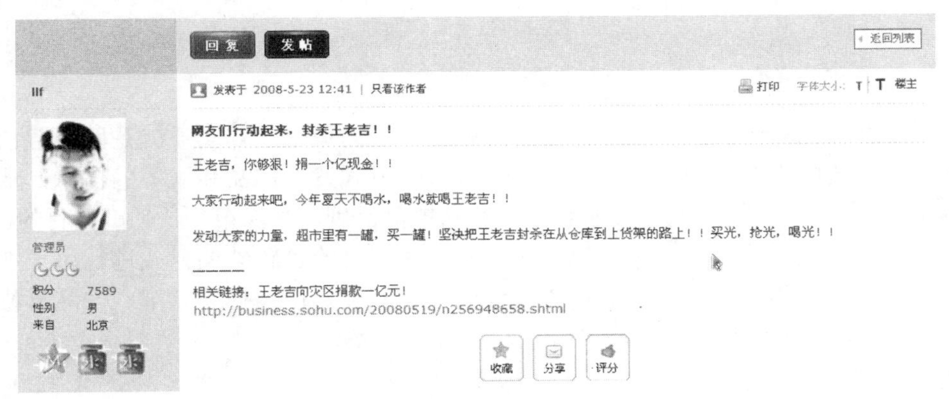

图 13-3 网络新闻

2008年5月18日晚，央视举办了“爱的奉献——2008抗震救灾募捐晚会”，王老吉向地震灾区捐款1亿元人民币，创下国内最高单笔捐款额度。王老吉相关负责人表示：“此时此刻，加多宝集团、王老吉的每一名员工和我一样，虔诚地为灾区人民祈福，希望他们能早日离苦得乐”。此后，关于“王老吉捐款1亿元”的新闻迅速出现在各大网站，成为人们关注的焦点。在各大论坛上也遍布“让王老吉从中国的货架上消失!封杀他!”为标题的帖子。网友称，生产罐装王老吉的加多宝公司向地震灾区捐款1亿元，这是迄今国内民营企业单笔捐款的最高纪录，“为了‘整治’这个嚣张的企业，买光超市的王老吉！上一罐买一罐！”虽然题目打着醒目的“封杀”二字，但读过帖子的网友都能明白，这并不是真正的封杀，而是“号召大家去买，去支持”。甚至有网友声称“要买得王老吉在市场脱销，加班加点生产都不够供应”。

4. 微博推广

微博营销是刚刚推出的一个网络营销方式，随着微博的火热，即催生了相关的营销方式，就是微博营销。由于微博兴起不久，很多营销技巧还没有被验证，所以造成很多人进入微博营销的误区，不但没有获得好的营销效果，还往往适得其反。

通过微博营销，《失恋33天》电影大获成功，如图13-4所示。

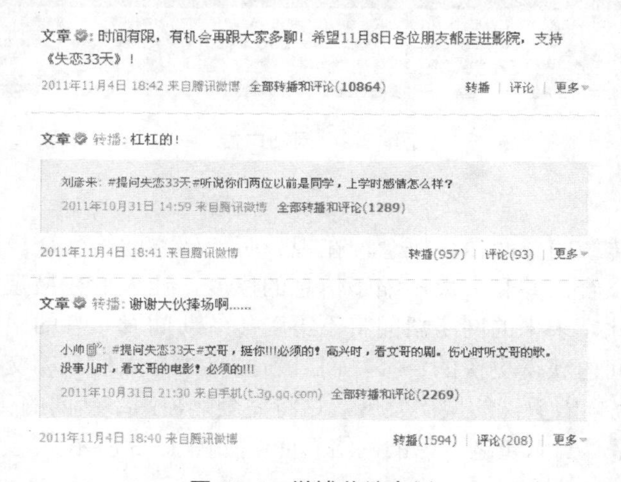

图13-4　微博营销案例

5. 论坛推广

论坛推广有时也称为论坛营销，它是一种网络营销的策略。其实质就是网络营销者利用论坛这种网络交流的平台，通过文字、图片、视频等方式发布产品和服务的信息，从而让目标客户更加深刻地了解产品和服务，最终达到宣传产品品牌、加深市场认知度的目的。

简而言之，论坛营销就是在论坛上发布文章，并用讨论、跟帖的方式进行用户引导。这些发布的文章、讨论的文字都是经过精心策划的，具有引导用户行为、推广产品等特点，最后的目的是希望用户去了解产品、购买服务，如图13-5所示。

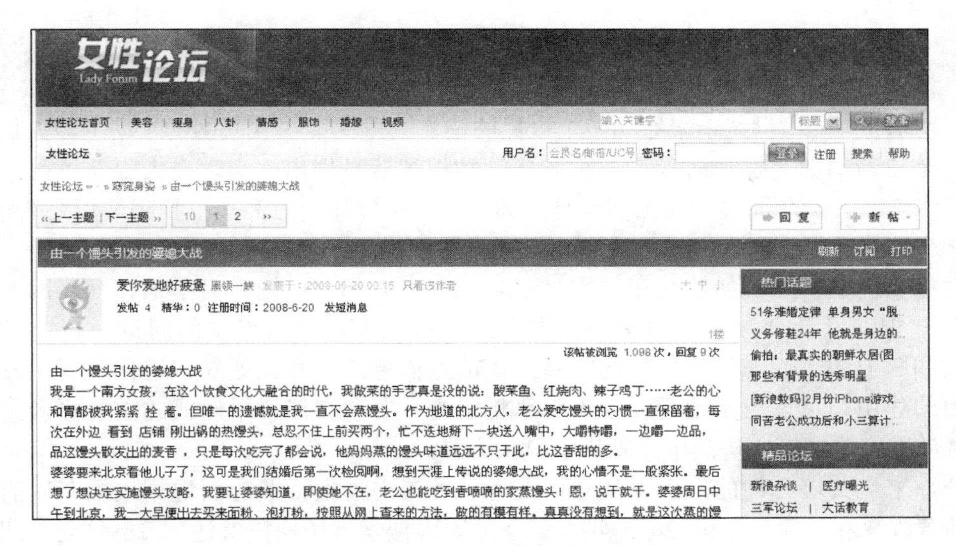

图 13-5 论坛推广案例

安琪酵母公司通过策划《由一个馒头引发的婆媳大战》事件，利用网友的争论以及企业有意识的引导，把产品的特性和功能诉求详细地告知潜在的消费者，引起关注并激发购买欲。

当然还有很多其他推广方法，这里不一一列举了。

13.2 搜索引擎营销

13.2.1 搜索引擎优化的优势

为什么搜索引擎营销在网络营销中可以取得很优秀的成绩呢？这要从搜索引擎营销的优势说起。

1. 潜在客户都在使用搜索引擎

搜索引擎营销 SEM 获得成功的最根本原因之一是潜在客户(搜索者)会购买产品。33%的搜索者在进行购物，并且 44%的网民利用搜索站点来为购物做调查。根据 2011 年中国互联网络信息中心(CNNIC)发布的《中国搜索引擎用户行为研究报告》显示，中国搜索引擎用户规模达 5 亿，搜索引擎在网民中的使用率达 79.4%。这是一个巨大的市场，谁能在这场营销中占得先机，谁就能获得成功。

2. 搜索引擎营销 SEM 的成本低、效率高

在国内，企业为付费搜索产生的每次点击付出约为 1 元，并且成本可控，随时可以取消竞价，相比其他传统媒体动辄数以万计的投资，搜索引擎营销的投入成本和转化率在各种广告形式中都处于比较靠前的优秀位置。

目前，在所有营销手段中，搜索引擎营销产生的每个有效反馈的成本最低。

3. 搜索引擎营销是一种趋势

互联网堪称是 20 世纪以来影响整个世界的最伟大发明。在互联网的带动下，人们一下子进入了一个崭新的信息爆炸时代，各种各样的知识和信息层出不穷，令人眼花缭乱。面对浩瀚的信息海洋，人类所面临的最大困扰是：如何在尽可能短的时间里，找到最想要的东西？

搜索引擎技术的出现和发展，让这一切变得简单。

借助搜索引擎，知识的获取变得容易起来，每个人都可以轻而易举地在互联网上找到所求，这些知识涉及社会和自然科学的方方面面。可以说，搜索引擎的问世，拉近了各种地域、阶层和职业的人们与信息之间的距离，在消除信息鸿沟和加速知识进化过程中发挥着越来越重要的作用；可以肯定地说，搜索引擎将成为社会和自然科学研究的重要平台，在推进传统经济向数字化经济迈进的中贡献出了巨大力量。

另外，来自艾瑞咨询的数据也从整体上肯定了国内搜索行业的表现。根据艾瑞的报告，以运营商营收总和计算，单就 2015 年第三季度国内搜索市场规模就达到 18 亿元，同比增长了 75%。在这样的情况下，几乎所有行业的营销人员都加入各种形式的搜索引擎营销如果想要在激烈的商业竞争中脱颖而出，进行搜索引擎营销是必需的。

13.2.2 搜索引擎优化常规方法

因为搜索引擎营销分为免费的搜索引擎优化和付费的搜索广告，所以对网络营销者而言，进行搜索引擎营销也有 3 种选择：

- 有 SEO 技术的，可以免费进行搜索引擎优化，获得搜索引擎营销的助力。
- 有资金预算的，可以参与付费的搜索引擎广告 SEM。
- 有技术又有一定资金的，可以采取 SEO 和 SEM 同步进行。

下面来说明如何对应网站进行搜索引擎的优化。搜索引擎优化(SEO)既是一项技术性较强的工作，也是一项同产品特点息息相关，需要经常分析和寻求外部合作的工作。

实践证明，搜索引擎优化不仅能让网站在搜索引擎上有良好的排名表现，而且能让整个网站看上去轻松明快，页面高效简洁，目标客户能够直奔主题，网站更容易发挥沟通企业与客户的最佳效果。

搜索引擎优化从总体技术而言，可以分为两个方面进行，分别是站内搜索引擎优化和站外搜索引擎优化。

1. 站内搜索引擎优化

站内搜索引擎优化，简单地说，就是在网站内部进行搜索引擎优化。

对网站所有者来说，站内搜索引擎优化是最容易控制的部分，因为网站是自己的，可以根据自己的需求，设定网站结构，制作网站内容。从搜索引擎优化的整体效果来看，站内 SEO 很重要，并且投入成本也可以控制。但是知识点比较繁多，有很多细节比较容易被忽略。

站内搜索引擎优化大体分为以下几部分。

1) 关键词策略

我们知道，在搜索引擎中检索信息都是通过输入查找内容的关键词或句子，然后由搜索引擎进行分词在索引库中查找来实现的。因此关键词在搜索引擎中的位置至关重要，它是整个搜索过程中最基本也是最重要的一步，也是搜索引擎优化中进行网站优化、网页优化的基础。这样的定位描述凸显了关键词的作用。

关键词确定应考虑以下几个因素：内容相关、主关键词不可太宽泛、主关键词不要太特殊、站在访客角度思考、选择竞争度小且搜索次数多的关键词。

2) 域名优化

域名在网站建设中拥有很重要的作用，它是联系企业与网络客户的纽带，就好比一个品牌、商标一样拥有重要的识别作用，是站点与网民沟通的直接渠道。所以一个优秀的域名应该能让访问者轻松地记忆，并且快速地输入。一个优秀的域名能让搜索引擎更容易地给予权重评级，并连带着提升相关内容关键词的排名。所以说，选了一个好域名，能让你的企业在建站之初抢占先机。应选择易记忆、有内涵、易输入的域名。

3) 主机优化

主机是网站建立必需的一个环节，特别是虚拟主机，更需要进行优化。通常选择主机时考虑以下几点因素：安全稳定性、连接数、备份机制、自定义404页面、服务。

4) 网站结构优化

网站结构是 SEO 的基础。常常 SEO 人员对页面问题讨论比较多，比如页面关键词分布等，而对网站结构讨论比较少；其实网站结构的优化比页面优化更重要，也更为复杂。另一个原因是 SEO 人员对网站程序代码不熟悉，没法深层次地优化调整。

在网站结构优化过程中，应该注意以下几点：用户体验提升、权重分配、锚文字优化、网站物理结构优化、内部链接优化。

5) 内容策略

如果网站上提供的内容和别的站点一模一样，没有丝毫新意，甚至是抄袭的，这样的内容无疑很难留住有需求的潜在客户。要知道，网络的开放性决定任何客户都可以极为方便地进行各种信息比较，没有价值的复制内容很难让客户产生信任并继续浏览下去。相反，如果网站提供的内容都是独特的、有价值的，能切实满足潜在客户某方面需求，能将价值中肯地表达出来，这样的内容往往能获得潜在用户的支持、信任，最终为提高转化率加分，并逐渐形成自己的权威品牌，进入网站良性发展的轨道。

内容优化时，应遵循以下原则：坚持原创、转载有度、杜绝伪原创。

6) 内部链接策略

对搜索引擎优化新手而言，或多或少都知道网站外部链接可以提高网站权威，进而促使排名，这是正确的观点。但是，很多 SEO 将外部链接当成网站优化的全部，这就是非常错误的观点。

合理的内部链接策略可以极大地提升网站的 SEO 效果(尤其是大型网站)，搜索引擎优化不应该忽略站内链接所起到的巨大作用。

内部链接优化应该注意以下几点：尊重用户的体验、URL 的唯一性、尽量满足 3 次点击原则、使用文字导航、使用锚文本。

7)　页面代码优化

网站结构的优化是站在整个网站的基础上看问题，而页面优化是站在具体页面上看问题。因为网页是构成网站的基本要素，只有每个网页都得到较好的优化，才能带来整个网站的优化成功，也才能带来更多有用的流量。

页面代码优化时，通常考虑以下几点：页面布局的优化、标签优化、关键词布局与密度、代码优化、URL 优化。

2. 站外搜索引擎优化

外部链接(见图 13-6)表达的是一种投票机制，也就是网站之间的信任关系。比如，网站 A 的某个页面中有一个指向网站 B 中某个页面的链接，则对搜索引擎来说，网站 A 的这个页面给网站 B 的页面投一票，网站 A 的页面是信任网站 B 的这个页面的。

Links to your site

Domains	Total links
cnr.cn	7,570
xyvtc.cn	282
hnlungcancer.com.cn	272
99.com.cn	183
goodjk.com	165

More »

图 13-6　外部链接

搜索引擎在抓取互联网繁多页面的基础上，根据网页之间的链接关系，统计出每个网站的每个网页得到的外部链接投票数量，从而可以计算出页面的外部链接权重：

- 页面得到的外部链接投票越多，其重要性就越大，外部链接权重就越高，同等条件下关键词排名就越靠前;
- 页面得到的外部链接投票越少，其重要性就越小，外部链接权重就越低，同等条件下关键词排名就越靠后。

因为搜索引擎认为外部链接是很难被肆意操控的，所以目前的搜索引擎都将外部链接的权重作为主要的关键词排名算法之一。也正是因为搜索引擎的投票机制，所以就导致外部链接在搜索引擎优化中起到最重要的一个作用——提高网页权重。

外部链接经常使用在线工具、新闻诱饵、创意点子、发起炒作事件、幽默笑话等方法。

13.2.3　付费搜索引擎营销的 4 个关键步骤

与免费的 SEO 相比，付费搜索引擎营销更适合那些有一定预算和投入的网络营销者，不过投入后得到的效果也不错。

通常情况，付费搜索引擎营销包含4个步骤，如图13-7所示。

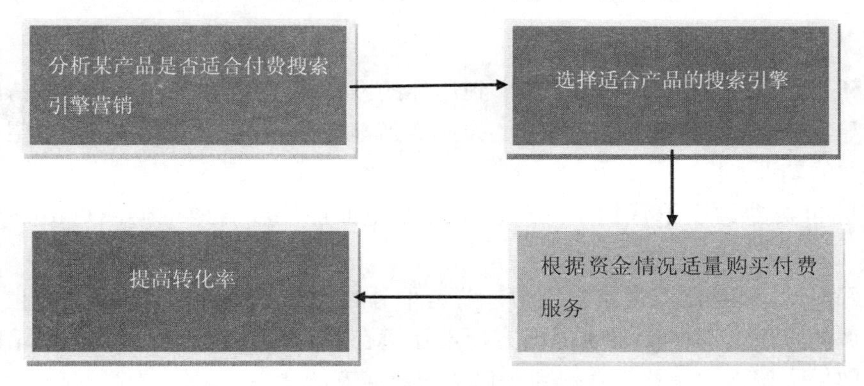

图13-7 付费搜索引擎的步骤

1. 分析某产品是否适合付费搜索引擎营销

不管是竞价排名也好，关键词广告也好，本身并不能决定交易过程的实现，只是为潜在客户发现产品信息提供一个渠道或者机会，由此可见，网站、网店建设是网络营销的平台基础，没有扎实的基本功，什么先进的网络营销手段都不会产生明显的营销效果。

所以在决定要投入费用进行付费搜索引擎营销之前，应该首先考虑的问题是自己的网站、网店是否已经做了基础的建设，是否可以卖出产品。如果答案是否定的话，应该在调整好网站之后，再进行付费搜索引擎营销。

另外，某些行业由于受国家直接控制，基本上属于垄断性的行业，比如石油和煤炭行业，这些行业的开发生产型企业就没有必要做竞价排名和关键词广告。而网络服务、IT产品生产和销售等企业最适合做付费搜索引擎营销。

2. 选择适合产品的搜索引擎

在同样的价格条件下，应尽量选择用户数量比较多的搜索引擎，这样被检索和浏览的效率会高一些。但如果同一关键词参与竞价的网站数量较多，如果排名靠后，反而会降低营销效果，因此还应综合考虑多种因素来决定性价比最高的搜索引擎。

就目前的搜索引擎营销来看，选择的余地无外乎百度和Google。具体选择方法，营销者可以通过实际测试，看具体效果进行选择。

在可能的情况下，也可以同时在若干个搜索引擎同时开展竞价排名，这样更容易比较各个搜索引擎的效果。

3. 根据资金情况适量购买付费服务

实际上，即使在同一个行业，由于用户使用一个关键词也是有一定分散性的，仅仅选择一个关键词所能产生的效果是有限的。比较理想的方式是，如果营销预算许可，选择3～5个用户使用频率最高的关键词同时开展竞价排名活动，这样有可能覆盖60%以上的潜在用户，取得收益的机会将大大增加。

此外，在关键词的选择方面也应进行认真的分析和设计，热点的关键词价格较高，如果用几个相关但价格较低的关键词替代，也不失为一种有效的方式。

4. 提高转化率

搜索引擎营销的目的就是让潜在客户到达你的网站，而到达网站之后的事情就需要网站自身的质量了。在付费搜索引擎营销中，如何恰当地提高点击率，吸引最有希望产生购买的客户是很重要的功课。

在目前的付费搜索引擎营销中，有以下几个方面能比较有效地提高点击率与销售的转化率。

- 做好网站(网店)：在网络营销中，营销平台的选择绝对是非常重要的，也是我们一再强调的重点。有一个确实能很方便地让潜在客户买到自己需要产品网站的基础上，再做付费搜索引擎营销是提高转化率的最佳方法。
- 精准定位：所谓精准定位，是指搜索引擎营销中出现的广告，点击之后应该直接到达和搜索关键词相匹配的页面。在搜索引擎营销中，网页内容与搜索关键词具有相关性极为重要，如果在百度或 Google 上就某些关键词进行宣传，在用户输入那些关键词并登录网站后，应该能正确地进入与关键词相关的网页的位置。因此，如果用户在百度中输入“鲜花”，你的广告就会显示出来，继续点击就可以进入一个涉及并出售“鲜花”的网页上，而不应是在网站的主页或者与鲜花无关的网页上。
- 跟踪与分析：网络广告的特点是可以很方便地跟踪广告效果，通过网络营销软件、网站流量分析系统等，网络营销人员应该监控搜索引擎营销报告，并找出那些转换率较高的搜索词、删除那些转换率低的搜索语。

在实际的付费搜索引擎营销中，网络营销人员应该反复进行上述各个步骤，不断提高转化率，用最少的资金投入，获取最大的利润。

13.3 论坛营销

下面介绍如何进行论坛营销。

13.3.1 论坛营销的5大特点

综合而言，论坛营销有如下特点。

1. 利用论坛人气推广传播

利用论坛的超高人气，可以有效地为网络营销者提供传播、推广服务。由于论坛话题的开放性，网络营销者几乎所有的营销诉求都可以通过论坛传播得到有效的实现。

2. 综合运用各种论坛表现形式

论坛营销往往都具有专业的论坛帖子策划、撰写、发放、监测、汇报流程，并且综合运用各种论坛的置顶帖、普通帖、连环帖、论战帖、多图帖、视频帖等方式进行。

3. 论坛营销具有很强的互动性

论坛营销具有强大的聚众能力，网络营销者可以将论坛作为平台，举办各类踩楼、灌水、贴图、视频等活动，调动网友与品牌之间的互动。

4. 论坛营销往往会借助事件进行炒作

在论坛营销中，不管是针对热点事件，还是小范围内的事件，都会和网络事件扯上关系。网络营销者通过炮制网民感兴趣的事件，将品牌、产品、活动内容植入论坛帖子，并展开持续的传播效应，引发新闻事件，导致传播的连锁反应。

5. 论坛营销会借助搜索引擎扩张

论坛营销会运用搜索引擎为自己的推广服务，不仅使内容能在论坛上有好的表现，在主流搜索引擎上也能够快速寻找到发布的帖子，吸引更多的潜在用户关注。

论坛营销发展到今天，已经创造了许多神话般的成功案例，让人记忆犹新的经典案例“天仙 MM”就是其中之一。一个羌族美少女仅用了一个月的时间就迅速抓住了成千上万网民的眼球，成为网络红人，网友们称她为“天仙 MM”。天仙 MM 的横空出世源于一组在网上转帖率极高的照片，如图 13-8 所示。

图 13-8 天仙 MM

2005 年 8 月 7 日，国内某著名网站的汽车论坛出现了一个名为“单车川藏自驾游之惊见天仙 MM”的主题帖，发帖人浪迹天涯何处家(网名)以文配图的形式发布了一组四川理县羌族少女的生活照，立刻在论坛引起轰动。照片中的羌族少女一袭民族盛装，以其自然清新的面容、略显神秘的气质引来无数网友的赞叹。照片拍摄者浪迹天涯何处家更是在帖子中写满了溢美之词：“无论远看近视，羌妹子举手投足都有一种美感，与所处环境对比，给人一种严重而且强烈的不真实感。”

没过多久，此帖就开始在各大论坛之间流传开来，并广为转载。一些网站在没有加精、置顶的情况下，帖子点击数在一天内竟超过了 10 万次。为方便网友参与讨论，腾讯公司还特地为天仙 MM 提供了两个新 QQ 号，作为她与网友直接交流的一个专用平台。此后一些门户网站也被天仙 MM 的人气所折服，纷纷在首页辟出专栏隆重推出。在网络的推动下，天仙 MM 迅速成为网络红人。

天仙 MM 的超强人气引发了巨大的商业价值。2005 年 9 月，天仙 MM 接受四川省理县政府的邀请担任理县旅游大使，此后的 10 月 2 日，理县接待来自全国各地的旅游者约 13 000 人次，创造了理县旅游日接待人数的新高。10 月，天仙 MM 又成为中国电信四川阿坝州分公司代言人以及西南最大门户网站天府热线网站代言人。2006 年 3 月，天仙 MM 正式成为国际品牌索尼爱立信手机形象代言人，到今天天仙 MM 已在多个电视剧里参演。这也是网络红人成功走入国际品牌商业领域的第一人，天仙 MM 凭借她独特的气质做到了“有价有市”。

13.3.2 论坛营销的 5 大优势

对网络营销者来说，论坛营销具有非常多的优点，这些优点绝大部分都适用于任何网络营销者，包括刚刚起步的网络营销新手。

1. 目标群体庞大

根据 CNNIC 的数据统计，中国拥有约 200 万个 BBS 论坛，2010 年论坛社区的用户已达 1.4 亿。中国论坛数量为全球第一，论坛已经成为中国网民最常用的一种沟通平台，有近 50% 的中国网民经常使用论坛。

以“百度贴吧”为例，网民可以随时为某一话题设立专门的论坛，任何对此事件感兴趣的网民都可以到论坛发表言论和图片，平均每天发布新帖 200 多万条。

现在的论坛，几乎每条受网民关注的话题后面都有跟帖，热门事件、焦点新闻的跟帖经常突破几十万条。比如，红极一时的“贾君鹏事件”，在短短的时间内，单是百度贴吧中的贾君鹏吧，就拥有主题数 12 705 个，帖子数 209 188 篇，访问者更是不计其数，如图 13-9 所示。

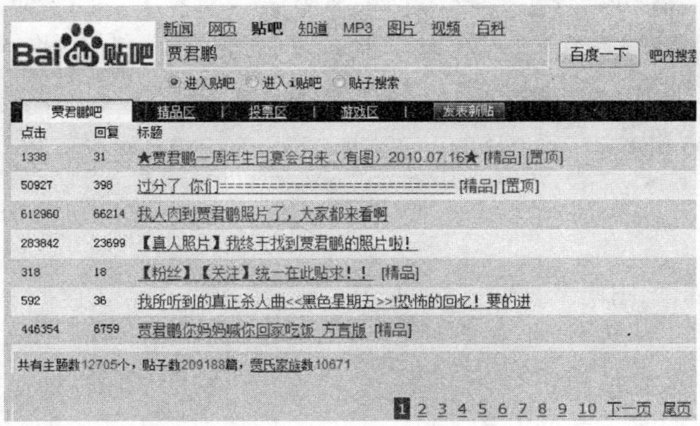

图 13-9 百度贴吧

2. 受众精准

网络论坛都有自己的主题，如关注手机、关注母婴、关注时事等，这些有明确方向的论坛聚集起来的访问者无疑也是具有精确目标的访问者。所以论坛营销可以以明确的受众作为基础，避免在不适合的地方出现不适合的内容。

另一方面，论坛用户中年轻网民的比例非常之高，上班族、学生是绝对的中坚力量。这些年轻群体正是网络购物的核心受众，他们普遍拥有不错的收入来源，购买力强，消费需求也很旺盛，绝对是最容易转化的潜在客户。

3. 成本低廉

论坛营销与传统营销相比，成本低廉到难以想象的地步。

如果厂商想要在电视节目上投放广告，花费无疑是巨大的，要知道某些电视频道的黄金时间广告价格，高到让人吃惊的地步，如图 13-10 所示。

2012年CCTV-1综合频道时段刊例价格

单位：人民币元/次

时段名称	播出时间	5秒	10秒	15秒	20秒	25秒	30秒
天天饮食后	约06:09	10,700	16,000	20,000	27,200	32,000	36,000
朝闻天下前	约06:56	19,200	28,800	36,000	49,000	57,600	64,800
上午精品节目一	约08:32	20,300	30,400	38,000	51,700	60,800	68,400
第一精选剧场第一集贴片	约09:20	23,700	35,600	44,500	60,500	71,200	80,100
第一精选剧场集间一	约10:12	27,200	40,800	51,000	69,400	81,600	91,800
第一精选剧场第二集贴片	约10:14	27,700	41,600	52,000	70,700	83,200	93,600
第一精选剧场集间二	约11:04	32,500	48,800	61,000	83,000	97,600	109,800
新闻30分前	约11:57	45,900	68,800	86,000	117,000	137,600	154,800
今日说法前	约12:32	45,900	68,800	86,000	117,000	137,600	154,800
今日说法后	约13:05	40,000	60,000	75,000	102,000	120,000	135,000
下午精品节目前	约13:08	40,000	60,000	75,000	102,000	120,000	135,000
第一情感剧场第一集贴片	约13:59	31,700	47,600	59,500	80,900	95,200	107,100
第一情感剧场集间一	约14:52	30,400	45,600	57,000	77,500	91,200	102,600
第一情感剧场第二集贴片	约14:53	31,700	47,600	59,500	80,900	95,200	107,100
第一情感剧场集间二	约15:47	30,400	45,600	57,000	77,500	91,200	102,600
下午精品节目一	约16:42	26,000	39,000	48,800	66,400	78,100	87,800
下午精品节目二	约17:03	26,000	39,000	48,800	66,400	78,100	87,800
下午精品节目三	约17:23	26,000	39,000	48,800	66,400	78,100	87,800
下午精品节目四	约17:40	30,400	45,600	57,000	77,500	91,200	102,600
下午精品节目五	约17:57	31,700	47,600	59,500	80,900	95,200	107,100
黄金档剧场第一集贴片	约20:01	91,700	137,600	172,000	233,900	275,200	309,600
黄金档剧场第一集下集预告前	约20:50	84,300	126,400	158,000	214,900	252,800	284,400
黄金档剧场集间	约20:52	82,700	124,000	155,000	210,800	248,000	279,000
黄金档剧场第二集贴片	约20:56	85,300	128,000	160,000	217,600	256,000	288,000
黄金档剧场第二集下集预告前	约21:50	75,700	113,600	142,000	193,100	227,200	255,600
黄金档剧场后	约21:53	71,500	107,200	134,000	182,200	214,400	241,200
名牌时间	约21:56	69,300	104,000	130,000	176,800	208,000	234,000

图 13-10　CCTV-1 的部分广告报价

上图为中央电视台 CCTV-1 的部分广告报价，在 CCTV 官方网站上提供公开查询，有兴趣的读者可以下载研究。

仔细看这个报告可以看出：在 CCTV-1 晚上 20:00～22:00 之间，5 秒广告的最高价格是 91 700 元，最低是 69 300 元；30 秒广告最高价格是 309 600 元，最低是 234 000 元。

这种营销成本对一般的小企业、个人网络营销者来说，无疑是无法承受的“痛”。但是，如果采用论坛营销，将整个中国网民群体和电视观众相比的话，受众范围也并不小，而且优势是几乎不需要任何成本。

对大品牌的公司来说，找到有经验的专业论坛营销公司推广某种产品，往往价格并不高，服务却非常好；对普通的个人网络营销者而言，要推广自己网站、网店上的产品，每天抽出几十分钟，成本几乎可以忽略不计。

4. 传播迅速

论坛营销中，参与的每个网民不仅是信息的接收者，同时还是信息传递的节点——“一传十、十传百”就是这个意思。

以前要传递某种新鲜事物，往往借助报纸、电视等传统传播渠道。但是网络发展越来越快之后，网络传播无疑已经成为最快的途径。比如，汶川大地震，第一个传递出消息的是一个名不见经传的小网站，随后各大主流门户网站、电视媒体才跟进。

在论坛营销中，如果内容恰到好处，引起很多网民的共鸣，这些网民会无私地将这个内容共享给自己的朋友圈子，或者将这个内容发布在自己的博客、空间中——这种传播方式是极为夸张的几何递增，其速度和效率是恐怖的。

时下网络上各种“门”、各种“哥”、各种“姐”非常多，一旦一个拥有足够焦点的“门事件”见诸网络，无数网友就会有意无意地立即传播，扩散速度绝对可以比得上病毒。

以前的天仙 MM，后来的犀利哥和凤姐，都是网络传播的产物，而且作为最常见的传播形式，论坛传播无疑在中间发挥了极大的作用。

5. 便于引导

论坛营销因为本身的受众就比较精确，再辅以一定的手段，浏览者的行为就会变得很容易引导。

对习惯网络购物的年轻网民来说，很多时候因为自身的购买力足够，浏览某些专业论坛的目的之一就是要寻找自己想要的产品建议、推荐、评价等。论坛营销正是基于这样的条件，在用户引导上拥有强悍的先天优势。比如，在瑞丽论坛上，如果网络营销者策划一个论坛营销，出售某种美容产品，往往会取得非常好的效果，如图 13-11 所示。

图 13-11　美容产品营销

如果在母婴论坛上进行某种幼儿奶粉的销售，对用户的引导作用就非常直接。

13.3.3　论坛营销的 3 大要点

论坛营销是一种适合网络营销新手进行的推广策略，在具体进行论坛营销时，要注意以下要点。

1. 找到目标用户高度集中的行业和专业论坛

论坛都是按行业或兴趣来建立的，有一些主题高度集中，有一些主题相对松散。在进行论坛营销时，主题越集中，效果越好。举例来说，如果网络营销者推销的是 SEO、虚拟主机、网站建设等相关产品与服务，站长聚集的论坛就是个好地方，比如站长网，如图 13-12 所示。

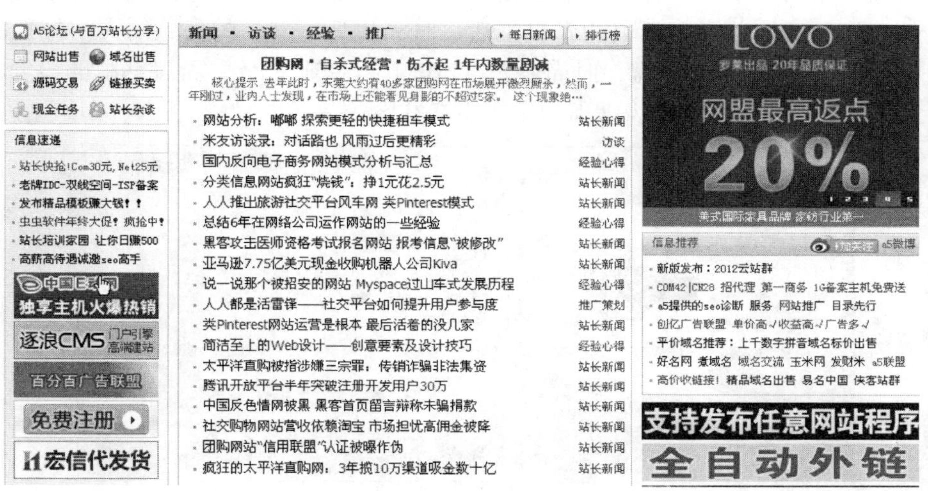

图 13-12 站长网

相反，如果在一些主题相对较弱的地方，往往不容易建立专家地位。所以网络营销者在进行论坛营销之前，要花一些时间，搞清楚所在的行业在网上有哪些著名的论坛，而不必大海捞针去很多论坛浪费时间。

2. 不要直接发广告，不要发太假的软文

论坛里的用户对发广告发软文已经司空见惯，不要假设你的广告或软文能引起他们的注意。

在论坛中不发广告是基本的礼节，很多论坛会员很排斥发广告发软文的行为，有的论坛有可能封你的账号。

3. 融入论坛，帮助别人，建立威信

即使网络营销者的目的是为进行论坛营销，也应该在论坛中积极参与讨论，注意看其他会员的疑难问题，并积极帮忙，建立威信。

通过互助，会很快让营销者融入网友群体，当需要进行论坛营销时，网友看到你的帖子，首先信任度就高很多，如果再配合适当的策略，引导用户行为就是比较简单的事情。

13.3.4 论坛营销推广 3 大步骤

论坛营销成本低、传播效力大的特点吸引众多网络营销者的目光，不少营销者都开始尝试这一网络营销利器。然而从实际操作情况来看，一些网络营销者的论坛营销效果并不佳，原因是什么呢？其实主要原因就在于实施论坛营销时，没有掌握好关键的3个步骤。

1. 选择精准的目标论坛

网络营销者在实施论坛营销时，一定要根据产品的特点，选择合适的论坛，最好是目标客户群体聚集的专业论坛。

举例来说，如果要推广一种白领阶层使用的产品，那么在选择营销论坛时，就要选择白领们常去的论坛及板块，比如新浪的资讯生活，时尚生活，网易的白领丽人，搜狐的小资生活、健康社区，TOM的健康之家、时尚沙龙，21CN的白领E族、百度贴吧的白领吧以及瑞丽女性论坛等。如图13-13所示为搜狐的小资生活社区。

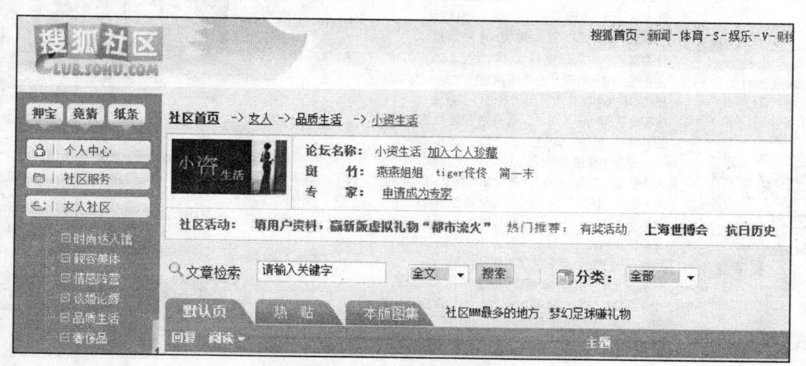

图13-13 小资生活社区

在实际操作过程中，有的网络营销者在实施论坛营销时，片面追求论坛的人气，而不去考虑所发布的信息与论坛板块是否相符，以为人气越高，关注产品信息的人就越多，其实这是误区。

如果人气太旺，营销者所发布的帖子很快就被淹没，无法有效地让潜在用户看到。另外，如果帖子内容与论坛板块不符，很难引起网民的关注，有时甚至会令网友反感。

2. 发布设计好的帖子

作为传递产品信息的载体，信息传达的成功与否主要取决于网络营销者发布帖子的标题、主帖与跟帖。如果一个帖子能够吸引网民点击，又巧妙地传递产品的信息，同时让网民感受不到广告帖的嫌隙，那么可以说这帖子就是成功的论坛营销帖子。

这里需要了解的是“跟帖”，也就是网络营销者用非发帖人的身份编写的“回复”。

在正常情况下，回帖的内容一般是网民对主题内容的“主观”评论。当网民被标题、主帖吸引，继续往下查看回复时，就是帖子“真实身份”曝光的最大危机——拙劣的回复会令网民一眼察觉整个帖子的“广告”意图，影响产品传达效果，甚至直接关掉页面。

网络营销者在撰写回复时，要采取发散性思维，声东击西，为产品信息做掩护，并且将网民可能产生的负面情绪降到最低。

3. 维护发布的帖子

在论坛营销中，帖子发出后，如果不进行后期的跟踪维护，那么可能很快就沉下去，尤其是人气很旺的论坛。沉下去的帖子显然是难以起到营销作用的，因此帖子的后期维护就显得尤为重要。

对网络营销者来说，经常性地换不同的“马甲”进行回帖、顶帖是必需的，也是论坛营销推广的必要手段。及时的顶帖、回帖，可以使帖子始终处于论坛或者板块的首页显著位置，进而让更多的网民看到产品信息。

从实际操作细节来看，维护帖子时，网络营销者最好不要一味地从正面角度去回复，适当从反面角度去辩驳、挑起争论，可以把帖子“炒热”，从而吸引更多的网民关注——当然，千万不要矫枉过正，让原本是推广的帖子变成批判的帖子就麻烦。

13.4 微博营销

微博营销是当前新生事物，随着微博的发展，微博营销也越来越被人重视。

13.4.1 微博营销的6个特点

1. 灵活性高

微博营销和传统网站相比，灵活性非常高，可以采用各种各样的内容题材和形式进行内容的发布。而正是这种多样性，微博营销相对而言更容易受到用户的欢迎。

微博文章的信息发布与供求信息发布是完全不同的表现形式，微博文章并不是简单的广告信息。实际上单纯的广告信息发布在微博网站上也起不到宣传的效果，所以微博文章写作与一般的商品信息发布是不同的，在一定意义上可以说是一种公关方式，只是这种公关方式完全是由企业自行操作的，而无须借助于公关公司和其他媒体。

2. 低成本

微博营销因为是基于微博的，所以完全可以做到没有任何费用，是最低成本的推广方式。

这一点很容易理解，因为如果网络营销者要建立一个自己的专门网站做网络营销，还需要域名、网络空间等的投入。但是如果采用微博进行营销的话，完全不需要这些费用，因为现在的主流微博系统都是免费注册、免费使用的，如图13-14所示。

3. 快速吸引眼球

网络营销的重点环节之一就是吸引眼球，而微博往往是庞大的微博平台提供的，这些平台本身就拥有非常庞大的访问量，所以微博营销很容易先在微博平台中取得一定的效果，吸引一定的访问者的注意。

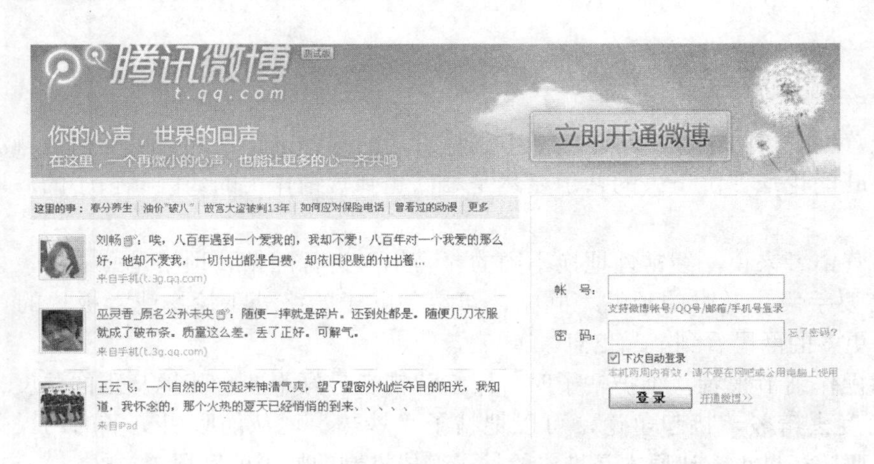

图 13-14 免费注册微博

以国内新浪微博平台为例，每天具体的微博访问量是机密数据，外人自然无法得知。但是，如果细心地查一下新浪微博每天被搜索引擎抓取的页面，就可以发现这是一个庞大的数量，如图 13-15 所示。

» 百度近日收录查询
请输入要查询的域名：weibo.com　最近24小时收录情况　查询
百度 在最近1天内 共收录了网站（ weibo.com ） 1870000 个页面,具体页面如下:
查询该站最近几日的收录量： 24小时 最近1星期 最近1个月 最近1年 总收录量
1 2 3 4 5 6 7 8 9 10 下一页>　找到相关结果约1,870,000个
1. 新浪微博-随时随地分享身边的新鲜事儿 新浪微博是全中国最主流，最具人气，当前最火爆的微博产品。用一句话随意记录生活，用手机随时随地发微博。迅速获取最热最火最快最酷最新的资讯。手机微博weibo....
weibo.com/ 2012-3-20 - 百度快照
2. 新浪微博-随时随地分享身边的新鲜事儿 新浪微博是全中国最主流，最具人气，当前最火爆的微博产品。用一句话随意记录生活，用手机随时随地发微博。迅速获取最热最火最快最酷最新的资讯。手机微博weibo....
www.weibo.com/ 2012-3-20 - 百度快照

图 13-15 新浪微博系统一天的百度收录量

这个数据反映的是百度 24 小时内收录新浪微博的条目数量：187 万，大概意思是说 24 小时内，新浪微博平台至少发布或者更新 187 万条博文。由此可以推测，访问量肯定要数倍、数十倍地大于这个数量。

正是因为微博提供平台能聚合很多人气，所以完全可以借助这个平台吸引很多眼球。

4. 较高的可信度

对普通网民来说，微博上发布的文章，具有比较好的可信度。微博文章比一般的论坛信息发布所具有的优势在于：由于文字所限，博文主题更加突出，微博文章很容易被搜索引擎收录和检索，这样使得微博文章具有长期被用户发现和阅读的机会。一般论坛的文章读者数量通常比较少，而且很难持久，几天后可能已经被人忘记。相对于论坛那种随意的聊天方式，微博如果发布专业的知识，获得的用户认可也更多。

5. 互动性强

能与粉丝即时沟通，及时获得用户反馈。

6. 针对性强

关注企业或者产品的粉丝都是本产品的消费者或者是潜在消费者，企业可以其进行精准营销。

13.4.2 微博写作的 7 个法则

微博文章的写作方法，完全可以等同于独立网站的内容建设方法。这里大体罗列基本的微博文章写作法则。

1. 内容简明扼要

微博写作应尽可能地直奔主题，访问者可能不会看一个连载的微博。如图 13-16 所示，直接明了地招呼粉丝去走进影院观看电影《失恋 33 天》。

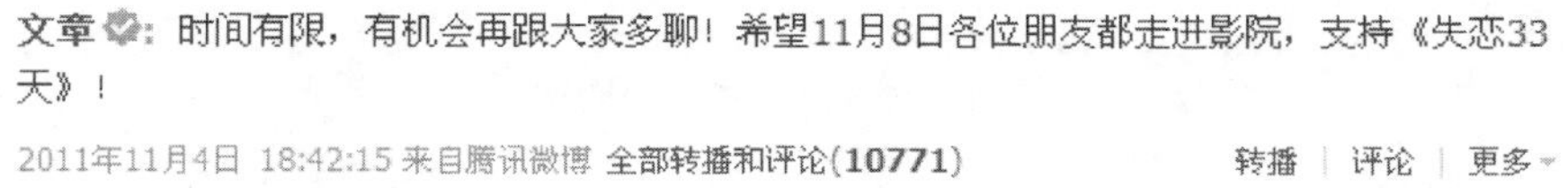

文章：时间有限，有机会再跟大家多聊！希望11月8日各位朋友都走进影院，支持《失恋33天》！
2011年11月4日 18:42:15 来自腾讯微博 全部转播和评论(10771)
转播 | 评论 | 更多

图 13-16 内容简要的微博

2. 灵活的表达方式

网民都喜欢有新闻价值、有趣和幽默诙谐的内容，所以微博文章的写作上，也应该尽量加入这些元素，以便让更多的读者产生下次再来的想法，如图 13-17 所示。

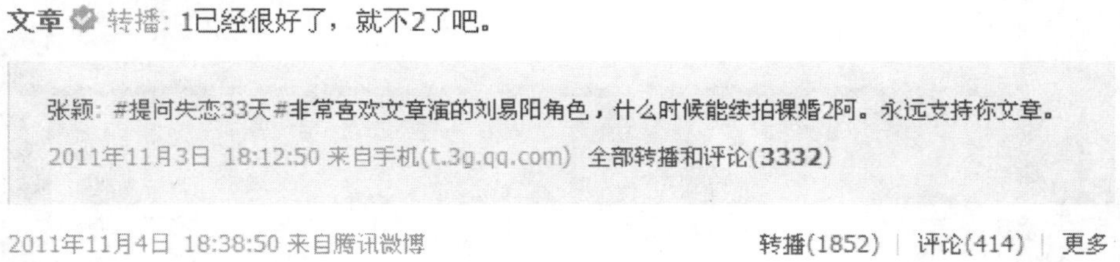

文章 转播：1已经很好了，就不2了吧。
张颖：#提问失恋33天#非常喜欢文章演的刘易阳角色，什么时候能续拍裸婚2阿。永远支持你文章。
2011年11月3日 18:12:50 来自手机(t.3g.qq.com) 全部转播和评论(3332)
2011年11月4日 18:38:50 来自腾讯微博
转播(1852) | 评论(414) | 更多

图 13-17 灵活表达的微博

3. 提供有用内容

“有用”是任何网络应用中最重要的根本，作为微博营销的微博，提供有用的内容是必须贯彻和坚持的基本法则，如图 13-18 所示。

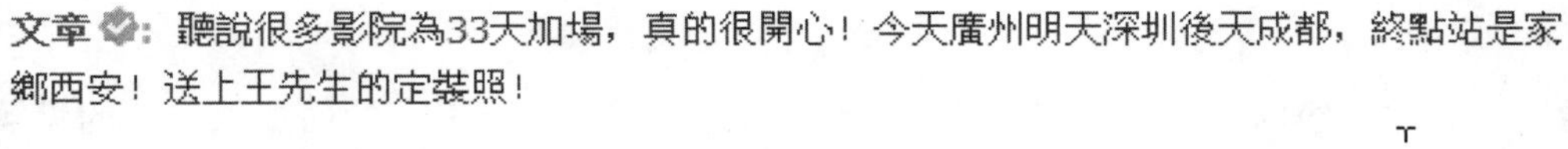

文章：聽說很多影院為33天加場，真的很開心！今天廣州明天深圳後天成都，終點站是家鄉西安！送上王先生的定裝照！

图 13-18 有用信息的微博

4. 用第一人称

这一点可能是微博写作与其他写作的最大区别。在一般的出版物中，惯例是保持作者中立，但微博不同，你就是你，带着千万个个性化的偏见，越表达出自己的观点越好。网上有上百万的微博，你很难做到很特别，除非你写出独一无二的内容，那就是你自己。

5. 延续链接

微博虽然在网络门户里是独立并自成体系，但也是互联网的一部分，应该充分利用这个好处。让其他文章为你的大作提供知识背景，让读者通过链接继续深入阅读，尽量为他们提供优秀的链接——这些链接可以是你以前发布的某个微博文章，也可以是你的销售网站上的某个地址，更可以是同类的优秀微博。如图 13-19 所示，在微博后给出详细的文章地址。

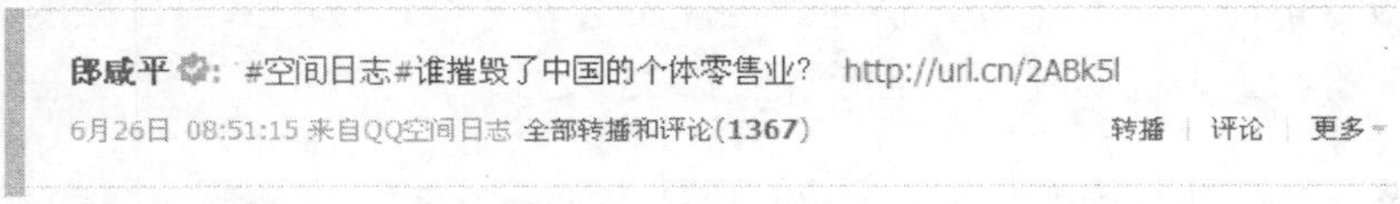

郎咸平 #空间日志#谁摧毁了中国的个体零售业？ http://url.cn/2ABk5l
6月26日 08:51:15 来自QQ空间日志 全部转播和评论(1367)
转播 | 评论 | 更多

图 13-19　延续链接的微博

6. 巧妙利用模板

一般的微博平台都会提供一些模板给用户，应尽可能选择与行业特色相符合的风格，这样更贴切微博的内容。当然，如果你有能力设计一套有自己特色的模板风格，也是不错的选择，如图 13-20 所示。

加入新浪微博支持我吧！
电子邮箱：
蔡康永
说话之道
新浪认证
444 17845977 530
他的关注
个人照片
蔡康永发表的微博

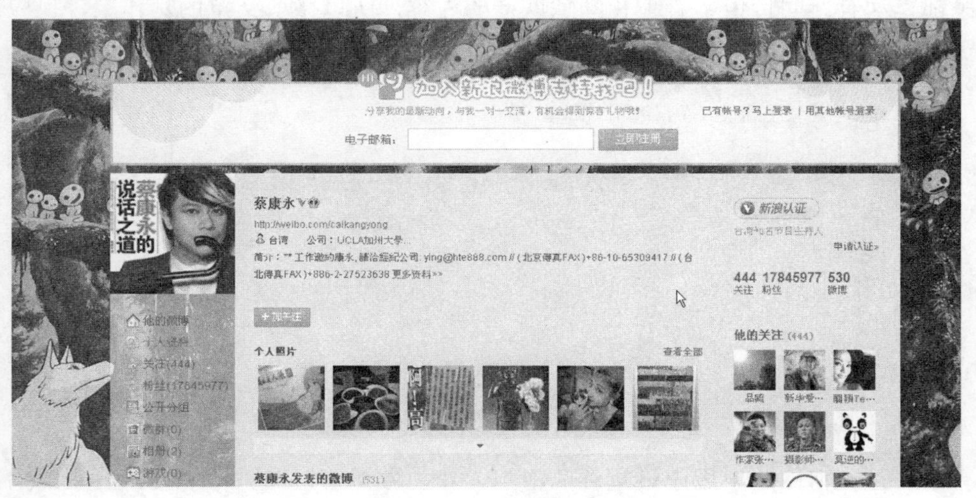

图 13-20　具有特色的模板

7. #与@符号的灵活运用

微博中发布内容时，两个#间的文字是话题的内容，我们可以在后面加入自己的见解。如果要把某个活跃用户引入，可以使用@符号，意思是“向某人说”。比如“@微博用户欢迎您的参与”。在微博菜单中单击“@我的”链接，也能查看到提到自己的话题，如图 13-21 所示。

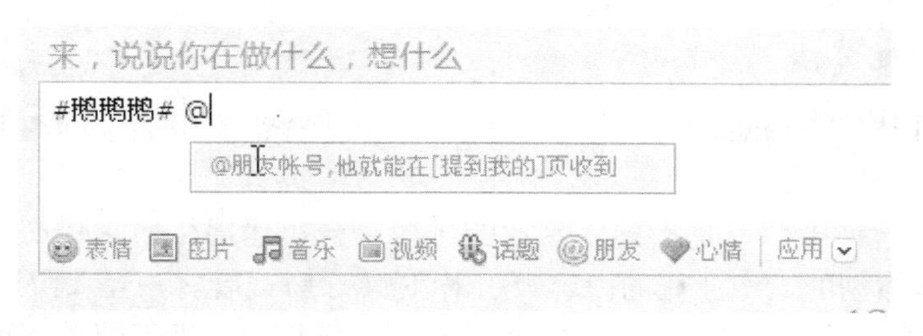

图 13-21 #与@符号的灵活运用

13.4.3 微博营销的 5 个步骤

微博营销的操作方式与传统营销有所区别，而且其易操作性以及最初的低投入成本使其具有非常大的可实施性。下面以如何利用第三方微博平台的微博文章发布功能开展网络营销活动为例，介绍微博营销推广的典型操作步骤。

1. 选择微博平台，创建微博

简单来说，网络营销者如果要进行微博营销推广，应该首先选择适合网络营销的微博平台，并获得发布微博文章的资格，也就是注册并创建微博。一般来说，当下国内的微博平台都比较火，人气也很旺，网络营销者应该选择和自己销售产品的潜在受众比较吻合的微博平台。

在人气选择方面，如果要选择访问量比较大以及知名度较高的微博平台，可以借助 Alexa 排名做一个大概的比较。网站的 Alexa 排名可以到 www.alexa.com 进行查询。比如要查询新浪微博的大概每日访问量，可以先到 Alexa 中查询新浪微博在整个新浪网的访问中所占的比例，如图 13-22 所示。

根据 网站排名 统计数据估算网站 IP & PV 值，以下数据仅做参考之用、根据网站用户类型和比例不同会产生不同误差率	
日均 IP 访问量[一周平均]	日均 PV 浏览量[一周平均]
≈ 17,580,000	≈ 202,345,800

网站排名 统计的 **新浪微博-随时随地分享身边的新鲜事儿** 国家/地区排名、访问比例 列表				
国家/地区名称 [6 个]	国家/地区代码	国家/地区排名	网站访问比例	页面浏览比例
中国	CN	6	94.4%	93.2%
日本	JP	173	1.1%	1.3%
美国	US	654	0.8%	1.1%
香港特区	HK	19	0.7%	0.9%
韩国	KR	96	0.7%	0.6%
O	O	--	2.3%	2.9%

图 13-22 查询访问量

从图 13-22 中可以看出，新浪一天的微博的独立 IP 量大概是 1758 万人，这样可以大概确定网站的访问人数。另外，对某一领域的专业微博网站来说，则应在考虑其访问量的同时还要考虑其在该领域的影响力。影响力较高的网站，其微博内容的可信度也相应较高。

2. 确定微博营销目标，制订微博营销推广计划

在开始进入具体的微博更新之前，需要先明确微博营销推广的目标，并且制订一个微博营销推广计划。

本书中的微博营销推广，是指建立专业的微博平台，运用微博宣传产品或宣传品牌。真正的微博营销是靠原创的、专业化的内容吸引潜在购买者(或者客户)，培养一批忠实的微博阅读者，在阅读者群体中建立信任度、权威度，形成微博品牌，进而营销阅读者的思维和购买决定。

在制订微博营销推广计划时，就应该明确自己的目的，是通过微博营销影响用户购买行为，还是为自己的品牌推广做铺垫。只有确定自己的目标后，后续的博文编写、用户引导才会有的放矢。

另外，这个计划的主要内容应该包括从事微博写作的人员计划、每个人的写作领域选择、微博文章的发布周期等。由于微博写作内容有较大的灵活性和随意性，因此微博营销计划实际上并不是一个严格的“企业营销文章发布时刻表”，而是从一个较长时期来评价微博营销工作的一个参考，如图 13-23 所示。

图 13-23　制订推广计划

3. 博文写作与坚持更新

确定微博营销的目标之后，就可以着手开始进行微博文章的写作。当微博建立好、博文准备好之后，就需要按照微博营销推广计划开始坚持更新。

在微博写作方面，选择好的标题、内容，采用清晰的结构、优秀的排版方式，将自己的微博文章写作做到足够优秀。

在微博更新方面，无论一个人还是一个微博团队，要保证发挥微博营销的长期价值，就需要坚持不懈的写作，微博偶尔发表几篇新闻或者文章是不足以达到微博营销的目的的。从另一方面讲，有规律、稳定的微博更新，也更能及时地抓住市场的趋势，为营销带来更大的助力，如图 13-24 所示。

图 13-24　更新微博

4. 将微博营销与其他资源相结合

微博营销虽然比较适合一般的网络营销者采用，但是并不代表微博营销应该是独立的。相反，优秀的微博营销一定会借助其他的营销资源来达到更好的营销效果。

通常情况下，将微博文章内容与产品销售网站的内容策略和其他媒体资源相结合，加入、建立微博圈子，找到更多的同类博友，都是不错的资源结合方式，如图 13-25 所示。

图 13-25　同类博友

5. 对微博营销的效果进行评估

与其他营销策略一样，对微博营销的效果也有必要进行跟踪，并根据发现的问题不断完善营销计划，让微博营销在营销策略中发挥应有的作用。

至于对微博营销的效果评价方法，目前没有完整的评价模式，不过可参考网络营销其他方法的评价方式来进行，如图 13-26 所示。

图 13-26 评估微博营销的效果

13.4.4 企业微博营销技巧

想做大公司，企业微博营销必不可少，那么怎样进行营销呢？下面将介绍一些营销技巧。

1. 与粉丝做朋友

企业微博建立之初，首先要考虑定位的问题，而核心就是要通过微博说点什么。一个比较明确的官方定义就是企业微博主要用于快速宣传企业新闻、产品、文化等的互动交流平台。同时，对外提供一定的客户服务和技术支持反馈，形成企业对外信息发布的一个重要途径。但这种表述并不清晰，我们不妨通过春秋航空的微博进行分析，如图 13-27 所示。

图 13-27 春秋航空的微博

在这个微博上，我们可以清楚地看到不同类型的功能。

1) 企业活动信息发布

例如，图片上第一条微博，春秋航空打出了手机订购机票的特惠战略，通过精要文字+深入阅读的活动网址+巧妙释义的图片对自己企业近期的活动做了一个发布。在文字上，春秋航空注意了结合时下流行的网络词汇 out，从而让本来很刻板的打折信息，因为最后一句的点睛之笔而活泼了许多。

2) 客服互动咨询

在其后的 3 条微博都可以归纳在此，即针对不同的微博用户提出的各种问题，进行有针对性的答复。而 3 条微博中，有两条微博为对话，一条为转发，这其中其实是有讲究的。转发的那条微博是春秋航空想通过用户咨询，让更多的微博听众接收到的信息——半月秒杀和亲情套票，通过巧妙地以答疑解问的方式出现，比单纯地自己打广告，更容易被粉丝接受。而另外两个以对话形式出现的微博，则主要针对单个用户并不具备普遍性的问题进行解答，以半公开的形式出现，这样既不会让其他粉丝感觉到被打扰，又可以很好地回答客户疑难。

3) 人性化体验

在春秋航空的两条对话微博上，我们都能看到一个笑脸的标志。因为是对话，更加强调对单个粉丝的点对点沟通，加入笑脸这么一个小小的图标，其实可以极大地削弱企业微博的官样面孔，让对话者感觉是在和一个朋友进行交流，倍感轻松之余，也会提升对春秋航空的好评度。这种拟人化、富有情感的微博发布方式，其实是目前企业微博最应该掌握的核心所在。让企业微博更像个人微博，淡化一点企业色彩，能够更好地增强和粉丝之间的沟通。

在信息的发布上，企业微博要注重与微博用户的互动性，不能唱“独角戏”。在发布企业广告、产品信息时，要站在用户的角度考虑，发布一些具有娱乐性和分享价值的信息，组织一些让用户感兴趣的话题，并积极参与回复讨论。

做朋友绝对比做老板好，千万别和自己的粉丝拉开一道天然的鸿沟，而是要不断地亲近他，让他对你没有那么强的戒备之心，这样企业微博就算成功了。

有调查显示，微博用户最关注的品牌/产品微博：①科技数码(67%)；②家电产品(51%)；③食品(49%)；④服装(48%)；⑤汽车(48%)。如果你的企业属于其中，那还犹豫什么？再不建设微博，你将落后别人不止一步。

2. 发广告要有技巧

很多企业微博在创立之后，总有一个认定，那就是尽可能多地通过微博去发布活动，做好营销公关，让网民通过微博来购买自己的服务(产品)，希望通过微博来实现消费桥梁的直接沟通。因此，在企业微博上，充斥了大量的产品信息和促销公告，而时下最流行的就是那些转发或购物能中大奖的微博内容了。

当然，促销信息要发，企业新闻也要有，但这样的内容最多只能占 1/3，而另外的 2/3 则要通过微博来树立企业品牌形象，尤其是亲民的那种形象。

东航凌燕就是一个很生动的例子，如图 13-28 所示。这个典型的企业微博通过空姐这一载体，直接拉近了和微博用户的距离。同时大量发布空姐的工作生活常态，从而将自己的品牌特色以最潜移默化的方式营销出去。

以微博来树立品牌而不是做销售，其中比较经典的是《新周刊》微博。从常理上来说，作为媒体类的微博，其实是最好推广的，因为每天(周/月)刊物上都会有大量的新闻信息，只要巧妙地将这类信息的关键内容发布出来，然后附带上相关网址，就可以让微博用户们趋之若鹜，想要了解更多内容。至于文字，当然不用担心，媒体上有最给力的文字高手，足以让你感受到文字之美。而很多媒体的微博确实也如此去做了，并且收效不错，特别是一些社会新闻类媒体，通过及时发布信息，甚至比自己媒体刊发时间更早，实现微博传递，比如在新闻发布会现场直接传递微博，达到了极佳的影响效果。

图 13-28 东航凌燕的微博

3. 企业做好微博的要点

1) 学习其他企业的做法

学习别人的成功经验永远是最有效和最直接地提高自身微博营销水平的办法。特别是发送促销信息，太多的企业集中在以大奖诱惑请人转发的层面上，用户仅仅是为了和企业无关的大奖来互动，而不是真心实意地去和企业互动。

这一方面日本的优衣库在互动上有过极佳的案例。一次它在 Twitter 上陈列了 10 件衣服，规定“越多评论，价格越低”。如果有用户进入评论系统，网站就会告诉用户目前这件衣服有多少条评论，售价已经下降多少，距离最低价格还差多少评论。如果你也写上一段评论，系统就会提示“在你的努力之下，价格又下降了”。

2) 每日笔耕不辍

很多企业微博都陷入了历史周期律之中。开始时很勤奋，但毕竟起步阶段并不会有多少影响力。久而久之就懈怠了，甚至很久才发布一条微博。结果很多好不容易吸引来的粉丝，也会因为你的懈怠而同样不把你当回事。

当然，企业微博不一定每天都有新鲜事可以发布，但为什么不做好分享呢？假如你是一个服装企业，固定一两个人专门维护微博，在推销自己服装的同时，完全可以分享一些时尚流行风，放上一些名模图片，让自己成为微博的服装时尚方舟，把巴黎时装周的最新动态、国外品牌的新款服饰都带入进来。让别人在分享美的同时，也记住你产品的名字，下次购物时遇见了，就可能不会再错过了。

3) 主动互粉核心用户

很多企业微博也很注意互动，但却不注重互粉。当然，一个企业微博可能会有数以万计的粉丝，统统互粉当然也不现实，也会显得比较掉价。但观察大多数企业微博发现，它们的关注量很多都没有超过三位数，而且大多是媒体、企业或者是实名认证的知名微博。

企业微博也要关注普通微博，只是这个关注是有讲究的。要对那些经常转发自己微博的人以关注，转发在五次以上的、积极参加讨论的，通常都是关注这个企业的核心粉丝。尽管对方的微博影响力可能微不足道，但请不要太势利。关注他，你就能用一个小小的鼠标轻轻一点，赢得潜在客户的心。更重要的是，也会让他有荣誉感，或许线下他会主动为你做口碑宣传。

4) 主动上门服务

企业微博应该擅长使用微博检索工具，对与品牌、产品相关的话题进行监控，你不能指望别人主动找上门来和你交流。如果你放下身段，主动去和微博用户进行沟通，效果将会很明显。其实这对个人微博来说也一样适用。

当然，这种诚恳的态度也会通过转发功能呈现在我个人的微博上，从而让我自己的粉丝看见，并且进行直接和有针对性的互动，也会博取更多人的好感。最起码，别人会觉得我对这本书真的很上心。

5) 做读者守望的微博时报

在企业微博信息发布上，其实完全可以突破个人微博的瓶颈，而选择制度化一点。如《新周刊》的早晚安，每日在特定的时段发布特定的流行信息，这样更加容易巩固读者的阅读激情，哪怕是每日(周)秒杀、打折、抢购信息，也可以选择在一个特定时间节点上发布，而不是在任意时段不经意地出现。特定时间的发布，可以让读者规划好时间前来守望并且转发，效果更佳。

6) 让粉丝“加盟”企业

产品信息不是不能上微博，但发布时还是需要包装的。企业微博忙不迭地将一大堆产品以说明书简介+图片的形式发布出去，会显得很傻。讲究迂回，往往能够获得更好的效果。

比如，让粉丝和产品互动，对某个新产品举行一个定价微博听证会，希望粉丝们对某个产品提出修改意见，邀请粉丝为自己的产品做设计，择优录取，甚至提供工作岗位等。其实有很多方法来做迂回，尽管表面上看起来没有直接打广告，但在微博上，最关键的还是做品牌，而不是卖产品，产品广告用别的平台发布更好。

7) 让自己的员工一起微博

这样做有两个好处。一个是加强微博用户对企业的个性化体验，如东航凌燕的团队微博和各种以凌燕为名的东航空姐个人微博，从而用散打的方式，让更为广泛的微博用户了解企业品牌，加深对企业的认识和黏合度。另一个则是加强企业员工对企业的认同感，甚至通过微博找到自己所在职位的最佳创意和方案。

全球最大家用电器和电子产品零售集团百思买的微博营销案例颇为值得借鉴。

喜欢科技的客户常常很享受使用和学习产品功能的细节、好处，并喜欢分享时那种头脑风暴带来的挑战。百思买想了个独特的方法，它组织起几千名员工利用 Twitter 直接与消费者进行实时互动。这个技术支持服务团队被形象地称为“蓝衫军”——因为所有参与这个项目的雇员都身着蓝色 T 恤衫。他们共同为@twelpforce 账户工作，消费者可以用自己的 Twitter 账户直接向@twelpforce 账号提问，任何百思买的员工都能通过@reply(Twitter 上回复某人的方式)的方式来回复顾客的提问。

这样做，一方面用户得到了最快速的信息反馈，甚至是直接深入到某一部门某一职员，而不是停留在并不一定了解情况的客服专员那里，市场部门的 25 颗脑袋一下子变成全公司 15 万员工的集体智慧；另一方面，利用网络模糊市场营销与客户服务的界限，有效动员百思买的员工积极参与到在线客户信息服务中，从而让企业更加互动和有活力。

8) 做好危机公关

微博是一个“双刃剑”，但也是将互联网危机在第一时间消弭于无形的利器。主动找上门来的或在自己微博上发牢骚的微博用户，企业应该第一时间贴上去，用尊重用户的方式，去了解问题的始末由来，态度诚恳地解决问题，切勿引起争辩。甚至可以用敢于主动解决问题的方式来提高企业品牌美誉度。要以德服人，而以势压人、打压或者通过公关公司删除负面信息的方式是绝不可取的。

2010 年 7 月，霸王洗发水被爆“致癌风波”。霸王在第一时间开启微博，通过官方微博发布 29 条信息做出相关说明。霸王凭借微博公布信息，将媒体集中到微博上，减少了猜测，提高了危机公关的效率，这其实是非常有借鉴意义的。

总之，对企业微博来说，尽量不要利用微博去卖产品，微博应当承载的是一个品牌形象推广和监测的功能。企业可以通过这个平台直接获取消费者对品牌的感受以及最新的需求，从而为企业获取市场动态及进行危机公关提供依据。

9) 善于回复粉丝们的评论

我们要积极查看并回复微博上粉丝的评论，被关注的同时也去关注粉丝的动态。既然是互动，那就得相互动起来，有来才会有往。如果你想获取更多评论，就要用积极的态度去对待评论，回复评论也是对粉丝的一种尊重。

10) 确保信息真实与透明

我们搞一些优惠活动、促销活动时，当以企业的形式发布，要即时兑现，并公开得奖情况，获得粉丝的信任。微博上发布的信息要与网站上一致，并且在微博上及时对活动跟踪报道。确保活动的持续开展，以吸引更多客户的加入。

4. 个人微博“企业化”

让企业员工的个人微博成为企业品牌树立的一个标杆，在很大程度上能够填补企业官方微博的不足。特别是企业高层微博，它可以很生活化，记述自己在生活中的所见所闻所感；也可以很职业化，讲述最近在工作中的麻烦。闲谈之间，就拉近了原本在网民看来比较神秘的企业老总和自己的距离。

在国外，这已经是一个非常普遍的现象。

Zappos 以网上卖鞋起家，现在已经变成了一个名副其实的网络百货商场。Zappos 的客户是一群年轻并蜗居于网络的人。其首席执行官 Tony Hsieh 以 CEO 的名义开了 Twitter 账户，其拥有 169 万之多的追随者，表明了 Zappos 乐于接近客户、理解客户的态度(在交流中建立开放诚实的关系)，他非常坦诚地与用户进行沟通，给整个公司的品牌带来了积极的影响。

而在国内，“企业+个人”的微博模式，突出体现在互联网企业，特别是游戏公司。不仅游戏公司高层开设微博和普通用户互动，就连中高层也通过微博为企业品牌不断加分。

但凡一款新游戏发布前夜，都会引发不少玩家在微博上的讨论。这时，一个已经模式化的微博营销方式就是：不少游戏的设计主管会在关键时刻分享一些最新的设计内容和某些产品趣闻，甚至部门之间的负责人还会在微博上为某个产品打一下口水战。尽管无法确知是不是营销行为，但总能吸引到不少关注度。而带有企业印记的个人微博，无论是哪一阶层，其实都在或明或暗地彰显着企业文化。在这方面加强引导，让个人微博为企业品牌加分，又不让其失去独立性，则有聚沙成塔的效果。

而比较经典的案例发生在 2012 年世界杯期间。

4399 游戏网站站长蔡文胜发了一条微博：“为感谢博友们的支持，配合世界杯和大家互动一下。大家可以竞猜世界杯最后四强排名。一、只要评论我这条微博，写出四强顺序，如例：1 阿根廷，2 德国，3 巴西，4 英格兰，并转发到你自己微博留底。二、从现在开始 72 小时内回复有效。会以最先回复时间来计算前 32 位猜中者，送出 32 部 iPhone4。”简单的一个活动，收获了 30 万人参与，同时这几十万人也把蔡文胜和“4399”记住了。其实蔡文胜并没有在这个活动中为自己的网站做任何显性宣传，无招胜有招罢了。

当然也有比较失败的案例。比如互联网企业老总之间为了产品之争而进行的骂战，通过他们自己的微博发布，且不断地传播，被微博用户所熟知，并被传统媒体和大量网络媒体所引用。其结果是骂人的无论再有理，最后依然把自己企业的品牌深深伤害了。

5. 精确瞄准目标用户

不管是哪一种企业微博推广模式，企业微博的推广营销一定要精准。没有哪一家互联网企业不想将企业的声音传递到最应该传达到的受众身上，这可以广义地理解为信息对于目标用户的“精准递送”。如果这种信息传播没做到精准性，那么这次推广就和目标人群发生了信息传递不匹配，就不会形成有效的反馈、互动。类似“问题传播”的结果只能用失败去定义。

因而，企业在策划其相应的微博营销活动之前，就应该明确该活动的信息如何才能利用最有效的信息传输渠道，并负载简明扼要的信息，精准传递到更具有传播效用的目标用户手中。

作为一个全新的互联网传播载体，微博的应用其实还有极其广阔的海洋。而时至今日，真正在国内非常成功的微博案例并不算多。究其原因，还是在于微博营销尽管如同论坛话题、网络新闻等一样，可以具备极强的瞬间爆发力，但它同时也是一个长期且系统的工程，一两个话题引爆并不代表一个微博的成功，长时间潜心积累和耕耘，实现微博传播从量变到质变的奇特效果，真正达到六度空间理论的口碑神话从而点亮社群，才是微博营销成败的关键。这一点对于个人乃至企业都是一样的。

13.5 网络新闻营销

下面来看看网络新闻区别于其他传统媒体的几大突出特征。

13.5.1 强悍的时效性

与传统媒体相比，网络的时效性是有目共睹的。纸质媒体的出版周期常以天或周计，如杂志则是半月刊、月刊或季刊，电视、广播的周期以天或小时计算，一般还得根据不同时段的节目设置来安排，而网络新闻的更新周期却是以分钟甚至秒来计算的。通过互联网进行电子传播的网络媒体比通过传统的实质性载体进行物质级别传播的传统媒体的传输成本更低，速度也更快。

网络传播所需的是一台个人计算机、一台调制解压器，但却可以实时地把消息传送上网络。而且网络传播是流动的，没有特定的出版时间，随时可以插播新的信息，这就决定了网络即时传播的可能。

2008 年 5 月 12 日汶川大地震，给所有中国人的心上都留下了一道深深的伤痕。在地震发生以后，各大网站都反应迅速，5 月 12 日 14:46，新华网最早发出快讯：四川汶川发生 7.6 级地震。15:02，央视播出了第一条地震消息，比网络慢了 16 分钟，而最快的报纸也只能是当天的晚报了。从时间的对比上可以看出，网络新闻确实在快速反应、即时更新方面有着传统媒体难以比肩的优势。

而这一时效性有着强大的信息容量。过去的通讯社也能达到超快的时效性，能够做到和时间同步，但绝对是一句话新闻、一条简讯，之后也很难迅速对内容进行填充。而网络新闻则不同，网络容量之大，任何其他媒介都无可企及。在传统的新闻媒体上，如报纸的版面，电视、广播的时间都是有限的，而面对这样一个信息爆炸的时代，传统版面的信息量是完全不能满足现代社会受众需要的。但网络新闻就很轻松地解决了这一问题。网络新闻的超链接方式使网络新闻的内容在理论上具有无限的扩展性与丰富性。只要是信息，并且传播者觉得对受众有帮助，便可以将这一信息放在互联网上，而不需要受到别的限制。

13.5.2 猛烈的传播力

据新浪网公布数字显示，2011 年 11 月 1 日，在“神舟八号”发射当天，该网站所制作的专题浏览量达到 4.5 亿人次，超过当天所有国内报纸读者总和。值得注意的是，在这次新闻报道过程中，新浪网综合了几乎所有大众传媒信息传播手段，文字报道、视频、音频、手机短信，而不是像以前经常采用的单纯的文字滚动报道，进而大获成功。

这就是网络新闻的传播力，是任何报纸都无法达到的。网络媒体传播空间不分地域、没有疆界，可以说，全球互通互连的电子网络有多大，网络媒体的传播空间就有多大。网络媒体传播空间的无限广阔，是报纸等传统媒体望尘莫及的。国内顶级大报发行量过百万，即使是《南方周末》这样的一直风行的媒体，其数百万发行量，外加其宣称的传阅达到 5 次，也至多不过千万而已。但仅仅新浪网在一个专题上的影响力就足以媲美十多家主流大报，其传播力可见一斑。

而这种传播力甚至成就了一些传统媒体的辉煌，让它们在大本营的传统媒体上所没有获得的影响力，在网络上获得了。比较经典的是《联合早报》，作为新加坡和东南亚地区销量最大的华文日报，每天的发行量超过 20 万份。1995 年电子版开始上网发行，至 1997 年 9 月，电子版的月阅览次数突破 1000 万，成为新加坡第一份月阅览总数超过千万次的网上报纸。美国媒体业权威杂志《多样化》发表的调查表明，网络新闻媒体阅读率直线上升，如 CNN 新闻网的收视率增加了 10 倍；日本《朝日新闻》1995 年 8 月 10 日上网，第一周浏览人数便达到 100 万，到 1997 年 1 月 13 日，上网访问的人次累计已达 5 亿；我国的《电脑报》电子版自 1997 年 2 月 21 日开通以来，不到一个月，上网访问人数超过 2 万，现正以每天增长 500 人次以上的记录往上攀升，成为网上颇有影响的中文电子媒体。有的报刊原先名不见经传，因为上了因特网，阅读率直线上升，知名度大大提高。

这种直接的对比几乎让传统媒体都自觉地向网络媒体的传播力投降，自叹不如。

13.5.3 轻松、自主

与传统新闻比较，网络新闻更具可读性、知识性、趣味性，更平民化，这让网络新闻的读者要比传统新闻多。毕竟谁都愿意听朋友说话，多有趣、多生活化啊，难道你很喜欢一天到晚看着老师板着脸教导你这样做那样做吗？在潜意识里，我们会把网络新闻当朋友，而把传统媒体当老师，亲近程度自然不一样。

网络新闻在语言表述上更为口语化，轻松活泼，许多新闻幽默、犀利，可读性极强。网络新闻语言的这些特点的形成大致源于以下原因。

(1) 网络新闻要求极快的更新速度，因而需要使用简明易读的语言。

(2) 网络新闻的互动性与自主性，使得新闻语言的表达趋于口语化和易交流性。

(3) 与传统媒体点对面的单向传输不同，网络传播是点对点进行的，具有交互性。

要调动受众参与的积极性，就必须使新闻稿件的现场感增强，行文生动，可读性强，或较为口语化，幽默轻松，使受众有交流的渴望，愿意往各网站设置的论坛、博客上发发帖子，写点博文，一吐为快。

而且，网络新闻与传统新闻比较，新闻信息的联结不再仅仅是线性的，而是网状的；新闻报道与写作的文本结构不再仅仅是线性文字的，而是超文本结构的。即它不仅有文字文本，而且有声音文本、图画文本、动画文本甚至影视文本。这使得网络新闻其实具备了报纸、电视、广播乃至动漫的色彩，是当之无愧的全媒体，可以全面兼容其他所有媒体的特征，化为己用，从而最大限度地满足所有读者的需求。如果你不想看文字，那么你可以看图说话；如果连图也不想看，可以考虑看看视频；要是连视频都不看，那还有其他选择；如果啥都不选，那你不是网络新闻的受众，也没必要被网络新闻照顾了，不过这样的人要么不懂得用计算机，要么连传统媒体也不太关注。

所以，网络新闻具有丰富多彩的立体性和艺术性、简洁明快的生活化、自在平等的人性化和非常可喜的民主化。它虽然有时会不免泥沙俱下，也有这样或那样的缺憾和不足之处，但互联网的出现无疑给新闻的传播创造了一个前景极好的平台。

13.5.4 互动升级为共动

在传统媒体新闻传播中，受众往往会受到各种限制，比如报纸只能阅读上面既定的内容，电视广播都得按照其预定的时间收看、收听。而网络就没有那么多的限制，只要登录到互联网，就可以在任何一个网站看到想看的新闻，并根据自己的兴趣爱好自由地选择。读者不再被动地接收信息，而是自主地去选择信息。同时，大家还可以对自己感兴趣的内容加以评论，与众多网友共同交流。

网络新闻具有良好的交互性，读者可以利用网站上的“读者”“留言簿”“网上杂坛”等栏目，加强各方面的相互交流。在网络新闻上，可以增强读者与编辑、读者与读者的交流。读者不再被动地看，而是可以主动参与。不少读者在读完网络新闻后，随即发来电子邮件，或在新闻之后跟帖，积极参与编辑工作，有的提建议，有的无偿提供资料。而这些电子邮件只需几秒就可传到网站的电子邮箱中，编辑因此能够及时了解读者意见，解答读者疑问，信息反馈很快。读者与编辑、记者，通过电子邮件方式，可以就各种问题进行“面对面”的交流。

利用互动功能的不仅有新闻网站，还有许许多多杀入网络新闻传播的传统媒体甚至是电视媒体。其中 CCTV 与其网站央视国际的互动更为突出。从 2001 年起，央视国际多次实现了与电视节目的互动，其中包括中国加入世贸组织的特别报道，中央视国际与《东方时空》节目进行的网上互动直播，2002 年及 2003 年春节联欢晚会，央视国际与电视晚会的互动等。

然而，互动只能说明传播双方交流通道的畅通，在互动过程中，传播者仍然起着主导地位，而受众仍然是接收者与相对被动的反馈者。但是，从网络新闻发展的实践来看，在一定的场合下，网民不仅是信息的接收者与反馈者，同时也可能在一定程度上影响到网络新闻传播者的传播意向与行为。有时，在一个新闻事件的传播过程中，网民与新闻网站的作用几乎是同等重要的，两者之间也渐渐融为一体，很难分出彼此。两者之间的沟通方式，已经不再是简单的反馈与交流，而是一种你中有我、我中有你的共同协作。

因此，网络受众的第二次飞跃表现为将互动的关系进一步演化为“共动”的关系。这时受众参与的主要手段仍然是论坛、邮件等基本方式，但是他们处于更积极的地位。他们可以通过新闻的转发提升某些新闻的价值，增加某些事件的关注度；也可以通过热烈的讨论，将个人意见汇流为公共意见。“共动”意味着受众在网络新闻传播中的作用得到了更充分的体现，而同时，他们对社会生活的干预能力也增强了。近年来，一系列网络新闻事件，正是传统媒体、网络媒体与网民共动的结果。

13.5.5 网络新闻写作技巧

新闻界有句行话：“标题是新闻的眼睛”，因为新闻标题不仅是一篇完整的新闻报道的重要组成部分，更对新闻信息的传递起着至关重要的作用。对很多人来说，阅读报纸仅就是阅读一下标题，看到感兴趣的，才会去仔细看看正文。网络新闻更是如此。

网络开创了“读题时代”。一则有创意的标题能化腐朽为神奇，并且能带来极高的点击率。在这个网络容量无限、新闻信息爆炸的年代，网民如何找到自己关心的新闻和信息，如何才更吸引网民的“眼球”，在很大程度上取决于网络编辑的标题制作水平。为了紧跟“眼球经济”的步伐，很多网站在对一些平淡无奇的新闻进行编辑时，常常使用各种手段，制作吸引受众的新闻标题，当这种做法过当时就出现了“标题党”。

1. 标题多样性

很多从事企业公关的媒介人员很喜欢干一件事，那就是每天给各个网络媒体群发稿件。先不论稿件的质量如何，仅看看标题就知道成败了。因为如果不研究网站特征，而是一个通稿发到底，就算你运气不错，编辑和你关系也不错，将你的文章发布在网站新闻的重要位置，你也可能失败。为什么？因为你的标题都是一个模子，没有取好就没人看。

一定要弄清楚网络媒体和传统媒体的区别。网络媒体在发展中形成了自身的标题制作特点，如网络新闻标题多为描述基本事实的字数极其有限的一行标题；由于时效性的要求，制作时无法仔细斟酌，处于快速撰题实时发稿的状态；如果刊发后发现标题有问题或对标题表述不满意，可以再修改、再刊发；网站编辑对新闻标题制作的自主性相对传统媒体较高，审核机制不严格；另外，部分传统媒体图文新闻、标题本身存在问题，被网络编辑不加甄别、判断而直接转载采用。尽管存在不少问题，但网络新闻的标题依旧有着极强的特征。

毕竟对网络新闻编辑来说，消息的条数太多，展示起来不容易安排。由于网络上的新闻信息是以一种超文本的形式呈现的，读者对新闻的选择，首先是通过对一个个标题的浏览来实现的，标题是新闻发生作用的起点，是新闻信息为读者所接收的必经通道。读者总是先接触到作为阅读索引的标题，然后通过点击标题，再看到相关的正文或图片。这种阅读程序决定了标题在网络传播中的作用，大大超过了它们在传统媒体传播活动中的作用。新闻标题之所以成为网络受众认识新闻内容、判断新闻价值的第一信号，成为受众决定是否索取深层新闻信息的第一选择关口，原因是网络新闻的标题与正文之间客观上存在着疏离性(阅读任何一条新闻都必须从一级页面或一级页面再次点击进去)。

为什么不要发统一的标题呢？说个最简单的例子吧。打开网站新闻页，或许每个站点上都有一样标题的新闻，你在这个站点上不愿意去看，自然下一个站点你也不会打开，这是很正常的阅读心理，那么你的新闻就算登录了各大网站，如果读者不想读，一样不会读。怎么解决这个问题呢？最简单的办法就是标题不同。

根据每个网站的不同特点，拟定不同的标题，这样就有了完全不同的效果。比如，长虹出品等离子液晶显示屏，邀请奥运女孩林妙可做代言人。在新浪科技上的标题可为《国内首个等离子生产线落户长虹》，搜狐娱乐上则是《林妙可靠等离子保护眼睛》，网易科技又可以为《长虹等离子技压国外电视》；人民网的读者比较偏重于对国事关心之人，可以让标题变得正规一些，比如《中国首条等离子生产线投放生产纪实》……根据每个媒体每个频道投放的不同特点，重新拟题，读者东边不看，到了西边或许就会点击了，而且还可以深度开发科技读者和娱乐读者，乃至更多读者群落。网络新闻的受众群体在很大程度上比较分散，喜欢娱乐的未必喜欢科技，也不会去看科技，就看你如何开发利用了。

当然，一切都必须从源头做起，怎么写好一个能够吸引人去阅读的标题呢？其实并不复杂。

2. 标题长度适当

网络新闻的标题不同于报纸标题，报纸标题因为版面的原因，可长可短，有的标题甚至有一百多字，再加上有引题、正题和副题的区别，其标题写作的宽容度其实很大。而网络新闻则不同，它对标题有严格的字数限制。因为网页版面的整体布局是相对固定的，标题字数受到行宽的限制，既不宜折行，也不宜空半行。简单来说，就是一个单行标题。在标题板块中，各题长短以接近一致为宜。一般而言，网络新闻标题字数以 16～20 个字为宜，且最好能以空白或标点分开，并控制在 7～10 个字组成一段文字。

在制作标题时要特别留意，不要太短，也不要太长，一定要按照规矩来制作。哪怕是你想到了一个惊世好题目，也要遵循这个规矩。原因很简单：你的标题全部被放置在页面上以后，你会发现，要是太短，整个版面不协调；要是太长，版面上发布时放不下，结果你要表达的意思就不能被网民看见。

针对不同网站进行调查研究，进行一次分众传播，针对你要发布新闻的核心站点，多观察对方网站新闻标题的长度，比如新浪游戏频道的焦点新闻，比较偏好于 10～12 个字，那么就要将发给对方的新闻通稿标题设定在这个范围之内；而腾讯游戏频道的焦点新闻则喜好 16～20 字，同样如此去设计。这样做可以节省编辑的时间，让他更好地推荐你发来的新闻，同时也能让你最终发布在网上的新闻标题能够最深刻地贴近你的意图所在。

3. 标题要务实

许多人给标题取名字，往往特别空。报纸的新闻标题有虚实之分，实题要交代新闻要素，虚题可以是议论或警句等。报纸新闻最大的特点是题文一体，即使是虚题，只要看一眼导语，新闻中的主要事实也就清楚了。而网络媒体不行，虚题往往使读者不得要领，也就影响了“点击率”。因此网络新闻标题一定要抓住新闻事实中的一个或几个新闻要素，通过恰当组合，抓住“新闻眼球”，吸引受众点击。

应当用最简洁的文字将新闻中最有价值、最生动的内容提示给网民，主要有以下几点。

1) 实题明义

比如，这个标题《联想 ThinkPad 系列将首用 AMD 处理器》，很明显，一看标题就知道文章中的内容。这则新闻本身很简短，就是告诉人们这款笔记本将第一次使用 AMD 处理器。就算读者不去点击这个新闻，对联想而言，它所要告诉读者的信息也已经说得差不多了，如图 13-29 所示。

2) 尽量使用主动句式

这一模式主要是要求主动地揭开要传达的信息的盖子，不能藏着掖着。比如有的标题乍一看很炫目《你也可以变成强壮男人》，看似很有吸引力，但太像广告，别人一看就觉得是药品广告而放弃点击。

3) 语句以主谓结构为主

例如，标题《Android 不是 Ophone 的唯一选择》，很标准的语句，主谓鲜明，而不像有些人制作的标题，看不懂，以为是火星语，比如《购买寂寞的几个本子》。

4) 强调动感，力求动态地揭示新闻

比如标题《诺基亚 CEO 表达很后悔选择错误》，让人一看就没有兴趣，没有冲击力；反之，标题《Android 手机价格急速下降 诺基亚 CEO 表达悔意》是同一则新闻，从这则新闻中提炼出来的新闻标题不一样，对于读者来说影响力也不一样。“Android 手机价格急速下降”，一看标题，读者就会明白诺基亚 CEO 为什么后悔。哪怕不点击，也会在脑海里留下一定的印象，如图 13-30 所示。

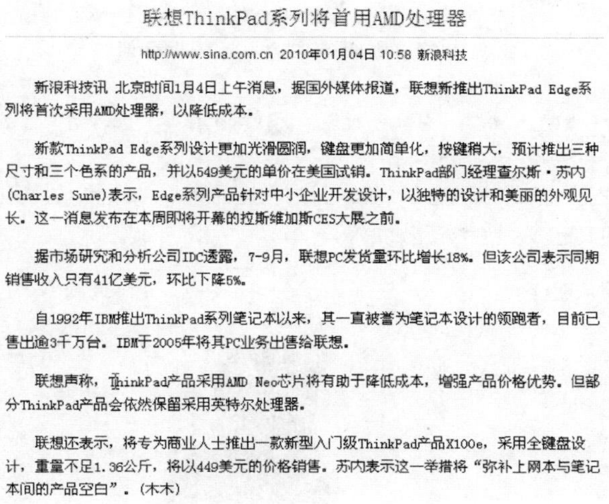

联想ThinkPad系列将首用AMD处理器

http://www.sina.com.cn 2010年01月04日 10:58 新浪科技

新浪科技讯 北京时间1月4日上午消息，据国外媒体报道，联想新推出ThinkPad Edge系列将首次采用AMD处理器，以降低成本。

新款ThinkPad Edge系列设计更加光滑圆润，键盘更加简单化，按键稍大，预计推出三种尺寸和三个色系的产品，并以549美元的单价在美国试销。ThinkPad部门经理查尔斯·苏内(Charles Sune)表示，Edge系列产品针对中小企业开发设计，以独特的设计和美丽的外观见长。这一消息发布在本周即将开幕的拉斯维加斯CES大展之前。

据市场研究和分析公司IDC透露，7-9月，联想PC发货量环比增长18%。但该公司表示同期销售收入只有41亿美元，环比下降5%。

自1992年IBM推出ThinkPad系列笔记本以来，其一直被誉为笔记本设计的领跑者，目前已售出逾3千万台。IBM于2005年将其PC业务出售给联想。

联想声称，ThinkPad产品采用AMD Neo芯片将有助于降低成本，增强产品价格优势。但部分ThinkPad产品会依然保留采用英特尔处理器。

联想还表示，将专为商业人士推出一款新型入门级ThinkPad产品X100e，采用全键盘设计，重量不足1.36公斤，将以449美元的价格销售。苏内表示这一举措将“弥补上网本与笔记本间的产品空白”。(木木)

图 13-29　联想的新闻标题

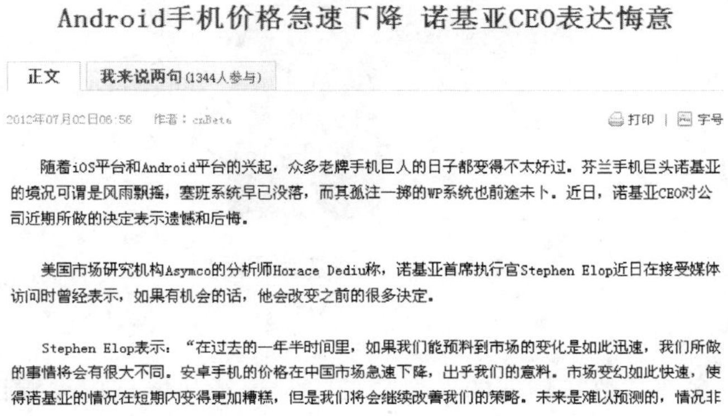

Android手机价格急速下降　诺基亚CEO表达悔意

正文　我来说两句(1344人参与)

2012年07月02日06:56　作者：cnBeta　打印 | 字号

随着iOS平台和Android平台的兴起，众多老牌手机巨人的日子都变得不太好过。芬兰手机巨头诺基亚的境况可谓是风雨飘摇，塞班系统早已没落，而其孤注一掷的WP系统也前途未卜。近日，诺基亚CEO对公司近期所做的决定表示遗憾和后悔。

美国市场研究机构Asymco的分析师Horace Dediu称，诺基亚首席执行官Stephen Elop近日在接受媒体访问时曾经表示，如果有机会的话，他会改变之前的很多决定。

Stephen Elop表示：“在过去的一年半时间里，如果我们能预料到市场的变化是如此迅速，我们所做的事情将会有很大不同。安卓手机的价格在中国市场急速下降，出乎我们的意料。市场变幻如此快速，使得诺基亚的情况在短期内变得更加糟糕，但是我们将会继续改善我们的策略。未来是难以预测的，情况非

图 13-30　动态新闻标题

5)　尽量避免疑问句式

有很多人写新闻标题时喜欢用疑问句，这种模式不是不能用，而是一定要用得恰到好处，但一般初学者很难驾驭。在写作新闻标题的最初阶段，其实还是要尽量避免疑问句式，因为如果做得不太好，反而弄巧成拙，给自己的品牌添加负面效果。比如标题《凡客诚品为何食言而肥卖内衣？》，别人没看内容，还以为凡客诚品这个企业出什么问题了，以为是个负面报道，而实际上内容是说凡客诚品要开拓新的蓝海，打破过去自己一贯坚持的以男士衬衣为主的生产销售模式，在内衣市场上深度发力。

6)　由内容决定标题

但网络新闻标题也不要过实、过细，让浏览者失去继续阅读的兴趣，这是基本原则。总体来说，就是让浏览者一眼看上去，就知道要说明什么，要介绍什么，要传递什么，如图 13-31 所示。

图 13-31　内容决定标题

4. 善于争夺眼球

网络新闻字体版式都是整齐划一的，要想像平常报纸那样，依靠醒目的字体或特大号标题来吸引读者，几乎不再可能。一整版的标题有几百个，如何让浏览者立刻注意到你的标题呢？

1)　点出新闻中新奇、有趣的事实

这一点很明显，对大家来说，时间都是很宝贵的，如果标题没有吸引网民的眼球，就产生不了后继点击，内容中的广告营销就无法传递出去。在标题中点出新闻中新奇有趣的事实是非常必要的。

2)　披露出读者熟悉却并不详知的事件细节或内幕

这其实类似于揭谜性质的新闻，可以作为一种拓展阅读。如《详讯：苏宁电器收购镭射电器正式进入香港》，这个标题表面上看起来很像那种一看标题就知道内容的新闻，确实也是如此，看了标题你会对文章内容有个大体了解。不过这则新闻有两个特点，一是之前说的进口新闻事件的最新进展，它显示了苏宁电器收购镭射电器之后的进一步动向和深度挖掘；二是它表现了内幕式的特点。写作者很巧妙地用了两个字让感兴趣的读者很自然地去点击而不是只看标题，那就是“详讯”，因为是详讯，所以绝对不会只是几句话，你打开新闻，可以看到苏宁电器进入中国香港的点点滴滴，还有可能带来新的电器优惠政策。这些都是消费者希望了解的，从而对之前通过简讯的方式发布的苏宁电视进入中国香港这则消息，在读者熟悉之后，进一步进行了诠释。

3) 尽量形象生动，多选用动词，使标题富有动感

可以使用拟人、对比、设问等修饰方法，增强标题吸引力，很多标题都在全力以赴地发挥这一点。如热点新闻中，有诸如“尽收眼底”“工薪阶层最爱”“绝对不能错过”之类的词汇，从而让读者被标题吸引的可能性进一步加强。

5. 不做“标题党”

很多人认为网络新闻应该是“标题党”，越是诱惑性强就越好，很多人也是如此去做的，因为看起来很卖弄、很夸张的东西往往能够吸引人去点击，也确实不乏成功的案例。这一点在论坛、博客这类个性化的营销推广方式中可以有生存的土壤。但是在网络新闻中，随着监管越来越严格，能免则免，毕竟网络新闻脱胎于传统新闻，尽管相对来说没有那么严谨，但依旧要注意严肃性，特别是对企业来说，通过网络新闻要塑造的是品牌形象，而不是毁掉它。

忌夸张媚俗。一是不要使用卖弄的、夸张的、过分渲染的词汇制作标题，因为在快速阅读中，这类标题难以让读者准确地了解新闻的真实内容，甚至会让读者不得其解。二是不要使用隐喻、暗喻、比喻在标题中“标新立异”，因为这样的标题可能会造成读者理解上的障碍，甚至误导读者。

下面的例子是“标题党”的典型做法。

《嫦娥奔月》=《铸成大错的逃亡爱妻啊，射击冠军的丈夫等你悔悟归来》

《牛郎织女》=《苦命村娃高干女——一段被狠心岳母拆散的惊世恋情》

《西游记》=《浪子回头，善良的师父指引我重返西天求学之路》

《红楼梦》=《包办婚姻，一场家破人亡的人间惨剧》

《机器猫》=《只愿此生不再让你哭泣，让我穿越时空来拯救你》

这样的标题或许会引起读者点击，但在网络新闻里行不通，读者一看内容，发现文不对题，就会兴致索然。特别是对想要进行营销的企业来说，“标题党”会导致自己的品牌形象受损，越是“标题党”，越吸引了读者去点击阅读，对品牌的形象损害越大。

最为有名的网络新闻标题党是 2008 年年末的网瘾精神病事件。这是北京某医院专家论证出来的结果，其背后其实是带有治疗网瘾的营利性质。为了能够更好地扩大收治网瘾的人群，某专家以多部门论证，以该医院名义发布了所谓网瘾精神病的《网络成瘾临床诊断标准》，然后模糊掉网瘾精神病并不等于神经病的概念，结果舆论哗然。网络新闻发布和转载量极高，曝光度也高得吓人。但当事实一揭穿，过度的“标题党”和内容完全不符合，这种混淆概念的方式非但没有给医院带来多大的利润，反而让医院臭名昭著，宣传的效果适得其反，如图 13-32 所示。

《网络成瘾临床诊断标准》通过专家论证

http://www.sina.com.cn 2008年11月08日 18:41 新华网

新华网北京11月8日电(刘学奎、王经国、庄海红)由北京军区总医院制订的我国首个《网络成瘾临床诊断标准》8日在京通过专家论证。这一标准的通过结束了我国医学界长期以来无科学规范网络成瘾诊断标准的历史，为今后临床医学在网络成瘾的预防、诊断、治疗及进一步研究提供了依据。

北京军区总医院医学成瘾科主任陶然介绍说，网络成瘾是指个体反复过度使用网络导致的一种精神行为障碍，其后果可导致性格内向、自卑、与家人对抗及其他精神心理问题，出现心境障碍，部分患者还会导致社交恐惧症等。据一项调查报告显示，我国13岁至17岁的青少年在网民中网瘾比例最高，大学生网络成瘾率达到9%以上。

为了更好地帮助网络成瘾患者告别网瘾、健康回归社会，2005年3月，北京军区总医院开展了青少年网络成瘾的集中住院治疗，并于2006年3月创办了国内第一家网络成瘾诊疗基地——“北京军区总医院青少年心理成长基地”。

经过几年的临床实践及研究，这个基地在来自全国的3000多例网络成瘾患者的临床资料中，抽取1300余例具有代表性的样本进行临床跟踪研究，制订了《网络成瘾临床诊断标准》。标准详细界定了网络成瘾的“症状”、“病程”及“严重程度”，被国内外专家认为领先国际水平，是目前网络成瘾临床诊断权威的诊断标准。

图 13-32　关于医院的标题党

如果看到《张曼玉突然暴瘦自言最爱梁朝伟》这样的标题，你会想到什么呢？点开正文才发现，访谈内容是这样的：“最默契的搭档是谁？张曼玉毫不避嫌、也毫不犹豫就脱口而出：梁朝伟。”“最爱梁朝伟”原来是“最愿意与梁朝伟合作”。显然这条娱乐新闻的标题忽悠了读者。“标题党”现象严重误导受众。万一有公司想借助这样的标题来卖瘦身药，声称张曼玉也是吃这个瘦身的，那结果将会如何？只怕被所有的读者当作娱乐看待，而公司的信誉度也会下降，如图 13-33 所示。

张曼玉突然暴瘦自言最爱梁朝伟

http://www.sina.com.cn 2007年01月06日02:06 燕赵都市报

无数影迷心中的“美丽女神”张曼玉如今大有“神龙见首不见尾”的架势，一直处于“半隐退”的状态，只偶而惊鸿一现。1月3日晚，京郊顺义一座会所内，身穿一袭红裙，脚蹬一双黑靴的她，翩然亮相。

当所有沧桑蜕变成被时光雕刻之后的美丽，张曼玉似乎已经成为“完美女性”的代名词。但近些年，她却一直疏于打理自己的演艺事业，很长时间没有新作品问世，和她同时代的女星关之琳、刘嘉玲等人，似乎也沦为同样的命运。除了从商家手中拿些代言费、出场费，我们已经很难在银幕之上欣赏到她们的绝世风采。

当晚的现场，曾黎、许还幻等女星也有到场助阵，到了上台合影环节，这些女星也成了张曼玉的“追星族”，站在她的身侧，一直亲密的说个不停，主持人索妮不得不几次“催请”，场面一时颇为热闹、也颇为温馨。

刚一亮相，张曼玉便对现场的媒体说：“最近一直在学新东西。”张曼玉表示，自己意识到电脑对世界将产生巨大改变后，便一直在潜心研究，从图片处理软件到电影的后期制作，她都有涉及，莫非，她准备朝幕后发展？

图 13-33　关于名人的标题党

远离“标题党”也是未来网络新闻的一个趋势。随着行业自律，靠煽情的标题来吸引读者将越来越没有市场。不是说网络新闻站点不做标题党，而是真正被监管起来，做“标题党”所面临的处罚也会很大。如果你投送一个“标题党”新闻给网站，编辑一看标题是“标题党”就会枪毙了你的稿子，岂不是更加冤枉。所以珍惜品牌，远离“标题党”，是必要的。

6. 突出重点新闻要素

做网络新闻必须以文字和图片为主原则。美国斯坦福大学和佛罗里达大学波伊特(Poynter)中心的一项研究表明，网络读者首先看的是文本。整个测试的结果是，新闻提要的注目率是82%，文章本身是92%。网页上出现的图片有64%受到注意。

热点动态是专题的生命力。如新浪在2009年1月4日“全国大部遭遇寒潮袭击”的专题制作基本上体现了这一研究成果。专题将最重要的动态新闻消息和重要图片放在版面的最上部，充分吸引了受众的注意力。视频和 Flash 是动态的、转瞬即逝的，对网络新闻的受众来说，虽然他们不太喜欢读长篇大论，但还是希望通过将新闻组合在一起，引发自己对社会、对生活、对现状更多的思考，文字报道依然是引导受众思考的主角，视频和 Flash 只是对文字和图片新闻的补充和装饰。

因此，在标题很不错的前提下，做好网络新闻的正文部分，将是另一番天地。

网络新闻的体例和传统新闻并无二致，它们都是由消息、通信和深度报道组成的，只是相对网络这一快餐结构来说，要想一次弄一个超长的文本，为你的品牌做一次全面新闻营销的话，那么可能费力不讨好。原因很简单，上网看新闻的人，很少有人会去阅读超过1500字的文章。

如果信息确实需要用长篇大论来完成，也不是不可以，将它分割成几大部分，做成一个新闻专题，然后以几个不同的小标题来总结它，如图13-34所示。

图13-34　分割为多个小标题

像图 13-34 中移动 G3 发布这样的大新闻，确实仅靠一篇千字左右的消息无法承载。此时可以将其切割成块，如同报纸上几个版面组成一个专题一样，用若干个篇幅在 1500 字左右的新闻组成，再辅之以视频、图片和各种相关信息，形成一个供读者按照个人兴趣选择的自由专题页面。在单篇新闻之后加入超链接，作为拓展阅读，这样就可以让读者更加全面地进行选择。其实用超链接就可以对一些重要的人物、事件、背景或概念进行扩展。既可以用注释的方式出现，也可以直接链接到相关网页。这有助于读者接触新闻深层背景，获得丰富的相关信息。

当然这种模式非重大新闻不用，而且使用专题的决定权也不在你，而在于网站的新闻编辑。任何个人至多提供信息和资料。而且除了类似中移动这样的 500 强企业，中小企业和个人几乎没有机会使用这类模式。因此，本文不对此进行深度讨论。